Deepen Your Mind

前言

C 語言是很多人學習程式設計的第一門語言。很多初學者在學習過程中，往往會產生各種各樣的疑惑：C 語言黑底白字，視窗介面看起來甚至還有點醜陋，現在學這個還有用嗎？能撰寫一個好玩的 App 嗎？能寫爬蟲嗎？能架設一個電子商務網站嗎？光靠 C 語言能找到一份月薪過五萬的工作嗎？現在網際網路和人工智慧這麼紅，大家都在學習 Java、Python、Ruby……都 2021 年了，C 語言是不是已經過時了？

✤ C 語言已經過時了嗎

C 語言並沒有過時。自 C 語言問世幾十年來，其實一直都是使用最廣泛的程式設計語言之一，多年來一直低調地霸佔著程式設計語言的排行榜前幾名，目前還沒有看到衰退和被替代的跡象。只不過在 Android、行動網際網路紅了之後，Java 暫時搶了風頭而已，把 C 語言從程式設計語言排行榜上擠到了第二的位置。滄海桑田，時過境遷，很多程式設計語言如過江之鯽，風雲變幻，但 C 語言依然寶刀未老，在程式設計語言排行榜上從未跌出過前三，這也說明了 C 語言一直都是被廣泛使用的程式設計語言。既然 C 語言被廣泛使用，那麼主要應用在哪些領域呢？可以這麼說，基本上在每個領域都可以看到 C 語言的身影。

- 應用軟體：Linux/UNIX 環境下的工具、應用程式。
- 系統軟體：作業系統、編譯器、資料庫、圖形處理、虛擬機器、多媒體庫等。
- 嵌入式開發：各種 RTOS、BSP、韌體、驅動、API 函數庫。
- 嵌入式、工業控制、物聯網、消費電子、科學研究領域、數值計算。
- 實現其他程式設計 / 指令碼語言：Lua、Python、Shell。
- 網站伺服器底層、遊戲、各種應用框架。

C 語言是一門高階語言。C 語言有高階語言的各種語法和特性，我們使用 C 語言可以建構大型的軟體工程。有人說，C 語言上不了大檯面，撰寫不了大型的專案，這個說法其實也是站不住腳的：很多大型的 GNU 開放原始碼專案，其實都是使用 C 語言開發的，如 Lua 指令碼語言、SQLite、Nginx、UNIX 等。現在市面上幾乎所有的作業系統都是使用 C 語言開發的，如 Linux 核心、uC/OS、VxWorks、FreeRTOS。目前最新的 Linux-5.x 核心程式已多達 2000 萬行，3 萬多個原始檔案，這個專案應該不算小了吧！

C 語言也是一門低階語言。透過指標和位元運算，我們可以修改記憶體和暫存器，從而直接控制 CPU 和硬體電路的運行。正是由於這種低階特性，很多作業系統核心、驅動都選擇使用 C 語言進行開發。尤其在嵌入式開發領域，C 語言被廣泛使用，C 語言是嵌入式工程師必須熟練掌握，甚至需要精通的一門程式設計語言。

✤ C 語言到底要學到什麼程度

學習 C 語言到底要學到什麼程度，才能達到面試的要求，才能勝任一份嵌入式開發的工作呢？這是很多嵌入式初學者很關心的問題。

一般來講，不同的產業領域、不同的 C 語言開發職位、不同的學習目的，對 C 語言的要求也不一樣。如圖 0-1 所示，如果你是在校學生，學習 C 語言僅僅是為了應付期末考試、通過電腦考試、考取證照，那麼你只要把 C 語言的基本語法掌握好，基本上就可以輕鬆過關，稍微用心點，說不定還能拿個高分。如果你想做 C 語言桌面軟體、網站伺服器開發，那麼你不僅要學習 C 語言的基本語法，還要對特定產業領域的專業知識、軟體工程、專案管理等有所涉獵。這可不像通過電腦考試那麼簡單。電腦考試其實壓根就不是為程式設計師準備的，它是非電腦專業學生的終極目標，而對於一個立志從事軟體開發的工程師來說，它僅僅是一個起點。如果你想以後從事嵌入式開發、Linux 核心驅動開發等工作，那麼對 C 語言的要求就更高了：你不僅要掌握 C 語言的基本語法、專案管理、軟體工程，還要對硬體電路、CPU、作業系統、編譯原理等底層機制有完整的了解，需要對 C 語言進行進一步的強化學習和程式設計訓練。

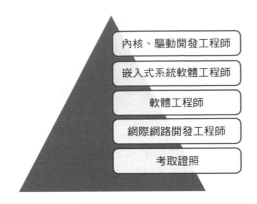

▲ 圖 0-1 C 語言各種開發職位和學習需求

使用 C 語言程式設計就像寫小說一樣：為什麼你掌握了 3000 個常用的英文單字、八大時態、各種從句語法，還是寫不出《哈姆雷特》《冰與火之歌》呢？道理其實很簡單，單字和語法只是基礎中的基礎，只是工具而已。要想寫出優秀的小說，還需要對一門語言背後的社會背景、歷史文化、思維邏輯、風土人情等有深入的理解和把握才行。

✤ 測一測你的 C 語言水準

為了達到更好的學習效果，下面特意列出了一些問題，用來測評你真實的 C 語言水準。

C 語言測試（1）：基本概念評測

- 什麼是識別字、關鍵字和預先定義識別字？三者有何區別？
- 在 C 程式編譯過程中，什麼是語法檢查、語義檢查？兩者有何區別？
- 什麼是運算式？什麼是敘述？什麼是程式區塊？
- 什麼是左值、右值、物件、副作用、未定義行為？
- 什麼是結合性、左結合、右結合？

C 語言測試（2）：一個 sizeof (int) 引發的思考

- sizeof 是函數，是關鍵字，還是預先定義識別字？
- 在 32 位元和 64 位元的 Windows 7 環境下運行，結果分別是多少？
- 在 32 位元和 64 位元的 X86 CPU 平台下運行，結果分別是多少？
- 在 8 位元、16 位元、32 位元的微控制器環境下運行，結果分別是多少？
- 在 32 位元 ARM 和 64 位元 ARM 下運行，結果分別是多少？
- 分別在 VC++ 6.0、Turbo C、Keil、32 位元 /64 位元 GCC 編譯器下編譯、運行，結果一樣嗎？
- 使用 32 位元 GCC 編譯器編譯生成 32 位元可執行檔，運行在 64 位元環境下，結果如何？
- 使用 64 位元 GCC 編譯器編譯生成 64 位元可執行檔，運行在 32 位元環境下，結果如何？

C 語言測試（3）：自動增加運算子

使用不同的編譯器編譯、運行下面的程式碼，結果分別是多少？結果是否一定相同？為什麼？

```
#include <stdio.h>
int main(void)
{
    int i = 1;
    int j = 2;
    printf("%d\n", i++*i++);
    printf("%d\n", i+++j);
    return 0;
}
```

C 語言測試（4）：程式碼分析

```
#include <stdio.h>
int main(void)
{
```

```
    int i;
    int a[0];
    printf("hello world!\n");
    int j;
    for(int k=0; k<10; k++);
    return 0;
}
```

閱讀上面的程式碼，然後進行如下操作，觀察運行結果並分析。

- 分別使用 C-Free、GCC、VC++ 6.0、Visual Studio 編譯、執行程式，運行結果一定相同嗎？會出現什麼問題？為什麼？
- 在 VC++ 6.0 環境下，新建 console 專案，將上面的程式碼分別保存為 .cpp 和 .c 檔案並編譯、運行，運行結果會如何？為什麼？

C 語言測試（5）：程式運行記憶體分析

在 32 位元 Linux 下，撰寫一個資料複製函數，在實際運行中會出現什麼問題？

```
int *data_copy(int *p)
{
    int buffer[8192*1024];
    memcpy(buffer, p, 8192*1024);
    return buffer;
}
```

C 語言測試（6）：程式改錯題

在嵌入式 ARM 裸機平臺上，實現一個 MP3 播放機，要求實現如下功能：當不同的控制按鍵被按下時，播放機可以播放、暫停、播放上一首歌曲、播放下一首歌曲。為了實現這些功能，我們設計了一個按鍵中斷處理函數：當有按鍵被按下時，會產生一個中斷，我們在按鍵中斷處理函數中讀取按鍵的值，並根據按鍵的值執行不同的操作。下面設計的按鍵中斷處理函數中有很多不合理之處，請找出 6 處以上。

```
int keyboard_isr(int irq_num)
{
    char *buf =(char *)malloc(512);
    int key_value = 0,

    key_value = keyboard_scan();
    if(key_value == 1)
    {
        mp3_decode(buf,"xx.mp3");
        sleep(10);
        mp3_play(buf);              // 播放
    }
    else if(key_value == 2)
        mp3_pause(buf);             // 暫停
    else if(key_value == 3)
        mp3_next(buf);              // 播放下一首歌曲
    else if(key_value == 4)
        mp3_prev(buf);              // 播放上一首歌曲
    else
    {
        printf("UND key !");
        return -1;
    }
    return 0;
}
```

C 語言測試（7）：Linux 核心程式分析

在 Linux 核心原始程式中存在著各種各樣、稀奇古怪的 C 語言語法，試分析下面程式中巨集定義、零長度陣列、位元運算、結構變數初始化的作用。

```
#define stamp(fmt, args...)  pr_debug("%s:%i: " fmt "\n", __func__, __
LINE__, ## args)
#define pr_debug(fmt, ...) __pr(__pr_debug, fmt, ##__VA_ARGS__)

#define container_of(ptr, type, member) ({  \
    const typeof(((type *)0)->member) * __mptr = (ptr);  \
    (type *)((char *)__mptr - offsetof(type, member)); })
```

```
#define likely(x)    __builtin_expect(!!(x),1)
#define unlikely(x)    __builtin_expect(!!(x),0)

struct urb
{
     struct kref kref;
struct usb_iso_packet_descriptor iso_frame_desc[0];
}

flags &= ~(URB_DIR_MASK | URB_DMA_MAP_SINGLE | URB_DMA_MAP_PAGE );
static struct usb_driver i2400mu_driver = {
    .name = KBUILD_MODNAME,
    .suspend = i2400mu_suspend,
    .resume = i2400mu_resume,
    .supports_autosuspend = 1,
};
```

C 語言測試（8）：Linux 核心程式賞析

在 Linux 核心原始程式中，我們經常可以看到下面的程式風格，試分析它
們的意義。

```
extern void usage(const char *err) NORETURN;
extern void die(const char *err, ...) NORETURN __attribute__((format
(printf, 1, 2)));
extern int error(const char *err, ...) __attribute__((format (printf, 1,
2)));
extern void warning(const char *err, ...) __attribute__((format (printf,
1, 2)));
static  inline __attribute__((noinline)) int func();
static  inline __attribute__((always_inline)) int func();

#define ftrace_vprintk(fmt, vargs)              \
do {                       \
    if (__builtin_constant_p(fmt)) {                 \
        static const char *trace_printk_fmt __used    \
     __attribute__((section("__trace_printk_fmt"))) =            \
         __builtin_constant_p(fmt) ? fmt : NULL;      \
```

```
        __ftrace_vbprintk(_THIS_IP_, trace_printk_fmt, vargs); \
    } else                          \
        __ftrace_vprintk(_THIS_IP_, fmt, vargs);     \
} while (0)
```

✤ 你要學習的，不僅僅是 C 語言……

對於上面的幾個 C 語言測試，如果你已經知道了答案，並且知道其要針對的是什麼基礎知識，恭喜你，你對 C 語言及電腦系統結構的知識已經很熟悉了。如果回答得不是很好，偷偷用 Google 也沒有搜到理想的答案，也不用氣餒，因為這次測試要評測的內容其實已經不僅僅是 C 語言的知識了，而是和嵌入式 C 語言開發相關的一些理論知識，如處理器架構、作業系統、編譯原理、編譯器特性、記憶體堆疊管理、Linux 核心中的 GNU C 擴充語法等。

當然，上面的測試也不是為了故意挫你威風或者賣關子，讓你趕緊掏腰包買下這本書，而是想要傳遞一個資訊：要想從事嵌入式開發工作，尤其是嵌入式 Linux 核心驅動開發工作，你要精通的不僅僅是 C 語言，最好還要掌握和 C 語言相關的一系列基礎理論和偵錯技能。筆者也是過來人，從最初學習嵌入式到從事嵌入式開發工作，這一路走來坎坷崎嶇，什麼都不說了，說多了都是淚。

從一開始連指標都不會用、不敢用，看核心驅動程式一頭霧水，越看越沒信心、越看越沒自信，到現在不再擔心害怕，有自信和能力看懂核心中的程式細節和系統框架，這種進步不是天上掉下來的，也不是一不小心跌入山洞，撿到武功秘笈練出來的，而是不斷地學習和實踐、反覆迭代、不斷完善自己的知識系統和技能樹，才慢慢達到的。學習沒有捷徑可走，要想真正學好嵌入式、精通嵌入式，個人覺得除了精通 C 語言，最好還要具備以下完整的知識系統和程式設計技能。

- 半導體基礎、CPU 工作原理、硬體電路、電腦系統結構。
- ARM 系統結構與組合語言指令、組合語言程式設計、ARM 反組譯分析。
- 程式的編譯、連結、安裝、運行和重定位分析。
- 熟悉 C 語言標準、ARM、GNU 編譯器的特性和擴充語法。
- C 語言的模組化程式設計思想，學會使用模組化思想去分析複雜的系統。
- C 語言的物件導向程式設計（簡稱 OOP）思想，學會使用 OOP 思想去分析 Linux 核心驅動。
- 對指標的深刻理解，對複雜指標的宣告和靈活應用。
- 對記憶體堆疊管理、記憶體洩漏、堆疊溢位、段錯誤的深刻理解。
- 多工併發程式設計思想，CPU 和作業系統基礎理論。

✤ 本書內容及寫作初衷

本書從 C 語言的角度出發，分 10 章，在預設讀者已經掌握 C 語言基本語法的基礎上，和大家一起探討、學習 C 語言背後的 CPU 工作原理、電腦系統結構、ARM 平臺下程式的編譯 / 連結、程式執行時期的記憶體堆疊管理等底層知識。同時，針對嵌入式開發領域，用 3 章分別探討了 C 語言的物件導向程式設計思想、模組化程式設計思想和多工程式設計思想，這些底層知識和程式設計思想組成了嵌入式開發所需要的通用理論基礎和核心技能。尤其是對於很多從不同專業轉行到嵌入式開發的朋友，由於專業背景的差異，導致每個人的知識儲備和程式設計技能樹參差不齊，在學習嵌入式開發的過程中會經常遇到各種各樣的問題，陷入學習的困境。

本書的寫作初衷就是為不同專業背景的讀者架設嵌入式開發所需要的完整知識系統和認知框架。掌握了這些基礎理論和程式設計技能，也就補齊了缺陷，可為後續的嵌入式開發進階學習打下堅實的基礎。

✣ 本書特色

- 直白寫作風格，通俗易懂，不怕學不會，就怕你不學。
- 大量的配圖、原理圖，圖文並茂，更加有利於學習和理解。
- 在 ARM 平臺下講解程式的編譯、連結和運行原理（獨創）。
- 現場「手刻」ARM 組合語言程式碼，從反組譯角度剖析 C 函式呼叫、傳參過程。
- 多角度剖析 C 語言：CPU、電腦系統結構、編譯器、作業系統、軟體工程。
- GNU C 編譯器擴充語法精講（在 GNU 開放原始碼軟體、Linux 核心中大量使用）。
- 記憶體堆疊管理機制的底層剖析，從根源上理解記憶體錯誤。
- 從零開始一步一步架設和迭代嵌入式軟體框架。
- 教你用 OOP 思想分析 Linux 核心中複雜的驅動和子系統。
- C 語言的多工併發程式設計思想，CPU 和作業系統零基礎入門。

✣ 讀者定位

本書針對的是嵌入式開發，尤其是嵌入式 Linux 開發背景下的 C 語言進階學習，比較適合在校學生、嵌入式學員、工作 1~3 年的職場新兵閱讀和學習。為了達到更好的學習效果，在閱讀本書之前，首先要確保你已經掌握了 C 語言的基本語法，並且至少使用過一款 C 語言整合式開發環境（VC++ 6.0、Visual Studio、C-Free、GCC 都可以），開發過一個完整的 C 語言專案（課程設計也算）。有了這些基礎和程式設計經驗之後，學習效果會更好。

✣ 致謝及意見回饋

本書在寫作過程中參考了很多經典圖書、論文期刊、開源程式碼，包括網際網路上的很多電子資料，由於時間和精力的關係，無法對這些資料的最初出處——溯本求源，對各種資料的創建者和分享者不能一一列舉。這裡對他們的貢獻表示真誠的感謝。

感謝電子工業出版社的董英和李秀梅編輯，本書從選題的論證到書稿的格式審核、文字編輯，她們都付出了辛苦的工作並提出了很多專業意見。鑒於作者水準、時間和精力有限，書中難免出現一些錯誤。如果你在閱讀過程中發現了錯誤或者需要改進的地方，歡迎和我聯繫（E-mail：3284757626@qq.com），或者在我的個人部落格（www.zhaixue.cc）上留言。

目錄

03 ARM 系統結構與組合語言

04 程式的編譯、連結、安裝和執行

05 記憶體堆疊管理

06 GNU C 編譯器擴充語法精講

07 資料儲存與指標

01

工欲善其事，必先利其器

本書預設在 Linux/Ubuntu 環境下講解 C 語言。在 Linux 環境下撰寫程式和在 Windows 環境下不太一樣。工欲善其事，必先利其器，對於一個新手，在正式學習前，掌握 Linux 環境下的常用開發工具還是很有必要的。在 Linux 環境下開發程式，雖然已經有像 Windows 環境下那樣成熟的整合式開發環境（Integrated Development Environment，IDE），如 Eclipse、VS Code 等，但也有一些非常好用的輕量級工具，熟練掌握之後，你會發現它們比這些 IDE 更加方便快捷，如程式編輯工具 Vim、程式編譯工具 GCC 和 make 等。

- 程式編輯工具：Vim、gedit。
- 程式編譯工具：GCC、make。
- 專案管理工具：Git。

當然啦，蘿蔔青菜各有所愛，用使用的編輯器、編輯工具來衡量一個程式設計師的能力，其實就和用鹹豆漿、甜豆漿來判斷一個人的品味一樣不可靠。用得順手的才是最好的，玩得溜的才是最好的，千招會不如一招鮮，這裡只是給大家提供不同的選擇。接下來的三節將會給大家介紹這些常用工具的安裝和基本使用方法。

1.1 程式編輯工具：Vim

在 Linux 環境下撰寫程式有很多工具可以選擇，如 gedit、Eclipse、VS Code 等，這些文字編輯工具相當於 Windows 環境下的記事本、Visual Studio、VC++ 6.0、C-Free 等各種 IDE。使用這些 IDE 開發程式非常方便，因為它們提供了程式的編輯、執行、偵錯、專案管理一條龍服務。使用 IDE 唯一的缺陷就是這些 IDE 安裝檔案往往很大，編譯創建專案時生成的暫存檔案很多，略顯笨重和臃腫，大量的封裝雖然更易於上手，方便使用者程式設計，但也掩蓋了底層編譯、偵錯的過程，不利於新手學習。本節主要給大家介紹一款在 Linux 環境下更加輕巧和高效的程式編輯工具：Vim。

Vim 是一款純命令列操作、功能可擴充、高度可訂製的文字編輯工具。對於新手來說，剛接觸 Vim，對這種純命令列操作的文字編輯模式可能很不適應：你可能連儲存、退出都不知道怎麼操作，此時滑鼠也愛莫能助，怎麼點也沒反應，真可謂「叫天天不應，叫地地不靈」，最後乾脆關掉重新啟動。一旦過了適應期，上手用熟之後，Vim 定會讓你盡享其中、無法自拔：當手指在鍵盤上健步如飛，各種命令信手拈來，此時的你才會感受到 Vim 的強大功能和高效便捷。讓手指跟上你思維的腳步，讓節奏在你的指間恣意流淌，再配上青軸鍵盤那清脆的敲擊聲，如小溪的叮咚和山間清爽的風，讓人心曠神怡。此刻的你也許才會發現，原來滑鼠是多麼的笨拙和多餘，當你拖著滑鼠滿螢幕尋找儲存、退出按鈕時，你才會發現 Vim 的信手拈來、指隨心動是多麼的暢快。這種縱享絲滑的感覺會讓你沉浸其中、愛不釋手，如果再搭配各種外掛程式的安裝使用、各種快捷命令的按鍵映射、各種得心應手的設定，我們可以把 Vim 打造成類似 Source Insight 的 IDE。

接下來我們就開始 Vim 入門之旅吧！

1.1.1 安裝 Vim

在 Linux 環境下，使用 Vim 之前首先要安裝。雖然現在大多數 UNIX、GNU/Linux 作業系統預設已安裝 Vim，但也有一些作業系統，如 Ubuntu，系統附帶的預設文字編輯工具是 Vi，或者 Vim 預設執行的是 Vi 的相容模式，方向鍵和倒退鍵不能用。Vi 是 visual interface 的簡寫，以前系統編輯文字都使用行編輯器 ex 命令，後來才有了 Vi 工具，作為 ex 的視覺化操作介面，可以直接視覺化編輯文字，比使用純命令列處理文字方便了很多，在 Vi 下輸入 Q 可進入 ex 模式，在 ex 模式下輸入 Vi 同樣會進入 Vi 模式。Vi 也有很多不完整的地方，如只能單步撤銷、不能使用方向鍵等，所以就出現了 Vi 的加強版：Vi Improved，即 Vim。Vim 針對 Vi 做了很多改進，如增加了多級撤銷、多視窗操作、關鍵字自動補完全相等功能，甚至可以透過外掛程式來擴充和設定更多的功能。

在 Ubuntu 環境下安裝 Vim 很簡單，如果你的 Ubuntu 作業系統是聯網的，直接在 Shell 命令列下敲擊下面的命令即可完成安裝。

```
# apt-get install vim
$ sudo apt-get install vim
```

上面的 apt-get 安裝命令使用 # 開頭，表示當前命令是以 root 許可權執行的；如果命令前使用 $ 開頭，表示當前命令是以普通使用者許可權執行的。

不同的 Linux/UNIX 作業系統，Vim 安裝命令可能不太一樣，如在 Fedora 或 macOS 下面，我們可以使用下面的命令安裝 Vim。

```
# yum install vim
# brew install vim
```

安裝好之後，在 Shell 命令列下輸入：vim。如果安裝成功，就會啟動 Vim 並彈出一個 Vim 介面，顯示 Vim 的版本編號。當然，我們也可以直接使用下面的命令查看 Vim 的版本編號。

```
#  vim -v
```

接下來，就可以直接使用 Vim 來編輯和瀏覽程式碼了。

1.1.2 Vim 常用命令

Vim 有多種工作模式，不同的工作模式之間都可以透過命令來回切換，這會讓我們瀏覽和編輯程式非常方便和貼心。Vim 常見的工作模式如下。

- 普通模式：打開檔案時的預設模式，在其他模式下按下 ESC 鍵都可返回到該模式。
- 插入模式：按 i/o/a 鍵進入該模式，進行文字編輯操作，不同之處在於插入字元的位置在游標之前還是之後。
- 命令列模式：普通模式下輸入冒號（:）後會進入該模式，在該模式下輸入命令，如輸入 :set number 或 :set nu 可以顯示行號。
- 視覺化模式：在普通模式下按 v 鍵會進入視覺化模式。在該模式下移動游標可以選中一塊文字，然後可以進行複製、剪下、刪除、貼上等文字操作。
- 替換模式：在普通模式下透過游標選中一個字元，然後按 r 鍵，再輸入一個字元，你會發現你輸入的字元就替換掉了原來那個被選中的字元。在該模式下進行文字替換很方便，省去了先刪除再插入這種常規操作。

要想將 Vim 玩得熟，玩得得心應手，一些常用的基本命令是必須要掌握的。很多新手很不習慣使用命令，或者沒有掌握好常用命令，在 Vim 環境下用滑鼠亂點，發現根本解決不了問題，一切嘗試都是徒勞的。其實 Vim 的命令很簡單，筆者給大家複習了一下，只要掌握了游標移動、文字的插入、刪除、複製、貼上、查詢、替換、儲存和退出等基本操作，就可以熟練使用 Vim 編輯文字了。

游標的移動，就是當我們瀏覽和插入程式時，游標在螢幕中的定位移動。Vim 支援不同細微性的游標移動，如單一字元移動、單字移動、螢幕移動等。Vim 常見的游標移動命令如下。

1. 單一字元移動

- k：在普通模式下，敲擊 k 鍵，游標向上移動一個字元。
- j：在普通模式下，敲擊 j 鍵，游標向下移動一個字元。
- h：在普通模式下，敲擊 h 鍵，游標向左移動一個字元。
- l：在普通模式下，敲擊 l 鍵，游標向右移動一個字元。

2. 單字移動

Vim 還支援以單字為單位的游標移動。常見的移動命令如下。

- w：游標移動到下一個單字的開頭。
- b：游標移動到上一個單字的開頭。
- e：游標移動到下一個單字的詞尾。
- E：游標移動到下一個單字的詞尾（忽略標點符號）。
- ge：游標移動到上一個單字的詞尾。
- 2w：指定移動游標 2 次移動到下下個單字開頭。

3. 行移動

Vim 支援行細微性的游標移動，當我們的游標需要在一行進行移動時，可以使用下面的命令。

- $：將游標移動到當前行的行尾。
- 0：將游標移動到當前行的行首。
- ^：將游標移動到當前行的第一個非空字元。
- 2|：將游標移動到當前行的第 2 列。
- fx：將游標移動到當前行的第 1 個字元 x 上。
- 3fx：將游標移動到當前行的第 3 個字元 x 上。
- %：符號間的移動，在 ()、[]、{} 之間跳躍。

4. 螢幕移動

當我們進行長距離、大範圍的游標移動時，使用上面的命令可能比較麻煩，要不停地重複按某個鍵若干次。Vim 同樣提供了大範圍的游標移動命令給我們使用。

- nG：游標跳躍到指定的第 n 行。
- gg/G：游標跳躍到檔案的開頭 / 尾端。
- L：游標移動到當前螢幕的尾端。
- M：游標移動到當前螢幕的中間。
- Ctrl+g：游標查看當前的位置狀態。
- Ctrl+u/d：游標向前 / 後半頁捲動。
- Ctrl+f/b：游標向前 / 後全螢幕捲動。

透過游標移動，我們可以定位要插入或刪除的文字位置。接下來，我們就可以透過一些文字命令進行文字的插入、刪除等操作了。

5. 文字的基本操作

- i/a：在當前游標的前或後面插入字元。
- I/A：在當前游標所在行的行首或行尾插入字元。
- o：在當前游標所在行的下一行插入字元。
- x：刪除當前游標所在處的字元。
- X：刪除當前游標左邊的字元。
- dw：刪除一個單字。
- dd：刪除當前游標所在處的一整行。
- 2dd：刪除當前游標所在處的一整行和下一行。
- yw：複製一個單字。
- yy：複製游標所在處的一整行。
- p：貼上，注意是貼上到游標所在處的下一行。
- J：刪除一個分行符，將當前行與下一行合併。

6. 文字的查詢與替換

- /string：在 Vim 的普通模式下輸入 /string 即可正嚮往下查詢字串 string。
- ?string：反向查詢字串 string。
- :set hls：反白顯示游標處的單字，敲擊 n 瀏覽下一個。
- s/old/new：將當前行的第一個字串 old 替換為 new。
- s/old/new/g：將當前行的所有字串 old 替換為 new。
- %s/old/new/g：將文字中所有字串 old 替換為 new。
- %s/^old/new/g：將文字中所有以 old 開頭的字串替換為 new。

7. 文字的儲存與退出

- u：撤銷上一步的操作。
- q：若檔案沒有修改，則直接退出。
- q!：若檔案已修改，則放棄修改，退出。
- wq：若檔案已修改，則儲存修改，退出。
- e!：若檔案已修改，則放棄修改，恢復檔案打開時的狀態。
- w !sudo tee %：在 Shell 的普通使用者模式下儲存 root 讀寫許可權的檔案。

在 Ubuntu 環境下，在 Shell 的普通使用者模式下，一般只能修改 / home/$(USER)/ 目錄下的檔案。如果你想使用 Vim 修改其他目錄下的檔案，則要使用 sudo vim xx.c 命令，或者先切換到 root 使用者，再使用 Vim 打開檔案即可。如果在普通使用者模式下忘記使用 sudo，直接使用 Vim 修改了檔案而無法儲存退出時，可使用下面的命令來儲存。

```
w !sudo tee %
```

% 表示當前的檔案名稱，tee 命令用來把緩衝區的資料儲存到當前檔案，這個命令會提示你輸入當前使用者的密碼，輸入密碼後選擇 OK 確認，然後這個命令就可以提升許可權，將你的修改儲存到檔案中。

1.1.3 Vim 設定檔：vimrc

Vim 支援功能擴充和訂製，使用者可以根據自己的實際需求和使用習慣靈活設定 Vim。當使用者使用 Vim 打開一個文字檔時，預設是不顯示行號的。如果想顯示行號，則可以在命令列模式下輸入 :set nu 命令。當然，也可以將這個命令寫入 Vim 的設定檔。這樣做的好處是，當使用者使用 Vim 打開檔案時，就不用每次都輸入顯示行號的命令了。我們可以透過 vim --version 命令來查看 Vim 設定檔的路徑。

```
# vim -version
system vimrc file: "$VIM/vimrc"
user vimrc file: "$HOME/.vimrc"
2nd user vimrc file: "~/.vim/vimrc"
user exrc file: "$HOME/.exrc"
fall-back for $VIM: "/usr/share/vim"
```

Vim 設定檔分為系統級設定檔和使用者級設定檔。使用者級設定檔只對當前使用者有效，一般位於 $HOME/.vimrc 和 ~/.vim/vimrc 這兩個路徑下，而系統級設定檔則對所有使用者都有效，一般位於 /etc/vim/vimrc 路徑下。

當使用者在 Shell 下輸入 vim 命令打開一個檔案時，Vim 首先會設定內部變數 SHELL 和 term，處理使用者輸入的命令列參數，如要打開的檔案名稱和參數選項，然後載入系統級和使用者級設定檔，載入外掛程式並執行 GUI 的初始化工作，最後才會打開所有的視窗並執行使用者指定的啟動時命令。

我們可以將顯示行號的命令 :set nu 儲存在 $HOME/.vimrc 檔案中，儲存成功後，在當前使用者模式下我們再使用 vim 命令打開一個文字檔時，就可以直接顯示行號了。除此之外，我們還可以在這個 vimrc 檔案中增加其他設定（其中 " 為註釋行）。

```
set number
" color scheme
colorscheme molokai
" Backspace deletes like most programs in insert mode
set backspace=2
" Show the cursor position all the time
set ruler
" Display incomplete commands
set showcmd
" Set fileencodings
set fileencodings=ucs-bom,utf-8,cp936,gb2312,gb18030,big5
set background=dark
set encoding=utf-8
set fenc=utf-8
set smartindent
set autoindent
set cul
set linespace=2
set showmatch
set lines=47 columns=90

" font and size
"set guifont=Andale Mono:h14
"set guifont=Monaco:h11
set guifont=Menlo:h14

" Softtabs, 4 spaces
set tabstop=4
set shiftwidth=4
set shiftround
set softtabstop=4
set expandtab
set smarttab

" Highlight current line
au WinLeave * set nocursorline
au WinEnter * set cursorline
set cursorline
```

1.1.4 Vim 的按鍵映射

在 Windows 環境下面處理文字時，我們經常使用一些快速鍵來提升工作效率，如 Ctrl+c、Ctrl+x、Ctrl+v 複合鍵分別代表複製、剪下和貼上。在 Vim 環境下我們也可以透過按鍵映射設定一些快速鍵來提升處理文字的效率。Vim 提供的 map 命令可以幫助我們完成這一功能，如表 1-1 所示。

表 1-1　不同工作模式下的按鍵映射命令

命令	Normal	Visual	Operator Pending	Insert	Command Line
:map	Y	Y	Y		
:nmap	Y				
:vmap		Y			
:omap			Y		
:map!				Y	Y
:imap				Y	
:cmap					Y

Vim 有多種工作模式，透過 map 命令不同的組合形式，可以在不同的工作模式下完成按鍵的映射操作。我們的鍵盤上除了常見的字元鍵、數字鍵，還有一些功能鍵和輔助鍵，透過功能鍵、輔助鍵和字元鍵組成的組合按鍵，可以映射我們自訂的一些命令。常用的一些功能鍵、輔助鍵如表 1-2 所示。

表 1-2　常用的一些功能鍵、輔助鍵

鍵名	說明	鍵名	說明
Tab	Tab 鍵	<Space>	空白鍵
<CR>	Enter 鍵	<LEFT>	方向鍵：左
<F5>	F5 功能鍵	<RIGHT>	方向鍵：右
<Esc>	Esc 鍵	<UP>	方向鍵：上
<BS>	Backspace 鍵	<DOWN>	方向鍵：下

鍵名	說明	鍵名	說明
<DELETE>	Delete 鍵	<C>	Ctrl 鍵
<A>	Alt 鍵	<C-a>	Ctrl+a 複合鍵

現在的 IDE 一般都支援括號自動補全功能：在我們撰寫程式的過程中，當遇到小括號、中括號、大括號這些字元時，IDE 一般都會自動補全，並將游標移動到括號中，方便使用者繼續輸入字元。在 Vim 的插入模式下，我們透過按鍵映射，同樣可以實現括號自動補全的功能。在 $HOME/.vimrc 中增加如下按鍵映射命令。

```
inoremap  [   []<Esc>i
inoremap  ]   []<Esc>i
inoremap  (   ()<Esc>i
inoremap  )   ()<Esc>i
inoremap  "   ""<Esc>i
inoremap  {   {<CR>}<Esc>O
inoremap  }   {<CR>}<Esc>O
```

以第一個按鍵映射為例，當使用者在 Vim 的插入模式下輸入左中括號（[）時，透過按鍵映射，Vim 會自動補全一對中括號（[]），然後透過 Esc 鍵返回到 Normal 模式，最後透過 i 鍵再次進入插入模式，將游標移動到中括號中，方便使用者繼續輸入字元。大括號的按鍵映射也是如此，當使用者輸入 { 定義一個函數或程式區塊時，大括號會自動補全，確認換行，並將游標移動到下一行行首，方便使用者繼續輸入程式。儲存好 .vimrc 設定檔後，我們重新使用 Vim 打開一個檔案，在插入模式下輸入小括號或大括號，你會發現 Vim 可以自動補全了，並將游標自動移動到了括號內，方便使用者繼續輸入。

Vim 在 Normal 工作模式下，可以透過按鍵 h、j、k、l 來移動游標，但是在插入模式下，這些按鍵就不能作為方向鍵使用了，使用者需要使用鍵盤中的方向鍵來移動游標。由於方向鍵的鍵程較遠，我們的右手需要在字元鍵和方向鍵之間來回移動切換，十分不方便。為了提高輸入效率，我們可以透過複合鍵映射，在插入模式下使用複合鍵 Ctrl+h、Ctrl+j、Ctrl+k、Ctrl+l 來移動游標。

```
inoremap  <C-L>  <Esc>la
inoremap  <C-H>  <Esc>ha
inoremap  <C-J>  <Esc>ja
inoremap  <C-K>  <Esc>ka
```

我們在輸入程式時有時還會遇到這種情況：如使用 printf() 函數列印字串，當我們在一對小括號和雙引號內輸入完字串，想移動游標到該敘述的行尾時，需要多次移動游標：要麼使用方向鍵，要麼使用上面的複合鍵，都不是很方便。為此，我們可以透過按鍵映射定義一組更加快捷的游標移動命令。

```
imap   ,,    <ESC>la
imap   ..    <ESC>2la
```

當我們在一組括號或雙引號內輸入完字元想快速跳出括號、引號時，在 Vim 插入模式下快速敲擊兩次逗點鍵，就可以快速移動游標，跳到括號或引號外。如果你想快速移動兩次游標，在 Vim 插入模式下快速敲擊兩次句點鍵就可以了。

除了透過 vimrc 設定檔來訂製功能，Vim 還支援透過外掛程式來擴充功能。在 Vim 的官方網站上有很多 xx.vim 格式的外掛程式供使用者下載使用。如果你想透過外掛程式來擴充 Vim 的功能，方法很簡單：先在你的當前使用者下創建一個 ~/.vim/plugin 目錄，然後將這些 xx.vim 格式的外掛程式複製到這個目錄，在 $HOME/.vimrc 設定檔裡對這些外掛程式進行設定，就可以直接使用了。有興趣的朋友可以自行下載安裝，這裡就不一一贅述了。

1.2 程式編譯工具：make

1.2.1 使用 IDE 編譯 C 程式

在 Windows 下開發程式，我們一般會使用 IDE（Integrated Development Environment，整合式開發環境）。IDE 提供了程式的編輯、編譯、連結、執行、偵錯、專案管理一條龍服務。IDE 將程式的編譯、連結、執行等底層過程進行封裝，留給使用者的只有一個使用者互動按鈕：Run。使用者甚至都不用關心程式到底是如何編譯、連結和執行的，程式寫好後，直接點擊 Run 按鈕，IDE 會自動呼叫相關的前置處理器、編譯器、組合語言器、連結器等工具生成可執行檔，並將可執行檔載入到記憶體執行，透過列印視窗，使用者可以很直觀地看到程式的執行結果。以 C-Free 5.0 整合式開發環境為例，程式的編輯、編譯、專案管理視窗的佈局如圖 1-1 所示。

筆者的 C-Free 5.0 安裝在 C:\Program Files (x86)\C-Free 5 路徑下，在安裝目錄下的 C:\Program Files (x86)\C-Free 5\mingw\bin 下面，你會看到很多二進位工具：as（組合語言器）、cpp（前置處理器）、ld（連結器）、gcc（GNU C 編譯器）、g++（GNU C++ 編譯器）、gdb（偵錯器）、ar（歸檔工具，用來製作函數庫）。當我們寫好程式，點擊視窗介面上的 Run 按鈕時，C-Free 5.0 在後台就會自動呼叫這些工具，生成可執行檔，並將其載入到記憶體執行。

這裡需要注意的是：gcc 並不是真正的 C 編譯器，它是 GNU C 編譯器工具集中的一個二進位工具。在編譯器時，gcc 會首先執行，然後由 gcc 分別呼叫前置處理器、編譯器、組合語言器、連結器等工具來完成整個編譯過程。C-Free 5.0 整合式開發環境支持多個編譯器設定，使用者可以增加自己的編譯器，然後透過 gcc 工具分別去呼叫它們。如 C-Free 5.0 預設安裝的 mingw32 C 編譯器 cc1，安裝在 C:\Program Files (x86)\C-Free 5\

mingw\libexec\gcc\mingw32\3.4.5 目錄下，當程式編譯時，gcc 就會根據使用者指定的設定呼叫它，完成程式的編譯過程。

▲ 圖 1-1　C-Free 5.0 整合式開發環境視窗佈局說明
（來源：https://c-free.soft32.com/screenshots/）

1.2.2　使用 gcc 編譯 C 來源程式

在 Linux 環境下編譯器和在 Windows 下不太一樣，一般在命令列下編譯程式。在 Linux 下，我們一般使用 gcc 或 arm-linux-gcc 交叉編譯器來編譯器。在使用這些編譯器之前，首先需要安裝它們，在 Ubuntu 環境下，我們可以使用 apt-get 命令來安裝這些編譯工具。

```
# apt-get install gcc
# apt-get install gcc-arm-linux-gnueabi
```

安裝完畢後，使用下面的命令可以查看編譯器的版本。如果安裝成功，則會有下面的顯示資訊。

```
# gcc -v
Using built-in specs.
COLLECT_GCC=gcc
COLLECT_LTO_WRAPPER=/usr/lib/gcc/i686-linux-gnu/5/lto-wrapper
Target: i686-linux-gnu
Configured with: ../src/configure -v --with-pkgversion='Ubuntu
5.4.0-6ubuntu1~16.04.12' --with-bugurl=file:///usr/share/doc/gcc-5/
README.Bugs --enable-languages=c,ada,c++,java,go,d,fortran,objc,obj
-c++ --prefix=/usr --program-suffix=-5 --enable-shared --enable-linker-
build-id --libexecdir=/usr/lib --without-included-gettext --enable-
threads=posix --libdir=/usr/lib --enable-nls --with-sysroot=/ --enable-
clocale=gnu --enable-libstdcxx-debug --enable-libstdcxx-time=yes --with-
default-libstdcxx-abi=new --enable-gnu-unique-object --disable-vtable-
verify --enable-libmpx --enable-plugin --with-system-zlib --disable-
browser-plugin --enable-java-awt=gtk --enable-gtk-cairo --with-java-
home=/usr/lib/jvm/java-1.5.0-gcj-5-i386/jre --enable-java-home --with-
jvm-root-dir=/usr/lib/jvm/java-1.5.0-gcj-5-i386 --with-jvm-jar-dir=/
usr/lib/jvm-exports/java-1.5.0-gcj-5-i386 --with-arch-directory=i386
--with-ecj-jar=/usr/share/java/eclipse-ecj.jar --enable-objc-gc --enable-
targets=all --enable-multiarch --disable-werror --with-arch-32=i686
--with-multilib-list=m32,m64,mx32 --enable-multilib --with-tune=generic
--enable-checking=release --build=i686-linux-gnu --host=i686-linux-gnu
--target=i686-linux-gnu
Thread model: posix
gcc version 5.4.0 20160609 (Ubuntu 5.4.0-6ubuntu1~16.04.12)
查看交叉編譯器的版本資訊：# arm-linux-gnueabi-gcc -v
Using built-in specs.
COLLECT_GCC=arm-linux-gnueabi-gcc
COLLECT_LTO_WRAPPER=/usr/lib/gcc-cross/arm-linux-gnueabi/5/lto-wrapper
Target: arm-linux-gnueabi
Configured with: ../src/configure -v --with-pkgversion='Ubuntu/Linaro
5.4.0-6ubuntu1~16.04.9' --with-bugurl=file:///usr/share/doc/gcc-5/
README.Bugs --enable-languages=c,ada,c++,java,go,d,fortran,objc,obj
-c++ --prefix=/usr --program-suffix=-5 --enable-shared --enable-linker-
build-id --libexecdir=/usr/lib --without-included-gettext --enable-
threads=posix --libdir=/usr/lib --enable-nls --with-sysroot=/ --enable-
```

```
clocale=gnu --enable-libstdcxx-debug --enable-libstdcxx-time=yes --with-
default-libstdcxx-abi=new --enable-gnu-unique-object --disable-libitm
--disable-libquadmath --enable-plugin --with-system-zlib --disable-
browser-plugin --enable-java-awt=gtk --enable-gtk-cairo --with-java-
home=/usr/lib/jvm/java-1.5.0-gcj-5-armel-cross/jre --enable-java-home
--with-jvm-root-dir=/usr/lib/jvm/java-1.5.0-gcj-5-armel-cross --with-jvm-
jar-dir=/usr/lib/jvm-exports/java-1.5.0-gcj-5-armel-cross --with-arch-
directory=arm --with-ecj-jar=/usr/share/java/eclipse-ecj.jar --disable-
libgcj --enable-objc-gc --enable-multiarch --enable-multilib --disable-
sjlj-exceptions --with-arch=armv5t --with-float=soft --disable-werror
--enable-multilib --enable-checking=release --build=i686-linux-gnu
--host=i686-linux-gnu --target=arm-linux-gnueabi --program-prefix=arm-
linux-gnueabi- --includedir=/usr/arm-linux-gnueabi/include
Thread model: posix
gcc version 5.4.0 20160609 (Ubuntu/Linaro 5.4.0-6ubuntu1~16.04.9)
```

工具安裝成功後，我們就可以使用 gcc 或 arm-linux-gnueabi-gcc 命令來編譯器了。gcc 是 GCC 編譯器工具集中的一個應用程式，用來編譯我們的 C 程式。如我們撰寫一個簡單的 C 程式：

```
//main.c
#include <stdio.h>
int main (void)
{
    printf("hello world!\n");
    return 0;
}
```

然後就可以使用 gcc 命令來編譯 main.c 來源程式檔案了。

```
# gcc -o hello main.c
# ./hello
  hello world!
```

gcc 在編譯 main.c 原始檔案時，會依次呼叫前置處理器、編譯器、組合語言器、連結器，最後生成可執行的二進位檔案 hello。根據需要，我們也可以透過 gcc 的編譯參數來控制程式的編譯過程。

- -E：只對 C 來源程式進行前置處理，不編譯。
- -S：只編譯到組合語言檔案，不再組合語言。
- -c：只編譯生成目的檔案，不進行連結。
- -o：指定輸出的可執行檔名。
- -g：生成帶有偵錯資訊的 debug 檔案。
- -O2：程式編譯最佳化等級，一般選擇 2。
- -W：在編譯中開啟警告（warning）資訊。
- -I：大寫的 I，在編譯時指定標頭檔的路徑。
- -l：小寫的 l（like 字首），指定程式使用的函式程式庫。
- -L：大寫的 L（like 字首），指定函式程式庫的路徑。

透過上面的這些參數，我們就可以根據實際需要來控制程式的編譯過程。如上面的 main.c 原始檔案，如果我們只對其做編譯操作，不連結，就可以使用下面的命令。

```
# gcc -c main.c
```

透過下面的命令，我們可以對 C 原始檔案 main.c 只做前置處理操作，不再編譯，並將前置處理的結果重新導向到 main.i 檔案中。

```
# gcc -E main.c > main.i
```

打開 main.i 檔案，你就可以看到一個原汁原味的純 C 程式檔案，在這個檔案中，你可以看到一段 C 程式經過前置處理後到底發生了什麼變化。

1.2.3 使用 make 編譯器

我們可以在 Shell 環境下敲擊 gcc 命令來編譯 C 程式，也可以透過各種參數來控制編譯流程。使用 gcc 編譯器非常方便，但是也有弊端：在一個多檔案的專案中，如果 C 原始檔案過多，如編譯 Linux 核心原始程式，大概有 30000 多個 C 原始檔案，如果再使用 gcc 命令，恐怕就會變成下面這個樣子了。

```
# gcc -o vmlinux main.c usb.c device.c hub.c driver.c ...
```

針對多檔案的編譯難題，有沒有更好的解決方法呢？有，使用 make 命令可以幫助我們提高程式的編譯效率。

簡單點理解，make 其實也是一個編譯工具，只不過它在編譯器時，要依賴一個叫作 Makefile 的檔案：生成一個可執行檔所依賴的所有 C 原始檔案都在這個 Makefile 檔案中指定。在 Makefile 中，透過定義一個個規則，來描述各個要生成的目的檔案所依賴的原始檔案及編譯命令，最後連結器將這些目的檔案組裝在一起，生成可執行檔。

當我們使用 make 編譯一個專案時，make 首先會解析 Makefile，根據 Makefile 檔案中定義的規則和依賴關係，分析出生成可執行檔和各個目的檔案所依賴的原始檔案，並根據這些依賴關係建構出一個相依樹狀結構。然後根據這個依賴關係和 Makefile 定義的規則一步一步依次生成這些目的檔案，最後將這些目的檔案連結在一起，生成最終的可執行檔。

為了更好地理解 make 和 Makefile，接下來我們舉一個例子。在一個專案中，有 main.c 和 sum.c 兩個 C 原始檔案。

```c
//main.c
#include <stdio.h>
int add(int a, int b);
int main(void)
{
    int sum = 0;
    sum = add(3, 4);
    printf("sum:%d\n", sum);
    return 0;
}

//sum.c
int add(int a, int b)
{
    return a + b;
}
```

如果我們使用 gcc 來編譯器，可以使用下面的命令。

```
# gcc -o hello main.c sum.c
```

如果我們想使用 make 工具來編譯，首先要寫一個 Makefile。

```
.PHONY: all clean
all:hello
hello:main.o sum.o
    gcc -o hello main.o sum.o
main.o:main.c
    gcc -c main.c
sum.o:sum.c
    gcc -c sum.c
clean:
    rm -f main.o sum.o hello
```

一個 Makefile 通常是由一個個規則組成的，規則是組成 Makefile 的基本單元。一個規則通常由目標、目標依賴和命令 3 部分組成。

```
目標：目標依賴
        命令
```

目標一般指我們要生成的可執行檔或各個原始檔案對應的目的檔案。一個目標後面一般要緊接生成這個目標所依賴的原始檔案，以及生成這個目標的命令。命令可以是編譯命令，可以是連結命令，也可以是一個 Shell 命令，命令必須以 Tab 鍵開頭。一個 Makefile 裡可以有多個規則、多個目標，一般會選擇第一個目標作為預設目標。

Makefile 檔案中使用 .PHONY 宣告的目標是一個虛擬目標，虛擬目標並不是一個真正的檔案名稱，可以看作一個標籤。虛擬目標比較特殊，一般無依賴，主要用來無條件執行一些命令，如清理編譯結果和中間暫存檔案。一個規則可以像虛擬目標那樣無目標依賴，無條件地執行一些命令操作，也可以沒有命令，只表示單純的依賴關係，如上面 Makefile 檔案中的 all 虛擬目標。

將 Makefile 檔案放置在 main.c 和 sum.c 的同一目錄下，然後進入該目錄，在命令列環境下輸入 make 命令就可以直接編譯專案了，當然也可以使用 make clean 命令清除程式的編譯結果和生成的臨時中間檔案。

```
# make
gcc -c main.c
gcc -c sum.c
gcc -o hello main.o sum.o

# make clean
  rm -f hello main.o sum.o
```

這裡有個細節需要注意：Makefile 檔案名稱的第一個字母一般要大寫，當然使用小寫也不會錯，因為 make 在編譯器時會首先到目前的目錄下查詢 Makefile 檔案，找不到時再去找 makefile 或 GNUmakefile 檔案，當這 3 個檔案都找不到時，make 就會顯示出錯。

1.3 程式管理工具：Git

曾幾何時，你有沒有遇到過這種情況：你正在開發一個 51 微控制器專案，昨天的程式執行得還好好的，今天早上起來，吃了兩個包子後，突然靈感乍現，文思泉湧，增加了一些程式，修改了一些參數，重新編譯執行，發現硬體不工作了！尤其是和硬體時序、通訊協定相關的，很容易遇到這種情況。於是你又想把今天修改的東西改回去，但是改來改去，因為修改的地方太多，你甚至都忘記了到底修改了哪些地方！

不經一事不長一智，在一個雷裡跌倒過，下次你肯定不會這麼幹了。於是你開始步步為營、穩紮穩打：在軟體開發過程中，每實現一個功能，每前進一步，都趕緊存檔備份，儲存為一個版本，然後以這個版本為基點進行下一個版本的開發。客戶不停地提需求，改需求，你就不停地備份版本，這就像你在那傷感的 6 月裡寫畢業論文一樣，你不停地改論文，導師不停地打回來，到最後就變成了圖 1-2 的樣子。

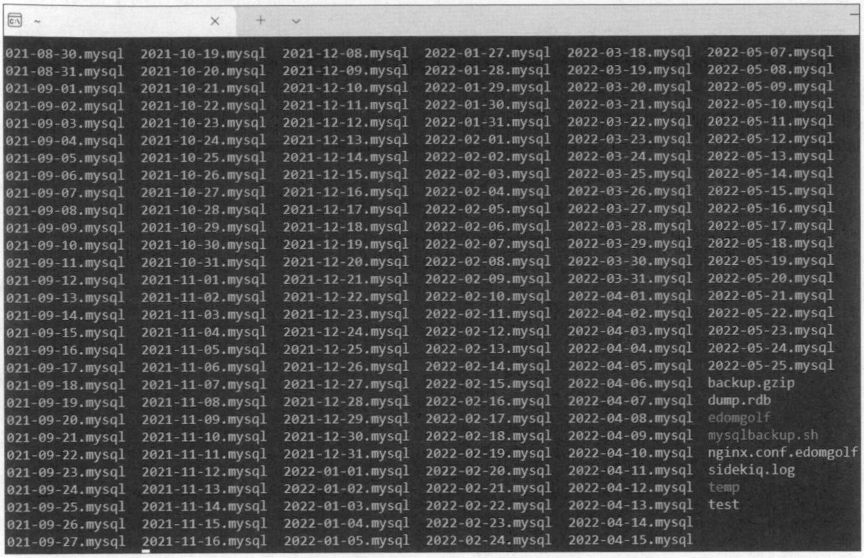

▲ 圖 1-2 文件的不同備份版本

不同版本的論文之間到底修改了哪些東西？時間久了，記憶如潮水般退去，可能也就慢慢忘記了。有沒有更好的方法去記錄這些詳細的變化呢？答案是有的，我們可以使用版本控制系統來記錄每一次的修改和變化。

1.3.1 什麼是版本控制系統

版本控制系統就和各大銀行櫃檯的會計一樣，每個客戶存入、取出的每一筆錢都記錄在賬上，都有詳細記錄可查：時間、地點、人物、存取的現金數額，都一一記錄在案。版本控制系統也有類似的功能，它會追蹤並記錄一個專案中每一個檔案的變化：誰創建了它，誰修改了它，又是誰刪除了它，是什麼時候，修改了什麼內容，都一一記錄在案。自從有了版本控制系統，工程師之間互相推卸責任的機會大大減少了：你修改了什麼，都有詳細的記錄在案，都儲存在版本庫中，鐵證如山，隨便翻一翻就可以查得到。

版本控制系統一般分為集中式版本控制系統和分散式版本控制系統，如圖 1-3 所示。顧名思義，集中式版本控制系統就是軟體的各個版本快照只儲存在伺服器上，伺服器中包含各個版本的軟體程式。使用者如果想要觀看某個版本的程式，首先要從版本庫中將該版本的程式拉取到本地的電腦上，然後才能查看和修改，最後將自己的修改儲存到伺服器上。集中式版本控制系統的一個缺點就是資料儲存在伺服器上，使用時要聯網，如果哪一天斷網了，就不能工作了，員工就可以提前下班了。如果哪一天某個加班的員工受了委屈，為泄私憤，直接登入伺服器刪庫跑路，如果資料沒有備份，那麼問題就嚴重了，基本上就很難恢復了。除此之外，集中式版本控制系統一般都是收費的，所以現在遠遠沒有免費的分散式版本控制系統受歡迎。

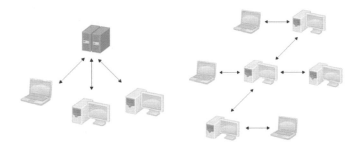

▲ 圖 1-3 集中式和分散式版本控制系統

顧名思義，分散式版本控制系統就是不再將整個版本庫儲存在一個伺服器上，而是儲存在每個員工的電腦中。這樣做的好處是：即使伺服器崩潰了，或者離職的員工刪除了伺服器的程式，只要資料在任何一個員工的電腦中有備份，都可以直接恢復，因為每個電腦儲存的版本庫資料都是一樣的。自從有了分散式版本控制系統，老闆再也不怕員工刪資料庫跑路了！集中式和分散式版本控制系統典型的代表就是小烏龜和 Git，如圖 1-4 所示。

▲ 圖 1-4 集中式和分散式版本控制系統典型的代表

早期 使用 TortoiseSVN 的 比 較 多，自 從 Linux 核 心 的 作者 Linus 開 發
出 Git 這款免費的版本控制工具後，Git 變得越來越流行，原先使用
TortoiseSVN 的軟體專案也開始逐漸轉向 Git。Git 逐漸成為軟體工程師的
一個標準配備技能，越來越多的公司開始使用 Git 來管理軟體專案，你不
會使用 Git 拉取和提交程式，就無法融入團隊參與開發。

1.3.2 Git 的安裝和設定

安裝 Git 非常簡單，以 Ubuntu 為例，在聯網環境下，直接使用下面的命
令即可完成安裝。

```
# apt-get install git
```

Git 安裝好之後，還不能立即使用，在使用之前還需要做一些設定，如你
提交程式時的一些資訊：提交人是誰？提交人的電子郵件是多少？如何
聯繫？這些資訊是必須要有的，當別人看到你的修改，想和你聯繫時，
可以透過這些設定資訊找到你。

```
# git config --global user.email  3284757626@qq.com
# git config --global user.name   "litao.wang"
```

Git 可以透過不同的參數，靈活設定這些設定的作用範圍。

- --global：設定 ~/.gitconfig 檔案，對當前使用者下的所有倉庫有效。
- --system：設定 /etc/gitconfig 檔案，對當前系統下的所有使用者有效。
- 無參數：設定 .git/config 檔案，只對當前倉庫有效。

1.3.3 Git 常用命令

設定完畢後，我們就可以使用 Git 命令來管理我們的軟體程式了，常用的
Git 命令如下。

- git init：創建一個本地版本倉庫。

- git add main.c：將 main.c 檔案的修改變化儲存到倉庫的暫存區。
- git commit：將儲存到暫存區的修改提交到本地倉庫。
- git log：查看提交歷史。
- git show commit_id：根據提交的 ID 查看某一個提交的詳細資訊。

學習 Git，首先要明白幾個重要的基本概念：工作區（Working Directory）、暫存區（Staging Area）和版本庫（Repository）。版本庫裡儲存的是我們提交的多個版本的程式快照，如果你想查看某個版本的程式，可以透過 git checkout 命令將版本庫裡這個版本的程式拉取出來，釋放到工作區。在工作區，你可以瀏覽某一個版本的程式、修改程式。如果你想把你的修改儲存到版本庫中，可以先將你的修改儲存到暫存區，接著修改，再儲存到暫存區，直到真正完成修改，再統一將暫存區裡所有的修改提交到版本庫中，如圖 1-5 所示。

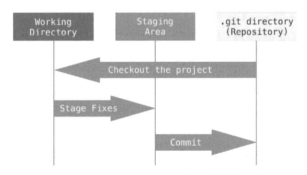

▲ 圖 1-5　Git 的工作區、暫存區和版本庫

這個時候你可能就猶豫了：為什麼還需要一個暫存區呢？將工作區的修改直接提交（Commit），儲存到版本庫中豈不是更方便？其實，筆者也曾思考過這個問題，個人理解是：對於一個版本庫來說，你的任何一個提交，包括修改、增加檔案、刪除檔案等操作都會有一個記錄，而在實際工作中，對於一個工程師來說，在開發一個功能時，可能會分成很多步，如果每一小步都去提交一次，意義不是很大，而且不是一個完整的功能，別人可能就搞不懂你的提交到底實現了什麼功能。如有一個提交：

將大象放到冰箱裡，別人一看可能就知道是怎麼回事。但在實際的開發過程中，我們可能分步開發。

- 打開冰箱門。
- 把大象放到冰箱裡。
- 關上冰箱門。

如果將每次很小的修改都做一次提交，就不是很合適，從原則上講，我們的每一次提交，都是一個里程碑：要麼新增了一個功能，要麼修改了一個 Bug，要麼最佳化了一個功能。在實際開發中的每一小步，都可以先儲存到暫存區，等整體功能完成後，再統一提交比較合理。

講了這麼多，為了讓大家更快地上手 Git，還是給大家演示一遍。首先我們新建一個目錄 tmp，在 tmp 目錄下新建一個 C 原始檔案 main.c。

```
# mkdir ~/tmp
# cd ~/tmp
# touch main.c
```

然後在 tmp 目錄下新建一個 Git 倉庫，並將 main.c 提交到倉庫中。

```
# git init                創建一個倉庫
# git status              查看工作區狀態
# git add main.c          將工作區的修改 main.c 增加到暫存區
# git status              查看工作區狀態
# git commit -m "init repo and add main.c" 將暫存區的修改提交到倉庫
```

在上面的操作步驟中，每執行一步，我們都可以使用 git status 命令來查看檔案的狀態，你會發現每一步操作後，main.c 的檔案狀態都會發生變化：從 untracked 到 changes to be commited，工作區的狀態也會跟著變化。提交成功後，我們可以使用 git log 來查看提交資訊，包括提交的 ID、提交作者、提交時間、提交資訊說明等。

```
# git log
commit 545ef7677346efdc434dfe344333dfef54ed3fd4
Author: litao.wang <3284757626@qq.com>
```

```
Date:  The Aug 16 18:24:40 2018 +0800
    init repo and add main.c
```

如果提交後你又修改了 main.c 檔案，想把這個修改再次提交到倉庫，可以使用下面的命令。

```
# git add main.c
# git commit -m "modify main.c again：add add function"
```

透過上面的命令，我們可以將 main.c 的第二次修改提交到本地倉庫，然後使用 git log 或者 git show 命令來查看我們新的提交資訊和修改變化。其中 git show 後面的一串數字字串是每一次提交的 commit ID。

```
# git log
# git show 545ef7677346efdc434dfe344333dfef54ed3fd4
```

如果你想讓你的提交不影響整個專案，不影響其他人使用，則可以創建一個自己的分支 my_branch，切換到 my_brancn 分支上，然後在這個分支上修改程式就可以了。提交時再將你的修改用上面的方法提交到 my_branch 分支上。透過這種操作，你的所有修改都提交到你自己創建的分支 my_branch 上，而不會影響 master 主分支上的程式，不會影響其他人。

```
# git branch my_branch    // 創建一個新分支 my_brach
# git checkout my_branch // 切換到新分支 my_branch
# git commit -m "on my_brach:modify main.c" // 將修改提交到 my_branch
# git log                 // 查看新的提交資訊
# git checkout master     // 切換到 master 分支，在該分支上看不到新的提交資訊
# git log
# git merge my_branch     // 將 my_branch 分支上的修改合併到 master 分支
# git log
```

掌握上面的常用命令，我們就可以使用 Git 進行程式的修改、提交了。除了上面的常用命令，Git 還有很多其他更好用的命令，如分支管理、分支的合併和衍合、標籤管理等，實際使用場景也遠比上面的複雜，如遠端倉庫的程式拉取和提交、合併提交時的程式衝突等。大家有興趣，可以觀看視訊教學或者參考相關文件自行學習。

02

電腦系統結構與 CPU
工作原理

嵌入式開發很大一部分工作跟底層緊密相關,如系統移植、BSP 開發、驅動開發等,和晶片、硬體打交道的地方比較多。筆者認為,要想成為一名真正的嵌入式工程師,除了要精通 C 語言程式設計,還要對電腦原理和系統結構、CPU 工作原理、ARM 組合語言、硬體電路等基礎知識和理論有一定的掌握。掌握了 CPU 的工作原理,可以更好地理解指令到底是如何執行的;掌握電腦的工作原理和系統結構,可以更好地理解程式的編譯、連結、安裝和執行機制;掌握一門組合語言,可以從底層的角度去看 C 語言,可以幫助我們更好地理解 C 語言。我們撰寫的 C 程式,最終都會轉換成 CPU 所支援的二進位指令,而組合語言又是這些指令集的快速鍵,透過反組譯程式,我們可以更加深刻地理解編譯器的特性和 C 語言的語法。如果你有幸在晶片原廠從事嵌入式研發工作,可能還要和一幫 IC 工程師、硬體工程師打交道,和他們一起解決晶片、硬體電路中的各種問題。為了更好地和他們溝通,你可能還需要對半導體知識、IC 產業的專業術語有一定的了解,如邏輯綜合、前端設計、後端設計、模擬驗證、tap-out、Die 等。

從事嵌入式開發的朋友可能來自不同專業,專業背景和知識系統各不相同。基於這個現實背景,本章打算從半導體製程開始,給大家科普一下

CPU 的製造過程，科普一下一款處理器是如何從一堆沙子變成市場上銷售的晶片的，以及 CPU 的工作原理和電腦系統結構的相關知識。預期目標是希望閱讀本章後，讓大家對半導體製程、晶片、CPU、指令集、微架構、電腦系統架構、匯流排與位址等有一個完整的認知框架，為後續的學習打下基礎。

2.1 一顆晶片是怎樣誕生的

晶片屬於半導體。半導體是介於導體和絕緣體之間的一類物質，元素週期表中矽、鍺、硒、硼的單質都屬於半導體。這些單質透過摻雜其他元素生成的一些化合物，也屬於半導體的範圍。這些化合物在常溫下可激發載流子的能力大增，導電能力大大增強，彌補了單質的一些缺點，因此在半導體產業中廣泛應用，如氮化矽、砷化鎵、磷化銦、氮化鎵等。在這些半導體材料中，目前只有矽在積體電路中大規模應用，充當著積體電路的原材料。在自然界中，矽是含量第二豐富的元素，如沙子，就含有大量的二氧化矽。可以說製造晶片的原材料是極其豐富、取之不盡的。一堆沙子，可以和水泥做搭檔，沉寂於一座座高樓大廈、公路橋樑之中；也可以在高溫中鳳凰涅槃、浴火重生，變成積體電路高科技產品。到底要經過怎樣奇妙的變化，才能讓一堆沙子變成一顆顆晶片呢？

2.1.1 從沙子到單晶矽

如何從沙子中提取單晶矽呢？沙子的主要成分是二氧化矽，這就涉及一系列化學反應了，其中最主要的過程就是使用碳經過化學反應將二氧化矽還原成矽。經過還原反應生成的矽叫粗矽，粗矽裡面包含很多雜質，如鐵、碳元素，還達不到製造晶片需要的純度（需要 99.999999999% 以上）標準，需要進一步提純。提純也需要一系列化學反應，如透過鹽酸氯化、蒸餾等步驟。提取的矽純度越高，品質也就越高。

經過一系列化學反應、提純後生成的矽是多晶矽。將生成的多晶矽放入高溫反應爐中融化，透過拉晶做出單晶矽棒。如圖 2-1 所示，為了增強矽的導電性能，一般會在多晶矽中摻雜一些硼元素或磷元素，待多晶矽融化後，在溶液中加入矽晶體晶種，同時透過拉槓不停旋轉上拉，就可以拉出圓柱形的單晶矽棒。根據不同的需求和製程，單晶矽棒可以做成不同的尺寸，如常見的 6 寸、8 寸、12 寸等。

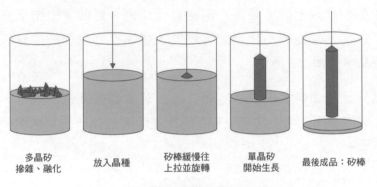

| 多晶矽
摻雜、融化 | 放入晶種 | 矽棒緩慢往
上拉並旋轉 | 單晶矽
開始生長 | 最後成品：矽棒 |

▲ 圖 2-1 透過柴可拉斯基法生成單晶矽棒的流程

接下來，將這些單晶矽棒像切黃瓜一樣，切成一片一片的，每一片我們稱為晶圓（wafer）。晶圓是設計積體電路的載體，我們設計的模擬電路或數位電路，最終都要在晶圓上實現。晶圓上的晶片電路尺寸隨著半導體製程的發展也變得越來越小，目前已經達到了奈米級，越來越精密的半導體製程除了要求單晶矽的純度極高，晶圓的表面也必須光滑平整，切好的晶圓還需要進一步打磨拋光。晶圓表面需要光滑平整到什麼程度呢？舉例來說，假如需要從北京到上海鋪設一段鐵軌，對鐵軌的要求就是兩者之間的高度差不超過 1mm。一粒灰塵落在晶圓上，就好像一塊大石頭落在馬路上一樣，會對晶片的良品率產生很大的影響，所以大家會看到晶片的生產廠房對空氣的潔淨度要求非常高，員工必須穿著防塵服才能進入。在每一個晶圓上，都可以實現成千上萬個晶片電路，如圖 2-2 所示，晶圓上的每一個小格子都是一個晶片電路的物理實現，我們稱之為晶粒（Die）。

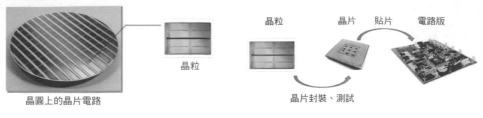

▲ 圖 2-2 晶圓和晶圓上的晶粒　　　　▲ 圖 2-3 從晶粒、晶片到電路板

接下來還要對晶圓上的這些晶片電路進行切割、封裝、引出接腳，然後就變成了市場上常見的晶片產品，最後才能焊接到我們的開發板上，做成整機產品，如圖 2-3 所示。

在一個晶圓上是如何實現電路的呢？將晶圓拿到顯微鏡下觀察，你會發現，在晶圓的表面上全是縱橫交錯的 3D 電路，猶如一座巨大的迷宮，如圖 2-4 所示。

▲ 圖 2-4 晶圓襯底上的電路

要想弄明白在晶圓上是如何實現我們設計的電路的，就需要先了解一下電子電路和半導體製程的知識。電路一般由大量的三極體、二極體、CMOS管、電阻、電容、電感、導線等組成，我們搞懂了一個 CMOS 元件在晶圓上是如何實現的，基本上也就搞懂了整個電路在晶圓晶圓上是如何實現的。這些電子元件的實現原理，其實就是 PN 結的實現原理。PN 結是組成二極體、三極體、CMOS 管等半導體元件的基礎。

2.1.2 PN 結的工作原理

想要了解 PN 結的導電原理，還得從金屬的導電原理說起。

一個原子由質子、中子和核外電子組成。中子不帶電，質子帶正電，核外電子帶負電，整個原子顯中性。根據電子的能級分佈，一個原子的最外層電子數為 8 時最穩定。如鈉原子，核外電子層分佈為 2—8—1，最外層 1 個電子，能量最大、受原子核的約束力小，所以最不穩定，受到激發容易發生躍遷，脫離鈉原子，成為自由移動的電子。這些自由移動的電子在電場的作用下，會發生定向移動形成電流，這就是金屬導電的原理。很多金屬原子的最外層電子數小於 4，容易遺失電子，稱為自由移動的電子，所以金屬容易導電，是導體。而對於氯原子，最外層有 7 個電子，傾向於從別處捕捉一個電子，形成最外層 8 個電子的穩定結構，氯原子因為不能產生自由移動的電子，所以不能導電，是絕緣體。

半導體元素，一般最外層有 4 個電子，情況就變得比較特殊：這些原子之間往往透過「共用電子」的模式存在，多個原子之間分別共用其最外層的電子，透過共價鍵形成最外層 8 個電子的穩定結構，如圖 2-5 所示。

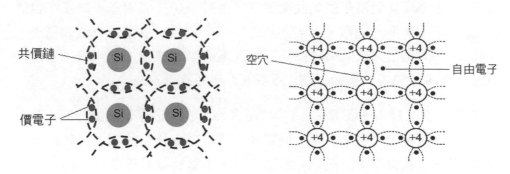

▲ 圖 2-5 矽原子之間的共價鍵　　▲ 圖 2-6 自由電子和空穴的產生

這種穩定也不是絕對的，當這些電子受到能量激發時，如圖 2-6 所示，也會有一部分發生躍遷，成為自由移動的電子，同時在共價鍵中留下同等數量的空穴。這些自由移動的電子雖然非常少，但是在電場的作用下，也會發生定向移動，形成電流。電子的移動產生了空穴，臨近的電子也很容易跳過去填補這個空穴，產生一個新的空穴，造成空穴的移動。空穴帶正電荷，空穴的移動和自由電子的移動一樣，也會產生電流。

金屬靠自由電子的移動產生電流導電，而半導體則有兩種載流子：自由電子和空穴。但是由於矽原子比較穩定，只能生成極少數的自由電子和空穴，這就決定了矽無法像金屬那樣導電，但也不像絕緣體那樣一點也不導電，因此我們稱之為半導體。正是由於矽的這種特性，才有了半導體的高速發展。

既然半導體內自由電子和空穴濃度很小，導電能力弱，那我們能不能想辦法增加這兩種載流子的濃度呢？載流子的濃度上去了，導電能力不就增強了嗎？只要有利潤空間，辦法總是有的，那就是摻雜。我們可以在一塊半導體兩邊分別摻入兩種不同的元素：一邊摻入三價元素，如硼、鋁等；另一邊摻入五價元素，如磷。

硼原子的電子分佈為 2—3，最外層有 3 個電子。如圖 2-7 所示，在和矽原子的最外層 4 個電子生成共價鍵時，由於缺少一個電子，於是從臨近的矽原子中奪取一個電子，因而產生一個空穴位。每摻雜一個硼原子，就會產生一個空穴位，這種摻雜三價元素的半導體增加了空穴的濃度，我們一般稱之為空穴型半導體，或稱 P 型半導體。

磷原子的最外層有 5 個電子，如圖 2-8 所示，在和矽原子的最外層 4 個電子生成共價鍵時，還多出來一個電子，成為自由移動的電子。每摻雜一個磷原子，就會產生一個自由移動的電子。這種摻雜五價元素的半導體增加了自由電子的濃度，我們一般稱之為電子型半導體，或稱 N 型半導體。

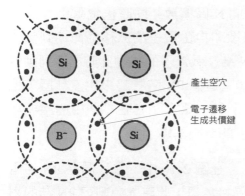

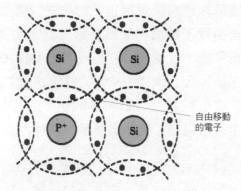

產生空穴

電子遷移
生成共價鍵

自由移動
的電子

▲ 圖 2-7 摻雜硼元素的 P 型半導體　　▲ 圖 2-8 摻雜磷元素的 N 型半導體

我們在一塊半導體的兩邊分別摻入不同的元素，使之成為不同的半導體，如圖 2-9 所示，一邊為 P 型，一邊為 N 型。在兩者的交匯處，就會形成一個特殊的介面，我們稱之為 PN 結。理解了 PN 結的工作原理，也就理解了半導體器件的核心工作原理。接下來我們就看看 PN 結到底有什麼名堂。

摻雜不同元素的半導體兩邊由於空穴和自由電子的濃度不同，因此在邊界處會發生相互擴散：空穴和自由電子會分別越過邊界，擴散到對方區域，並與對方區域裡的自由電子、空穴在邊界附近互相中和掉。如圖 2-10 所示，P 區邊界處的空穴被擴散過來的自由電子中和掉後，剩下的都是不能自由移動的負離子，而在 N 區邊界處留下的則是正離子。這些帶電的正、負離子由於不能移動，就會在邊界附近形成了耗盡層，同時會在這個區域內生成一個內建電場。

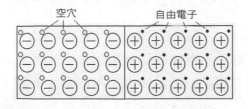

空穴　　　　　　　自由電子

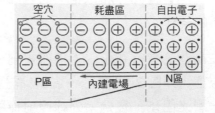

空穴　　耗盡區　　自由電子

P區　　內建電場　　N區

▲ 圖 2-9 PN 結兩邊的自由電子、空穴分佈　　▲ 圖 2-10 PN 結區域的內建電場

這個內建電場會阻止 P 區的空穴繼續向 N 區擴散，同時也會阻止 N 區的自由電子繼續向 P 區擴散，空穴的擴散和自由電子的漂移從而達到一個新平衡，這個區域就是我們所說的 PN 結：載流子的移動此時已達到動態平衡，因此流過 PN 結的電流也變為 0。這個 PN 結看起來也沒什麼，但它有一個特性：單向導電性。正是這個特性確立了它在電路中的重要地位，也組成了整個半導體「物理大廈」的核心基礎。

我們先來看看這個特性是怎麼實現的：在圖 2-10 中，當我們在 PN 結兩端加正向電壓時，即 P 區接正極，N 區接負極，此時就會削弱 PN 結的內建電場，平衡被打破，空穴和自由電子分別向兩邊擴散，形成電流，半導體呈導電特性。當我們在 PN 結兩端加反向電壓時，內建電場增強，此時會進一步阻止空穴和自由電子的擴散，不會形成電流，半導體呈現高阻特性，不導電。

2.1.3 從 PN 結到晶片電路

無論二極體、三極體還是 MOSFET 場效應管，其內部都是基於 PN 結原理實現的。透過上一節的學習，我們已經了解了 PN 結的工作原理，接下來我們就看看如何在一個晶圓上實現 PN 結。PN 結的實現會涉及半導體製程的各方面，包括氧化、光蝕刻、顯影、蝕刻、擴散、離子注入、薄膜沉澱、金屬化等主要流程。為了簡化流程，方便理解，我們就講講兩個核心的步驟：離子注入和光蝕刻。離子注入其實就是摻雜，如圖 2-11 所示，就是往單質矽中摻入三價元素硼和五價元素磷，進而生成由 PN 結構成的各種元件和電路。而光蝕刻則是在晶圓上給離子注入開鑿各種摻雜的視窗。

在晶圓上進行離子注入摻雜之前，首先要根據電路版圖製作一個個摻雜視窗，如圖 2-11 所示，這一步需要光阻劑來協助完成：在矽襯底上塗上一層光阻劑，透過紫外線照射掩膜版，將電路圖形投影到光阻劑上，生成一個個摻雜視窗，並將不需要摻雜的區域保護起來。那如何產生這個摻雜視窗呢？原理很簡單，就和我們使用感光膠卷去洗照片一樣，還需要一個叫作光蝕刻掩膜版的東西。

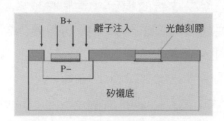

▲ 圖 2-11 透過光阻劑製作摻雜視窗

光蝕刻掩膜版原理和我們照相用的膠卷差不多，由透明基板和遮光膜組成，如圖 2-12 所示，透過投影和曝光，我們可以將晶片的電路版圖儲存在掩膜版上。然後透過光蝕刻機的紫外線照射，利用光阻劑的感光溶解特性，被電路圖形遮擋的陰影部分的光阻劑儲存下來，而被光照射的部分的光阻劑就會溶解，成為一個個摻雜視窗。最後透過離子注入，摻雜三價元素和五價元素，就會在晶圓的矽襯底上生成主要由 PN 結構成的各種 CMOS 管、電晶體電路。我們設計的晶片物理版圖的每一層電路，都需要製作對應的掩膜版，重複以上過程，就可以在晶圓上製作出迷宮式的 3D 立體電路結構。

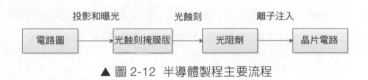

▲ 圖 2-12 半導體製程主要流程

隨著積體電路規模越來越大，在一個幾英吋的晶圓矽襯底上，要實現千萬閘級、甚至上億閘級的電路，需要幾十億個電晶體，電路的實現難度也變得越來越大。尤其是奈米級的電路，如現在流行的 14nm、7nm、5nm 製程制程，要將千萬閘級的電晶體電路都刻在一個指甲蓋大小的矽襯底上，這就要求電路中的每個元件尺寸都要非常小，同時要求「感光膠卷」要非常精密，對電路圖形的解析度要非常高。這時候光蝕刻機就閃亮登場了，光蝕刻機主要用來將你設計的電路圖映射到晶圓上，透過光源將你設計的電路圖形投影到光阻劑上，光阻劑中被電路遮擋的部分被保留，溶解的部分就是摻雜的視窗。電晶體越多，電路越複雜，製程制程越先進，對光蝕刻機的要求越高，因為需要非常精密地把複雜的電路圖形投影到晶圓的矽襯底上。光蝕刻機因此也非常昂貴，如網上廣泛討論的荷蘭光蝕刻巨頭 ASML，如圖 2-13 所示，一台光蝕刻機的售價為1 億歐元，很多晶片代工巨頭，如台積電、三星、Intel，都是它的客戶。

▲ 圖 2-13 ASML 光蝕刻機

光蝕刻機的作用是根據電路版圖製作掩膜版，開鑿各種摻雜視窗，然後透過離子注入，生成 PN 結，進而建構千千萬萬個元件。將這些工藝流程走一遍之後，在一個晶圓上就生成了一個個晶片的原型：晶片電路，就如圖 2-2 所示的那樣，晶圓上的每一個小格子都是一個晶片電路，這些晶片電路的專業術語叫作 Die，翻譯成中文叫作晶粒。

2.1.4 晶片的封裝

單純的晶片電路無法直接焊接到硬體電路板上，如圖 2-14 所示，還需要經過切割、封裝、引出接腳、晶片測試等後續流程，測試透過後經過包裝，才會變成市場上我們看到的晶片的樣子。

晶片的封裝主要就是給晶片電路加一個外殼，引出接腳。晶片的封裝不僅可以造成密封、保護晶片的作用，還可以透過接腳，直接將晶片焊接到電路板上。晶片的封裝技術經過幾十年的發展，越來越先進，晶片的面積也越來越小。常見的封裝形式有 DIP、QFP、BGA、CSP、MCM 等。

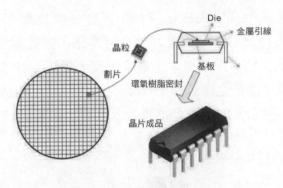

▲ 圖 2-14 從晶粒到晶片成品

DIP（Dual in-line Package），指採用雙列直插形式封裝積體電路晶片，晶片有 2 排接腳，可以直接插到電路板上的晶片插座上，或者插到 PCB 電路板上穿孔焊接，非常方便。DIP 一般適用於中小規模的積體電路晶片，晶片的接腳數比較少，如圖 2-15 所示，我們常見的 C51 微控制器、早期的 8086 CPU 都採用這種封裝。

▲ 圖 2-15 早期 8086 CPU 晶片（DIP）

▲ 圖 2-16 BGA 晶片

在超大型積體電路設計中，當晶片的主頻很高、晶片的接腳很多時，使用 DIP 就不太合適了，我們一般會使用球柵陣列封裝（Ball Grid Array Package，BGA）。如圖 2-16 所示，使用 BGA 的晶片接腳不再從晶片週邊引出，而是採用表面貼裝型封裝：在印刷基板的背面按照陣列方式製作出球形凸點來代替接腳，然後將晶片電路裝配到基板的正面，最後用膜壓樹脂或灌封方法進行密封。BGA 封裝適用於 CPU 等接腳比較多的超大型積體電路晶片。

晶片級封裝（Chip Scale Package，CSP）是一種比較新的晶片封裝技術，封裝後的晶片尺寸更接近實際的晶片電路。隨著電子裝置越來越微型化，對晶片的面積、厚度要求也越來越高，透過 CSP 封裝可以讓晶片的封裝面積和原來面積之比超過 1:1.14，晶片封裝的厚度也大大減小，從而縮減了晶片的體積。DIP 和 CSP 晶片尺寸對比如圖 2-17 所示。

▲ 圖 2-17　DIP 和 CSP 晶片尺寸對比

CSP 可以讓晶片面積減小到 DIP 的四分之一，同時具備訊號傳輸延遲短、寄生參數小、電熱性能更好的優勢，更適合高頻電路的封裝。CSP 技術在目前的晶片和微型電子裝置中被廣泛使用。

隨著市場上智慧手錶、運動手環等智慧硬體的流行，對晶片的封裝尺寸也有了更嚴苛的要求，層疊封裝（Package-on-Package，PoP）技術此時就應運而生了。PoP 可以將多個晶片元件分層堆疊、互連，封裝在一個晶片內，從而讓整個晶片更薄、體積更小。現在很多智慧型手機，為了薄化電路板，一般會將 LPDDR 記憶體晶片和 eMMC 儲存晶片封裝在一起，或者將應用處理器和基頻晶片封裝在一起。如蘋果的 iWatch，直接將應用處理器、LPDDR4X DRAM 和 eMMC Flash 儲存晶片封裝在一個晶片內，大大減少了整個晶片和電路板的尺寸，然後和引擎、電池板等器件像漢堡一樣三層封裝在一起，可以將整個電子產品做得更加輕薄、小巧。

晶片封裝好後，還要經過最後一步：測試。測試主要包括晶片功能測試、性能測試、可靠性測試等。測試的主要工作就是測試晶片的功能、指標、參數和前期的設計目標是否一致，篩選掉製造過程中有缺陷的晶片，或者根據性能對晶片進行分級，包裝成不同規格等級的晶片，最終測試透過的晶片才能拿到市場上銷售。

2.2 一顆 CPU 是怎麼設計出來的

透過上一節的學習，我們已經知道了晶片製造的基本流程：從沙子中提取矽、把矽切成片，在晶圓上透過摻雜實現 PN 結，實現各種二極體、三極體、CMOS 管，就可以將我們設計的電路圖轉換為千萬閘級的大型積體電路。接下來我們繼續了解一款 CPU 晶片電路是怎樣設計出來的。首先，我們需要了解一下 CPU 內部的結構及工作原理。想要搞懂 CPU 的工作原理，這裡又不得不說一下圖靈機。圖靈機原型證明了實現通用電腦的可能性，奠定了現代電腦發展的理論基石。

2.2.1 電腦理論基石：圖靈機

現代電腦理論的技術源頭可以追溯到幾十年前的圖靈機。在 20 世紀 40 年代，英國科學家圖靈在他發表的一篇論文中提出了圖靈機的概念，大家有興趣可以在網上搜搜這篇論文，公式很複雜，也很難看懂。我們簡化分析，可以簡單地理解為：任何複雜的運算都可以分解為有限個基本運算指令。

圖靈機的構造如圖 2-18 所示：一條無限長的紙帶 Tape、一個讀寫頭 Head、一套控制規則 Table、一個狀態暫存器。圖靈機內部有一個機器讀寫頭 Head，讀寫頭可以一直讀取紙帶，圖靈機根據自己有限的控制規則，根據紙帶的輸入，不斷更新機器的狀態，並將輸出列印到紙帶上。

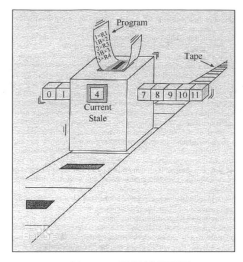

▲ 圖 2-18　圖靈機原理圖

比較圖靈機原型與現代電腦,你會發現有很多相似的地方。

- 無限長的紙帶:相當於程式碼。
- 一個讀寫頭 Head:相當於程式計數器 PC。
- 一套控制規則 Table:相當於 CPU 有限的指令集。
- 一個狀態暫存器:相當於程式或電腦的狀態輸出。

不同架構的 CPU,指令集不同,支援執行的機器指令也不同,但是有一筆是相同的:每一種 CPU 只能支援有限個指令,任何複雜的運算最終都可以分解成有限個基本指令來完成:加、減、乘、除、與、或、非、移位等算數運算或邏輯運算。在個人電腦上,我們可以玩遊戲、上網、聊天、聽音樂、看視訊,這些複雜多變的應用程式,最終都可以分解成 CPU 所支援的有限個基本指令,透過指令的組合運算來完成。

2.2.2　CPU 內部結構及工作原理

基於圖靈機的構想,現代電腦的基本結構就逐漸清晰了。如圖 2-19 所示,CPU 內部構造很簡單,只包含基本的算術邏輯運算單元、控制單元、暫存器等，僅支援有限個指令。CPU 支援的有限個基本指令集合，稱為指令集。程式碼儲存在內部記憶體（記憶體）中，CPU 可以從記憶體中一筆一筆地取指令、翻譯指令並執行它。

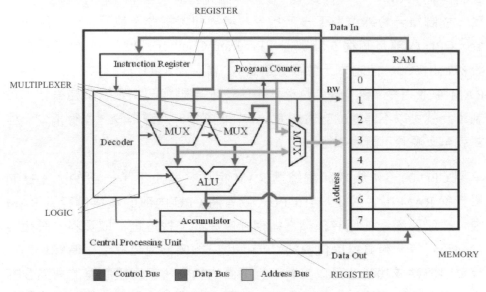

▲ 圖 2-19 CPU 內部結構（來源：http://simplecpudesign.com/）

CPU 內部的算數邏輯單位（Arithmetic and Logic Unit，ALU）是處理器最核心的部件，相當於 CPU 的大腦。理解了 ALU 的工作流程基本上也就理解了電腦的工作流程。ALU 由算術單元和邏輯單元組成，算術單元主要負責數學運算，如加、減、乘等；邏輯單元主要負責邏輯運算，如與、或、非等。ALU 只是純粹的運算單元，要想完成一個指令執行的整個流程，還需要控制單元的協助。控制單元根據程式計數器 PC 中的位址，會不斷地從記憶體 RAM 中取指令，放到指令暫存器中並進行解碼，將指令中的操作碼和運算元分別送到 ALU，執行對應的運算。以兩個整數 A、B 相加的指令為例，如圖 2-19 所示，控制單元透過指令解碼電路會將該指令分解為操作碼和運算元，再根據運算元位址從記憶體 RAM 中載入（Load）資料 A 和 B，傳送到 ALU 的輸入端，然後將操作運算類型

（操作碼）即加法也告訴 ALU。ALU 有了輸入資料和操作類型，就可以直接進行對應的運算了，並輸出運算結果。為了效率考慮，運算結果一般會先儲存到暫存器中，然後由控制單元將該資料從暫存器儲存（Store）到記憶體 RAM 中。執行到這一步，一個完整的加法指令執行流程就結束了，控制單元會繼續取下一筆指令，然後翻譯指令、執行指令，周而復始。CPU 內部有個程式計數器（Program Counter，PC），系統通電後預設初始化為 0，控制單元會根據這個 PC 暫存器中的位址到對應的記憶體 RAM 中取指令，然後 PC 暫存器中的位址自動加一。透過這種操作，控制單元就可以不停地從記憶體 RAM 中取指令、翻譯指令、執行指令，程式就可以源源不斷地執行下去了。

早期 CPU 的工作頻率和記憶體 RAM 相比，差距不是一般的大。控制單元從 RAM 中載入資料到 CPU，或者將 CPU 內部的資料儲存到 RAM 中，一般要經過多個時鐘讀寫週期才能完成：找位址、取資料、設定、輸出資料等。運算速度再快的 CPU，也只能傻傻地乾等幾個時鐘週期，等資料傳輸成功後才可以接著執行下面的指令。記憶體頻寬的瓶頸會拖 CPU 的後腿，影響 CPU 的性能。為了提高性能，防止 RAM 拖後腿，CPU 一般都會在內部設定一些暫存器，用來儲存 CPU 在計算過程中的各種臨時結果和狀態值。ALU 在運算過程中，當運算結果為 0、為負、資料溢位時，也會有一些 Flags 標識位元輸出，這些標識位元對控制單元特別有用，如一些條件跳躍指令，其實就是根據運算結果的這些標識位元進行跳躍的。CPU 跳躍指令的實現其實也很簡單：根據 ALU 的運算結果和輸出的 Flags 標識位元，直接修改 PC 暫存器的位址即可，控制單元會自動到 PC 指標指向的記憶體位址取指令、翻譯指令和執行指令。跳躍指令的實現，改變了程式按順序逐步執行的線性結構，可以讓程式執行更加靈活，可以實現更加複雜的程式邏輯，如程式的分支結構、迴圈結構等。

CPU 所支持的加、減、乘、與、或、非、跳躍、Load/Store、IN/OUT 等基本指令，一般稱為指令集。任何複雜的運算都可以分解為指令集中的基本指令。在軟體層面上，我們可以把這些有限的基本指令進行不同的組合，實現各種不同的功能：播放視訊、播放音樂、圖片顯示、網路傳輸。我們也可以基於這些基本指令實現新的指令，以除法運算為例，如果 CPU 在硬體電路上不支援除法指令，我們就可以基於 CPU 指令集中的原生加、減、移位元等指令來模擬除法的實現，生成新的除法指令。

這種由基本指令組成的不同組合，我們稱為程式。為了程式設計方便，我們給每個二進位指令起一個別名，使用一個快速鍵表示，這些快速鍵就是組合語言，由快速鍵組成的指令序列就是組合語言程式。組合語言的可讀性雖然比二進位的機器指令好了很多，但是當組合語言程式很大、程式的邏輯很複雜時，維護也會變得無比艱難，這時候高階語言就開始問世了，如 C、C++、Java 等。高階語言的讀寫更符合人類習慣，更適合開發和閱讀，如圖 2-20 所示，撰寫好的高階語言程式透過編譯器，就可以翻譯成 CPU 所能辨識的二進位機器指令。

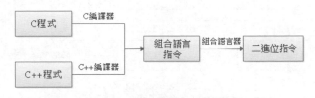

▲ 圖 2-20 高階語言的編譯流程

CPU 內部的各種運算單元，無論是算數邏輯單位、控制單元，還是各種暫存器、解碼電路，其實都是由大量邏輯門電路組合組成的：及閘、或閘、反閘等。這些基本的門電路透過邏輯組合、封裝和抽象，就組成了一個個具有特定功能的模組：暫存器、解碼電路、控制單元、算術邏輯運算單元等。具有不同功能的模組再經過不斷地抽象、堆疊和組合，就組成了一個完整的 CPU 內部電路系統元件。隨著積體電路的發展，CPU 也變得越來越複雜，現在的 CPU 可由上億個門電路、幾十億個電晶體組成。如果靠手工一個一個門電路地連接它們，效率太低了，目前的 CPU 設計，一般都使用 VHDL 或 Verilog 硬體描述語言（Hardware Description

Language，HDL）來整合 ALU、內控制單元、暫存器、Cache 等電路模組，然後透過電子設計自動化（Electronic Design Automation，EDA）工具將其轉換為邏輯門電路。借助 HDL 程式設計和 EDA 開發工具，數位 IC 設計工程師只需要關心數位電路的邏輯功能實現，而具體物理電路的實現、佈線和連接則由 EDA 工具自動完成，大大提升了工作效率。

2.2.3 CPU 設計流程

積體電路（Integrated Circuit，IC）設計一般分為模擬 IC 設計、數位 IC 設計和數模混合 IC 設計。數字 IC 設計一般都是透過 HDL 程式設計和 EDA 工具來實現一個特定邏輯功能的數位積體電路的。以設計一款 ARM 架構的 SoC 晶片為例，它的基本設計流程如圖 2-21 所示。

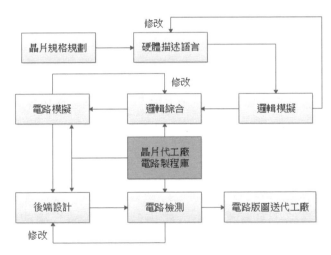

▲ 圖 2-21 SoC 晶片設計流程

1. 設計晶片規格

根據需求，設計出晶片基本的框架、功能，進行模組劃分。有些複雜的晶片可能還需要建模，使用 MATLAB、CADENCE 等工具進行前期模擬和模擬。

2. HDL 程式實現

使用 VHDL 或 Verilog 硬體描述語言把要實現的硬體功能描述出來，接著透過 EDA 工具不斷模擬、修改和驗證，直到晶片的邏輯功能完全正確。這種模擬我們一般稱為前端模擬，簡稱前仿。前仿只驗證晶片的邏輯功能是否正確，不考慮延遲時間等因素。這個階段也是晶片設計最重要的階段，會耗費大量的時間去反覆驗證晶片邏輯功能的正確性。晶片公司內部一般也會設有數字 IC 驗證工程師職位，應徵工程師專門從事這個工作。以設計一個 1 位加法器為例，我們可以透過 EDA 工具撰寫下面的 Verilog 程式來實現，並透過 EDA 工具提供的模擬功能來驗證加法器的邏輯功能是否正確。

```
moudle adder(
    input  x, y,
    output carry, out
);
    assign {out, carry} = x + y;
endmodule
```

3. 邏輯綜合

如圖 2-22 所示，前端模擬透過後，透過 EDA 工具就可以將 HDL 程式轉換成具體的邏輯門電路。專業說法是將 HDL 程式翻譯成閘級網路表：Gate-level netlist，網路表檔案用來描述電路中元件之間的連接關係。有數位電路基礎的人都知道，任何一個邏輯運算都可以轉化為基本的閘級電路（及閘、或閘、反閘等）的組合來實現，而網路表就是用來描述這些閘級電路的連接資訊的。

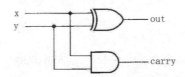

▲ 圖 2-22 數位電路的實現：邏輯門電路的組合

在綜合過程中，有時候還需要設定一些限制條件，讓綜合出來的具體電路在晶片面積、時序等參數上滿足預期要求。此時的電路考慮了延遲時間等因素，和實際的晶片電路已經很接近了。

現在很多 IC 設計公司一般都是 Fabless。Foundry 在積體電路領域一般指專門負責生產、製造晶片的廠商，如台積電。Fabless 是 Fabrication（製造）和 less 的組合詞，專指那些只專注於積體電路設計，而沒有晶片製造工廠的 IC 設計公司。像高通、聯發科、海思半導體這些沒有自己的晶片製造工廠，需要台積電代工生產的 IC 設計公司就是 Fabless，而像 Intel、三星半導體這些有自己晶片製造工廠的 IC 設計公司就不能稱為 Fabless。

對於一些 Fabless 的 IC 設計公司而言，閘級電路一般是由晶圓廠，也就是晶片代工廠以製程庫的形式提供的，如台積電、三星半導體等。如果你設計的晶片委託台積電代工製造，製程制程是 14nm，那麼當你在設計晶片時，台積電會提供給你 14nm 級的製程庫，裡面包含各種門電路，經過邏輯綜合生成的電路參數，如延遲時間參數，和台積電生產晶片實際使用電路的製程參數是一致的。

4. 模擬驗證

透過邏輯綜合生成的閘級電路，已經包含了延遲時間等各種資訊，接下來還需要對這些閘級電路進行進一步的靜態時序分析和驗證。為了提高工作效率，除了使用模擬軟體，有時候也會借助 FPGA 平台進行驗證。前端模擬發生在邏輯綜合之前，專注於驗證電路的邏輯功能是否正確；邏輯綜合後的模擬，一般稱為後端模擬，簡稱後仿。後端模擬會考慮延遲時間等因素。

後端模擬透過後，從 HDL 程式到生成閘級網路表電路，整個晶片的前端設計就結束了。

5. 後端設計

透過前端設計，我們已經生成了閘級網路表電路，但閘級網路表電路和
實際的晶片電路之間還有一段距離，我們還需要對其不斷完善和最佳
化，將其進一步設計成物理版圖，也就是晶片代工廠做掩膜版需要的電
路版圖，這一階段稱為後端設計。後端設計包括很多步驟，具體如下。

- DFT：Design For Test，可測試性設計。晶片內部一般會附帶測試電
  路，如插入掃描鏈、引出 JTAG 偵錯介面。
- 佈局規劃：各個 IP 電路模組的置放位置、時鐘線綜合、訊號線的佈局
  等。
- 物理版圖驗證：檢查設計規則、連線寬度、間距是否符合製程要求和
  電氣規則。

物理版圖驗證透過後，晶片設計公司就可以將這個物理版圖以 GDSII 檔
案的格式交給晶片製造代工廠（Foundry）去流片了。到了這一步，整個
晶片設計、模擬、驗證的流程就結束了，我們稱為 tap-out。

物理版圖是由我們設計的晶片電路轉化而成的幾何圖形。如圖 2-23 所
示，和 PCB 版圖類似，物理版圖中包含了積體電路元件的尺寸大小、各
層電路的拓撲關係等。物理版圖也分為好多層，版圖中不同的顏色代表
不同的層，每一層都代表不同的電路實現。

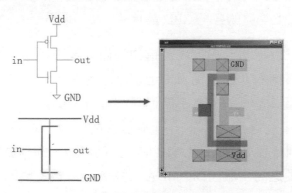

▲ 圖 2-23 從邏輯門電路到物理版圖的轉換

晶片代工廠根據物理版圖提供的這些資訊來製造掩膜版，然後使用光蝕刻機，透過掩膜版在晶圓的晶圓襯底上開鑿出各種摻雜視窗，接著對晶圓進行離子注入，摻雜不同的三價元素和五價元素，生成 PN 結，進而組成二極體、三極體、CMOS 管等基本元件，建構出各種門電路。如圖 2-24 所示，光蝕刻機根據物理版圖的不同層，製作不同的掩膜版，從底層開始，逐層製作，就可以在晶圓晶圓襯底上生成多層立體的 3D 電路結構。

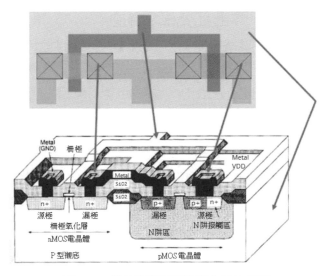

▲ 圖 2-24 從物理版圖到實際的晶片電路

晶圓上的一個個 CPU 晶片電路在經過切割、封裝、引出接腳、測試後，就是我們在市場上常見的各種 CPU 晶片了。

到這裡，我們已經把晶片設計、製造的整個大致流程給大家分享完了。晶片的設計和製造看起來很簡單，但實際上每個環節都有極高的技術含量。積體電路產業是一個極其專業而且高度分工的產業，每個環節都有不同的產業巨頭或隱形冠軍把守，從晶片的設計、驗證模擬、製造加工、封裝測試到各種 EDA 工具、IP 核、光蝕刻機、蝕刻機，每個環節都有非常專業的製造商、服務商、EDA 工具商精密嚴謹地配合，大家互相促進，將 CPU 晶片一代又一代地不斷更新迭代下去。

有了 CPU 處理器，還需要配套的主機板或開發板、記憶體 RAM、硬碟或 Flash 記憶體，才能組成一個完整的電腦整機系統，這樣才能執行我們撰寫的程式軟體。接下來的一節，將繼續給大家分享一些有關電腦系統結構的知識。

2.3 電腦系統結構

透過上一節的學習，我們已經知道了 CPU 的設計流程和工作原理，緊接著一個新問題又出現了：我們撰寫的程式儲存在哪裡呢？ CPU 內部的結構其實很簡單，除了 ALU、控制單元、暫存器和少量 Cache，根本沒有多餘的空間存放我們撰寫的程式，我們需要額外的記憶體來存放我們撰寫的程式（指令序列）。

記憶體按照儲存類型可分為揮發性記憶體和非揮發性記憶體。揮發性記憶體如 SRAM、DDR SDRAM 等，一般用作電腦的內部記憶體，所以又被稱為記憶體。這類記憶體支援隨機存取，CPU 可以隨機到它的任意位址去讀寫資料，存取非常方便，但缺點是斷電後資料會立即消失，無法永久儲存。非揮發性記憶體一般用作電腦的外部記憶體，也被稱為外部儲存，如磁碟、Flash 等。這類記憶體支持資料的永久儲存，斷電後資料也不會消失，但缺點是不支援隨機存取，讀寫速度也不如記憶體。為了兼顧儲存和效率，電腦系統一般會採用記憶體 + 外部儲存的儲存結構：程式指令儲存在諸如磁碟、NAND Flash、SD 卡等外部記憶體中，當程式執行時期，對應的程式會首先載入到記憶體，然後 CPU 從記憶體一筆一筆地取指令、翻譯指令和執行指令。

電腦主要用來處理資料。我們撰寫的程式，除了指令，還有各種各樣的資料。指令和資料都需要儲存在記憶體中，根據儲存方式的不同，電腦可分為兩種不同的架構：馮‧諾依曼架構和哈佛架構。

2.3.1 馮 · 諾依曼架構

馮 · 諾依曼架構，也稱為普林斯頓架構。採用馮 · 諾依曼架構的電腦，其特點是程式中的指令和資料混合儲存，儲存在同一塊儲存器上，如圖 2-25 所示。

在馮 · 諾依曼架構的電腦中，程式中的指令和資料同時存放在同一個記憶體的不同物理位址上，一般我們會把指令和資料存放到外記憶體中。當程式執行時期，再把這些指令和資料從外記憶體載入到內記憶體（內記憶體支援隨機存取並且存取速度快），馮 · 諾依曼架構的特點是結構簡單，專案上容易實現，所以很多現代處理器都採用這種架構，如 X86、ARM7、MIPS 等。

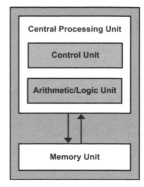

▲ 圖 2-25 馮 · 諾依曼架構
（來源：維基百科）

2.3.2 哈佛架構

和馮 · 諾依曼架構相對的是哈佛架構，使用哈佛架構的電腦系統如圖 2-26 所示。

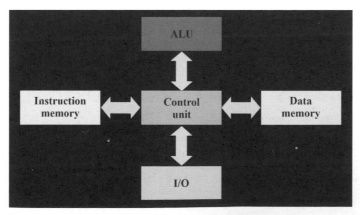

▲ 圖 2-26 哈佛架構（來源：維基百科）

哈佛架構的特點是：指令和資料被分開獨立儲存，它們分別被存放到程式記憶體和資料記憶體。每個記憶體都獨立編址，獨立存取，而且指令和資料可以在一個時鐘週期內並行存取。使用哈佛架構的處理器執行效率更高，但缺點是 CPU 實現會更加複雜。8051 系列的微控制器採用的就是哈佛架構。

2.3.3 混合架構

隨著處理器不斷地改朝換代，現在的 CPU 工作頻率越來越高，很容易和記憶體 RAM 之間產生頻寬問題：CPU 的頻率可以達到 GHz 等級，而對應的記憶體 RAM 一般工作在幾百兆赫茲（目前的 DDR4 SDRAM 也能工作在 GHz 等級了）。CPU 和 RAM 之間傳輸資料，要經過找位址、取資料、設定、等待、輸出資料等多個時鐘週期，記憶體頻寬瓶頸會拖慢CPU 的工作節奏，進而影響電腦系統的整體執行效率。為了減少記憶體瓶頸帶來的影響，CPU 引入了 Cache 機制：指令 Cache 和資料 Cache，用來快取資料和指令，提升電腦的執行效率。

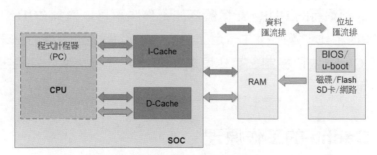

▲ 圖 2-27　混合架構

現代的 ARM SoC 晶片架構一般如圖 2-27 所示，SoC 晶片內部的 Cache層採用哈佛架構，整合了指令 Cache 和資料 Cache。當 CPU 到 RAM 中讀取資料時，記憶體 RAM 不是一次只傳輸要讀取的指定位元組，而是一次快取一批資料到 Cache 中，等下次 CPU 再去取指令和資料時，可以先到這兩個 Cache 中看看要讀取的資料是不是已經快取到這裡了，如果沒有快取命中，再到記憶體中讀取。當 CPU 寫資料到記憶體 RAM 時，也可以先把資料暫時寫到 Cache 裡，然後等待時機將 Cache 中的資料刷新到記憶體中。Cache 快取機制大大提高了 CPU 的存取效率，而 SoC 晶片外部則採用馮‧諾依曼架構，專案實現簡單。現代的電腦集合了這兩種架構的優點，因此我們很難界定一款晶片到底是馮‧諾依曼架構還是哈佛架構，我們就姑且稱之為混合架構吧。

2.4 CPU 性能提升：Cache 機制

隨著半導體製程和晶片設計技術的發展，CPU 的工作頻率也越來越高，和 CPU 進行頻繁資料交換的記憶體的執行速度卻沒有對應提升，於是兩者之間就產生了頻寬問題，進而影響電腦系統的整體性能。CPU 執行一筆指令需要零點幾毫微秒，而 RAM 則需要 30 毫微秒左右，讀寫一次 RAM 的時間，CPU 都可以執行幾百筆指令了。為了不給 CPU 拖後腿，解決記憶體頻寬瓶頸的方法一般有兩個：一是大幅提升記憶體 RAM 的工作頻率，目前最新的 DDR4 記憶體條的工作頻率可以飆到 2GHz，但是和高端的 CPU 相比，還是存在一定差距的，這就需要第二種方法來彌補差距：使用 Cache 快取機制。有速度瓶頸的地方就有快取，這種思想在電腦中隨處可見。

2.4.1 Cache 的工作原理

Cache 在物理實現上其實就是靜態隨機存取記憶體（Static Random Access Memory，SRAM），Cache 的執行速度介於 CPU 和記憶體 DRAM 之間，是在 CPU 和記憶體之間插入的一組高速緩衝記憶體，用來解決兩者速度不匹配帶來的瓶頸問題。Cache 的工作原理很簡單，就是利用太空總署部性和時間局部性原理，透過自有的儲存空間，快取一部分記憶體中的指令和資料，減少 CPU 存取記憶體的次數，從而提高系統的整體性能。

Cache 的工作流程以圖 2-28 為例：當 CPU 讀取記憶體中位址為 8 的資料時，CPU 會將記憶體中位址為 8 的一片資料快取到 Cache 中。等下一次 CPU 讀取記憶體位址為 12 的資料時，會首先到 Cache 中檢查該位址是否在 Cache 中。如果在，就稱為快取命中（Cache Hit），CPU 就直接從 Cache 中取資料；如果該位址不在 Cache 中，就稱為快取未命中（Cache Miss），CPU 就重新轉向記憶體讀取資料，並重新快取從該位址開始的一片資料到 Cache 中。

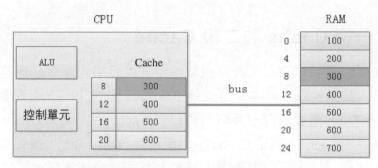

▲ 圖 2-28 透過 Cache 快取 RAM 中的資料

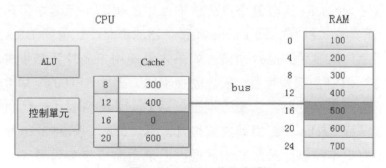

▲ 圖 2-29 Cache 的回寫過程

CPU 寫記憶體的工作流程和讀類似：以圖 2-29 為例，當 CPU 往位址為 16 的記憶體寫入資料 0 時，並沒有真正地寫入 RAM，而是暫時寫到了 Cache 裡。此時 Cache 和記憶體 RAM 的資料就不一致了，快取的每塊空間裡一般會有一個特殊的標記位元，叫 "Dirty Bit"，用來記錄這種變化。

當 Cache 需要刷新時，如 Cache 空間已滿而 CPU 又需要快取新的資料時，在清理快取之前，會檢查這些 "Dirty Bit" 標記的變化，並把這些變化的資料回寫到 RAM 中，然後才騰出空間去快取新的記憶體資料。

以上只是對 Cache 的工作原理做了簡化分析，實際的 Cache 遠比這複雜，如 Cache 裡儲存的記憶體位址，一般要經過位址映射，轉換為更易儲存和檢索的形式。除此之外，現代的 CPU 為了進一步提高性能，大多採用多級 Cache：一級 Cache、二級 Cache，甚至還有三級 Cache。

2.4.2 一級 Cache 和二級 Cache

CPU 從 Cache 裡讀取資料，如果快取命中，就不用再存取記憶體，效率大大提升；如果快取未命中，情況就不太樂觀了：CPU 不僅要重新到記憶體中取資料，還要快取一片新的資料到 Cache 中，如果 Cache 已經滿了，還要清理 Cache，如果 Cache 中的資料有 "Dirty Bit"，還要回寫到記憶體中。這一波操作可能需要幾十甚至上百個指令，消耗上百個時鐘週期的時間，嚴重影響了 CPU 的讀寫效率。為了減少這種情況發生，我們可以透過增大 Cache 的容量來提高快取命中的機率，但隨之帶來的就是成本的上升。在 CPU 內部，Cache 和暫存器的電路比記憶體 DRAM 複雜了很多，會佔用很大的晶片面積，如果大量使用，晶片發熱量會急劇上升，所以在 CPU 內部暫存器一般也就幾十個，靠近 CPU 的一級 Cache 也就幾十千位元組。既然無法繼續增加一級 Cache 的容量，一個折中的辦法就是在一級 Cache 和記憶體之間增加二級 Cache，如圖 2-30 所示。二級 Cache 的工作頻率比一級 Cache 低，但是電路成本會降低，元件的執行速度總是和電路成本成正比。

▲ 圖 2-30 CPU 處理器中的多級 Cache

現在的 CPU 一般都是多核心結構，一個 CPU 晶片內部會整合多個 Core，每個 Core 都會有自己獨立的 L1 Cache，包括 D-Cache 和 I-Cache。在 X86 架構的 CPU 中，一般每個 Core 也會有自己獨立的 L2 Cache，L3 Cache 被所有的 Core 共用。而在 ARM 架構的 CPU 中，L2 Cache 則被每簇（Cluster）的 Core 共用。ARM 架構 SoC 晶片的儲存結構如圖 2-31 所示。

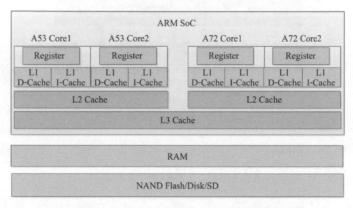

▲ 圖 2-31　ARM 架構多核心 CPU 的儲存結構

2.4.3　為什麼有些處理器沒有 Cache

透過前兩節的學習，我們已經知道 Cache 的作用主要是緩解 CPU 和記憶體之間的頻寬瓶頸。Cache 一般用在高性能處理器中，並不是所有的處理器都有 Cache，如 C51 系列微控制器、cortex-M0、cortex-M1、cortex-M2、cortex-M3、cortex-M4 系列的 ARM 處理器都沒有 Cache。為什麼這些處理器不使用 Cache 呢？主要原因有三個：一是這些處理器都是低功耗、低成本處理器，在 CPU 內整合 Cache 會增加晶片的面積和發熱量，不僅功耗增加，晶片的成本也會增加不少。以 Intel 酷睿 i7-3960X 處理器為例，如圖 2-32 所示，L3 Cache 大約占了晶片面積的 1/4，再加上每個 Core 內部整合的獨立 L1 Cache 和 L2 Cache，整個 Cache 面積差不多就占了晶片總面積的 1/3。

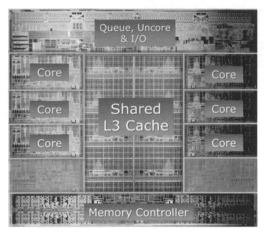

▲ 圖 2-32 i7-3960x 處理器的設計版圖

二是這些處理器本來工作頻率就不高（從幾十兆赫到幾百兆赫不等），和 RAM 之間不存在頻寬問題，有些處理器甚至不需要外接 RAM，直接使用片內 SRAM 就可滿足面向控制領域的軟體開發需求。

三是使用 Cache 無法保證即時性。當快取未命中時，CPU 從 RAM 中讀取資料的時間是不確定的，這是嵌入式即 控制場景無法接受的。因此，在一些面向嵌入式工業控制、即 領域、超低功耗的處理器中，大家可以看到很多沒有整合 Cache 的處理器。不要覺得奇怪：適合自己的，才是最好的，不是所有的牛奶都叫特侖蘇，不是所有的處理器都需要 Cache。

2.5 CPU 性能提升：管線

管線是工業社會化大生產背景下的產物。亞當 · 斯密在他的《國富論》中曾經描述這樣一個場景：製作一枚迴紋針一般需要 18 個步驟，工廠裡的工人平均每天也只能做 100 枚迴紋針。後來改進製程，把制針流程分成 18 道製程，然後讓這 10 名工人平均每人負責 1 ～ 2 道製程，最後這 10 名工人每天可以製造出 48000 枚迴紋針，生產效率整整提高了幾十倍！

在農業社會做一部手機，需要的是工匠、手藝人，就像故宮裡修文物的那些匠人一樣，是需要拜師學藝、慢慢摸索、逐步精進的：從電路焊接、手機組裝、質檢、貼膜、包裝都是一個人，什麼都要學。手藝人慢工出細活，但生產成本很高。到了工業化社會就不一樣了：大家分工合作，將做手機這個複雜手藝拆分為多個簡單步驟，每個人負責一個步驟，多個步驟組成管線。管線上的每個工種經過練習和教育訓練，都可以很快上手，每個人都做自己最擅長的，進而可以大大提高整個管線的生產效率。

做一部手機，焊接電路、組裝成品這一步流程一般需要 8 分鐘，測試檢驗需要 4 分鐘，貼膜包裝成盒需要 4 分鐘，總共需要 16 分鐘。如果有 3 個工人，每個人都單獨去做手機，每 16 分鐘可以生產 3 部手機。一個新員工從進廠開始，要教育訓練學習三個月才能掌握所有的技能，才能就職。如果引入生產管線就不一樣了，每個人只負責一個工序，如圖 2-33 所示，小 A 只負責焊接電路、組裝手機，小 B 只負責質檢，小 C 只負責貼膜包裝。每個人進廠教育訓練 10 天就可以快速上手了，管線對工人的技能要求大大降低，而且隨著時間的演進，每個人會對自己負責的工序越來越熟練，每道工序需要的時間也會大大減少：小 A 焊接電路越來越順手，花費時間從原來的 8 分鐘縮減為 4 分鐘；小 B 的品質檢驗練得爐火純青，做完整個流程只需要 2 分鐘；小 C 的貼膜技術也越來越高了，從貼膜到包裝 2 分鐘完成。每 16 分鐘，小 A 可以焊接 4 塊電路板，整個管線可以生產出 4 部手機，產能整整提升了 33.33%！老闆高興，小 A 高興，小 B 和小 C 高興，因為每做 2 分鐘，他們還可以休息 2 分鐘，豈不樂哉。

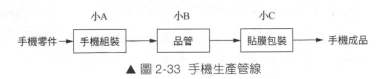

▲ 圖 2-33 手機生產管線

看到這裡可能有人有意見了：你這麼算是不對的，每道工序所用的時間都變為原來的一半，怎麼可能做得到？其實要做到不難的，只要工序拆解得合理，容易上手，再加上足夠時間的機械重複，很多人都可以做得到。

2.5.1 管線工作原理

一筆指令的執行一般要經過取指令、翻譯指令、執行指令 3 個基本流程。CPU 內部的電路分為不同的單元：取指單元、解碼單元、執行單元等，指令的執行也是按照管線工序一步一步執行的。如圖 2-34 所示，我們假設每一個步驟的執行時間都是一個時鐘週期，那麼一筆指令執行完需要 3 個時鐘週期。

CPU 執行指令的 3 個時鐘週期裡，取指單元只在第一個時鐘週期裡工作，其餘兩個時鐘週期都處於空閒狀態，其他兩個執行單元也是如此。這樣做效率太低了，消費者無法接受，老闆更無法接受。解決方法就是引入管線，讓管線上的每一顆螺絲釘都馬不停蹄地運轉起來。

	取指單元	譯碼單元	執行單元
時鐘週期1	取指		
時鐘週期2		譯碼	
時鐘週期3			執行

▲ 圖 2-34 ARM 處理器的三級管線

	取指單元	譯碼單元	執行單元
時鐘週期1	取指1		
時鐘週期2	取指2	譯碼1	
時鐘週期3	取指3	譯碼2	執行1
時鐘週期4	取指4	譯碼3	執行2
時鐘週期5	取指5	譯碼4	執行3
時鐘週期6	取指6	譯碼5	執行4

▲ 圖 2-35 處理器指令的管線執行過程

如圖 2-35 所示，引入管線後，除了剛開始的第一個時鐘週期大家可以偷懶，其餘的時間都不能閒著：從第二個時鐘週期開始，當解碼單元在翻譯指令 1 時，取指單元也不能閒著，要接著去取指令 2。從第三個時鐘週期開始，當執行單元執行指令 1 時，解碼單元也不能閒著，要接著去翻譯指令 2，而取指單元要去取指令 3。從第四個時鐘週期開始，每個電路單元都會進入滿負荷工作狀態，像富士康工廠裡的管線一樣，源源不斷地執行一筆筆指令。

引入管線後,雖然每一筆指令的執行流程和時間不變,還是需要 3 個時鐘週期,但是從整條管線的輸出來看,差不多平均每個時鐘週期就能執行一筆指令。原來執行一筆指令需要 3 個時鐘週期,引入管線後平均只需要 1 個時鐘週期,CPU 性能提升了不少。

管線的本質其實就是拿空間換時間。將每筆指令分解為多步執行,指令的每一小步都有獨立的電路單元來執行,並讓不同指令的各小步操作重疊,透過多筆指令的並存執行,加快程式的整體執行效率。

CPU 內部的管線如此,工廠裡的手機生產管線也是如此,透過不斷地往管線增加人手來提高管線的生產效率,也就是增加管線的吞吐量。

2.5.2　超管線技術

想知道什麼是超管線,讓我們再回到工廠。

在手機生產管線上,由於小 A 的工作效率不高,每焊接組裝一步手機需要 4 分鐘,導致管線上生產一部手機也得需要 4 分鐘。小 A 拖累了整條生產線的生產效率,老闆很生氣,後果很嚴重,小 A 沒幹到一個月就被老闆炒掉了。接下來的幾個月裡,陸陸續續來了不少人,都想挑戰一下這份工作,可惜幹得還不如小 A。老闆招不到人,感覺又錯怪了小 A,於是決定升級生產線,並在加薪的承諾下重新召回了小 A。

經過分析,老闆找到了生產線的瓶頸:管線上的每道工序都需要 2 分鐘,只有小 A 這道工序需要 4 分鐘,老闆發現自己錯怪了小 A,這不是小 A 的原因,是因為這道工序太複雜。老闆把這道工序拆解為兩道工序:焊接電路和組裝手機。如圖 2-36 所示,焊接電路仍由小 A 負責,把電路板、顯示幕、手機外殼組裝成手機這道工序則由新員工小 D 負責。生產管線經過最佳化後,小 A 焊接電路只需要 2 分鐘,小 D 組裝每部手機也只需要 2 分鐘,生產每部手機的時間也由原來的 4 分鐘縮減為 2 分鐘。

現在每 16 分鐘可以生產 8 部手機，生產效率是原來的 2 倍！生產管線的瓶頸解決了。

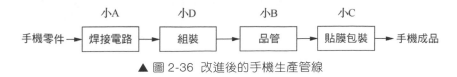

▲ 圖 2-36 改進後的手機生產管線

和手機生產管線類似，最佳化 CPU 管線也是提升 CPU 性能的有效手段。管線存在木桶缺陷效應，我們只需要找出 CPU 管線中的性能瓶頸，即耗時最長的那道工序，對其再進行細分，拆解為更多的工序就可以了。每一道工序都稱為管線中的一級，管線越深，每一道工序的執行時間就會變得越小，處理器的時鐘週期就可以更短，CPU 的工作頻率就可以更高，進而可以提升 CPU 的性能，提高工作效率。

在手機生產管線上，耗時最長的那道工序決定了整條管線的吞吐量。CPU 內部的管線也是如此，管線中耗時最長的那道工序單元的執行時間（即時間延遲）決定了 CPU 管線的性能。CPU 管線中的每一級電路單元一般都是由組合邏輯電路和暫存器組成的，組合邏輯電路用來執行本道工序的邏輯運算，暫存器用來儲存運算輸出結果，並作為下一道工序的輸入。

管線透過減少每一道工序的耗費時間來提升整條管線的效率。在 CPU 內部也是如此，CPU 內部的數位電路是靠時鐘驅動來工作的，既然每筆指令的執行時鐘週期數不變，即執行每筆指令都需要 3 個時鐘週期，但是我們可以透過縮短一個時鐘週期的時間來提升效率，即減少每筆指令所耗費的時間。一個時鐘週期的時間變短，CPU 主頻也就對應提升，影響時鐘週期時間長短的一個關鍵的限制因素就是 CPU 內部每一個工序執行單元的耗費時間。雖說電信號在電路中的傳播時間很快，可以接近光速，但是經過成千上萬個電晶體，不停地訊號翻轉，還是會帶來一定的時間延遲，這個時間延遲我們可以看作電路單元的執行時間。以圖 2-37 為例，如果每個執行單元的時間延遲都是 1+0.5=1.5ns，那麼你的時鐘週期至少也得 2ns，否則電路就會工作異常。如果驅動 CPU 工作的時鐘週期是 2ns，那麼 CPU 的主頻就是 500MHz。現在的 CPU 管線深度可以做到 10 級以上，管線的每一級時間延遲都可以做到皮秒等級，驅動 CPU 工作的時鐘週期可以做到更短，可以把 CPU 的主頻飆到 5GHz 以上。

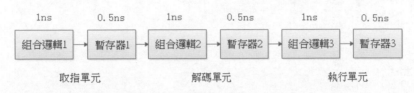

▲ 圖 2-37 管線中每道工序的耗時

我們把 5 級以上的管線稱為超管線結構。為了提升 CPU 主頻，高性能的處理器一般都會採用這種超管線結構。Intel 的 i7 處理器有 16 級管線，AMD 的速龍 64 系列 CPU 有 20 級管線，史上具有最長管線的處理器是 Intel 的第三代奔騰四處理器，有 31 級管線。

要想提升 CPU 的主頻，本質在於減少管線中每一級流水的執行時間，消除木桶缺陷效應。解決方法有三個：一是最佳化管線中各級管線的性能，受限於當前積體電路的設計水準，這一步最難；二是依靠半導體製造製程，製程制程越先進，晶片面積就會越小，發熱也就越小，就更容易提升主頻；三是不斷地增加管線深度，管線越深，管線中的各級時間延遲就可以做得越小，就更容易提高主頻。

管線是否越深越好呢？不一定。管線的本質是拿空間換時間，管線越深，電路會越複雜，就需要更多的組合邏輯電路和暫存器，晶片面積也就越大，功耗也就隨之上升了。用功耗增長換來性能提升，在 PC 機和伺服器上還行，但對於很多靠電池供電的行動裝置的處理器來說就無法接受了，CPU 設計人員需要在性能和功耗之間做一個很好的平衡。

管線越深，就越能提升性能嗎？也不一定。管線是靠指令的並行來提升性能的，第一筆指令還沒有執行完，下面的第二筆指令就開始取指、解碼了。執行的程式指令如果是順序結構的，沒有中斷或跳躍，管線確實可以提高執行效率。但是當程式指令中存在跳躍、分支結構時，下面預先存取的指令可能就要全部丟掉了，需要到跳躍的地方重新取指令執行。

```
    BEQ R1, R2, here
    ADD R2, R1, R0
    ADD R5, R4, R3
    ...
here:
    SUB R2, R1, R0
    SUB R5, R4, R3
    ...
```

在上面的組合語言程式中，BEQ 是一個條件跳躍指令，根據暫存器 R1 和 R2 的值是否相等，跳躍到不同的地方執行。正常情況下，當執行 BEQ 指令時，下面的 ADD 指令就已經被預先存取和解碼了，如果程式沒有跳躍，則會接著繼續往下執行。但是當 BEQ 跳躍到 here 標籤處執行時，管線中已經預先存取的 ADD 指令就無效了，要全部捨棄掉，然後重新到 here 標籤處取 SUB 指令，管線才能接著繼續執行。

管線越深，一旦預先存取指令失敗，浪費和損失就會越嚴重，因為管線中預先存取的幾十筆指令可能都要捨棄掉，此時管線就發生了停頓，無法按照預期繼續執行，這種情況我們一般稱為管線冒險（hazard）。

2.5.3 管線冒險

引起管線冒險的原因有很多種，根據類型不同，我們一般分為 3 種。

- 結構冒險：所需的硬體正在為前面的指令工作。
- 資料冒險：當前指令需要前面指令的運算資料才能執行。
- 控制冒險：需根據之前指令的執行結果決定下一步的行為。

結構冒險很好理解，如果多筆指令都用相同的硬體資源，如記憶體單元、暫存器等，就會發生衝突。如下面的組合語言程式。

```
ADD R2, R1, R0
SUB R1, R4, R3
```

上面這兩筆指令執行時都需要存取暫存器 R1，但是這兩筆指令之間沒有依賴關係，不需要資料的傳送，僅僅在使用的硬體資源上發生了衝突，這種衝突我們就稱為結構冒險。解決結構冒險的方法很簡單，我們直接對衝突的暫存器進行重新命名就可以了。這種操作可以透過編譯器靜態實現，也可以透過硬體動態完成，如圖 2-38 所示，我們在管線中加入暫存器重新命名單元就可以了。

▲ 圖 2-38 管線中的重新命名單元

透過硬體電路對暫存器重新命名後，程式就變成了下面的樣子，將 SUB 指令中的 R1 暫存器重新命名為 R5，結構冒險解決。

```
ADD R2, R1, R0
SUB R5, R4, R3
```

資料冒險指當前指令的執行需要上一筆指令的運算結構，上一筆指令沒有執行結束，當前指令就無法執行，只能暫停執行。如下面的程式碼。

```
ADD R2, R1, R0
SUB R4, R2, R3
```

第二筆 SUB 指令，要等待第一筆 ADD 指令執行結束，將運算結果寫回暫存器 R2 後才能執行。現在的經典 CPU 管線一般分為 5 級：取指、解碼、執行、存取記憶體、寫回。也就是說，指令執行結束後還要把運算結果寫回暫存器，然後下一筆指令才可以到這個暫存器取資料。要解決管線的資料冒險，方法有很多，如使用 "operand forwarding" 技術，當 ADD 指令執行結束後，不再執行後面的回寫暫存器操作，而是直接使用運算結果。第二個解決方法是在 ADD 和 SUB 指令中間插入空指令，即 pipeline bubble，暫緩 SUB 指令的執行，等 ADD 指令將運算結果寫回暫存器 R2 後再執行就可以了。

如圖 2-39 所示，為了防止資料冒險，我們在時鐘週期 2 和時鐘週期 3 內，增加了兩個空指令，讓管線暫時停頓（stall），產生空泡（bubble）。在第 5 個時鐘週期，ADD 指令執行結束，並將運算結果寫回暫存器 R2 之後，SUB 指令才在第 6 個時鐘週期繼續執行。透過這種填充空指令的方式，SUB 指令雖然延緩了 2 個時鐘週期執行，但總比把後面已經預先存取的幾十筆指令全部丟掉強，尤其是當管線很深時，這種方式很划算，你值得擁有。

	取指單元	譯碼單元	執行單元	存取記憶體	寫回
時鐘週期1	取指ADD				
時鐘週期2		譯碼ADD			
時鐘週期3			執行ADD		
時鐘週期4	取指SUB			存取記憶體ADD	
時鐘週期5	取指3	譯碼SUB			寫回ADD
時鐘週期6	取指4	譯碼3	執行SUB		
時鐘週期7	取指5	譯碼4	執行3	存取記憶體SUB	
時鐘週期8	取指6	譯碼5	執行4	存取記憶體3	寫回SUB

▲ 圖 2-39 在管線中增加空指令

控制冒險也是如此，當我們執行 BEQ 這樣的條件判斷指令，無法確定接下來要執行什麼，無法確定到哪裡取指令時，也可以採取圖 2-39 所示的解決方法，插入幾個空指令，等 BEQ 執行結束後再去取指令就可以了。

2.5.4 分支預測

條件跳躍引起的控制冒險雖然也可以透過在流水中插入空泡來避免，但是當管線很深時，需要插入更多的空泡。以一個 20 級深度的管線為例，如果一筆指令需要上一筆指令執行結束才去執行，則需要在這兩筆指令之間插入 19 個空泡，相當於管線要暫停 19 個時鐘週期，這是 CPU 無法接受的。

如圖 2-40 所示，為了避免這種情況發生，現在的 CPU 管線在取指和解碼時，都要對跳躍指令進行分析，預測可能執行的分支和路徑，防止預先存取錯誤的分支路徑指令給管線帶來停頓。

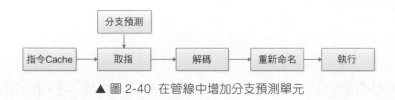

▲ 圖 2-40　在管線中增加分支預測單元

根據工作方式的不同，分支預測可分為靜態預測和動態預測。靜態預測在程式編譯時透過編譯器進行分支預測，這種預測方式對於迴圈程式最有效，它可以根據你的迴圈邊界反覆取指令。而對於跳躍分支，靜態預測就比較簡單粗暴了，一般都是預設不跳躍，按照循序執行。我們在撰寫有跳躍分支的程式時，要記得把大機率執行的程式分支放在前面，這樣可以明顯提高程式的執行效率。如下面的分支跳躍程式，寫得就不好。

```
拋硬幣操作；
if （硬幣能豎起來）
{
    今晚寫作業；
}
else
{
    大吉大利；
    今晚吃雞；
}
```

執行上面的程式，不用糾結，99.99% 的機率會跳躍到 else 分支執行。如果我們在一個 20 級管線的處理器上執行這個程式，一旦預測失敗，就會浪費很多時鐘週期去沖刷前面預先存取錯誤的管線，從而大大降低程式的執行效率。我們可以稍微最佳化一下，將大機率執行的分支放到前面，就可以大機率避免管線沖刷和停頓。

```
拋硬幣操作；
if（正面 or 反面）
{
    大吉大利；
     今晚吃雞；
}
else
{
    今晚寫作業；
}
```

動態預測則指在程式執行時期進行預測。不同的軟體、不同的程式分支
行為，我們可以採取不同的演算法去提高預測的準確率，如我們可以根
據程式的歷史執行路徑資訊來預測本次跳躍的行為，常見的動態預測方
式有 1-bit 動態預測、n-bit 動態預測、下一行預測、雙模態預測、局部分
支預測、全域分支預測、融合分支預測、迴圈預測等。隨著大量新的應
用軟體的出現，為了應對新的程式邏輯行為，分支預測器也做得越來越
複雜，佔用的晶片面積也越來越大。在 CPU 內部，除了 Cache，就數分
支預測器的電路版圖最大。

分支預測技術是提高 CPU 性能的一項關鍵技術，其本質就是去除指令之
間的相關性，讓程式更高效執行。一個 CPU 性能高不高，不僅在於你的
管線有多深、主頻有多高、Cache 有多大，還和分支預測技術息息相關。
一個分支預測器好不好，我們可以從兩個方面來衡量：分支判斷速度和
預測準確率。目前分支預測技術可以達到 95% 的預測準確率，然而技術
進化之路永未停止，分支預測技術一直在隨著電腦的發展不斷更新迭代。

2.5.5 亂數執行

我們撰寫的程式指令序列按照順序依次儲存在 RAM 中。當程式執行時，
PC 指標會自動到 RAM 中去取，然後 CPU 按照順序一筆一筆地依次執

行，這種執行方式稱為循序執行（in order）。當這些指令前後有資料依賴關係時，就會產生資料冒險，我們可以透過在指令序列之間增加空指令，讓管線暫時停頓來避免管線中預期的指令被沖刷掉。除此之外，我們還可以透過亂數執行（out of order）來避免管線衝突。

造成管線衝突的根源在於指令之間存在相關性：前後指令之間要麼產生資料冒險，要麼產生結構冒險。我們可以透過重排指令的執行順序，而非被動地填充空指令來去掉這種依賴。

```
ADD R2, R1, R0 ;指令 1
SUB R4, R3, R2 ;指令 2
ADD R7, R6, R5 ;指令 3
ADD R10,R9, R8 ;指令 4
```

在上面的程式中，第二筆 SUB 指令要使用第一筆指令的運算結果，要等到第一筆 ADD 指令執行結束後才能執行，於是就產生了資料冒險。我們可以透過在管線中插入 2 個空指令來避免。

```
ADD R2, R1, R0 ;指令 1
NOP
NOP
SUB R4, R3, R2 ;指令 2
ADD R7, R6, R5 ;指令 3
ADD R10,R9, R8 ;指令 4
```

透過暫停管線 2 個時鐘週期，我們避免了管線的衝突。當指令序列中存在依賴關係的指令很多時，就需要在管線中不停地插入空指令，造成管線頻繁地停頓，進而影響程式的執行效率。為了避免這種情況發生，我們可以將指令執行順序重排，亂數執行。

```
ADD R2, R1, R0 ;指令 1
ADD R7, R6, R5 ;指令 3
ADD R10,R9, R8 ;指令 4
SUB R4, R3, R2 ;指令 2
```

因為指令 3、指令 4 和指令 1 之間不存在相關性，因此我們可將它們放到前面執行。等再次執行到指令 2 時，指令 1 已經執行結束，不存在資料冒險，此時我們就不需要在管線中增加空指令了，CPU 管線滿負載執行，效率提升。

支援亂數執行的 CPU 處理器，其內部一般都會有專門的亂數執行邏輯電路，該控制電路會對當前指令的執行序列進行分析，看能否提前執行。如整數計算、浮點數計算會使用不同的計算單元，同時執行這些指令並不會發生衝突。CPU 分析這些不相關的指令，並結合各電路單元的空閒狀態綜合判斷，將能提前執行的指令進行重排，發送到對應的電路單元執行。

2.5.6 SIMD 和 NEON

一筆指令一般由操作碼和運算元組成，不同類型的指令，其運算元的數量可能不一樣。以加法指令為例，它有 2 個運算元：加數 1 和加數 2。當解碼電路解碼成功並開始執行 ADD 指令時，CPU 的控制單元會首先到記憶體中取資料，將運算元送到算數邏輯單位中，取資料的方法有兩種：第一種是先取第一個運算元，然後存取記憶體讀取第二個運算元，最後才能進行求和計算。這種資料操作類型一般稱為單指令單資料（Single Instruction Single Data，SISD）；第二種方法是幾個執行部件同時存取記憶體，一次性讀取所有的運算元，這種資料操作類型稱為單指令多資料（Single Instruction Multiple Data，SIMD）。毫無疑問，SIMD 透過單指令多資料運算，幫助 CPU 實現了資料並行存取，SIMD 型的 CPU 執行效率更高。

隨著多媒體技術的發展，電腦對影像、視訊、音 等資料的處理需求大增，SIMD 特別適合這種資料密集型計算：一筆指令可以同時處理多個資料（音 或一幀圖像資料）。為了滿足這種需求，從 1996 年起，X86 架構的處理器就開始不斷地擴充這種 SIMD 指令集。

多媒體擴充（MultiMedia eXtensions，MMX）指令集是 X86 處理器為音視訊、影像處理專門設計的 57 筆 SIMD 多媒體指令集。MMX 將 64 位元暫存器當作 2 個 32 位元或 8 個 8 位元暫存器來用，用來處理整數計算。這些暫存器並不是為 MMX 單獨設計的，而是借用浮點運算的暫存器進行計算的，因此 MMX 指令和浮點運算不能同時工作。

SSE（Internet Streaming SIMD Extensions）指令集是 Intel 在奔騰三處理器中對 MMX 進行擴充的指令集。SSE 和 MMX 相比，不再佔用浮點運算單元的暫存器，它有自己單獨的 128 位元暫存器，一次可處理 128 位元資料。後來 AVX（Advanced Vector Extensions）指令集將 128 位元的暫存器擴充到 256 位元，支持向量計算，並全面相容 SSE 及後續的擴充指令集系列 SSE2/SSE3/SSE4。短短幾年後，AMD 也不甘示弱，發佈了 3DNow！和 SSE5 指令集。3DNow！指令集基於 Intel 的 MMX 指令集進行擴充，不僅支持並行整數計算、並行浮點數計算，還可以混合操作整數和浮點數計算，不需要上下文來回切換，執行效率更高。

FMA（Fused-Multiply-Add）指令集，基於 AVX 指令集進行擴充，融合了加法和乘法，又稱為積和熔加計算，可透過單一指令執行多次重複計算，簡化了程式，比 AVX 更加高效，以適應繪圖、繪製、立體音效等一些更複雜的多媒體運算。現在無論是 Intel 還是 AMD，新版的 CPU 微架構都開始支援 FMA 指令集。

隨著音樂播放、拍照、直播、小視訊等多媒體需求在行動裝置上的爆發，ARM 架構的處理器也開始慢慢支援和擴充 SIMD 指令集。如圖 2-41 所示，NEON 是適用於 Cortex-A 和 Cortex-R52 系列處理器的一種 128 位元的 SIMD 擴充指令集。早期的浮點運算已不能滿足需求，ARM 從 ARM V7 指令集開始引入 NEON 多媒體 SMID 指令，透過向量化運算，更好地支援音視訊編解碼、電腦視覺 AR/VR、遊戲繪製、機器學習、深度學習等需要大量複雜計算的新應用場景。

▲ 圖 2-41 ARM 處理器中的 SIMD 指令執行單元

2.5.7 單發射和多發射

SIMD 指令可以用一筆指令來處理多個資料，其實就是透過資料並行來提高執行效率的。為應對日益複雜的多媒體計算需求，X86 和 ARM 處理器都分別擴充了 SIMD 指令集，這些擴充的 SIMD 指令和其他指令一樣，在管線上也是串列執行的。管線透過前面的各種最佳化手段來提高吞吐量，其實就是透過提升處理器主頻來提高執行效率。CPU 的主頻提升了，但處理器在每個時鐘週期能執行的指令個數仍是不變的：每個時鐘週期只能從記憶體取一筆指令，每個時鐘週期也只能執行一筆指令，這種處理器一般叫作單發射處理器。

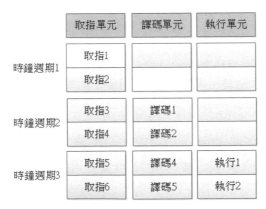

▲ 圖 2-42 雙發射處理器的管線

多發射處理器在一個時鐘週期內可以執行多筆指令。處理器內部一般有多個執行單元，如算數邏輯單位（ALU）、乘法器、浮點運算單元（FPU）等，每個時鐘週期內僅有一個執行單元在工作，其他執行單元都閒著，甜豆漿鹹豆漿，喝一碗倒一碗，這是多麼的浪費啊！雙發射處理器可以在一個時鐘週期內同時分發（dispatch）多筆指令到不同的執行單元執行，讓 CPU 同時執行不同的計算（加法 、乘法、浮點運算等），從而達到指令級的並行。一個雙發射處理器每個時鐘週期理論上最多可執行 2 筆指令，一個四發射處理器每個時鐘週期理論上最多可以執行 4 筆指令。雙發處理器的管線如圖 2-42 所示。

根據實現方式的不同，多發射處理器又可分為靜態發射和動態發射。靜態發射指在編譯階段將可以並存執行的指令打包，合併到一個 64 位元的長指令中。在打包過程中，若找不到可以並行的指令配對，則用空指令 NOP 補充。這種實現方式稱為超長指令集架構（Very Long Instruction Word，VLIW）。如下面的組合語言指令，帶有 || 的指令表示這兩筆指令要在一個時鐘週期裡同時執行。

```
ADD R1, R1, R0 || ADD R3, R2, R2
```

VLIW 實現簡單，不需要額外的硬體，透過編譯器在編譯階段就可以完成指令的並行。早期的組合語言不支援指令的並行化執行宣告，隨著處理器不斷地迭代更新，為了保證指令集的相容性，現在的處理器，如 X86、ARM 等都採用 SuperScalar 結構。採用 SuperScalar 結構的處理器又叫超過標準量處理器，如圖 2-43 所示，這種處理器在多發射的實現過程中會增加額外的取指單元、解碼單元、邏輯控制單元等硬體電路。在指令執行時期，將串列的指令序列轉換為並行的指令序列，分發到不同的執行單元去執行，透過指令的動態並行化來提升 CPU 的性能。

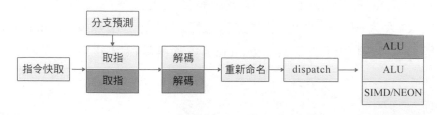

▲ 圖 2-43 超過標準量處理器的動態發射

大家不要把亂數執行和 SuperScalar 弄混淆了，兩者不是一回事。亂數執行是串列執行指令，只不過調整了指令的執行順序而已，而 SuperScalar 則是並存執行多筆指令。兩者在一個處理器中是可以共存的：一個處理器可以是雙發射、循序執行的，也可以是雙發射、亂數執行的；可以是單發射、亂數執行的，當然也可以是單發射、循序執行的。超過標準量處理器透過增加電路邏輯將指令並行化來提升性能，其代價是增大了晶片的面積和功耗。不同的處理器，根據自己的市場定位，可以靈活搭配合適的架構：是追求低功耗，還是追求高性能，還是追求性能和功耗的相對平衡，總能做出一道適合你的菜。

VLIW 和 SuperScalar 分別從編譯器和硬體上實現了指令的並行化，各有各的優勢和局限性：VLIW 雖然實現簡單，但由於相容性問題，不支持目前主流的 X86、ARM 處理器；而採用 SuperScalar 結構的處理器，完全依賴管線硬體去動態辨識可並存執行的指令，並分發到對應的執行單元執行，不僅大大增加了硬體電路的複雜性，而且也存在極限。學者和工業界一致認為，同時執行 8 筆指令將是 SuperScalar 結構的極限。

現在新架構的處理器沒有指令集相容的歷史包袱，一般會採用顯性並行指令計算（Explicitly Parallel Instruction Computing，EPIC）的指令集結構。EPIC 結合了 VLIW 和 SuperScalar 的優點，允許處理器根據編譯器的排程並存執行指令而不增加硬體的複雜性。EPIC 的實現原理也很簡單，就是在指令中使用 3 個位元來表示相鄰的兩筆指令有沒有相關性、當前指令要不要等上一筆指令執行結束後才能執行。程式在執行時期，管線根據指令中的這些資訊可以很輕鬆地實現指令的並行化和分發工作。EPIC 大大簡化了 CPU 硬體邏輯電路的設計，1997 年，Intel 和 HP 聯合開發的純 64 位元的安騰（Itanium）處理器就採用了 EPIC 結構。

2.6 多核心 CPU

半導體製程和架構是提升 CPU 性能的雙頭馬車。CPU 的發展史，其實就是處理器架構和半導體製程互動升級、協作演進的發展史。半導體製程採用更先進的制程，電晶體尺寸變小了，晶片面積降低了，CPU 的主頻就可以做得更高；在相同的製程制程下，透過不斷最佳化 CPU 架構，從 Cache、管線、亂數執行、SIMD、多發射、指令預測等方面不斷更新迭代，就可以設計出比別家公司性能更高、功耗更低的處理器。

2.6.1 單核心處理器的瓶頸

在相同的半導體製程制程下，晶片的面積越大，晶片的良品率就越低，晶片的成本就會越高，功耗也會越大。美國加州州有家名叫 Cerebras 的創業公司發佈了一款專為人工智慧打造、號稱史上最大的 AI 晶片，這款名為 Wafer Scale Engine（WSE）的晶片由 1.2 萬億個電晶體組成，採用台積電 16nm 製程，晶片面積比一個 iPad 還大，功耗 15000W，比 6 台電磁爐的總功率還大。如果把這款處理器用在你的手機上，「充電 5 小時，通話 2 分鐘」，絕對不是夢想。現在處理器的發展趨勢就是在提升性能的情況下，功耗越做越低，這樣的產品在市場上才有競爭力。

而在相同的製程下，提升晶片性能和減少功耗之間往往又是衝突的。以 Cache 為例，我們可以透過增加 L1、L2、L3 級 Cache 的容量來增加 Cache 的命中率，提高 CPU 的性能，但晶片的面積和功耗也會隨之增加。管線同樣如此，我們可以透過增加管線級數、減少每一級流水的時間延遲，來提高處理器的主頻，但隨之而來的就是晶片電路的複雜性增加。魚與熊掌不可兼得，很多廠商在發佈自己的處理器時，都會根據產品的市場定位在性能、成本和功耗之間反覆做平衡，或者乾脆發佈一系列低、中、高端產品：要麼追求高性能，要麼追求低功耗，要麼追求能效比。

單核心時代的玩法玩得差不多了，就要換種新玩法，才能讓消費者有欲望和動力扔掉舊機器，改朝換代。於是，一個更加繽紛多彩的多核心大戰時代來臨了。

2.6.2 片上多核心互連技術

現代的電腦，無論是 PC、手機還是伺服器，一般都是多個任務同時執行，單核心 CPU 的性能再強勁，其實也是在串列執行這幾個任務，多個任務輪流佔用 CPU 執行。只要任務切換得足夠快，就可以以假亂真，讓使用者覺得多個程式在同時執行。

多核心處理器則可以讓多個任務真正地同時執行。在單核心處理器透過指令級並行性能提升空間有限的情況下，透過多核心在任務級做到真正並行，可以進一步提升 CPU 的整體性能。

單核心處理器晶片內部除了整合 CPU 的各個基本電路單元，還整合了各級 Cache。當在一個晶片內部整合多個核（Core）時，各個 Core 之間怎麼連接呢？ Cache 是每個 Core 獨享，還是共用？不同架構的處理器，甚至相同架構不同版本的處理器，其連接方式都不一樣。

早期的電腦比較簡單，CPU 和記憶體、I/O 模組直接相連，這種連接也稱為星型連接。星型連接通訊效率最高，但是浪費的資源也多。舉一個簡單的例子，如郵局，如圖 2-44 左側圖所示。

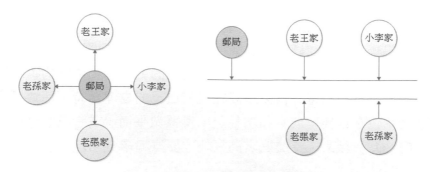

▲ 圖 2-44 星型連接與匯流排型連接

電腦的 CPU 和其他模組，如果像郵局一樣採用星型連接，通訊效率確實高效，快遞員到每家都有專門的道路，永不堵車。但星型連接成本高、可擴充性差：如果老王家的小王結婚蓋了新房，則還需要專門修一條新公路，從郵局通到小王家；小李家都更了，喬遷新居，原來的公路就浪費了，還得繼續修公路通到新家。為了解決這種缺陷，如圖 2-44 右側圖所示，匯流排型連接就產生了：各家共用公路資源，郵局對他們各家進行編址管理。匯流排型連接可以隨意增加或減少連接模組，相容性和擴充性都大大增強。在單核心處理器時代，匯流排型連接是最理想和最經濟的，但是到了多核心時代就未必如此了。

匯流排型連接也有缺陷，在某一個時刻只允許一對裝置進行通訊，如圖 2-45 所示，當多個 Core 同時想佔用匯流排與外部設備通訊時，就會產生競爭，進而影響通訊效率。

一個解決方法是使用線性陣列，分段使用匯流排，就像高速公路上的不同收費點一樣，多個處理器可以分段使用匯流排資源進行通訊，如 IBM 的 Cell 處理器。另一個解決方法是使用交叉開關（Crossbar），如圖 2-46 左側圖所示。

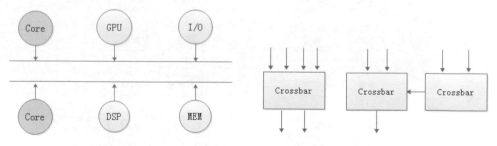

▲ 圖 2-45 多核心 CPU 的匯流排型連接　　▲ 圖 2-46 交叉開關型連接

交叉開關像路由器一樣有多個通訊埠，多個 Core 可以透過交叉開關的通訊埠互連，並行通訊。相互通訊的各對節點都是獨立的，互不干擾。交叉開關可以提高通訊效率，但其自身也會佔用晶片面積，功耗很大，尤其當連接裝置很多,交叉開關的通訊埠很多時,晶片面積和功耗會急劇上升。為了緩解這一矛盾,我們可以使用層次化交叉開關(如圖 2-46 右側圖),透過層次化交叉開關可以在局部建構一個節點的叢集,然後在上一層將每個局部的叢集看成一個節點,再透過合適的方式進行連接。

層次化交叉開關利用網路通訊的局部特徵,緩解了單一開關在連接的節點上升時產生的性能下降,在性能、晶片面積和功耗之間達到一個平衡。交叉開關兩兩互連,處理器的多個 Core 之間透過開關可以相互獨立通訊,效率很高(如圖 2-47 左側圖)。但隨之而來的問題是,隨著連接節點增多,交叉開關的互連邏輯也越來越複雜,功耗和佔用的晶片面積也越來越大,所以這種連接結構一般適用於四核以下的 CPU。四核以上的 CPU 可以採用 Ring Bus 結構(如圖 2-47 右側圖):將匯流排和交叉開關結合起來,連成一個環狀,相鄰的兩個 Core 通訊效率最高,遠離的兩個 Core 之間可以透過開關路由通訊。Intel 的八核處理器一般都是採用這種結構的。

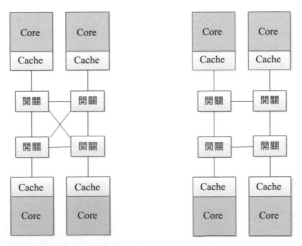

▲ 圖 2-47 交叉開關型結構與 Ring Bus 結構

Ring Bus 結構結合了匯流排型連接和開關型連接兩者的優點,在成本功耗和通訊效率之間達到一個平衡,但是也有局限性,當這個環上連接的

Core 很多時，通訊延遲又會帶來效率下降。面向伺服器的處理器一般都是 16 核以上的，這種眾核結構如果再使用以上連接方式則都會有局限性，影響多核心整體性能的發揮。面向眾核處理器領域，目前比較流行的一種片上互連技術叫作片上網路（Net On Chip，NoC）。現在比較常用的二維 Mesh 網路如圖 2-48 所示。

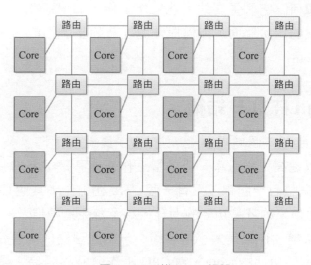

▲ 圖 2-48　二維 Mesh 網路

當處理器的 Core 很多時，我們不再使用匯流排型連接，而是使用網路節點的方式連接。每個節點包括計算單元、通訊單元及其附屬電路。計算和通訊實現了分離，每一個節點中的處理單元可以是一個 Core，也可以是一個小規模的 SoC。Core 與 Core 之間的通訊基於通訊協定進行，資料封包在網路中按照設定的路由演算法傳輸，透過網路通訊的分佈化來避免匯流排的競爭。

當 2D Mesh 網路連接的 Core 很多時，距離較遠的兩個 Core，因為經過太多的路由，通訊延遲也會對處理器整體性能產生一定影響。將網路路徑中每一條線的首尾路由節點相連，就變成了二維的 Ring Bus 結構，即 Torus 網路，可以進一步減少路由路徑較遠時帶來的通訊延遲。

NoC 根據連接的節點類型，可分為同構和異質兩種類型。同構指網路上連接的節點處理器類型都是一樣的，如都是 CPU 的 Core；而異質則指網路上可以連接不同類型的處理單元，如 GPU、DSP、NPU、TPU 等。隨著人工智慧、巨量資料、物聯網等技術的發展，我們需要在同一個處理器中整合不同類型的運算單元，如 CPU、GPU、NPU 等。如何更方便地連接它們，如何讓它們更高效率地協作工作，如何避免「一核心有難，八核心圍觀」的尷尬局面，如何提升處理器的整體性能，成為目前 NoC 領域研究的熱點。

2.6.3 big.LITTLE 結構

多個 Core 整合到一個處理器上，當 CPU 負載很大時，多個 Core 一起上陣確實可以提高工作效率，但是當工作任務不是很多時，如只開一個 QQ，然後八個核心一起跑，只有一個 Core 在工作，其他 Core 也開始跟著空轉，隨之帶來的就是功耗的上升。為了避免這種情況，ARM 推出了 big.LITTLE 架構，也就是大小核架構：一個處理器內部整合的有高性能的 Core，也有低功耗的 Core。當 CPU 工作負載很重時，啟動高性能的 Core 工作；當 CPU 很閒時，則切換到低功耗的 Core 上工作。根據不同的應用場景和工作負載，CPU 分配不同的 Core 工作，可以在性能和功耗之間達到一個平衡。

ARM 處理器針對多核心採取了分層設計，如圖 2-49 所示，將所有的高性能核放到一個簇（Cluster）裡，組成一個 big Cluster，將多個低功耗核心放到另一個 Cluster 裡，組成 LITTLE Cluster。處理器中的每個 Core 都有自己獨立的資料 Cache 和指令 Cache，每個 Cluster 共用 L2 Cache。為了保證多個 Core 執行時期 Cache 和 RAM 中的資料相同，兩個 Cluster 之間透過快取一致性介面相連，不僅保證多個 Core 之間的高效通訊，還透過檢測電路，保證了多個 Cache 之間、Cache 和 RAM 之間的資料一致性，避免程式執行出錯。

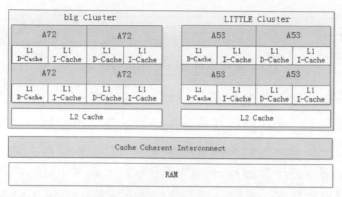

▲ 圖 2-49 ARM 處理器的 big.LITTLE 架構

作業系統執行時期，可以根據 CPU 的負載情況靈活地在兩個 Cluster 之間來回切換。為了更好地在性能和功耗之間達到平衡，我們甚至可以進行更精細的排程：當 CPU 負載較輕時，使用小核心；當 CPU 負載一般時，大核心和小核心混合使用；只有當 CPU 負載較高時，才全部使用大核心工作。隨著 ARM 的大小核心設計技術越來越成熟，在軟體上的最佳化越來越得心應手，越來越多的廠商開始使用這項技術去設計自己的處理器，大小核設計目前已經成為 ARM 多核心處理器的標準配備。

2.6.4 超執行緒技術

在多核心處理器設計中，還有一種技術叫超執行緒技術（Hyper-Threading，HT），目前主要應用在 Intel、AMD 的 X86 多核心處理器上。大家買電腦時，經常會看到 4 核心 8 執行緒、6 核心 12 執行緒的説明，帶有這些字眼的處理器一般都採用了超執行緒技術。

什麼是超執行緒技術呢？網上有個例子講得很形象，這裡就拿來跟大家分享一下：假如你是一個餐館的老闆，雇了一個廚師燒菜，顧客點了兩道菜：老鴨湯和宮保雞丁。廚師接單後，開始做起來。如圖 2-50 所示，老鴨湯從備菜到出鍋需要 14min，宮保雞丁從備菜到出鍋需要 10min，兩道菜總共需要 24min。

▲ 圖 2-50 廚師的做菜管線

為了提高上菜速度，老闆有兩個方法：一是再雇一個廚師，每個廚師同時各做一道菜；二是在廚房裡再增加一個灶台，讓廚師分別在兩個灶台上同時做這兩道菜。只要老闆智商沒問題，肯定會選第二種，因為老闆發現廚師在煲湯的十分鐘裡一直閒著沒事幹，顧客早就等得不耐煩了，廚師卻在那裡刷抖音。再雇一個廚師的成本太高，如圖 2-51 所示，再添一個灶台，就可以讓廚師一直忙，既節省了人力成本，又可以將做兩道菜的時間縮減到 14min。

▲ 圖 2-51 改進後的管線

如果把廚師看作 CPU，則選擇第一種方案就是雙核處理器，選擇第二種方案是單核心雙執行緒器。超執行緒技術透過增加一定的控制邏輯電路，使用特殊指令可以將一個物理處理器當兩個邏輯處理器使用，每個邏輯處理器都可以分配一個執行緒執行，從而最大限度地提升 CPU 的資源使用率。超執行緒技術在 CPU 內部的實現原理也很簡單，我們以學校旁邊影印店裡的印表機為例，如圖 2-52 所示。

當影印店的生意很紅爆時，老闆一般會多購買幾台列印裝置（電腦＋印表機）。如果每台電腦配一台印表機，成本會很高，而且印表機也不是一直在用，大部分時間都在閒著，因為大部分時間都花費在文件的輸入、修改和設計上了。為了充分利用印表機資源，節省成本，老闆可以只買一台印表機，然後將兩台電腦透過虛擬印表機設定都連接到這台印表機上。如果把印表機看作 CPU 的 Core，那麼這種共用印表機的設定其實就是超執行緒技術。

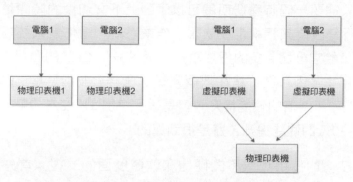

▲ 圖 2-52　印表機的超執行緒技術

超執行緒技術的實現原理和印表機類似：如圖 2-53 所示，在 CPU 內部很多資源其實也是可以共用的，如 ALU、FPU、Cache、匯流排等，也有很多資源是每個執行緒獨有的，如暫存器狀態、堆疊等。我們透過增加一些控制邏輯電路，儲存各個執行緒的狀態，共用 ALU、Cache 等共用資源，就可以在一個物理 Core 上實現兩個邏輯 Core，作業系統可以給每個邏輯 Core 都分配 1 個執行緒執行。

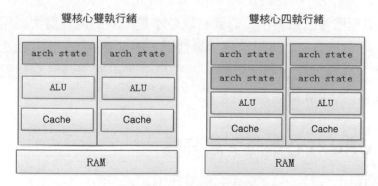

▲ 圖 2-53　CPU 的超執行緒技術

這裡需要注意的是，在同一個物理 Core 上的兩個執行緒並不是同時執行的，因為每個執行緒都需要使用物理 Core 上的共用資源（如 ALU、

Cache 等）。但是兩個執行緒之間可以互相協助執行，一般處理器上的兩個執行緒上下文切換需要 20000 個時鐘週期，而超執行緒器上的兩個執行緒切換只需要一個時鐘週期就可以了，上下文切換的時間銷耗大大減少。超執行緒技術其實就是「欺騙」作業系統，讓作業系統認為它有更多的 Core，給它分配更多的任務執行，透過減少 CPU 的閒置時間來提高 CPU 的使用率。因為執行緒在兩個邏輯處理器上並不是真正的並行，所以也不可能帶來 2 倍的性能提升，但是透過增加 5% 左右的晶片面積換來 CPU 15%~30% 的性能提升，還是很划算的。

超執行緒技術的使用也離不開硬體和軟體層面的支援。首先主機板和 BIOS 要支援超執行緒技術，作業系統也需要對超執行緒技術有專門的最佳化。Windows 作業系統從 Windows XP 以後開始支援超執行緒技術，GNU/Linux 作業系統則從 Linux-2.6 以後開始支援超執行緒技術。除此之外，應用層面也需要支援超執行緒技術，如 NPTL 函數庫等。

並不是所有的場合都適合使用超執行緒技術，你可以根據自己的實際需求選擇開啟或關閉超執行緒。在高併發的伺服器場合下，使用超執行緒技術確實可以提升性能，但在一些對單核心性能要求比較高的場合，如大型遊戲，開啟超執行緒反而會增加系統銷耗，影響性能。在 Intel 和 AMD 的處理器產品系列中，你會發現並不是所有的處理器都使用了超執行緒技術，甚至某代處理器全部放棄使用，而最新的 Intel 10 代處理器則又捲土重來，全面開啟超執行緒。截至目前，市面上還沒有發現使用超執行緒技術的 ARM 處理器。

2.6.5 CPU 核心數越多越好嗎

相關研究指出，單核心處理器主頻每升 1GHz，平均就要增加 25W 的功率。透過增加處理器核心數，將大量繁重的計算任務分配到更多的 Core 上，可以提高處理器的整體性能。而根據阿姆達爾定律，程式中並行程式的比例又決定了增加處理器核心數所能帶來的性能提升上限，CPU 的核心數不一定越多越好，任務分配不當就可能造成「一核心有難，八核心圍觀」的尷尬場面。消費者在設定電腦時，建議根據自己的實際需求來選擇性價比最高的處理器。

大型遊戲一般偏重單核心性能，主頻越高，遊戲體驗越佳；而伺服器則更傾向於多核心多執行緒。例如你要玩《絕地求生》遊戲，6 核心 12 執行緒的 E5 2689 不一定比得上雙核心四執行緒的奔騰 G5400。目前大部分遊戲最佳化滿載時能跑到四核心就已經不錯了，如果你在玩遊戲時還執行其他軟體，六核心已經足夠，八核心就算高端設定了。當然，如果你是發燒友玩家或者土豪，一直在追求極致的體驗，上面所説的一切無效，挑最貴的下單，保證沒錯。

如果你想犁一塊地，你會選擇哪種方式？兩頭穩固的小公牛，還是 1024 隻小雞？

—— 超級電腦之父，Seymour Cray

如果想繼續提升極致的遊戲體驗，在多核心提升性能有限的情況下，就要從記憶體、顯示卡、電腦週邊配件著手了。此時已經到了後摩爾時代，異質計算已經悄然崛起。

2.7 後摩爾時代：異質計算的崛起

隨著物聯網、巨量資料、人工智慧時代的到來，巨量的資料分析、大量複雜的運算對 CPU 的算力要求越來越高。CPU 內部的大部分資源用於快取和邏輯控制，適合執行具有分支跳躍、邏輯複雜、資料結構不規則、遞迴等特點的串列程式。在積體電路製程制程將要達到極限，摩爾定律快要故障的背景下，無論是單核心 CPU，還是多核心 CPU，處理器性能的提升空間都已經快達到極限了。適用於巨量資料分析、巨量計算的電腦新型架構—異質計算，逐漸成為目前的研究熱點。

2.7.1 什麼是異質計算

簡單點理解，異質計算就是在 SoC 晶片內部整合不同架構的 Core，如 DSP、GPU、NPU、TPU 等不同架構的處理單元，各個核心協作運算，讓整個 SoC 性能得到充分發揮。在異質電腦系統中，CPU 像一個大腦，適合處理分支、跳躍等複雜邏輯的程式；GPU 頭腦簡單，但四肢發達，擅長處理圖片、視訊資料；而在人工智慧領域，則是 NPU 和 FPGA 的戰場。大家在一個 SoC 系統晶片內發揮各自專長，多兵種協作作戰，讓處理器的整體性能得到更大地提升。

2.7.2 GPU

GPU（Graphic Process Unit，圖形處理單元）主要用來處理圖像資料。玩過吃雞或 3D 遊戲的朋友可能都知道，個人電腦上不設定一塊大容量的顯示卡，這些遊戲根本玩不了。顯示卡是顯性介面卡的簡稱，電腦聯網需要網路卡，電腦顯示則需要顯示卡。顯示卡將數位影像訊號轉換為模擬訊號，並輸出到螢幕上。早期的電腦比較簡單，都是簡單的文字顯示，顯示卡都是直接整合到主機板上，只充當介面卡的角色，即只具備圖形訊號轉換和輸出的功能，對於一些簡單的影像處理，CPU 就能輕鬆應付，不需要顯示卡的參與。隨著大型 3D 遊戲、製圖、視訊繪製等軟體的流行，電腦對圖像資料的計算量成倍增加，CPU 已經越來越力不從心，獨立顯示卡開始承擔影像處理和視訊繪製的工作。

GPU 是顯示卡電路板上的晶片，主要用來進行影像處理、視訊繪製。GPU 雖然是為影像處理設計的，但如果你認為它只能進行影像處理就大錯特錯了。GPU 在浮點運算、巨量資料處理、密碼破解、人工智慧等領域都是一把好手，比 CPU 更適合做大規模並行的資料運算。「沒有金剛鑽，不攬瓷器活，打鐵還需自身硬」，如圖 2-54 所示，GPU 比 CPU 強悍的地方在於其自身架構。

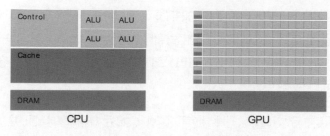

▲ 圖 2-54　CPU 與 GPU 的架構對比

CPU 有強大的 ALU、複雜的控制單元，再配上分支預測、管線、Cache、多發射，單核心的功能可以做得很強大，特別擅長處理各種複雜的邏輯程式，如跳躍分支、迴圈結構等。但 CPU 的侷限是，由於軟體本身不可能無限拆分為並存執行，導致 CPU 的核心數也不可能無限增加，而且在一個單核心中 Cache 和控制單元電路就占了很大一部分晶片面積，也不可能整合太多的 ALU。後續的處理器雖然擴充了 SIMD 指令集，透過資料並行來提高處理器的性能，但面對日益複雜的圖形處理和巨量資料也是越來越力不從心。GPU 也是一種 SIMD 結構，但和 CPU 不同的是，它沒有複雜的控制單元和 Cache，卻整合了幾千個，甚至上萬個計算核心。正可謂「雙拳難敵四手，惡虎也怕群狼」，GPU 天然多執行緒，特別適合巨量資料並行處理，在現在的電腦中被廣泛使用。在個人電腦上，GPU 一般以獨立顯示卡的形式插到主機板上，跟 CPU 一起協作工作；在手機處理器裡，GPU 一般以 IP 的形式整合到 SoC 晶片內部。

2.7.3　DSP

DSP（Digital Signal Processing，數位訊號處理器），主要用在音 訊號處理和通訊領域。相比 CPU，DSP 有三個優勢：一是 DSP 採用哈佛架構，指令和資料獨立儲存，平行存取，執行效率更高。二是 DSP 對指令的最佳化，提高了對訊號的處理效率，DSP 有專門的硬體乘法器，可以在一個時鐘週期內完成乘法運算。為了提高對訊號的即時處理，DSP 增加了很多單週期指令，如單週期乘加指令、反向加減指令、區塊重複指令等。第三個優勢是，DSP 是專門針對訊號處理、乘法、FFT 運算做了最佳化的 ASIC 電路，相比 CPU、GPU 這些通用處理器，沒有容錯的邏輯電路，功耗可以做得更小。

DSP 主要應用在音 訊號處理和通訊領域，如手機的基頻訊號處理，就是使用 DSP 處理的。DSP 的缺陷是只適合做大量重複運算，無法像 CPU 那樣提供一個通用的平台，DSP 處理器雖然有自己的指令集和 C 語言編譯器，但對作業系統的支援一般。目前 DSP 市場被嚴重蠶食，在高速訊號擷取處理領域被 FPGA 搶去一部分市場，目前大多數以輔助處理器的形式與 ARM 協作工作。

2.7.4 FPGA

FPGA（Field Programmable Gate Array，現場可程式化閘陣列）在專用積體電路（Application Specific Integrated Circuit，ASIC）領域中是以一種半訂製電路的形式出現的。FPGA 既解決了訂製電路的不足，又克服了原有可程式化邏輯器件（Programmable Logic Device，PLD）門電路有限的侷限。FPGA 晶片內部整合了大量的邏輯門電路和記憶體，使用者可以透過 VHDL、Verilog 甚至高階語言撰寫程式來描述它們之間的連線，將這些連線設定檔寫入晶片內部，就可以組成具有特定功能的電路。

FPGA 不依賴馮·諾依曼系統結構，也不要編譯器編譯指令，它直接將硬體描述語言翻譯為電晶體門電路的組合，實現特定的演算法和功能。FPGA 剔除了 CPU、GPU 等通用處理器的容錯邏輯電路，電路結構更加簡單直接，處理速度更快，在資料並行處理方面最具優勢。可程式化邏輯器件透過配套的整合開發工具，可以隨時修改程式，下載到晶片內部，重新連線生成新的功能。正是因為這種特性，FPGA 在數位晶片驗證、ASIC 設計的前期驗證、人工智慧領域廣受歡迎。

FPGA 一般和 CPU 結合使用、協作工作。以高速訊號擷取和處理為例，如圖 2-55 所示，CPU 負責擷取模擬訊號，透過 A/D 轉換，將模擬訊號轉換成數位訊號；然後將數位訊號送到 FPGA 進行處理；FPGA 依靠自身硬體電路的性能優勢，對數位訊號進行快速處理；最後將處理結果發送回 CPU 處理器，以便 CPU 做進一步的後續處理。

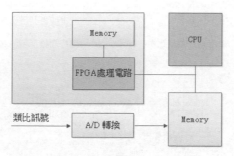

▲ 圖 2-55 ARM 處理器與 FPGA 協作工作

在嵌入式開發中，為了更方便地控制 FPGA 工作，可以將 ARM 核和 FPGA 整合到一塊。一種整合方式是在 FPGA 晶片內部整合一個 ARM 核心，在上面執行作業系統和應用程式，這種 FPGA 晶片也被稱為 FPGA SoC。另一種整合方式是將 FPGA 以一個 IP 的形式整合到 ARM SoC 晶片內，實現異質計算。這種嵌入式 SoC 晶片上的 FPGA，一般也稱為 eFPGA，可以根據系統的需求設定成不同的模組，使用更加靈活。

FPGA 與 DSP 相比，開發更具有靈活性，但成本也隨之上升，上手也比較難，因此主要用在一些軍事裝置、高端電子裝置、高速訊號擷取和影像處理領域。

2.7.5 TPU

TPU（Tensor Processing Unit，張量處理器）是 Google 公司為提高深層網路的運算能力而專門研發的一款 ASIC 晶片。為了滿足人工智慧的算力需求，如圖 2-56 所示，TPU 的設計架構和 CPU、GPU 相比更加激進：

TPU 砍去了分支預測、Cache、多執行緒等邏輯器件，在省下的晶片面積裡整合了 6 萬多個矩陣乘法單元（Matrix Multiply Unit）和 24MB 的片上記憶體 SRAM 作為快取。

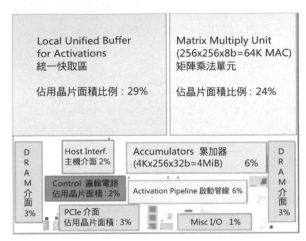

▲ 圖 2-56 TPU 內部各模組佔用晶片面積比例

核心數越多，運算單元越多，記憶體的資料存取就越容易成為瓶頸。TPU 使用雙通道記憶體將記憶體頻寬提升至 2 倍，內部整合了 24MB 大小的片上記憶體 SRAM 作為統一緩衝區，來減少記憶體讀寫次數。4096 個累加器雖然是暫存器，但本質上也是一種快取，用來快取計算產生的中間結果，不需要每次都將計算結果寫回記憶體再讀回來，進一步減少了記憶體頻寬瓶頸，從而讓 TPU 的運算能力徹底釋放，平行計算能力相比 CPU 可以提升至少 30 倍。TPU 如果使用 GPU 的 GDDR5 記憶體提升記憶體頻寬，算力會進一步提升到 GPU 的 70 倍、CPU 的 200 倍。

在同構處理器時代，我們一般使用主頻來衡量一個處理器的性能。而到了異質處理器時代，隨著人工智慧、巨量資料、多媒體編解碼對巨量資料的計算需求，我們一般使用浮點運算能力來衡量一個處理器的性能。

每秒浮點運算次數（Floating Point Operations Per Second，FLOPS），又稱為每秒峰值速度。浮點運算在科學研究領域大量使用，現在的 CPU

除了支援整數運算，一般還支援浮點運算，有專門的浮點運算單元，FLOPS 測量的就是處理器的浮點運算能力。FLOPS 的計算公式如下：

浮點運算能力 ＝ 處理器核心數 × 每週期浮點運算次數 × 處理器主頻

除了 FLOPS，還有 MFLOPS、GFLOPS、TFLOPS、PFLOPS、EFLOPS 等單位，它們之間的換算關係如下。

MFLOPS：megaFLOPS，每秒 10^6 次浮點運算，相當於每秒一百萬次浮點運算

GFLOPS：gigaFLOPS，每秒 10^9 次浮點運算，相當於每秒十億次浮點運算

TFLOPS：teraFLOPS，每秒 10^{12} 次浮點運算，相當於每秒一萬億次浮點運算

PFLOPS：petaFLOPS，每秒 10^{15} 次浮點運算，相當於每秒一千萬億次浮點運算

EFLOPS：exaFLOPS，每秒 10^{18} 次浮點運算，相當於每秒一百億億次浮點運算

1946 年，世界上第一台通用電腦誕生於美國賓夕法尼亞大學，運算速度為 300FLOPS。早期樹莓派使用的博通 CM2708 ARM11 處理器，主頻為 1GHz，運算速度為 316.56MFLOPS。2011 年發射的「好奇號」火星探測器，使用的是 IBM 的 PowerPC 架構的處理器，主頻為 200MHz，運算速度相當於 Intel 80386 處理器的水準，差不多在 0.4GFLOPS。

Intel 的 Core-i5-4210U 處理器運算速度為 36GFLOPS，Microsoft Xbox 360 運算速度為 240GFLOS，ARM Mali-T760 GPU 主頻 600MHz，運算速度為 326GFLOPS，NVIDIA GeForce 840M 運算速度為 700GFLOPS，相當於 0.7TFLOPS。

當前流行的《絕地求生》遊戲，執行這款遊戲需要的標準配備顯示卡 NVIDIA Geforce GTX 1060 運算速度為 3.85TFLOPS，GTX 1080 Ti 運算速度為 11.5TFLOPS。最新的 NVIDIA Tesla V100 顯示卡，目前市場價為十幾萬元，運算速度為 125TFLOPS，是世界上第一個使用量突破 100 萬億次的深度學習 GPU。Google 公司在 2017 年發佈的 TPU V2 處理器的運算能力達到了 180 TFLOPS；華為公司 2018 年發佈的昇騰 910 AI 晶片，算力達到 256TFLOPS；Google 公司 2019 年發佈的 TPU V3 版本，峰值

算力更是飆到了 420 TFLOPS。在 2.6.1 節我們提到的號稱史上最強的 AI 晶片 Wafer Scale Engine，在一個 iPad 大小的晶片上整合了 40 萬個核心，18GB 的片上記憶體 SRAM，記憶體頻寬達到 9PBytes/s，算力性能是 Google TPU V3 的三倍以上。

美國橡樹嶺國家實驗室的「泰坦」超級電腦算力為 17.59PFLOPS，IBM 設計的 Summit 超級電腦，運算速度為 154.5PFLOPS，目前（2020 年 6 月發佈）排在第一的是日本的富嶽超級電腦，採用 ARM 架構，算力達到了 415.53PFLOPS，相當於 0.415EFLOPS。

2013 年，比特幣的全網算力為 1EFLOPS；2018 年 5 月，比特幣的全網算力為 35 EFLOPS。2020 年 5 月，比特幣的全網算力峰值高達 70 EFLOPS，隨著比特幣價格的上下波動，比特幣的全網挖礦算力也隨之上下起伏。

因為功耗問題，TPU 和顯示卡、AI 晶片主要應用在各種伺服器、雲端、超級電腦上。接下來要介紹的 NPU，則以較高的性價比、性能功耗比優勢在目前的手機處理器中獲得了廣泛應用。

2.7.6 NPU

NPU（Neural Network Processing Unit，神經網路處理器）是面向人工智慧領域，基於神經網路演算法，進行硬體加速的處理器統稱。NPU 使用電路來模擬人類的神經元和突觸結構，用自己指令集中的專有指令直接處理大規模的神經元和突觸。

人類的大腦褶皺皮層大約有 300 億個神經元，如圖 2-57 所示，每一個神經元都可以透過突觸與其他神經元進行連接，不同的連接方式組成了每個人不同的記憶、情感、技能和主觀經驗。人與人之間的根本差別在於大腦皮層中不同神經元的連接方式，連接越多越強，人的記憶和技能就越好。

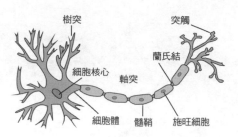

▲ 圖 2-57　典型的神經元結構

剛出生的嬰兒除了哭什麼都不會，大腦還處於待開發狀態，神經元之間的連接較少。如果我們想讓嬰兒辨識什麼是蘋果、什麼是橘子，就要反覆不停地去教他、去訓練他。當嬰兒看到蘋果，並被告知這是一個蘋果時，大腦皮層中對紅色敏感的神經元就會和對「蘋果」這個聲音敏感的神經元建立配對、連接和連結。透過反覆不斷地訓練，這種連接就會加強；當這種連接加強到一定程度，嬰兒再看到蘋果時，透過這種突觸連結，就會想到「蘋果」的發音，然後透過其他連接，就可以控制嘴巴發音了：「蘋果」。恭喜，你家的寶寶會認蘋果了！這種連接在大腦中會不斷加強、穩定，最終和其他神經元連接在一起。大腦在嬰兒 2~3 歲的發育過程中會逐漸網路化，這個年齡也是嬰兒學習的黃金期。

神經元就像 26 個英文字母一樣，透過不同的組合和連接就組成了心理影像的物體和行為，就好像字母可以組成一個滿是單字的詞典一樣。什麼是心理影像呢，黑暗中你盯著手機螢幕，然後閉上眼，手機螢幕在視網膜上的短暫停留就類似心理影像。能力越強、記憶越好的人對於某一個事物建構的心理影像就越細膩。心理影像可以透過更多的神經突觸串聯在一起，組成任意數量的連結順序（特別是做夢時），進而形成世界觀、情緒、性格及行為習慣。這就好像單字可以組成各種無限可能的句子、段落和章節一樣。人的學習和記憶過程，其實就是大腦皮層的神經元之間不斷建立連接和連結的過程。隨著連接不斷加強，你對某項技能的掌握也就越來越熟練、越來越精通。如圖 2-58 所示，不同的神經元之間、心理影像之間互相關聯，組成了一個巨大的神經網路。

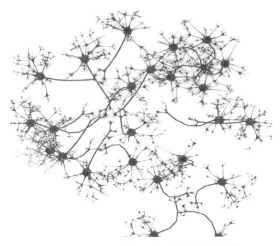

▲ 圖 2-58 由神經元組成的神經網路

ANN（Artificial Neural Network，類神經網路），顧名思義，就是使用電腦程式來模擬大腦的神經網路。ANN 的本質是資料結構，對於特定的 AI 演算法、AI 模型而言，它的厲害之處在於：它是一個通用的模型，像嬰兒的大腦一樣，可以學習任何東西，如說話、唱歌、作曲、聊天、下棋、繪畫、圖形辨識。如圖 2-59 所示，典型的 ANN 由數千個互連的類神經元組成，它們按順序堆疊在一起，組成一個層，然後以層的形式形成數百萬個連接。ANN 與大腦的不同之處在於，在很多情況下，每一層僅透過輸入和輸出介面，與它們之前和之後的神經元層互連，而大腦的互連是全方位的，神經元之間可以任意連接。

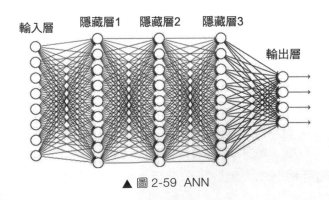

▲ 圖 2-59 ANN

我們教嬰兒認識蘋果，可以透過各種各樣的蘋果（大的、小的、各種顏色的）來訓練嬰兒。同樣的道理，我們訓練 ANN，也是透過向其輸入大量的標籤資料，幫助它學習如何分析和解讀取資料、找出規律、輸出分析結果。2012 年，人工智慧科學家吳恩達教授透過對人工智慧進行訓練，成功地讓神經網路辨識了貓。在吳教授的實驗裡，輸入資料是一千萬張 YouTube 視訊中的影像。吳教授的突破在於：將這些神經網路的層數擴充了很多，而非簡單的 4 層，神經元也非常多。吳教授把這次實驗定義為深度學習（Deep Learning），這裡的深度指神經網路變得更加複雜，有了更多的層。經過深度學習訓練的神經網路，在影像辨識方面甚至比人類做得更好，辨識正確率達到 99%。

使用 ANN 的兩個重要工作是訓練和推理。訓練需要巨大的計算量，一般會放到雲上伺服器進行，訓練完畢後，再去結合具體問題做應用一推理。在雲上訓練神經網路也有弊端：一是貴，二是對網路的依賴性高。例如汽車自動駕駛，當汽車鑽入山洞、隧道等無線網路訊號不太好的地方，就可能斷網、有延遲，這就給汽車自動駕駛帶來了安全隱憂。現在我們可以把一些訓練工作放到汽車本地進行，這就是邊緣計算的概念。邊緣計算指在靠近物或資料來源頭的一側，採用網路、計算、儲存、應用為一體的開發平台，就近提供最近端服務。其應用程式在邊緣側發起，可以產生更快的網路服務回應，以滿足即 、安全與隱私保護方面的業務需求。

處理器透過整合支援 AI 運算的 NPU，就可以更加方便地支援本地的邊緣計算。深度學習的基本操作是神經元和突觸的處理，傳統的 CPU（無論是 X86 還是 ARM）只會基本的算術操作（加、減、乘）和邏輯操作（與、或、非），完成一個神經元的處理往往需要上千筆的指令，效率很低。而 NPU 一筆指令就可以完成一組神經元的處理，並對神經元和突觸資料在晶片上的傳輸提供一系列專門的最佳化和支援，從而在算力性能上比 CPU 提高成百上千倍。

NPU 可以單獨設計為一款 ASIC 晶片，也可以以 IP 的形式整合到 ARM 的 SoC 晶片中。目前市場上有很多這方面的公司，如 IBM。ARM 公司也發佈了自己的微神經網路核心，可以和自己的 ARM 處理器結合使用。

如圖 2-60 所示，Ethos-U55 是 ARM 公司最新發佈的一種小型 NPU，可以與 Cortex-M 系列處理器搭配使用。從官方公開的資料上可以看到，Ethos-U55 具有可設定的矩陣乘法單元，支援 CNN 和 RNN，NPU 內部的 SRAM 可以設定的大小範圍為 18~50 KB，而 SoC 晶片上 SRAM 可以擴充到 MB 等級。新的處理器估計要到 2021 年發佈，哪家晶片廠商會先「吃這個瓜」，我們就拭目以待吧。

▲ 圖 2-60　SoC 處理器中的 NPU

NPU 和 CPU 協作工作流程如圖 2-61 所示，Cortex-M55 透過 APB 介面的暫存器設定啟動 Ethos-U55 開始工作，Ethos-U55 接著就會從 NVM Flash 記憶體上讀取神經元指令，並進行處理。處理結束後，Ethos-U55 再透過 IRQ 中斷的形式向 CPU 報告，CPU 根據處理結果做出對應的操作即可。

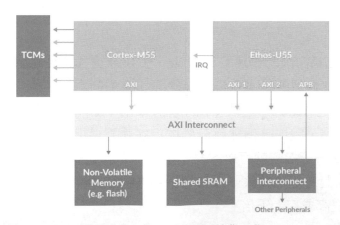

▲ 圖 2-61　NPU 與 CPU 協作工作

2.7.7 後摩爾時代的 **XPU** 們

在摩爾定律快要失效的大背景下,各大晶片廠商透過異質計算,整合不同的處理單元來提升處理器的整體性能。XPU 們層出不窮,甚至有人預言:在後摩爾時代,每隔 18 周,積體電路領域就會多一個 XPU,直到 26 個字母被用完。如果你不信,就先看看目前市面上已經出現的 XPU 家族吧。

- APU:Accelerated Processing Unit,加速處理器,AMD 推出的加速影像處理晶片。
- BPU:Brain Processing Unit,地平線公司給自家 AI 晶片的命名。
- CPU:Central Processing Unit,中央處理器,目前 PC 上的主流處理器晶片。
- DPU:Deep learning Processing Unit,深鑒科技設計的深度學習處理器。
- EPU:Emotion Processing Unit,情緒處理單元,透過情緒合成引擎讓機器人具有情緒。
- FPU:Floating Processing Unit,浮點計算單元,通用處理器中的浮點運算模組。
- GPU:Graphics Processing Unit,圖形處理單元,為影像處理而生。
- HPU:Holographics Processing Unit,全息影像處理器,微軟出品的全息計算晶片與裝置。
- IPU:Intelligence Processing Unit,Graphcore 公司設計的 AI 處理器。
- KPU:Knowledge Processing Unit,杭州嘉楠耘智推出的人工智慧邊緣計算晶片。
- MPU/MCU:Microprocessor/Micro controller Unit,微處理器 / 微處理器。
- NPU:Neural Network Processing Unit,神經網路處理器。
- OPU:Optional-Flow Processing Unit,光流處理器。
- TPU:Tensor Processing Unit,張量處理器,Google 公司推出的人工智慧專用處理器。

- VPU：Video Processing Unit，視訊處理單元，主要用於視訊硬解碼。
- WPU：Wearable Processing Unit，可穿戴處理系統單晶片晶片。
- XPU：百度與 Xilinx 公司在 2017 年 Hotchips 大會上發佈的 FPGA 智慧雲加速，含 256 核心。
- ZPU：Zylin Processing Unit，由挪威 Zylin 公司推出的一款 32 位元開放原始碼處理器。

後摩爾時代，伴隨著 AI 和物聯網技術的發展，百家爭鳴，群雄並起，湧現出越來越多的晶片玩家。不同的玩家根據實際市場需求，將通用處理器與各種創新的處理單元（各種 XPU）進行融合，來應對巨量資料時代不同類型的巨量資料處理需求。不同的運算單元各有自己的程式設計模型、指令集甚至儲存空間，在一個晶片內，如何讓各個運算單元協作工作，如何高效互連以減少通訊延遲和銷耗，如何發揮出晶片的最大性能，成為 NoC 最近幾年的研究熱點。也許未來有一天，隨著傳統電腦架構向異質計算方向不斷迭代和演進，軟硬體生態將發生顛覆性變革，是否有統一的程式設計框架和標準出來，讓我們拭目以待吧。

未來很遙遠，現實很骨感。我們還是回到當前，繼續學習與電腦系統結構相關的知識吧。

2.8 匯流排與位址

透過前面幾節的學習，我們可以看到，CPU 與記憶體、各種外部設備等 IP 之間都是透過匯流排相連的。CPU 如果想存取記憶體，或控制外部設備的執行，該如何操作呢？很簡單，透過位址存取。在一個電腦系統中，CPU 內部的暫存器是沒有位址的，可直接透過暫存器名存取。而記憶體和外部設備控制器中的暫存器都需要有一個位址，然後 CPU 才能透過位址去讀寫這些外部設備控制器的暫存器，控制外部設備的執行，或者根據位址去讀寫指定的記憶體單元。

2.8.1 位址的本質

位址到底是什麼？在一個電腦系統中，電腦是如何給記憶體 RAM、外部設備控制器的暫存器分配位址的？在搞清楚這個問題之前，我們需要先把位址的概念搞清楚。學過數位電路的同學應該記得解碼器這種組合邏輯電路器件：一組輸入訊號，透過解碼轉換，會選中一個輸出訊號，輸出訊號可以是高電位、低電位，甚至是一個脈衝。電腦的記憶體簡單點理解，其實就是將一系列儲存單元和解碼器組裝在一起。記憶體中包含很多儲存單元，為了方便管理，我們需要將這些儲存單元進行編號管理，每一個儲存單元對應一個編號。當 CPU 想存取其中一個儲存單元時，可透過 CPU 接腳發出一組訊號，經過解碼器解碼，選中與這個訊號對應的儲存單元，然後就可以直接讀寫這塊記憶體了。CPU 接腳發出的這組訊號，也就是儲存單元對應的編號，即位址。

以圖 2-62 為例，假如我們的 RAM 容量大小為 4 位元組，那麼需要兩根訊號線就可以存取這 4 個儲存單元了：當 A1A0 分別等於 00、01、10、11 時，整合在記憶體 RAM 中的解碼器經過解碼，就可以分別選中 RAM 中的四個儲存單元的其中一個。

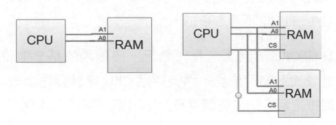

▲ 圖 2-62 訊號線與位址

如果你想把記憶體 RAM 容量升級到 8 位元組，也很簡單，直接再加一塊 RAM 和一根晶片選擇線 CS 就可以了。假如 CS 晶片選擇線低電位有效，那麼當 CSA1A0 分別為 000、001、010、011 時，CPU 會存取上面一片記憶體 RAM 的 4 位元組儲存單元；當 CSA1A0 分別為 100、101、

110、111 時，CPU 就會存取下面一片記憶體 RAM 的 4 位元組儲存單元。從 CPU 接腳發出的一組由 CSA1A0 組成的不同控制訊號，與記憶體 RAM 中的儲存單元一一對應，我們可以把它們看作一組位址編碼。對於一個 8 位元組大小的 RAM 來説，其儲存單元對應的位址編碼分別為 000、001、010、011、100、101、110、111。這些控制訊號可以透過 CPU 接腳直接發出，不同的控制訊號代表不同的位址，透過解碼器解碼，選中 RAM 中不同的儲存單元，實現 CPU 對 RAM 的隨機讀寫。

透過上面的簡單範例可以看到，位址的本質其實就是由 CPU 接腳發出的一組位址控制訊號。因為這些訊號是由 CPU 接腳直接發出的，因此也被稱為物理位址。位址訊號線的位數決定了定址空間的大小，如上面的兩根 A1A0 位址訊號線，有 4 位元組的定址空間；CSA1A0 三根位址訊號線有 8 位元組的定址空間。在一個 32 位元的電腦系統中，32 位元的位址線有 4GB 大小的定址空間。

需要注意的是，定址空間和一個電腦系統實際的記憶體大小並不是一回事。例如在圖 2-62 中，我們使用 CSA1A0 表示位址訊號線，有 8 位元組的定址空間，但在實際的系統中，我們可能只使用上面一片 RAM 作為我們的記憶體，那麼記憶體的位址為 000、001、010、011。其他位址 100、101、110、111 是不可存取的。

在帶有 MMU 的 CPU 平台下，程式執行一般使用的是虛擬位址，MMU 會把虛擬位址轉換為物理位址，然後透過 CPU 接腳發送出去，位址訊號透過解碼，選中指定的記憶體儲存單元，再進行讀寫入操作。

2.8.2 匯流排的概念

如果 CPU 和記憶體 RAM 直接相連，那麼記憶體 RAM 中的每一個儲存單元的位址也就確定了。早期的電腦都是直接相連的，現在的電腦系統中 CPU 一般都是透過匯流排與記憶體 RAM、外部設備相連的，如圖

2-63 所示，CPU 處理器和北橋透過系統匯流排連接，記憶體 RAM 和北橋透過記憶體匯流排連接，CPU 和各個裝置之間可以透過共用匯流排的方式進行通訊。

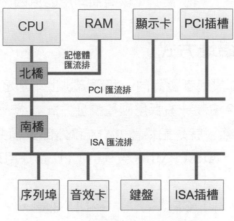

▲ 圖 2-63　X86 處理器的 PCI 匯流排

匯流排其實就是各種數位訊號的集合，包括位址訊號、資料訊號、控制訊號等。有的匯流排還可以為掛到匯流排上的裝置提供電源。一個電腦系統中可能會有各種不同的匯流排，不同的匯流排讀寫時序、工作頻率不一樣，不同的匯流排之間通過橋（bridge）來連接。橋一般是一個晶片組電路，用來將匯流排的電子訊號翻譯成另一種匯流排的電子訊號。如圖 2-63 中的北橋，用來將 CPU 從系統匯流排發過來的電子訊號轉換成記憶體能辨識的記憶體匯流排訊號，或者顯示卡能辨識的 PCI 匯流排訊號，進而完成後續的資料傳輸和讀寫過程。

使用匯流排有很多優點，匯流排作為一種工業標準，大大促進了電腦生態的發展。大家生產的裝置都採用相同的匯流排界面，都可以很方便地增加到電腦系統中，不同的裝置遵循相同的匯流排協定與電腦通訊。在一個電腦系統中，生產顯示卡、CPU、滑鼠、鍵盤、音效卡等週邊裝置的不可能都是同一個廠商，那麼不同廠商生產的裝置為什麼能方便地整合到一個電腦系統中呢？我們去電腦城攢機時，不同廠商、不同品牌的記憶體和顯示卡，為什麼插到主機板上都可以直接執行呢？原因很簡單，大家都遵循相同的匯流排協定和通訊標準，按照約定的標準和介面生產各自的裝置就可以了。這就是為什麼你買的各種電腦配件，如音效卡、顯示卡、滑鼠、鍵盤、顯示器，可以隨插即用的原因。

2.8.3 匯流排編址方式

記憶體 RAM 和外部設備都掛到同一個匯流排上，那麼電腦系統如何為這些裝置分配位址呢？電腦一般採用兩種編址方式：統一編址和獨立編址。統一編址，顧名思義，就是記憶體 RAM 和外部設備共用 CPU 的定址空間，如圖 2-64 所示，ARM、MIPS 架構的 CPU 都採用這種編址方式。

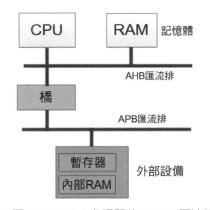

▲ 圖 2-64 ARM 處理器的 AMBA 匯流排

在統一編址模式下，記憶體 RAM、外部設備控制器的暫存器、整合在外部設備控制器內部的 RAM 共用 CPU 的可定址空間。在統一編址模式下，CPU 可以像操作記憶體一樣去讀寫外部設備的暫存器和內部 RAM。

和統一編址相對應的是獨立編址。在獨立編址模式下，記憶體 RAM 和外部設備的暫存器獨立編址，分別佔用不同的位址空間。如 X86 架構的 CPU，外部設備的暫存器有獨立的 64KB 空間，需要專門的 IN/OUT 指令才能存取，這片獨立編址的 64KB 大小的空間也被稱為 I/O 位址空間。

2.9 指令集與微架構

圖靈原型機的基本思想是：任何複雜的運算都可以分解為有限個基本指令的組合來完成。我們的 CPU 在設計的時候就是這麼幹的，只支持有限個基本的運算指令，如加、減、乘、與、或、非、移位、跳躍等。這些指令透過不同的組合，可以組成不同的指令序列（程式），實現不同的邏輯功能。

不同架構的處理器支援的指令類型是不同的。ARM 架構的處理器只支援 ARM 指令，X86 架構的處理器只支援 X86 指令。如果你在 ARM 架構的處理器上執行 X86 指令，就無法執行，報未定義指令的錯誤，因為 ARM 架構的處理器只支援 ARM 指令集中定義的指令。CPU 支援的有限個指令的集合，我們稱之為指令集。

2.9.1 什麼是指令集

指令集架構（Instruction Set Architecture，ISA）是電腦系統架構的一部分。指令集是一個很虛的東西，是一個標準規範。紅燈停、綠燈行、黃燈亮了等一等，只有行人和司機都去遵守這套交通規則，我們的交通系統才能有條不紊地執行下去。指令集也一樣，晶片工程師在設計 CPU 時，也要以指令集中規定的指令格式為標準，實現不同的解碼電路來支援指令集各種指令的執行。指令集最終的實現就是微架構，就是 CPU 內部的各種解碼和執行電路。

編譯器廠商在研發編譯器工具或 IDE 時，也要以指令集為標準，將我們撰寫的 C 語言高級程式轉換為指令集中規定的各種機器指令。為什麼我們撰寫的高級程式經過編譯後，可以直接在 CPU 上執行呢？就是因為 CPU 設計者和編譯器開發者遵循的是同一個指令集標準，編譯器最終編譯生成的指令，都是 CPU 硬體電路支援執行的指令。每一種不同架構的 CPU 一般都需要配套一個對應的編譯器。

指令集作為 CPU 和編譯器的設計規範和參考標準，主要用來定義指令的格式、運算元的類型、暫存器的分配、位址的格式等，指令集主要由以下內容組成。

- 指令的分發、預先存取、解碼、執行、寫回。
- 運算元的類型、儲存、存取、旁路轉移。
- Load/Store 架構。
- 暫存器。
- 位址的格式、大端模式、小端模式。
- 位元組對齊、邊界對齊等。

指令集也不是一成不變的，也會隨著應用需求的推動不斷迭代更新，不斷擴充新的指令。例如 ARM 指令集，從最初的 ARM V1 發展到目前的 ARM V8，一直在不斷地發展，不斷增加新的指令。

- ARM V1：最初版本，26 位元定址空間，無乘法指令，沒有商業化。
- ARM V2：增加了乘法指令，支援輔助處理器。
- ARM V3：定址範圍從 26 位元擴充到 32 位元。
- ARM V4：第一次增加 Thumb 指令集。
- ARM V5：增加了增強型 DSP 指令、Java 指令。
- ARM V6：第一次增加 60 多筆 SIMD 指令。
- ARM V7：增加長乘法指令、NEON 指令。
- ARM V8：第一次增加 64 位元指令集、暫存器數量增加到 31 個。

指令集的價值在於大家都遵守同一個標準去開發電腦系統的不同硬體和軟體，這非常有利於整個電腦系統生態的建構：IC 工程師在設計 CPU 處理器時，遵守指令集標準，設計出硬體電路，支援標準規定的各種指令的執行；編譯器開發者在開發編譯器時，也會遵守指令集標準，將程式設計師撰寫的高階語言翻譯成 CPU 支援執行的指令。從 CPU 到編譯器，從編譯器到應用程式，一個完整的電腦系統生態就建立起來了。如何吸引更多的開發者基於你的處理器平台做方案，如何吸引更多的開發者基於你的編譯器或 IDE 環境開發應用程式，這就涉及產業生態和市場推廣了，在此不再一一贅述。

2.9.2 什麼是微架構

微架構，對應的英文是 Microarchitecture，也就是處理器架構。積體電路工程師在設計處理器時，會按照指令集規定的指令，設計具體的解碼和運算電路來支援這些指令的執行；指令集在 CPU 處理器內部的具體硬體電路的實現，我們就稱為微架構。一套相同的指令集，可以由不同形式的電路實現，可以有不同的微架構。在設計一個微架構時，一般需要考慮很多問題：處理器是否支援分支預測，單發射還是多發射，循序執行還是亂數執行？管線需要多少級？主頻需要多高？ Cache 需要多大？需要幾級 Cache ？根據不同的設定選項，我們可以基於一套指令集設計出不同的微架構。以 ARM V7 指令集為例，基於該套指令集，面向高性能、低功耗等不同的市場定位，ARM 公司設計出了 Cortex-A7、Cortex-A8、Cortex-A9、Cortex-A15、Cortex-A17 等不同的微架構。基於一款相同的微架構，透過不同的設定，也可以設計出不同的處理器類型。不同的 SoC 廠商，獲得 ARM 公司的 Cortex-A9 微架構授權後，基於該核心整合不同的 IP，就可以架設出不同的 SoC 晶片，並最終流向市場。如三星公司的 Exynos 4412 處理器、瑞芯微公司的 RK3188 處理器都採用了 Cortex-A9 核心。

在 X86 處理器領域，目前能獲得 X86 指令集授權，並基於該指令集設計微架構和處理器的廠商有 Intel、AMD。這些廠商一般會根據新版本的 X86 指令集設計出各自的微架構，然後基於各自的微架構設計出不同的 CPU。指令集、微架構與處理器三者之間的關係如圖 2-65 所示。

Intel 的酷睿處理器，無論是 i3、i5 還是 i7，都基於相同的微架構，面向市場的不同定位和需求，在處理器主頻、核心數、Cache 大小等方面進行差異性設定，設計出不同市場定位的處理器。AMD 系列的處理器也是如此，基於 Zen3 微架構，透過不同設定，可以設計出銳龍 3、銳龍 5、銳龍 7 等面向不同市場定位的處理器，然後基於這些微架構設計出不同系列的處理器。

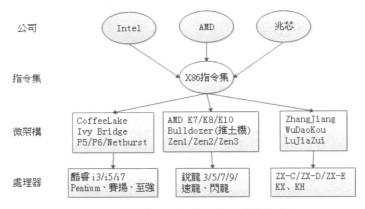

▲ 圖 2-65　指令集、微架構與處理器的關係

X86 指令集因為專利壟斷和授權限制，除了 Intel、AMD、兆芯（VIA 合併後的公司）這三家公司，其他公司一般無法獲得授權去設計和生產自己的 X86 處理器。而 ARM 則不同，透過開放 ARM 指令集授權，其他公司可以基於授權的指令集去設計自己的微架構和 SoC 晶片，或者基於 ARM 官方的微架構直接去設計自己的 SoC 處理器。

在嵌入式處理器中，微架構不等於 SoC，大家不要把概念混淆了，微架構一般也稱為 CPU 核心。在一個 ARM SoC 晶片上，我們把 CPU 核心和各種外接裝置 IP 透過 AMBA 匯流排連接起來，組成一個系統單晶片，即 System On Chip，簡稱 SoC。

在嵌入式晶片廠商中，並不是所有的晶片廠商都有能力和精力去設計微架構。除了 ARM 公司和幾個技術累積比較深厚的晶片巨頭，其他小晶片廠商、創業公司更傾向於直接使用 ARM 公司設計的微架構來快速架設自己的 SoC 晶片，這種設計模式可以大大減少晶片的開發難度和成本。這種商業模式得益於 ARM 公司靈活的 IP 授權方式：ARM 公司自己不生產晶片，也不賣晶片，主要靠 IP 授權盈利。面對不同的晶片廠商和市場需求，ARM 公司有多種靈活的授權方式，目前主要有以下三種。

- 指令集 / 架構授權。
- 核心授權。
- 使用授權。

一個晶片廠商購買了指令集授權，可以基於該指令集實現自己的微架構，甚至可以對該指令集進行擴充或縮減。從目前來看，能獲得 ARM 公司的指令集授權，並有能力設計微架構的公司不多，基本上也就是幾個晶片巨頭，如蘋果公司的 Swift 微架構、高通公司的 Krait 微架構、三星公司的貓鼬微架構（三星公司目前已放棄自研）。

核心授權，又稱為微架構授權。ARM 公司根據自家的指令集標準設計出不同的微架構，其他晶片公司購買這個微架構，即 CPU 核心，然後使用 AMBA 匯流排和各種 IP 模組連接，就可以快速架設出一個系統單晶片，即 SoC 晶片，封裝測試透過後就可以快速推向市場銷售了。ARM 的微架構授權客戶有很多，有三星、飛思卡爾、ST、德州儀器、聯發科等。微架構授權的特點是客戶不能對 ARM 的 CPU 核心（微架構）進行修改。為了滿足不同客戶的不同需求，基於一套相同的指令集，ARM 公司會設計出不同的微架構，甚至會開放微架構中的一些可設定選項（如 Cache 大小），以方便客戶架設出差異化的處理器產品。ARM 指令集與微架構如表 2-1 所示。

表 2-1　ARM 指令集與微架構

指令集版本	ARM V7	ARM V8
Cortex-A 核心	低耗節能：Cortex-A5、A7 功耗平衡：Cortex-A8、A9 高端性能：Cortex-A15、A17	低耗節能：Cortex-A32、A35 功耗平衡：Cortex-A53、A55 高端性能：Cortex-A75、A77
Cortex-M 核心	低功耗：Cortex-M3、M4 高性能：Cortex-M7	低功耗：Cortex-M23 性能平衡：Cortex-M33
Cortex-R 核心	Cortex-R4、R5、R7、R8	Cortex-R52

如果一個公司剛剛建立，處理器的設計和研發能力不是很強，但是又發掘到了不錯的市場需求，想快速設計出一款 SoC 晶片產品來打開市場，此時就可以考慮使用授權。客戶可以直接使用已經封裝好的 ARM 處理器，不僅 CPU 核心的硬體電路已經設計好，連製程制程、晶片生產廠商也幫你選好了。這種授權模式大大減輕了客戶的設計負擔，客戶只需要關心自己的業務設計，快速做出產品推向市場，贏得市場先機。

當前的主流處理器市場基本上被 X86 和 ARM 瓜分。X86 指令集不授權，不開放核心，靠 X86 專利壟斷製造產業門檻，抬高其他處理器廠商的存取控制門檻，所以你能看到市面上的 X86 CPU 廠商只有那幾個巨頭。ARM 公司自己不生產 CPU，靠 IP 授權盈利，許多 SoC 晶片廠商購買了 ARM 公司的 IP 授權後就可以自己設計和製造 CPU，所以 ARM 處理器市場就比較熱鬧，各種晶片廠商、創業公司、處理器層出不窮，ARM 因此也建構了一個龐大的 ARM 系統生態，壟斷移動市場。以 ARM V8 指令集為例，如圖 2-66 所示，我們可以看到基於該指令集，市場上出現的不同微架構，以及各種處理器和晶片廠商。他們和 ARM 公司一起建構了整個 ARM 開發生態。

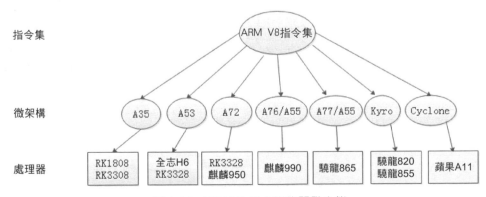

▲ 圖 2-66 ARM V8 指令集的開發生態

目前市面上還有一些免費開放原始碼的指令集架構，如 RISC-V 指令集。RISC-V 指令集和 ARM 一樣，同屬於 RISC 指令集，兩者都可以看作

RISC 指令集的一個分支。RISC-V 屬於 RISC 的第五個版本，因此叫作 RISC-V。RISC-V 指令集除了免費開放原始碼的誘人利好，還有架構精簡、模組化設計靈活、指令可擴充訂製等後發優勢，目前已經有公司基於該指令集開發出自己的處理器，如平頭哥半導體有限公司發佈的玄鐵 910。RISC-V 會不會對 ARM 系統生態組成衝擊，還需時間驗證。

2.9.3　指令快速鍵：組合語言

前面已經提到，編譯器開發廠商在針對某種架構的 CPU 開發編譯器工具時，指令集是一個非常重要的參考。指令集是一個標準，工程師在設計 CPU 時會參考指令集，設計出對應的指令解碼和執行電路，支援指令集中定義的各種指令在 CPU 上執行。編譯器開發廠商在設計編譯器時，也會參考指令集，將我們撰寫的高階語言程式翻譯成 CPU 支援執行的二進位指令。

一個指令通常由操作碼和操作陣列成。指令格式是二進位的，就是一串數字，非常不好記，可讀性差。如 3+4 － 5 運算，在 ARM 平台下對應的二進位機器指令如下。

```
11100011101000000000000000000011
11100010100000000000000000000100
11100010010000000000000000000101
```

為了方便程式設計，我們給這些二進位指令定義了各種快速鍵，這種快速鍵其實就是組合語言指令。一段組合語言程式經過組合語言器的翻譯，才能變成 CPU 真正能辨識、解碼和執行的二進位指令。上面的二進位機器指令，使用 ARM 組合語言指令表示如下。

```
MOV R0, #3
ADD R0, R0, #4
SUB R0, R0, #5
```

作為嵌入式底層、驅動開發者，筆者覺得掌握一門組合語言是很有必要的。以 ARM 組合語言為例，一方面，我們可以以組合語言為媒介，深入學習 ARM 系統架構和 CPU 內部的工作原理；另一方面，我們也可以以組合語言為工具，透過反組譯，深入理解 C 高階語言。任何編譯型的高階語言，最終都會被編譯器翻譯成對應的組合語言指令（二進位指令），透過組合語言來分析 C 語言的底層實現，可以加深我們對 C 語言的理解，如函式呼叫、參數傳遞、中斷處理、堆疊管理等。我們將可執行檔透過反編譯生成組合語言程式碼進行分析，就可以很直觀地看到高階語言的這些過程在底層到底是怎麼實現的。

在一些嵌入式軟體最佳化、啟動程式、Linux 核心 OOPS 偵錯等場合，也需要你對組合語言有一定的掌握。不同的編譯器除了支援指令集規定的標準組合語言指令，還會自己定義各種虛擬組合語言指令，以方便程式的撰寫。掌握這些虛擬指令，對於我們分析電腦底層的工作原理和機制也很有幫助。

本書的寫作初衷，是為從事嵌入式學習和開發的人員服務，而 ARM 又是目前嵌入式開發的主流平台，所以接下來的一章，我們將會以 ARM 微架構為例，重點講解 ARM 系統結構、ARM 指令和 ARM 組合語言設計的一些知識，為後續的 C 語言進階學習打下基礎。

03

ARM 系統結構與組合語言

在嵌入式開發領域，ARM 架構的處理器占了 90% 以上的市佔率，大多數人學習嵌入式都是從 ARM 開始的。基於這個現實背景，本章將帶領大家學習 ARM 常用的一些組合語言指令及組合語言程式的撰寫。預期的學習收穫有兩個：一是以 ARM 組合語言指令為媒介，深入了解 ARM 系統結構和工作流程；二是掌握 ARM 組合語言程式的撰寫技巧，能看懂反組譯程式，為後面深入學習 C 語言打下基礎。透過反組譯分析，我們可以從系統結構和底層組合語言這樣一個新角度去窺探程式的執行機制，如函式呼叫、參數傳遞、記憶體中堆疊的動態變化等，會對 C 語言有一個更深的理解。

3.1 ARM 系統結構

電腦的指令集一般可分為 4 種：複雜指令集（CISC）、精簡指令集（RISC）、顯性並行指令集（EPIC）和超長指令字指令集（VLIW）。我們在嵌入式學習和工作中需要經常打交道的是 RISC 指令集。RISC 指令集相對於 CISC 指令集，主要有以下特點。

- Load/Store 架構，CPU 不能直接處理記憶體中的資料，要先將記憶體中的資料 Load（載入）到暫存器中才能操作，然後將處理結果 Store（儲存）到記憶體中。

- 固定的指令長度、單週期指令。
- 傾向於使用更多的暫存器來儲存資料，而非使用記憶體中的堆疊，效率更高。

ARM 指令集雖然屬於 RISC，但是和原汁原味的 RISC 相比，還是有一些差異的，具體如下。

- ARM 有桶型移位暫存器，單週期內可以完成資料的各種移位操作。
- 並不是所有的 ARM 指令都是單週期的。
- ARM 有 16 位元的 Thumb 指令集，是 32 位元 ARM 指令集的壓縮形式，提高了程式密度。
- 條件執行：透過指令組合，減少了分支指令數目，提高了程式密度。
- 增加了 DSP、SIMD/NEON 等指令。

ARM 處理器有多種工作模式，如表 3-1 所示。應用程式正常執行時期，ARM 處理器工作在使用者模式（User mode），當程式執行出錯或有中斷發生時，ARM 處理器就會切換到對應的特權工作模式。使用者模式屬於普通模式，有些特權指令是執行不了的，需要切換到特權模式下才能執行。在 ARM 處理器中，除了使用者模式是普通模式，剩下的幾種工作模式都屬於特權模式。

表 3-1　ARM 處理器的不同工作模式

處理器模式	模式編碼	模式介紹
User mode	0B10000	應用程式正常執行時期的工作模式
FIQ mode	0B10001	快速中斷模式，中斷優先順序比 IRQ 高
IRQ mode	0B10010	中斷模式
Supervisor mode	0B10011	管理模式，保護模式，重置和軟體中斷時一般都會進入該模式
Abort mode	0B10111	資料存取異常、指令讀取失敗時會進入該模式
Undefined mode	0B11011	CPU 遇到無法辨識、未定義的指令時，會進入該模式
System mode	0B11111	類似使用者模式，但可執行特權 OS 任務，如切換到其他模式
Monitor mode	0B10110	僅限於安全擴充

為了保證電腦能長期安全穩定地執行，CPU 提供了多種工作模式和許可權管理。應用程式正常執行時期，處理器處於普通模式，沒有許可權對記憶體和底層硬體進行操作。應用程式如果要讀寫磁碟上的音 資料，驅動音效卡播放音樂，往螢幕寫資料顯示歌詞，則要首先透過系統呼叫或軟體中斷進入處理器特權模式，執行作業系統核心或硬體驅動程式，才能對底層的硬體裝置進行讀寫入操作。

在 ARM 處理器內部，除了基本的算數運算單元、邏輯運算單元、浮點運算單元和控制單元，還有一系列暫存器，包括各種通用暫存器、狀態暫存器、控制暫存器，用來控制處理器的執行，儲存程式執行時期的各種狀態和臨時結果，如圖 3-1 所示。

System & User	FIQ	Supervisor	Abort	IRQ	Undefined
R0	R0	R0	R0	R0	R0
R1	R1	R1	R1	R1	R1
R2	R2	R2	R2	R2	R2
R3	R3	R3	R3	R3	R3
R4	R4	R4	R4	R4	R4
R5	R5	R5	R5	R5	R5
R6	R6	R6	R6	R6	R6
R7	R7	R7	R7	R7	R7
R8	R8_fiq	R8	R8	R8	R8
R9	R9_fiq	R9	R9	R9	R9
R10	R10_fiq	R10	R10	R10	R10
R11	R11_fiq	R11	R11	R11	R11
R12	R12_fiq	R12	R12	R12	R12
R13	R13_fiq	R13_svc	R13_abt	R13_irq	R13_und
R14	R14_fiq	R14_svc	R14_abt	R14_irq	R14_und
R15 (PC)	R15 (PC)	R15 (PC)	R15 (PC)	R15 (PC)	R15 (PC)

CPSR	CPSR	CPSR	CPSR	CPSR	CPSR
	SPSR_fiq	SPSR_svc	SPSR_abt	SPSR_irq	SPSR_und

▲ 圖 3-1 ARM 處理器中的暫存器（來源：ARM 官方手冊）

ARM 處理器中的暫存器可分為通用暫存器和專用暫存器兩種。暫存器 R0~R12 屬於通用暫存器，除了 FIQ 工作模式，在其他工作模式下這些暫存器都是共用、共用的：R0~R3 通常用來傳遞函數參數，R4~R11 用來儲存程式運算的中間結果或函數的區域變數等，R12 常用來作為函式呼叫過程中的臨時暫存器。ARM 處理器有多種工作模式，除了這些在各個模式下通用的暫存器，還有一些暫存器在各自的工作模式下是獨立存在的，如 R13、R14、R15、CPSP、SPSR 暫存器，在每個工作模式下都有自己單獨的暫存器。R13 暫存器又稱為堆疊指標暫存器（Stack Pointer，SP），用來維護和管理函式呼叫過程中的堆疊幀變化，R13 總是指向當前正在執行的函數的堆疊幀，一般不能再用作其他用途。R14 暫存器又稱為連結暫存器（Link Register，LR），在函式呼叫過程中主要用來儲存上一級函式呼叫者的返回位址。暫存器 R15 又稱為程式計數器（Program Counter，PC），CPU 從內存取指令執行，就是預設從 PC 儲存的位址中取的，每取一次指令，PC 暫存器的位址值自動增加。CPU 一筆一筆不停地取指令，程式也就源源不斷地一直執行下去。在 ARM 三級管線中，PC 指標的值等於當前正在執行的指令位址 + 8，後續的 32 位元處理器雖然管線的級數不斷增加，但為了簡化程式設計，PC 指標的值繼續延續了這種計算方式。

當前處理器狀態暫存器（Current Processor State Register，CPSR）主要用來表徵當前處理器的執行狀態。除了各種狀態位元、標識位元，CPSR 暫存器裡也有一些控制位元，用來切換處理器的工作模式和中斷使能控制。CPSR 暫存器各個標識位元、控制位元的詳細說明如圖 3-2 所示。

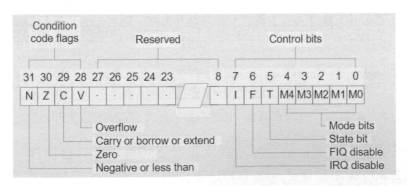

▲ 圖 3-2 CPSR 暫存器的標識位元、控制位元的詳細說明（來源：developer.arm.com）

在每種工作模式下,都有一個單獨的程式狀態儲存暫存器(Saved Processor State Register,SPSR)。當 ARM 處理器切換工作模式或發生異常時,SPSR 用來儲存當前工作模式下的處理器現場,即將 CPSR 暫存器的值儲存到當前工作模式下的 SPSR 暫存器。當 ARM 處理器從異常返回時,就可以從 SPSR 暫存器中恢復原先的處理器狀態,切換到原來的工作模式繼續執行。

在 ARM 所有的工作模式中,有一種工作模式比較特殊,即 FIQ 模式。為了快速回應中斷,減少中斷現場保護帶來的時間銷耗,在 FIQ 工作模式下,ARM 處理器有自己獨享的 R8~R12 暫存器。

3.2 ARM 組合語言指令

接下來的幾節我們將從實用角度出發,學習 ARM 常用的一些組合語言指令,如記憶體存取指令、資料傳送指令、算術邏輯運算指令、跳躍指令等。一個完整的 ARM 指令通常由操作碼 + 操作陣列成,指令的編碼格式如下。

```
<opcode>   {<cond> {s} <Rd>,<Rn> {,<operand2>}}
```

這是一個完整的 ARM 指令需要遵循的格式規則,指令格式的具體說明如下。

- 使用 < > 標起來的是必選項,使用 { } 標起來的是可選項。
- <opcode> 是二進位機器指令的操作碼快速鍵,如 MOV、ADD 這些組合語言指令都是操作碼的指令快速鍵。
- cond:執行條件,ARM 為減少分支跳躍指令個數,允許類似 BEQ、BNE 等形式的組合指令。
- S:是否影響 CPSR 暫存器中的標識位元,如 SUBS 指令會影響 CPSR 暫存器中的 N、Z、C、V 標識位元,而 SUB 指令不會。

■ Rd：目標暫存器。

■ Rn：第一個運算元的暫存器。

■ operand2：第二個可選運算元，靈活使用第二個運算元可以提高程式
  效率。

在熟悉了 ARM 指令的基本格式後，我們接下來就開始學習 ARM 常用的
一些組合語言指令。

3.2.1 儲存存取指令

ARM 指令集屬於 RISC 指令集，RISC 處理器採用典型的載入 / 儲存系統
結構，CPU 無法對記憶體裡的資料直接操作，只能透過 Load/Store 指令
來實現：當我們需要對記憶體中的資料進行操作時，要首先將這個資料從
記憶體載入到暫存器，然後在暫存器中對資料進行處理，最後將結果重新
儲存到記憶體中。ARM 處理器屬於馮‧諾依曼架構，程式和資料都儲存
在同一記憶體上，記憶體空間和 I/O 空間統一編址，ARM 處理器對程式
指令、資料、I/O 空間中外接裝置暫存器的存取都要透過 Load/Store 指令
來完成。ARM 處理器中經常使用的 Load/Store 指令的使用方法如下。

```
LDR R1,[R0]      ;將 R0 中的值作為位址，將該位址上的資料儲存到 R1
STR R1,[R0]      ;將 R0 中的值作為位址，將 R1 中的值儲存到這個記憶體位址
LDRB/STRB        ;每次讀寫一位元組，LDR/STR 預設每次讀寫 4 位元組
LDM/STM          ;批次載入 / 儲存指令，在一組暫存器和一片記憶體之間傳輸資料
SWP R1,R1,[R0]   ;將 R1 與 R0 中位址指向的記憶體單元中的資料進行交換
SWP R1,R2,[R0]   ;將 [R0] 儲存到 R1，將 R2 寫入 [R0] 這個記憶體儲存單元
```

在 ARM 儲存存取指令中，我們經常使用的是 LDR/STR、LDM/STM 這
兩對指令。LDR/STR 指令是 ARM 組合語言程式中使用頻率最高的一對
指令，每一次資料的處理基本上都離不開它們。LDM/STM 指令常用來
載入或儲存一組暫存器到一片連續的記憶體，透過和堆疊格式符組合使
用，LDM/STM 指令還可以用來模擬堆疊操作。LDM/STM 指令常和表
3-2 的堆疊格式組合使用。

表 3-2 不同類型的堆疊

堆疊格式	說　　明	備　　注
FA	Full Ascending	滿遞增堆疊
FD	Full Descending	滿遞減堆疊
EA	Empty Ascending	空遞增堆疊
ED	Empty Descending	空遞減堆疊

如圖 3-3 所示，在一個堆疊記憶體結構中，如果堆疊指標 SP 總是指向堆疊頂元素，那麼這個堆疊就是滿堆疊；如果堆疊指標 SP 指向的是堆疊頂元素的下一個空閒的儲存單元，那麼這個堆疊就是空堆疊。

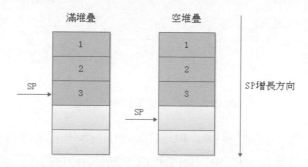

▲ 圖 3-3 滿堆疊與空堆疊的區別

每存入堆疊一個元素，堆疊指標 SP 都會往堆疊增長的方向移動一個儲存單元。如果堆疊指標 SP 從高位址往低位址移動，那麼這個堆疊就是遞減堆疊；如果堆疊指標 SP 從低位址往高位址移動，那麼這個堆疊就是遞增堆疊。ARM 處理器使用的一般都是滿遞減堆疊，在將一組暫存器存入堆疊，或者從堆疊中彈出一組暫存器時，我們可以使用下面的指令。

```
LDMFD SP!,{R0-R2,R14}   ;將記憶體堆疊中的資料依次彈出到 R14，R2，R1，R0
STMFD SP!,{R0-R2,R14}   ;將 R0，R1，R2，R14 依次存入記憶體堆疊
```

這裡需要注意的一個細節是，在存入堆疊和移出堆疊過程中要留意堆疊中各個元素的存入堆疊移出堆疊順序。堆疊的特點是先入後出（First In Last Out，FILO），堆疊元素在存入堆疊操作時，STMFD 會根據大括號

{} 中暫存器清單中各個暫存器的順序,從左往右依次存入堆疊。在上面
的例子中,R0 會先存入堆疊,接著 R1、R2 存入堆疊,最後 R14 存入堆
疊,存入堆疊操作完成後,堆疊指標 SP 在記憶體中的位置如圖 3-4 左側
所示。堆疊元素在移出堆疊操作時,順序剛好相反,堆疊中的元素先彈
出到 R14 暫存器中,接著是 R2、R1、R0。將堆疊中的元素依次彈出到
R14、R2 暫存器後,堆疊指標在記憶體中的位置如圖 3-4 右側所示。

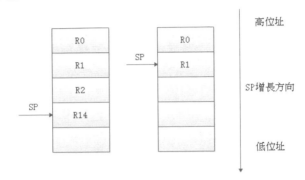

▲ 圖 3-4 存入堆疊與移出堆疊

除此之外,ARM 還專門提供了 PUSH 和 POP 指令來執行堆疊元素的存入
堆疊和移出堆疊操作。PUSH 和 POP 指令的使用方法如下。

```
PUSH   {R0-R2,R14}      ;將 R0、R1、R2、R14 依次存入堆疊
POP    {R0-R2,R14}      ;將堆疊中的資料依次彈出到 R14、R2、R1、R0
```

3.2.2 資料傳送指令

LDR/STR 指令用來在暫存器和記憶體之間輸送資料。如果我們想要在暫
存器之間傳送資料,則可以使用 MOV 指令。MOV 指令的格式如下。

```
MOV {cond} {S} Rd, operand2
MVN {cond} {S} Rd, operand2
```

其中,{cond} 為條件指令可選項,{S} 用來表示是否影響 CPSR 暫存器的
值,如 MOVS 指令就會影響暫存器 CPSR 的值,而 MOV 則不會。MVN
指令用來將運算元 operand2 按位元反轉後傳送到目標暫存器 Rd。運算元
operand2 可以是一個立即數,也可以是一個暫存器。

MOV 和 MVN 指令的一般使用方法如下。

```
MOV R1, #1        ;將立即數 1 傳送到暫存器 R1 中
MOV R1, R0        ;將 R0 暫存器中的值傳送到 R1 暫存器中
MOV PC, LR        ;副程式返回
MVN R0, #0xFF     ;將立即數 0xFF 反轉後給予值給 R0
MVN R0, R1        ;將 R1 暫存器的值反轉後給予值給 R0
```

3.2.3 算術邏輯運算指令

算數運算指令包括基本的加、減、乘、除，邏輯運算指令包括與、或、非、互斥、清除等。指令格式如下。

```
ADD {cond} {S} Rd, Rn, operand2    ;加法
ADC {cond} {S} Rd, Rn, operand2    ;帶進位加法
SUB {cond} {S} Rd, Rn, operand2    ;減法
AND {cond} {S} Rd, Rn, operand2    ;邏輯與運算
ORR {cond} {S} Rd, Rn, operand2    ;邏輯或運算
EOR {cond} {S} Rd, Rn, operand2    ;互斥運算
BIC {cond} {S} Rd, Rn, operand2    ;位元清除指令
```

算術邏輯運算指令的基本使用方法及説明如下。

```
ADD R2，R1, #1     ;R2=R1+1
ADC R1，R1，#1     ;R1=R1+1+C（其中 C 為 CPSR 暫存器中進位）
SUB R1，R1，R2     ;R1=R1-R2
SBC R1，R1，R2     ;R1=R1-R2-C
AND R0，R0，#3     ;保留 R0 的 bit0 和 1，其餘位元清除
ORR R0，R0，#3     ;置位 R0 的 bit0 和 bit1
EOR R0，R0，#3     ;反轉 R0 中的 bit0 和 bit1
BIC  R0，R0，#3     ;清除 R0 中的 bit0 和 bit1
```

3.2.4 運算元：operand2 詳解

ARM 指令的可選項很多，運算元也很靈活。很多 ARM 指令會使用第二個參數 operand2：可以是一個常數，也可以是暫存器 + 偏移的形式。運算元 operand2 在組合語言程式中經常出現的兩種格式如下。

```
#constant
Rm{, shift}
```

第一種格式比較簡單，運算元是一個立即數，第二種格式可以直接使用
暫存器的值作為運算元。在 3.2.3 節中的 ADD、SUB、AND 指令範例
中，第二個運算元要麼是一個常數，要麼是一個暫存器。在第二種格式
中，透過 {, shift} 可選項，我們還可以透過多種移位或循環移位的方式，
建構更加靈活的運算元。可選項 {, shift} 可以選擇的移位方式如下。

```
#constant,n    ;將立即數 constant 循環右移 n 位元
ASR #n         ;算術右移 n 位元，n 的取值範圍：[1,32]
LSL #n         ;邏輯左移 n 位元，n 的取值範圍：[0,31]
LSR #n         ;邏輯右移 n 位元，n 的取值範圍：[1,32]
ROR #n         ;向右循環移 n 位元，n 的取值範圍：[1,31]
RRX            ;向右循環移 1 位元，帶擴充
type Rs        ;僅在 ARM 中可用，其中 type 指 ASP、LSL、LSR、ROR，Rs 是提供位移量
               ;的暫存器名稱
```

可選性指令的使用範例及説明如下。

```
ADD  R3, R2, R1, LSL #3     ;R3=R2+R1<<3
ADD  R3, R2, R1, LSL R0     ;R3=R2+R1<<R0
ADD  IP, IP, #16, 20        ;IP=IP+ 立即數 16 循環右移 20 位元
```

3.2.5 比較指令

比較指令用來比較兩個數的大小，或比較兩個數是否相等。比較指令的
運算結果會影響 CPSR 暫存器的 N、Z、C、V 標識位元，具體的標識位
説明可參考前面的 CPSR 暫存器介紹。比較指令的格式如下。

```
CMP {cond} Rn, operand2 ;比較兩個數大小
CMN {cond} Rn, operand2 ;取負比較
```

比較指令的使用範例及説明如下。

```
CMP R1，#10    ;R1-10，運算結果會影響 N、Z、C、V 位元
CMP R1，R2     ;R1-R2，比較結果會影響 N、Z、C、V 位元
CMN R0，#1     ;R0-(-1) 將立即數取負，然後比較大小
```

比較指令的執行結果 Z=1 時，表示運算結果為零，兩個數相等；N=1 表示運算結果為負，N=0 表示運算結果為非負，即運算結果為正或者為零。

3.2.6 條件執行指令

為了提高程式密度，減少 ARM 指令的數量，幾乎所有的 ARM 指令都可以根據 CPSR 暫存器中的標識位元，透過指令組合實現條件執行。如無條件跳躍指令 B，我們可以在後面加上條件碼組成 BEQ、BNE 組合指令。BEQ 指令表示兩個數比較，結果相等時跳躍；BNE 指令則表示結果不相等時跳躍。CPSR 暫存器中的標識位元根據需要可以任意搭配成不同的條件碼，和 ARM 指令一起組合使用。ARM 指令的條件碼如表 3-3 所示。

表 3-3　ARM 指令的條件碼

條件碼	CPSR 標識位	說明	條件碼	CPSR 標識位	說明
EQ	Z=1	相等	HI	C 置位，Z 清零	無符號數大於
NE	Z=0	不相等	LS	C 清零，Z 置位	有符號數小於或等於
CS/HS	C=1	無符號數大於或等於	GE	N=V	有符號數大於或等於
CC/LO	C=0	無符號數小於	LT	N!=V	有符號數小於
MI	N 置位	負數	GT	Z 清零，N=V	有符號數大於
PL	N 清零	正數或零	LE	Z 置位，N!=V	有符號數小於或等於
VS	V 置位	溢位	AL	忽略	無條件執行
VC	V 清零	未溢位	NV	忽略	從不執行

條件執行經常出現在跳躍或迴圈的程式結構中。如下面的組合語言程式，透過迴圈結構，我們可以實現資料區塊的搬運功能。我們可以將無條件跳躍指令 B 和條件碼 NE 組合在一起使用，組成一個迴圈程式結構。

```
AREA COPY,CODE,READONLY
    ENTRY
START
    LDR R0,=SRC      ；來源位址
    LDR R1,=DST      ；目的位址
```

```
   MOV R2,#10        ;複製迴圈次數
LOOP
   LDR R3,[R0],#4    ;從來源位址取資料
   STR R3,[R1],#4    ;複製到目的位址
   SUBS R2, R2,#1    ;迴圈次數減一
   BNE LOOP          ;只要 R2 不等於 0，繼續迴圈

AREA COPYDATA, DATA, READWRITE
SRC DCD 1,2,3,4,5,6,7,8,9,0
DST DCD 0,0,0,0,0,0,0,0,0,0
   END
```

3.2.7 跳躍指令

在函式呼叫的場合，以及迴圈結構、分支結構的程式中經常會用到跳躍指令。ARM 指令集提供了 B、BL、BX、BLX 等跳躍指令，每個指令都有各自的用武之地和使用場景。跳躍指令的格式如下。

```
B {cond} label       ;跳躍到標誌 label 處執行
B {cond} Rm          ;暫存器 Rm 中儲存的是跳躍位址
BL {cond} label
BX {cond} label
BLX {cond} label
```

1. B label

跳躍到標誌 label 處，B 跳躍指令的跳躍範圍大小為 [0, 32MB]，可以往前跳，也可以往後跳。無條件跳躍指令 B 主要用在迴圈、分支結構的組合語言程式中，使用範例如下。

```
   CMP R2, #0
   BEQ label      ;若 R2=0, 則跳躍到 label 處執行
   ...
label
   ...
```

2. BL label

BL 跳躍指令表示帶連結的跳躍。在跳躍之前，BL 指令會先將當前指

令的下一筆指令位址（即返回位址）儲存到 LR 暫存器中，然後跳躍到 label 處執行。BL 指令一般用在函式呼叫的場合，主函數在跳躍到子函數執行之前，會先將返回位址，即當前跳躍指令的下一筆指令位址儲存到 LR 暫存器中；子函數執行結束後，LR 暫存器中的位址被給予值給 PC，處理器就可以返回到原來的主函數中繼續執行了。

```
; 主程序
  ...
   BL subfunc       ; 跳到 subfunc 執行，在跳之前將返回位址儲存在 LR
  ...               ; 副程式返回後接著從此處繼續執行

; 副程式
subfunc
  ...
   MOV PC, LR       ; 副程式執行完，將返回位址給予值給 PC，返回到主函數
```

3. BX Rm

BX 表示帶狀態切換的跳躍。Rm 暫存器中儲存的是跳躍位址，要跳躍的目標位址處可能是 ARM 指令，也可能是 Thumb 指令。處理器根據 Rm[0] 位元決定是切換到 ARM 狀態還是切換到 Thumb 狀態。

- 0：表示目標位址處是 ARM 指令，在跳躍之前要先切換至 ARM 狀態。
- 1：表示目標位址處是 Thumb 指令，在跳躍之前要先切換至 Thumb 狀態。

BLX 指令是 BL 指令和 BX 指令的綜合，表示帶連結和狀態切換的跳躍，使用方法和上面相同，不再贅述。

3.3 ARM 定址方式

ARM 屬於 RISC 系統架構，一個 ARM 組合語言程式中的大部分組合語言指令，基本上都和資料傳輸有關：在記憶體 - 暫存器、記憶體 - 記憶體、暫存器 - 暫存器之間來回傳輸資料。不同的 ARM 指令又有不同的定

址方式，比較常見的定址方式有暫存器定址、即時定位、暫存器偏移定
址、暫存器間接定址、基址定址、多暫存器定址、相對定址等。

3.3.1 暫存器定址

暫存器定址比較簡單，運算元儲存在暫存器中，透過暫存器名就可以直
接對暫存器中的資料進行讀寫。

```
MOV R1, R2              ;將暫存器 R2 中的值傳送到 R1
ADD R1, R2, R3          ;執行減法運算 R2-R3，並將結果儲存到 R1 中
```

3.3.2 立即數定址

在立即數定址中，ARM 指令中的運算元為一個常數。立即數以 # 為首
碼，0x 首碼表示該立即數為十六進位，不加首碼預設是十進位。

```
ADD R1, R1, #1          ;將 R1 暫存器中的值加 1，並將結果儲存到 R1 中
MOV R1, #0xFF           ;將十六進位常數 0xFF 寫到 R1 暫存器中
MOV R1, #12             ;將十進位常數 12 放到 R1 暫存器中
ADD R1, R1, #16, 20     ;R1 = R1 + 立即數 16 循環右移 20 位元
```

3.3.3 暫存器偏移定址

暫存器偏移定址可以看作暫存器定址的一種特例，透過第二個運算元
operand2 的靈活設定，我們可以將第二個運算元做各種左移和右移操
作，作為新的運算元使用。

```
MOV R2, R1, LSL #3       ;R2 = R1<<3
ADD R3, R2, R1, LSL #3   ;R3 = R2 + R1<<3
ADD  R3, R2, R1, LSL R0  ;R3 = R2 + R1<<R0
```

常見的移位操作有邏輯移位和算術移位，兩者的區別是：邏輯移位無論
是左移還是右移，空缺位一律補 0；而算術移位則不同，左移時空缺位元
補 0，右移時空缺位元使用符號位元填充。

3.3.4 暫存器間接定址

暫存器間接定址主要用來在記憶體和暫存器之間傳輸資料。暫存器中儲存的是資料在記憶體中的儲存位址，我們透過這個位址就可以在暫存器和記憶體之間傳輸資料。C 語言中的指標操作，在組合語言層次其實就是使用暫存器間接定址實現的。暫存器間接定址的使用範例及說明如下所示。

```
LDR R1, [R2]        ; 將 R2 中的值作為位址，取該記憶體位址上的資料，儲存到 R1
STR R1, [R2]        ; 將 R2 中的值作為位址，將 R1 暫存器的值寫入該記憶體位址
```

3.3.5 基址定址

基址定址其實也屬於暫存器間接定址。兩者的不同之處在於，基址定址將暫存器中的位址與一個偏移量相加，生成一個新位址，然後基於這個新位址去存取記憶體。

```
LDR R1, [FP, #2]   ; 將 FP 中的值加 2 作為新位址，取該位址上的值儲存到 R1
LDR R1, [FP, #2]!  ; FP=FP+2，然後將 FP 指定的記憶體單中繼資料儲存到 R1 中
LDR R1, [FP, R0]   ; 將 FP+R0 作為新位址，取該位址上的值儲存到 R1
LDR R1, [FP, R0, LSL #2] ; 將 FP+R0<<2 作為新位址，讀取該記憶體位址上的值儲存
                     到 R1
LDR R1, [FP], #2       ; 將 FP 中的值作為位址，讀取該位址上的值儲存到 R1，然後 FP
                     中的值加 2
STR R1, [FP, #-2]   ; 將 FP 中的值減 2，作為新位址，將 R1 中的值寫入該位址
STR R1, [FP], #-2     ; 將 FP 中的值作為位址，將 R1 中的值寫入此位址，然後 FP 中的
                     值減 2
```

基址定址一般用在查表、陣列存取、函數的堆疊幀管理等場合。根據偏移量的正負，基址定址又可以分為向前索引定址和向後索引定址，如上面的第 1 筆和第 3 筆指令，就是向後索引定址，而第 6 筆指令則為向前索引定址。

3.3.6 多暫存器定址

STM/LDM 指令就屬於多暫存器定址,一次可以傳輸多個暫存器的值。

```
LDMIA SP!, {R0-R2,R14} ;將記憶體堆疊中的資料依次彈出到 R14、R2、R1、R0
STMDB SP!, {R0-R2,R14} ;將 R0、R1、R2、R14 依次存入堆疊
LDMFD SP!, {R0-R2,R14} ;將記憶體堆疊中的資料依次彈出到 R14、R2、R1、R0
STMFD SP!, {R0-R2,R14} ;將 R0、R1、R2、R14 依次存入堆疊
```

在多暫存器定址中,用大括號 {} 括起來的是暫存器列表,暫存器之間用逗點隔開,如果是連續的暫存器,還可以使用連接子 - 連接,如 R0-R3,就表示 R0、R1、R2、R3 這 4 個暫存器。LDM/STM 指令一般和 IA、IB、DA、DB 組合使用,分別表示 Increase After、Increase Before、Decrease After、Decrease Before。

LDM/STM 指令也可以和 FD、ED、FA、EA 組合使用,用於堆疊操作。堆疊是程式執行過程中非常重要的一段記憶體空間,堆疊是 C 語言執行的基礎,函數內的區域變數、函式呼叫過程中要傳遞的參數、函數的返回值一般都是儲存在堆疊中的。可以這麼說,沒有堆疊,C 語言就無法執行。在嵌入式系統的一些啟動程式中,你會看到,在執行 C 語言程式之前,必須要先執行一段組合語言程式碼初始化記憶體和堆疊指標 SP,然後才能跳到 C 語言程式中執行。

ARM 沒有專門的存入堆疊和移出堆疊指令,ARM 中的堆疊操作其實就是透過上面所講的 STM/LDM 指令和堆疊指標 SP 配合操作完成的。堆疊一般可以分為以下 4 類。

- 遞增堆疊 A:存入堆疊時,SP 堆疊指標從低位址往高位址方向增長。
- 遞減堆疊 D:存入堆疊時,SP 堆疊指標從高位址往低位址方向增長。
- 滿堆疊 F:SP 堆疊指標總是指向堆疊頂元素。
- 空堆疊 E:SP 堆疊指標總是指向堆疊頂元素的下一個空閒儲存單元。

ARM 預設使用滿遞減堆疊,透過 STMFD/LDMFD 指令配對使用,完成

堆疊的存入堆疊和移出堆疊操作。ARM 中的 PUSH 和 POP 指令其實就是 LDM/STM 的同義字，是 LDMFD 和 STMFD 組合指令的快速鍵。PUSH 指令和 POP 指令的使用範例如下。

```
STMFD SP!, {R0-R2,R14}    ; 將 R0、R1、R2、R14 依次存入堆疊
LDMFD SP!, {R0-R2,R14}    ; 將堆疊中的資料依次彈出到 R14、R2、R1、R0
PUSH  {R0-R2,R14}         ; 將 R0、R1、R2、R14 依次存入堆疊
POP   {R0-R2,R14}         ; 將堆疊中的資料依次彈出到 R14、R2、R1、R0
```

3.3.7 相對定址

相對定址其實也屬於基址定址，只不過它是基址定址的一種特殊情況。特殊在什麼地方呢？它是以 PC 指標作為基底位址進行定址的，以指令中的位址差作為偏移，兩者相加後得到的就是一個新位址，然後可以對這個位址進行讀寫入操作。ARM 中的 B、BL、ADR 指令其實都是採用相對定址的。

```
   ...
   B LOOP
   ...

LOOP MOV R0,#1
   MOV R1,R0
   ...
```

在上面的範例程式中，B LOOP 指令其實就等價於：

```
ADD PC, PC, #OFFSET
```

其中 OFFSET 為 B LOOP 這筆當前正在執行的指令位址與位址標誌 LOOP 之間的位址偏移。B 指令的前後跳躍範圍為 [0, 32MB]，如果你撰寫的程式生成的二進位檔案小於 32MB，基本上就可以隨意地使用 B 指令跳躍了。

除此之外，很多與位置無關的程式，如動態連結共用函數庫，其在組合語言程式碼層次的實現其實也是採用相對定址的。程式中使用相對定址

存取的好處是不需要重定位，將程式載入到記憶體中的任何位址都可以直接執行。

3.4 ARM 虛擬指令

什麼是 ARM 虛擬指令？顧名思義，ARM 虛擬指令並不是 ARM 指令集中定義的標準指令，而是為了程式設計方便，各家編譯器廠商自訂的一些輔助指令。虛擬指令有點類似 C 語言中的前置處理命令，在程式編譯時，這些虛擬指令會被翻譯為一筆或多筆 ARM 標準指令。常見的 ARM 虛擬指令主要有 4 個：ADR、ADRL、LDR、NOP，它們的使用範例如下。

```
ADR R0, LOOP            ;將標誌 LOOP 的位址儲存到 R0 暫存器中
ADRL R0, LOOP           ;中等範圍的位址讀取
LDR R0, =0x30008000     ;將記憶體位址 0x30008000 給予值給 R0
NOP                     ;空操作，用於延遲時間或插入管線中暫停指令的執行
```

NOP 虛擬指令比較簡單，其實就相當於 MOV R0, R0。在以後的學習和工作中，大家在 ARM 組合語言程式中經常看到的就是 LDR 虛擬指令。

3.4.1 LDR 虛擬指令

LDR 虛擬指令通常會讓很多朋友感到迷惑，容易和載入指令 LDR 混淆。透過上面的學習，我們已經知道，ARM 屬於 RISC 架構，不能對記憶體中的資料直接操作，ARM 通常會使用 LDR/STR 這對載入 / 儲存指令，先將記憶體中的資料載入到暫存器，然後才能對暫存器中的資料進行操作，最後把暫存器中的處理結果儲存到記憶體中。LDR 虛擬指令的主要用途是將一個 32 位元的記憶體位址儲存到暫存器中。

在暫存器之間傳遞資料可以使用 MOV 指令，但是當傳遞的一個記憶體位址是 32 位元的立即數時，MOV 指令就應付不了了，如下面的第 2 筆指令。

```
MOV R0, #200              ；往暫存器傳遞一個立即數，指令正常
MOV R0, #0x30008000       ；往暫存器傳遞一個 32 位元的立即數，指令異常
```

當我們往暫存器傳遞的位址是一個 32 位元的常數時，為什麼不能使用 MOV，而要使用 LDR 虛擬指令呢？這還得從 ARM 指令的編碼格式說起。RISC 指令的特點是單週期指令，指令的長度一般都是固定的。在一個 32 位元的系統中，一筆指令通常是 32 位元的，指令中包括操作碼和運算元，如圖 3-5 所示。

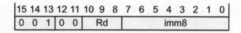

▲ 圖 3-5 ARM 指令的編碼格式

指令中的操作碼和運算元共用 32 位元的儲存空間：一般前面的操作碼要佔據幾個位元，剩下來的留給運算元的編碼空間就小於 32 位元了。當編譯器遇到 MOV R0, #0x30008000 這筆指令時，因為後面的運算元是 32 位元，編譯器就無法對這筆指令進行編碼了。為了解決這個難題，編譯器提供了一個 LDR 虛擬指令來完成上面的功能。

```
LDR R0, =0x30008000
```

在上面的範例程式中，LDR 不是普通的 ARM 載入指令，而是一個虛擬指令。為了與 ARM 指令集中的載入指令 LDR 區別開來，LDR 虛擬指令中的運算元前一般會有一個等於號 = ，用來表示該指令是個虛擬指令。透過 LDR 虛擬指令，編譯器就解決了向一個暫存器傳送 32 位元的立即數時指令無法編碼的難題。

因為虛擬指令並不是 ARM 指令集中定義的標準指令，所以 CPU 硬體解碼電路並不支援直接執行這些虛擬指令。在程式編譯期間，這些虛擬指令會被標準的 ARM 指令替代。編譯器在處理虛擬指令時，根據虛擬指令中的運算元大小，會使用不同的 ARM 標準指令替代。如當 LDR 虛擬指令中的運算元小於 8 位元時，LDR 虛擬指令一般會被 MOV 指令替代。

下面的兩行組合語言指令其實是等價的。

```
LDR R0, =200
MOV R0,#200
```

當 LDR 虛擬指令中的運算元大於 8 位元時，LDR 虛擬指令會被編譯器轉換為 LDR 標準指令 + 文字池的形式。

```
LDR R0, =0x30008000      ;虛擬指令
LDR R0, [PC, #OFFSET]     ;翻譯成的標準指令
...
...
DCD 0x30008000            ;文字池
```

在上面的範例程式中，當 LDR 虛擬指令中的運算元為一個 32 位元的立即數時，編譯器會首先在記憶體中分配一個 4 位元組大小的儲存單元，然後將這個 32 位元的位址 0x30008000 存放到該儲存單元中，該儲存單元通常也叫作文字池（literal pool）。接著編譯器計算出該儲存單元到 LDR 虛擬指令之間的偏移 OFFSET，然後使用暫存器相對定址，就可以將這個 32 位元的立即數送到 R0 暫存器中。偏移量 OFFSET 的大小一般要小於 4KB，所以在分析組合語言程式碼時你會看到，存放這些 32 位元位址常數的文字池一般緊挨著當前指令的程式碼片段，直接放置在當前程式碼片段的後面。

搞清楚了 LDR 指令和 LDR 虛擬指令之間的區別和各自的用途，以後在組合語言程式碼中再遇到這兩個指令，我們就可以不慌不忙、從容應對了。不要不在意這些細節，當你閱讀程式時，這些模棱兩可的細節問題往往更容易成為閱讀障礙和攔路虎。

```
LDR R0, =0x30008000    ;有 = 號的就是虛擬指令，將立即數 0x30008000 送到 R0
LDR R0, =LOOP          ;將標誌 LOOP 表示的位址送到 R0
LDR R0, [R1]           ;R1 中的值作為位址，將該位址上的值送到 R0
LDR R0, LOOP           ;將標誌 LOOP 表示的記憶體位址上的資料送到 R0
```

3.4.2 ADR 虛擬指令

ADR 虛擬指令的功能與 LDR 虛擬指令類似，將基於 PC 相對偏移的位址值讀取到暫存器中。ADR 為小範圍的位址讀取虛擬指令，底層使用相對定址來實現，因此可以做到程式與位置無關。ADR 虛擬指令的使用範例程式如下。

```
ADR R0, LOOP
...
...
LOOP
    b LOOP
```

在上面的範例程式中，ADR 虛擬指令的作用是將標誌 LOOP 表徵的記憶體位址送到暫存器 R0 中。編譯器在編譯 ADR 虛擬指令時，會首先計算出當前正在執行的 ADR 虛擬指令位址與標誌 LOOP 之間的位址偏移 OFFSET，然後使用 ARM 指令集中的一筆標準指令代替之，如使用 ADD 指令將標誌表徵的位址送到暫存器 R0 中。

```
OFFSET = LOOP-(PC-8)
ADD R0, PC, #OFFSET
```

ADR 虛擬指令和 LDR 虛擬指令的相似之處在於：兩者都是為了載入一個位址到指定的暫存器中。兩者的不同之處在於：LDR 虛擬指令通常被翻譯為 ARM 指令集中的 LDR 或 MOV 指令，而 ADR 虛擬指令則通常會被 ADD 或 SUB 指令代替。在用途上，LDR 虛擬指令主要用來操作外部設備的暫存器，而 ADR 虛擬指令主要用來透過相對定址，生成與位置無關的程式。在一個程式中，只要各個標誌之間的相對位置不變，使用 ADR 虛擬指令就可以做到與位置無關，將指令程式載入到記憶體中的任何位置都可以正常執行。在定址方式上，LDR 使用絕對位址，而 ADR 則使用相對位址，LDR 和 ADR 虛擬指令的位址適用範圍也不同，LDR 虛擬指令適用的位址範圍為 [0, 32GB]，而 ADR 虛擬指令則要求當前指令和標誌必須在同一個段中，位址偏移範圍也較小，位址對齊時偏移範圍為 [0,1020]，位址未對齊時偏移範圍為 [0, 4096]。

3.5 ARM 組合語言程式設計

熟悉了 ARM 系統結構和常用的組合語言指令,我們就可以嘗試撰寫簡單的 ARM 組合語言程式了。在一段完整的組合語言程式中,不僅包含了各種組合語言指令和虛擬指令,還包含了各種虛擬操作。虛擬操作可以讓程式設計師更加方便地撰寫組合語言程式,實現更加複雜的邏輯功能。

3.5.1 ARM 組合語言程式格式

ARM 組合語言程式是以段(section)為單位進行組織的。在一個組合語言檔案中,可以有不同的 section,分為程式碼片段、資料段等,各個段之間相互獨立,一個 ARM 組合語言程式至少要有一個程式碼片段。我們可以使用 AREA 虛擬操作來標識一個段的起始、段名和段的讀寫屬性。

```
AREA COPY,CODE,READONLY      ;當前段屬性為程式碼片段,唯讀,段名為 COPY
    ENTRY
START
    LDR R0,=SRC
    LDR R1,=DST
    MOV R2,#10
LOOP
    LDR R3,[R0],#4
    STR R3,[R1],#4
    SUBS R2, R2,#1
    BNE LOOP

AREA COPYDATA,DATA,READWRITE ;資料段,讀寫許可權,段名為 COPYDATA
SRC DCD 1,2,3,4,5,6,7,8,9,0
DST DCD 0,0,0,0,0,0,0,0,0,0
    END
```

上面的組合語言程式實現了資料區塊的複製功能。該組合語言程式由兩個程式段組成:一個程式碼片段,一個資料段,兩個段相互獨立,由 AREA 虛擬操作來標識一個段的起始、段名、段的屬性(CODE、DATA)和讀寫許可權(READONLY、READWRITE)。

C 程式一般都是從 main() 函數開始執行的，那組合語言程式從哪裡開始執行呢？ ARM 組合語言程式透過 ENTRY 這個虛擬操作來標識組合語言程式的執行入口，使用虛擬操作 END 來標識組合語言程式的結束。

在 ARM 組合語言程式中可以使用標誌。像 C 語言一樣，在組合語言中，標誌代表的指令位址，如上述程式中的 LOOP 標誌，和 BNE 指令結合使用可以建構一個迴圈程式結構。

在 C 程式中，我們可以使用 // 或 /**/ 來註釋程式；在組合語言程式中，我們同樣也可以增加註釋，我們使用分號 ; 來註釋程式。在一個空行的行首或者一筆指令敘述的尾端增加一個分號，然後就可以在分號後面增加註釋，以增加程式的可讀性。

3.5.2 符號與標誌

在 ARM 組合語言程式中，我們可以使用符號來標識一個位址、變數或數字常數。當用符號來標識一個位址時，這個符號通常又被稱為標誌。

符號的命名規則和 C 語言的識別字命名規則一樣：由字母、數字和底線組成，符號的開頭不能使用數字，但標誌除外。標誌比較任性，標誌的開頭不僅可以是數字，甚至整個標誌可以是一個純數字。

符號的命名在其作用域內必須唯一，不能與系統內部或系統預先定義的符號名稱相同，不能與指令快速鍵、虛擬指令名稱相同。一般情況下，一個符號的作用域是整個組合語言原始檔案。有時候我們會直接透過數字 [0,99] 而非使用字元來進行位址引用，我們稱這種數字為局部標誌。局部標誌的作用域為當前段，在組合語言程式中，我們可以使用下面的格式來引用局部標誌。

```
%{F|B|A|T} N{routename}
```

在局部標誌的引用格式中，由大括號 {} 括起來的部分是可選項，N 表示局部標誌，其餘的參數說明如下。

- %：引用符號，對一個局部標誌產生引用。
- F：指示編譯器只向前搜尋。
- B：指示編譯器只向後搜尋。
- A：指示編譯器搜尋巨集的所有巨集命令層。
- T：指示編譯器搜尋巨集的當前層。
- N：局部標誌的名字。
- routename：局部標誌作用範圍名稱，使用 ROUT 定義。

若 B、F 沒有指定，編譯器將預設先向後搜尋，然後向前搜尋。若 A、T 都沒指定，則組合語言程式預設搜尋從當前層到最頂層的所有巨集命令，但不搜尋較低層的巨集命令。如果在標籤中或者對一個標籤的引用中指定了 routename，則組合語言程式將其與最近的一個前 ROUT 指令的名稱進行比較，如果不匹配，則組合語言程式會生成一筆錯誤消息，組合語言失敗。

在組合語言程式碼中，使用局部標誌的範例程式如下：

```
AREA COPY,CODE,READONLY
    ENTRY
START
    LDR R0,=SRC
    LDR R1,=DST
    MOV R2,#10
0
    LDR R3,[R0],#4
    STR R3,[R1],#4
    SUBS R2, R2,#1
    BNE %B0    ;跳到前面的局部標誌 0 處，組成迴圈程式結構
AREA COPYDATA,DATA,READWRITE
SRC DCD 1,2,3,4,5,6,7,8,9,0
DST DCD 0,0,0,0,0,0,0,0,0,0
    END
```

在上面的組合語言程式中，我們定義了一個局部標誌：0，然後透過 BNE %B0 指令引用了這個標誌，B 表示向後跳躍，程式直接跳到了局部標誌 0 處的程式執行，組成了一個迴圈程式結構。

3.5.3 虛擬操作

在 C 語言中，為了程式設計方便，編譯器會定義一系列前置處理命令，並用 # 來標識，如 #include、#define、#if、#else、#end 等。這些前置處理命令並不是真正的 C 語言關鍵字，而是為了程式設計方便，編譯器提供給我們使用的預先定義識別字。一個 C 程式經過前置處理之後，這些前置處理命令一般會全部消失，前置處理後的程式也就變成了一個完全由 C 語言關鍵字和標準語法組成的原汁原味的 C 程式，然後編譯器才能去對這些來源程式進行語法、語義分析，最後編譯成二進位可執行檔。在整個編譯過程中，編譯器是不認識這些前置處理命令的。如果在編譯之前不做前置處理操作，則編譯器就會顯示出錯，這一點大家要搞明白。

同樣的道理，在組合語言中，為了程式設計方便，組合語言器也定義了一些特殊的指令快速鍵，以方便對組合語言程式做各種處理。如使用 AREA 來定義一個段（section），使用 GBLA 來定義一個資料，使用 ENTRY 來指定組合語言程式的執行入口等，這些指令快速鍵統稱為虛擬指令或虛擬操作。虛擬操作是為撰寫組合語言程式服務的，即使在同一個 CPU 架構下，不同的編譯環境或組合語言器雖然會遵循和相容同一套指令集，但是可能會定義各自不同的虛擬操作，它們的使用方法和格式也各不相同。

虛擬操作一般用在符號定義、資料定義、組合語言程式結構控制等場合。在一個組合語言程式中經常使用的虛擬操作如下。

```
GBLA a                  ;定義一個全域算術變數 a，並初始化為 0
a SETA 10               ;給算術變數 a 給予值為 10
GBLL b                  ;定義一個全域邏輯變數 b，並初始化為 {false}
b SETL 20               ;給邏輯變數 b 給予值為 20
GBLS STR                ;定義一個全域字串變數 STR，並初始化為 0
STR SETS "zhaixue.cc"   ;給變數 STR 給予值為 "zhaixue.cc"
LCLA a                  ;定義一個局部算術變數 a，並初始化為 0
LCLL b                  ;定義一個局部邏輯變數 b，並初始化為 {false}
```

```
LCLS name                    ;定義一個局部字串變數 name，並初始化為 0
name SETS "wanglitao"        ;給局部字串變數給予值
```

關於資料定義，常用的虛擬操作有 DCD、DCB、SPACE、DATA，這些
虛擬操作的使用方法如下所示。

```
DATA1 DCB 10,20,30,40        ;分配一片連續的位元組儲存單元並初始化
STR   DCB "zhaixue.cc"       ;給字串分配一片連續的儲存單元並初始化
DATA2 DCD 10,20,30,40        ;分配一片連續的字儲存單元並初始化
BUF   SPACE 100              ;給 BUF 分配 100 位元組的儲存單元並初始化為 0
```

除此之外，還有一些其他常用的虛擬操作，如用來標識程式的入口位
址、程式的結束位址、用來定義段的屬性等，具體如表 3-4 所示。

表 3-4 虛擬操作

虛擬操作	說明
ALIGN	位址對齊
AREA	用來定義一個程式碼片段或資料段，常用的段屬性為 CODE / DATA
CODE16/CODE32	指示編譯器後面的指令為 THUMB/ARM 指令
ENTRY	指定組合語言程式的執行入口
END	用來告訴編譯器來源程式已到了結尾，停止編譯
EQU	給予值虛擬指令，類似巨集，給常數定義一個符號名
EXPORT/GLOBAL	宣告一個全域符號，可以被其他檔案引用
IMPORT/EXTERN	引用其他檔案的全域符號前，要先 IMPORT
GET/INCLUDE	引用檔案，並將該檔案當前位置進行編譯，一般包含的是程式檔案
INCBIN	引用檔案，但不編譯，一般包含的是資料、設定檔等

有了這些虛擬操作輔助，我們就可以設計出更加靈活、功能更加複雜的
程式結構，也可以定義一個個組合語言副程式，然後在主程序中分別去
呼叫它們，實現組合語言的模組化程式設計。

```
IMPORT sum
AREA SUM_ASM,CODE,READONLY
    EXPORT SUM_ASM
```

```
SUM_ASM
    STR LR,[SP,#-4]        ; 儲存呼叫者的返回位址
    LDR R0,=0X3
    LDR R1,=0X4
    BL sum                 ; 呼叫其他檔案裡的副程式
    LDR PC,[SP],#4         ; 返回主程序，繼續執行
    END
```

在上面的組合語言程式中，我們實現了一個組合語言副程式 SUM_ASM，使用 EXPORT 虛擬操作將其宣告為一個全域符號，然後其他組合語言程式或 C 程式就可以直接呼叫它了。

SUM_ASM 組合語言副程式自身又呼叫了其他副程式 sum，這個 sum 副程式可以是一個組合語言副程式，也可以是一個使用 C 語言定義的函數。在呼叫之前我們要先使用 IMPORT 虛擬操作把 sum 副程式匯入進來，然後就可以直接使用 BL 指令跳躍過去執行了。只要遵循一些約定的規則，C 程式和組合語言程式其實是可以相互呼叫的，從組合語言指令的層面上看，它們之間並無基本的差異。

3.6 C 語言和組合語言混合程式設計

在一些嵌入式場合，我們經常看到 C 程式和組合語言程式相互呼叫、混合程式設計。如在 ARM 啟動程式中，系統一通電首先執行的是組合語言程式碼，等初始化好記憶體堆疊環境後，才會跳到 C 程式中執行。對嵌入式軟體進行最佳化時，在一些性能要求比較高的場合，通常會在 C 語言程式中內嵌一些組合語言程式碼。作為一名嵌入式工程師，掌握 C 語言和組合語言的混合程式設計還是很有必要的。

3.6.1 ATPCS 規則

無論是在組合語言程式中呼叫 C 程式，還是在 C 程式中內嵌組合語言程式，往往都要牽扯到副程式的呼叫、副程式的返回、參數傳遞這些問

題。從指令集層面看 C 語言和組合語言，兩者其實並無根本差別，都是指令集的不同程度的封裝而已，最終都會被翻譯成二進位機器指令。一個烏干達人和一個北愛爾蘭人，説著不同的語言，用著不同的貨幣，有著不同的習俗和信仰，只要他們認可並遵守同一套貿易規則，一樣可以相互往來做生意。C 程式和組合語言程式也是這樣的，只要共同遵守一些約定的規則，它們之間也可以相互呼叫。因此，在學習 C 語言和 ARM 組合語言混合程式設計之前，我們需要先了解一下 ATPCS 規則。

ATPCS 的全稱是 ARM-Thumb Procedure Call Standard，其核心內容就是定義了 ARM 副程式呼叫的基本規則及堆疊的使用約定等。如 ATPCS 規定了 ARM 程式要使用滿遞減堆疊，存入堆疊 / 移出堆疊操作要使用 STMFD/LDMFD 指令，只要所有的程式都遵循這個約定，ARM 程式的格式也就統一了，我們撰寫的 ARM 程式也就可以在各種各樣的 ARM 處理器上執行了。

ATPCS 最重要的內容是定義了副程式呼叫的具體規則，無論是程式設計師撰寫程式，還是編譯器開發廠商開發編譯器工具，一般都要遵守它。規則的主要內容如下。

- 副程式間要透過暫存器 R0~R3（可記作 a0~a3）傳遞參數，當參數個數大於 4 時，剩餘的參數使用堆疊來傳遞。
- 副程式透過 R0~R1 返回結果。
- 副程式中使用 R4~R11（可記作 v1~v8）來儲存區域變數。
- R12 作為呼叫過程中的臨時暫存器，一般用來儲存函數的堆疊幀基址，記作 FP。
- R13 作為堆疊指標暫存器，一般記作 SP。
- R14 作為連結暫存器，用來儲存函式呼叫者的返回位址，記作 LR。
- R15 作為程式計數器，總是指向當前正在執行的指令，記作 PC。

在 ARM 平台下，無論是 C 程式，還是組合語言程式，只要大家遵守

ARM 副程式之間的參數傳遞和呼叫規則，就可以很方便地在一個 C 程式中呼叫組合語言副程式，或者在一個組合語言程式中呼叫 C 程式。

以圖 3-6 為例，我們在一個 C 原始檔案 main.c 中定義了 main() 函數和 sum() 函數，在一個組合語言原始檔案 SUM.S 中定義了一個組合語言副程式 SUM_ASM。在 main() 函數中，我們直接呼叫了組合語言副程式 SUM_ASM，而在 SUM_ASM 的組合語言程式碼實現中，又呼叫了在 C 原始檔案中定義的 sum() 函數。使用交叉編譯器 arm-linux-gcc 編譯這兩個原始檔案，你會發現編譯沒有任何問題，而且還可以在 ARM 平台上正常執行。

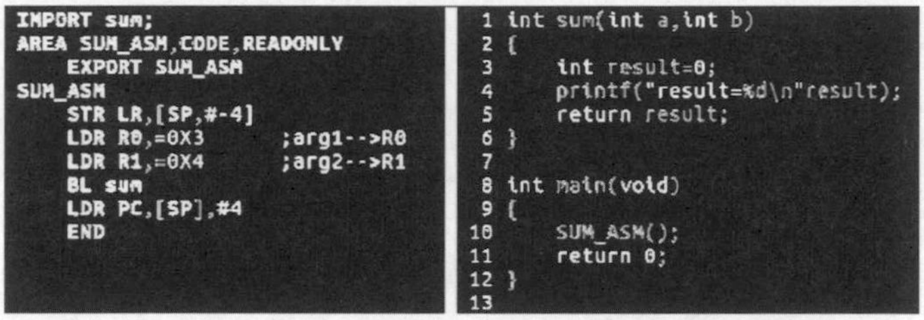

```
IMPORT sum;                              1  int sum(int a,int b)
AREA SUM_ASM,CODE,READONLY               2  {
    EXPORT SUM_ASM                       3      int result=0;
SUM_ASM                                  4      printf("result=%d\n"result);
    STR LR,[SP,#-4]                      5      return result;
    LDR R0,=0X3        ;arg1-->R0        6  }
    LDR R1,=0X4        ;arg2-->R1        7
    BL sum                               8  int main(void)
    LDR PC,[SP],#4                       9  {
    END                                  10     SUM_ASM();
                                         11     return 0;
                                         12 }
                                         13
```

▲ 圖 3-6　C 程式和組合語言程式的相互呼叫

3.6.2　在 C 程式中內嵌組合語言程式碼

為了能在 C 程式中內嵌組合語言程式碼，ARM 編譯器在 ANSI C 標準的基礎上擴充了一個關鍵字 __asm。透過這個關鍵字，我們就可以在 C 程式中內嵌 ARM 組合語言程式碼。在 C 程式中內嵌組合語言程式碼的格式如下。

```
__asm
{
    指令       /* 我是註釋 */
    ...
    [ 指令 ]
}
```

這裡有個細節需要注意一下，如果你想在內嵌的組合語言程式碼中增加註釋，記得要使用 C 語言的 /**/ 註釋符，而非組合語言的分號註釋符。接下來我們就透過一個資料區塊複製的例子，給大家演示一下在 C 程式中內嵌組合語言程式碼的方法。

```c
//main.c
int src[10] = {1,2,3,4,5,6,7,8,9};
int dst[10] = {0};

// 資料區塊複製的 C 語言實現
int data_copy_c(void)
{
    for(int i = 0; i < 10; i++)
        dst[i] = src[i];
    return 0;
}

// 資料區塊複製的內嵌 ARM 組合語言實現
int data_copy_asm(void)
{
    __asm
    {
        LDR R0, =src
        LDR R1, =dst
        MOV R2, #10
    LOOP:
        LDR R3,[R0],#4
        STR R3,[R1],#4
        SUBS R2,R2,#1
        BNE LOOP
    }
}
```

為了能在 C 程式中內嵌組合語言程式碼，不同的編譯器基於 ANSI C 標準擴充了不同的關鍵字，使用的組合語言格式可能也不太一樣。如 GNU ARM 編譯器提供了一個 __asm__ 關鍵字，它的使用方法如下。

```c
__asm__ __volatile__
    (
```

```
    " 組合語言敘述 ;"

    ...

    " 組合語言敘述 ;"
    );
```

在一個 C 程式中，如果看到一段程式使用 __asm__ 修飾，表示這段程式
為內嵌組合語言。__asm__ 的後面還可以選擇使用 __volatile__ 關鍵字修
飾，用來告訴編譯器不要最佳化這段程式。

3.6.3 在組合語言程式中呼叫 C 程式

在 C 程式中可以內嵌組合語言程式碼，在組合語言程式中同樣也可以呼
叫 C 程式。在呼叫的時候，我們要注意根據 ATPCS 規則來完成參數的傳
遞，並設定好 C 程式傳遞參數和儲存區域變數所依賴的堆疊環境，然後
使用 BL 指令直接跳躍即可。

```
; 組合語言檔案 SUM.S，定義了組合語言副程式：SUM_ASM
IMPORT sum
AREA SUM_ASM,CODE,READONLY
    EXPORT SUM_ASM
SUM_ASM
    LDR R0,=0X3    ; 參數傳遞
    LDR R1,=0X4    ; 參數傳遞
    BL sum         ; 在組合語言程式中呼叫 C 語言函數
    MOV PC,LR
    END


//C 程式原始檔案 main.c，定義了 C 函數：sum()
int sum(int a,int b)
{
    int result;
    result = a + b;
    printf("result = %d\n", result);
    return result;
}
```

```
int main(void)
{
    SUM_ASM(); // 在 C 程式中呼叫組合語言副程式
    return 0;
}
```

在上面的範例程式中,我們定義了兩個檔案:組合語言檔案 SUM.S 和
C 原始檔案 main.c。在組合語言檔案 SUM.S 中定義了一個組合語言副
程式 SUM_ASM,在 C 程式原始檔案 main.c 中定義了一個 C 語言函數
sum()。在 main() 函數中,我們首先呼叫組合語言副程式 SUM_ASM,然
後在 SUM_ASM 組合語言程式中又呼叫了 main.c 中的 C 函數 sum(),並
透過暫存器 R0、R1 將參數傳遞給了 sum() 函數。使用 arm-linux-gcc 命
令編譯這兩個原始檔案並執行,你會發現可以得到正確的執行結果,這
也說明了 C 程式和組合語言程式之間相互呼叫完全可行。

```
# arm-linux-gnueabi-gcc -o a.out main.c SUM.S
# ./a.out
```

在函式呼叫過程中,如圖 3-7 所示,當要傳遞的參數大於 4 個時,除了前
4 個參數使用暫存器 R0~R3 傳遞,剩餘的參數要使用堆疊進行傳遞,這
時候就需要編譯器透過堆疊指標來進行管理和維護,具體細節可以參考
第 5 章。

▲ 圖 3-7 程式呼叫過程中的參數傳遞

3.7 GNU ARM 組合語言

在 ARM 平台下從事嵌入式軟體開發，大家會遇到各種不同的整合式開發環境和編譯器，如 IAR、ADS1.2、RVDS、Keil MDK、RealView MDK、ARM 交叉編譯器 arm-linux-gcc 等。如果將這些不同的 IDE 歸類，一般可以分為兩大類：一類 IDE 內部整合了 ARM 編譯器，另一類則使用開放原始碼的 GNU GCC for ARM 編譯器，為了方便，在後續的文字中我們就簡稱為 GNU ARM 編譯器。

3.7.1 重新認識編譯器

編譯器到底是什麼？在很多人的概念中，編譯器可能就是一個 gcc 命令，用來將 C 來源程式編譯成可執行檔。其實編譯器不僅僅是一個簡單的 gcc 或 arm-linux-gcc 命令，而是一套完整的工具集。一套完整的編譯工具集主要包括以下幾部分。

- 編譯器：用來將 C 原始檔案編譯成組合語言檔案。
- 組合語言器：用來將組合語言檔案組合語言成目的檔案。
- 連結器：用來將目的檔案組裝成可執行檔。
- 二進位轉化工具：objdump、objcopy、strip 等。
- 函數庫打包工具：ar。
- 偵錯工具：gdb、nm。
- 函數庫 / 標頭檔：根據 C 語言標準定義的 API 實現的 C 標準函數庫及對應的標頭檔。

一套完整的編譯器工具集，不僅包含編譯器，還有各種各樣的工具、函式程式庫、標頭檔等。編譯器只不過是我們叫順口了而已，大家以後可以刷新一下這個概念了。我們口中所說的編譯器，其實不僅僅指編譯器，還包括各種二進位工具、C 標準函數庫的實現、標頭檔等。

不同的 ARM 編譯器開發廠商，會根據 ARM 指令集規定的標準指令去開發各自的編譯器軟體。目前市面上比較常見的編譯器有 ARM 公司開發的 ARMCC 編譯器、IAR ARM C/C++ 編譯器、開放原始碼的 GNU GCC for ARM 交叉編譯器。不同的 IDE 一般都會內嵌上面三種編譯器中的一種，或者 IDE 和編譯器分別獨立發佈，甚至有些 IDE 還可以透過設定，支援多種編譯器。

各種廠商的編譯器因為遵循同一套 ARM 指令集標準，因此經過不同編譯器編譯的程式都可以在同一台 ARM 處理器上執行。市面上各種 ARM 編譯器之間的唯一的區別就是組合語言指令的格式有所差異，造成差異的原因是各家編譯器廠商各自擴充的虛擬操作（虛擬指令）不同，如圖 3-8 所示：各家編譯器廠商雖然都遵循同一套 ARM 指令集，但是都根據自己的產品需求和定位，各自擴充了不同的虛擬操作。

以 ARM 公司官方發佈的 ARM 編譯器和開放原始碼的 GNU ARM 編譯器為例，如圖 3-8 所示，它們之間的主要差別在於虛擬操作。編譯器開發廠商在設計編譯器時會參考 ARM 指令集，將 C 程式翻譯成 CPU 能夠辨識並執行的 ARM 標準指令。除此之外，為了方便組合語言程式的撰寫，不同的編譯器還會擴充一些各自的語法特性，這些擴充的虛擬指令和語法特性

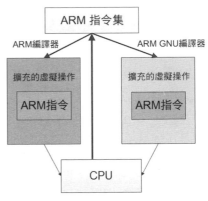

▲ 圖 3-8 ARM 指令集與偽操作

被稱為虛擬操作。這些虛擬操作主要用來輔助程式設計師在程式設計時定義資料，定義不同的程式碼片段和資料段，設計組合語言程式的分支跳躍結構，以及用來將組合語言指令組裝成一個可以執行的組合語言程式。我們學習撰寫組合語言程式，除了要掌握指令集中定義的 ARM 指令，還要了解不同編譯器擴充的虛擬操作及它們之間的差別。

3.7.2 GNU ARM 編譯器的虛擬操作

不同的 ARM 編譯器之間的虛擬操作差別還是蠻大的。以 ARM 編譯器和 GNU ARM 編譯器為例，我們可以對比一下它們在資料定義、程式結構方面的差別，如表 3-5 所示。

表 3-5 不同編譯器的虛擬操作對比

ARM 編譯器	GNU ARM 編譯器	虛擬操作說明
AREA copy, CODE, …	.text	定義一個程式碼片段
AREA , dat, DATA,…	.data	定義一個資料段
使用 ; 註釋	使用 /* */ 或 @ 註釋	組合語言程式中的註釋方式
DCD	.long .word	分配一片連續的字儲存單元
Entry	ENTRY(_start)	組合語言程式的執行入口
END	.end	組合語言程式的結束標記
CODE32	.arm / .code 32	告訴編譯器後面指令為 ARM 指令
CODE16	.thumb / .code 16	告訴編譯器後面指令為 THUMB 指令
SPACE	.space	分配一片連續的記憶體並初始化為 0
GBLL、GBLA	.global	定義一個全域變數
EXPORT、GLOBAL	.global	全域符號宣告，可以被其他檔案引用
IMPORT、EXTERN	.extern	引用其他檔案的全域符號前要先宣告
EQU、SETL、SETA	.equ .set	設定陳述式，為一個變數給予值
IF、ELSE、ENDIF	.ifdef .else .endif	條件組合語言
MACRO / MEND	.macro / .endm	巨集定義
GET INCLUDE	.include	檔案包含，並展開編譯
INCBIN	.incbin	檔案包含，不編譯

在後面的內容中，我們會經常使用 ARM 反組譯程式來分析 C 語言的底層執行機制。為了能看懂反組譯程式，我們還需要熟悉一下在一個反組譯檔案中經常看到的各種 GNU ARM 虛擬指令操作，如表 3-6 所示。

表 3-6 常用的 GNU ARM 虛擬指令操作

虛擬操作	說 明
ENTRY(_start)	定義組合語言程式的執行入口
@、#	程式中的註釋、整行註釋符號
.section .text，"x"	定義一個段，a：唯讀；w：讀寫；x：執行
.align、.balign	位址對齊方式，按照指定位元組數對齊
label:	標誌，以冒號結尾
.byte	把位元組插入目的檔案
.quad、.long、.word、.byte、.short	分配不同大小的儲存空間，插入目的檔案
.string、.ascii、.asciz	定義字串、字元、以 NULL 結束的字串
.rept、.endr	重複定義
.float	浮點數定義
.space 10 FF	分配一片連續的 10 位元組空間，填充為 FF
.equ、.set	設定陳述式
.type func ,@function	指定符號類型為函數
.type num ,@object	指定符號類型為物件
.include、.incbin	展開標頭檔、二進位檔案
tmp .reg、.unreg r12	為暫存器取別名
.pool、.ltorg	宣告一個文字池，一般用來存放 32 位元位址
.comm buf, 20	申請一段 buf
OUTPUT_ARCH(arm)	指定可執行檔執行平台
OUTPUT_FORMAT("elf32-littlearm")	指定輸出可執行檔格式
#、$	直接運算元首碼
.arch	指定指令集版本
.file	組合語言對應的 C 原始檔案
.fpu	浮點類型
.reg	暫存器重新命名：lr_svc、.req、r14
.size	設定指定符號的大小

3.7.3 GNU ARM 組合語言中的標誌

組合語言中的符號定義規則，和 C 語言中識別字的定義規則類似：由字母、數字和底線組成。GNU ARM 編譯器除了遵循識別字的一般規則，還有一些特殊的地方需要注意：GNU ARM 組合語言中的識別字可以由字母、數字、底線和 "." 組成，局部標誌可以由純數字組成。GNU 格式的局部標誌由數字 N 組成，在引用時使用 Nf 或 Nb 的形式，分別表示向前搜尋或向後搜尋。除此之外，GNU ARM 組合語言使用標誌 _start 作為組合語言程式的入口，如果你希望該標誌被其他檔案引用，只要在定義的地方使用 .global 虛擬操作宣告一下就可以了。

```
.global _start...
1:
sub r0, r1, r2
beq 1b
b   2f
add r0, r0, #1
2:
add r1, r1, #2
```

3.7.4 .section 虛擬操作

在 GNU ARM 組合語言中，使用者可以使用 .section 虛擬操作自訂一個段，使用格式如下。

```
.section <section name> {,"<flags>"}
.section .mysection "awx"  @ 註釋：定義一個可寫、可執行的段
.align 2
```

在使用虛擬操作 .section 定義一個段時，每個段以段名開始，以下一個段名或檔案結尾作為結束標記。在定義段名時，注意不要和系統預留的段名衝突，如 .text、.data、.bss、.rodata 都是編譯器系統預留的段名，分別表示程式碼片段、資料段、BSS 段、只讀取資料段。我們可以透過 readelf 命令來查看系統預留的段名。

```
# readelf  -S  a.out
There are 13 section headers, starting at offset 0x330:
Section Headers:
  [Nr] Name              Type      Addr     Off    Size   ES Flg Lk Inf Al
  [ 0]                   NULL      00000000 000000 000000 00      0   0  0
  [ 1] .text             PROGBITS  00000000 000034 000068 00  AX  0   0  1
  [ 2] .rel.text         REL       00000000 000298 000030 08   I 11   1  4
  [ 3] .data             PROGBITS  00000000 00009c 000008 00  WA  0   0  4
  [ 4] .bss              NOBITS    00000000 0000a4 000004 00  WA  0   0  4
  [ 5] .rodata           PROGBITS  00000000 0000a4 000010 00   A  0   0  1
  [ 6] .comment          PROGBITS  00000000 0000b4 000036 01  MS  0   0  1
  [ 7] .note.GNU-stack   PROGBITS  00000000 0000ea 000000 00      0   0  1
  [ 8] .eh_frame         PROGBITS  00000000 0000ec 000044 00   A  0   0  4
  [ 9] .rel.eh_frame     REL       00000000 0002c8 000008 08   I 11   8  4
  [10] .shstrtab         STRTAB    00000000 0002d0 00005f 00      0   0  1
  [11] .symtab           SYMTAB    00000000 000130 000110 10     12  11  4
  [12] .strtab           STRTAB    00000000 000240 000057 00      0   0  1
```

3.7.5 基本資料格式

在 GNU ARM 組合語言中，有時候我們需要定義一些常數。在定義資料的過程中有一些細節需要注意。

二進位資料通常以 0B 或 0b 開頭，八進位資料以 0 開頭，十六進位資料以 0x 開頭，十進位數字據則以非 0 數字開頭。負數前面加 "-"，取補用 "~"，不相等用 "< >"，其他運算子號如 +、-、*、%、<、<<、>、>>、|、&、^、!、==、>=、&& 與 C 語言語法相似。

字串常數要用雙引號 "" 括起來。使用 .ascii 定義字串時要自行在結尾加 '\0'，.string 虛擬操作可以定義多個字串，使用 .asciz 虛擬操作可以定義一個以 NULL 字元結尾的字串，使用 .rept 虛擬操作可以重複定義資料。

```
.ascii  "hello\0"
.string "hello", "world!"
.asciz  "hello"
.rept 3 .byte 0x10 .endr
```

還有一個需要注意的細節就是，在 GNU ARM 組合語言程式中經常使用小小數點 . 表示當前指令的位址。這些細節大家最好都了解和學習一下，根據筆者以往的經驗，這些不起眼的小細節往往會成為大家分析程式時的閱讀障礙，而且在文件中很難找到關於它們的介紹信息。

3.7.6 資料定義

在 GNU ARM 組合語言程式中，如果我們想定義一個浮點數，那麼可以使用下面的虛擬操作來定義。

```
標籤：命令
f:
.float 3.14
.equ f,3.1415
```

我們可以使用 .float 虛擬操作定義一個浮點數 f，並初始化為 3.14。如果你想將這個浮點數重新給予值為 3.1415，則可以透過 .equ 虛擬操作來完成。

.equ 虛擬操作除了給資料給予值，還可以把常數定義在程式碼片段中，然後在程式中直接引用。這一點有點類似 C 語言中的 #define 巨集定義。

```
.section .data
.equ DELAY,100
...

.section .text
...
MOV R0,$DELAY
...
```

3.7.7 組合語言程式碼分析實戰

「光説不練假把式」，有了 GNU ARM 組合語言的基礎之後，接下來我們做一個實驗：在 Linux 環境下撰寫一個 C 程式，使用 ARM 交叉編譯器將其編譯為組合語言檔案，然後利用本節所學的知識分析該組合語言檔案的組織結構。

C 程式原始程式如下。

```c
//hello.c
#include <stdio.h>

int global_val = 10;
int global_uvar;

int add(int a, int b)
{
    return a + b;
}


int main (void)
{
    int sum;
    sum = add(1, 2);
    printf ("hello world!\n");
    return 0;
}
```

接下來我們將這個 hello.c 原始檔案編譯為組合語言程式檔案，並對其進行分析。

```
# arm-linux-gnueabi-gcc -S hello.c
# cat hello.s
    .arch armv5t              ;指令集版本
    .fpu softvfp             ;浮點類型
    .eabi_attribute 20, 1    ;EABI 介面屬性
    .eabi_attribute 21, 1
    .eabi_attribute 23, 3
    .eabi_attribute 24, 1
    .eabi_attribute 25, 1
    .eabi_attribute 26, 2
    .eabi_attribute 30, 6
    .eabi_attribute 34, 0
    .eabi_attribute 18, 4
    .file  "hello.c"         ;當前組合語言檔案對應的原始檔案名
    .globalglobal_val        ;宣告一個全域符號，宣告後其他檔案可以引用
```

```
    .data                          ; 宣告一個資料段
    .align 2                       ; 資料段對齊方式：2 的 2 次方，即 4 位元組對齊
    .type   global_val, %object   ; 設定全域符號的類型為變數
    .size   global_val, 4         ; 設定全域符號的大小為 4 位元組
global_val:
    .word   10                    ; 為 global_val 分配一個字大小的儲存空間，初始化為 10
    .comm   global_uvar,4,4       ; 在 .comm 臨時段中申請一段命名空間
    .text                         ; 程式碼片段起始位址
    .align 2                      ; 程式碼片段對齊方式：2 的 2 次方，即 4 位元組對齊
    .globaladd                    ; 宣告一個全域符號：add
    .syntax unified
    .arm                          ; 當前程式碼片段指令為 ARM 指令
    .type   add, %function        ; 設定符號 add 的類型為函數
add:                              ; 標誌，表示函數 add 的入口位址
    @ args = 0, pretend = 0, frame = 8  ; 註釋
    @ frame_needed = 1, uses_anonymous_args = 0
    @ link register save eliminated.
    str  fp, [sp, #-4]!
    add  fp, sp, #0
    sub  sp, sp, #12
    str  r0, [fp, #-8]
    str  r1, [fp, #-12]
    ldr  r2, [fp, #-8]
    ldr  r3, [fp, #-12]
    add  r3, r2, r3
    mov  r0, r3
    sub  sp, fp, #0
    @ sp needed
    ldr  fp, [sp], #4
    bx lr
    .size   add, .-add ;add 函數大小 = 當前位址（函數結束位址）-add 函數開始位址
    .section  .rodata              ; 定義一個新的 section：.rodata 只讀取資料段
    .align 2                       ; 只讀取資料段對齊方式：2 位元組對齊
.LC0:                             ; 標誌，用來表示字串的位址
    .ascii "hello world!\000"     ; 定義一個字串
    .text                         ; 新的程式碼片段開始位址
```

```
    .align 2                        ;
    .globalmain                     ;宣告一個全域符號：main
    .syntax unified
    .arm
    .type   main, %function         ;將全域符號 main 的類型設定為函數
main:
    @ args = 0, pretend = 0, frame = 8
    @ frame_needed = 1, uses_anonymous_args = 0
    push {fp, lr}
    add  fp, sp, #4
    sub  sp, sp, #8
    mov  r1, #2
    mov  r0, #1
    bl add
    str  r0, [fp, #-8]
    ldr  r0, .L5
    bl puts
    mov  r3, #0
    mov  r0, r3
    sub  sp, fp, #4
    @ sp needed
    pop  {fp, pc}
.L6:
    .align 2
.L5:
    .word  .LC0            ;分配記憶體，用來存放 printf 要列印的字串位址：.LC0
    .size  main, .-main    ;設定 main 函數大小＝當前位址 - main 開始位址
    .ident "GCC: (Ubuntu/Linaro 5.4.0-6ubuntu1~16.04.9) 5.4.0 20160609"
    ;編譯器標識
    .section  .note.GNU-stack,"",%progbits
```

04

程式的編譯、連結、安裝和執行

在 Windows 下開發一個 C 程式，一般都會用到整合式開發環境（Integrated Development Environment，IDE），如 VC++ 6.0、C-Free、Visual Studio、Keil 等。IDE 介面友善，使用方便，5 分鐘就可以快速上手：新建一個專案/原始檔案，編輯程式，點擊介面上的 Run 按鈕，然後我們撰寫的程式就可以執行了。至於程式是如何編譯和執行的，我們無須操心，因為 IDE 已經為我們封裝好了：IDE 集程式編輯器、專案管理器、編譯器、組合語言器、連結器、偵錯器、二進位工具、函數庫、標頭檔於一身，留給使用者的使用介面就是創建一個專案，撰寫程式，執行程式。這種整合式開發方式大大簡化了軟體的開發，程式設計師只需要關注自己要實現的業務邏輯和功能程式即可，至於底層是如何編譯執行的，不用關心。

嵌入式開發和桌面開發不太一樣：處理器平台和軟體生態碎片化、多樣化。為了提高性價比，不同的嵌入式系統往往採取更靈活的設定：不同的 CPU 平台、不同大小的儲存、不同的啟動方式，導致我們在編譯器時，有時候不僅要考慮一個嵌入式平台的記憶體、記憶體的位址空間，還要考慮將我們的程式碼「燒」寫到什麼地方、載入到記憶體什麼地方、如何執行。這就要求嵌入式工程師必須了解在程式執行的背後，它們是如何編譯、連結和執行的。有了這些理論支撐，我們才可能靈活地根據硬體平台的差異去完成軟體層面的編譯最佳化和設定。

關於編譯原理方面的圖書，比較經典的就是「龍書」「虎書」和「鯨書」，此外還有 Linkers and Loaders 和《程式設計師的自我修養》。尤其是《程式設計師的自我修養》這本書，中文語境和寫作思維更適合中文的程式設計師閱讀，把程式的編譯、連結、執行的各個細節都已經講得很清楚了。對於嵌入式工程師來說，對編譯原理要掌握到什麼程度，才能滿足工作的需要呢？這是一個值得研究的問題：嵌入式工程師大多數擁有電子、電氣、自動化專業背景，不可能像電腦專業的學生那樣掌握程式編譯過程中的每一個細節，如語法分析、詞法分析等。雖然沒有這個必要，但也不能對編譯原理只有一個粗淺的認識，忽視一些關鍵的基礎知識和細節，在實際專案中將無法給我們的專案實踐帶來理論上的幫助和支撐。

市面上關於編譯原理的圖書，基本上都是基於 X86 平台講解的，目前還沒有看到基於 ARM 平台的。而對於嵌入式工程師來說，絕大多數時候都是基於 ARM 平台進行開發工作，基於這個背景和需求，本章的寫作重點也就清晰了：參考前面提到的經典圖書，結合 ARM 平台，把程式的編譯、連結、安裝和執行的基本原理串起來再給大家梳理一遍，並對嵌入式開發中的一些關鍵基礎知識和理論（如 U-boot 的載入、重定位）著重分析。對於 ARM 裸機程式執行的環境設定、Linux 核心模組的載入執行機制等在編譯原理的圖書中很少提及的實際案例，也是本章分析的重點。而對於一些與嵌入式開發不太相關的內容（如語法分析、詞法分析等），我們稍作了解就可以了，不必過於糾結細節，以防陷入其中無法自拔，打擊學習的自信和熱情。總之，本章的寫作遵循的基本原則就是：適合嵌入式工程師閱讀，不會去糾結一些太複雜煩瑣的細節問題，著重講解在實際的嵌入式開發中需要掌握的一些關鍵基礎知識和核心理論。

為了達到更好的學習效果，在學習之前，確保你的手上有一台可以執行 Linux 作業系統的電腦或虛擬機器，並且在 Linux 環境下已經安裝了 GCC 編譯器和 gcc-arm-linux-gnueabi 交叉編譯器。如果沒有安裝，則可以在 Linux 聯網環境下使用下面的命令線上安裝。

```
# apt-get install gcc-arm-linux-gnueabi gcc    //Ubuntu
# yum install gcc-arm-linux-gnueabi gcc        //Fedora
```

安裝好編譯工具後，我們就正式開啟本章的學習之旅吧。

4.1 從來源程式到二進位檔案

程式的編譯過程，其實就是將我們撰寫的 C 來源程式翻譯成 CPU 能夠辨識和執行的二進位機器指令的過程。關於 C 程式我們已經很熟悉了：一個 C 程式主要由一行行 C 語言敘述組成，不同的敘述組成一個個程式區塊或函數，每個敘述由 C 語言的關鍵字、運算子、前置處理命令、使用者定義的變數名、函數名等很多 token 組成。一個 C 語言專案通常由多個檔案組成。

```
//sub.c
int add(int a, int b)
{
    return a + b;
}

int sub(int a, int b)
{
    return a - b;
}

//sub.h
int add(int a, int b);
int sub(int a, int b);
```

```
//main.c
#include <stdio.h>
#include "sub.h"

int global_val = 1;
int uninit_val;

int main(void)
{
    int a, b;
    static int local_val = 2;
    static int uninit_local_val;
    a = add(2, 3);
    b = sub(5, 4);
    printf("a = %d\n", a);
    printf("b = %d\n", b);
    return 0;
}
```

在上面的程式中，我們創建了 2 個 C 程式原始檔案：main.c 和 sub.c。
在 main.c 中定義了專案的入口函數 main()，在 main() 函數中我們呼叫了
add() 和 sub() 函數對資料進行加、減運算。add() 和 sub() 函數在 sub.c 檔
案中定義，並在 sub.h 標頭檔中宣告。在 main.c 中呼叫這兩個函數之前，
我們首先要把 sub.h 標頭檔包含進來，對這兩個函數進行函數原型宣告，
編譯器在編譯器時會根據這些函式宣告對我們的來源程式進行語法檢查：
檢查實際參數類型、返回結果類型和函式宣告的類型是否匹配。

以上就是一個典型的 C 程式專案中多檔案的組織原則：可以把 sub.c 看
作一個模組，定義了很多 API 函數供其他模組呼叫，並將這些 API 的宣
告封裝在 sub.h 標頭檔中。如果其他模組想呼叫 sub.c 中的函數，則要先
#include"sub.h" 這個頭檔案，然後就可以直接使用了。如果我們想讓上面
的程式在 ARM 平台上執行，則要使用 ARM 交叉編譯器將 C 來源程式編
譯生成 ARM 格式的二進位可執行檔。

```
# arm-linux-gnueabi-gcc -o a.out main.c sub.c
# ./a.out
```

將生成的二進位檔案複製到 ARM 平台上就可以直接執行了。ARM 交叉編譯器成功地將 C 來源程式翻譯為可執行檔，這中間的過程我們先不管，我們先看看生成的可執行檔 a.out 到底長什麼樣。在 Shell 終端下用你修長的手指敲入 readelf 命令，將會看到如下資訊。

```
# readelf -h a.out
ELF Header:
  Magic:   7f 45 4c 46 01 01 01 00 00 00 00 00 00 00 00 00
  Class:                             ELF32
  Data:                              2's complement, little endian
  Version:                           1 (current)
  OS/ABI:                            UNIX - System V
  ABI Version:                       0
  Type:                              EXEC (Executable file)
  Machine:                           ARM
  Version:                           0x1
  Entry point address:               0x10310
  Start of program headers:          52 (bytes into file)
  Start of section headers:          7360 (bytes into file)
  Flags:                             0x5000200, Version5 EABI, soft-float
ABI
  Size of this header:               52 (bytes)
  Size of program headers:           32 (bytes)
  Number of program headers:         9
  Size of section headers:           40 (bytes)
  Number of section headers:         30
  Section header string table index: 27
```

查看可執行檔 a.out 的 section header。

```
# readelf -S a.out    // 大寫的 S
There are 30 section headers, starting at offset 0x1cc0:
Section Headers:
  [Nr] Name              Type         Addr     Off    Size   ES Flg Lk Inf Al
  [ 0]                   NULL         00000000 000000 000000 00      0   0  0
  [ 1] .interp           PROGBITS     00010154 000154 000013 00   A  0   0  1
  [ 2] .note.ABI-tag     NOTE         00010168 000168 000020 00   A  0   0  4
  [ 3] .note.gnu.build-i NOTE         00010188 000188 000024 00   A  0   0  4
```

[4]	.gnu.hash	GNU_HASH	000101ac	0001ac	00002c	04	A	5	0	4
[5]	.dynsym	DYNSYM	000101d8	0001d8	000050	10	A	6	1	4
[6]	.dynstr	STRTAB	00010228	000228	000043	00	A	0	0	1
[7]	.gnu.version	VERSYM	0001026c	00026c	00000a	02	A	5	0	2
[8]	.gnu.version_r	VERNEED	00010278	000278	000020	00	A	6	1	4
[9]	.rel.dyn	REL	00010298	000298	000008	08	A	5	0	4
[10]	.rel.plt	REL	000102a0	0002a0	000020	08	AI	5	22	4
[11]	.init	PROGBITS	000102c0	0002c0	00000c	00	AX	0	0	4
[12]	.plt	PROGBITS	000102cc	0002cc	000044	04	AX	0	0	4
[13]	.text	PROGBITS	00010310	000310	000248	00	AX	0	0	4
[14]	.fini	PROGBITS	00010558	000558	000008	00	AX	0	0	4
[15]	.rodata	PROGBITS	00010560	000560	000014	00	A	0	0	4
[16]	.ARM.exidx	ARM_EXIDX	00010574	000574	000008	00	AL	13	0	4
[17]	.eh_frame	PROGBITS	0001057c	00057c	000004	00	A	0	0	4
[18]	.init_array	INIT_ARRAY	00020f0c	000f0c	000004	00	WA	0	0	4
[19]	.fini_array	FINI_ARRAY	00020f10	000f10	000004	00	WA	0	0	4
[20]	.jcr	PROGBITS	00020f14	000f14	000004	00	WA	0	0	4
[21]	.dynamic	DYNAMIC	00020f18	000f18	0000e8	08	WA	6	0	4
[22]	.got	PROGBITS	00021000	001000	000020	04	WA	0	0	4
[23]	.data	PROGBITS	00021020	001020	000010	00	WA	0	0	4
[24]	.bss	NOBITS	00021030	001030	00000c	00	WA	0	0	4
[25]	.comment	PROGBITS	00000000	001030	00003b	01	MS	0	0	1
[26]	.ARM.attributes	ARM_ATTRIBUTES	00000000	00106b	00002a	00		0	0	1
[27]	.shstrtab	STRTAB	00000000	001bb6	00010a	00		0	0	1
[28]	.symtab	SYMTAB	00000000	001098	000780	10		29	91	4
[29]	.strtab	STRTAB	00000000	001818	00039e	00		0	0	1

```
Key to Flags:
  W (write), A (alloc), X (execute), M (merge), S (strings)
  I (info), L (link order), G (group), T (TLS), E (exclude), x (unknown)
  O (extra OS processing required) o (OS specific), p (processor specific)
```

readelf -h 命令主要用來獲取可執行檔的頭部資訊，主要包括可執行檔執行的平台、軟體版本、程式入口位址，以及 program headers、section header 等資訊。透過檔案的頭部資訊，我們可以知道在 a.out 可執行檔裡一共有多少個 section headers。

section headers 是幹什麼用的呢？它主要
用來描述可執行檔的 section 資訊。如圖
4-1 所示，一個可執行檔通常由不同的段
（section）組成：程式碼片段、資料段、BSS
段、只讀取資料段等。每個 section 用一個
section header 來描述，包括段名、段的類
型、段的起始位址、段的偏移和段的大小
等。一個可執行檔中的每一個 section 都有一
個 section header，將這些 section headers 集
中放到一起，就是 section header table，翻譯
成中文就是節頭表。我們可以使用 readelf -S
命令來查看一個可執行檔的節頭表。

ELF header
program header table
. init
. text
. rodata
.data
. bss
. symtab
. debug
. line
. strtab
section header table

▲ 圖 4-1 可執行檔的內部結構

透過 section header table 資訊，我們可以窺探一個可執行檔的基本組成：
一個可執行檔由一系列 section 組成，section header table 自身也是以一個
section 的形式儲存在可執行檔中的。section header table 裡的各個 section
header 用來描述各個 section 的名稱、類型、起始位址、大小等資訊。
除此之外，可執行檔還會有一個檔案表頭 ELF header，用來描述檔案類
型、要執行的處理器平台、入口位址等資訊。當程式執行時期，載入器
會根據此檔案表頭來獲取可執行檔的一些資訊。

在一個可執行檔中，我們比較熟悉的 section 有 .text、.data、.bss，就是
我們常說的程式碼片段、資料段、BSS 段。C 程式中定義的函數、變數、
未初始化的全域變數經過編譯後會放置在不同的段中：函數翻譯成二進
位指令放在程式碼片段中，初始化的全域變數和靜態區域變數放在資料
段中。BSS 段比較特殊，一般來講，未初始化的全域變數和靜態變數會
放置在 BSS 段中，但是因為它們未初始化，預設值全部是 0，其實沒有
必要再單獨開闢空間儲存，為了節省儲存空間，所以在可執行檔中 BSS
段是不佔用空間的。但是 BSS 段的大小、起始位址和各個變數的位址資

訊會分別儲存在節頭表 section header table 和符號表 .symtab 裡，當程式執行時期，載入器會根據這些資訊在記憶體中緊挨著資料段的後面為 BSS 段開闢一片儲存空間，為各個變數分配儲存單元。

知道了可執行檔的基本組成，我們也就知道了程式編譯的大概流程，如圖 4-2 所示，就是將 C 程式中定義的函數、變數，挑挑揀揀、加以分類，分別放置在可執行檔的程式碼片段、資料段和 BSS 段中。程式中定義的一些字串、printf 函數列印的字串常數則放置在只讀取資料段 .rodata 中。如果程式在編譯時設定為 debug 模式，則可執行檔中還會有一個專門的 .debug section，用來儲存可執行檔中每一筆二進位指令對應的原始程式位置資訊。根據這些資訊，GDB 偵錯器就可以支援原始程式級的單步偵錯，否則你單步執行的都是二進位指令，可讀性不高，不方便偵錯。在最後環節，編譯器還會在可執行檔中增加一些其他 section，如 .init section，這些程式來自 C 語言執行庫的一些組合語言程式碼，用來初始化 C 程式執行所依賴的環境，如記憶體堆疊的初始化等。

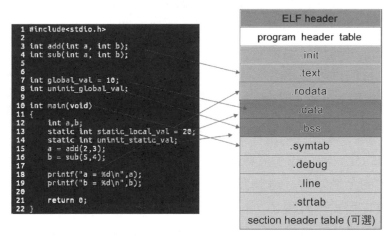

▲ 圖 4-2 從 C 程式到可執行檔

從 C 程式到可執行檔，整個編譯過程並不是一氣呵成、一步完成的，而是環環相扣、多步執行的。如圖 4-3 所示，程式的整個編譯流程主要分為以下幾個階段：前置處理、編譯、組合語言、連結。每個階段需要呼叫不同的工具去完成，上一階段的輸出作為下一階段的輸入，步步推進。

▲ 圖 4-3 程式的編譯、連結流程

在一個多檔案的 C 專案中，編譯器是以 C 原始檔為單位進行編譯的。在編譯的不同階段，編譯器（如 gcc、arm-linux-gcc）會呼叫不同的工具來完成不同階段的任務。在編譯器安裝路徑的 bin 目錄下，你會看到各種各樣的編譯工具，gcc 在程式編譯過程中會分別呼叫它們，常見的工具有前置處理器、編譯器、組合語言器、連結器。

- 前置處理器：將原始檔案 main.c 經過前置處理變為 main.i。
- 編譯器：將前置處理後的 main.i 編譯為組合語言檔案 main.s。
- 組合語言器：將組合語言檔案 main.s 編譯為目的檔案 main.o。
- 連結器：將各個目的檔案 main.o、sub.o 連結成可執行檔 a.out。

最後生成的可執行檔 a.out 其實也是目的檔案（object file），唯一不同的是，a.out 是一種可執行的目的檔案。目的檔案一般可以分為 3 種。

- 可重定位的目的檔案（relocatable files）。
- 可執行的目的檔案（executable files）。
- 可被共用的目的檔案（shared object files）。

組合語言器生成的目的檔案是可重定位的目的檔案，是不可執行的，需要連結器經過連結、重定位之後才能執行。可被共用的目的檔案一般以共用函數庫的形式存在，在程式執行時期需要動態載入到記憶體，跟應用程式一起執行。

如果能堅持看到這裡，相信大家已經對程式編譯的基本流程有了一個大致的了解。可這還遠遠不夠，接下來的幾節，我們將按照編譯的基本流程：前置處理、編譯、組合語言和連結，進一步去深入學習。

4.2 前置處理過程

為了方便程式設計，編譯器一般為開發人員提供一些前置處理命令，使用 # 標識。我們常見的前置處理命令如下。

- 標頭檔包含：#include。
- 定義一個巨集：#define。
- 條件編譯：#if、#else、#endif。
- 編譯控制：#pragma。

編譯器提供的這些前置處理命令，大大方便了程式的撰寫：透過標頭檔包含可以實現模組化程式設計；使用巨集可以定義一個常數，提高程式的可讀性；透過條件編譯可以讓程式相容不同的處理器架構和平台，以最大限度地重複使用公用程式。透過 #pragma 前置處理命令可以設定編譯器的狀態，指示編譯器完成一些特定的動作。

- #pragma pack([n])：指示結構和聯合成員的對齊方式。
- #pragma message("string")：在編譯資訊輸出視窗列印自己的文字資訊。
- #pragma warning：有選擇地改變編譯器的警告資訊行為。
- #pragma once：在標頭檔中增加這筆指令，可以防止標頭檔多次編譯。

前置處理過程，其實就是在編譯來源程式之前，先處理原始檔案中的各種前置處理命令。編譯器是不認識前置處理指令的，在編譯之前不先把這些前置處理命令處理掉，編譯器就會顯示出錯。前置處理主要包括以下操作。

- 標頭檔展開：將 #include 包含的標頭檔內容展開到當前位置。
- 巨集展開：展開所有的巨集定義，並刪除 #define。
- 條件編譯：根據巨集定義條件，選擇要參與編譯的分支程式，其餘的分支捨棄。
- 刪除註釋。
- 增加行號和檔案名稱標識：編譯過程中根據需要可以顯示這些資訊。
- 保留 #pragma 命令：該命令會在程式編譯時指示編譯器執行一些特定行為。

一個來源程式在前置處理前後有什麼變化呢？我們寫了一個測試程式，分別使用前置處理命令去定義一些巨集和條件編譯。

```
//sub.h
int add (int, int);
int sub (int, int);

//main.c
#include "sub.h"
#define PI 3.14

void platform_init()
{
   #ifdef ARM
      printf("ARM platform init...\n");
   #else
      printf("X86 platform init...\n");
   #endif
}

#pragma pack(2)
#pragma message("build main.c...\n");
float f = PI;

int main(void)
{
   platform_init();
   add(2, 3);
```

```
    sub(5, 4);
    return 0;
}
```

對上面的 C 程式只作前置處理操作，不編譯，將輸出的資訊重新導向到 main.i 檔案。

```
#arm-linux-gnueabi-gcc -E main.c > main.i
#cat main.i
#1 "main.c"
#1 "<built-in>"
#1 "<command-line>"
#1 "/usr/include/stdc-predef.h" 1 3 4
#1 "<command-line>" 2
#1 "main.c"

#1 "/usr/include/stdio.h" 1 3 4
#27 "/usr/include/stdio.h" 3 4
...
extern int printf (const char *__restrict __format, ...);
...
#1 "sub.h" 1
int add (int, int);
int sub (int, int);
#3 "pre_build.c" 2

void platform_init()
{
  printf("X86 platform init...\n");
}

#pragma pack(2)
#13 "pre_build.c"
#pragma message("build main.c...\n");
#13 "pre_build.c"

float f = 3.14;
int main(void)
{
    platform_init();
```

```
    add(2,3);
    sub(5,4);
    return 0;
}
```

透過前置處理前後原始檔案的變化對比，我們可以看到：當前置處理器遇到 #include 命令時，會直接將包含的標頭檔內容展開，並刪除 #include；當遇到 #define 巨集時，執行同樣的操作。當遇到條件編譯指令時，會根據開發者定義的巨集標記，選擇要參與編譯的程式部分，其餘部分刪除，經過前置處理後，#pragma 保留，指示編譯器在後續的編譯階段執行一些特定的操作。繼續編譯前置處理後的 C 程式，在編譯資訊提示視窗裡，我們會看到自己增加的編譯提示資訊。

```
#arm-linux-gnueabi-gcc  main.i
main.c:17:9:  note: #pragma message: build main.c…
```

4.3 程式的編譯

經過前置處理後的原始檔案，退去一切包裝，註釋被刪除，各種前置處理命令也基本上被處理掉，剩下的就是原汁原味的 C 程式了。接下來的第二步，就開始進入編譯階段。編譯階段主要分兩步：第一步，編譯器呼叫一系列解析工具，去分析這些 C 程式，將 C 原始檔案編譯為組合語言檔案；第二步，透過組合語言器將組合語言檔案組合語言成可重定位的目的檔案。

我們按照這個流程繼續往下分析。

4.3.1 從 C 檔案到組合語言檔案

從 C 檔案到組合語言檔案，其實就是從高階語言到低階語言的轉換。透過前面的學習我們知道，一個組合語言檔案是以段為單位來組織程式的：

程式碼片段、資料段、BSS 段等，各個段之間相互獨立。我們可以使用 AREA 或 .section 虛擬操作來定義一個段。

看到這裡，聰明又機智的你可能已經發現：組合語言程式的組織結構和二進位目的檔案已經很接近了。沒錯，兩者本質上其實就是等價的，組合語言指令就是二進位指令的快速鍵，唯一的差異就是組合語言的程式結構需要使用各種虛擬操作來組織。組合語言檔案經過組合語言器組合語言後，處理掉各種虛擬操作命令，就是二進位目的檔案了。

從 C 原始檔案到組合語言檔案的轉換，其實就是將 C 檔案中的程式碼區塊、函數轉換為組合語言程式中的程式碼片段，將 C 程式中的全域變數、靜態變數、常數轉換為組合語言程式中的資料段、只讀取資料段。道理很簡單，但真正實現起來卻沒那麼簡單，別的不說，就單單 C 敘述解析就是一門大學問。整體來講，編譯過程可以分為以下 6 步。

（1）詞法分析。
（2）語法分析。
（3）語義分析。
（4）中間程式生成。
（5）組合語言程式碼生成。
（6）目標程式生成。

詞法分析是編譯過程的第一步，主要用來解析 C 程式敘述。詞法分析一般會透過詞法掃描器從左到右，一個字元一個字元地讀取來源程式，透過有限狀態機解析並辨識這些字元流，將來源程式分解為一系列不能再分解的記號單元一token。

token 是字元流解析過程中有意義的最小記號單元，常見的 token 如下。

- C 語言的各種關鍵字：int、float、for、while、break 等。
- 使用者定義的各種識別字：函數名、變數名、標誌等。
- 字面量：數字、字串等。

- 運算子：C 語言標準定義的 40 多個運算子。
- 分隔符號：程式結束符分號、for 迴圈中的逗點等。

假如我們的 C 來源程式中有下面這麼一行敘述。

```
sum = a + b / c ;
```

經過詞法掃描器掃描分析後，就分解成了 8 個 token：「sum」、「=」、「a」、「+」、「b」、「/」、「c」、「;」，很多 C 語言初學者在撰寫程式時，不小心輸入了中文符號、圓角 / 半形字元導致編譯出錯，其實就發生在這個階段。

詞法分析結束後，接著進行語法分析。語法分析主要是對前一階段產生的 token 序列進行解析，看是否能建構成一個語法上正確的語法子句（程式、敘述、運算式等）。語法子句用語法樹表示，是一種樹狀結構，不再是線性序列。如圖 4-4 所示，上面的 token 序列，經過語法分析，就可以分解為一個語法上正確的語法樹。

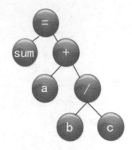

▲ 圖 4-4 語法樹

語法分析工具在對 token 序列分析過程中，如果發現不能建構語法上正確的敘述或運算式，就會報語法錯誤：syntax error。如果程式敘述後面少了一個敘述結束符分號或者在 for 迴圈中少了一個分號，報的錯誤都屬於這種語法錯誤。大家在偵錯工具時，再遇到 syntax error 的字眼，應該知道問題出在什麼地方了吧。

語法分析如果沒有出現什麼錯誤，接下來就會進入下一階段：語義分析。語法分析僅僅對程式做語法檢查，對程式、敘述的真正意義並不了解，而語義分析主要對語法分析輸出的各種運算式、敘述進行檢查，看看有沒有錯誤。如果你傳遞給函數的實際參數與函式宣告的形式參數類型不匹配，或者你使用了一個未宣告的變數，或者除數為零了，break 在迴圈敘述或 switch 敘述之外出現了，或者在迴圈敘述之外發現了 continue 敘述，一般都會報語義上的錯誤或警告。

語義分析透過後，接下來就會進入編譯的第四個階段：生成中間程式。在語法分析階段輸出的運算式或程式敘述，還是以語法樹的形式儲存，我們需要將其轉換為中間程式。中間程式是編譯過程中的一種臨時程式，常見的有三位址碼、P- 程式等。

中間程式和語法樹相比，有很多優點：中間程式是一維線性序列結構，類似虛擬程式碼，編譯器很容易將中間程式翻譯成目標程式。如上面的運算式敘述。

```
int main (void)
{
    int sum = 0;
    int a = 2;
    int b = 1;
    int c = 1;
    sum = a + b / c;
    return 0;
}
```

使用下面的命令就可以生成對應的三位址碼。

```
#arm-linux-gnueabi-gcc  -fdump-tree-gimple  main.c
main ()
{
  int D.4227;
  int D.4228;

  {
    int sum;
    int a;
    int b;
    int c;

    sum = 0;
    a = 2;
    b = 1;
    c = 1;
    D.4227 = b / c;
```

```
   sum = D.4227 + a;
   D.4228 = 0;
   return D.4228;
 }
 D.4228 = 0;
 return D.4228;
}
```

C 程式敘述 sum = a + b / c; 編譯為三位址碼後，就變成了上面所示的類似虛擬程式碼的敘述。中間碼一般和平台是無關的，如果你想將 C 程式編譯為 X86 平台下的可執行檔，那麼最後一步就是根據 X86 指令集，將中間程式翻譯為 X86 組合語言程式；如果你想編譯成在 ARM 平台上執行的可執行檔，那麼就要參考 ARM 指令集，根據 ATPCS 規則分配暫存器，將中間程式翻譯成 ARM 組合語言程式。

根據上面的三位址碼，我們可以嘗試將其使用 ARM 組合語言指令實現：變數 a、b、c 分別放到暫存器 R0、R1、R2 中，臨時變數 D.4427 使用 R3 代替，然後使用 ADD 命令完成累加。

```
MOV R0, #2
MOV R1, #1
MOV R2, #1
DIV R3, R1, R2
ADD R0, R0, R3
```

當然，上面的範例只是為了演示三位址碼到 ARM 組合語言程式的轉換。ARM 交叉編譯器到底是如何實現的，我們使用 arm-linux-gnueabi-gcc -S 命令或反組譯可執行檔，即可看到組合語言程式碼的具體實現。

```
00010434 <main>:
   10434: e92d4800  push {fp, lr}
   10438: e28db004  add  fp, sp, #4
   1043c: e24dd010  sub  sp, sp, #16
   10440: e3a03000  mov  r3, #0
   10444: e50b3014  str  r3, [fp, #-20]   ; 0xffffffec
   10448: e3a03002  mov  r3, #2
   1044c: e50b3010  str  r3, [fp, #-16]
```

```
10450: e3a03001 mov  r3, #1
10454: e50b300c str  r3, [fp, #-12]
10458: e3a03001 mov  r3, #1
1045c: e50b3008 str  r3, [fp, #-8]
10460: e51b1008 ldr  r1, [fp, #-8]
10464: e51b000c ldr  r0, [fp, #-12]
10468: eb000008 bl 10490 <__aeabi_idiv>
1046c: e1a03000 mov  r3, r0
10470: e1a02003 mov  r2, r3
10474: e51b3010 ldr  r3, [fp, #-16]
10478: e0823003 add  r3, r2, r3
1047c: e50b3014 str  r3, [fp, #-20]   ; 0xffffffec
10480: e3a03000 mov  r3, #0
10484: e1a00003 mov  r0, r3
10488: e24bd004 sub  sp, fp, #4
1048c: e8bd8800 pop  {fp, pc}
```

4.3.2 組合語言過程

組合語言過程是使用組合語言器將前一階段生成的組合語言檔案翻譯成目的檔案。組合語言器的主要工作就是參考 ISA 指令集，將組合語言程式碼翻譯成對應的二進位指令，同時生成一些必要的資訊，以 section 的形式組裝到目的檔案中，後面的連結過程會用到這些資訊。如圖 4-5 所示，組合語言的流程主要包括詞法分析、語法分析、指令生成等過程。

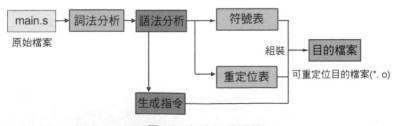

▲ 圖 4-5 組合語言過程

編譯器在編譯一個專案時，是以 C 原始檔案為單位進行編譯的，每一個原始檔案經過編譯，生成一個對應的目的檔案。如圖 4-6 所示，本章開頭

我們創建的 main.c 和 sub.c 檔案，經過
編譯階段後，會生成對應的 main.o 和
sub.o 兩個目的檔案。main.o 和 sub.o 是
不可執行的，屬於可重定位的目的檔
案，它們要經過連結器重定位、連結之
後，才能組裝成一個可執行的目的檔案
a.out。

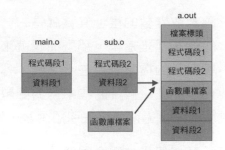

▲ 圖 4-6 連結過程

透過編譯生成的可重定位目的檔案，都是以零位址為連結起始位址進行
連結的。也就是說，編譯器在將原始檔案翻譯成可重定位目的檔案的過
程中，將不同的函數編譯成二進位指令後，是從零位址開始依次將每一
個函數的指令序列存放到程式碼片段中，每個函數的入口位址也就從零
位址開始依次往後偏移。我們使用 readelf 命令分析 main.o 和 sub.o 這兩
個目的檔案。

```
#readelf -S main.o sub.o
```

```
There are 13 section headers, starting at offset 0x330:Section Headers:
  [Nr] Name              Type      Addr     Off    Size   ES Flg Lk Inf Al
  [ 0]                   NULL      00000000 000000 000000 00      0   0  0
  [ 1] .text             PROGBITS  00000000 000034 000068 00  AX  0   0  1
  [ 2] .rel.text         REL       00000000 000298 000030 08   I 11   1  4
  [ 3] .data             PROGBITS  00000000 00009c 000008 00  WA  0   0  4
  [ 4] .bss              NOBITS    00000000 0000a4 000004 00  WA  0   0  4
  [ 5] .rodata           PROGBITS  00000000 0000a4 000010 00   A  0   0  1
  [ 6] .comment          PROGBITS  00000000 0000b4 000036 01  MS  0   0  1
  [ 7] .note.GNU-stack   PROGBITS  00000000 0000ea 000000 00      0   0  1
  [ 8] .eh_frame         PROGBITS  00000000 0000ec 000044 00   A  0   0  4
  [ 9] .rel.eh_frame     REL       00000000 0002c8 000008 08   I 11   8  4
  [10] .shstrtab         STRTAB    00000000 0002d0 00005f 00      0   0  1
  [11] .symtab           SYMTAB    00000000 000130 000110 10     12  11  4
  [12] .strtab           STRTAB    00000000 000240 000057 00      0   0  1
```

透過列印資訊可以看到：main.o 和 sub.o 這兩個目的檔案在編譯時，都是
以零位址為基址進行程式碼片段的組裝。在每個可重定位目的檔案中，

函數或變數的位址其實就是它們在檔案中相對於零位址的偏移。每個目的檔案都是這樣，那麼問題就來了：在後面的連結過程中，連結器在將各個目的檔案組裝在一塊時，各個目的檔案的參考起始位址就發生了變化，那麼這個目的檔案內的函數或變數的位址也要隨之更新，否則我們就無法透過函數名去引用函數，無法透過變數名去引用變數。

那麼如何操作呢？很簡單，連結器將各個目的檔案組裝在一起後，我們需要重新修改各個目的檔案中的變數或函數的位址，這個過程一般稱為重定位。一個專案中有那麼多檔案，編譯生成了那麼多目的檔案，連結器如何知道哪些函數或變數需要重定位呢？很簡單，我們把需要重定位的符號收集起來，生成一個重定位表，以 section 的形式儲存到每個可重定位目的檔案中就可以了。

除此之外，一個檔案中的所有符號，無論是函數名還是變數名，無論其是否需要重定位，我們一般也會收集起來，生成一個符號表，以 section 的形式增加到每一個可重定位目的檔案中。

在上面的例子中，main.o 中的 main 函數引用了 sub.o 中的 add 和 sub 函數。在連結器組裝過程中，add 和 sub 函數的位址發生了變化；在連結器組裝之後，需要重新計算和更新 add 和 sub 函數的新位址，這個過程就是重定位。

4.3.3　符號表與重定位表

符號表和重定位表是非常重要的兩個表，這兩個表為連結過程提供各種必要的資訊。在組合語言階段，組合語言器會分析組合語言中各個 section 的資訊，收集各種符號，生成符號表，將各個符號在 section 內的偏移位址也填充到符號表內。我們可以使用命令來查看目的檔案的符號表資訊。

```
#readelf -s sub.o // 注：小寫的 s

Symbol table '.symtab' contains 10 entries:
```

```
Num:    Value  Size Type    Bind    Vis      Ndx Name
  0: 00000000     0 NOTYPE  LOCAL   DEFAULT  UND
  1: 00000000     0 FILE    LOCAL   DEFAULT  ABS sub.c
  2: 00000000     0 SECTION LOCAL   DEFAULT  1
  3: 00000000     0 SECTION LOCAL   DEFAULT  2
  4: 00000000     0 SECTION LOCAL   DEFAULT  3
  5: 00000000     0 SECTION LOCAL   DEFAULT  5
  6: 00000000     0 SECTION LOCAL   DEFAULT  6
  7: 00000000     0 SECTION LOCAL   DEFAULT  4
  8: 00000000    13 FUNC    GLOBAL  DEFAULT  1 add
  9: 0000000d    11 FUNC    GLOBAL  DEFAULT  1 sub
```

在整個編譯過程中，符號表主要用來儲存來源程式中各種符號的資訊，包括符號的位址、類型、佔用空間的大小等。這些資訊一方面可以輔助編譯器作語義檢查，看來源程式是否有語意錯誤；另一方面也可以輔助編譯器編譯程式的生成，包括位址與空間的分配、符號決議、重定位等。

符號表本質上是一個結構陣列，在 ARM 平台下，定義在 Linux 核心原始程式的 /arch/arm/include/asm/elf.h 檔案中。

```
typedef struct elf32_sym
{
  Elf32_Word st_name;       // 符號名，字串表中的索引
  Elf32_Addr st_value;      // 符號對應的值
  Elf32_Word st_size;       // 符號大小，如 int 類型態資料符號 =4
  unsigned char st_info;    // 符號類型和綁定資訊
  unsigned char st_other;
  Elf32_Half st_shndx;      // 符號所在的段
} Elf32_Sym;
```

符號表中的每一個符號，都有符號值和類型。符號值本質上是一個位址，可以是絕對位址，一般出現在可執行目的檔案中；也可以是一個相對位址，一般出現在可重定位目的檔案中。符號的類型主要有以下幾種。

- OBJECT：物件類型，一般用來表示我們在程式中定義的變數。
- FUNC：連結的是函數名或其他可引用的可執行程式。

- FILE：該符號連結的是當前目的檔案的名稱。
- SECTION：表明該符號連結的是一個 section，主要用來重定位。
- COMMON：表明該符號是一個公用區塊資料物件，是一個全域弱符號，在當前檔案中未配置空間。
- TLS：表明該符號對應的變數儲存在執行緒局部儲存中。
- NOTYPE：未指定類型，或者目前還不知道該符號類型。

我們已經知道，編譯器是以 C 原始檔案為單位編譯器的。如果在一個 C 原始檔案中，我們引用了在其他檔案中定義的函數或全域變數，那麼編譯器會不會顯示出錯呢？

其實編譯器是不會顯示出錯的，只要你在呼叫之前宣告一下，編譯器就會認為你引用的這個全域變數或函數可能在其他檔案、函數庫中定義，在編譯階段暫時不會顯示出錯。在後面的連結過程中，連結器會嘗試在其他檔案或函數庫中查詢你引用的這個符號的定義，如果真的找不到才會顯示出錯，此時的錯誤類型是連結錯誤，錯誤訊息資訊如下所示。

```
main.c (.text+0x37): undefined reference to 'add'
main.c (.text+0x46): undefined reference to 'sub'
collect2: error: ld returned 1 exit status
```

編譯器在給每個目的檔案生成符號表的過程中，如果在當前檔案中沒有找到符號的定義，也會將這些符號搜集在一起並儲存到一個單獨的符號表中，以待後續填充，這個符號表就是重定位符號表。如在 main.o 中，引用了 add 和 sub 這兩個在別的檔案中定義的符號，我們查看 main.o 的符號表（.symtab）。

```
#readelf -s main.o
Symbol table '.symtab' contains 17 entries:
   Num:    Value  Size Type    Bind   Vis      Ndx Name
     0: 00000000     0 NOTYPE  LOCAL  DEFAULT  UND
     1: 00000000     0 FILE    LOCAL  DEFAULT  ABS main.c
     2: 00000000     0 SECTION LOCAL  DEFAULT    1
     3: 00000000     0 SECTION LOCAL  DEFAULT    3
```

```
 4: 00000000      0 SECTION LOCAL   DEFAULT    4
 5: 00000000      0 SECTION LOCAL   DEFAULT    5
 6: 00000000      4 OBJECT  LOCAL   DEFAULT    4 uninit_local_val.1945
 7: 00000004      4 OBJECT  LOCAL   DEFAULT    3 local_val.1944
 8: 00000000      0 SECTION LOCAL   DEFAULT    7
 9: 00000000      0 SECTION LOCAL   DEFAULT    8
10: 00000000      0 SECTION LOCAL   DEFAULT    6
11: 00000000      4 OBJECT  GLOBAL  DEFAULT    3 global_val
12: 00000004      4 OBJECT  GLOBAL  DEFAULT  COM uninit_val
13: 00000000    104 FUNC    GLOBAL  DEFAULT    1 main
14: 00000000      0 NOTYPE  GLOBAL  DEFAULT  UND add
15: 00000000      0 NOTYPE  GLOBAL  DEFAULT  UND sub
16: 00000000      0 NOTYPE  GLOBAL  DEFAULT  UND printf
```

在 main.o 的符號表中，你會看到 add 和 sub 這兩個符號的資訊處於未定義狀態（NOTYPE），需要後續填充。同時，在 main.o 中會使用一個重定位表 .rel.text 來記錄這些需要重定位的符號。我們使用 readelf 命令分別去查看 main.o 的重定位表和 section header table 資訊。

```
#readelf -S main.o // 注：大寫的 S
There are 13 section headers, starting at offset 0x330:
Section Headers:
 [Nr] Name              Type          Addr     Off    Size   ES Flg Lk
Inf Al
 [ 0]                   NULL          00000000 000000 000000 00        0    0  0
 [ 1] .text             PROGBITS      00000000 000034 000068 00   AX   0    0  1
 [ 2] .rel.text         REL           00000000 000298 000030 08   I 11   1  4
 [ 3] .data             PROGBITS      00000000 00009c 000008 00   WA   0    0  4
 [ 4] .bss              NOBITS        00000000 0000a4 000004 00   WA   0    0  4
 [ 5] .rodata           PROGBITS      00000000 0000a4 000010 00    A   0    0  1
 [ 6] .comment          PROGBITS      00000000 0000b4 000036 01   MS   0    0  1
 [ 7] .note.GNU-stack   PROGBITS      00000000 0000ea 000000 00        0    0  1
 [ 8] .eh_frame         PROGBITS      00000000 0000ec 000044 00    A   0    0  4
 [ 9] .rel.eh_frame     REL           00000000 0002c8 000008 08   I 11   8  4
 [10] .shstrtab         STRTAB        00000000 0002d0 00005f 00        0    0  1
 [11] .symtab           SYMTAB        00000000 000130 000110 10       12   11  4
 [12] .strtab           STRTAB        00000000 000240 000057 00        0    0  1
```

```
#readelf -r main.o

Relocation section '.rel.text' at offset 0x298 contains 6 entries:
 Offset     Info    Type              Sym.Value   Sym. Name
00000019   00000e02 R_386_PC32        00000000    add
0000002b   00000f02 R_386_PC32        00000000    sub
0000003c   00000501 R_386_32          00000000    .rodata
00000041   00001002 R_386_PC32        00000000    printf
0000004f   00000501 R_386_32          00000000    .rodata
00000054   00001002 R_386_PC32        00000000    printf
#readelf -r sub.o
```

透過對比我們可以看到，main.o 目的檔案比 sub.o 多了一個 section：重定位表 .rel.text。在重定位表 .rel.text 中，我們可以看到需要重定位的符號 add、sub 及函數庫函數 printf。重定位表中的這些符號所連結的位址，在後面的連結過程中經過重定位，會更新為新的實際位址。

4.4 連結過程

在介紹連結過程之前，我們先複習和複習一下前面所學的知識。在一個 C 專案的編譯中，編譯器以 C 原始檔案為單位，將一個個 C 檔案翻譯成對應的目的檔案。生成的每一個目的檔案都是由程式碼片段、資料段、BSS 段、符號表等 section 組成的。這些 section 從目的檔案的零偏移位址開始按照順序依次排放，每個段中的符號相對於零位址的偏移，其實就是每個符號的位址，這樣程式中定義的變數、函數名等，都有了一個暫時的位址。

為什麼說這些位址是暫時的呢？因為在後續的連結過程中，這些目的檔案中的各個 section 會重新拆分組裝，每個 section 的起始參考位址都會發生變化，導致每個 section 中定義的函數、全域變數等符號的位址也要隨之發生變化，需要重新修改，即重定位。這些函數、全域變數等符號同時被編譯工具收集起來，放到一個符號表裡，符號表也以 section 的形式被放置在目的檔案中。這些目的檔案是不可執行的，它們需要經過連結器連結、重定位後才能執行。

本節將會接著上一節繼續分析編譯之後的連結過程。連結主要分為 3 個過程：分段組裝、符號決議和重定位。

4.4.1 分段組裝

連結過程的第一步，就是將各個目的檔案分段組裝。連結器將編譯器生成的各個可重定位目標檔案重新分解組裝：將各個目的檔案的程式碼片段放在一起，作為最終生成的可執行檔的程式碼片段；將各個目的檔案的資料段放在一起，作為可執行檔的資料段。其他 section 也會按照同樣的方法進行組裝，最終就生成了一個如圖 4-7 所示的可執行檔的雛形。

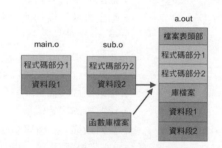

▲ 圖 4-7 程式的連結過程

除了程式碼片段、資料段的分解組裝需要關注，還有一個重要的 section 需要我們了解一下：符號表。連結器會在可執行檔中創建一個全域的符號表，收集各個目的檔案符號表中的符號，然後將其統一放到全域符號表中。透過這步操作，一個可執行檔中的所有符號都有了自己的位址，並儲存在全域符號表中，但此時全域符號表中的位址還都是原來在各個目的檔案中的位址，即相對於零位址的偏移。

在連結過程中，不同的程式碼片段如何組裝？這也是很講究的。連結生成的可執行檔最終是要被載入到記憶體中執行的，那麼要載入到記憶體中的什麼地方呢？一般來講，程式在連結程式時需要指定一個連結起始位址，連結開始位址一般也就是程式要載入到記憶體中的位址。在連結過程中，各個段在可執行檔中的先後組裝順序也是一個需要考慮的問題，一個可執行程式肯定會有入口位址的，一般先執行的程式要放到前面。那麼如何指定程式的連結位址和各個段的組裝順序呢？很簡單，透過連結指令稿就可以了。

連結指令稿本質上是一個指令檔。在這個指令檔裡，不僅規定了各個段的組裝順序、起始位址、位置對齊等資訊，同時對輸出的可執行檔格式、執行平台、入口位址等資訊做了詳細的描述。連結器就是根據連結指令稿定義的規則來組裝可執行檔的，並最終將這些資訊以 section 的形式儲存到可執行檔的 ELF Header 中。一個簡單的連結指令稿範例如下。

```
OUTPUT_FORMAT("elf32-littlearm")   ; 輸出 ELF 檔案格式
OUTPUT_ARCH("arm")                 ; 輸出可執行檔的執行平台為 arm
ENTRY(_start)                      ; 程式入口位址
SECTIONS                           ; 各段描述
{   . = 0x60000000;                ; 程式碼片段的起始位址
    .text: { *(.text)}             ; 程式碼片段描述：所有 .o 檔案中的 .text 段
    . = 0x60200000;                ; 資料段的起始位址
    .data: { *(.data)}             ; 資料段描述：所有 .o 檔案中的 .data 段
    .bss : { *(.bss)}              ;BSS 段描述
}
```

假如在一個嵌入式系統中，記憶體 RAM 的起始位址是 0x60000000，我們在連結程式時，就可以在連結指令稿中指定記憶體中的一個合法位址作為連結起始位址。程式執行時期，載入器首先會解析可執行檔中的 ELF Header 頭部資訊，驗證程式的執行平台和載入位址資訊，然後將可執行檔載入到記憶體中對應的位址，程式就可以正常執行了。

在 Windows 或 Linux 環境下編譯器，一般會使用編譯器提供的預設連結指令稿。程式設計師只需要關注程式功能和業務邏輯的實現就可以了，不需要關心這些底層是如何編譯和連結的。程式寫好之後，點擊圖形介面上的 Run 按鈕，或者使用 gcc/make 命令編譯後即可執行。如果你對連結指令稿有興趣，則可以使用下面的命令來查看連結器使用的預設連結指令稿。

```
#arm-linux-gnueabi-ld --verbose
OUTPUT_FORMAT("elf32-littlearm", "elf32-bigarm",
            "elf32-littlearm")
OUTPUT_ARCH(arm)
ENTRY(_start)
SECTIONS
{
  ...
  .init          :
  {
    KEEP (*(SORT_NONE(.init)))
  }
  .text          :
  {
    *(.text.unlikely .text.*_unlikely .text.unlikely.*)
    *(.text.exit .text.exit.*)
    *(.text.startup .text.startup.*)
    *(.text.hot .text.hot.*)
    *(.text .stub .text.* .gnu.linkonce.t.*)
    *(.gnu.warning)
    *(.glue_7t) *(.glue_7) *(.vfp11_veneer) *(.v4_bx)
  }
  .rodata : { *(.rodata .rodata.* .gnu.linkonce.r.*) }
  .data          :
  {
    PROVIDE (__data_start = .);
    *(.data .data.* .gnu.linkonce.d.*)
    SORT(CONSTRUCTORS)
  }
  . = .;
  __bss_start = . ;    .表示當前程式的位址
  .bss           :
  {
    *(.dynbss)
```

```
    *(.bss .bss.* .gnu.linkonce.b.*)
    *(COMMON)
    . = ALIGN(. != 0 ? 32 / 8 : 1);
    }
    _bss_end__ = .
    .comment      0 : { *(.comment) }
    ...
}
```

在嵌入式裸機環境下編譯器，尤其是編譯 ARM 底層程式，很多時候我們要根據開發版的不同硬體規格、記憶體大小和位址，靈活指定連結位址，或者顯示指定連結指令稿，有時候甚至自己撰寫連結指令稿。

U-boot 原始程式編譯的連結指令稿 U-boot.lds 一般放在 U-boot 原始程式的頂層目錄下。Linux 核心編譯的連結指令稿 vmlinux.lds 一般放在 arch/arm/boot/compressed/ 目錄下面。而對於 ARM 裸機程式開發，大多數 IDE 都會提供一些設定介面，如 ADS1.2 整合式開發環境。如圖 4-8 所示，在 simple 模式下，我們可以直接透過 Debug Setting 介面設定程式碼片段、資料段的起始位址。

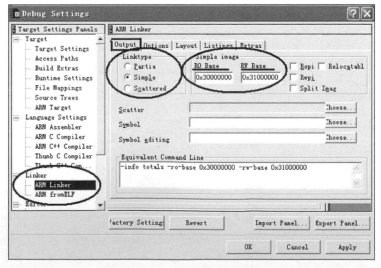

▲ 圖 4-8　程式碼片段、資料段起始位址設定

如圖 4-9 所示，透過連結器的 Layout 選項，我們還可以設定程式的入口
位址。

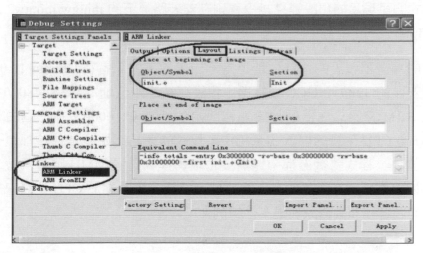

▲ 圖 4-9 程式的入口位址設定

當一個嵌入式系統有多種儲存設定（Flash、ROM、SDRAM、 片內
SRAM 等），存在各種複雜的位址映射，程式需要載入到不同的 RAM 中
執行時期，透過上面的介面簡單設定已無法滿足我們的需求了。ADS1.2
整合式開發環境還提供了另一種模式：Scattered 模式，即採用分散載
入，透過顯性指定 scatter.scf 指令稿來指示連結器完成連結過程。分散載
入指令稿的格式範例如下。

```
LOAD_ROM 0X00000000      ; 程式入口位址
{
    EXEC_ROM 0X0         ; 程式碼片段放在 ROM 中
    {
        *(+Ro)
    }
    RAM 0X30008000
    {
        *(+RW  ,+ZI)     ; 資料段、BSS 段放在 RAM 中
    }
}
```

不同的編譯器、不同的作業系統，連結指令稿的檔案名稱尾碼一般也不一樣。GCC 編譯器的預設連結指令稿在 /usr/lib/scripts 目錄下，而 C-Free 整合式開發環境的預設連結指令稿則在安裝路徑下的 mingw/mingw32/lib/ldscripts 下。

不同的編譯器預設的連結位址也是不一樣的，如筆者在 Ubuntu 16.04 環境下安裝的 32 位元 GCC 編譯器，預設連結起始位址為 0x08048000，32 位元 ARM 交叉編譯器的預設連結起始位址為 0x10000。在一個由帶有 MMU 的 CPU 架設的嵌入式系統中，程式的連結起始位址往往都是一個虛擬位址，程式執行過程中還需要位址轉換，透過 MMU 將虛擬位址轉換為物理位址，然後才能存取記憶體，這部分內容屬於 CPU 硬體底層要關心的內容，和編譯原理是不衝突的。

4.4.2 符號決議

一個公司的專案通常由多人組成的軟體團隊共同開發。一個專案一般由產品經理定義功能需求，由架構師進行系統分析和模組劃分，然後將各個模組的具體實現分配給不同的人員。開發人員在實現各自模組的程式設計中，可能會產生一個問題：位於不同模組或不同檔案中的全域變數、函數可能存在名稱重複衝突。

```
int i,j;
int count;
int add(int a, int b);
```

當這些全域變數在多個檔案中定義時，連結器在連結過程中就會發現：各個檔案中定義了相同的全域變數名或函數名，發生了符號衝突，那麼最終的可執行檔中到底該使用哪一個呢？

不用擔心，連結器早就料到會有這種情況，它有專門的符號決議規則來解決這種符號衝突。規則很簡單，形象地概括一下，就是下面的 3 句話。

- 一山不容二虎。
- 強弱可以共存。
- 體積大者勝出。

一山不容二虎，這裡的「虎」指強符號。編譯器為了解決這種符號衝突，引入了強符號和弱符號的概念：函數名、初始化的全域變數是強符號，而未初始化的全域變數則是弱符號。有了強符號和弱符號的概念後，再理解上面的三句話就比較清晰了：在一個多檔案的專案中，強符號不允許多次定義，否則就會發生重定義錯誤。強符號和弱符號可以在一個專案中共存，當強弱符號共存時，強符號會覆蓋掉弱符號，連結器會選擇強符號作為可執行檔中的最終符號。

```
//sub.c
int i = 20;

//main.c
int i;
int main(void)
{
  printf("i = %d\n",i);
  return 0;
}
```

使用 gcc 或 arm-linux-gcc 編譯上面的兩個原始檔案並執行。

```
#gcc main.c sub.c -o a.out
#./a.out
 i = 20
```

透過程式執行結果你會看到，i 變數的最終值為 20，而非 0。連結器在進行符號決議時，選擇了強符號（sub.c 原始檔案中定義的 i 符號），捨棄了弱符號（main.c 原始檔案中定義的未初始化的全域符號 i）。如果修改程式，將 main.c 檔案中的 i 也賦一個初值，再去重新編譯這兩個原始檔案，就會發現連結器會報重定義錯誤，因為此時一個專案中出現了兩個名稱相同的強符號，一山不容二虎。

連結器也允許一個專案中出現多個弱符號共存。在程式編譯期間，編譯器
在分析每個檔案中未初始化的全域變數時，並不知道該符號在連結階段
是被採用還是被捨棄，因此在程式編譯期間，未初始化的全域變數並沒
有被直接放置在 BSS 段中，而是將這些弱符號放到一個叫作 COMMON
的臨時區塊中，在符號表中使用一個未定義的 COMMON 來標記，在目
的檔案中也沒有給它們分配儲存空間。

在連結期間，連結器會比較多個檔案中的弱符號，選擇佔用空間最大的
那一個，作為可執行檔中的最終符號，此時弱符號的大小已經確定，並
被直接放到了可執行檔的 BSS 段中。

```
//sub.c
int i;

//main.c
char i;
int main (void)
{
    return 0;
}
```

編譯和分析上面的 sub.c 和 main.c。

```
#arm-linux-gnueabi-gcc main.c sub.c
#arm-linux-gnueabi-gcc -c main.c sub.c
#readelf -s main.o| grep i
 8: 00000001     1 OBJECT  GLOBAL DEFAULT  COM i

#readelf -s sub.o | grep i
 7: 00000004     4 OBJECT  GLOBAL DEFAULT  COM i

#readelf -s a.out | grep i
63: 0804a01c     4 OBJECT  GLOBAL DEFAULT    26 i
```

透過 readelf 命令分別查看目的檔案 main.o 和 sub.o 中的符號 i，你會發現它
們都被放置在了 COMMON 區塊中，大小分別標記為 1 和 4，而最終生成
的可執行檔 a.out 中，變數 i 則被放置在 .bss 段中，大小標記為 4 位元組。

正常情況下，初始化的全域變數、函數名預設都是強符號，未初始化的全域變數預設是弱符號。如果在專案中有特殊需求，我們也可以將一些強符號顯性轉化為弱符號。

GNU C 編譯器在 ANSI C 語法標準的基礎上擴充了一系列 C 語言語法，如提供了一個 __attribute__ 關鍵字用來宣告符號的屬性。透過下面的命令，可以將一個強符號轉化為弱符號。

```
__attribute__((weak)) int n = 100;
__attribute__((weak)) void fun();
```

為了驗證上面的命令是否成功地將一個強符號轉化成了弱符號，我們寫一個簡單的程式來測試。

```
//sub.c
int i = 20;

//main.c
__attribute__((weak)) int i = 10;

int main(void)
{
  printf("i = %d\n",i);
  return 0;
}
```

編譯上面的兩個原始檔案並執行，你會看到變數 i 的列印值為 20。在 main.c 中雖然定義了一個初始化的全域變數，但是透過 __attribute__ 屬性宣告將其顯性轉化為弱符號後，就避免了「一山不容二虎」的符號衝突，編譯器不會報連結錯誤。

和強符號、弱符號對應的，還有強引用、弱引用的概念。在一個程式中，我們可以定義多個函數和變數，變數名和函數名都是符號，這些符號的本質，或者說這些符號值，其實就是位址。在另一個檔案中，我們可以透過函數名去呼叫該函數，透過變數名去存取該變數。我們透過符號去呼叫一個函數或存取一個變數，通常稱之為引用（reference），強符號對應強引用，弱符號對應弱引用。

在程式連結過程中，若對一個符號的引用為強引用，連結時找不到其定義，連結器將會報未定義錯誤；若對一個符號的引用為弱引用，連結時找不到其定義，則連結器不會顯示出錯，不會影響最終可執行檔的生成。可執行檔在執行時期如果沒有找到該符號的定義才會顯示出錯。

利用連結器對弱引用的處理規則，我們在引用一個符號之前可以先判斷該符號是否存在（定義）。這樣做的好處是：當我們引用一個未定義符號時，在連結階段不會顯示出錯，在執行階段透過判斷執行，也可以避免執行錯誤。舉個例子，如果我們想實現一個視訊解碼模組，並最終封裝成函數庫的形式提供給應用程式開發者使用。在模組實現的過程中，我們可以將提供給使用者的一系列 API 函式宣告為弱符號，這樣做有兩個好處：一是當我們對函數庫中的某些 API 函數的實現不是很滿意，或者這些 API 存在 bug，我們有更好的實現時，可以自訂與函數庫函數名稱相同的函數，直接呼叫它們而不會發生衝突。二是在函數庫的實現過程中，我們可以將某些擴充功能模組中還未完成的一些 API 定義為弱引用。應用程式在呼叫這些 API 之前，要先判斷該函數是否實現，然後才呼叫執行。這樣做的好處就是未來發佈新版本庫時，無論這些介面是否已經實現，或者已經刪除，都不會影響應用程式的正常連結和執行。

```
//decode.h
__attribute__((weak)) void decode();

//decode.c
#include<stdio.h>
__attribute__((weak)) void decode(void)
{
    printf("lib:decode()\n");
}

//main.c
```

```
#include <stdio.h>
#include "decode.h"
int main(void)
{
    if(decode)
        decode();
    printf("return...\n");
    return 0;
}
```

在上面的程式中，我們實現了一個解碼函數庫，並將解碼函數庫的函數介面宣告為弱引用。在 main.c 中，main() 函式呼叫了解碼函數庫中的 decode() 函數，在呼叫之前我們先對弱符號的弱引用作了一個判斷，這樣做的好處是：無論在 decode.c 中 decode() 函數是否有定義，都不會影響程式的正常執行。

```
#arm-linux-gnueabi-gcc main.c decode.c
#./a.out
#rm a.out
#arm-linux-gueabi-gcc main.c
#./a.out
```

使用上面的命令單獨編譯 main.c 或者與 decode.c 檔案一起編譯，你會發現，我們的程式都可以正常執行。程式的執行結果也從側面驗證了上面的理論分析是正確的。

4.4.3 重定位

經過符號決議，我們解決了連結過程中多檔案符號衝突的問題。經過處理之後，可執行檔的符號表中的每個符號雖然都確定下來了，但是還會有一個問題：符號表中的每個符號值，也就是每個函數、全域變數的位址，還是原來各個目的檔案中的值，還都是基於零位址的偏移。連結器將各個目的檔案重新分解組裝後，各個段的起始位址都發生了變化。

在可執行檔中，各個段的起始位址都發生了變化，那麼各個段中的符號位址也要跟著發生變化。編譯器生成的各個目的檔案，以零位址為起始位址放置各個函數的指令程式，各個函數相對於零位址的偏移就是各個函數的入口位址。如圖 4-10 中的 main() 函數和 sub() 函數，它們在原來各自的目的檔案中，相對於零位址的偏移分別是 0x10 和 0x30，main.o 檔案中程式碼片段的大小為 len，經過連結器分解後，所有目的檔案的程式碼片段組裝在一起，原來目的檔案的各個程式碼片段的起始位址也發生了變化：此時 main() 函數和 sub() 函數相對於 a.out 檔案表頭的位址也就變成了 0x10 和 len + 0x30。連結器在連結程式時一般會基於某個連結位址 link_addr 進行連結，所以最後 main() 函數和 sub() 函數的真真實位址就變成了 link_addr + 0x10、link_addr + len + 0x30。

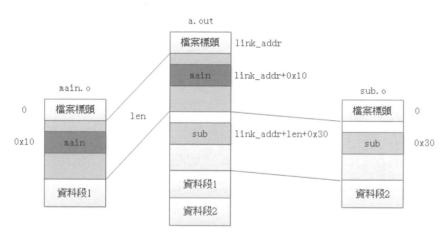

▲ 圖 4-10　連結過程中的各符號位址變化

程式經過重新分解組裝後，無論是程式碼片段，還是資料段，各個符號的真真實位址都發生了變化。而此時可執行檔的全域符號表中，各個符號的值還是原來的位址，所以接下來還要修改全域符號表中這些符號的值，將它們的真真實位址更新到符號表中。修改完畢後，當我們想透過符號引用去呼叫一個函數或存取一個變數時，就能找到它們在記憶體中的真真實位址了。

連結器怎麼知道哪些符號需要重定位呢？不要忘了，在各個目的檔案中還有一個重定位表，專門記錄各個檔案中需要重定位的符號。重定位的核心工作就是修正指令中的符號位址，是連結過程中的最後一步，也是最核心、最重要的一步，前面兩步的操作，其實都是為這一步服務的。

在編譯階段，編譯器在將各個 C 原始檔案生成目的檔案的過程中，遇到未定義的符號一般不會顯示出錯，編譯器會認為這些符號可能會在其他地方定義。在連結階段，連結器在其他地方找不到該符號的定義，才會報連結錯誤。編譯器在連結階段會搜集這些未定義的符號，生成一個重定位表，用來告訴連結器，這些符號在檔案中被引用，但是在本檔案中沒有找到定義，有可能在其他檔案或函數庫中定義，「我就先不顯示出錯了，你連結的時候找找看」。

無論是程式碼片段，還是資料段，只要這個段中有需要重定位的符號，編譯器都會生成一個重定位表與其對應：.rel.text 或 .rel.data。這些重定位表記錄各個段中需要重定位的各種符號，並以 section 的形式儲存在各個目的檔案中。我們可以透過 readelf 或 objdump 命令來查看一個目的檔案中的重定位表資訊。

```
#arm-linux-gnueabi-objdump -r main.o
main.o:      file format elf32-little
RELOCATION RECORDS FOR [.text]:
OFFSET     TYPE              VALUE
00000019 UNKNOWN           add
0000002b UNKNOWN           sub
0000003c UNKNOWN           .rodata
00000041 UNKNOWN           printf
0000004f UNKNOWN           .rodata
00000054 UNKNOWN           printf


# arm-linux-gnueabi-readelf -r main.o

Relocation section '.rel.text' at offset 0x298 contains 6 entries:
 Offset     Info    Type              Sym.Value  Sym. Name
```

```
00000019  00000e02 R_386_PC32          00000000   add
0000002b  00000f02 R_386_PC32          00000000   sub
0000003c  00000501 R_386_32            00000000   .rodata
00000041  00001002 R_386_PC32          00000000   printf
0000004f  00000501 R_386_32            00000000   .rodata
00000054  00001002 R_386_PC32          00000000   printf
```

重定位表中有一個資訊比較重要：需要重定位的符號在指令程式中的偏移位址 offset，連結器修正指令程式中各個符號的值時要根據這個位址資訊才能從茫茫的二級制程式中找到它們。連結器讀取各個目的檔案中的重定位表，根據這些符號在可執行檔中的新位址，進行符號重定位，修改指令程式中引用這些符號的位址，並生成新的符號表。重定位過程中的位址修正其實很簡單，如下所示。

重定位新位址 = 新的段基址 + 段內偏移

至此，整個連結過程就結束了，我們追蹤的整個編譯流程也就結束了。最終生成的檔案就是一個可執行目的檔案。

4.5 程式的安裝

程式的執行過程，其實就是處理器根據 PC 暫存器中的位址，從記憶體中不斷取指令、翻譯指令和執行指令的過程。記憶體 RAM 的優點是支援隨機讀寫，因此可以支援 CPU 隨機讀取指令；記憶體的缺陷是 RAM 屬於揮發性記憶體，一旦斷電，記憶體中原先儲存的資料都會消失。現代電腦的儲存系統一般採用 ROM + RAM 的組合形式：ROM 中儲存的資料斷電後不會消失，常用來儲存程式的指令和資料，但 ROM 不支援隨機存取，因此程式執行時期，會首先將指令和資料從 ROM 載入到 RAM，然後 CPU 到 RAM 中取指令就可以了。

4.5.1　程式安裝的本質

以 PC 為例，如果你想在電腦上安裝《荒野行動》遊戲。首先你要從官方網站上下載這個遊戲的安裝套件，接著把它安裝到你的 D 磁碟上。安裝成功後，在桌面上會留下一個捷徑，按兩下捷徑，程式開始執行。

軟體安裝的過程其實就是將一個可執行檔安裝到 ROM 的過程。你下載的軟體安裝套件裡包含了可以在電腦上執行的可執行檔，遊戲開發者為了方便使用者使用，將可執行檔、程式執行時期需要的動態共用函數庫、安裝使用文件等打包壓縮，生成可執行的自解壓安裝套件格式。

使用安裝套件安裝軟體就是將套件中的可執行檔解壓出來，然後將可執行檔和動態共用函數庫複製到指定的安裝目錄，並把這些安裝資訊告訴作業系統。當使用者要執行這個軟體時，作業系統就會從安裝目錄找到這個可執行檔，把它載入到記憶體執行。無論是在 Linux 環境還是在 Windows 環境，基本上都是遵循這個策略，只不過實現的方式不同而已。

在 Linux 環境下，我們一般將可執行檔直接複製到系統的官方路徑 /bin、/sbin、/usr/bin 下，程式執行時期直接從這些系統預設的路徑下去查詢可執行檔，將其載入到記憶體執行。

接下來我們就做一個實驗，分別在 Linux 和 Windows 環境下製作一個軟體安裝套件，並分別安裝執行。這個軟體很簡單，就是一個 helloworld 程式。

```c
#include <stdio.h>

int main(void)
{
    printf("hello world!\n");
    return 0;
}
```

我們在 Windows 環境下可以使用 VC++ 6.0 或者 C-Free 等 IDE，將上面的程式編譯成一個可執行檔：hello.exe。在 Linux 環境下，我們可以使用

gcc 命令將其編譯為一個可執行檔：a.out。完成這一步後，我們就可以給這個可執行檔製作軟體安裝套件。

4.5.2 在 Linux 下製作軟體安裝套件

Linux 作業系統一般可分為兩派：Redhat 系和 Debian 系。Redhat 系使用 RPM 包管理機制，而 Debian 系，像 Debian、Ubuntu 等作業系統則使用 deb 包管理機制。

我們在 Linux 環境下安裝軟體其實就是將可執行檔複製到環境變數 PATH 對應的官方路徑下面，常用的路徑有 /bin、/sbin、/usr/bin、/usr/local/bin 等。當我們在 Shell 終端輸入命令時，Shell 就會到這些預設路徑下去找與該命令相對應的二進位檔案，並載入到記憶體執行。一個成熟的發佈軟體裡，除了可執行檔，一般還會有配套的文件説明、圖示等，程式開發者將這些文件一起打包發佈，提供自動安裝的功能，更方便使用者下載和安裝。在製作 deb 套件時，除了可執行檔，還需要一些控制資訊來描述這個安裝套件，如軟體的版本、作者、安裝套件要安裝的路徑等，這些控制資訊放在一個叫作 control 的檔案裡。下面我們就寫一個簡單的 helloworld 程式，並為它製作一個 deb 套件。

```c
#include <stdio.h>
int main (void)
{
    printf ("hello world!\n");
    return 0;
}
```

編譯上面的程式，生成可執行檔 helloword 並執行，測試正常。

```
#gcc -o helloworld helloworld.c
#./helloworld
  hello world!
```

可執行檔 helloworld 生成以後，我們為它製作一個軟體安裝套件，創建一個 helloworld 名稱相同目錄，然後進入該目錄，分別創建 DEBIAN、usr/local/bin/ 目錄，並在 DEBIAN 目錄下創建 control 檔案，將可執行檔 helloworld 複製到 usr/local/bin/ 目錄下，操作完成後 helloworld 的目錄結構如下所示。

```
root@pc:/home# tree
.
└── helloworld
    ├── DEBIAN
    │   └── control
    └── usr
        └── local
            └── bin
                └── helloworld
```

DEBIAN 目錄下的 control 檔案用來記錄 helloworld 安裝套件的安裝資訊，我們可以透過編輯這個檔案來設定相關安裝資訊。

```
package:helloworld
version:1.0
architecture:i386
maintainer:wit
description: deb package demo
```

另外一個目錄 usr/local/bin/ 表示 deb 套件的預設安裝路徑。這兩個檔案歸位後，我們就可以使用 dpkg 命令來製作安裝套件。

```
# dpkg -b helloworld/ helloworld_1.0_i386.deb
```

如果命令執行無誤，就會在 helloworld 的同級目錄下，生成一個名為 helloworld_1.0_i386.deb 的安裝套件。接下來我們使用 dpkg 命令安裝這個 deb 套件，來驗證一下我們製作的安裝套件是否正常。

```
# dpkg -i helloworld_1.0_i386.deb
Selecting previously unselected package helloworld.
(Reading database ... 412673 files and directories currently installed.)
Preparing to unpack helloworld_1.0_i386.deb ...
Unpacking helloworld (1.0) ...
Setting up helloworld (1.0) ...
```

出現上面的安裝資訊，說明 helloworld 安裝成功：在系統的 /usr/local/bin 下就會看到安裝成功的 helloworld 可執行檔。安裝成功後，在 Shell 終端的任何目錄下，直接輸入 helloworld 命令都可以直接執行。當然，也可以透過 dpkg 命令移除 helloworld 程式。

```
# helloworld
hello world!
# whereis helloworld
helloworld: /usr/local/bin/helloworld
# dpkg -P helloworld    // 移除 helloworld 程式及設定檔
# dpkg -r helloworld    // 移除 helloworld 程式
```

4.5.3 使用 apt-get 線上安裝軟體

在 Linux 下安裝軟體，最簡單的方法是從網上下載這個二進位檔案，然後放到 Linux 的預設路徑 PATH 下就可以了。有些程式是採用動態連結編譯的，執行時期需要依賴一些動態共用函數庫，因此需要打包一起安裝。我們下載的軟體一般很少是一個單純的二進位檔案，而是壓縮檔的形式，在這個壓縮檔裡，有二進位程式檔案、動態連結程式庫、軟體文件說明、安裝資訊等，甚至有一些自動安裝的指令稿。在 Debian 和 Ubuntu 環境下，軟體壓縮檔一般為 deb 格式。我們安裝軟體時，要先從網上下載對應的 deb 套件，然後使用 dpkg 工具去解析和安裝這個套件。當然也可以將自己的二進位檔案製成一個 deb 套件，放到網上，供其他人下載安裝。

因為每個人都可以編譯、製作 deb 套件，並隨意發佈到網上，這就很容易造成混亂：軟體套件魚龍混雜，品質得不到保證，甚至還有可能混進來一些病毒、釣魚軟體。為了解決這個問題，Ubuntu 作業系統採用一個軟體倉庫來管理這些 deb 套件，協力廠商開發者發佈的軟體和工具首先要透過官方驗證，然後把這些套件放到一個官方網站伺服器上，提供給使用者下載使用。類似蘋果系統的 App Store，當使用者使用 apt-get 命令安裝軟體時，只能到這個伺服器下載。考慮到全球各個地方的網路環境差異，官方網站一般會在全球各地設定多個鏡像伺服器，Ubuntu 使用者可以根據自己的網路狀況，到網速最快的伺服器上去下載和安裝 deb 套件。這些伺服器我們也稱為軟體來源（repository），簡稱為「來源」。這些伺服器的網路位址儲存在 /etc/apt/source.list 檔案中，檔案中網路位址的格式如下所示。

```
deb http://us.archive.ubuntu.com/ubuntu/ xenial universe
```

當使用者使用 apt-get install 安裝軟體時，apt-get 工具就會根據這個 source.list 檔案中的伺服器位址去下載對應的軟體套件。一般 Ubuntu 預設的軟體源是 Ubuntu 官方伺服器，打開上面的伺服器位址，如圖 4-11 所示，你會發現上面有很多軟體套件的資訊，不同分類的 deb 套件分別存放在不同的目錄下。

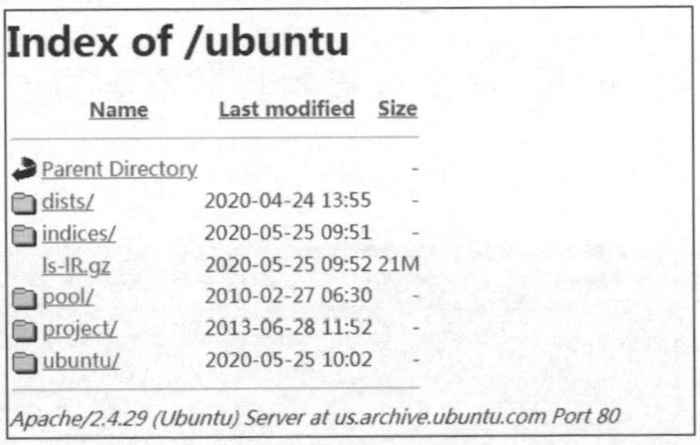

▲ 圖 4-11 Ubuntu 的官方軟體來源

存取國外的網站速度可能會慢很多，一些大專院校和網際網路公司其實也提供了鏡像伺服器提供下載，大家可以搜尋一下一般都能搜尋到很多伺服器位址。選擇其中一個增加到 /etc/apt/source.list 檔案中，以後再使用 apt-get 安裝軟體時，就可以直接從就近的伺服器上下載 deb 套件，速度會快很多。

修改好 /etc/apt/source.list 檔案後，你還需要使用 # apt-get update 命令更新一下來源。這個命令的作用是存取 /etc/apt/source.list 檔案中的每一個伺服器，讀取可以支援下載的軟體清單，並儲存到本地電腦中（/var/lib/apt/lists）。

軟體清單的另一個作用是可以幫助你更新軟體。伺服器上的軟體版本會不斷更新，你本地已經安裝的軟體如果和軟體清單中的版本不一致，則系統就會提示你軟體需要更新。這就和電腦中的軟體管家一樣，每次開機時，它總會很熱心地提示你：你的電腦中有多少個軟體可以更新，提示資訊如圖 4-12 所示。

```
王利涛@ubuntu:/var/lib/apt/lists# apt update
Get:1 http://archive.ubuntukylin.com:10006/ubuntukylin xenial InRelease [18.1 kB]
Get:2 http://security.ubuntu.com/ubuntu xenial-security InRelease [107 kB]
Hit:3 http://us.archive.ubuntu.com/ubuntu xenial InRelease
Get:4 http://us.archive.ubuntu.com/ubuntu xenial-updates InRelease [109 kB]
Get:5 http://us.archive.ubuntu.com/ubuntu xenial-backports InRelease [107 kB]
Fetched 341 kB in 26s (13.0 kB/s)
Reading package lists... Done
Building dependency tree
Reading state information... Done
393 packages can be upgraded. Run 'apt list --upgradable' to see them.
```

▲ 圖 4-12 軟體更新提示資訊

當然，你也可以使用 apt list 命令去查看具體需要更新的軟體套件，提示資訊如圖 4-13 所示。

```
王利涛@ubuntu:/var/lib/apt/lists# apt update
Get:1 http://archive.ubuntukylin.com:10006/ubuntukylin xenial InRelease [18.1 kB
Get:2 http://security.ubuntu.com/ubuntu xenial-security InRelease [107 kB]
Hit:3 http://us.archive.ubuntu.com/ubuntu xenial InRelease
Get:4 http://us.archive.ubuntu.com/ubuntu xenial-updates InRelease [109 kB]
Get:5 http://us.archive.ubuntu.com/ubuntu xenial-backports InRelease [107 kB]
Fetched 341 kB in 26s (13.0 kB/s)
Reading package lists... Done
Building dependency tree
Reading state information... Done
393 packages can be upgraded. Run 'apt list --upgradable' to see them.
王利涛@ubuntu:/var/lib/apt/lists# apt list --upgradable
Listing... Done
accountsservice/xenial-updates 0.6.40-2ubuntu11.3 i386 [upgradable from: 0.6.40-
activity-log-manager/xenial-updates 0.9.7-0ubuntu23.16.04.1 i386 [upgradable fro
amd64-microcode/xenial-updates 3.20180524.1~ubuntu0.16.04.2 i386 [upgradable fro
appmenu-qt5/xenial-updates 0.3.0+16.04.20170216-0ubuntu1 i386 [upgradable from:
appstream/xenial-updates 0.9.4-1ubuntu4 i386 [upgradable from: 0.9.4-1ubuntu1]
apt/xenial-updates 1.2.29 i386 [upgradable from: 1.2.15ubuntu0.2]
```

▲ 圖 4-13 需要更新的軟體套件資訊

如果你想更新這些已經安裝的軟體，則可以透過 # apt-get upgrade 命令來完成。這個命令會將本地已經安裝的軟體與剛剛使用 # apt-get update 命令下載到本地的軟體清單進行對比，如果發現版本不一致，就會重新安裝最新的版本。如果你的系統需要更新的軟體套件太多，這個更新過程

可能需要一定的時間，不要急，耐心等待就可以了。升級成功後，一般
會有提示資訊，你升級了多少個軟體套件。

使用 apt-get 安裝軟體的另一個好處是可以自動處理依賴關係。如果你要
安裝的一個軟體 B 依賴 A，那麼你在安裝 B 的同時，B 所依賴的 A 軟體
套件也會自動安裝了。在 /var/lib/dpkg/available 檔案中，有軟體套件的各
種詳細資訊，包括軟體版本、軟體依賴的套件等。

4.5.4 在 Windows 下製作軟體安裝套件

在 Windows 下安裝軟體，一般我們會首先到網上下載一個軟體安裝套
件，按兩下執行，設定安裝路徑，然後就可以將程式安裝到硬碟裡，並
生成桌面捷徑。我們按兩下桌面上的圖示，載入器就可以到磁碟對應的
安裝路徑下載入程式到記憶體執行。我們以一個簡單的 helloworld.exe 程
式為例，在 Windows 環境下製作一個安裝套件。

第一步：準備檔案

我們要使用 Visual Studio 或 C-Free 等整合式開發環境編譯器，生成可執
行檔：helloworld.exe。

```c
#include <stdio.h>
int main(void)
{
    int i, j, count=0;
    printf(" 這是我發佈的第一個軟體！\n\n");
    while(1)
    {
        for(i = 0; i < 20000; i++)
            for(j = 0; j < 20000; j++)
                ;
        printf("hello，world！ %d\n", count++);
    }
    return 0;
}
```

市面上發佈的商務軟體，和我們平時寫的程式不太一樣，它們一般都是一個無限無窮迴圈程式，一直在執行，不停地回應和處理使用者的各種輸入事件，只有當使用者主動關閉或遇到異常時才會結束執行。在 Windows 下安裝的程式一般都會在桌面上生成一個捷徑圖示，因此製作軟體套件之前，除了 helloworld.exe 檔案，我們還需要準備一個 test.ico 格式的圖示檔案。

第二步：創建自解壓格式檔案

選中 helloworld.exe 可執行檔，點擊滑鼠右鍵，選中「增加到壓縮檔 (A)...」，彈出對話方塊。如圖 4-14 所示，在「壓縮選項」中選中「創建自解壓格式壓縮檔」，在「壓縮檔名」文字標籤中輸入「helloworld 安裝程式 .exe」，這個檔案名稱就是我們要製作的安裝套件的名字。

▲ 圖 4-14 創建自解壓格式壓縮檔

第三步：製作圖示捷徑

接著上面的步驟，點擊「進階選項→自解壓選項」，如圖 4-15 所示。

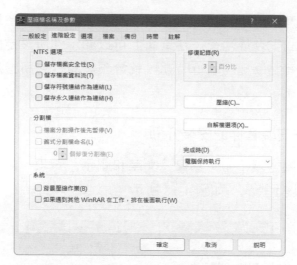

▲ 圖 4-15　自解壓選項

在彈出的「進階自解壓選項」中，點擊「加入捷徑」，如圖 4-16 所示。

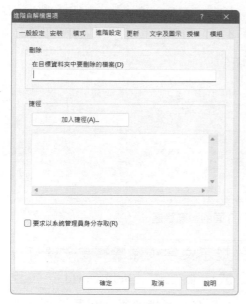

▲ 圖 4-16　增加捷徑

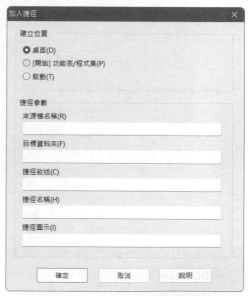

▲ 圖 4-17　設定捷徑的圖示和名稱

如圖 4-17 所示，在彈出的「加入捷徑」介面中，設定捷徑的圖示名稱和影像路徑,以及它所連結的可執行檔名 "helloworld.exe"。製作這一步的目的是,當程式安裝成功後,在桌面上可以顯示你所設定的捷徑名稱及圖示。當使用者點擊捷徑執行時期,就會預設執行它所連結的可執行檔 helloworld.exe。

第四步:製作安裝套件的安裝介面

在「進階自解壓選項」中,點擊「文字和圖示」選項,設定自解壓檔案視窗的標題和提示資訊,如圖 4-18 所示。

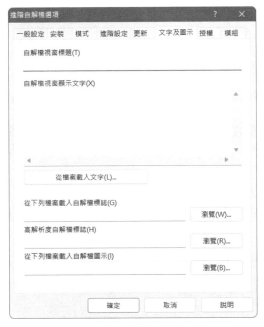

▲ 圖 4-18 製作安裝介面的視窗標題

在對應的文字標籤中編輯好相關的提示文字後點擊確定,就可以在 helloworld.exe 的目前的目錄下生成一個名為「helloworld 安裝程式 .exe」的安裝檔案。按兩下該檔案,設定安裝路徑,就可以完成程式的安裝:將 helloworld.exe 檔案複製到指定的安裝路徑,並在桌面上生成一個捷徑,如圖 4-19 所示。

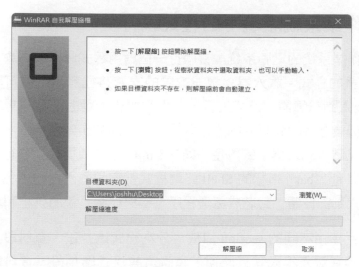

▲ 圖 4-19 安裝介面

按兩下桌面上的捷徑，程式正常執行，說明軟體安裝套件製作沒問題，安裝和執行成功。

4.6 程式的執行

程式的執行分兩種情況：一種是在有作業系統的環境下執行一個應用程式；另一種是在無作業系統的環境下執行一個裸機程式。在不同的環境下執行程式，檔案的格式一般也會不一樣，如在 Linux 環境下，可執行檔是 ELF 格式，而在裸機環境下執行的程式一般是 BIN/HEX 格式。BIN/HEX 檔案是純指令檔案，沒有其他雜七雜八的輔助資訊，而 ELF 檔案除了基本的程式碼片段、資料段，還有檔案表頭、符號表、program header table 等用來輔助程式執行的資訊。

兩種程式雖然執行環境不同，檔案格式也有所差異，但原理是相通的：都要將指令載入到記憶體中的指定位置。而這個指定位置往往又與可執行檔連結時的連結位址有關。

4.6.1 作業系統環境下的程式執行

一個裝有作業系統的電腦系統，當執行一個應用程式時，首先會執行一個叫作載入器的程式。載入器會根據軟體的安裝路徑資訊，將可執行檔從 ROM 中載入到記憶體，然後進行一些與初始化、動態函數庫重定位相關的操作，最後才跳躍到程式的入口執行。在不同的作業系統下，可以由不同的程式充當「載入器」的角色，如在 Linux 命令列模式下執行一個應用程式，類似 sh、bash 這樣的 Shell 終端程式就充當載入器的角色：它們會把程式載入到記憶體，封裝成處理程序，參與作業系統的排程和執行。

一個可執行檔由不同的 section 組成，分為程式碼片段、資料段、BSS 段等。載入器在載入程式執行時期，會將這些程式碼片段、資料段分別載入到記憶體中的不同位置。可執行檔的檔案表頭提供了檔案類型、執行平台、程式的入口位址等基本資訊，載入器在載入程式之前會首先根據檔案表頭的資訊做一些判斷，如果發現程式的執行平台和當前的環境不符，則會報出錯處理。

除此之外，可執行檔中還有一個叫作 program header table 的 section，翻譯成中文時，不同的資料可能叫法不同，我們可以暫稱其為段頭表。

| ELF header |
| program header table |
| . init |
| . text |
| . rodata |
| .data |
| . bss |
| . symtab |
| . debug |
| . line |
| . strtab |
| section header table (可選) |

| ELF header |
| program header table (可選) |
| . init |
| . text |
| . rodata |
| .data |
| . bss |
| . symtab |
| . debug |
| . line |
| . strtab |
| section header table |

▲ 圖 4-20 可執行檔和可重定位目的檔案

段頭表中記錄的是如何將可執行檔載入到記憶體的相關資訊，包括可執行檔中要載入到記憶體中的段、入口位址等資訊。如圖 4-20 所示，可重定位目的檔案因為是不可執行的，不需要載入到記憶體中，所以段頭表這個 section 在目的檔案中不是必須存在的，是可選的。而在一個可執行檔中，載入器要載入程式到記憶體，要依賴段頭表提供的資訊，因此段頭表是必需的。我們可以使用 readelf 命令查看可執行檔的段頭表。

```
# arm-linux-gnueabi-readelf -l a.out // 注：-l 參數為小寫的 L
Elf file type is EXEC (Executable file)
Entry point 0x10310
There are 9 program headers, starting at offset 52
Program Headers:
  Type           Offset   VirtAddr   PhysAddr   FileSiz MemSiz  Flg Align
  EXIDX          0x000574 0x00010574 0x00010574 0x00008 0x00008 R   0x4
  PHDR           0x000034 0x00010034 0x00010034 0x00120 0x00120 R E 0x4
  INTERP         0x000154 0x00010154 0x00010154 0x00013 0x00013 R   0x1
      [Requesting program interpreter: /lib/ld-linux.so.3]
  LOAD           0x000000 0x00010000 0x00010000 0x00580 0x00580 R E
0x10000
  LOAD           0x000f0c 0x00020f0c 0x00020f0c 0x00124 0x00130 RW
0x10000
  DYNAMIC        0x000f18 0x00020f18 0x00020f18 0x000e8 0x000e8 RW  0x4
  NOTE           0x000168 0x00010168 0x00010168 0x00044 0x00044 R   0x4
  GNU_STACK      0x000000 0x00000000 0x00000000 0x00000 0x00000 RW  0x10
  GNU_RELRO      0x000f0c 0x00020f0c 0x00020f0c 0x000f4 0x000f4 R   0x1
```

在 Linux 環境下執行的程式一般都會被封裝成處理程序，參與作業系統的統一排程和執行。在 Shell 環境下執行一個程式，Shell 終端程式一般會先 fork 一個子處理程序，創建一個獨立的虛擬處理程序位址空間，接著呼叫 execve 函數將要執行的程式載入到處理程序空間：透過可執行檔的檔案表頭，找到程式的入口位址，建立處理程序虛擬位址空間與可執行檔的映射關係，將 PC 指標設定為可執行檔的入口位址，即可啟動執行。一段 C 程式、編譯生成的可執行檔、可執行檔執行時期的處理程序之間的對應關係如圖 4-21 所示。

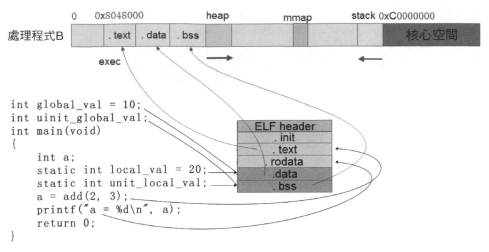

▲ 圖 4-21 C 程式、可執行檔和處理程序

一般情況下，程式的入口位址可透過下面的計算公式得到：

程式的入口位址 = 編譯時的連結位址 + 一定偏移（程式頭等會佔用一部分空間）

不同的編譯器有不同的連結起始位址。在 Linux 環境下，GCC 連結時一般以 0x08040000 為起始位址開始存放程式碼片段，而 ARM GCC 交叉編譯器一般以 0x10000 為連結起始位址。緊挨著程式碼片段，從一個 4KB 邊界對齊的位址處開始存放資料段。緊挨著資料段，就是 BSS 段。BSS 段後面的第一個 4KB 位址對齊處，就是我們在程式中使用 malloc()/free() 申請的堆積空間。一個可執行檔載入到記憶體中執行，它在記憶體中的位址空間分佈如圖 4-22 所示。

▲ 圖 4-22 程式在記憶體中的位址分佈

看到這裡，集才華和機智於一身的你，心中一個小小的疑惑可能就產生了：在一台電腦上通常會執行多個處理程序，而每個處理程序的指令程式在編譯時都是採用同一個連結位址的，在執行時期它們會被載入到記憶體中的同一個位址嗎？會不會產生位址衝突？

放心吧，少年，不會衝突的。你能想到的問題，電腦專家自然也會想到並且早就解決了：程式連結時的連結位址其實都是虛擬位址。如圖 4-23 所示，程式執行時期，雖然每個處理程序的位址空間都是一樣的，但是每個處理程序都有自己的頁表，頁表裡的每一個項目叫頁表項，頁表項裡儲存的是虛擬位址和物理位址之間的映射關係，相同的虛擬位址經過 MMU 硬體轉換後，會分別映射到實體記憶體的不同區域，彼此相互隔離和獨立，一點也不會起衝突。

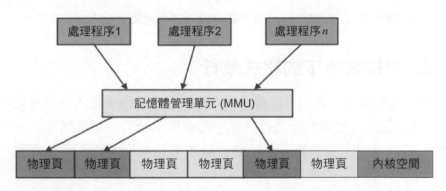

▲ 圖 4-23 虛擬位址到物理位址的轉換

對於每一個執行的處理程序，Linux 核心都會使用一個 task_struct 結構來表示，多個結構透過指標組成鏈結串列。作業系統基於該鏈結串列就可以對這些處理程序進行管理、排程和執行。不同處理程序的程式碼片段和資料段分別儲存在實體記憶體不同的物理頁上，處理程序間彼此獨立，透過上下文切換，輪流佔用 CPU 去執行自己的指令。當 Linux 環境下有多個處理程序併發執行時期，C 來源程式、可執行檔、處理程序和實體記憶體之間的對應關係如圖 4-24 所示。

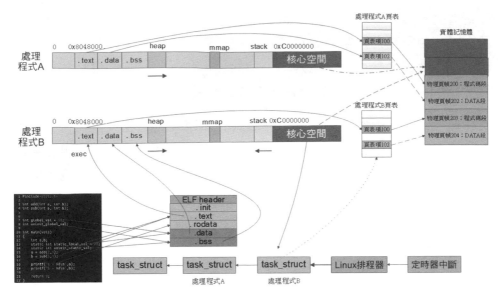

▲ 圖 4-24 C 來源程式、可執行檔、處理程序和實體記憶體之間的關係

4.6.2 裸機環境下的程式執行

在作業系統環境下，我們可以透過載入器將程式的指令載入到記憶體中，然後 CPU 到記憶體中取指執行。在一個裸機平台下，系統通電後，沒有程式執行的環境，我們需要借助協力廠商工具將程式載入到記憶體，然後才能正常執行。

很多整合式開發環境如 ADS1.2、Keil、RVDS 等 IDE，不僅提供了程式編輯、編譯的功能，同時支援程式的執行、偵錯、燒寫。以 ADS1.2 整合式開發環境為例，如圖 4-25 所示，它可以透過 JTAG 介面和開發板通訊，將我們在 PC 上編譯好的 BIN/HEX 格式的 ARM 可執行檔下載到開發板的記憶體中執行。要下載到記憶體的哪裡呢？我們可以根據開發板的實際 RAM 物理位址，在編譯器時透過 ADS1.2 整合式開發環境提供的 Debug Setting 設定選項來設定。

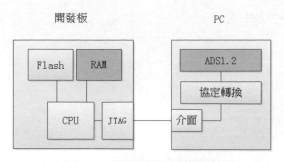

▲ 圖 4-25 裸機環境下的程式執行

在一個嵌入式 Linux 系統中，Linux 核心鏡像的執行其實就是裸機環境下的程式執行。Linux 核心鏡像一般會借助 U-boot 這個載入工具將其從 Flash 儲存分區載入到記憶體中執行，U-boot 在 Linux 啟動過程中扮演了「載入器」的角色。當然 U-boot 的功能絕不僅限於此，現在的 U-boot 功能已經很強大了，實現了各種各樣的功能，這裡不再贅述。

U-boot 自身的啟動，其實也挺值得研究的。U-boot 在 Linux 啟動過程中，充當了「載入器」的角色，但是其自身也和 Linux 核心鏡像一樣，儲存在 NAND/NOR 分區上。在 U-boot 啟動過程中，不僅要完成本身程式的「自複製」：將自身程式從儲存分區複製到記憶體中，還要完成自身程式的重定位，一般具備這種功能的程式我們稱之為「自舉」。關於 U-boot 的自我重定位是怎麼實現的，在 4.12 節會展開分析，這裡為了不打斷我們分析程式編譯、連結、安裝和執行的整體思路，就暫不展開了。

4.6.3 程式入口 main() 函數分析

載入器將指令載入到記憶體後，接著就要執行程式了，從哪裡開始執行呢？這裡就要分析程式的入口：main() 函數了。在分析之前，我們先做一個小實驗。

```
#include <stdio.h>
int main(void)
{
```

```
    printf("hello world 1...\n");
    return 0;
}

int main2(int argc, char *argv[])
{
    printf("hello world 2...\n");
    return 0;
}
```

在上面的程式中，我們定義多個 main() 函數，程式編譯時會報重定義錯誤。修改函數名，只保留其中一個 main() 函數，你會發現，保留哪個函數名為 main，程式便會執行哪個函數。是不是很神奇？這也說明了在一個專案中，main() 函數是所有程式的入口函數。

事實真的如此嗎？非也。編譯器在編譯一個專案時，預設的程式入口是 _start 符號，而非 main。符號 main 是一個約定符號，它用來告訴編譯器在一個專案中哪裡是程式的進入點。程式設計師在開發一個專案時，也會遵守這個約定，使用 main() 函數作為專案的入口函數。

兵馬未動，糧草先行。其實在 main() 函數執行之前，已經有「先頭部隊」程式提前執行了：它們主要完成執行 main() 函數之前的一些初始化工作，如初始化堆疊指標等。堆疊是 C 語言執行的必備環境，C 語言函式呼叫過程中的參數傳遞、函數內部的區域變數都是儲存在堆疊中的（詳情請看第 5 章），沒有堆疊 C 語言就無法執行，因此在執行 main() 函數之前必須先執行一段組合語言程式碼來初始化堆疊環境。設定好堆疊指標後，這部分程式還要繼續初始化一些環境，如初始化 data 段的內容，初始化 static 靜態變數和 global 全域變數，並給 BSS 段的變數賦初值：未初始化的全域變數中，int 類型的全部初始化為 0，布林型的變數初始化為 FALSE，指標型的變數初始化為 NULL。完成初始化環境後，這部分程式還會將使用者傳入的參數傳遞給 main，最後才跳入 main() 函數執行。

這部分初始化程式是在程式編譯階段，由編譯器自動增加到可執行檔中的。這部分程式屬於 C 執行庫（C Running Time，CRT）中的程式，編譯器廠商在開發編譯器時，除了實現 C 語言標準中規定的 printf、fopen、fread 等標準函數，還會實現這部分初始化程式，完成進入 main() 函數之前的一系列初始化操作。

■ C 語言執行的基本堆疊環境、處理程序環境。
■ 動態函數庫的載入、釋放、初始化、清理等工作。
■ 向 main() 函數傳參 argc、argv，呼叫 main() 函數執行。
■ 在 main() 函數退出後，呼叫 exit() 函數，結束處理程序的執行。

在 ARM 交叉編譯器安裝路徑下的 lib 目錄下，你會看到一個叫作 crt1.o 的目的檔案，這個檔案其實就是由組合語言初始化程式編譯生成的，是 CRT 的一部分。在連結過程中，連結器會將 crt1.o 這個目的檔案和專案中的目的檔案組裝在一起，生成最終的可執行檔。我們可以使用 objdump 命令來反組譯這個目的檔案。

```
#arm-linux-gnueabi-objdump -D crt1.o > crt1.S
#arm-linux-gnueabi-objdump -D a.out > a.S
Disassembly of section .text:
00000000 <_start>:
   0: e3a0b000  mov  fp, #0
   4: e3a0e000  mov  lr, #0
   8: e49d1004  pop {r1}   ; (ldr r1, [sp], #4)
   c: e1a0200d  mov  r2, sp
  10: e52d2004  push {r2}  ; (str r2, [sp, #-4]!)
  14: e52d0004  push {r0}  ; (str r0, [sp, #-4]!)
  18: e59fc010  ldr  ip, [pc, #16] ; 30 <_start+0x30>
  1c: e52dc004  push {ip}  ; (str ip, [sp, #-4]!)
  20: e59f000c  ldr  r0, [pc, #12] ; 34 <_start+0x34>
  24: e59f300c  ldr  r3, [pc, #12] ; 38 <_start+0x38>
  28: ebfffffe  bl 0 <__libc_start_main>
  2c: ebfffffe  bl 0 <abort>
```

分別反組譯可執行檔 a.out 和 crt1.o，對比兩者的 _start 組合語言程式碼，你會發現兩者是一樣的：a.out 中的這段組合語言程式碼是由 crt1.o 組裝而來的。

接下來分析這段組合語言程式碼，從程式入口位址 _start 開始的一段組合語言程式碼，其核心工作就是初始化 C 語言執行依賴的堆疊環境，並設定堆疊指標。這段程式在不同的環境下可能不太一樣，在嵌入式系統裸機環境下，系統通電後要初始化時鐘、記憶體，然後設定堆疊指標，而在普通的作業系統環境下，記憶體等各種硬體裝置已經工作，堆疊環境也已經初始化完畢，不需要做這一部分工作了，儲存一些上下文環境後就可以直接跳到第一個 C 語言入口函數：__libc_start_main。這個函數在 C 標準函數庫中定義，以 glibc-2.30 為例，定義在 libc-start.c 檔案中。

```
#define LIBC_START_MAIN __libc_start_main
STATIC int LIBC_START_MAIN (int (*main) (int, char **,
char ** MAIN_AUXVEC_DECL),
                    int argc, char **argv, __typeof (main) init,
                    void (*fini) (void),
void (*rtld_fini) (void), void *stack_end)
{
    /* Result of the 'main' function.  */
    int result;
    ...
    if (init)
        (*init) (argc, argv, __environ MAIN_AUXVEC_PARAM);
    ...
    result = main (argc, argv, __environ MAIN_AUXVEC_PARAM);
    exit (result);
}
```

__libc_start_main 函數的程式很長，我們簡化分析後的大致流程如下：首先設定程式執行的處理程序環境，載入共用函數庫，解析使用者輸入的參數，將參數傳遞給 main() 函數，最後呼叫 main() 函數執行。main() 函數執行結束後，再呼叫 exit 函數結束整個處理程序。

不同的編譯器，C 標準函數庫的實現略有差異，和程式設計師約定的專案入口位址可能也不一樣。如 Windows win32 視窗程式約定的入口函數是 WinMain；Visual Studio 和 VC++ 6.0 的 C++ 編譯器約定的專案入口函數是 _tmain；QT、Eclipse 等大多數 IDE 約定的入口函數一般也是 main() 函數。

main 只是編譯器和程式設計師約定好的預設進入點，並不是一成不變的，程式設計師也可以自訂程式入口。如果我們想改變一個專案的入口位址，其實很簡單。

```
//test.c

#include <stdio.h>
#include <stdlib.h>

int mymain()
{
    printf("mymain...\n");
    exit(0);
}
```

在上面的程式中，我們定義了 mymain() 函數，並打算將其設定為我們程式的入口，透過下面的命令就可完成。

```
#arm-linux-gnueabi-gcc -nostartfiles -e <入口函數>  xx.c
#arm-linux-gnueabi-gcc -nostartfiles -e mymain test.c
#./a.out
  mymain...
```

編譯參數 -nostartfiles 表示不連結 art1.o 檔案。透過這種顯性指定函數入口編譯生成的可執行程式，也可以正常執行，只是有一個細節需要注意一下，函數退出時不能再使用 return，而要使用 exit 退出，否則就會報段錯誤。這是因為可執行檔沒有連結初始化程式 crt1.o，無法再處理 mymain() 函數退出後的掃尾清理工作，我們在 mymain() 函數內直接呼叫 exit 結束處理程序就可以了。

透過本節的學習，相信大家已經對程式的真正入口函數 _start、專案專案的約定入口 main() 函數有了更深入的理解。至此，一個來源程式經過編譯、連結、安裝、載入執行，並跳入我們自己撰寫的專案入口 main() 函數執行，整個流程已經分析完畢。

4.6.4 BSS 段的小秘密

透過上面的學習，我們已經對程式編譯執行的整個流程有了一個基本了解。但還遺漏了一點內容，那就是關於 BSS 段的載入與執行。

對於未初始化的全域變數和靜態區域變數，編譯器將其放置在 BSS 段中。BSS 段是不佔用可執行檔儲存空間的，早期的電腦儲存資源昂貴而且比較緊張，設定 BSS 段的目的主要就是減少可執行檔的體積，節省磁碟空間。

雖然 BBS 段在可執行檔中不佔用儲存空間，但是當程式載入到記憶體執行時期，載入器會在記憶體中給 BSS 段開闢一段儲存空間。在 section header table 中會記錄 BSS 段的大小，在符號表中會記錄每個變數的位址和大小。

```
#readelf -S a.out
Section Headers:
  [Nr] Name          Type        Addr     Off    Size   ES Flg Lk Inf Al
  [ 0]               NULL        00000000 000000 000000 00      0   0  0
   ...
  [11] .init         PROGBITS    000102c0 0002c0 00000c 00  AX  0   0  4
  [13] .text         PROGBITS    00010310 000310 000248 00  AX  0   0  4
  [23] .data         PROGBITS    00021020 001020 000010 00  WA  0   0  4
  [24] .bss          NOBITS      00021030 001030 00000c 00  WA  0   0  4
```

載入器會根據這些資訊，在資料段的後面分配指定大小的記憶體空間並清零，根據符號表中各個變數的位址，在這片記憶體中給各個未初始化的全域變數、靜態變數分配儲存空間。到了這一步，一個程式被載入到記憶體後，它在記憶體中的分佈如圖 4-26 所示。

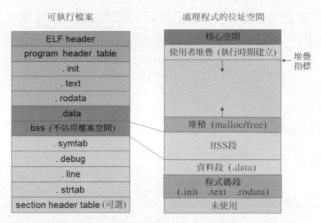

▲ 圖 4-26　可執行檔和處理程序虛擬位址空間

最後我們對 BSS 段做一個小結：BSS 段設計的初衷就是為了減少檔案體積，節省磁碟資源。編譯器對資料段和 BSS 段符號的處理流程是相同的，唯一的差異在於：在可執行檔內不給 BSS 段分配儲存空間，在程式執行記憶體時再分配儲存空間和位址。

4.7　連結靜態程式庫

在一個軟體專案中，為了完成特定功能，除了自訂函數，我們還可以使用別人已經封裝好的函式程式庫，如 C 標準函數庫、音視訊編解碼函數庫等。函數庫函數的使用避免了「造輪子」的重複工作，提高了程式重複使用率，大大減輕了軟體開發的工作量。

函數庫分為靜態程式庫和動態函數庫兩種。如果我們在專案中引用了函數庫函數，則在編譯時，連結器會將我們引用的函數程式或變數，連結到可執行檔裡，和可執行程式組裝在一起，這種函數庫被稱為靜態程式庫，即在編譯階段連結的函數庫。動態函數庫在編譯階段不參與連結，不會和可執行檔組裝在一起，而是在程式執行時期才被載入到記憶體參與連結，因此又叫作動態連結程式庫。

靜態程式庫的本質其實就是可重定位目的檔案的歸檔檔案。靜態程式庫的製作和使用都很簡單，使用 AR 命令就可以將多個目的檔案打包為一個靜態程式庫。

```c
//test.c

int add(int a, int b)
{
    return a + b;
}
int sub(int a, int b)
{
    return a - b;
}
int mul(int a, int b)
{
    return a * b;
}
int div(int a, int b)
{
    return a / b;
}

//main.c
#include <stdio.h>

int add(int, int);

int main(void)
{
    int sum = 0;
    sum = add(1,2);
    printf("sum = %d\n", sum);
    return 0;
}
```

在上面的程式中，如果我們想把 test.c 檔案打包成一個函數庫，然後在 main.c 中呼叫該函數庫中的 add 函數，可以進行如下操作。

```
# gcc -c test.c              // 生成目的檔案
# ar rcs libtest.a test.o    // 將 test.o 打包成靜態程式庫
# gcc main.c -L. -ltest      // 指定要連結的函數庫的名字和路徑
# ./a.out
  sum = 3
```

首先我們將原始檔案 test.c 編譯生成對應的目的檔案 test.o，然後使用 ar 命令將多個目的檔案打包成 libtest.a，最後在編譯 main.c 時，透過參數指定要連結的靜態程式庫及其所在路徑就可以了。編譯參數大寫的 L 表示要連結的函數庫的路徑，小寫的 l 表示要連結的函數庫名字。連結時函數庫的名字要去掉前尾碼，如 libtest.a，連結時要指定的函數庫名字為 test。

使用 ar 命令製作靜態程式庫時，一些常用的參數介紹如下。

- -c：禁止在創建函數庫時產生的正常消息。
- -r：如果指定的檔案已經在函數庫中存在，則替換它。
- -s：無論函數庫是否更新都強制重新生成新的符號表。
- -d：從函數庫中刪除指定的檔案。
- -o：對壓縮文件成員進行排序。
- -q：向函數庫中追加指定檔案。
- -t：列印函數庫中的目的檔案。
- -x：解壓函數庫中的目的檔案。

編譯器是以原始檔案為單位編譯器的，連結器在連結過程中一個一個對目的檔案進行分解組裝，這樣很容易產生一個問題：如果在一個原始檔案中我們定義了 100 個函數，而只使用了其中的 1 個，那麼連結器在連結時也會把這 100 個函數的程式指令全部組裝到可執行檔中，這會讓最終生成的可執行檔體積大大增加。使用 readelf 命令查看 a.out 你會發現，雖然我們在 main() 函數中只呼叫了 add() 函數，但是在 a.out 檔案中除了 add() 函數，sub()、mul()、div() 等函數也都連結了進來，這可如何是好呢？

```
# readelf -s a.out

Symbol table '.symtab' contains 74 entries:
   Num:    Value  Size Type    Bind    Vis      Ndx Name
   ...
    52: 08048475    13 FUNC    GLOBAL DEFAULT   14 add
    64: 08048330     0 FUNC    GLOBAL DEFAULT   14 _start
    56: 08048499    12 FUNC    GLOBAL DEFAULT   14 div
    66: 0804a01c     0 NOTYPE  GLOBAL DEFAULT   26 __bss_start
    67: 0804842b    74 FUNC    GLOBAL DEFAULT   14 main
    68: 0804848d    12 FUNC    GLOBAL DEFAULT   14 mul
    72: 08048482    11 FUNC    GLOBAL DEFAULT   14 sub
```

解決這個問題其實很簡單：我們在封裝函式程式庫時，將每個函數都單獨使用一個原始檔案實現，然後將多個目的檔案打包即可。

```
//add.c
int add(int a, int b)
{
    return a + b;
}

//sub.c
int sub(int a, int b)
{
    return a - b;
}

//mul.c
int mul(int a, int b)
{
    return a * b;
}

//div.c
int div(int a, int b)
{
    return a / b;
}
```

```
//main.c
#include <stdio.h>
int add(int, int);

int main(void)
{
    int sum;
    sum = add(1, 2);
    printf("sum = %d\n", sum);
    return 0;
}
```

我們將上面的原始檔案分別編譯，打包生成靜態程式庫，再去呼叫函數庫中的 add() 函數，你會發現，sub()、mul()、div() 等函數就不會再連結到可執行檔中了。

```
# gcc -c add.c sub.c mul.c div.c
# ar rcs libtest.a add.o sub.o mul.o div.o
# gcc main.c -L. -ltest
# ./a.out
# readelf -s a.out
Symbol table '.symtab' contains 71 entries:
   Num:    Value  Size Type    Bind   Vis      Ndx Name
   ...
    52: 08048475    13 FUNC    GLOBAL DEFAULT   14 add
    64: 08048330     0 FUNC    GLOBAL DEFAULT   14 _start
    66: 0804a01c     0 NOTYPE  GLOBAL DEFAULT   26 __bss_start
    67: 0804842b    74 FUNC    GLOBAL DEFAULT   14 main
```

C 標準函數庫其實就是這麼幹的：在 glibc 原始程式中，你會看到，每一個函數庫函數都是單獨使用一個名稱相同的原始檔案實現的。printf() 函數單獨定義在 printf.c 檔案中，scanf() 函數單獨定義在 scanf.c 檔案中，如果你呼叫了一個 printf() 函數，則連結器只是將 printf() 函數的目的檔案連結到你的可執行檔中。透過這種打包形式，可執行檔的體積被大大減少了。

靜態連結還會產生另外一個問題。如 C 標準函數庫裡的 printf() 函數，可

能多個程式都呼叫了它，連結器在連結時就要將 printf 的指令增加到多個
可執行檔中。在一個多工環境中，當多個處理程序併發執行時期，你會
發現記憶體中有大量重複的 printf 指令程式，很浪費記憶體資源。那麼有
沒有解決的辦法呢？肯定是有的，動態連結這時候就開始低調登場了。

4.8 動態連結

我們都看到了靜態連結的缺點：生成的可執行檔體積較大，當多個程式
引用相同的公共程式時，這些公共程式會多次載入到記憶體，浪費記憶
體資源。尤其對於一些記憶體設定較低的嵌入式系統，當過多的處理程
序併發執行時期，系統就可能因為記憶體爆滿而無法流暢執行。

為了解決這個問題，動態連結對靜態連結做了一些最佳化：對一些公用
的程式，如函數庫，在連結期間暫不連結，而是延後到程式執行時期再
進行連結。這些在程式執行時期才參與連結的函數庫被稱為動態連結程
式庫。程式執行時期，除了可執行檔，這些動態連結程式庫也要跟著一
起載入到記憶體，參與連結和重定位過程，否則程式可能就會報未定義
錯誤，無法執行。

動態連結的好處是節省了記憶體資源：載入到記憶體的動態連結程式庫
可以被多個執行的程式共用，使用動態連結可以執行更大的程式、更多
的程式，升級也更加簡單方便。現在主流的軟體一般都喜歡採用這種開
發方式。在 Windows 下解壓一個軟體安裝套件，你會發現裡面有很多 .dll
尾碼的檔案，這些檔案其實就是動態連結程式庫，需要和可執行檔一起
安裝到系統中。程式執行前會首先把它們載入到記憶體，連結成功後程
式才能執行。

在 Linux 環境下也是如此，只不過動態函數庫的檔案變成了以 .so 為尾
碼。一個軟體採用動態連結，版本升級時主程序的業務邏輯或框架不需

要改變，只需要更新對應的 .dll 或 .so 檔案就可以了，簡單方便，也避免了使用者重複安裝移除軟體。以上面的 main.c、add.c、sub.c、mul.c、div.c 程式為例，我們可以將 add.c、sub.c、mul.c、div.c 封裝成動態函數庫 libtest.so，然後在程式執行時期動態載入到記憶體。

```
#gcc -fPIC -shared add.c sub.c mul.c div.c -o libtest.so
#gcc main.c libtest.so
#./a.out
  ./a.out: error while loading shared libraries: libtest.so:
  cannot open shared object file: No such file or directory
#cp libtest.so /usr/lib
#./a.out
  sum = 3
```

在上面的程式中，可執行檔 a.out 是採用動態連結生成的，所以在執行 a.out 之前，libtest.so 這個動態連結程式庫要放到 /lib、/usr/lib 等系統預設的函數庫路徑下，否則 a.out 就會動態連結失敗，無法正常執行。

在 Linux 環境下，當我們執行一個程式時，作業系統首先會給程式 fork 一個子處理程序，接著動態連結器被載入到記憶體，作業系統將控制權交給動態連結器，讓動態連結器完成動態函數庫的載入和重定位操作，最後跳躍到要執行的程式。動態連結器在 C 標準函數庫中實現，是 glibc 的一部分，主要完成程式執行前的動態連結工作，在可執行檔的 .interp 段中存放的有動態連結器的載入路徑，我們可以透過 objdump 命令查看。

```
#arm-linux-gnueabi-objdump -j .interp -s a.out
a.out:      file format elf32-littlearm
Contents of section .interp:
 10154 2f6c6962 2f6c642d 6c696e75 782e736f  /lib/ld-linux.so
 10164 2e3300                               .3.
```

透過上面的資訊可以看到，動態連結器本身也是一個動態函數庫，即 /lib/ld-linux.so 檔案。動態連結器被載入到記憶體後，會首先給自己重定位，然後才能執行。像這種自己給自己重定位然後自動執行的行為，我們一般稱為自舉。在嵌入式系統中，大家比較熟悉的 U-boot 也有自舉功能，它在系統通電啟動後會完成程式的自我複製和重定位操作，然後載入 Linux 核心鏡像執行。

動態連結器解析可執行檔中未確定的符號及需要連結的動態函數庫資訊，將對應的動態函數庫載入到記憶體，並進行重定位操作。這個過程其實和靜態連結的重定位過程一樣，只不過延後到了執行階段而已。重定位結束後，程式中要引用的所有符號都有了位址和定義，動態連結器將控制權交給要執行的程式，跳躍到該程式執行。動態連結程式庫在記憶體空間中的佈局如圖 4-27 所示。

▲ 圖 4-27　處理程序虛擬空間中的動態連結程式庫

動態連結需要考慮的一個重要問題是載入位址。一個靜態連結的可執行檔在執行時期，一般載入位址等於連結位址，而且這個位址是固定的。可執行檔是作業系統幫我們創建一個子處理程序後，第一個被載入到處理程序空間的檔案，此時處理程序的位址空間還未被佔用，所以不用考慮位址空間資源的問題。動態連結程式庫載入到記憶體中的位址則是隨機的，因為每一個可執行檔的大小不同，載入到記憶體後剩餘的位址空間也不盡相同，動態連結程式庫的位址要根據處理程序位址空間的實際空閒情況隨機分配。在這種情況下，動態連結程式庫該如何執行呢？

很容易想到的一個方法就是加載時重定位。在靜態連結過程中，每個目的檔案中的程式碼片段都被分解組裝，起始位址發生了變化，要進行重定位，然後程式才可以執行。類似靜態連結的重定位，動態連結程式庫被載入到記憶體後，目的檔案的起始位址也發生了變化，需要重定位。一個可執行檔對動態連結程式庫的符號引用，要等動態連結程式庫載入到記憶體後位址才能確定，然後對可執行檔中的這些符號修改即可。以上面的例子為例，main() 函式呼叫了 add() 函數，但 add() 函數的位址還不確定，等到 libtest.so 載入到記憶體後，add() 函數的位址才能確定下來。載入器透過動態連結、重定位操作，更新了符號表中 add() 函數的實際位址，並修正 main() 函數指令中引用 add() 函數的位址，然後程式才可以正常執行。

這種加載時重定位操作，雖然解決了可執行檔中對絕對位址的引用問題，但也帶來了另外一個問題：對於每個處理程序，動態函數庫被載入到了記憶體的不同位址，也只能被處理程序自身共用，無法在多個處理程序間共用，無法節省記憶體，違背了動態函數庫的設計初衷。如果有一種好方法，將我們的動態函數庫設計成無論放到哪裡，都可以執行，而且可以被多個處理程序共用，那麼這個問題就迎刃而解了。

4.8.1 與位址無關的程式

如果想讓我們的動態函數庫放到記憶體的任何位置都可以執行，都可以被多個處理程序共用，一種比較好的方法是將我們的動態函數庫設計成與位址無關的程式。其實現思路很簡單：將指令中需要修改的部分（如對絕對位址符號的引用）分離出來，剩餘的部分就和位址無關了，放到哪裡都可以執行，而且可以被多個處理程序共用。需要被修改的指令（符號）和資料在每個處理程序中都有一個副本，互不影響各自的執行。

先把需要修改的部分放到一邊，暫且不談，我們先討論動態函數庫中與位址無關的程式部分。與位址無關的程式實現也很簡單，編譯程式時加

上 -fPIC 參數即可。PIC 是 Position-Independent Code 的簡寫,即與位址無關的程式。加上 -fPIC 參數生成的指令,實現了程式與位址無關,放到哪裡都可以執行。

```
#arm-linux-gnueabi-gcc -fPIC -c main.c
```

實現 PIC 需要底層相關的技術支撐,不同的平台有不同的實現方式。實現程式與位址無關,在模組內部,對函數和全域變數的引用要避免使用絕對位址,一般可以使用相對跳躍代替。以 ARM 平台為例,可以採用相對定址來實現。ARM 有多種定址方式,其中有一種叫相對定址,以 PC 為基址,以當前指令和目標位址的差作為偏移量,兩者相加的位址即運算元的有效位址。ARM 組合語言中的 B、BL、ADR、ADRL 等指令都是採用相對定址實現的。

```
    ...  B LOOP
    ...
LOOP
   MOV R0, #1
   MOV R1, R0
   ...
```

在上面的程式中,B LOOP 指令其實就等價於:

```
ADD PC, PC, #OFFSET
```

其中 OFFSET 為 B LOOP 當前指令位址與 LOOP 標誌之間的位址偏移。透過這種相對定址的符號引用,可以做到程式與位址無關:你把這段程式放在記憶體中的任何位置,它都無須重定位,直接執行即可。

4.8.2 全域偏移表

在動態函數庫的設計中,對於模組內的符號相互引用,我們透過相對定址很容易實現程式與位址無關。但是當動態函數庫作為協力廠商模組被不同的應用程式引用時,函數庫中的一些絕對位址符號(如函數名)將不可避免地被多次呼叫，需要重定位。動態函數庫中的這些絕對位址符號，如何能做到同時被不同的應用程式引用呢？

解決這個問題的核心思想其實也很簡單：每個應用程式將引用的動態函數庫（絕對位址）符號收集起來，儲存到一個表中，這個表用來記錄各個引用符號的位址。當程式在執行過程中需要引用這些符號時，可以透過這個表查詢各個符號的位址。這個表被稱為全域偏移表（Global Offset Table，GOT）。

在一個可執行檔中，其引用的動態函數庫中的絕對位址符號（如函數名）會被分離出來，單獨儲存到 GOT 表中，GOT 表以 section 的形式儲存在可執行檔中，這個表的位址在編譯階段就已經確定了。當程式執行需要引用動態函數庫中的函數時，會將動態函數庫載入到記憶體，根據動態函數庫被載入到記憶體中的具體位址，更新 GOT 表中的各個符號（函數）的位址。等下次該符號被引用時，程式可以直接跳到 GOT 表查詢該符號的位址，如果找到要呼叫的函數在記憶體中的實際位址，就可以直接跳過去執行了。因為 GOT 表在可執行檔中的位置是固定不變的，所以程式中存取 GOT 表的指令也是固定不變的，唯一需要變化的是：動態函數庫載入到記憶體後，函數庫中的各個函數的位置確定，在 GOT 表中即 更新各個符號在記憶體中的真真實位址就可以了。

這樣做的好處是：在記憶體中只需要載入一份動態函數庫，當不同的程式執行時期，只要修改各自的 GOT 表，它們引用的符號都可以指向同一份動態函數庫，就可以達到不同程式共用同一個動態函數庫的目標了。動態連結過程中的 GOT 表如圖 4-28 所示。

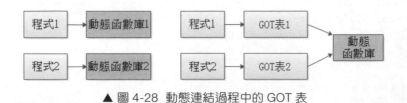

▲ 圖 4-28 動態連結過程中的 GOT 表

4.8.3 延遲綁定

動態連結透過使用「與位址無關」這一技術，載入到記憶體任意位址都可以執行。「與位址無關」這一技術在 ARM 平台可以使用相對定址來實現。ARM 相對定址的本質其實就是暫存器間接定址，只不過基址換成了 PC 而已，存取效率還是比較低的，包括程式執行之前的動態連結和重定位操作，也會對程式的及時回應和性能造成一定的影響。我們假設一個軟體中有幾百個地方使用了動態連結，如果把所有的動態函數庫一次性全部載入到記憶體並一一對它們進行重定位，會耗費不少的時間。程式中存在大量的 if-else 分支，並不是所有的指令都能執行到，我們載入到記憶體的動態函數庫可能根本就沒有被呼叫到，這又會白白浪費記憶體空間。基於這個原因，可執行檔一般都採用延遲綁定：程式在執行時期，並不急著把所有的動態函數庫都載入到記憶體中並進行重定位。當動態函數庫中的函數第一次被呼叫到時，才會把用到的動態函數庫載入到記憶體中並進行重定位。這樣做既節省了記憶體，又可以提高程式的執行速度，因此得到廣泛應用。

我們反組譯上一節的 a.out，查看 main() 函數對應的 ARM 組合語言程式碼。

```
#arm-linux-gnueabi-objdump -D a.out
00010608 <main>:
   10608: e92d4800  push {fp, lr}
   1060c: e28db004  add  fp, sp, #4
   10610: e24dd008  sub  sp, sp, #8
   10614: e3a03000  mov  r3, #0
   10618: e50b3008  str  r3, [fp, #-8]
   1061c: e3a01002  mov  r1, #2
   10620: e3a00001  mov  r0, #1
   10624: ebffff9e  bl 104a4 <add@plt>
    ...

Disassembly of section .plt:
```

```
00010490 <add@plt-0x14>:                        ; 跳躍到動態連結器 linux-ld.so
   10490: e52de004  push {lr}                    ;(str lr, [sp, #-4]!)
   10494: e59fe004  ldr  lr, [pc, #4]            ;104a0 <_init+0x1c>
   10498: e08fe00e  add  lr, pc, lr
   1049c: e5bef008  ldr  pc, [lr, #8]!           ;pc=0x21008
   104a0: 00010b60  andeq r0, r1, r0, ror #22
000104a4 <add@plt>:
   104a4: e28fc600  add  ip, pc, #0, 12          ;pc=104ac+10000+b60
   104a8: e28cca10  add  ip, ip, #16, 20         ;0x10000
   104ac: e5bcfb60  ldr  pc, [ip, #2912]!        ;0xb60;pc=0x2100c
000104b0 <printf@plt>:
   104b0: e28fc600  add  ip, pc, #0, 12          ;pc=104ac+10000+b60
   104b4: e28cca10  add  ip, ip, #16, 20         ;0x10000
   104b8: e5bcfb58  ldr  pc, [ip, #2904]!        ;0xb58 ;pc=21010

Disassembly of section .got:   ; 未重定位之前的 GOT 表：全部跳到動態連結器執行
00021000 <_GLOBAL_OFFSET_TABLE_>:
   21000: 00020f10  andeq  r0, r2, r0, lsl pc
   ...        ;21004~2100b 為保留位址，存放的是動態連結器和入口位址及相關資訊
   2100c: 00010490  muleq  r1, r0, r4           ; 未重定位之前跳到 0x10490
   21010: 00010490  muleq  r1, r0, r4           ; 重定位後直接跳到函數處執行
   21014: 00010490  muleq  r1, r0, r4
   21018: 00010490  muleq  r1, r0, r4
   2101c: 00010490  muleq  r1, r0, r4
   21020: 00000000  andeq  r0, r0, r0
```

分析上面的反組譯程式，找到 main() 函數中呼叫 add 的程式部分（第 10624 行），我們可以看到：呼叫 add 的指令跳到了 0x104a4<add@plt> 處執行。在 0x104a4 位址處，我們看到這裡並不是 add() 函數實現的地方，而是一個跳躍命令，跳到了 GOT 表中位址為 0x2100c 的地方。一般情況下，GOT 表中的每一項存放的都是符號的真真實位址，但此時因為 add 第一次被呼叫，對應的動態函數庫還沒有載入到記憶體中，需要呼叫動態連結器去載入 add 的動態函數庫，所以此時大家可以看到 GOT 表中每一項都是相同的值：0x10490。在 0x10490 位址處是一個跳躍指令，跳躍到動態連結器去執行，動態連結器的入口位址儲存在 GOT 表

的 0x21008~0x2100b 處。動態連結器的主要工作就是載入動態函數庫到記憶體中並進行重定位操作：把 add 動態函數庫載入到記憶體中，然後將 add 的實際位址更新到 GOT 表中儲存 add 位址的那一項 0x2100c 位址處。此時在 GOT 表的 0x2100c 處儲存的不再是預設的動態連結器位址 0x10490，而是 add() 函數載入到記憶體中的實際位址。等第二次再呼叫 add() 函數時，就可以根據 GOT 表中的實際位址直接跳過去執行了。延遲綁定的基本流程如圖 4-29 所示。

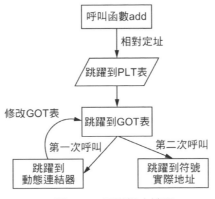

▲ 圖 4-29 延遲綁定流程

指令程式中每一個使用動態連結的符號 <x@plt>，都被儲存在過程連結表（Procedure Linkage Table，PLT，以 .plt 為尾碼）中。過程連結表其實就是一個跳躍指令，它無法單獨工作，要和 GOT 表相連結，協作工作。當程式中引用某個符號時，就會從過程連結表跳躍到 GOT 表，跳到 GOT 表中對應的項。如當程式中第一次引用 <printf@plt> 符號時，會跳到 GOT 表的 0x21010 處。在 0x21010 處，存放的是動態連結程式庫的位址 0x10490；動態連結程式庫載入 printf() 函數到記憶體，然後會將 printf() 函數在記憶體中的實際位址儲存在 0x21010 處，再將控制權交給 printf() 函數執行。等程式第二次呼叫 printf() 函數時，再次透過 PLT 表跳到 GOT 表的 0x21010 處，因為此時該位址上儲存的是 printf() 函數在記憶體中的實際位址，所以就可以直接跳躍過去執行了。

過程連結表 PLT 本質上是一個陣列，每一個在程式中被引用的動態連結程式庫函數，都在陣列中對應其中一項，跳躍到 GOT 表中的對應項。PLT 表中有兩個特殊項，PLT[0] 會連結到動態連結器的入口位址，而 PLT[1] 則會連結到初始化函數：__libc_start_main()，該函數會初始化 C 語言執行的進本環境；呼叫 main() 函數，等 main() 函數執行結束時，再根據 main() 函數的返回值做對應的處理；負責 main() 函數執行結束後的清理工作。

C 標準函數庫其實就是以動態共用函數庫的封裝形式儲存在 Linux 系統中的。不同的應用程式都會呼叫 printf() 函數，當它們在記憶體中執行時期，只需要載入一份 printf() 函數程式到記憶體就可以了。各個應用程式在引用 printf 這個符號時，就會啟動動態連結器，將這份程式映射到各自處理程序的位址空間，更新各自 GOT 表中 printf() 函數的實際位址，然後透過查詢 GOT 表找到 printf() 函數在記憶體中的實際位址，就可透過間接存取跳躍執行。

4.8.4 共用函數庫

現在大多數軟體都是採用動態連結的方式開發的，不僅可以節省記憶體空間，升級維護也比較方便。在發佈軟體套件時，可執行檔及其依賴的動態連結共用函數庫被一起打包發佈，如果你依賴的是系統預設附帶的共用函數庫，如 C 標準函數庫，則不需要跟軟體一起打包。程式安裝時，可執行檔會複製到 Linux 系統的預設路徑下，如 /bin、/sbin、/usr/bin、/usr/sbin、/usr/local/bin 等，這些路徑由環境變數 PATH 管理和維護。可執行檔依賴的共用函數庫一般要放到函數庫的預設路徑下面，如 /lib、/usr/lib 等。當程式執行時期，動態連結器首先被載入到記憶體執行，動態連結器會分析可執行檔，從可執行檔的 .dynamic 段中查詢該程式執行需要依賴的動態共用函數庫，然後到函數庫的預設路徑下查詢這些共用函數庫，載入到記憶體中並進行動態連結，連結成功後將 CPU 的控制權交給可執行程式，我們的程式就可以正常執行了。

動態連結器在查詢共用函數庫的過程中，除了到系統預設的路徑（/lib、/usr/lib）下查詢，也會到使用者指定的一些路徑下去查詢，使用者可以在 /etc/ld.so.conf 檔案中增加自己的共用函數庫路徑。為減少每次查詢檔案的時間消耗，/etc/ld.so.conf 修改後，我們也可以使用 ldconfig 命令生成一個快取 /etc/ld.so.chche 以提高查詢效率。每當我們新增、刪除或修改共用函數庫的路徑時，使用 ldconfig 更新一下快取就可以了。

系統中的所有程式在執行時期，都會按照上面的這種方式查詢共用函數庫。有時候我們也可以使用 LD_LIBRARY_PATH 環境變數臨時改變共用函數庫的查詢路徑，而不會影響系統中的其他應用程式。我們可以將多個共用函數庫的路徑增加到這個環境變數中，各個路徑用冒號隔開。

```
# export LD_LIBRARY_PATH = /home/wit/lib:/usr/test/lib
```

透過前面 8 節的學習，我們對程式的編譯、連結、安裝、執行和動態連結等基本流程有了一個系統的認識。如果你對這些內容比較感興趣，想深入學習更多的細節，可以去閱讀本章開頭推薦的幾本書。作為一名嵌入式工程師，筆者覺得把前面幾節的知識掌握就已經足夠了：有了這些理論基礎，再去分析嵌入式系統中一些比較難理解的基礎知識，就不會感到那麼吃力和困難了，因為你會發現其實很多道理都是相通的。

4.9 外掛程式的工作原理

很多軟體為了擴充方便，具備通用性，普遍都支援外掛程式機制：主程序的邏輯功能框架不變，各個具體的功能和業務以動態連結程式庫的形式載入進來。這樣做的好處是軟體發佈以後不用重新編譯，可以直接透過外掛程式的形式來更新功能，實現軟體升值。

外掛程式的本質其實就是共用動態函數庫，只不過組裝的形式比較複雜。有了前面的知識鋪陳，我們再去理解外掛程式的工作原理就很輕鬆

了：主程序框架引用的外部模組符號，執行時期以動態連結程式庫的形
式載入進來並進行重定位，就可以直接呼叫了。我們只需要將這些功能
模組實現，做成支援動態載入的外掛程式，就可以很方便地擴充程式的
功能了。Linux 提供了專門的系統呼叫介面，支援顯性載入和引用動態連
結程式庫，常用的系統呼叫 API 如下。

（1）載入動態連結程式庫。

```
void *dlopen (const char *filename, int flag); void *Handle = dlopen
("./libtest.so", RTLD_LAZY);
```

dlopen() 函數返回的是一個 void * 類型的操作控制碼，我們透過這個控制
碼就可以操作顯性載入到記憶體中的動態函數庫。函數的第一個參數是
要打開的動態連結程式庫，第二個參數是打開標識位元，經常使用的標
記位元有如下幾種。

- RTLD_LAZY：解析動態函數庫遇到未定義符號不退出，仍繼續使用。
- RTLD_NOW：遇到未定義符號，立即退出。
- RTLD_GLOBAL：允許匯出符號，在後面其他動態函數庫中可以引用。

（2）獲取動態物件的位址。

```
void *dlsym (void *handle, char *symbol);
void (* funcp) (int , int);
funcp = (void(*)(int, int )) dlsym(Handle , "myfunc");
```

dlsym() 函數根據動態連結程式庫控制碼和要引用的符號，返回符號對應
的位址。一般我們要先定義一個指向這種符號類型的指標，用來儲存該
符號對應的位址。透過這個指標，我們就可以引用動態函數庫裡的這個
函數或全域變數了。

（3）關閉動態連結程式庫。

```
int dlclose (void *Handle);
```

該函數會將載入到記憶體的共用函數庫的引用計數減一,當引用計數為 0 時,該動態共用函數庫便會從系統中被移除。

(4)動態函數庫錯誤函數。

```
const chat *dlerror (void);
```

當動態連結程式庫操作函數失敗時,dlerror 將返回出錯資訊。若沒有出錯,則 dlerror 的返回值為 NULL。

接下來我們做一個實驗,將 sub.c 中的函數封裝成一個外掛程式(動態共用函數庫),然後在 main() 函數中顯性載入並呼叫它們。

```
#gcc sub.c -shared -fPIC -o libtest.so
#gcc main.c -ldl
#./a.out
```

在 main.c 中顯性載入動態函數庫的程式碼如下。

```
//sub.c
int add(int a, int b)
{
    return a + b;
}

int sub(int a, int b)
{
    return a - b;
}


//main.c
#include <stdio.h>
#include <stdlib.h>
#include <dlfcn.h>

typedef int (*cac_func)(int, int);

int main(void)
{
```

```
   void *handle;
   cac_func fp = NULL;

   handle = dlopen("./libtest.so", RTLD_LAZY);
   if(!handle)
   {
     fprintf(stderr, "%s\n", dlerror());
     exit(EXIT_FAILURE);
   }

   fp = dlsym(handle, "add");
   if (fp)
     printf("add:%d\n", fp(8,2));

   fp = (cac_func)dlsym(handle, "sub");
   if (fp)
     printf("sub:%d\n", fp(8, 2));

   dlclose(handle);
   exit(EXIT_SUCCESS);
}
```

4.10 Linux 核心模組執行機制

Linux 核心實現了一個比較酷的功能：支援模組的動態載入和執行。如果你實現了一個核心模組並打算執行它，你並不需要重新啟動系統，直接使用 insmod 命令載入即可，這個模組就像「補丁」一樣打進了 Linux 作業系統，並可以正常執行。一個最簡單的核心模組原始程式如下。

```
//helloworld.c
#include <linux/init.h>
#include <linux/module.h>

MODULE_LICENSE("GPL");

static int hello_init(void)
```

```
{
    printk(KERN_ALERT"---------------!\n");
    printk(KERN_ALERT"hello world!\n");
    printk(KERN_ALERT"hello zhaixue.cc!\n");
    printk(KERN_ALERT"---------------!\n");

    return 0;
}

static void __exit hello_exit(void)
{
    printk(KERN_ALERT"goodbye, crazy world!\n");
}

module_init(hello_init);
module_exit(hello_exit);
```

編譯核心模組的 Makefile。

```
.PHONY:all clean
ifneq ($(KERNELRELEASE),)
obj-m := hello.o
else
EXTRA_CFLAGS += -DDEBUG
KDIR := /home/linux-4.4.0
all:
    make CROSS_COMPILE=arm-linux-gnueabi- ARCH=arm -C $(KDIR) M=$(PWD) modules
clean:
    rm -fr *.ko *.o *.mod.o *.mod.c *.symvers *.order .*.ko .tmp_versions
.hello*
endif
```

上面的程式實現了一個最簡單的核心模組：一個 helloworld.c 檔案和一個
編譯需要的 Makefile。在 Linux 環境下，我們在命令列下進入存放這兩個
檔案的目錄，直接 make 就可以編譯生成核心模組 hello.ko。把 hello.ko
複製到 ARM 虛擬開發板平台 Vexpress，使用 insmod 命令就可以將 hello.
ko 動態載入到核心執行。

```
#make
#insmod helloworld.ko
  -----------------!
  hello world!
  hello zhaixue.cc!
  -----------------!
#lsmod
  hello 936 0 - Live 0x7f000000 (O)
#rmmod helloworld.ko
  goodbye, crazy world!
```

在 Linux 作業系統執行期間，我們可以直接向核心增加程式執行，我們
也可以動態移除這個模組。理解了動態連結原理，hello.ko 核心模組的執
行原理其實和共用函數庫的執行機制一樣，都是在執行期間載入到記憶
體，然後進行一系列空間分配、符號解析、重定位等操作。hello.ko 檔案
本質上和靜態程式庫、動態函數庫一樣，是一個可重定位的目的檔案。
我們可以透過 readelf 命令查看這個目的檔案的檔案標頭資訊。

```
#readelf -h hello.ko
ELF Header:
  Magic:   7f 45 4c 46 01 01 01 00 00 00 00 00 00 00 00 00
  Class:                             ELF32
  Data:                              2's complement, little endian
  Version:                           1 (current)
  OS/ABI:                            UNIX - System V
  ABI Version:                       0
  Type:                              REL (Relocatable file)
  Machine:                           ARM
  Version:                           0x1
  Entry point address:               0x0
  Start of program headers:          0 (bytes into file)
  Start of section headers:          30140 (bytes into file)
  Flags:                             0x5000000, Version5 EABI
  Size of this header:               52 (bytes)
  Size of program headers:           0 (bytes)
  Number of program headers:         0
  Size of section headers:           40 (bytes)
```

```
Number of section headers:         36
Section header string table index: 33
```

hello.ko 和動態函數庫的不同之處在於：一個執行在核心空間，一個執行在使用者空間。應用程式的執行依賴 C 標準函數庫實現的動態連結器來完成動態連結過程，而核心模組的執行不依賴 C 標準函數庫，動態連結、重定位過程需要核心自己來完成：模組的載入實現由系統呼叫 init_module 完成。當我們使用 insmod 命令載入一個核心模組時，基本流程如下。

（1）kernel/module.c/init_module。

（2）複製到核心：copy_module_from_user。

（3）位址空間分配：layout_and_allocate。

（4）符號解析：simplify_symbols。

（5）重定位：apply_relocations。

（6）執行：complete_formation。

具體程式就不分析了，有興趣的同學可以自行研究。

4.11 Linux 核心編譯和啟動分析

作業系統為應用程式提供了執行的處理程序環境和排程管理，那麼作業系統自身是如何執行和啟動的呢？有了前面的理論基礎，我們就以 Linux 為例，與大家分享在一個嵌入式系統中 Linux 核心鏡像是如何編譯和執行的。

在講解之前，我們首先做一個 Linux 核心啟動實驗，透過 U-boot 載入 Linux 核心鏡像 uImage 到記憶體的不同位置，觀察 Linux 核心啟動流程。

實驗環境如下。

- 硬體平台：使用 QEMU 模擬 ARM vexpress A9 開發板。
- RAM 大小設定：512MB。
- RAM 記憶體位址：0x60000000 ~ 0x7FFFFFFF。

實驗過程如下。

- 編譯核心鏡像，將 uImage 載入位址設定為 0x60003000，編譯生成 uImage。
- 將核心載入到 0x60003000 位址，然後 bootm 0x60003000。
- 將核心載入到 0x60004000 位址，然後 bootm 0x60004000。

透過實驗我們可以看到，雖然 uImage 被 U-boot 載入到了記憶體的 0x60003000 和 0x60004000 兩個不同的位址，但是透過 U-boot 的 bootm 命令都可以正常引導和執行。bootm 到底有什麼魔法，即使我們把鏡像檔案載入到了未指定的記憶體位址，也能讓 Linux 神奇般地啟動起來呢？要想一探究竟，還得溯本求源，從 Linux 核心的編譯連結說起。我們以編譯 Linux 核心鏡像 uImage 的 Log 資訊為切入點進行分析。

```
#make uImage LOADADDR=0x60003000
CC arch/arm/mm/mmu.o            ;上面省略的是編譯過程：將 .c 編譯為 .o 檔案
  ...                          ;前方高能預警
  LD      vmlinux
  SYSMAP  System.map
  OBJCOPY arch/arm/boot/Image
  Kernel: arch/arm/boot/Image is ready
  Kernel: arch/arm/boot/Image is ready
  LDS     arch/arm/boot/compressed/vmlinux.lds
  AS      arch/arm/boot/compressed/head.o
  GZIP    arch/arm/boot/compressed/piggy.gzip
  AS      arch/arm/boot/compressed/piggy.gzip.o
  CC      arch/arm/boot/compressed/misc.o
  CC      arch/arm/boot/compressed/decompress.o
  LD      arch/arm/boot/compressed/vmlinux
  OBJCOPY arch/arm/boot/zImage
  Kernel: arch/arm/boot/zImage is ready
```

```
  Kernel: arch/arm/boot/Image is ready
  Kernel: arch/arm/boot/zImage is ready
  UIMAGE  arch/arm/boot/uImage
Image Name:    Linux-4.4.0+
Created:       Fri Apr 24 19:11:09 2020
Image Type:    ARM Linux Kernel Image (uncompressed)
Data Size:     3460776 Bytes = 3379.66 kB = 3.30 MB
Load Address:  60003000
Entry Point:   60003000
Image arch/arm/boot/uImage is ready
```

編譯 Linux 核心鏡像的整個過程比較漫長,大概需要 5 分鐘,並有大量的編譯資訊列印出來。前期的列印資訊比較簡單,就是分別使用編譯器和組合語言器將對應的 .c 檔案和 .S 檔案編譯成 .o 格式的可重定位目的檔案。我們需要關注的核心過程在最後的連結和鏡像檔案的轉換部分。

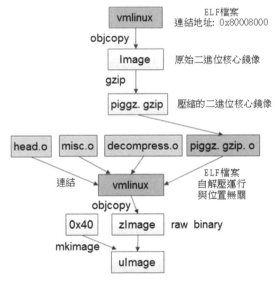

▲ 圖 4-30 Linux 核心鏡像 uImage 的編譯過程

Linux 核心鏡像 uImage 的編譯流程如圖 4-30 所示,結合編譯列印資訊我們可以看到,編譯器將所有的原始檔案編譯成對應的目的檔案後,接下來就是連結過程:將所有的目的檔案連結成 ELF 格式的可執行檔 vmlinux。

ELF 檔案格式是 Linux 環境下的可執行檔格式，無論是 GCC 編譯器還是 arm-linux-gcc 編譯器，最終生成的都是 ELF 格式的檔案。在 Linux 環境下，載入器根據 ELF 檔案裡的位址資訊，就可以將其載入到記憶體指定的位址執行的。Linux 核心是在裸機環境下啟動的，在啟動過程中並沒有 ELF 檔案的執行環境，需要將 ELF 檔案轉換為 BIN/HEX 格式的純二進位指令檔案。編譯器會呼叫 objcopy 命令刪除 vmlinux 可執行檔中不必要的 section，只保留程式碼片段、資料段等必要的 section，將 ELF 格式的 vmlinux 檔案轉換為原始的二進位核心鏡像 Image。

Image 是純指令檔案，可以在裸機環境下執行，但自身體積比較大（一般幾十兆以上），我們可以使用 gzip 工具對其進行壓縮，壓縮成名為 piggz.gzip 的二進位核心鏡像（一般大小為 3MB）。壓縮處理的好處是可以提高程式的啟動速度。因為核心載入執行時期，從 Flash 上讀取鏡像的速度是很慢的，我們透過先壓縮，載入到記憶體後再解壓這種操作，不僅可以節省 Flash 的儲存空間（尤其 NorFlash 還是很貴的），還可以節省鏡像的載入時間。

因為 piggz.gzip 是壓縮檔無法執行，所以我們還需要給它連結上一段解壓縮程式。連結器只能處理 ELF 格式的目的檔案，因此在連結之前，要先將壓縮檔 piggz.gzip 轉換為可重定位的目的檔案：piggy.gzip.o。在 ARM 平台下，解壓縮程式是由 arch/arm/boot/compressed/ 目錄下面的 head.o、misc.o、decompress.o 目的檔案組成的，這部分解碼程式使用 -fpic 參數編譯生成，其特點是與位置無關，放到哪裡都可以執行，它們透過連結器與 piggy.gzip.o 一起組裝成新的 ELF 檔案 vmlinux，然後使用 objcopy 工具將 vmlinux 轉換為純二進位的鏡像檔案 zImage，zImage 可以直接燒寫到 NOR Flash 或 NAND Flash 上，系統通電後載入到記憶體執行。

不同的嵌入式平台可能會使用不同的 BootLoader 來載入 Linux 核心鏡像的執行，常見的 BootLoader 有 U-boot、vivi、g-bios 等。使用 U-boot 引導核心的嵌入式平台通常會對 zImage 進一步轉換，給它增加一個 64 位元組的資料頭，用來記錄鏡像檔案的載入位址、入口位址、檔案大小、CPU 架構等資訊。我們可以使用 U-boot 提供的 mkimage 工具將 zImage 鏡像轉換為 uImage。

```
# mkimage -A arm -O linux -T kernel -C none -a 0x60003000 -e 0x60003000
-d zImage uImage
```

mkimage 常用的一些參數說明如下。

- -A：指定 CPU 架構類型。
- -O：指定作業系統類型。
- -T：指定 image 類型。
- -C：採用的壓縮方式有 none、gzip、bzip2 等。
- -a：核心載入位址。
- -e：核心鏡像入口位址。

走到這一步，U-boot 可以引導的 uImage 核心鏡像就生成了，整個 Linux 核心鏡像編譯流程就結束了。接下來我們繼續分析 U-boot 是如何載入 uImage 執行的。

U-boot 載入的 dtb 檔案和 bootargs 這裡暫不考慮，我們特別注意 uImage。在上面的實驗中，如圖 4-31 所示，當 uImage 被載入到記憶體不同的位址時，為什麼都可以正常啟動？我們先考慮圖 4-31 中的第一種情況，當 uImage 載入到記憶體中的位址等於編譯時指定的位址（0x60003000）時。

U-boot 提供了 bootm 機制來啟動核心的執行。bootm 會解析 uImage 檔案中 64（0x40）位元組的資料頭，解析出指定的載入位址，並和自己的啟動參數進行對比。若發現 bootm 參數位址和編譯時 -a 指定的載入位址 0x60003000 相同，就會直接跳過資料頭，如圖 4-32 所示，直接跳到 zImage 的入口位址 0x60003040 執行。

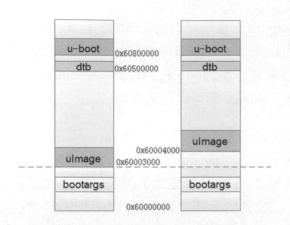

▲ 圖 4-31 將 uImage 載入到記憶體不同
　 的位址

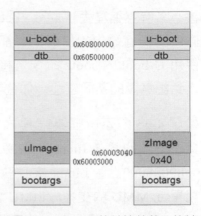

▲ 圖 4-32 bootm 位址等於載入位址
　 時的 uImage 執行

如果 bootm 發現自己的參數位址和 -a 指定的載入位址 0x60003000 不
同,它會把去掉 64 位元組資料頭的核心鏡像 zImage 複製到編譯時 -a 指
定的載入位址處,然後跳到該位址執行。如圖 4-33 所示,zImage 鏡像被
載入到了編譯時指定的 0x60003000 位址處,然後跳過來,就可以直接執
行 zImage 了。

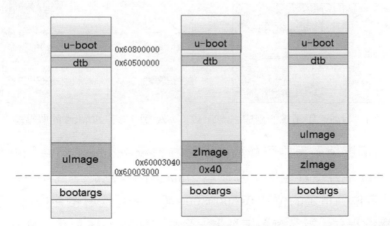

▲ 圖 4-33 bootm 位址不等於載入位址時的 uImage 執行

如圖 4-34 所示,zImage 是一個壓縮檔,在執行之前要先解壓出真正要執
行的核心鏡像 Image,然後才能跳到核心鏡像真正的入口處去啟動 Linux

核心。解壓縮程式 head.o、decompress.o 是一段與位置無關的程式,將它們放到記憶體中的任何位置都可以執行。大家有興趣可以做一個實驗,使用 U-boot 的 bootz 命令直接引導核心鏡像 zImage 執行。將 zImage 載入到記憶體的不同位址,你會發現 zImage 都可以正常啟動。

如圖 4-35 所示,解壓縮程式的主要作用就是從 zImage 檔案中解壓出真正的核心鏡像 Image,並將其重定位到編譯 Image 時指定的連結位址 0x80008000 上。Linux 核心執行使用的是虛擬位址,需要 CPU 硬體管理單元 MMU 的支援,MMU 會將虛擬位址轉換為對應的物理位址。在 ARM vexpress 平台上,核心的連結位址 0x80008000 會映射到實體記憶體 0x60008000 這個地方。zImage 的解壓縮程式會將 Image 解壓到記憶體 0x60008000 處,解壓成功後跳過去就可以直接啟動 Linux 核心了。

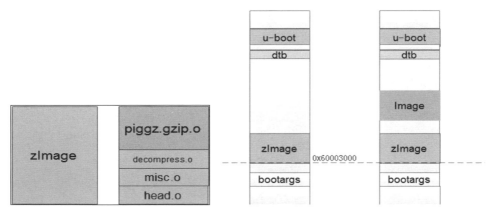

▲ 圖 4-34 zImage 壓縮檔的組成　　　▲ 圖 4-35 zImage 的解壓縮

zImage 在解壓縮過程中可能會遇到這種情況:zImage 自身剛好佔據了 0x60008000 這片位址空間,那麼當 zImage 的解壓縮程式將解壓出來的 Image 重定位到指定的位址 0x60008000 處時,可能會覆蓋掉自身正在執行的解壓縮程式。為了避免這種情況發生,如圖 4-36 所示,zImage 會將這部分解壓縮和重定位程式複製到一個安全的地方,如 Image 的後面,然後跳到這片重定位程式處執行,這樣就可以將 Image 鏡像安全地複製到 0x60008000 位址上了。

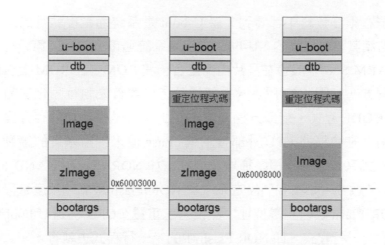

▲ 圖 4-36 位址衝突時的 zImage 自解壓過程

複製成功後，就可以直接跳到記憶體的 0x60008000 位址去執行 Linux 核心真正的程式了。因為 Image 鏡像連結時使用的是虛擬位址，所以在執行 Linux 核心的 C 語言函數之前，首先會執行一段組合語言程式碼來初始化堆疊環境，使能 MMU。啟動流程的程式追蹤就不具體分析了，大家有興趣可以去看視訊教學，或者參考下面的提示自行分析。

- 執行入口：arch/arm/kernel/head.S。
- 使能 MMU：__create_page_tables()。
- 跳入 C 語言函數：__mmap_switched/start_kernel()。

4.12 U-boot 重定位分析

在嵌入式系統中，經常會使用 U-boot 來引導 Linux 核心啟動。U-boot 比較有意思，不僅充當「載入器」的角色，引導 Linux 核心鏡像執行，還充當了「連結器」的角色，完成自身程式的複製及重定位。那麼 U-boot 到底是如何做到這些的呢？ U-boot 是如何啟動的呢？誰又來引導 U-boot 執行的呢？

大家可能在很多資料中都看到，説 U-boot 是系統通電後執行的第一行程式。這句話其實是錯誤的，U-boot 並不是系統通電後執行的第一行程式。現在的 ARM SoC 一般會在晶片內部整合一塊 ROM，在 ROM 上會固化一段啟動程式，如圖 4-37 所示，系統通電後，會首先執行固化在晶片內部的 ROMCODE 程式。這部分程式的主要工作就是初始化儲存介面、建立儲存映射，它會根據 CPU 外部接腳或 eFuse 值來判斷系統的啟動方式。一個嵌入式系統通常支援多種啟動方式，如 NOR Flash、NAND Flash 或者從 SD 卡啟動。如果我們設定系統從 NOR Flash 啟動，那麼這段程式就會將 NOR Flash 映射到零位址，然後系統重置，CPU 跳到 U-boot 中斷向量表中的第一行程式，即 NOR Flash 中的第一行程式去執行。

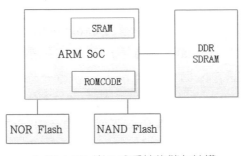

▲ 圖 4-37 嵌入式系統的儲存結構

我們也可以設定系統從 NAND Flash 或 SD 卡啟動。我們知道除了 SDRAM 和 NOR Flash 支持隨機讀寫，可以直接執行程式，其他 Flash 記憶體是不支援直接執行程式的，只能將程式複製到記憶體中執行。因為此時系統剛通電，記憶體還沒有初始化，所以系統一般會先將 NAND Flash 或 SD 卡中的一部分程式（前 4KB）複製到晶片內部的 SRAM 中去執行，映射 SRAM 到零位址，然後在這 4KB 程式中進行各種初始化、程式複製、重定位等工作，最後 PC 指標才跳到 SDRAM 記憶體中去執行程式。

在一個嵌入式系統中，無論採用哪種啟動方式，為提高執行效率，U-boot 在啟動過程中，都會將儲存在 ROM 上的自身程式複製到記憶體中重定位，然後跳躍到記憶體 SDRAM 中去執行。

那麼 U-boot 是如何完成自身程式的複製及重定位的呢？這一直是嵌入式學習的困難。接下來我們就以 U-boot 的啟動流程為切入點來分析 U-boot 的重定位過程。本書以 ARM 的 vexpress-A9 平台進行分析，使用的 U-boot 軟體版本為 201609，為了避免軟體版本更新帶來的差異，建議大家下載這個版本的 U-boot 原始程式。想要分析 U-boot 的啟動流程，我們還得溯本求源，從 U-boot 的編譯過程開始分析。

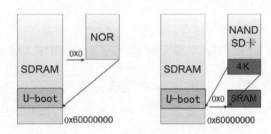

▲ 圖 4-38　U-boot 程式自複製和重定位

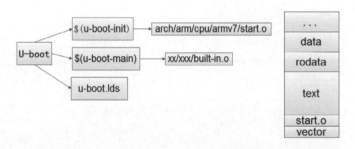

▲ 圖 4-39　U-boot 的編譯過程

我們可以從 Makefile 和連結指令稿 U-boot.lds 來分析 U-boot 可執行檔的生成過程。透過 Makefile，我們可以分析出 U-boot 啟動過程中涉及的幾個檔案：start.S、crt0.S、relocate.S。參考 U-boot.lds 連結指令稿，我們可以看到 U-boot 可執行檔中各個 section 的組裝順序及 U-boot 的連結過程。U-boot 在系統通電後的啟動過程中會涉及下面幾個檔案。

- arch/arm/lib/vector.S：b reset --> reset。
- arch/arm/cpu/armv7/start.S：reset --> _main。

- arch/arm/lib/crt0.S：main --> relocate_code。
- arch/arm/lib/relocate.S：relocate_code。

系統通電重置，ARM 首先會跳到中斷向量表執行重置程式，reset 重置程式定義在 start.S 組合語言檔案中，PC 指標會跳躍到 start.S 檔案執行該程式。系統通電重置程式主要執行下列操作。

- 設定 CPU 為 SVC 模式。
- 關閉 Cache，關閉 MMU。
- 設定看門狗、遮罩中斷、設定時鐘、初始化 SDRAM。

reset 重置程式會呼叫不同的副程式完成各種初始化，不同的副程式在不同的檔案中定義。reset 最後會跳到 crt0.S 中的 _main 組合語言副程式執行。_main 的核心組合語言程式碼如下。

```
;arch/arm/lib/crt0.S
ENTRY(_main)
    ldr  sp, =(CONFIG_SPL_STACK)
    bl board_init_f_alloc_reserve
    bl board_init_f_init_reserve
    bl board_init_f

    ldr  r0, [r9, #GD_RELOCADDR]   /* r0 = gd->relocaddr */
    b relocate_code

    ldr  r0, =__bss_start
    ldr  r3, =__bss_end
    subs r2, r3, r0           /* r2 = memset len */
    bl memset

    ldr  pc, =board_init_r
ENDPROC(_main)
```

在 _main 中主要執行以下操作。

- 初始化 C 語言執行環境、堆疊設定。
- 各種電路板等級裝置初始化、初始化 NAND Flash、SDRAM。

- 初始化全域結構變數 GD，在 GD 裡有 U-boot 實際載入位址。
- 呼叫 relocate_code，將 U-boot 鏡像從 Flash 複製到 RAM。
- 從 Flash 跳到記憶體 RAM 中繼續執行程式。
- BSS 段清零，跳入 bootcmd 或 main_loop 互動模式。

啟動過程中最關鍵的一步，也是比較難理解的一步就是呼叫 relocate_code 實現程式的複製與重定位操作。U-boot 是如何將自身程式從 Flash 複製到 RAM 中的？ U-boot 自身是如何從 Flash 跳到 RAM 中的？帶著這些疑問，我們從 relocate_code 這段組合語言程式碼慢慢分析。

relocate_code 在 relocate.S 組合語言檔案中定義，它會首先將 U-boot 自身的程式碼片段、資料段從 Flash 複製到 RAM，然後根據重新導向符號表，對記憶體中的程式進行重定位。接下來我們要思考的問題是，relocate_code 要將 U-boot 複製到記憶體的哪個位址呢？如何重定位？

首先解決第一個問題：U-boot 會被核心鏡像複製到記憶體中的什麼位址。舊版本的 U-boot 一般預設連結位址等於載入位址，而新版本的 U-boot 則採取不同的操作。無論編譯時的連結位址是多少，U-boot 可以根據硬體平台實際 RAM 的大小靈活設定載入位址，並儲存在全域資料 gd->relocaddr 中。透過這種方式可以更大程度地調配不同大小的記憶體設定、不同的啟動方式和不同的連結位址。核心鏡像一般會載入到記憶體的低端位址，U-boot 一般被載入到記憶體的高端位址，這樣做，一是防止 U-boot 在複製核心鏡像到記憶體時覆蓋掉自己，二是 U-boot 可以一直駐留在記憶體中，當我們使用 reboot 軟重新啟動 Linux 系統時，還可以回跳到 U-boot 執行。在 relocate_code 中，可以看到複製鏡像的核心程式。

```
;arch/arm/lib/relocate.S
ENTRY(relocate_code)
    ldr  r1, =__image_copy_start /*r1 <- SRC &__image_copy_start */
    subs r4, r0, r1          /* r4 <- relocation offset */
    beq  relocate_done       /* skip relocation */
    ldr  r2, =__image_copy_end /* r2 <- SRC &__image_copy_end */
```

```
copy_loop:
    ldmia   r1!, {r10-r11}      /* copy from source address [r1]  */
    stmia   r0!, {r10-r11}      /* copy to   target address [r0]  */
    cmp  r1, r2                 /* until source end address [r2]  */
    blo  copy_loop
```

U-boot 分別使用兩個零長度陣列 __image_copy_start 和 __image_copy_
end 來標記 U-boot 中要複製到記憶體中的指令程式碼片段。在複製之
前，要判斷連結位址 __image_copy_start 和儲存在 R0 中的實際載入位址
gd->relocaddr 是否相等，如果相等，則跳過複製過程。__image_copy_
start 在連結指令稿 U-boot.lds 中的位置如下。

```
ENTRY(_start)
SECTIONS
{
 . = 0x00000000;
 .text :{
  *(.__image_copy_start)
  *(.vectors)
  arch/arm/cpu/armv7/start.o (.text*)
  *(.text*)
 }
 .data : {
  *(.data*)
 }
 ...
  .image_copy_end :{
  *(.__image_copy_end)
 }
 ...
```

將 U-boot 複製到記憶體後，還需要對其重定位，然後才能跳到 RAM 中
執行。舊版本的 U-boot 在進行重定位之前，會進行判斷：當前執行位址
是否等於連結位址，如果兩者位址相同或者直接從 SDRAM 啟動，則不
需要重定位。新版本的 U-boot 無論採用哪種啟動方式都需要重定位。

透過前面的學習我們已經知道，動態連結程式庫為了讓多個處理程序共

用，使用了 -fpic 參數編譯，生成了與位置無關的程式 + GOT 表的形式：
與位置無關的程式採用相對定址，無論載入到記憶體中的任何地方都可以
執行；GOT 表放到資料段中，位置是固定不變的，當程式要存取動態函
數庫中的絕地位址符號時，可先透過相對定址跳到 GOT 表中查詢該符號
的真真實位址，然後跳過去執行即可。動態函數庫重定位時只需要根據載
入到記憶體中的實際位址修改 GOT 表就可以了，其他程式不需要修改。

U-boot 的重定位操作和動態連結程式庫類似，採用與位址無關程式 + 符
號表的形式來完成重定位操作：符號表中儲存的是程式中引用的絕對符
號位址，如全域變數的位址、函數的位址等。符號表緊挨著程式碼片
段，位置在編譯時就已經固定死了，程式存取全域變數時，可先透過相
對定址跳到符號表，在符號表中找到變數的真真實位址，然後就可以直
接存取變數了。為了簡化分析，我們假設 U-boot 編譯時以 0x1000 為連
結起始位址，實際執行的載入位址為 0x3000，程式中引用了 3 個全域變
數符號：i、j、k，這 3 個全域變數被儲存在資料段中。

編譯生成的 U-boot ELF 檔案如圖 4-40 所示，程式碼片段起始位址為
0x1000，資料段的起始位址為 0x1500。程式碼片段中引用了全域變數符
號，將這些符號的位址放置在程式碼片段後面的符號表中，符號表緊挨
著程式碼片段，符號表的起始位址為 0x1100。

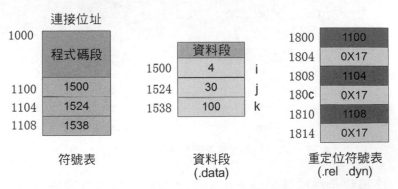

▲ 圖 4-40　可執行檔中各符號的位址

U-boot 檔案中還有一個重定位符號表 .rel.dyn，每一項占兩個字大小，採用位址 +R_ARM_RELATIVE 的形式，記錄符號表中每一個符號（i、j、k）在符號表中的位置。可重定位符號表的起始位址為 0x1800，我們可以透過 readelf 命令查看其資訊。

```
# readelf -r U-boot
Offset    Info     Type
1100    00000017 R_ARM_RELATIVE
1104    00000017 R_ARM_RELATIVE
1108    00000017 R_ARM_RELATIVE
...
```

U-boot 在啟動過程中，呼叫 relocate_code 將自身鏡像複製到記憶體的 0x3000 位址處，此時記憶體中的程式碼片段起始位址就變成了 0x3000，資料段中全域變數 i 的位址也從 0x1500 變成了 0x3500。此時如果 PC 指標直接跳到記憶體執行，試圖存取全域變數 i 就會失敗，因為當它透過相對定址跳到符號表的 0x3100 位址處查詢變數 i 的位址時，發現 i 的位址仍為 1500。將 U-boot 鏡像載入到記憶體後，各個段的位址變化如圖 4-41 所示。

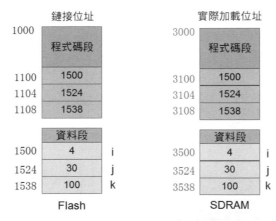

▲ 圖 4-41 U-boot 載入到記憶體後符號的位址變化

程式搬移導致全域符號的位址也發生了偏移，但是符號表中的這些位址仍是以前的老位址，我們需要進行重定位操作：刷新符號表中這些符號

的真真實位址就可以了。在重定位符號表 .rel.dyn 中記錄每一個需要重定
位符號的位址，根據這些資訊，我們就可以一個一個地更新符號表中的
所有符號（全域變數 i、j、k 在記憶體中的真真實位址）。重定位前後，
符號表中的變化如圖 4-42 所示。

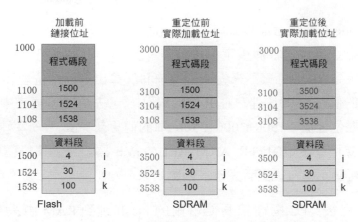

▲ 圖 4-42 U-boot 重定位前後各符號的位址變化

重定位後，符號表中全域變數 i 的位址就更新為在記憶體中的真真實位址
0x3500 了，PC 指標跳到記憶體執行後就可以根據符號表中的位址正常存
取變數 i 了。搞清楚了重定位的基本流程，我們再來分析組合語言程式碼
是怎麼實現的就比較輕鬆了。

```
;arch/arm/lib/relocate.S
/* fix .rel.dyn relocations*/
   ldr  r2, =__rel_dyn_start      /* r2 <- SRC &__rel_dyn_start */
   ldr  r3, =__rel_dyn_end        /* r3 <- SRC &__rel_dyn_end */
fixloop:
   ldmia  r2!, {r0-r1}            /* r0=1100 */
   and  r1, r1, #0xff             /* r1=0x17 */
   cmp  r1, #23                   /* relative fixup? */
   bne  fixnext
                            /* relative fix: increase location by offset */
   add  r0, r0, r4                /* r0=1100+2000=3100 */
   ldr  r1, [r0]                  /* r1=1500 */
   add  r1, r1, r4                /* r1=1500+2000=3500*/
```

```
    str  r1, [r0]                    /* *(0x3100)=3500 */
 fixnext:
    cmp  r2, r3
    blo  fixloop
 relocate_done:
    bx lr                            /* 完成重定位，跳到記憶體 RAM 中執行 */
```

relocate_code 組合語言副程式將 U-boot 從 Flash 複製到 RAM 後，接下來
的操作就是重定位。根據重定位符號表（.rel.dyn）找到符號表中每一項
位址並存放到 R0 中，接下來就是根據前面計算出的連結位址和實際載入
位址之間的偏差 2000（儲存在 R4 暫存器中），去更新符號表中 i 在記憶
體中的實際位址值：1500+2000=3500。i 的值更新完畢，一個迴圈結束，
接下來根據可重定位中的 R_ARM_RELATIVE 標記繼續下一個迴圈，直
到所有的可重定位符號更新完畢，迴圈結束。

重定位結束後，PC 指標就要從當前的 Flash 跳到 RAM 中去執行了，
bx lr 完成了這個偉大的一跳。具體是怎麼實現的呢？讓我們再回到呼叫
relocate_code 的 _main 組合語言程式碼中。

```
 ;arch/arm/lib/crt0.S
 ENTRY(_main)
    ...
    adr  lr, here
    ldr  r0, [r9, #GD_RELOC_OFF] /* r0 = gd->reloc_off */
    add  lr, lr, r0
    b  relocate_code
 here:
    bl relocate_vectors
    ...
    ldr  pc, =board_init_r
 ENDPROC(_main)
```

全域變數 gd->relocoff 裡存放的是 U-boot 連結位址和實際載入位址之間
的偏差。為了能在 relocate_code 完成程式的搬運和重定位後，直接跳到
RAM 去執行，程式在呼叫 relocate_code 副程式之前對程式作了一些小手

腳，將 relocate_code 的返回位址 here 修改為 here+0x2000，即重定位後 here 標籤在記憶體中的位址。這個位址儲存到了連結暫存器 LR 中，等 relocate_code 透過 bx lr 返回時，LR 返回位址給予值給 PC，PC 指標就可以直接跳到 RAM 的 here 標籤處執行了！

U-boot 跳到記憶體執行後，還需要解決的一個問題是中斷向量表的重定位，以及後續的各種初始化。最後 PC 指標會呼叫 board_initr 去執行使用者定義的 bootcmd，或者進入 main_loop 互動模式。這是重定位之外的話題了，大家有興趣可以自行分析。

4.13 常用的 binutils 工具集

在本章的學習中，為了查看和分析目的檔案、可執行檔的內部組成，我們使用了很多命令，如 objdump、readelf 等。這些命令都是編譯器提供的，如 GNU C 編譯器套件，不僅包含程式編譯時使用的編譯器、連結器，還會提供一系列工具，這些工具被稱為 GNU 工具集：binutils tools。GNU 工具集主要用來協助程式的編譯、連結、偵錯過程，支援不同格式的檔案相互轉換，以及針對特定的處理器做最佳化等。常用的 binutils 工具如表 4-1 所示。

表 4-1 常用的 binutils 工具

工具名	用　途
nm	列出目的檔案中的符號
size	列出目的檔案的各個段的大小和總大小，如程式碼片段、資料段等
addr2line	將程式位址翻譯成檔案名稱和行號
objcopy	section 複製、刪除
objdump	顯示目的檔案的資訊、反組譯
readelf	顯示有關 ELF 檔案的資訊

其中 readelf 是我們比較常用的命令，主要用來查看二進位檔案的各個 section 資訊。readelf 命令的各種參數和說明如表 4-2 所示。

表 4-2　readelf 命令的參數和說明

參　數	說　明
-a	讀取所有符號表的內容
-h	讀取 ELF 檔案表頭
-l	顯示程式頭表（可執行檔，目的檔案無該表）
-S	讀取節頭表（section headers）
-s	顯示符號表
-e	顯示目的檔案所有的標頭資訊
-n	顯示 node 段的資訊
-r	顯示 relocate 段的資訊
-d	顯示 dynamic section 資訊
-g	顯示 section group 的資訊

objdump 主要用來反組譯，將可執行檔的二進位指令反組譯成組合語言檔案。objdump 命令的各種參數和說明如表 4-3 所示。

表 4-3　objdump 命令的參數和說明

參　數	說　明
-x	輸出目的檔案的所有 header 資訊
-t	輸出目的檔案的符號表
-h	輸出目的檔案的節頭表資訊
-j section	僅反組譯指定的 section
-S	將程式碼片段反組譯的同時，將反組譯程式和原始程式交替顯示
-D	對二進位檔案進行反組譯，反組譯所有的 section
-d	反組譯程式碼片段
-f	顯示檔案標頭資訊
-s	顯示目的檔案的全部 header 資訊，以及它們對應的十六進位檔案程式

objcopy 命令主要用來將一個檔案的內容複製到另一個目的檔案中，對目的檔案實行格式轉換。objcopy 命令的各種參數和說明如表 4-4 所示。

表 4-4 objcopy 命令的參數和說明

參 數	說 明
-R name	從檔案中刪除所有名為 .name 的段
-S	不從原始檔案複製重定位和符號資訊到輸出目的檔案
-g	不從原始檔案複製偵錯符號到輸出目的檔案
-j section	只複製指定的 section 到輸出檔案
-K symbol	從原始檔案複製名為 symbol 的符號，其他不複製
-N symbol	不從原始檔案複製名為 symbol 的符號
-L symbol	將符號 symbol 檔案內部局部化，外部不可見
-W symbol	將符號 symbol 轉為弱符號

熟練掌握這些工具的使用，可以幫助我們快速分析各種二進位檔案、可執行檔的內部資訊。掌握這些工具的使用對底層開發也很有幫助。如果我們想將一個 ELF 檔案轉換為 BIN 檔案，則可以使用下面的命令。

```
# arm-linux-gnueabi-objcopy -O binary -R .comment -S uboot uboot.bin
```

各個參數的說明如下。

- -O binary：輸出為原始的二進位檔案。
- -R .comment：刪除 section .comment。
- -S：重定位、符號表等資訊不要輸出到目的檔案 U-boot.bin 中。

如果想將一個二進位的 BIN 檔案轉換為十六進位的 HEX 檔案，則可以使用下面的命令。

```
# objdump -I binary -O ihex U-boot.bin U-boot.hex
```

檔案經過轉換後，有些執行的輔助資訊就遺失掉了，它們的載入和啟動方式也會隨之變化。

4.13 常用的 binutils 工具集

05

記憶體堆疊管理

透過上一章的學習，我們已經對程式的編譯、連結、安裝和執行有了一個大致的了解。我們在 C 程式中定義的函數、全域變數、靜態變數經過編譯連結後，分別以 section 的形式儲存在可執行檔的程式碼片段、資料段和 BSS 段中。當程式執行時期，可執行檔首先被載入到記憶體中，各個 section 分別載入到記憶體中對應的程式碼片段、資料段和 BSS 段中。需要動態連結的動態函數庫也被載入到記憶體中，完成程式的連結和重定位操作，以保證程式的正常執行。一個可執行檔被載入到記憶體中執行時期，它在記憶體空間的分佈如圖 5-1 所示。

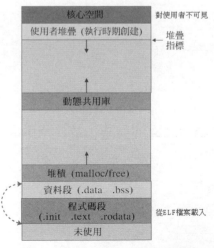

▲ 圖 5-1 程式執行時期的記憶體分佈

程式在執行過程中，其實還有一些細節值得我們繼續研究：我們在函數內定義的區域變數是儲存在哪裡的？如何存取它們？可以像全域變數一樣透過變數名存取嗎？我們使用 malloc/free 申請的記憶體，又是在記憶體的什麼地方？

其實在記憶體中有專門的堆疊空間，如圖 5-1 所示，函數的區域變數是儲存在堆疊中的，而我們使用 malloc 申請的動態記憶體則是在堆積空間中分配的。它們是程式執行時期比較特殊的兩塊記憶體區域：一塊由系統維護，一塊由使用者自己申請和釋放。本章將對這兩塊區域繼續展開分析。

5.1 程式執行的「馬甲」：處理程序

在作業系統下執行一個程式，大到幾 GB 的《絕地求生》《英雄聯盟》，小到一個簡單的 helloworld 應用程式，一般都會封裝成處理程序的形式，由作業系統管理、排程和執行。我們以一個 helloworld 應用程式為例。

```
//hello.c
#include <stdio.h>

int main (void)
{
    printf("hello world\n");
    while (1);
    return 0;
}
```

在 Shell 終端下編譯執行上面的程式，並使用 pstree 命令查看處理程序樹。

```
# gcc hello.c -o hello
# ./hello &
# ps
    PID  TTY       TIME  CMD
  11527 pts/4   00:00:00 bash
```

```
    11572 pts/4     00:03:44 hello
    11596 pts/4     00:00:00 ps
# pstree -h 11527
    bash──┬──hello
          └──pstree
```

透過列印資訊可以看到，Shell 虛擬終端 bash 本身也是以處理程序的形式執行的，處理程序 PID 為 11527。當我們在 Shell 互動環境下執行 ./hello 時，bash 會解析我們的命令和參數，呼叫 fork 創建一個子處理程序，接著呼叫 exec() 函數將 hello 可執行檔的程式碼片段、資料段載入到記憶體，替換掉子處理程序的程式碼片段和資料段。然後 bash 會解析我們在互動環境下輸入的參數，將解析的參數列表 argv 傳遞給 main，最後跳到 main() 函數執行。

當我們使用 pstree 命令查看 bash 的處理程序樹時也是如此，pstree 本身也變成了 bash 的一個子處理程序。在 Linux 系統中，每個處理程序都使用一個 task_struct 結構表示，各個 task_struct 組成一個鏈結串列，由作業系統的排程器管理和維護，每一個處理程序都會接受作業系統的任務排程，輪流佔用 CPU 去執行。只要輪換的速度足夠快，就會讓你有種錯覺：你可以一邊聽歌，一邊聊天打字，一邊下載檔案，感覺所有的程式在同時執行。在 Linux 環境下，一個可執行檔的載入執行過程如圖 5-2 所示。

程式是安裝在磁碟上某個路徑下的二進位檔案，而處理程序則是一個程式執行的實例：作業系統會從磁碟上載入這個程式到記憶體，分配對應的資源、初始化相關的環境，然後排程執行。程式和處理程序的關係就好比計程車和顧客坐計程車的關係。計程車只是一個交通工具，停在馬路旁，而顧客坐計程車則是一個計程車執行實例，需要軟體排程執行，分配相關資源，如司機、汽油、馬路等，然後計程車才能完成這次任務。一個處理程序實例不僅包括組合語言指令程式、資料，還包括處理程序上下文環境、CPU 暫存器狀態、打開的檔案描述符、訊號、分配的實體記憶體等相關資源。

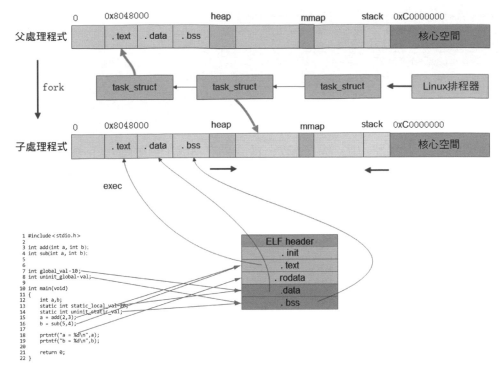

▲ 圖 5-2 從可執行檔到處理程序

在一個處理程序的位址空間中，程式碼片段、資料段、BSS 段在程式載入執行後，位址就已經固定了，在整個程式執行期間不再發生變化，這部分記憶體一般也稱為靜態記憶體。而在程式中使用 malloc 申請的記憶體、函式呼叫過程中的堆疊在程式執行期間則是不斷變化的，這部分記憶體一般也稱為動態記憶體。使用者使用 malloc 申請的記憶體一般被稱為堆積記憶體（heap），函式呼叫過程中使用的記憶體一般被稱為堆疊記憶體（stack）。

5.2 Linux 環境下的記憶體管理

要想深入理解記憶體中的堆疊管理機制，孤立地分析並不是一個好方法，因為堆疊記憶體不是僅靠程式本身來維護的，而是由作業系統、編譯器、CPU、實體記憶體相互配合實現的。因此在本章學習之前，我們首先要對 Linux 作業系統的記憶體管理有一個全域的認識，在一個宏觀的框架背景下分析一個具體問題，才不會因深入細節而迷失全域。

在 Linux 環境下執行的程式，在編譯時連結的起始位址都是相同的，而且是一個虛擬位址。Linux 作業系統需要 CPU 記憶體管理單元的支援才能執行，Linux 核心透過頁表和 MMU 硬體來管理記憶體，完成虛擬位址到物理位址的轉換、記憶體讀寫許可權管理等功能。可執行檔在執行時期，載入器將可執行檔中的不同 section 載入到記憶體中讀寫許可權不同的區域，如程式碼片段、資料段、.bss 段、.rodata 段等。

電腦上執行的程式主要分為兩種：作業系統和應用程式。每一個應用程式處理程序都有 4 GB 大小的虛擬位址空間。為了系統的安全穩定，0~4GB 的虛擬位址空間一般分為兩部分：使用者空間和核心空間。0~3GB 位址空間給應用程式使用，而作業系統一般執行在 3~4GB 核心空間。透過記憶體許可權管理，應用程式沒有許可權存取核心空間，只能透過中斷或系統呼叫來存取核心空間，這在一定程度上保障了作業系統核心程式的穩定執行。

現在很多高端的 SoC 晶片，隨著整合的 IP 模組越來越多，導致 Linux 核心鏡像執行時期需要的位址空間也越來越大。在很多處理器平台下，大家也經常看到如圖 5-3 所示的劃分：0~2GB 的位址空間為使用者空間，2~4GB 的位址空間為核心空間。所有使用者處理程序共用核心位址空間，但獨享各自的使用者位址空間。

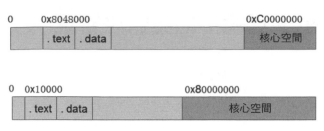

▲ 圖 5-3 核心空間和使用者空間

在 Linux 環境下，雖然所有的程式編譯時使用相同的連結位址，但在程式執行時期，相同的虛擬位址會透過 MMU 轉換，映射到不同的實體記憶體區域，各個可執行檔被載入到記憶體不同的物理頁上。如圖 5-4 所示，每個處理程序都有各自的頁表，用來記錄各自處理程序中虛擬位址到物理位址的映射關係。

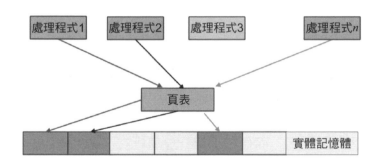

▲ 圖 5-4 虛擬位址到物理位址的映射

透過這種位址管理，每個處理程序都可以獨享一份獨立的、私有的 3GB 使用者空間。編譯器在編譯器時，不用考慮每個程式在實際實體記憶體中的位址分配問題。透過記憶體讀寫許可權管理，可以保護每個處理程序的空間不被其他處理程序破壞，從而保障系統的安全執行。我們本章要學習的堆疊空間，其實也可以完全不用考慮實體記憶體分配的問題，直接從每個處理程序的虛擬空間申請和釋放，不用關心底層到底是如何映射到實體記憶體的，Linux 的記憶體管理系統會自動幫我們完成這些轉換，不會影響我們對編譯原理和堆疊記憶體的分析。

透過圖 5-5，我們可以先了解一下堆疊記憶體在 Linux 處理程序空間的位址分佈。堆積記憶體一般在 BSS 段的後面，隨著使用者使用 malloc 申請的記憶體越來越多，堆積空間不斷往高位址增長。堆疊空間則緊挨著核心空間，ARM 使用的是滿遞減堆疊，堆疊指標會從使用者空間的高位址往低位址不斷增長。在堆疊之間的一片茫茫空間中，還有一塊區域叫作 MMAP 區域，我們上一章學習的動態共用函數庫就是使用這片位址空間的。

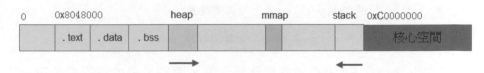

▲ 圖 5-5 Linux 處理程序的虛擬位址空間分佈

5.3 堆疊的管理

堆疊的英文叫作 stack，堆積與堆疊不是同一個概念，它們是記憶體中兩個不同的區域，管理和維護方式也不相同。

我們這一節先從堆疊講起。首先堆疊是一種資料結構，它的特點是先進後出（First Input Last Output，FILO）。和圖 5-6 所示的藥片一樣，最先存入堆疊中的堆疊元素要等上面的藥片先取出後才能最後彈出來。

▲ 圖 5-6 藥片的 FILO 結構

堆疊有兩種基本操作：存入堆疊（push）和移出堆疊（pop）。存入堆疊是把一個堆疊元素存入堆疊中，而移出堆疊則是從堆疊中彈出一個堆疊元素。存入堆疊和移出堆疊都靠堆疊指標（Stack Pointer，SP）來維護，SP 會隨著存入堆疊和移出堆疊在堆疊頂上下移動。如圖 5-7 所示，根據堆疊指標 SP 指向堆疊頂元素的不同，堆疊可分為滿堆疊和空堆疊；根據堆疊的生長方向不同，堆疊又分為遞增堆疊和遞減堆疊。

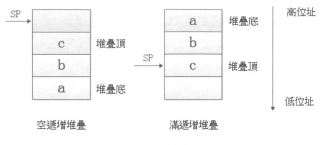

▲ 圖 5-7　堆疊的分類

滿堆疊的堆疊指標 SP 總是指向堆疊頂元素，而空堆疊的堆疊指標則指向堆疊頂元素上方的可用空間；一個堆疊元素存入堆疊時，遞增堆疊的堆疊指標從低位址往高位址增長，而遞減堆疊的堆疊指標則從高位址往低位址增長。堆疊的類型不同，移出堆疊和存入堆疊時堆疊指標的操作方式也不同，以圖 5-8 所示的滿遞減堆疊為例，堆疊指標 SP 指向堆疊頂元素 c，當有新元素存入堆疊時，會先移動堆疊指標，然後把新元素 d 放入 SP 指向的空間即可完成存入堆疊操作。移出堆疊的順序則剛好相反，先彈移出堆疊頂元素，然後移動堆疊指標，指向下一個堆疊頂元素。

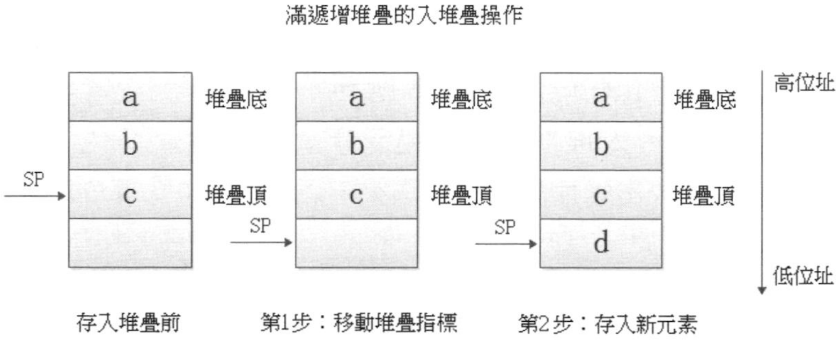

滿遞增堆疊的入堆疊操作

▲ 圖 5-8　堆疊的存入堆疊操作

堆疊是 C 語言執行的基礎。C 語言函數中的區域變數、傳遞的實際參數、返回的結果、編譯器生成的臨時變數都是儲存在堆疊中的，離開了堆疊，C 語言就無法執行。在很多嵌入式系統的啟動程式中，你會看到：系統一通電開始執行的都是組合語言程式碼，在跳到第一個 C 語言函數執行之前，都要先初始化堆疊空間。

5.3.1 堆疊的初始化

堆疊的初始化其實就是堆疊指標 SP 的初始化。在系統啟動過程中，記憶體初始化後，將堆疊指標指向記憶體中的一段空間，就完成了堆疊的初始化，堆疊指標指向的這片記憶體空間被稱為堆疊空間。不同的處理器一般都會使用專門的暫存器來儲存堆疊的起始位址，X86 處理器一般使用 ESP（堆疊頂指標）和 EBP（堆疊底指標）來管理堆疊，而 ARM 處理器則使用 R13 暫存器（SP）和 R11 暫存器（FP）來管理堆疊。

在堆疊的初始化過程中，堆疊在記憶體中的起始位址還是有點講究的。ARM 處理器使用的是滿遞減堆疊，在 Linux 環境下，堆疊的起始位址一般就是處理程序使用者空間的最高位址，緊挨著核心空間，堆疊指標從高位址往低位址增長。為了防止黑客堆疊溢位攻擊，新版本的 Linux 核心一般會將堆疊的起始位址設定成隨機的，如圖 5-9 所示，每次程式執行，堆疊的初始化起始位址都會基於使用者空間的最高位址有一個隨機的偏移，每次堆疊的起始位址都不一樣。

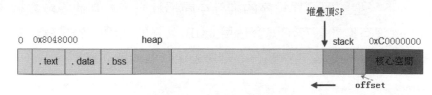

▲ 圖 5-9 堆疊的起始位址

堆疊初始化後，堆疊指標就指向了這片堆疊空間的堆疊頂，當需要存入堆疊、移出堆疊操作時，堆疊指標 SP 就會隨著堆疊頂的變化上下移動。在一個滿遞減堆疊中，堆疊指標 SP 總是指向堆疊頂元素。

在堆疊的初始化過程中，除了指定堆疊的起始位址，我們還需要指定堆疊空間的大小。在 Linux 環境下，我們可以透過下面的命令來查看和設定堆疊的大小。

```
#ulimit -s          // 查看堆疊大小，單位是 KB
 8192
#ulimit -s 4096  // 設定堆疊空間大小為 4MB
```

Linux 預設給每一個使用者處理程序堆疊分配 8MB 大小的空間。堆疊的容量如果設定得過大，則會增加記憶體銷耗和啟動時間；如果設定得過小，則程式超移出堆疊設定的記憶體空間又容易發生堆疊溢位（Stack Overflow），產生段錯誤。一個函數內定義的區域變數都是儲存在堆疊空間的，我們據此可以撰寫一個讓堆疊溢位的最簡單程式。

```
//hello.c
#include <stdio.h>

int main(void)
{
   char a[8*1024*1024];
   int i;
   printf("hello world!\n");
   return 0;
}
```

我們在 main() 函數中定義的陣列 a 是儲存在堆疊中的，占了 8MB 的堆疊空間，一下子把整個處理程序的堆疊空間都耗光了，其他區域變數（如變數 i）就沒有空間儲存，就會佔用 8MB 以外的空間，於是就發生了堆疊溢位。編譯上面的程式並執行，你會發現一個段錯誤。

```
#./a.out
Segmentation fault (core dumped)
```

在設定堆疊大小時，我們要根據程式中的變數、陣列對堆疊空間的實際需求，設定合理的堆疊大小。使用者在撰寫程式時，為了防止堆疊溢位，可以參考下面的一些原則。

- 儘量不要在函數內使用大陣列，如果確實需要大塊記憶體，則可以使用 malloc 申請動態記憶體。
- 函數的嵌套層數不宜過深。
- 遞迴的層數不宜太深。

5.3.2 函式呼叫

堆疊是 C 語言執行的基礎，一個函數內定義的區域變數、傳遞的實際參數都是儲存在堆疊中的。每一個函數都會有自己專門的堆疊空間來儲存這些資料，每個函數的堆疊空間都被稱為堆疊幀（Frame Pointer，FP）。每一個堆疊幀都使用兩個暫存器 FP 和 SP 來維護，FP 指向堆疊幀的底部，SP 指向堆疊幀的頂部。

函數的堆疊幀除了儲存區域變數和實際參數，還用來儲存函數的上下文。如圖 5-10 所示，我們在 main() 函數中呼叫了 f() 函數，main() 函數的堆疊幀基址 FP、main() 函數的返回位址 LR，都需要儲存在 f() 函數的堆疊幀中。當 f() 函數執行結束退出時就可以根據堆疊中儲存的位址返回函數的上一級繼續執行。

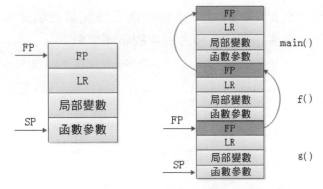

▲ 圖 5-10 函數的堆疊幀

一個程式中往往存在多級函式呼叫，每一級呼叫都會執行不同的函數，每個函數都有自己的堆疊幀空間，每一個堆疊幀都有堆疊底和堆疊頂，無論函式呼叫執行到哪一級，SP 總是指向當前正在執行函數堆疊幀的堆疊頂，而 FP 總是指向當前執行函數的堆疊底。

在每一個函數堆疊幀中，除了要儲存區域變數、函數實際參數、函式呼叫者的返回位址，有時候編譯過程中的一些臨時變數也會儲存到函數的堆疊幀中，為了簡化分析，我們暫不考慮這些。除此之外，上一級函數堆疊幀的起始位址，即堆疊底也會儲存到當前函數的堆疊幀中，多個堆疊幀透過 FP 組成一個鏈，這個鏈就是某個處理程序的函式呼叫堆疊。很多偵錯器支持回溯功能，其實就是基於這個呼叫鏈來分析函數的呼叫關係的。

下面我們就透過組合語言程式碼分析，給大家演示一下在函式呼叫過程中，記憶體中函數堆疊幀的動態變化。為了能看懂 ARM 組合語言指令，我們先複習一下暫存器間接定址及存入堆疊移出堆疊的指令。

```
LDR R0, [R1,#4]      ;R0<--[R1+4]，將記憶體 R1+4 位址上的資料傳送到 R0
LDR R0, [R1,#4]!     ;R0<--[R1+4],R1=R1+4 指令結束後，R1 暫存器的位址會加 4
LDR R0, [R1], #4     ;R0<--[R1], R1=R1+4
LDR R0, [R1,R2]      ;R0<--[R1+R2]
PUSH {FP,LR}         ;依次將 FP、LR 存入堆疊中，SP 指向新的堆疊頂 SP-->LR
POP {FP,PC}          ;移出堆疊操作：[SP]-->PC, sp=sp+4,[SP]-->FP
```

接下來我們寫一個簡單的程式，透過觀察區域變數在函數堆疊幀的動態變化，來研究 C 語言是透過何種方式存取區域變數的。

```c
//test.c

int g (void)
{
    int x = 100;
    int y = 200;
    return 300;
}


int f (void)
{
```

```
    int l = 20;
    int m = 30;
    int n = 40;
    g();
    return 50;
}

int main (void)
{
    int i = 2;
    int j = 3;
    int k = 4;
    f();
    return 0;
}
```

在上面的範例程式中，我們實現了三級函式呼叫：main() 函式呼叫 f() 函數，f() 函式呼叫 g() 函數，每個函數都有區域變數和返回值。我們首先使用 ARM 交叉編譯器對原始檔案進行編譯，執行無誤後再進行反組譯，查看對應的組合語言程式碼。

```
#arm-linux-gnueabi-gcc test.c -o a.out
#arm-linux-gnueaibi-objdump -D a.out > a.S
#cat a.S
00010400 <g>:
   10400: e52db004 push {fp} ; (str fp, [sp, #-4]!)
   10404: e28db000 add   fp, sp, #0
   10408: e24dd00c sub   sp, sp, #12
   1040c: e3a03064 mov   r3, #100 ; 0x64
   10410: e50b300c str   r3, [fp, #-12]
   10414: e3a030c8 mov   r3, #200 ; 0xc8
   10418: e50b3008 str   r3, [fp, #-8]
   1041c: e3a03f4b mov   r3, #300 ; 0x12c
   10420: e1a00003 mov   r0, r3
   10424: e24bd000 sub   sp, fp, #0
   10428: e49db004 pop   {fp}; (ldr fp, [sp], #4)
   1042c: e12fff1e bx lr
00010430 <f>:
```

```
   10430: e92d4800  push {fp, lr}
   10434: e28db004  add   fp, sp, #4
   10438: e24dd010  sub   sp, sp, #16
   1043c: e3a03014  mov   r3, #20
   10440: e50b3010  str   r3, [fp, #-16]
   10444: e3a0301e  mov   r3, #30
   10448: e50b300c  str   r3, [fp, #-12]
   1044c: e3a03028  mov   r3, #40; 0x28
   10450: e50b3008  str   r3, [fp, #-8]
   10454: ebffffe9  bl 10400 <g>
   10458: e3a03032  mov   r3, #50; 0x32
   1045c: e1a00003  mov   r0, r3
   10460: e24bd004  sub   sp, fp, #4
   10464: e8bd8800  pop   {fp, pc}
00010468 <main>:
   10468: e92d4800  push {fp, lr}
   1046c: e28db004  add   fp, sp, #4
   10470: e24dd010  sub   sp, sp, #16
   10474: e3a03002  mov   r3, #2
   10478: e50b3010  str   r3, [fp, #-16]
   1047c: e3a03003  mov   r3, #3
   10480: e50b300c  str   r3, [fp, #-12]
   10484: e3a03004  mov   r3, #4
   10488: e50b3008  str   r3, [fp, #-8]
   1048c: ebffffe7  bl 10430 <f>
   10490: e3a03000  mov   r3, #0
   10494: e1a00003  mov   r0, r3
   10498: e24bd004  sub   sp, fp, #4
   1049c: e8bd8800  pop   {fp, pc}
```

對組合語言程式碼進行分析，我們可以看到，在函數內定義的區域變數
都分別儲存在每個函數各自的堆疊幀空間裡，對這些區域變數的存取是
透過 FP/SP 這對堆疊指標加上相對偏移來實現的，這和透過變數名對全
域變數存取有所不同。每個函數堆疊幀中都儲存著上一級函數的返回位
址 LR 和它的堆疊幀空間起始位址 FP，當函數執行結束時，可根據這
些資訊返回上一級函數繼續執行。FP 和 SP 總是指向當前正在執行的函

數的堆疊幀空間，分別指向堆疊幀的
底部和頂部，透過相對偏移定址來存
取堆疊幀內的區域變數。函數執行結
束後，當前函數的堆疊幀空間就會釋
放，SP/FP 指向上一級函數堆疊幀，函
數內定義的區域變數也就隨著堆疊幀
的銷毀而故障，無法再繼續引用。在
main() → f() → g() 呼叫過程中，它們
的函數堆疊幀在記憶體中的活動記錄
如圖 5-11 所示，大家可以從 main() 函
數開始分析，一行一行地分析組合語
言指令，一步一步地追蹤 FP/SP 堆疊
指標在記憶體中的動態變化。

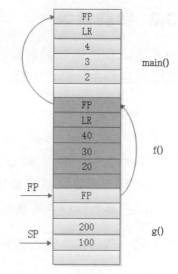

▲ 圖 5-11　函式呼叫過程中的堆疊幀
動態變化

在上面的組合語言程式碼中，函數的返回值由於只是一個整型態資料，
所以直接就透過 R0 暫存器返回了。大家有興趣可以做一個實驗：將函數
的返回值設定成一個大於 4 位元組的資料型態，如結構變數，然後透過
反組譯程式看看這個結構類型的返回值是怎樣傳遞給上一級函數的。

▍思考：為什麼在 g() 函數的反組譯程式中沒有將 LR 壓堆疊？

答案很簡單：在 main() 函數跳入 f() 函數後，f() 函數會首先透過壓堆疊
操作，將 main() 函數的返回位址 LR 和堆疊幀基址 FP 儲存在自己的堆疊
幀中，等 f() 函數執行結束，就可以根據 LR 返回到 main() 函數中繼續執
行。當 f() 函數跳躍到 g() 函數時，因為 g() 函數中沒有使用 BL 指令呼叫
其他函數，因此在整個 g() 函數執行期間，LR 暫存器的值是不變的，一
直儲存的是上一級函數 f() 的返回位址。為了節省記憶體資源，減少壓堆
疊帶來的時間和空間銷耗，所以 LR 並沒有存入堆疊中。當 g() 函數執行
結束時，將 LR 暫存器中的返回位址給予值給 PC 指標，就可以直接返回
到上一級 f() 函數中繼續執行了。

5.3.3 參數傳遞

分析完了函數的區域變數和返回值在堆疊中的儲存，我們接下來分析在
函式呼叫過程中，函數之間傳遞的實際參數在堆疊中的活動記錄。

函式呼叫過程中的參數傳遞，一般都是透過堆疊來完成的。ARM 處理
器為了提高程式執行效率，會使用暫存器來傳參。根據 ATPCS 規則，在
函式呼叫過程中，當要傳遞的參數個數小於 4 時，直接使用 R0~R3 暫存
器傳遞即可；當要傳遞的參數個數大於 4 時，前 4 個參數使用暫存器傳
遞，剩餘的參數則存入堆疊儲存。

我們撰寫一個函數，實現函數的呼叫及參數的傳遞。

```
//param.c

#include <stdio.h>
int f(int ag1, int ag2, int ag3, int ag4, int ag5, int ag6)
{
    int s = 0;
    s = ag1 + ag2 + ag3 + ag4 + ag5 + ag6;
    return s;
}
int main(void)
{
    int sum = 0;
    f(1, 2, 3, 4, 5, 6);
    printf("sum:%d\n", sum);
    return 0;
}
```

在上面的程式中，main() 函式呼叫了 f() 函式，並傳過去 6 個實際參數求
和。根據 ATPCS 規則，除了前 4 個參數使用暫存器 R0~R3 傳遞，剩下的
2 個參數要透過壓堆疊來傳遞。在參數傳遞過程中，各個參數壓堆疊、移
出堆疊的順序也要有一個約定，如上面的 6 個參數，是從左往右依次存
入堆疊的呢？還是從右往左呢？我們一般把不同的約定方式稱為呼叫慣
例。常用的呼叫慣例如表 5-1 所示。

表 5-1 常用的呼叫慣例

呼叫約定	堆疊清理方	參數存入堆疊
cdecl	呼叫者	從右至左
pascal	函數本身	從左至右
stdcall	函數本身	從右至左
fastcall	函數本身	前 2 個參數使用暫存器，剩下的從右至左
thiscall	未定	從右至左

C 語言預設使用 cdecl 呼叫慣例。參數傳遞時按照從右到左的順序依次存入堆疊，堆疊的清理方則由函式呼叫者 caller 管理。使用 cdecl 呼叫慣例的好處是可以預先知道參數和返回值大小，而且可以支援變參函數的呼叫，如 printf() 函數。

編譯上面的 param.c 原始檔案，執行無誤後，再反組譯 a.out，生成對應的反組譯檔案，查看 main() 函數和 f() 函數的組合語言程式碼。

```
#arm-linux-gnueabi-gcc param.c -o a.out#arm-linux-gnueabi-objdump -D
a.out > a.S
#cat a.S
00010438 <f>:
   10438: e52db004  push {fp}; (str fp, [sp, #-4]!)
   1043c: e28db000  add  fp, sp, #0
   10440: e24dd01c  sub  sp, sp, #28
   10444: e50b0010  str  r0, [fp, #-16]
   10448: e50b1014  str  r1, [fp, #-20]; 0xffffffec
   1044c: e50b2018  str  r2, [fp, #-24]; 0xffffffe8
   10450: e50b301c  str  r3, [fp, #-28]; 0xffffffe4
   10454: e3a03000  mov  r3, #0
   10458: e50b3008  str  r3, [fp, #-8]
   1045c: e51b2010  ldr  r2, [fp, #-16]
   10460: e51b3014  ldr  r3, [fp, #-20]; 0xffffffec
   10464: e0822003  add  r2, r2, r3
   10468: e51b3018  ldr  r3, [fp, #-24]; 0xffffffe8
   1046c: e0822003  add  r2, r2, r3
   10470: e51b301c  ldr  r3, [fp, #-28]; 0xffffffe4
   10474: e0822003  add  r2, r2, r3
```

```
    10478: e59b3004 ldr  r3, [fp, #4]
    1047c: e0822003 add  r2, r2, r3
    10480: e59b3008 ldr  r3, [fp, #8]
    10484: e0823003 add  r3, r2, r3
    10488: e50b3008 str  r3, [fp, #-8]
    1048c: e51b3008 ldr  r3, [fp, #-8]
    10490: e1a00003 mov  r0, r3
    10494: e24bd000 sub  sp, fp, #0
    10498: e49db004 pop  {fp}; (ldr fp, [sp], #4)
    1049c: e12fff1e bx lr
000104a0 <main>:
    104a0: e92d4800 push {fp, lr}
    104a4: e28db004 add  fp, sp, #4
    104a8: e24dd010 sub  sp, sp, #16
    104ac: e3a03000 mov  r3, #0
    104b0: e50b3008 str  r3, [fp, #-8]
    104b4: e3a03006 mov  r3, #6
    104b8: e58d3004 str  r3, [sp, #4]
    104bc: e3a03005 mov  r3, #5
    104c0: e58d3000 str  r3, [sp]
    104c4: e3a03004 mov  r3, #4
    104c8: e3a02003 mov  r2, #3
    104cc: e3a01002 mov  r1, #2
    104d0: e3a00001 mov  r0, #1
    104d4: ebffffd7 bl 10438 <f>
    104d8: e51b1008 ldr  r1, [fp, #-8]
    104dc: e59f0010 ldr  r0, [pc, #16]; 104f4 <main+0x54>
    104e0: ebffff7e bl 102e0 <printf@plt>
    104e4: e3a03000 mov  r3, #0
    104e8: e1a00003 mov  r0, r3
    104ec: e24bd004 sub  sp, fp, #4
    104f0: e8bd8800 pop  {fp, pc}
    104f4: 00010568 andeq r0, r1, r8, ror #10
```

main() 函式呼叫 f() 函數時，傳過去 6 個實際參數。透過組合語言程式碼分析，我們可以看到，前 4 個實際參數 1、2、3、4 透過暫存器 R0~R3 傳遞給了 f() 函數，而後面 2 個參數則直接存入 main() 函數的堆疊幀內，在參數列表中從右往左依次將實際參數 6、5 存入堆疊。跳入 f() 函數執行後，f() 函數首先要做的是將 main() 函數透過暫存器 R0~R3 傳遞過來的實際參數 1、2、3、4 儲存到自己的函數堆疊幀內，而另外 2 個實際參數 5、6 則直接透過 FP 暫存器相對偏移定址，直接到 main() 的堆疊幀內獲取。FP 暫存器不僅可以向前偏移存取本函數堆疊幀的記憶體單元，還可以向後偏移，到上一級函數的堆疊幀中獲取要傳遞的實際參數。在函式呼叫過程中，要傳遞的實際參數在暫存器和堆疊中的記憶體分佈如圖 5-12 所示。

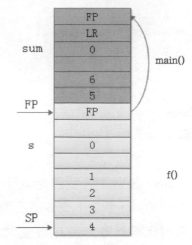

▲ 圖 5-12 函式呼叫過程中的參數傳遞

5.3.4 形式參數與實際參數

形式參數和實際參數有什麼區別呢？關於函數形式參數與實際參數的介紹，相信大家聽了不下 100 遍了。函數的參數傳遞是值傳遞，形式參數儲存的是實際參數的副本，改變形式參數並不會改變實際參數。為什麼不能改變呢？組合語言程式碼到底是如何實現的呢？有了上一節的基礎，知道了參數傳遞的基本流程，我們就可以從組合語言程式碼實現的角度來分析：為什麼形式參數值的改變不會影響實際參數。

```c
//test.c
int f(int ag1, int ag2, int ag3, int ag4, int ag5, int ag6)
{
    int sum = 0;
    ag6 = 100;
    sum = ag1 + ag2 + ag3 + ag4 + ag5 + ag6;
    return sum;
}
int main(void)
{
```

```
    int h = 1;
    int i = 2;
    int j = 3;
    int k = 4;
    int l = 5;
    int m = 6;
    f(h, i, j, k, l, m);
    return 0;
}
```

在 main() 函數中，我們定義了 6 個區域變數，並作為實際參數傳遞給函數 f()。在 f() 函數中有 6 個參數，我們一般稱為形式參數，用來接收傳遞進來的實際參數。在 f() 函數內，我們對形式參數 ag6 做了修改，將其給予值為 100。f() 函數執行結束後，重新返回 main() 函數，此時查看變數 m 的值，看看是否有變化。

編譯上面的程式並執行，不用糾結地去想，實際參數 m 的值在 main() 函數中肯定沒變化。我們對生成的可執行程式 a.out 進行反組譯，透過組合語言程式碼分析就可以看到形式參數和實際參數在堆疊中的一些細節。

```
#arm-linux-gnueabi-gcc test.c -o a.out
#arm-linux-gnueabi-objdump -D a.out > a.S
#cat a.S
00010400 <f>:
   10400: e52db004  push {fp}; (str fp, [sp, #-4]!)
   10404: e28db000  add   fp, sp, #0
   10408: e24dd01c  sub   sp, sp, #28
   1040c: e50b0010  str   r0, [fp, #-16]
   10410: e50b1014  str   r1, [fp, #-20]; 0xffffffec
   10414: e50b2018  str   r2, [fp, #-24]; 0xffffffe8
   10418: e50b301c  str   r3, [fp, #-28]; 0xffffffe4
   1041c: e3a03000  mov   r3, #0
   10420: e50b3008  str   r3, [fp, #-8]
   10424: e3a03064  mov   r3, #100  ; 0x64
   10428: e58b3008  str   r3, [fp, #8]
   1042c: e51b2010  ldr   r2, [fp, #-16]
   10430: e51b3014  ldr   r3, [fp, #-20]; 0xffffffec
```

```
10434: e0822003  add  r2, r2, r3
10438: e51b3018  ldr  r3, [fp, #-24]; 0xffffffe8
1043c: e0822003  add  r2, r2, r3
10440: e51b301c  ldr  r3, [fp, #-28]; 0xffffffe4
10444: e0822003  add  r2, r2, r3
10448: e59b3004  ldr  r3, [fp, #4]
1044c: e0822003  add  r2, r2, r3
10450: e59b3008  ldr  r3, [fp, #8]
10454: e0823003  add  r3, r2, r3
10458: e50b3008  str  r3, [fp, #-8]
1045c: e51b3008  ldr  r3, [fp, #-8]
10460: e1a00003  mov  r0, r3
10464: e24bd000  sub  sp, fp, #0
10468: e49db004  pop  {fp}; (ldr fp, [sp], #4)
1046c: e12fff1e  bx lr
00010470 <main>:
10470: e92d4800  push {fp, lr}
10474: e28db004  add  fp, sp, #4
10478: e24dd020  sub  sp, sp, #32
1047c: e3a03001  mov  r3, #1
10480: e50b301c  str  r3, [fp, #-28]; 0xffffffe4
10484: e3a03002  mov  r3, #2
10488: e50b3018  str  r3, [fp, #-24]; 0xffffffe8
1048c: e3a03003  mov  r3, #3
10490: e50b3014  str  r3, [fp, #-20]; 0xffffffec
10494: e3a03004  mov  r3, #4
10498: e50b3010  str  r3, [fp, #-16]
1049c: e3a03005  mov  r3, #5
104a0: e50b300c  str  r3, [fp, #-12]
104a4: e3a03006  mov  r3, #6
104a8: e50b3008  str  r3, [fp, #-8]
104ac: e51b3008  ldr  r3, [fp, #-8]
104b0: e58d3004  str  r3, [sp, #4]
104b4: e51b300c  ldr  r3, [fp, #-12]
104b8: e58d3000  str  r3, [sp]
104bc: e51b3010  ldr  r3, [fp, #-16]  ;r3 = 4
104c0: e51b2014  ldr  r2, [fp, #-20]; 0xffffffec r2=3
104c4: e51b1018  ldr  r1, [fp, #-24]; 0xffffffe8 r1=2
104c8: e51b001c  ldr  r0, [fp, #-28];  r0=1
```

```
104cc: ebffffcb  bl 10400 <f>
104d0: e3a03000  mov  r3, #0
104d4: e1a00003  mov  r0, r3
104d8: e24bd004  sub  sp, fp, #4
104dc: e8bd8800  pop  {fp, pc}
```

透過反組譯程式，我們先分析 main() 函數在呼叫 f() 函數之前堆疊的動態變化。如圖 5-13 所示，除了 FP 和 LR，main() 函數內定義的 6 個區域變數 h、i、j、k、l、m 會分別儲存在函數堆疊幀內。這 6 個區域變數作為實際參數傳遞給 f() 函數：前 4 個實際參數 1、2、3、4 透過暫存器 R0~R3 傳遞，後 2 個實際參數 5、6 則透過堆疊傳遞。在跳入 f() 函數執行之前，將傳遞的實際參數 5、6 存入了 main() 函數的堆疊幀內。

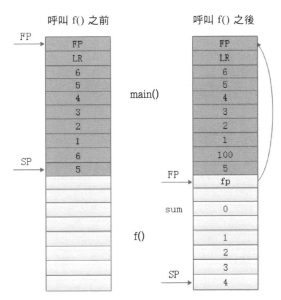

▲ 圖 5-13 函式呼叫過程中的形式參數和實際參數

PC 指標跳入 f() 函數執行後，首先會將 main() 函數透過暫存器 R0~R3 傳遞的實際參數 1、2、3、4 儲存到自己的函數堆疊幀內，接著我們在 f() 函數內把傳遞進來的實際參數 m 的值由原來的 6 改為 100，這個實際參數值儲存在形式參數 ag6 的記憶體位址上，形式參數變數 ag6 用來儲存傳進來的實際參數值，雖然在 f() 函數內被修改了，但是在 main() 函數中我們可以看到變數 m 的值並未發生變化，m 的值仍為 6。

透過上面的實際程式分析，我們可以得出結論：形式參數只是在函數被呼叫時才會在堆疊中分配臨時的儲存單元，用來儲存傳遞過來的實際參數值。變數作為實際參數傳遞時，只是將變數值複製給了形式參數，形式參數和實際參數在堆疊中位於不同的儲存單元。搞清楚了形式參數和實際參數在堆疊中的儲存，我們也就明白了為什麼改變形式參數而實際參數的值不會發生變化。

有了上面的知識作鋪陳後，我們就明白了下面的 swap() 函數為什麼不能交換兩個變數的值。

```
void swap(int a, int b)
{
  int tmp = 0;
  tmp = a;
  a  = b;
  b  = tmp;
}

int main (void)
{
    int i = 10;
    int j = 20;
    swap (i, j);
    return 0;
}
```

我們再次反編譯上面的檔案，深入組合語言程式碼進行分析。

```
00010400 <swap>:
   10400: e52db004 push {fp}; (str fp, [sp, #-4]!)
   10404: e28db000 add  fp, sp, #0
   10408: e24dd014 sub  sp, sp, #20
   1040c: e50b0010 str  r0, [fp, #-16]
   10410: e50b1014 str  r1, [fp, #-20]; 0xffffffec
```

```
    10414: e3a03000 mov  r3, #0
    10418: e50b3008 str  r3, [fp, #-8]
    1041c: e51b3010 ldr  r3, [fp, #-16]
    10420: e50b3008 str  r3, [fp, #-8]
    10424: e51b3014 ldr  r3, [fp, #-20]; 0xffffffec
    10428: e50b3010 str  r3, [fp, #-16]
    1042c: e51b3008 ldr  r3, [fp, #-8]
    10430: e50b3014 str  r3, [fp, #-20]; 0xffffffec
    10434: e1a00000 nop           ; (mov r0, r0)
    10438: e24bd000 sub  sp, fp, #0
    1043c: e49db004 pop  {fp}      ; (ldr fp, [sp], #4)
    10440: e12fff1e bx lr

00010444 <main>:
    10444: e92d4800 push {fp, lr}
    10448: e28db004 add  fp, sp, #4
    1044c: e24dd008 sub  sp, sp, #8
    10450: e3a0300a mov  r3, #10
    10454: e50b300c str  r3, [fp, #-12]
    10458: e3a03014 mov  r3, #20
    1045c: e50b3008 str  r3, [fp, #-8]
    10460: e51b1008 ldr  r1, [fp, #-8];r1=20
    10464: e51b000c ldr  r0, [fp, #-12];r0=10
    10468: ebffffe4 bl 10400 <swap>
    1046c: e3a03000 mov  r3, #0
    10470: e1a00003 mov  r0, r3
    10474: e24bd004 sub  sp, fp, #4
    10478: e8bd8800 pop  {fp, pc}
```

swap() 執行機制和上面的例子類別似，透過 main() 函數傳給它的實際
參數其實就是變數 i、j 的一份值複製，兩者儲存在堆疊中的不同儲存單
元。在 swap() 函數的堆疊幀內，無論我們對形式參數變數 a、b 如何修
改，交換也好，重新給予值也好，都不會改變 main() 函數堆疊幀內變數
i、j 的值。圖 5-14 是在呼叫 swap() 函數執行過程中，函數堆疊幀內各個
變數值的動態變化情況，大家可以結合組合語言程式碼分析，加深理解。

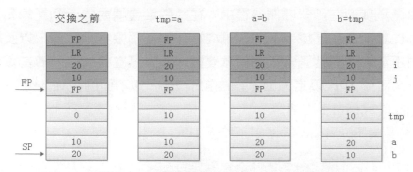

▲ 圖 5-14 swap() 函數堆疊幀內的資料動態變化

最後我們做個小結：形式參數只有在函數被呼叫時才會在函數堆疊幀內分配儲存單元，用來接收傳進來的實際參數值。函數執行結束後，形式參數單元隨著堆疊幀的銷毀而被釋放。變數作為實際參數傳遞時，只是將其值複製到形式參數的儲存空間，在函數執行期間，改變形式參數的值並不會改變原來實際參數的值，因為兩者儲存在堆疊中不同的記憶體單元上。理解了形式參數在堆疊中的動態變化，我們就可以更好地理解區域變數的生命週期和作用域。

5.3.5 堆疊與作用域

關於變數的作用域，相信大家都已經很熟悉了：全域變數定義在函數本體外，其作用域範圍為從宣告處到檔案結束。其他檔案如果想使用這個全域變數，則在自己的檔案內使用 extern 宣告後即可使用。全域變數的生命週期在整個程式執行期間都是有效的。

區域變數定義在函數內，其作用域只能在函數本體內使用。函數只有在被呼叫的時候才會在記憶體中開闢一個堆疊幀空間，在這個堆疊空間裡儲存區域變數及傳進來的函數實際參數等。函式呼叫結束，這個堆疊幀空間就被銷毀釋放了，變數也就隨之消失，因此區域變數的生命週期僅僅存在於函數執行期間。每一次函數被呼叫，臨時開闢的堆疊幀空間可能不相同，區域變數的位址也不相同。

明白了區域變數在函式呼叫過程中，在函數堆疊幀內的活動記錄和生命週期，也就明白了區域變數的作用域為什麼僅侷限在函數內，以及為什麼我們不能存取其他函數內的區域變數。編譯器在編譯器時，其實是根據一對大括號 {} 來限定一個變數的作用域的，以下面的程式為例。

```c
#include <stdio.h>

int main(void)
{
    int i = 1;
    {
        int i = 2;
        static int k = 4;
        printf("i = %d\n", i);
        printf("k = %d\n", k);
    }
    printf("i = %d\n", i);
    printf("k = %d\n", k);
    return 0;
}
```

執行上面的程式，列印變數 i 的值如下。

```
i = 2
i = 1
```

你會發現變數 i 兩次列印的結果不一樣，這是因為編譯器根據 {} 限定了它們的作用域。程式區塊中 i 變數的作用域僅限於 {} 內，但是會覆蓋掉程式區塊外變數 i 的作用域。而對於變數 k，作用域同樣限制在 {} 內，在 {} 外的指令是無法存取 {} 內的變數的。我們在程式區塊 {} 外列印變數 k 的值，編譯器就會顯示出錯。

```
error: 'k' undeclared (first use in this function)
 note: each undeclared identifier is reported only once for each
function it appears in
```

如果我們在程式區塊中定義一個靜態變數 k，則編譯器在編譯時會把變數 k 放置在資料段中，k 的生命週期也隨之改變，但是其作用域不變。
我們在程式區塊外面列印靜態變數 k 的值，你會發現仍會報與上面相同
的錯誤，這是因為 static 關鍵字雖然改變了區域變數的儲存屬性（生命週
期），但是其作用域仍是由 {} 決定的。我們查看 a.out 的符號表，可以看
到經過 static 修飾的區域變數 k，其儲存位置已經由堆疊轉移到了資料段
中，但是作用域仍侷限在由 {} 限定的程式區塊內。

```
#readelf -s a.out | grep k
  38: 0804a01c  4 OBJECT LOCAL DEFAULT  25  k.1936
#readelf -S a.out | grep .data
  [25] .data PROGBITS 0804a014 001014 00000c 00  WA  0  0  4
```

最後我們對變數的作用域做下小結。

全域變數的作用域如下。

- 全域變數的作用域由檔案來限定。
- 可使用 extern 進行擴充，被其他檔案引用。
- 也可以使用 static 進行限制，只能在本檔案中被引用。

區域變數的作用域如下。

- 區域變數的作用域由 {} 限定。
- 可以使用 static 修飾區域變數來改變它們的儲存屬性（生命週期），但
  不能改變其作用域。

5.3.6 堆疊溢位攻擊原理

Linux 處理程序的堆疊空間是有固定大小的，一般是 8MB。如果我們在
函數內定義了一個陣列，系統就會在堆疊上給這個陣列分配儲存空間。
由於 C 語言對邊界檢查的寬鬆性，即使程式對超出陣列的記憶體單元進
行資料竄改，編譯器一般也不會顯示出錯。如下面的陣列越界存取程式。

```
#include <stdio.h>

int main (void)
{
    int a[4] ={1, 2, 3, 4};
    a[7] = 7;
    a[8] = 8;
    printf("a[7] = %d\n", a[7]);
    printf("a[8] = %d\n", a[8]);

    return 0;
}
```

在上面的程式中，我們對陣列 a[4] 進行了越界存取。編譯並執行上面的程式，你會發現程式竟然可以正常執行，沒有一絲警告和顯示出錯！ C 語言的哲學思想除了簡單就是美，還有另外一個特點：對語法檢查的寬鬆性，預設所有的程式設計者都是高手，在操作記憶體時永不犯錯。然而正是這種程式設計的靈活性給了駭客可乘之機，可以利用 C 語言的語法檢查寬鬆性，利用堆疊溢位植入自己的指令程式，奪取程式的控制權，然後就可以進行惡意攻擊。

透過上面的學習，我們知道，在一個函數的堆疊幀中一般都會儲存上一級函數的返回位址，當函數執行結束時就會根據這個返回位址跳到上一級函數繼續執行。駭客如果發現你實現的某個函數有漏洞，就可以利用漏洞修改堆疊的返回位址 LR，植入自己的指令程式。

```
//virus.c
#include <stdio.h>

void shellcode(void)
{
    printf("virus run success!\n");
      //do something you want
    while(1);
}
```

```
void f(void)
{
    int a[4];
    a[8] = shellcode;
}

int main(void)
{
    f();
    printf("hello world!\n");
    return 0;
}
```

在上面的堆疊溢位程式中，main() 函式呼叫了 f() 函數，正常情況下，f()
執行結束後會返回到 main() 中繼續執行。但是由於 f() 函數內的陣列越界
存取破壞了 f() 函數的堆疊幀結構：將 f() 函數堆疊幀內的 main() 函數的
返回位址給覆蓋掉了，替換為自己的病毒程式 shellcode 的入口位址。所
以當 f() 函數執行結束後並不會返回到 main()，而是跳到 shellcode() 執行
了。由於 C 語言對邊界檢查的寬鬆性，我們在程式中存取陣列元素 a[8]
編譯器並不顯示出錯，駭客利用陣列的溢位奪取了程式的控制權，攻擊
成功。

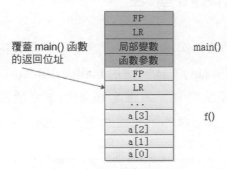

覆蓋 main() 函數
的返回位址

▲ 圖 5-15 堆疊溢位攻擊原理

雖然 C 語言標準並沒有規定陣列的越界存取會顯示出錯，但是大多數編
譯器為了安全考慮，會對陣列的邊界進行自行檢查：當發現陣列越界存
取時，會產生一個錯誤資訊來提醒開發者。

```
int main (void){
    int a[4] = {1,2,3,4};
    a[4] = 5;
    return 0;
}
```

編譯執行上面的程式，程式就會顯示出錯。

```
# gcc test.c -o a.out
# ./a.out
*** stack smashing detected ***: ./a.out terminated
 Aborted (core dumped)
```

GCC 編譯器為了防止陣列越界存取，一般會在使用者定義的陣列尾端放入一個保護變數，並根據此變數是否被修改來判斷陣列是否越界存取。若發現這個變數值被覆蓋，就會給當前處理程序發送一個 SIGABRT 訊號，終止當前處理程序的執行。這種檢測手段簡單有效，但是也會存在漏洞：如果使用者繞過這個檢測點，如對陣列元素 a[5] 進行越界存取，GCC 可能就檢測不到了。

5.4 堆積記憶體管理

分析完了堆疊，我們接下來分析 Linux 處理程序空間中另一個比較重要的記憶體區域：堆積（heap）。我們使用 malloc()/free() 函數申請 / 釋放的動態記憶體就屬於堆積記憶體，如圖 5-16 所示，堆積是 Linux 處理程序空間中一片可動態擴充或縮減的記憶體區域，一般位於 BSS 段的後面。

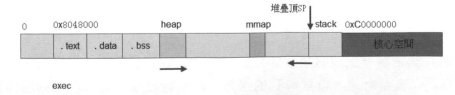

▲ 圖 5-16 Linux 處理程序空間的 heap 區

申請和釋放堆積記憶體可使用 malloc()/free() 這對函數。這對函數在 C 標準函數庫中定義，除此之外，還有一些跟記憶體申請相關的其他函數。

```c
#include <stdlib.h>

void *malloc(size_t size);
void free(void *ptr);
void *calloc(size_t nmemb, size_t size);
void *realloc(void *ptr, size_t size);
```

malloc() 函數用於在堆積記憶體空間中申請一塊使用者指定大小的記憶體，申請成功後會返回使用者一個指向這塊記憶體的指標，使用者透過這個指標就可以直接對這塊記憶體進行讀寫。calloc() 函數用於在堆積記憶體中申請 nmemb 個單位長度為 size 的連續空間，並將這塊記憶體初始化為 0，如果記憶體分配成功，則函數會返回一個指向這塊記憶體的指標；如果分配失敗，則函數返回 NULL。當申請的記憶體不夠用時，我們可以使用 realloc() 函數動態調整區塊的大小。

```c
//malloc_demo.c

#include <stdio.h>
#include <stdlib.h>
#include <string.h>

int main (void)
{
    char *p = NULL;

    p = (char*) malloc (100);
    printf("%p\n", p);
    memset (p, 0, 100);
    memcpy (p, "hello", 5);
    printf ("%s\n", p);

    p = (char *) realloc (p, 200);
    printf ("%p\n", p);
    printf ("%s\n", p);
```

```
    free (p);
    return 0;
}
```

使用 realloc() 函數可以調整記憶體的大小，可以在原來 malloc() 申請的區塊的後面直接擴充，如果原來申請的記憶體後面沒有足夠大的空閒空間，如上面的程式所示，我們要將區塊大小調整到 200 位元組，realloc() 函數會新申請一塊大小為 200 位元組的空間，並將原來記憶體上的資料複製過來，返回給使用者新申請空間的指標。編譯執行上面的程式，我們可以看到返回的位址指標的變化。

```
#gcc malloc_demo.c -o a.out
#./a.out
0x9ede008
 hello
0x9ede478
 hello
```

無論使用 malloc()、calloc() 還是 realloc() 函數，申請的記憶體使用結束後，都要透過 free() 函數釋放掉，將這塊記憶體還給系統，否則就會造成記憶體洩漏。

堆積記憶體與堆疊相比，有相同點，也有區別。

- 堆積記憶體是匿名的，不能像變數那樣使用名字直接存取，一般透過指標間接存取。
- 在函數執行期間，對函數堆疊幀內的記憶體存取也不能像變數那樣透過變數名直接存取，一般透過堆疊指標 FP 或 SP 相對定址存取。
- 堆積記憶體由程式設計師自己申請和釋放，函數退出時，如果程式設計師沒有主動釋放，就會造成記憶體洩漏。
- 堆疊記憶體由編譯器維護，函數執行時期開闢一個堆疊幀空間，函數執行結束，堆疊幀空間隨之銷毀釋放。

當使用者使用 malloc() 函數申請一片記憶體時，要到哪裡去申請呢？當使用者使用 free() 函數釋放一片記憶體時,將這片記憶體歸還到哪裡呢?堆積記憶體自身也需要專門的管理和維護,以應對使用者的記憶體申請和釋放請求。關於堆積記憶體管理,不同的嵌入式開發環境,不同的作業系統實現也不完全相同。

5.4.1 裸機環境下的堆積記憶體管理

本節先講講嵌入式裸機環境下的堆積記憶體管理。

嵌入式一般使用整合式開發環境來開發裸機程式,如 ADS1.2、Keil、RVDS、Keil MDK 等。以 Keil 為例,Keil 附帶的開機檔案 startxx.s 會初始化堆積記憶體,並設定堆積的大小,然後由 main() 函式呼叫 __user_initial_stackheap 來獲取堆疊位址。堆積空間位址的設定一般由編譯器預設獲取,將堆積位址設定在 ARM ZI 區的後面,或者使用 scatter 檔案來設定,在組合語言啟動程式中初始化這段堆積空間。以 STM32 平台的啟動程式範例,看看堆積是如何初始化的。

```
; 堆積初始化:
Heap_Size   EQU   0x00000C00
AREA HEAP, NOINIT, READWRITE, ALIGN=3
__heap_base
Heap_Mem  SPACE   Heap_Size
__heap_limit
                                          ; 獲取堆積位置:
_main:
__user_initial_stackheap
LDR     R0, =  Heap_Mem                    ; 堆積起始位址
LDR     R1, =(Stack_Mem + Stack_Size)
LDR     R2, = (Heap_Mem+  Heap_Size)       ; 堆積結束位址
LDR     R3, = Stack_Mem
BX      LR

; 參考檔案:c:\keil_v5\PACK\ARMCMSIS\5.0.1\Device\ARM\ARMCM7\Source\ARM\
start_ARMCM7.s
```

在嵌入式裸機程式開發中，一般很少使用 C 標準函數庫。如 Keil 編譯器，根本就沒有完全實現一個 C 標準函數庫，並且 C 標準函數庫也沒有預設連結使用。Keil 編譯器只是實現了一個簡化版的 C 標準函數庫，叫作 MicroLIB 函數庫，如圖 5-17 所示。該函式程式庫實現了 C 標準規定的大部分函數功能，並針對嵌入式平台做了很多最佳化，使其體積更小，更適合儲存資源有限的嵌入式系統。

▲ 圖 5-17　Keil 中的 MicroLIB 函數庫連結選項

如果你在開發 ARM 裸機程式時想使用該函數庫，則可以在 Keil 整合式開發環境的 Target 設定選項中選中該函數庫，然後就可以直接使用函數庫中的 malloc() 函數來申請記憶體了。堆積記憶體如果沒有專門的維護和管理，經過頻繁地申請與釋放後，很容易產生記憶體碎片。如圖 5-18 所示，當使用者申請一片完整的大塊記憶體時可能會失敗。

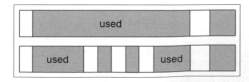

▲ 圖 5-18　多次申請釋放後產生的記憶體碎片

在裸機環境下一片連續的堆積記憶體空間，經過多次小塊記憶體的申請和釋放後，就會造成記憶體碎片化，在記憶體中留下越來越多、越來越碎片化的空閒小區塊。此時如果再去申請一片連續的大塊記憶體就會失敗。正是由於這個原因，在嵌入式裸機環境下，一般不建議使用堆積記憶體，遇到使用大塊記憶體的地方，可以使用一個全域陣列代替。當然也可以自己實現堆積記憶體管理，如採用記憶體池，將堆積記憶體空間劃分為固定大小的區塊，自己管理與維護記憶體的申請和釋放來避免記憶體碎片的產生。為了節省記憶體資源，甚至可以將堆積記憶體劃分成不同大小的區塊，根據使用者申請記憶體的大小選擇合適的區塊，進一步提高記憶體使用率。

關於堆積記憶體的管理，不同的系統和平台有不同的解決方案。在有作業系統的環境下，一般會讓作業系統介入堆積記憶體管理，以減少開發者的工作量，減輕工作負擔。

5.4.2 uC/OS 的堆積記憶體管理

在裸機環境下，由於缺少堆積記憶體管理，我們已經知道了使用malloc()/free() 的弊端，即堆積記憶體經過多次申請和釋放後會引起記憶體碎片化，當記憶體碎片過多時，再去申請一片連續的大塊記憶體就會失敗。讓作業系統介入堆積記憶體管理，目的就是改善這一狀況。

uC/OS 核心原始程式中有一個單獨的原始檔案：os_mem.c，該原始檔案實現了對堆積記憶體的管理。其實現原理很簡單。如圖 5-19 所示，就是將堆積記憶體分成若干分區，每個區分成若干大小相等的區塊，程式以區塊為單位對堆積記憶體進行申請與釋放。

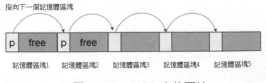

▲ 圖 5-19 uC/OS 中的區塊

在 uC/OS 的堆積記憶體管理中，記憶體分區是作業系統管理堆積記憶體
的基本單元，每個記憶體分區使用一個結構來表示，我們稱之為記憶體
控制區塊。

```c
typedef struct os_mem {          /* MEMORY CONTROL BLOCK */
    void    *OSMemAddr;          /* 記憶體分區指標 */
    void    *OSMemFreeList;      /* 空閒記憶體控制區塊鏈結串列指標 */
    INT32U  OSMemBlkSize;        /* 每個區塊長度 */
    INT32U  OSMemNBlks;          /* 分區內總的區塊數量 */
    INT32U  OSMemNFree;          /* 分區內空閒區塊數量 */
#if OS_MEM_NAME_EN > 0u
    INT8U   *OSMemName;          /* 分區名字 */
#endif
} OS_MEM;
```

每個分區由大小相同的區塊組成，區塊總數量和空閒的區塊數量都儲存
在任務控制區塊內。各個區塊組成一個鏈結串列，透過記憶體控制區塊
結構中的 OSMemFreeList 成員可獲取指向該鏈結串列的指標。

每個記憶體控制區塊代表堆積記憶體中的一個記憶體分區，各個記憶體
控制區塊用指標鏈成鏈結串列，uC/OS 可以透過 OS_MAX_MEM_PART
巨集來設定核心支援的最大分區數。假如我們把 OS_MAX_MEM_PART
設定為 3，則該鏈結串列上有三個記憶體控制區塊結構，該鏈結串列由
osmem.c\OS_MemInit() 函數創建並初始化。

```c
#define OS_MAX_MEM_PART  3          // 定義 uC/OS 支援的記憶體分區數量
OS_MEM   OSMemTbl[OS_MAX_MEM_PART]; // 用來存放表示各個分區的結構：OS_MEM
OS_MEM   *OSMemFreeList;            // 全域變數，指向記憶體控制區塊空閒鏈結串
列

//os_mem.c
void  OS_MemInit (void)
{

    OS_MEM  *pmem;
    INT16U   i;
```

```
OS_MemClr((INT8U *)&OSMemTbl[0], sizeof(OSMemTbl));
for (i = 0u; i < (OS_MAX_MEM_PART - 1u); i++) {
    pmem    = &OSMemTbl[i];
    pmem->OSMemFreeList = (void *)&OSMemTbl[i + 1u];
    pmem->OSMemName     = (INT8U *)(void *)"?";
}
pmem                = &OSMemTbl[i];
pmem->OSMemFreeList = (void *)0;      /* Initialize last node */
pmem->OSMemName = (INT8U *)(void *)"?";
OSMemFreeList   = &OSMemTbl[0];
}
```

在 uC/OS 初始化過程中，會呼叫 OS_MemInit() 函數，在記憶體中創建一個節點數為 OS_MAX_MEM_PART 的鏈結串列。鏈結串列中的每個節點為一個 OS_MEM 類型的結構，每個結構表示一個記憶體分區，使用者可以使用該結構來創建自己的堆積記憶體。OSMemFreeList 是一個全域指標變數，指向該鏈結串列的第一個節點，OS_MemInit() 執行結束後，鏈結串列在記憶體中的分佈如圖 5-20 所示。

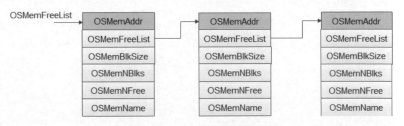

▲ 圖 5-20 空閒分區鏈結串列

使用者在開發程式時，如果想使用堆積記憶體，則可以使用 uC/OS 提供的介面函數去創建一個堆積記憶體，從堆積記憶體中申請一個區塊或釋放一個區塊。這 3 個 API 的函數原型如下。

```
OS_MEM *OSMemCreate (void *addr, INT32U nblks, INT32U blksize,   INT8U
*perr);
void  *OSMemGet (OS_MEM *pmem, INT8U *perr);
INT8U OSMemPut (OS_MEM *pmem, void *pblk);
```

在 uC/OS 下開發應用程式，可以按照下面的流程去創建一個記憶體分區，去申請和釋放一片堆積記憶體。

```
INT8U   MemBlk[5][32]; /* 劃分一個具有 5 個區塊、每個區塊長度是 32 的記憶體分區 */
OS_MEM *OS_MEM_Ptr;  /* 定義記憶體控制區塊指標，創建一個記憶體分區時，返回值
就是它 */
INT8U  *MemBlk_Ptr;  /* 定義區塊指標，確定記憶體分區中首個區塊的指標 */
int main (void)
{
    OS_MEM_Ptr = OSMemCreate(MemBlk_Ptr,5,32,&err);  // 創建一個記憶體分區
    MemBlk_Ptr = OSMemGet(OS_MEM_Ptr,&err);  // 從堆積記憶體中申請一個區塊
    /*do something with MemBlk_Ptr*/
    OSMemPut(OS_MEM_Ptr,MemBlk_Ptr);              // 釋放區塊到堆積記憶體
}
```

接下來我們就研究一下 uC/OS 的堆積記憶體是如何實現的。首先我們要呼叫 OSMemCreate() 函數去創建一個記憶體分區，並將該分區劃分為指定大小的區塊。OSMemCreate() 函數的核心原始程式如下。

```
OS_MEM   *OSMemCreate (void *addr, INT32U nblks,            INT32U
blksize, INT8U *perr)

{
    OS_MEM *pmem;
    INT8U  *pblk;
    void   **plink;
    INT32U loops;
    INT32U  i;

    OS_ENTER_CRITICAL();
    pmem = OSMemFreeList;
    OSMemFreeList = (OS_MEM *)OSMemFreeList->OSMemFreeList;
    OS_EXIT_CRITICAL();

    plink = (void **)addr;
    pblk  = (INT8U *)addr;
    loops  = nblks - 1u;
    for (i = 0u; i < loops; i++) {
```

```
      pblk  +=  blksize;
    *plink = (void  *)pblk;
    plink = (void **)pblk;
  }
  *plink            = (void *)0;
  pmem->OSMemAddr    = addr;
  pmem->OSMemFreeList = addr;
  pmem->OSMemNFree   = nblks;
  pmem->OSMemNBlks   = nblks;
  pmem->OSMemBlkSize = blksize;
  *perr             = OS_ERR_NONE;
  return (pmem);
}
```

OSMemCreate() 函數的主要功能是基於某個記憶體位址創建一個記憶體
分區，並將該記憶體分區劃分成使用者指定大小的若干區塊。該函數首
先會從全域指標 OSMemFreeList 指向的記憶體控制區塊鏈結串列中摘取
一個節點，使用這個 OS_MEM 結構變數來表示我們當前創建的分區。接
下來的核心一步就是劃分區塊：每個區塊的前 4 位元組存放的是下一個
區塊的位址，各個區塊透過這種位址指向關係組成一個區塊鏈結串列，
便於管理和維護。這部分程式的實現很有意思，使用一個二級指標 plink
完成鏈結串列的建構。在上面的 for 迴圈中可以看到，*plink = (void *)
pblk; 這行程式碼佔用了當前區塊的 4 位元組來存放下一個區塊的位址，
plink = (void **)pblk; 這行程式碼則移動 plink 指標，使其指向下一個區
塊，不斷迴圈初始化每個區塊的前 4 位元組，就可以在一片連續的記憶
體中建構一個如圖 5-21 所示的鏈結串列。

劃分的各個區塊建構鏈結串列成功後，還要把這些資訊儲存在 OS_
MEM 結構內。OS_MEM 結構中的 OSMemAddr 成員變數儲存當前分
區的啟始位址，pmem->OSMemFreeList 指向當前空閒的區塊鏈結串
列，OSMemNBlks 和 OSMemBlkSize 表示分區中區塊的個數和大小，
OSMemNFree 則表示使用者申請記憶體後，記憶體分區中還剩餘的空閒
區塊個數。

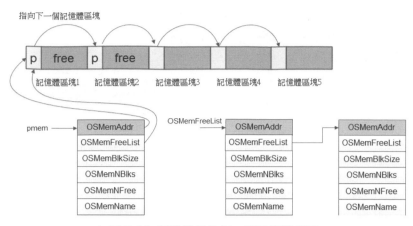

▲ 圖 5-21 創建並初始化一個記憶體分區

分區創建並初始化成功後,我們就可以使用 OS_MemGet() 函數去申請一個區塊,該函數會從空閒區塊鏈結串列中摘除一個節點,以指標形式返回給使用者使用。OS_MemGet() 函數的核心原始程式如下。

```
void *OS_MemGet (OS_MEM *pmem, INT8U *perr)
{
    void   *pblk;
    OS_ENTER_CRITICAL();
    if (pmem->OSMemNFree > 0u) {
        pblk               = pmem->OSMemFreeList;
        pmem->OSMemFreeList = *(void **)pblk;
        pmem->OSMemNFree--;
        OS_EXIT_CRITICAL();
        return (pblk);
    }
    OS_EXIT_CRITICAL();
    return ((void *)0);
}
```

透過 OS_MemGet() 函數從區塊鏈結串列中獲取一塊記憶體的流程很簡單:定義一個指標變數 pblk 來儲存區塊的位址,將結構成員變數 pmem->OSMemFreeList 指向的鏈結串列的第一個節點位址直接給予值給 pblk 並返回給使用者就可以了。在返回給使用者之前,還要更新 OSMEM 結

構的資訊。如圖 5-22 所示，pmem->OSMemFreeList 指向鏈結串列中的下
一個空閒的區塊，並將鏈結串列中空閒的區塊的計數減一。

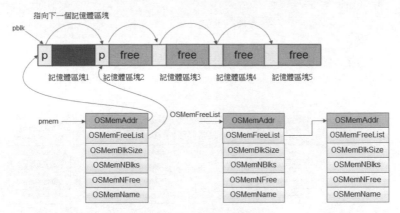

▲ 圖 5-22 申請一個區塊

使用者申請到這塊記憶體後，根據 **OSMemGet()** 函數返回的位址指標，
就可以直接對這塊記憶體進行讀寫入操作了。使用結束後，使用者要透
過 **OSMemPut()** 函數釋放這塊記憶體，將這個區塊重新增加到當前分區
的空閒鏈結串列中。

```
INT8U OSMemPut (OS_MEM *pmem, void *pblk)
{
    OS_ENTER_CRITICAL();
    if (pmem->OSMemNFree >= pmem->OSMemNBlks) {
        OS_EXIT_CRITICAL();
        return (OS_ERR_MEM_FULL);
    }
    *(void **)pblk     = pmem->OSMemFreeList;
    pmem->OSMemFreeList = pblk;
    pmem->OSMemNFree++;
    OS_EXIT_CRITICAL();
    return (OS_ERR_NONE);
}
```

在將區塊增加到空閒鏈結串列的過程中，我們需要注意的一個細節是：在
建構空閒區塊鏈結串列時，會佔用每個區塊的前 4 位元組來存放位址指向

下一個區塊。當使用者申請到這個區塊使用結束後,原來的位址可能會被覆蓋掉,如圖 5-23 所示,指標 p 的值可能會被使用者的資料覆蓋掉。

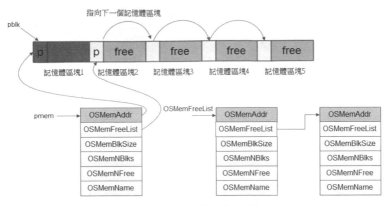

▲ 圖 5-23 釋放一個區塊

因此,如果想要將這個釋放的區塊節點增加到鏈結串列中,則我們要重新初始化這個區塊,將下一個區塊的位址寫入這個節點的 P 指標域,*(void **)pblk = pmem->OSMemFreeList; 程式用來完成這個功能。將區塊增加到空閒鏈結串列後,還要更新 OS_MEM 結構變數中各個成員的資訊。如圖 5-24 所示,OSMemFreeList 指標重新指向新增加到鏈結串列標頭的區塊節點,分區可用的空閒區塊計數 OSMemNFree 做加一操作。

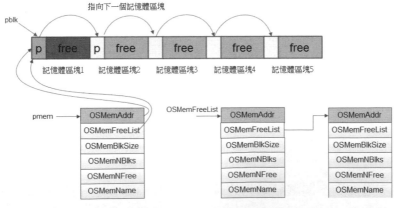

▲ 圖 5-24 將區塊節點重新增加到鏈結串列中

uC/OS 的堆積記憶體管理雖然在一定程度上防止了記憶體碎片的產生，但是管理還比較粗糙，還會有一些弊端。例如，區塊大小必須大於 4 位元組，因為每個區塊要耗費前 4 位元組作為建構鏈結串列節點的指標域。當申請的區塊較小時，對於儲存資源有限的嵌入式系統，在一定程度上會對記憶體造成浪費，性價比不高。另外一個不友善的地方就是使用者申請堆積記憶體時，必須對創建的堆積記憶體十分了解。要首先知道區塊的大小，申請的記憶體大小不能超過區塊的大小，以防止越界。

5.4.3 Linux 堆積記憶體管理

Linux 環境下的堆積記憶體管理比 uC/OS 複雜多了，不僅包含堆積記憶體管理，還包括讀寫許可權管理、位址映射等。Linux 核心中的記憶體管理子系統負責整個 Linux 虛擬空間的許可權管理和位址轉換。如圖 5-25 所示，每一個 Linux 使用者處理程序都有各自的 4GB 的虛擬空間，除去 3GB~4GB 的核心空間，還有 0~3GB 的使用者空間可用。在這 3GB 的位址空間上，除了程式碼片段、資料段、BSS 段、MMAP 區域、預設的 8MB 處理程序堆疊空間佔用一部分位址空間，還有大量可用的位址空間，理論上都可以給堆積記憶體使用。剩下的資源雖然很豐富，但不是你想用就能用的，這就和開發廠商拿地蓋房子一樣，一個城市的郊外有很多土地，但不是你想蓋就能蓋的，因為土地資源被政府統一規劃管理，要想蓋房子，就要向政府申請買地，拍到土地的使用權，然後才能在上面開發樓盤。一個使用者處理程序也是如此，如果你想申請一塊記憶體使用，也需要向核心申請，核心批准後才能使用。如果你跳過申請，直接對未申請的記憶體空間進行讀寫，系統一般會報記憶體段錯誤。

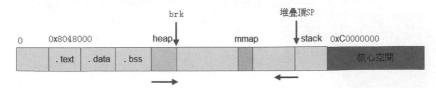

▲ 圖 5-25 Linux 處理程序空間中的 heap 區和 mmap 區

malloc()/free() 函數的底層實現，其實就是透過系統呼叫 brk 向核心的記
憶體管理系統申請記憶體。核心批准後，就會在 BSS 段的後面留出一片
記憶體空間，允許使用者進行讀寫入操作。申請的記憶體使用完畢後要
透過 free() 函數釋放，free() 函數的底層實現也是透過系統呼叫來歸還這
塊記憶體的。

當使用者要申請的記憶體比較大時，如大於 128KB，一般會透過 mmap
系統呼叫直接映射一片記憶體，使用結束後再透過 ummap 系統呼叫歸還
這塊記憶體。mmap 區域是 Linux 處理程序中比較特殊的一塊區域，主
要用於程式執行時期動態共用函數庫的載入和 mmap 檔案映射。早期的
Linux 核心將該區域設定在 0x40000000 附近，Linux 2.6 以後的核心將該
區域移到了堆疊附近，列印 mmap 映射區域的位址，你會發現大部分位
址都在 0xBxxxxxxx 範圍內，緊挨著處理程序的使用者堆疊。

為了驗證上面的理論是否正確，我們可以撰寫一個程式，使用 malloc()
函數申請不同大小的區塊，觀察它們在處理程序空間的位址變化。

```c
//brk_mmap_test.c
#include <stdio.h>
#include <stdlib.h>

int global_val;

int main (void)
{
    int *p = NULL;
    printf ("&global_val = %p\n", &global_val);
    p = (int *)malloc(100);
    printf ("&mem_100 = %p\n", p);
    free(p);
    p = (int *)malloc (1024 * 256);
    printf ("&mem_256K = %p\n", p);
    free(p);

    while(1);
```

```
        return 0;
}
```

編譯上面的程式並執行，查看程式的執行結果。

```
# gcc brk_mmap_test.c
# ./a.out &
&global_val = 0x804a028     ; 位於 .bss 段內
&mem_100    = 0x80c6410     ; 位於 heap 區
&mem_256K   = 0xb7556008    ; 位於 mmap 區
```

根據程式的列印結果，我們可以看到：對於使用者申請的小塊記憶體，Linux 記憶體管理子系統會在 BSS 段的後面批准一塊記憶體給使用者使用。當使用者申請的記憶體大於 128KB 時，Linux 系統則透過 mmap 系統呼叫，映射一片記憶體給使用者使用，映射區域在使用者處理程序堆疊附近。兩次申請的不同大小的記憶體，其位址分別位於記憶體中兩個不同的區域：heap 區和 mmap 區。

我們讓 a.out 處理程序先不退出，一直無窮迴圈執行，以方便我們透過 cat 命令查看 a.out 處理程序的記憶體分配。

```
#ps                      ; 查看 a.out 的 PID
 26386 pts/6    00:00:15 a.out
# cat /proc/26386/maps            ; 查看 a.out 處理程序的記憶體分配
08048000-08049000 r-xp 00000000 08:01 398563  a.out/.text
08049000-0804a000 r--p 00000000 08:01 398563  a.out/.data
0804a000-0804b000 rw-p 00001000 08:01 398563  a.out/.bss
080c6000-080e7000 rw-p 00000000 00:00 0        [heap]
b7597000-b7598000 rw-p 00000000 00:00 0
b7598000-b7748000 r-xp 00000000 08:01 414596  /lib/i386-linux-gnu/libc-2.23.so
b7748000-b774a000 r--p 001af000 08:01 414596  /lib/i386-linux-gnu/libc-2.23.so
b774a000-b774b000 rw-p 001b1000 08:01 414596  /lib/i386-linux-gnu/libc-2.23.so
b774b000-b774e000 rw-p 00000000 00:00 0
b7765000-b7766000 rw-p 00000000 00:00 0
b7766000-b7768000 r--p 00000000 00:00 0        [vvar]
b7768000-b7769000 r-xp 00000000 00:00 0        [vdso]
b7769000-b778c000 r-xp 00000000 08:01 414594  /lib/i386-linux-gnu/ld-2.23.so
b778c000-b778d000 r--p 00022000 08:01 414594  /lib/i386-linux-gnu/ld-2.23.so
```

```
b778d000-b778e000 rw-p 00023000 08:01 414594  /lib/i386-linux-gnu/ld-2.23.so
bf981000-bf9a2000 rw-p 00000000 00:00 0        [stack]
```

在 32 位元 X86 平台下我們可以看到，heap 區域在 .bss 段的後面，而
mmap 區域則緊挨著 stack，mmap 區域包括處理程序動態連結時載入到記
憶體的動態連結器 ld-2.23.so、動態共用函數庫、使用 mmap 申請的動態
記憶體。

使用 kill 命令殺掉 a.out 處理程序再重新執行，你會發現 &mem_100 和
&mem_256K 的位址列印值發生了變化，每次程式執行的位址可能都不相
同。這是因為 heap 區和 mmap 區的起始位址和 stack 一樣，也不是固定
不變的。為了防止駭客攻擊，每次程式執行時期，它們都會以一個隨機
偏移作為起始位址。

如圖 5-26 所示，透過 a.out 處理程序的記憶體分配我們看到，堆疊的起
始位址並不緊挨著核心空間 0xc0000000，而是從 0xbf9a2000 作為起始位
址，中間有一個大約 6MB 的偏移。heap 區也不緊挨著 .bss 段，它們之間
也有一個 offset；mmap 區也是如此，它和 stack 區之間也有一個 offset。

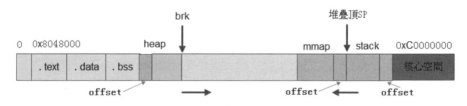

▲ 圖 5-26 heap 區和 mmap 區的隨機位址偏移

這些隨機偏移由核心支援的可選設定選項 randomize_va_space 控制，當
然你也可以關閉這個功能。

```
# cat /proc/sys/kernel/randomize_va_space
  2
# echo 0 > /proc/sys/kernel/randomize_va_space
# cat /proc/sys/kernel/randomize_va_space
  0
```

```
# ./a.out
08048000-08049000 r-xp 00000000 08:01 398563   /home/c/heap/a.out
08049000-0804a000 r--p 00000000 08:01 398563   /home/c/heap/a.out
0804a000-0804b000 rw-p 00001000 08:01 398563   /home/c/heap/a.out
0804b000-0806c000 rw-p 00000000 00:00 0        [heap]
b7e09000-b7e0a000 rw-p 00000000 00:00 0
b7e0a000-b7fba000 r-xp 00000000 08:01 414596   /lib/i386-linux-gnu/libc-2.23.so
b7fba000-b7fbc000 r--p 001af000 08:01 414596   /lib/i386-linux-gnu/libc-2.23.so
b7fbc000-b7fbd000 rw-p 001b1000 08:01 414596   /lib/i386-linux-gnu/libc-2.23.so
b7fbd000-b7fc0000 rw-p 00000000 00:00 0
b7fd7000-b7fd8000 rw-p 00000000 00:00 0
b7fd8000-b7fda000 r--p 00000000 00:00 0        [vvar]
b7fda000-b7fdb000 r-xp 00000000 00:00 0        [vdso]
b7fdb000-b7ffe000 r-xp 00000000 08:01 414594   /lib/i386-linux-gnu/ld-2.23.so
b7ffe000-b7fff000 r--p 00022000 08:01 414594   /lib/i386-linux-gnu/ld-2.23.so
b7fff000-b8000000 rw-p 00023000 08:01 414594   /lib/i386-linux-gnu/ld-2.23.so
bffdf000-c0000000 rw-p 00000000 00:00 0        [stack]
```

將 randomize_va_space 給予值為 0，可以關掉這個隨機偏移功能。關閉這個功能後再去執行 a.out，你會看到，a.out 處理程序堆疊的起始位址就緊挨著核心空間 0xc0000000 存放，heap 區和 mmap 區也是如此。

對於使用者創建的每一個 Linux 使用者處理程序，Linux 核心都會使用一個 task_struct 結構來描述它。task_struct 結構中內嵌一個 mm_struct 結構，用來描述該處理程序程式碼片段、資料段、堆疊的起始位址。

```
struct mm_struct {
    ...
    unsigned long mmap_base;   /* base of mmap area */
    unsigned long start_code, end_code, start_data, end_data;
    unsigned long start_brk, brk, start_stack;
    unsigned long arg_start, arg_end, env_start, env_end;

    mm_context_t context;
    ...
};
```

mm_struct 結構中的 start_brk 成員表示堆積區域的起始位址，當我們將

randomize_va_space 設定為 0，關閉隨機位址的偏移功能時，這個位址就是資料段（包括 .data 和 .bss）的結束位址 end_data。mm_struct 結構中的 brk 成員表示堆積區域的結束邊界位址。當使用者使用 malloc() 申請的記憶體大小大於當前的堆積區域時，malloc() 就會透過 brk() 系統呼叫，修改 mm_struct 中的成員變數 brk 來擴充堆積區域的大小。brk() 系統呼叫的核心操作其實就是透過擴充資料段的邊界來改變資料段的大小的。

```
#man 2 brk
  brk, sbrk - change data segment size
  brk() and sbrk() change the location of the program break, whi  ch
defines the end of the process's data segment (i.e., the pro  gram break
 is the first location after the end of the uninitial  ized data segment).
```

當程式載入到記憶體執行時期，載入器會根據可執行檔的程式碼片段、資料段（.data 和 .bss）的 size 大小在記憶體中開闢同等大小的位址空間。程式碼片段和資料段的大小在編譯時就已經確定，程式碼片段具有唯讀和執行的許可權，而資料段則有讀寫的許可權。程式碼片段和堆疊之間的一片茫茫記憶體雖然都是空閒的，但是要先申請才能使用。brk() 系統呼叫透過擴充資料段的終止邊界來擴大處理程序中可讀寫記憶體的空間，並把擴充的這部分記憶體作為堆積區域，使用 start_brk 和 brk 來標注堆積區域的起始和終止位址。在程式執行期間，隨著使用者申請的動態記憶體不斷變化，brk 的終止位址也隨之不斷地變化，堆積區域的大小也會隨之不斷地變化。

大量的系統呼叫會讓處理器和作業系統在不同的工作模式之間來回切換：作業系統要在使用者態和核心態之間來回切換，CPU 要在普通模式和特權模式之間來回切換，每一次切換都意味著各種上下文環境的儲存和恢復，頻繁地系統呼叫會降低系統的性能。系統呼叫還有一個不人性化的地方是不支援任意大小的記憶體分配，有的平台甚至只支援一個或數倍物理頁大小的記憶體申請，這在一定程度上會造成記憶體的浪費。舉個通俗的例子，記憶體申請有點類似你去銀行存取款。當你需要用錢時，如果每次都是用多少取多少，用 1 塊取 1 塊，用 10 塊取 10 塊，那麼估計你天天都得往銀行跑，花費在交通、排隊上的時間銷耗無疑是巨大的。同樣的道理，當你往銀行存錢時，如果只要口袋裡有錢，就往銀行裡存，有 1 塊存 1 塊，有 10 塊存 10 塊，那麼估計你也得天天往銀行跑。正確的做法應該是：每次提款時多取一些，放到自己的錢包裡，可以多次使用；存錢時也是如此，先存放到錢包裡，等夠了一定數額，再存到銀行裡，這樣就可以大大減少去銀行的次數。

為了提高記憶體申請效率，減少系統呼叫帶來的銷耗，我們可以參考上面的錢包模式，在使用者空間層面對堆積記憶體介入管理。如在 glibc 中實現的記憶體分配器（allocator）可以直接對堆積記憶體進行維護和管理。如圖 5-27 所示，記憶體分配器透過系統呼叫 brk()/mmap() 向 Linux 記憶體管理子系統「批發」記憶體，同時實現了 malloc()/free() 等 API 函數給使用者使用，滿足使用者動態記憶體的申請與釋放請求。

▲ 圖 5-27　glibc 中的 ptmalloc 記憶體分配器

當使用者使用 free() 釋放記憶體時，釋放的記憶體並不會立即返回給核心，而是被記憶體分配器接收，快取在使用者空間。記憶體分配器將這些區塊透過鏈結串列收集起來，等下次有使用者再去申請記憶體時，可以直接從鏈結串列上查詢合適大小的區塊給使用者使用，如果快取的記憶體不夠用再透過 brk() 系統呼叫去核心「批發」記憶體。記憶體分配器相當於一個記憶體池快取，透過這種操作方式，大大減少了系統呼叫的次數，從而提升了程式申請記憶體的效率，提高了系統的整體性能。

Linux 環境下的 C 標準函數庫 glibc 使用 ptmalloc/ptmalloc2 作為預設的記憶體分配器，具體的實現原始程式在 glibc-2.xx/malloc 目錄下。為了方便對區塊進行追蹤和管理，對於每一個使用者申請的區塊，ptmalloc 都使用一個 malloc_chunk 結構來表示，每一個區塊被稱為 chunk。malloc_chunk 結構定義在 glibc-2.xx/malloc/malloc.c 檔案中。

```
struct malloc_chunk {

  INTERNAL_SIZE_T  mchunk_prev_size; /*Size of previous chunk (if free)*/
  INTERNAL_SIZE_T  mchunk_size;   /*Size in bytes, including overhead*/
  struct malloc_chunk* fd;        /* double links -- used only if free */
  struct malloc_chunk* bk; /*for large blocks: pointer to next larger size*/
  struct malloc_chunk* fd_nextsize; /* double links -- used only if free.*/
  struct malloc_chunk* bk_nextsize;
};
```

使用者程式呼叫 free() 釋放掉的區塊並不會立即歸還給作業系統，而是被使用者空間的 ptmalloc 接收並增加到一個空閒鏈結串列中。malloc_chunk 結構中的 fd 和 bk 指標成員將每個區塊鏈成一個雙鏈結串列，不同大小的區塊連結在不同的鏈結串列上，每個鏈結串列都被我們稱作 bin，ptmalloc 記憶體分配器共有 128 個 bin，使用一個陣列來儲存這些 bin 的起始位址。

每一個 bin 都是由不同大小的區塊連結而成的鏈結串列，根據區塊大小的不同，我們可以對這些 bins 進行分類。每個 bin 在陣列中的位址索引和 bin 鏈結串列中區塊大小之間的對應關係如圖 5-28 所示。

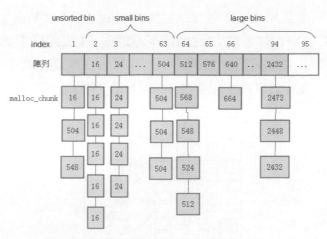

▲ 圖 5-28 不同大小的區塊組成的鏈結串列—bins

使用者釋放掉的區塊不會立即放到 bins 中，而是先放到 unsorted bin 中。
等使用者下次申請記憶體時，會首先到 unsorted bin 中查看有沒有合適的
區塊，若沒有找到，則再到 small bins 或 large bins 中查詢。small bins 中
一共包括 62 個 bin，相鄰兩個 bin 上的區塊大小相差 8 位元組，記憶體
資料區塊的大小範圍為 [16, 504]，大於 504 位元組的大區塊要放到 large
bins 對應的鏈結串列中。每個 bin 在陣列中的索引和區塊大小之間的關係
如表 5-2 所示。

表 5-2 區塊大小與 bin 的對應關係

分　類	陣列索引	區塊大小範圍（byte）	步進值（byte）	個　數
unsorted bin		-	-	1
small bins	[2,63]	[16,504]	8	62
large bins	[64,94]	[512,2488]	64	31
	[95,111]	[2496,10744]	512	17
	[112,120]	[10752,45048]	4096	9
	[121,123]	[45056,163832]	32768	3
	[124,126]	[163840,786424]	262144	3
	[127]	[786432,2^64]	-	1

除了陣列中的這些 bins，還有一些特殊的 bins，如 fast bins。使用者釋放掉的小於 M_MXFAST（32 位元系統下預設是 64 位元組）的區塊會首先被放到 fast bins 中。如圖 5-29 所示，fast bins 由單鏈結串列組成，FILO 堆疊式操作，執行效率高，相當於 small bins 的快取。

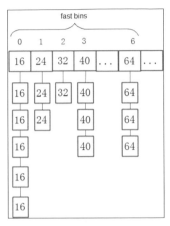

▲ 圖 5-29 fast bins

熟悉了各個 bin 的基本情況後，我們就可以了解一下堆積記憶體的分配流程了。當使用者申請一塊記憶體時，記憶體分配器就根據申請的記憶體大小從 bins 查詢合適的區塊。當申請的區塊小於 M_MXFAST 時，ptmalloc 分配器會首先到 fast bins 中去看看有沒有合適的區塊，如果沒有找到，則再到 small bins 中查詢。如果要申請的區塊大於 512 位元組，則直接跳過 small bins，直接到 unsorted bin 中查詢。

在適當的時機，fast bins 會將物理相鄰的空閒區塊合併，存放到 unsorted bin 中。記憶體分配器如果在 unsorted bin 中沒有找到合適大小的區塊，則會將 unsorted bins 中物理相鄰的區塊合併，根據合併後的區塊大小再遷移到 small bins 或 large bins 中。如圖 5-30 所示，unsorted bin 中兩個大小分別為 16 位元組和 24 位元組的區塊在實體記憶體上是相鄰的，因此我們可以把它們合併成一個 40 位元組大小的區塊，並遷移到 small bins 中對應的鏈結串列上。

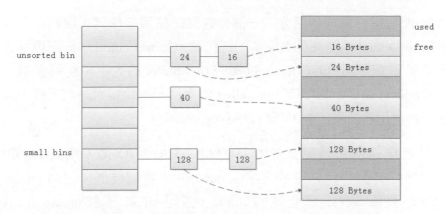

圖 5-30 區塊的合併

合併後的區塊如圖 5-31 所示。

ptmalloc 接著會到 large bins 中尋找合適大小的區塊。假設沒有找到大小正好合適的區塊,一些大的區塊將會被分割成兩部分:一部分返回給使用者使用,剩餘部分則放到 unsorted bin 中。

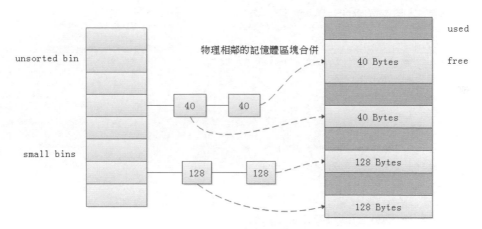

▲ 圖 5-31 合併後的區塊

如果在 large bins 中還沒有找到合適的區塊,這時候就要到 top chunk 上去分配記憶體了。top chunk 是堆積記憶體區頂部的一個獨立 chunk,它比較特殊,不屬於任何 bins。若使用者申請的記憶體小於 top chunk,則

top chunk 會被分割成兩部分：一部分返回給使用者使用，剩餘部分則作為新的 top chunk。若使用者申請的記憶體大於 top chunk，則記憶體分配器會透過系統呼叫 sbrk()/mmap() 擴充 top chunk 的大小。使用者第一次呼叫 malloc() 申請記憶體時，ptmalloc 會申請一塊比較大的記憶體，切割一部分給使用者使用，剩下部分作為 top chunk。

當使用者申請的記憶體大於 M_MMAP_THRESHOLD（預設 128KB）時，記憶體分配器會透過系統呼叫 mmap() 申請記憶體。使用 mmap 映射的記憶體區域是一種特殊的 chunk，這種 chunk 叫作 mmap chunk。當使用者透過 free() 函數釋放掉這塊記憶體時，記憶體分配器再透過 munmap() 系統呼叫將其歸還給作業系統，而非將其放到 bin 中。

5.4.4 堆積記憶體測試程式

為了消化一下記憶體分配器 ptmalloc 對堆積記憶體申請和釋放的管理流程，我們寫個簡單的程式來驗證一下。

```c
//ptmalloc_test.c
#include <stdio.h>
#include <stdlib.h>

int main (void)
{
   char *p_32k, *p_64k, *p_120k;
   char *p_12k, *p_80k, *p_132k;

   p_32k  = malloc(32*1024);
   p_64k  = malloc(64*1024);
   p_120k = malloc(120*1024);
   p_132k = malloc(132*1024);
   printf("p_32k: %p\n", p_32k);
   printf("p_64k: %p\n", p_64k);
   printf("p_120k: %p\n", p_120k);
   printf("p_132k: %p\n", p_132k);
```

```
    free(p_32k);
    p_12k = malloc(12*1024);
    printf("p_12k: %p\n", p_12k);

    free(p_64k);
    p_80k = malloc(80*1024);
    printf("p_80k: %p\n", p_80k);

    free(p_132k);
    free(p_12k);
    free(p_80k);
    free(p_120k);

    return 0;
}
```

編譯上面的程式並執行。

```
#gcc ptmalloc_test.c -o a.out
#./a.out
p_32k:  0x82bf008
p_64k:  0x82c7010
p_120k: 0x82d7018
p_132k: 0xb750a008
p_12k:  0x82bf008
p_80k:  0x82c2010
```

透過執行結果我們可以看到，對於小於 128KB 的記憶體申請，ptmalloc
會直接在堆積區域分配記憶體；對於大於 128KB 的記憶體申請，
ptmalloc 記憶體分配器則直接在靠近處理程序堆疊（0xbxxxxxxx）的地
方映射一片記憶體區域返給使用者使用。使用者釋放的記憶體並不會立
即歸還給作業系統，而是由 ptmalloc 接管，等下次使用者申請記憶體時
就可以將接管的這塊記憶體繼續分配給使用者使用。如圖 5-32 所示，程
式新申請的 12KB 記憶體就是從剛剛釋放的 32KB 大小的區塊中直接分割
一塊返給使用者的，所以我們會看到 p_32k 指標和 p_12k 指標的列印值
是相同的。

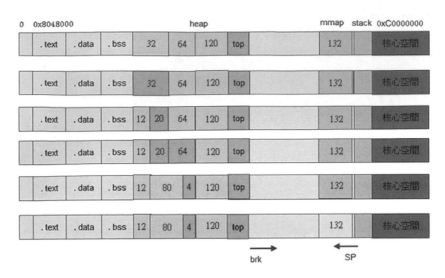

▲ 圖 5-32 堆積記憶體的動態申請與釋放

當堆積記憶體中相鄰的兩個區塊都被釋放且處於空閒狀態時，ptmalloc 在合適的時機，會將這兩塊記憶體合併成一塊大記憶體，並在 bins 上更新它們的維護資訊。在圖 5-32 中可以看到，當我們釋放 p_64k 指標指向的 64KB 記憶體時，它就會和相鄰的 20KB 大小的空閒區塊合併，生成一個 84KB 大小的新區塊。當使用者申請一個 80KB 大小的記憶體時，就可以將這塊記憶體分配給使用者，並將剩下的 4KB 區塊放到 unsorted bin 中，等待使用者新的記憶體申請或將它移動到 large bins 中。

對於 120KB 的大記憶體申請，如果沒有在 large bins 中找到合適的區塊，則 ptmalloc 就會到 top chunk 區域分配記憶體。如果申請的記憶體大於 128KB，則 ptmalloc 直接透過 mmap() 映射一片記憶體返給使用者，這部分映射記憶體釋放時也不會增加到 bins，而是直接透過 munmap() 直接還給作業系統。

透過對這個程式的分析和驗證，我們對 Linux 環境下不同大小的堆積記憶體申請處理流程就有了一個整體的認識。

5.4.5 實現自己的堆積管理器

透過前面兩節的學習，我們對不同作業系統的堆積記憶體管理有了一個大致的了解。在嵌入式裸機環境下，為了解決記憶體碎片問題，我們可以參考 uC/OS 和 Linux 的管理思路，嘗試自己實現一個嵌入式裸機環境下的堆積記憶體管理器。

```c
//mempool.c
#include <stdio.h>

#define POOL_SIZE 1088
#define CHUNK_NUM 16

struct chunk{
    unsigned char *addr;
    char         used;
    unsigned char size;
};

char mempool[POOL_SIZE];
struct chunk bitmap[CHUNK_NUM];

void pool_init(void)
{
    int i;
    char *p = &mempool[0];
    for(int i = 0; i < CHUNK_NUM; i++)
    {
        p = p + i*8;
        bitmap[i].addr = p;
        bitmap[i].size = 8 *(i + 1);
        bitmap[i].used = 0;
    }
}

int bitmap_index(int nbytes)
{
    if(nbytes%8==0)
```

```
        return nbytes / 8 -1;
    else
        return nbytes / 8;
}

void* pool_malloc(int nbytes)
{
    int i;
    int index;
    index = bitmap_index(nbytes);
    for( i = index; i < CHUNK_NUM; i++)
    {
        if(bitmap[i].used == 0){
            bitmap[i].used = 1;
            return bitmap[i].addr;
        }
        else
            continue;
    }
    return (void *)0;
}

void pool_free(void *p)
{
    int i;
    for(i = 0; i < CHUNK_NUM; i++)
    {
        if(bitmap[i].addr == p)
            bitmap[i].used = 0;
    }
}

void pool_info(void)
{
    int frees = 0;
    int used_size  = 0;
    int i;
    for(i = 0; i < CHUNK_NUM; i++)
    {
```

```
        if(bitmap[i].used ==1)
            used_size = used_size + bitmap[i].size;
        else
            frees++;
    }
    printf("-----------------------------\n");
    printf("            memory info           \n\n");
    printf("Total size:  %d\tBytes\n", POOL_SIZE);
    printf("Used  size:  %d\tBytes\n", used_size);
    printf("Free  size:  %d\tBytes\n", POOL_SIZE-used_size);
    printf("Used Chunks: %d\n", CHUNK_NUM-frees);
    printf("Free Chunks: %d\n", frees);
    printf("Pool  usage: %d\%\n", (used_size*100/POOL_SIZE));
    printf("-----------------------------\n");
}
```

在上面的程式中，我們實現了一個堆積記憶體管理器。堆積記憶體管理器的實現思路其實很簡單：使用一個大陣列 mempool 表示要管理的堆積記憶體，將其劃分為不同大小的 16 個區塊，區塊大小範圍為 [8, 128] Bytes。使用 bitmap 陣列對 16 個區塊進行管理，表示區塊的使用和空閒情況，使用者可以申請的記憶體大小為 [1,128] Bytes。堆積記憶體管理器實現了 4 個 API 函數，分別用於記憶體初始化、記憶體申請、記憶體釋放、堆積記憶體使用情況查詢，這 4 個 API 函數封裝在 mempool.h 標頭檔中。

```
#ifndef __MEMPOOL_H
#define __MEMPOOL_H
    void pool_init(void);
    void *pool_malloc(int nbytes);
    void pool_free(void *p);
    void pool_info(void);
#endif
```

使用者如果想使用這個堆積記憶體管理器申請記憶體、釋放記憶體，則直接使用上面的介面即可。堆積記憶體管理器的測試程式如下。

```c
#include <stdio.h>
#include <string.h>
#include "mempool.h"

int main(void)
{
    pool_init();
    char *p = NULL;
    char *q = NULL;
    p =(char *)pool_malloc(100);
    q =(char *)pool_malloc(24);
    memcpy(p,"hello world\n", 15);
    printf("%s\n", p);
    pool_info();
    pool_free(p);
    pool_free(q);
    pool_info();
    return 0;
}
```

在嵌入式裸機環境下，我們使用上面實現的堆積記憶體管理器分配記憶
體，可以在一定程度上避免記憶體碎片的產生。在有作業系統的嵌入式
開發環境中，一般作業系統都會介入堆積記憶體管理，解決記憶體碎片
化的問題。不同的作業系統，對堆積記憶體管理有不同的機制和實現，
但一般都會透過 C 標準函數庫中的 malloc()/free() 函數引出 API，供程式
設計師使用。

分析到這裡，我們已經對一個嵌入式系統，在不同的環境下（裸機、uC/
OS、Linux）對堆積記憶體的管理和維護有了一個大致的了解。現在我們
一起放飛思維的翅膀，讓我們想像一下一個程式執行時期，在 Linux 處理
程序空間的記憶體分配和動態變化：當函數一級一級地呼叫又退出，堆疊
中的函數堆疊幀是如何創建和銷毀的，FP 和 SP 指標是如何移動的；當函
數內使用 malloc()/free() 申請釋放記憶體時，堆積區域的記憶體是如何變
化的，brk 指標是如何移動的，glibc 中的記憶體分配器 ptmalloc 又是執行

原理的。如果你在腦海中對這些流程有了清晰的影像，說明你對程式的堆疊記憶體管理已經有了一個全域的認識，至少在大腦中已經架設出一個完整的認知框架。有了這些知識儲備和認知框架，以後在工作中遇到這方面的問題，就可以很快在知識系統中找到定位，就知道該從哪裡繼續深入學習了。嵌入式系統中的堆積記憶體管理框架如圖 5-33 所示。

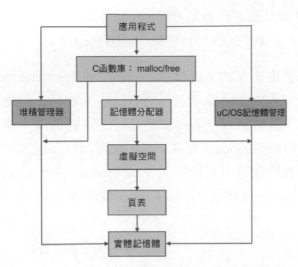

▲ 圖 5-33 嵌入式系統中的堆積記憶體管理框架

5.5 mmap 映射區域探秘

透過前幾節的學習我們已經知道，當使用者使用 malloc 申請大於 128KB 的堆積記憶體時，記憶體分配器會透過 mmap 系統呼叫，在 Linux 處理程序虛擬空間中直接映射一片記憶體給使用者使用。這片使用 mmap 映射的記憶體區域比較神秘，目前我們還不是很熟悉，無論是動態連結器、動態共用函數庫的載入，還是大於 128KB 的堆積記憶體申請，都和這個區域息息相關。既然已經有堆積區域和堆疊區域了，為什麼還要使用這片映射區域？這片映射區域的記憶體有什麼特點？怎麼使用它？作業系統是如何管理和維護的？帶著這些疑問，讓我們開啟這片映射區域的探索之旅吧。

想要搞清楚這部分區域，我們還得從檔案的讀寫說起。當我們執行一個程式時，需要從磁碟上將該可執行檔載入到記憶體。將檔案載入到記憶體有兩種常用的操作方法，一種是透過常規的檔案 I/O 操作，如 read/write 等系統呼叫介面；一種是使用 mmap 系統呼叫將檔案映射到處理程序的虛擬空間，然後直接對這片映射區域讀寫即可。

檔案 I/O 操作使用檔案的 API 函數（open、read、write、close）對檔案進行打開和讀寫入操作。檔案儲存於磁碟中，我們透過指定的檔案名稱打開一個檔案，就會得到一個檔案描述符，透過該檔案描述符就可以找到該檔案的索引節點 inode，根據 inode 就可以找到該檔案在磁碟上的儲存位置。然後我們就可以直接呼叫 read()/write() 函數到磁碟指定的位置讀寫資料了。檔案的讀寫流程如圖 5-34 左側圖所示。

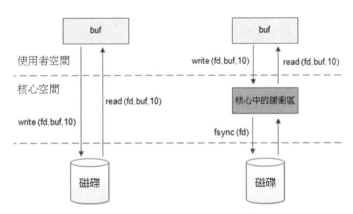

▲ 圖 5-34 頁快取（page cache）

磁碟屬於機械裝置，程式每次讀寫磁碟都要經過轉動磁碟、磁頭定位等操作，讀寫速度較慢。為了提高讀寫效率，減少 I/O 讀盤次數以保護磁碟，Linux 核心基於程式的局部原理提供了一種磁碟緩衝機制。如圖 5-34 所示，在記憶體中以物理頁為單位快取磁碟上的普通檔案或區塊裝置檔案。當應用程式讀磁碟檔案時，會先到快取中看資料是否存在，若資料存在就直接讀取並複製到使用者空間；若不存在，則先將磁碟資料讀取到頁快取（page cache）中，然後從頁快取中複製資料到使用者空間的 buf 中。當應用程式寫資料到磁碟檔案時，會先將使用者空間 buf 中的資料寫入 page cache，當 page cache 中快取的資料達到設定的設定值或者刷新時間逾時，Linux 核心會將這些資料回寫到磁碟中。

不同的處理程序可能會讀寫多個檔案，不同的檔案可能都要快取到 page cache 物理頁中。如圖 5-35 所示，Linux 核心透過一個叫作 radix tree 的樹結構來管理這些頁快取物件。一個物理頁上可以是檔案頁快取，也可以是交換快取，甚至是普通記憶體。以檔案頁快取為例，它透過一個叫作 address_space 的結構讓磁碟檔案和記憶體產生連結。我們透過檔案名稱可以找到該檔案對應的 inode，inode->imapping 成員指向 address_space 物件，物理頁中的 page->mapping 指向頁快取 owner 的 address_space，這樣檔案名稱和其對應的物理頁快取就產生了連結。

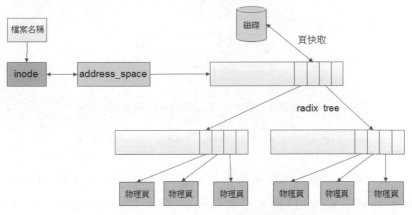

▲ 圖 5-35　Linux 核心中的頁快取管理

當我們讀寫指定的磁碟檔案時，透過檔案描述符就可以找到該檔案的 address_space，透過傳進去的檔案位置偏移參數就可以到頁快取中查詢對應的物理頁，若查詢到則讀取該物理頁上的資料到使用者空間；若沒有查詢到，則 Linux 核心會新建一個物理頁增加到頁快取，從磁碟讀取資料到該物理頁，最後從該物理頁將資料複製到使用者空間。

Linux 核心中的頁快取機制在一定程度上提高了磁碟讀寫效率，但是程式透過 read()/write() 頻繁地系統呼叫還是會帶來一定的性能銷耗。系統呼叫會不停地切換 CPU 和作業系統的工作模式，資料也在使用者空間和核心空間之間不停地複製。為了減少系統呼叫的次數，嘗到了快取「甜頭」的 glibc 決定進一步最佳化。如圖 5-36 所示，在使用者空間開闢一個 I/O 緩衝區，並將系統呼叫 read()/write() 進一步封裝成 fread()/fwrite() 函數庫函數。

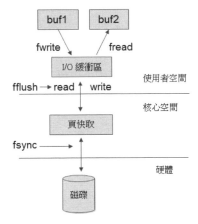

▲ 圖 5-36 使用者空間的 I/O 緩衝區

```
size_t  fread(void *ptr, size_t size, size_t nmemb,  FILE *stream); size_
t  fwrite(const void *ptr, size_t size, size_t nmemb, FILE *stream);
```

在使用者空間，C 標準函數庫會為每個打開的檔案分配一個 I/O 緩衝區和一個檔案描述符 fd。I/O 緩衝區資訊和檔案描述符 fd 一起封裝在 FILE 結構中。

```
struct _IO_FILE {    int _flags;
    char* _IO_read_ptr;  /* Current read pointer */
    char* _IO_read_end;  /* End of get area. */
    char* _IO_read_base; /* Start of putback+get area. */
```

```
    char* _IO_write_base; /* Start of put area. */
    char* _IO_write_ptr; /* Current put pointer. */
    char* _IO_write_end; /* End of put area. */
    char* _IO_buf_base;  /* Start of reserve area. */
    char* _IO_buf_end; /* End of reserve area. */
    struct _IO_FILE *_chain;
    int   _fileno;
    IO_off_t _old_offset;
    unsigned short _cur_column;
    signed char _vtable_offset;
    char _shortbuf[1];
    _IO_lock_t *_lock;
};
typedef struct _IO_FILE   FILE;
```

使用者可以透過這個 FILE 類型的檔案指標，呼叫 fread()/fwrite() C 標準函數庫函數來讀寫檔案。如圖 5-36 所示，當應用程式透過 fread() 函數讀磁碟檔案時，資料從核心的頁快取複製到 I/O 緩衝區，然後複製到使用者的 buf2 中，當 fread 第二次讀寫磁碟檔案時會先到 I/O 緩衝區裡查看是否有要讀寫的資料，如果有就直接讀取，如果沒有就重複上面的流程，重新快取；當程式透過 fwrite() 函數寫檔案時，資料會先從使用者的 buf1 緩衝區複製到 I/O 緩衝區，當 I/O 緩衝區滿時再一次性複製到核心的頁快取中，Linux 核心在適當的時機再把頁快取中的資料回寫到磁碟中。

I/O 緩衝區透過減少系統呼叫的次數來降低系統呼叫的銷耗，但也增加了資料在不同緩衝區複製的次數：一次讀寫流程要完成兩次資料的複製操作。當程式要讀寫的資料很大時，這種檔案 I/O 的銷耗也是很大的，得不償失。那麼能不能透過進一步最佳化來減少資料的複製次數呢？答案是能，可以將檔案直接映射到處理程序虛擬空間。處理程序的虛擬位址空間與檔案之間的映射關係如圖 5-37 所示。

我們可以透過 mmap 系統呼叫將檔案直接映射到處理程序的虛擬位址空間中，位址與檔案資料一一對應，對這片記憶體映射區域進行讀寫入操作相當於對磁碟上的檔案進行讀寫入操作。這種映射方式減少了記憶體複製和系統呼叫的次數，可以進一步提高系統性能。

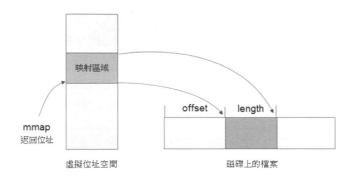

▲ 圖 5-37　將檔案映射到記憶體

5.5.1　將檔案映射到記憶體

將檔案映射到記憶體主要由 mmap()/munmap() 函數來完成。mmap() 的函數原型如下。

```
void *mmap(void *addr, size_t length, int prot, int flags,      int fd,
off_t offset);
```

相關的參數說明如下。

- addr：處理程序中要映射的虛擬記憶體起始位址，一般為 NULL。
- length：要映射的記憶體區域大小。
- prot：記憶體保護標識有 PROT_EXEC、PROT_READ、PROT_WRITE。
- flags：映射物件類型有 MAP_FIXED、MAP_SHARED、MAP_PRIVATE。
- fd：要映射檔案的檔案描述符。
- offset：檔案位置偏移。
- mmap 以頁為單位進行操作：參數 addr 和 offset 必須按頁對齊。

第一個參數 addr 表示你要將檔案映射到處理程序虛擬空間的位址，可以顯示指定，也可以設定為 NULL，由系統自動分配。mmap() 映射成功會返給使用者一個位址，這個位址就是檔案映射到處理程序虛擬空間的起始位址。透過這個位址我們就與要讀寫的檔案建立了連結，使用者對這片映射記憶體區域進行讀寫就相當於對檔案進行讀寫。

接下來我們撰寫一個程式，不透過檔案 I/O 對檔案進行讀寫，而是透過 mmap 映射的記憶體進行讀寫。透過映射記憶體往一個磁碟檔案寫資料的範例程式如下。

```c
//mmap_write.c
#include <sys/mman.h>
#include <sys/types.h>
#include <fcntl.h>
#include <string.h>
#include <stdio.h>
#include <unistd.h>

int main (int argc, char *argv[])
{
    int fd;
    int i;
    char *p_map;
    fd = open (argv[1], O_CREAT | O_RDWR | O_TRUNC, 0666);
    write (fd, "", 1);
    p_map = (char *) mmap (NULL, 20, PROT_READ | PROT_WRITE, MAP_SHARED,
fd, 0);
    if (p_map == MAP_FAILED)
    {
        perror ("mmap");
        return -1;
    }
    close (fd);
    if (fd == -1)
    {
        perror ("close");
        return -1;
    }
    memcpy (p_map, "hello world!\n", 14);
    sleep (5);
```

```
    if (munmap (p_map, 20) == -1)
    {
        perror ("munmap");
        return -1;
    }
    return 0;
}
```

編譯上面的程式並執行，透過指定的檔案名稱創建一個文字檔 data.txt，然後在程式中向這片映射記憶體寫入字串 "hello world"，就可以直接將這個字串寫入文字檔 data.txt。

```
#gcc mmap_write.c -o a.out
#./a.out data.txt
```

透過映射記憶體從一個檔案資料讀取資料的程式範例如下。

```
//mmap_read.c
#include <sys/mman.h>
#include <sys/types.h>
#include <fcntl.h>
#include <string.h>
#include <stdio.h>
#include <unistd.h>

int main (int argc, char *argv[])
{
    int fd;
    int i;
    char *p_map;
    fd = open (argv[1], O_CREAT | O_RDWR, 0666);
    p_map = (char *) mmap (NULL, 20, PROT_READ | PROT_WRITE, MAP_SHARED,
fd, 0);
    if (p_map == MAP_FAILED)
    {
        perror ("mmap");
        return -1;
    }
    close (fd);
```

```
    if (fd == -1)
    {
        perror ("close");
        return -1;
    }
    printf ("%s", p_map);
    if (munmap (p_map, 20) == -1)
    {
        perror ("munmap");
        return -1;
    }
    return 0;
}
```

編譯上面的程式並執行，透過指定的檔案名稱打開文字檔 data.txt，將該
檔案映射到處理程序的虛擬空間，映射成功後，讀取這片映射記憶體空
間的資料就相當於讀取 data.txt 檔案中的資料。

```
#gcc mmap_read.c -o a.out
#./a.out data.txt
```

5.5.2 mmap 映射實現機制分析

Linux 下的每一個處理程序在核心中統一使用 task_struct 結構表示。task_
struct 結構的 mm_struct 成員用來描述當前處理程序的記憶體分配資訊。
一個處理程序的虛擬位址空間分為不同的區域，如程式碼片段、資料
段、mmap 區域等，每一個區域都使用 vm_area_struct 結構物件來描述。

```
struct vm_area_struct {
    unsigned long    vm_start;  /*Our start address within vm_mm.*/
    unsigned long    vm_end;
struct vm_area_struct  *vm_next, *vm_prev;
...
    struct file * vm_file;   /* File we map to (can be NULL).*/
    void * vm_private_data;  /* was vm_pte (shared mem) */
    ...
};
```

各個 vm_area_struct 透過成員 vm_next、vm_prev 指標鏈成一個鏈結串列，內嵌在 vm_struct 結構中。一個處理程序創建以後，鏈結串列中的各個 vm_area_struct 結構物件和處理程序虛擬空間中不同區域之間的對應關係如圖 5-38 所示。

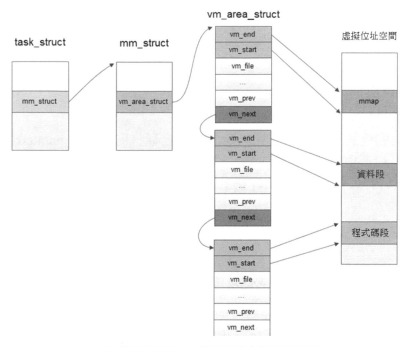

▲ 圖 5-38 Linux 處理程序虛擬空間管理

透過 mmap() 函數雖然完成了檔案和處理程序虛擬空間的映射，但是需要注意的是，現在檔案還在磁碟上。當使用者程式開始讀寫處理程序虛擬空間中的這片映射區域時，發現這片映射區域還沒有分配實體記憶體，就會產生一個請頁異常，Linux 記憶體管理子系統就會給該片映射記憶體分配實體記憶體，將要讀寫的檔案內容讀取到這片記憶體，最後將虛擬位址和物理位址之間的映射關係寫入該處理程序的頁表。檔案映射的這片空間分配實體記憶體成功後，我們再去讀寫檔案時就不用使用檔案的 I/O 介面函數了，直接對處理程序空間中的這片映射區域讀寫即可。

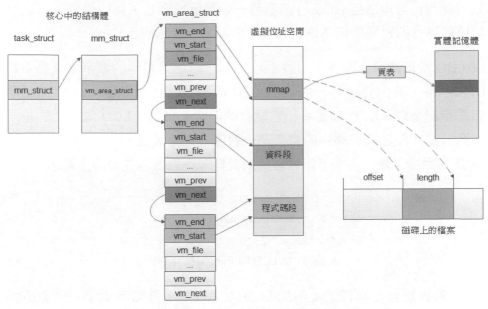

▲ 圖 5-39 mmap 映射區域與實體記憶體

在實際程式設計中，我們使用 malloc() 函數申請的動態記憶體一般被當作緩衝區使用，免不了有大量的資料被搬來搬去，透過 mmap() 函數將檔案直接映射到記憶體，就可以減少資料搬運的次數。按照 Linux 信奉的「一切皆檔案」的哲學思想，我們也可以將映射的檔案範圍擴大，一塊普通的記憶體，顯示卡、Frambuffer 都是一個檔案，都可以映射到記憶體，既減少了系統呼叫的次數，又減少了資料複製的次數，性能相比檔案 I/O 顯著提高。這也是為什麼我們使用 malloc() 函數申請大於 128KB 的記憶體時，malloc() 函數底層採用 mmap 映射的原因。

5.5.3 把裝置映射到記憶體

Linux 的設計思想是「一切皆檔案」，即無論是磁碟上的普通資料檔案，還是 /dev 目錄下的裝置檔案，甚至是一塊普通的記憶體，我們都可以把它看作一個檔案，並透過檔案 I/O 介面函數 read()/write() 去讀寫它們。當然，我們也可以透過 mmap() 函數將一個裝置檔案映射到記憶體，對映射記憶體進行讀寫同樣也能達到對裝置檔案進行讀寫的目的。

以 LCD 螢幕的顯示為例，如圖 5-40 所示，無論是電腦的顯示器還是手機的顯示幕，其主要部件一般包括 LCD 螢幕、LCD 驅動器、LCD 控制器和顯示記憶體。LCD 螢幕有和它配套的顯示記憶體，LCD 螢幕上的每一個圖元都和顯示記憶體中的資料一一對應，透過設定 LCD 控制器可以讓 LCD 驅動器工作，將顯示記憶體上的資料一一對應地在螢幕上顯示。

▲ 圖 5-40 LCD 顯示器的硬體結構

和 51 微控制器經常搭配使用的 LCD1602 液晶螢幕顯示模組，大家有機會拿到實物可以看到這個模組挺厚重的，拿在手裡沉甸甸的。LCD1602 不僅包括液晶螢幕，背面還有驅動控制電路，裡面整合的還有顯示記憶體，直接在顯示記憶體裡寫入資料就可以在液晶螢幕上顯示指定的字元了。X86 環境下的顯示控制模組通常以顯示卡的形式直接插到主機板上，顯示卡又分為整合顯示卡和獨立顯示卡，獨立顯示卡模組有自己單獨的顯示記憶體，而整合顯示卡則沒有自己獨立的顯示記憶體，要佔用記憶體的一片位址空間作為顯示記憶體使用。在嵌入式 ARM 平台上，LCD 控制器通常以 IP 的形式整合到 SoC 晶片上，和 X86 的整合顯示卡類似，也要佔用一部分記憶體空間作為顯示記憶體，因此我們可以看到 ARM 平台上外接的 LCD 螢幕通常很薄，就是一個包含驅動電路的螢幕，透過引出的幾根引線介面可以直接插到嵌入式開發板上。

不同的嵌入式平台，外接的螢幕大小、尺寸、解析度都不一樣。為了更好地調配不同的顯示幕，Linux 核心在驅動層對不同的 LCD 硬體裝置進行抽象，遮罩底層的各種硬體差異和操作細節，抽象出一個幀快取裝置—Framebuffer。Framebuffer 是 Linux 對顯示記憶體抽象的一種虛擬裝置，對應的裝置檔案為 /dev/fb，它為 Linux 的顯示提供了統一的介面。使用者不用關心硬體層到底是怎麼實現顯示的，直接往幀快取寫入資料就可以在對應的螢幕上顯示自己想要的字元或影像。

以 ARM vexpress 模擬平台為例，幀快取裝置對應的裝置檔案節點為 /dev/fb0。向裝置檔案 /dev/fb0 寫入資料有兩種方式，如圖 5-41 所示，第一種是使用 open/read/write 介面像普通檔案一樣對裝置進行讀寫，這種操作方式容易理解，但是當要顯示的資料很大時，大塊資料在使用者空間的緩衝區和核心的快取之間來回複製會影響系統的性能。

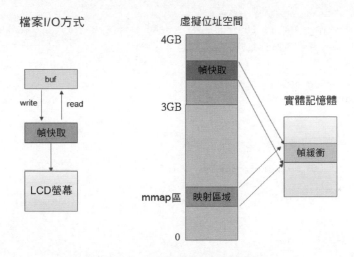

▲ 圖 5-41 將裝置檔案映射到記憶體

我們一般採用第二種 mmap 映射的方式，把裝置檔案像磁碟上的普通檔案一樣直接映射到處理程序的虛擬位址空間，應用程式在使用者空間直接對映射記憶體進行讀寫就可以即 地在螢幕上顯示出來。

```c
#include <stdio.h>
#include <string.h>
#include <sys/types.h>
#include <sys/stat.h>
#include <fcntl.h>
#include <sys/mman.h>
```

```c
#include <unistd.h>

int main (void)
{
    int fd;
    unsigned char *fb_mem;
    int i = 100;
    fd = open ("/dev/fb0", O_RDWR);
    if (fd == -1)
    {
        perror ("open");
        return -1;
    }
    fb_mem = mmap (NULL, 800*600, PROT_READ | PROT_WRITE, MAP_SHARED, fd, 0);
    if (fb_mem == MAP_FAILED)
    {
        perror ("mmap");
        return -1;
    }
    while (1)
    {
        memset (fb_mem, i++, 800*600);
        sleep (1);
    }

    close (fd);
    return 0;
}
```

在上面的程式中，我們將 Framebuffer 的裝置檔案 /dev/fb0 透過 mmap() 直接映射到了處理程序的虛擬空間中。透過 mmap() 返回的指標 fb_ mem，我們就可以直接對這片映射區域寫入資料，不斷地向螢幕 800*600 大小的顯示記憶體區域寫入隨機資料。

編譯上面的程式並在 ARM vexpress 模擬開發板上執行，在 LCD 螢幕上可以看到 800*600 大小的顯示區域內，螢幕顯示的顏色一直在不斷變化，執行效果如圖 5-42 所示。

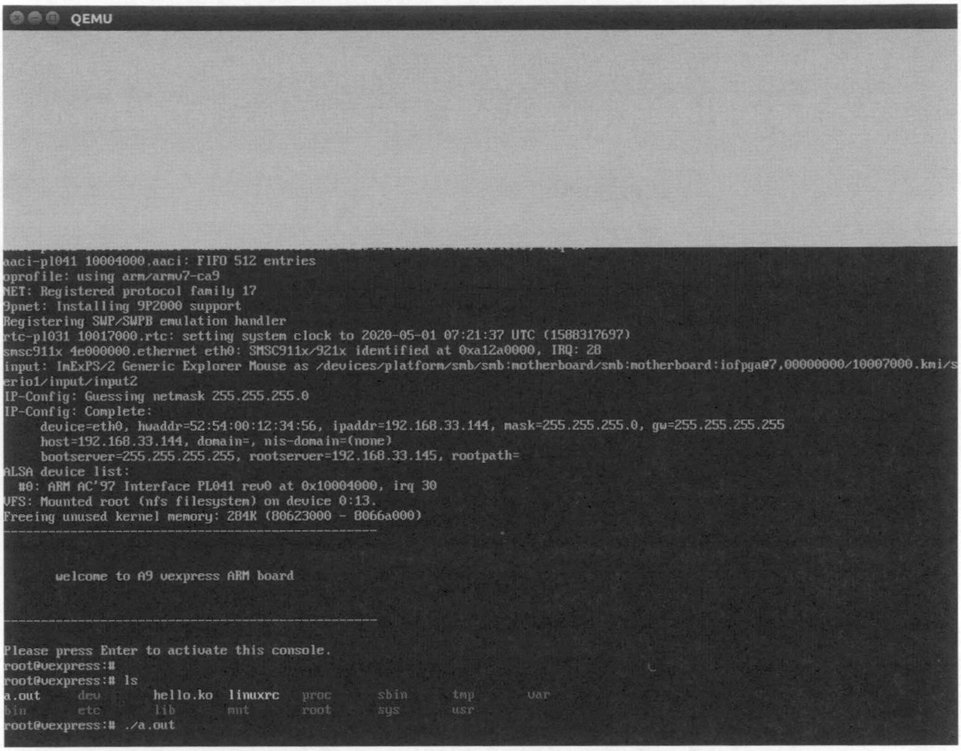

▲ 圖 5-42　LCD 顯示幕上的資料變化

5.5.4 多處理程序共用動態函數庫

透過上一章的學習，我們對動態函數庫的動態連結和重定位過程已經很熟悉了，再加上本章對 mmap 映射的理解，我們就可以接著分析一個被載入到記憶體的動態函數庫是如何被多個處理程序共用的。

當動態函數庫第一次被連結器載入到記憶體參與動態連結時，如圖 5-43 所示，動態函數庫映射到了當前處理程序虛擬空間的 mmap 區域，動態連結和重定位結束後，程式就開始執行。當程式存取 mmap 映射區域，去呼叫動態函數庫的一些函數時，發現此時還沒有為這片虛擬空間分配實體記憶體，就會產生一個請頁異常。核心接著會為這片映射記憶體區

域分配實體記憶體,將動態函數庫檔案 libtest.so 載入到實體記憶體,並
將虛擬位址和物理位址之間的映射關係更新到處理程序的頁表項,此時
動態函數庫才真正載入到實體記憶體,程式才可以正常執行。

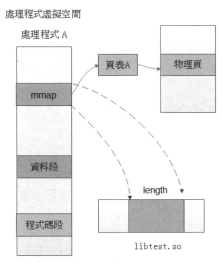

▲ 圖 5-43 mmap 區的動態共用函數庫

對於已經載入到實體記憶體的檔案,Linux 核心會透過一個 radix tree 的
樹結構來管理這些頁快取物件。在圖 5-44 中,當處理程序 B 執行也需要
載入動態函數庫 libtest.so 時,動態連結器會將函數庫檔案 libtest.so 映射
到處理程序 B 的一片虛擬記憶體空間上,連結重定位完成後處理程序 B
開始執行。當透過映射記憶體位址存取 libtest.so 時也會觸發一個請頁異
常,Linux 核心在分配實體記憶體之前會先從 radix tree 樹中查詢 libtest.
so 是否已經載入到實體記憶體,當核心發現 libtest.so 函數庫檔案已經
載入到記憶體後就不會給處理程序 B 分配新的實體記憶體,而是直接修
改處理程序 B 的頁表項,將處理程序 B 中的這片映射區域直接映射到
libtest.so 所在的實體記憶體上。

透過上面的分析我們可以看到,動態函數庫 libtest.so 只載入到實體記
憶體一次,後面的處理程序如果需要連結這個動態函數庫,直接將該函

數庫檔案映射到自身處理程序的虛擬空間即可，同一個動態函數庫雖然被映射到了多個處理程序的不同虛擬位址空間，但是透過 MMU 位址轉換，都指向了實體記憶體中的同一塊區域。此時動態函數庫 libtest.so 也被多個處理程序共用使用，因此動態函數庫也被稱作動態共用函數庫。

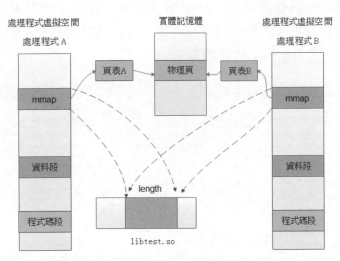

▲ 圖 5-44 多處理程序共用動態函數庫

5.6 記憶體洩漏與防範

記憶體洩漏是很多初學者在軟體開發中經常遇到的一個問題，要想撰寫一個可以長期穩定執行的程式，預防記憶體洩漏是必不可少的一環。要想快速定位記憶體洩漏，掌握一些常用的偵錯手段和工具，了解記憶體洩漏背後的原理也是很有必要的。

5.6.1 一個記憶體洩漏的例子

在一個 C 函數中，如果我們使用 malloc() 申請的記憶體在使用結束後沒有及時被釋放，則 C 標準函數庫中的記憶體分配器 ptmalloc 和核心中的記憶體管理子系統都失去了對這塊記憶體的追蹤和管理。這塊記憶體就像被捨棄在荒野裡的共享單車，使用者用完就丟，沒有歸還到車輛管理中心，車輛管理中心認為這輛單車還在使用者手裡，兩者都失去了對這輛單車的管理和維護，其他人也就沒法繼續使用。失去管理和追蹤的這塊記憶體，一直孤零零地躺在記憶體的某片區域，使用者、記憶體分配器和記憶體管理子系統都不知道它的存在，它就像記憶體中的一塊漏洞，我們稱這種現象為記憶體洩漏。

一個簡單的記憶體洩漏的程式如下。

```
#include <stdlib.h>

int main(void)
{
        char *p;
        p = (char *) malloc (32);
        strcpy(p, "hello");
        puts(p);
        return 0;
}
```

在上面的程式中，我們將使用 malloc() 申請到的記憶體位址給予值給指標變數 p，然後透過指標變數 p 就可以操作這塊匿名記憶體了。函數執行結束退出後，隨著函數堆疊幀的銷毀，指標區域變數 p 也就隨之釋放掉了，使用者再也無法透過指標變數 p 來存取這片記憶體，也就失去了對這塊記憶體的控制權。在函數退出之前，如果我們沒有使用 free() 函數及時地將這塊記憶體歸還給記憶體分配器 ptmalloc 或記憶體管理子系統，ptmalloc 和記憶體管理子系統就失去了對這塊記憶體的控制權，它們可能認為使用者還在使用這片記憶體。等下次去申請記憶體時，記憶體分配器和記憶體管理子系統都沒有這塊記憶體的資訊，所以不可能把這塊記憶體再分配給使用者使用。

圖 5-45 中有大小為 548 Byte 和 504 Byte 的兩個區塊，一開始這兩個區塊是在空閒鏈結串列中的，當使用者使用 malloc() 申請記憶體時，記憶體

分配器 ptmalloc 將這兩個區塊節點從空閒鏈結串列中摘除,並把區塊的位址返給使用者使用。如果使用者使用後忘了歸還,那麼空閒鏈結串列中就沒有了這兩個區塊的資訊,這兩塊記憶體也就無法繼續使用了,在記憶體中就產生了兩個「漏洞」,即發生了記憶體洩漏。

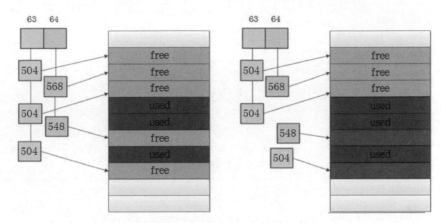

▲ 圖 5-45 記憶體洩漏後的區塊

偶爾的記憶體洩漏對我們的程式執行可能並無大礙,大不了重新啟動一下電腦,重新恢復記憶體。但是對於一個需要長期穩定執行的系統來説是致命的,如長期執行的伺服器,今天漏一塊,明天漏一塊,日積月累,再大的記憶體資源也會慢慢耗光,到最後可以使用的記憶體資源越來越少。你會發現電腦執行越來越卡、越來越慢,直到有一天執行不下去,你不得不發佈一個公告:「親愛的使用者,你好,本伺服器今天凌晨 02:00─02:30 進行升級維護,給你帶來不便深感抱歉。」

5.6.2 預防記憶體洩漏

預防記憶體洩漏最好的方法就是:記憶體申請後及時地釋放,兩者要配對使用,記憶體釋放後要及時將指標設定為 NULL,使用記憶體指標前要進行非空判斷。道理很簡單,可很多人還是過不了這一關。如果在一個函數內部,我們使用 malloc() 申請完記憶體後沒有及時釋放,則很容易透過程式審查找到漏洞並及時修復。隨著程式的邏輯越來越複雜，函數嵌套的層數越來越深，當記憶體的申請與釋放由不同的函數實現時，估計這個漏洞就很難被發現了。

```c
#include <stdlib.h>

int main(void)
{
        char *p;
        p = (char *) malloc (32);
        strcpy(p, "hello");

    if(condition1)
        return -1;

        puts(p);

    if(condition2)
        goto quit;

    free(p);
  quit:
        return 0;
}
```

在上面的程式中，main() 函數有多個出口。在正常流程下，使用 malloc() 申請的記憶體由 free() 函數及時釋放掉，沒有任何問題。但是在某些極端條件下，如程式執行了 condition1 或 condition2 的程式分支，程式的執行路徑發生改變，沒有執行到 free() 函數，就很容易造成記憶體洩漏。為了預防這種情況發生，在程式的各個異常分支出口，要注意檢查記憶體資源是否已經釋放，檢查透過後再退出。

一般情況下，本著「誰污染誰治理」的原則，在一個函數內申請的記憶體，在函數退出之前要自己釋放掉。但有時候我們在一個函數內申請的記憶體，可能儲存到了一個全域佇列或鏈結串列中進行管理和維護，或者需要在其他函數裡釋放，當函數的呼叫關係變得複雜時，就很容易產生記憶體洩漏。為了預防這種錯誤的發生，在程式設計時，如果我們在一個函數內申請了記憶體，則要在申請處增加註釋，說明這塊記憶體應該在哪裡釋放。

```c
#include <stdio.h>
#include <stdlib.h>

char *alloc_new_device(void)
{
    k = malloc(32); // 這塊記憶體要在 main() 函數裡釋放，不要忘了
    return k;
}
int main()
{
    char *p,*q,*d;
    p =(char *)malloc(32);
    q =(char *)malloc(32);
    printf("p = %p, q = %p\n",p,q);
    d = alloc_new_device();
        // 透過指標 d 操作這塊申請的記憶體空間
        //free(d);
    if(error_condition)
    {
        free(p);
        free(q);
        return -1;
    }
    free(p);
    free(q);
    return 0;
}
```

在上面的程式中，對於在一個函數內部申請的記憶體，我們在各個函數出口處及時地釋放，不會產生記憶體洩漏。而在 alloc_new_device () 函數中申請的記憶體，我們卻忘記了在 main() 函數中及時釋放，因此會造成記憶體洩漏。正確的做法是記憶體使用完畢後，在 main() 函數中呼叫 free(d) 敘述釋放即可。

> 思考：我們在 alloc_new_device() 函數中使用 malloc() 申請的記憶體位址賦給了指標變數 k，而在釋放時使用的是指標變數 d，這塊記憶體可以正常釋放嗎？

5.6.3 記憶體洩漏檢測：MTrace

透過程式審查（Code Review）可以檢查我們的程式是否存在記憶體洩漏，但這個方法也有局限性。如果讓程式的作者審查自己的程式，就像開著美顏濾鏡自拍，怎麼看都是 360° 無盲角，美得很，很難找出瑕疵。我們可以借助協力廠商工具來協助檢查，常用的記憶體檢測工具如下。

- MTrace
- Valgrind
- Dmalloc
- purify
- KCachegrind
- MallocDebug

本節我們以 MTrace 工具為例，演示如何使用 MTrace 來檢測記憶體洩漏。MTrace 是 Linux 系統附帶的一個工具，它透過追蹤記憶體的使用記錄來動態定位使用者程式中記憶體洩漏的位置。使用 MTrace 很簡單，在程式中增加下面的介面函數就可以了。

```
#include <mcheck.h>
void mtrace(void);
void muntrace(void);
```

mtrace() 函數用來開啟記憶體使用的記錄追蹤功能，muntrace() 函數用來關閉記憶體使用的記錄追蹤功能。如果想檢測一段程式是否有記憶體洩漏，則可以把這兩個函數增加到要檢測的程式碼中。

```
//mtrace.c
#include <stdlib.h>
#include <string.h>
```

```
#include <mcheck.h>

int main (void)
{
    mtrace();     // 開啟追蹤
    char *p, *q;
    p = (char *)malloc(8);
    q = (char *)malloc(8);
    strcpy(p, "hello");
    strcpy(q, "world");
    free(p);
    muntrace();  // 關閉追蹤
    return 0;
}
```

開啟追蹤功能後，MTrace 會追蹤程式碼中使用動態記憶體的記錄，並把追蹤記錄儲存在一個檔案裡，這個檔案可以由使用者透過 MALLOC_TRACE 來指定。接下來我們編譯、執行這個程式，並使用 MTrace 來定位記憶體洩漏的位置。

```
#gcc -g mtrace.c -o a.out
#export MALLOC_TRACE=mtrace.log
#./a.out
#ls
 a.out  mtrace.c  mtrace.log
#cat mtrace.log
= Start
 @ ./a.out:[0x80484cb] + 0x901a370 0x8
 @ ./a.out:[0x80484db] + 0x901a380 0x8
 @ ./a.out:[0x804850a] - 0x901a370
 = End
```

透過生成的記錄檔 mtrace.log 來定位記憶體洩漏在程式中的位置。

```
#mtrace a.out mtrace.log
Memory not freed:
-----------------
   Address     Size   Caller
0x0901a380     0x8  at /home/c/mem_leak/mcheck.c:11
```

根據動態記憶體的使用記錄，我們可以很快定位到記憶體洩漏發生在
mcheck.c 檔案中的第 11 行程式。

5.6.4 廣義上的記憶體洩漏

狹義上的記憶體洩漏指我們申請了記憶體但沒有釋放，記憶體管理子系
統失去了對這塊記憶體的控制權，也就無法對這塊記憶體進行再分配。
而廣義上的記憶體洩漏指系統頻繁地進行記憶體申請和釋放，導致記憶
體碎片越來越多，無法再申請一片連續的大塊記憶體。如 fast bins，主要
用來儲存使用者釋放的小於 80 Bytes（M_MXFAST）的記憶體，在提高
記憶體分配效率的同時，帶來了大量的記憶體碎片。

不同的電腦和伺服器系統，不同的業務需求，對堆積記憶體的使用頻率
和記憶體大小需求也不相同。為了最大化地提高系統性能，我們可以透
過一些參數對 glibc 的記憶體分配器進行調整，使之與我們的實際業務需
求達到更大的匹配度，更高效率地應對實際業務的需求。

glibc 底層實現了一個 mallopt() 函數，可以透過這個函數對上面的各種參
數進行調整。

```
#include <malloc.h>
int mallopt(int param, int value);
```

對參數的說明如下。

- M_ARENA_MAX：可創建的最大記憶體分區數，在多執行緒環境下
  經常創建多個分區。
- M_MMAP_MAX：可以申請映射分區的個數，設定為 0 則表示關閉
  mmap 映射功能。
- M_MMAP_THRESHOLD：當申請的記憶體大於此設定值時，使用
  mmap 分配記憶體，預設此設定值大小是 128KB。

- M_MXFAST：fast bins 中區塊的大小設定值，最大 80*sizeof(size_t)/4，設定為 0 則表示關閉 fast bins 功能。
- M_TOP_PAD：呼叫 sbrk() 每次向系統申請 / 釋放的記憶體大小。
- M_TRIM_THRESHOLD：當 top chunk 大小大於該設定值時，會釋放 bins 中的一部分記憶體以節省記憶體。

這些參數的預設值及可以設定的範圍值如圖 5-46 所示。

```
Symbol              param #    default      allowed param values
M_MXFAST              1         64           0-80  (0 disables fastbins)
M_TRIM_THRESHOLD     -1         128*1024     any   (-1U disables trimming)
M_TOP_PAD            -2         0            any
M_MMAP_THRESHOLD     -3         128*1024     any   (or 0 if no MMAP support)
M_MMAP_MAX           -4         65536        any   (0 disables use of mmap)
```

▲ 圖 5-46 mallopt() 函數的參數預設值及設定範圍

我們撰寫一個測試程式，調整上面的參數 M_MMAP_MAX 為 0，即關閉 mmap 映射功能，再去申請大於 128KB 的記憶體。

```c
#include <stdio.h>
#include <stdlib.h>
#include <malloc.h>

int main(void)
{
    char *p1, *p2, *p3;
    mallopt(M_MMAP_MAX, 0);
    p1 = (char *)malloc(32 * 1024);
    p2 = (char *)malloc(120 * 1024);
    p3 = (char *)malloc(132 * 1024);
    printf("p1: %p\n", p1);
    printf("p2: %p\n", p2);
    printf("p3: %p\n", p3);
    free(p1);
    free(p2);
    free(p3);
    return 0;
}
```

預設情況下，當使用者使用 malloc() 申請大於 M_MMAP_THRESHOLD 的記憶體時，malloc() 會呼叫 mmap() 去映射一片記憶體，正常情況下的程式執行結果如下。

```
p1: 0x94e5008
p2: 0x94ed010
p3: 0xb756c008
```

我們將 M_MMAP_MAX 設定為 0，其實就相當於關閉了堆積記憶體的 mmap 功能，編譯器重新執行，你會看到，當我們申請大於 M_MMAP_THRESHOLD 的記憶體時，記憶體分配器並沒有到 mmap 區域映射記憶體，而是直接從堆積區域分配的。

```
p1: 0x99ef008
p2: 0x99f7010
p3: 0x9a15018
```

為了避免 fast bins 帶來的記憶體碎片化，使用者可根據自己的實際業務需求，將參數 M_MXFAST 設定為 0，關閉 fast bins 功能。不同的業務邏輯對記憶體的需求不同，在使用頻率和大小上都不一樣，大家可根據實際業務場景，對多個參數進行最佳化，進一步提高記憶體分配的效率，確保系統更加高效穩定地執行。

5.7 常見的記憶體錯誤及檢測

世上本沒有記憶體錯誤，有了記憶體管理後，也便有了記憶體錯誤。

早期的嵌入式，如在 RTOS 或裸機環境下，記憶體管理比較粗糙。沒有記憶體管理這層屏障，所有的程式都有權在一馬平川的記憶體原野上橫衝直撞、隨便讀寫。萬一不小心覆蓋掉了作業系統的核心程式，那麼整個系統一下子就崩潰了，甚至不提示任何資訊。現在的處理器引入 MMU 後，作業系統接管了記憶體管理的工作，負責虛擬空間和物理空間的位址映射和許可權管理。如圖 5-47 所示,記憶體管理子系統將一個處理程序的虛擬空間劃分為不同的區域,如程式碼片段、資料段、BSS 段、堆積、堆疊、mmap 映射區域、核心空間等,每個區域都有不同的讀、寫、執行許可權。

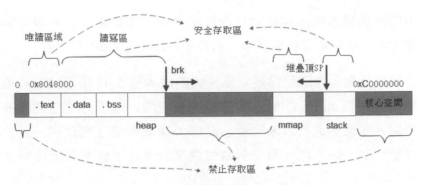

▲ 圖 5-47 不同記憶體區域的許可權

透過記憶體管理,每個區域都有具體的存取權限,如唯讀、讀寫、禁止存取等。資料段、BSS 段、堆疊區域都屬於讀寫區,而程式碼片段則屬於唯讀區,如果你往程式碼片段的位址空間上寫資料,就會發生一個段錯誤。在 Linux 使用者處理程序的 4GB 虛擬空間上,除了上面我們熟悉的區域,還剩下很多區域,如程式碼片段之前的區域、堆積和 mmap 區域之間的處理程序空間、核心空間等。這部分記憶體空間是禁止使用者程式存取的。當一個使用者處理程序試圖存取這部分空間時,就會被系統檢測到,在 Linux 下系統會向當前處理程序發送一個訊號 SIGSEGV,終止該處理程序的執行。

當一個處理程序試圖非法存取記憶體時,透過記憶體管理機制可以及時檢測到並制止該處理程序的進一步破壞行為,以免造成系統崩潰。發生段錯誤的處理程序被終止執行後,不會影響系統中其他處理程序的執行,系統依舊照常執行。所以說,一個程式發生記憶體錯誤未必是一件壞事情,當電腦當機或核心崩潰發生了 OOPS 時,那麼問題可能就比較麻煩了。

對於應用程式來說,常見的記憶體錯誤一般主要分為以下幾種類型:記憶體越界、記憶體踩踏、多次釋放、非法指標。

5.7.1 總有一個 Bug,讓你淚流滿面

發生段錯誤的根本原因在於非法存取記憶體,即存取了許可權未許可的記憶體空間。在日常程式設計中,有哪些行為會引發段錯誤呢?

常見的錯誤行為是存取記憶體禁區。如前面的圖 5-47 所示的核心空間、零位址、堆積和 mmap 區域之間的記憶體空間,這部分位址空間要麼被核心佔用,要麼還處於「未開發」狀態,需要申請才能使用。這就和城郊的荒地一樣,你不能一看空著就跑過來蓋房子,你需要先獲得土地的使用權。

```c
int main (void)
{
    int i;
    i = *(int *)0x8048000;       // 程式碼片段只能讀,不能寫
    *(int *)0x8048000 = 100;     // 段錯誤
    i = *(int *)0x0;             // 段錯誤
    return 0;
}
```

當我們往一個唯讀區域的位址空間執行寫入操作時,或者存取一個禁止存取的位址(如零位址)時,都會發生段錯誤。在實際程式設計中,總會因為各種各樣的疏忽不小心觸碰到這些「紅線」,導致段錯誤。

```c
#include <stdio.h>

int main (void)
{
    char *p;
    *p = 1;
    return 0;
}
```

編譯執行上面的程式，可能正常執行，也可能會發生段錯誤。在函數內定義的區域變數如果未初始化，它的值是隨機的，如果你人品大爆發，這個位址處於安全存取區，則向這個位址寫資料是沒有大問題的，至少不會報段錯誤。如果你運氣不好，這個隨機值正好處在核心空間，你再向這個位址寫資料，則程式會立刻發生段錯誤並終止執行。

在我們偵錯鏈結串列時，通常透過指標來操作每一個節點。如果指標在遍歷鏈結串列時已經指向鏈結串列的尾端或頭部，指標已經指向 NULL 了，此時再透過該指標去存取節點的成員，就相當於存取零位址了，也會發生一個段錯誤，這個指標也就變成了非法指標。

在 Linux 環境下，每一個使用者處理程序預設有 8MB 大小的堆疊空間，如果你在函數內定義大容量的陣列或區域變數，就可能造成堆疊溢位，也會引發一個段錯誤。核心中的執行緒也是如此，每一個核心執行緒只有 8KB 的核心堆疊，在實際使用中也要非常小心，防止堆疊溢位。

在存取陣列時，如果超越陣列的邊界繼續存取，也會發生一個段錯誤。我們使用 malloc() 申請的堆積記憶體，如果不小心多次使用 free() 進行釋放，通常也會觸發一個段錯誤。

```c
//double_free.c
#include <stdlib.h>

int main (void)
{
    char *p;
    p = (char *) malloc (64);
    free(p);
    free(p);                // 引發段錯誤
    return 0;
}
```

程式在編譯階段出現錯誤，我們可以透過錯誤訊息資訊很快定位並解決。由於 C 語言語法檢查的寬鬆性，程式中對記憶體存取的各種操作並不顯示出錯，或者給一個警告資訊，這會導致程式在執行期間出現段錯誤時很難定位。此時我們可以借助一些協力廠商工具來快速定位段錯誤。

5.7.2 使用 core dump 偵錯段錯誤

在 Linux 環境下執行的應用程式，由於各種異常或 Bug，會導致程式退出或被終止執行。此時系統會將該程式執行時期的記憶體、暫存器狀態、堆疊指標、記憶體管理資訊、各種函數的堆疊呼叫資訊儲存到一個 core 檔案中。在嵌入式系統中，這些資訊有時也會透過序列埠列印出來。我們可以根據這些資訊來定位問題到底出在了哪裡，以上面的 double free 為例，編譯器並執行，開啟 core dump 功能。

```
#gcc -g double_free.c
#ulimit -c
  0
#ulimit -c unlimited  // 開啟 core dump
#ulimit -c
  unlimited
#./a.out
*** Error in `./a.out': double free or corruption (top): 0x086e4008 ***
======= Backtrace: =========
/lib/i386-linux-gnu/libc.so.6(+0x67377)[0xb759d377]
/lib/i386-linux-gnu/libc.so.6(+0x6d2f7)[0xb75a32f7]
/lib/i386-linux-gnu/libc.so.6(+0x6dc31)[0xb75a3c31]
./a.out[0x8048475]
/lib/i386-linux-gnu/libc.so.6(__libc_start_main+0xf7)[0xb754e637]
./a.out[0x8048361]
======= Memory map: ========
08048000-08049000 r-xp 00000000 08:01 405021    /home/c/segement/a.out
08049000-0804a000 r--p 00000000 08:01 405021    /home/c/segement/a.out
0804a000-0804b000 rw-p 00001000 08:01 405021    /home/c/segement/a.out
086e4000-08705000 rw-p 00000000 00:00 0          [heap]
b7400000-b7421000 rw-p 00000000 00:00 0
b7421000-b7500000 ---p 00000000 00:00 0
b7501000-b751d000 r-xp 00000000 08:01 394584    /lib/i386-linux-gnu/libgcc_s.so.1
b751d000-b751e000 rw-p 0001b000 08:01 394584    /lib/i386-linux-gnu/libgcc_s.so.1
```

```
b7535000-b7536000 rw-p 00000000 00:00 0
b7536000-b76e6000 r-xp 00000000 08:01 414596   /lib/i386-linux-gnu/libc-2.23.so
b76e6000-b76e8000 r--p 001af000 08:01 414596   /lib/i386-linux-gnu/libc-2.23.so
b76e8000-b76e9000 rw-p 001b1000 08:01 414596   /lib/i386-linux-gnu/libc-2.23.so
b76e9000-b76ec000 rw-p 00000000 00:00 0
b7702000-b7704000 rw-p 00000000 00:00 0
b7704000-b7706000 r--p 00000000 00:00 0        [vvar]
b7706000-b7707000 r-xp 00000000 00:00 0        [vdso]
b7707000-b772a000 r-xp 00000000 08:01 414594   /lib/i386-linux-gnu/ld-2.23.so
b772a000-b772b000 r--p 00022000 08:01 414594   /lib/i386-linux-gnu/ld-2.23.so
b772b000-b772c000 rw-p 00023000 08:01 414594   /lib/i386-linux-gnu/ld-2.23.so
bfe5e000-bfe7f000 rw-p 00000000 00:00 0        [stack]
Aborted (core dumped)
```

core dump 功能開啟後執行 a.out，發生段錯誤後就會在目前的目錄下生成一個 core 檔案，然後我們就可以使用 gdb 來解析這個 core 檔案，來定位程式到底出錯在哪裡。

```
#gdb a.out core
GNU gdb (Ubuntu 7.11.1-0ubuntu1~16.5) 7.11.1
Copyright (C) 2016 Free Software Foundation, Inc.
License GPLv3+: GNU GPL version 3 or later <http://gnu.org/licenses/gpl.
html>
This is free software: you are free to change and redistribute it.
There is NO WARRANTY, to the extent permitted by law.  Type "show
copying"
and "show warranty" for details.
This GDB was configured as "i686-linux-gnu".
Type "show configuration" for configuration details.
For bug reporting instructions, please see:
<http://www.gnu.org/software/gdb/bugs/>.
Find the GDB manual and other documentation resources online at:
<http://www.gnu.org/software/gdb/documentation/>.
For help, type "help".
Type "apropos word" to search for commands related to "word"...
Reading symbols from a.out...done.

warning: exec file is newer than core file.
```

```
[New LWP 5747]
Core was generated by `./a.out'.
Program terminated with signal SIGABRT, Aborted.
#0  0xb7708bd1 in __kernel_vsyscall ()
```

在 GDB 互動環境下，我們透過 bt 查看呼叫堆疊資訊，就可以很快將段錯誤定位到 double_free.c 的第 8 行。

```
#(gdb) bt
#0  0xb7708bd1 in __kernel_vsyscall ()
#1  0xb7563ea9 in __GI_raise (sig=6) at ../sysdeps/UNIX/sysv/linux/raise.
c:54
#2  0xb7565407 in __GI_abort () at abort.c:89
#3  0xb759f37c in __libc_message (do_abort=1, fmt=0xb76962c7 "*** %s ***:
%s terminated\n") at ../sysdeps/posix/libc_fatal.c:175
#4  0xb762f708 in __GI___fortify_fail (msg=<optimized out>) at fortify_
fail.c:37
#5  0xb762f698 in __stack_chk_fail () at stack_chk_fail.c:28
#6  0x08048471 in main () at double_free.c:8
```

5.7.3 什麼是記憶體踩踏

在實際工作中，如果你運氣不好的話，有時候會遇到一種比段錯誤更頭疼的錯誤：記憶體踩踏。記憶體踩踏如幽靈一般，比段錯誤更加隱蔽、更加難以定位，因為有時候記憶體踩踏並不會顯示出錯，然而你的程式卻出現各種莫名其妙地執行錯誤。當你把程式看了一遍又一遍，找不出任何問題，甚至開始懷疑人生時，就要考慮記憶體踩踏了。

```
//heap_overwrite.c

#include <stdio.h>
#include <stdlib.h>
#include <string.h>

int main (void)
{
    char *p, *q;
```

```
        p = malloc(16);
        q = malloc(16);
        strcpy(p, "hello world! hello zhaixue.cc!\n");
        printf("%s\n", p);
        printf("%s\n", q);
        while (1);
        free(q);
        free(p);
        return 0;
}
```

在上面的程式中，我們申請了兩塊動態記憶體，對其中的一塊記憶體寫資料時產生了溢位，就會把溢位的資料寫到另一塊緩衝區裡。在緩衝區釋放之前，系統是不會發現任何錯誤的，也不會報任何提示資訊，但是程式卻可能因為誤操作，覆蓋了另一塊緩衝區的資料，造成程式莫名其妙的錯誤。編譯執行上面的程式，分別列印兩個記憶體中的資料。

```
#gcc gcc heap_overwrite.c -o a.out
#a.out
  hello my world! hello zhaixue.cc!

  aixue.cc!
```

透過列印資訊我們可以看到，我們申請的 q 指標指向的記憶體已經被踩踏了，如果這個程式在系統執行期間一直執行，在這塊記憶體被 free 之前，這個錯誤可能一直不會被檢測到。以蓋房子為例，段錯誤就是在未經批准的土地上開發樓盤，這些房子屬違法建築，這種行為算違法行為，管理部門肯定會進行制止的；而記憶體踩踏則相當於你侵佔鄰居的土地蓋房子，屬於民事糾紛，不需要管理部門介入，可以和鄰居協商，私下解決這個問題。

如果一個處理程序中有多個執行緒，多個執行緒都申請堆積記憶體，這些堆積記憶體就可能彼此相鄰，使用時需要謹慎，提防越界。在核心驅動開發中，驅動程式執行在特權狀態，對記憶體存取比較自由，多個驅動程式申請的實體記憶體也可能彼此相鄰。如果你的程式碼經常莫名其妙地崩潰，而且每次出錯的地方也不一樣，在確保自己的程式沒問題後，也可以大膽地去懷疑一下是不是記憶體踩踏的問題。

當然，我們也可以使用一些工具或 Linux 系統提供的 API 函數去檢測記憶體踩踏。

5.7.4 記憶體踩踏監測：mprotect

mprotect() 是 Linux 環境下一個用來保護記憶體非法寫入的函數，它會監測要保護的記憶體的使用情況，一旦遇到非法存取就立即終止當前處理程序的執行，並產生一個 core dump。mprotect() 函數的原型如下。

```
#include <sys/mman.h>
int mprotect(void *addr, size_t len, int prot);
```

mprotect() 函數的第一個參數為要保護的記憶體的起始位址，len 表示記憶體的長度，第三個參數 prot 表示要設定的記憶體存取權限。

- PROT_NONE：這塊記憶體禁止存取，禁止讀、寫、執行。
- PROT_READ：這塊記憶體只允許讀。
- PROT_WRITE：這塊記憶體可以讀、寫。
- PROT_EXEC：這塊記憶體可以讀、寫、執行。

頁（page）是 Linux 記憶體管理的基本單元，在 32 位元系統中，一個頁通常是 4096 位元組，mprotect() 要保護的記憶體單元通常要以頁位址對齊，我們可以使用 memalign() 函數申請一個以頁位址對齊的一片記憶體。

```
//mprotect.c
#include <stdio.h>
#include <sys/mman.h>
#include <malloc.h>

int main (void)
{
    int *p;
```

```
  p = memalign(4096, 512);
  *p = 100;
  printf("*p = %d\n", *p);
  mprotect(p, 512, PROT_READ);
  *p = 200;
  printf("*p = %d\n", *p);

  free(p);
  return 0;
}
```

在上面的程式中，我們使用 memalign() 函數申請了一塊以頁大小對齊的
512 位元組的記憶體，然後將這片記憶體設定為唯讀，接下來我們往這片
記憶體寫入資料，看看會發生什麼。

```
#gcc -g mprotect.c
#./a.out
  *p = 100
  Segmentation fault (core dumped)
```

在記憶體設定為唯讀之前，我們往這片記憶體寫資料是正常的。將這塊
記憶體設定為唯讀後，再往這塊記憶體寫資料，當前處理程序就會終止
執行，並產生一個 core dump。根據這個 core dump 檔案，我們就可以使
用 gdb 很方便地定位記憶體踩踏的位置。

```
#gdb a.out core
GNU gdb (Ubuntu 7.11.1-0ubuntu1~16.5) 7.11.1
Copyright (C) 2016 Free Software Foundation, Inc.
License GPLv3+: GNU GPL version 3 or later <http://gnu.org/licenses/gpl.
html>
This is free software: you are free to change and redistribute it.
There is NO WARRANTY, to the extent permitted by law.  Type "show
copying"
and "show warranty" for details.
This GDB was configured as "i686-linux-gnu".
Type "show configuration" for configuration details.
For bug reporting instructions, please see:
<http://www.gnu.org/software/gdb/bugs/>.
```

```
Find the GDB manual and other documentation resources online at:
<http://www.gnu.org/software/gdb/documentation/>.
For help, type "help".
Type "apropos word" to search for commands related to "word"...
Reading symbols from a.out...done.
[New LWP 6992]
Core was generated by `./a.out'.
Program terminated with signal SIGSEGV, Segmentation fault.
#0  0x0804850b in main () at mprotect.c:15
15      *p = 200;


(gdb) bt
#0  0x0804850b in main () at mprotect.c:15
```

5.7.5 記憶體檢測神器：Valgrind

除了使用系統提供的各種 API 函數，我們還可以使用記憶體工具檢測不同類型的記憶體錯誤。以 Valgrind 為例，不僅可以檢測記憶體洩漏，還可以對程式進行各種性能分析、程式覆蓋測試、堆疊分析及 CPU 的 Cache 命中率、遺失率分析等。這麼好的工具，此時不用，更待何時？

Valgrind 包含一套工具集，其中一個記憶體檢測工具 Memcheck 可以對我們的記憶體進行記憶體覆蓋、記憶體洩漏、記憶體越界檢測。Valgrind 的安裝及使用步驟如下。

```
# 下載原始檔案、解壓
#tar xvf valgrind-3.15.0.tar.bz2
#cd valgrind-3.15.0
#./configure
#make
#make install
#valgrind --version
  valgrind-3.15.0
#valgrind --tool=memcheck ./a.out
```

接下來我們寫一個記憶體洩漏的範例程式，看看使用 Valgrind 工具能否檢測出來。

```c
//mem_leak.c
#include <stdlib.h>
int main(void)
{
    char *p,*q;
    p =(char *)malloc(32);
    q =(char *)malloc(32);
    free(p);
    return 0;
}
```

編譯執行上面的程式，並使用 Valgrind 工具集的 Memcheck 工具檢測。

```
#gcc -g mem_leak.c -o a.out
#valgrind --tool=memcheck ./a.out
==15847== Memcheck, a memory error detector
==15847== Copyright (C) 2002-2017, and GNU GPL'd, by Julian Seward et al.
==15847== Using Valgrind-3.15.0 and LibVEX; rerun with -h for copyright info
==15847== Command: ./a.out
==15847==
p = 0x4208028, q = 0x4208078
==15847==
==15847== HEAP SUMMARY:
==15847==     in use at exit: 32 bytes in 1 blocks
==15847==   total heap usage: 3 allocs, 2 frees, 1,088 bytes allocated
==15847==
==15847== LEAK SUMMARY:
==15847==    definitely lost: 32 bytes in 1 blocks
==15847==    indirectly lost: 0 bytes in 0 blocks
==15847==      possibly lost: 0 bytcs in 0 blocks
==15847==    still reachable: 0 bytes in 0 blocks
==15847==         suppressed: 0 bytes in 0 blocks
==15847== Rerun with --leak-check=full to see details of leaked memory
==15847==
==15847== For lists of detected and suppressed errors, rerun with: -s
==15847== ERROR SUMMARY: 0 errors from 0 contexts (suppressed: 0 from 0)
```

根據檢測的列印資訊我們可以看到，當前程式一共申請了 3 塊堆積記憶體，釋放了 2 次，還有一塊 32 位元組的記憶體在程式退出時沒有釋放。如果想看更詳細的堆積記憶體資訊，則在編譯時多加一個參數 --leak-check=full 即可，工具會把程式中記憶體洩漏的原始程式位置列印出來。如下所示，記憶體洩漏發生在原始程式的第 7 行（mem_leak.c:7）。

```
#valgrind --leak-check=full ./a.out
==15981== Memcheck, a memory error detector
==15981== Copyright (C) 2002-2017, and GNU GPL'd, by Julian Seward et al.
==15981== Using Valgrind-3.15.0 and LibVEX; rerun with -h for copyright
info
==15981== Command: ./a.out
==15981==
p = 0x4208028, q = 0x4208078
==15981==
==15981== HEAP SUMMARY:
==15981==     in use at exit: 32 bytes in 1 blocks
==15981==   total heap usage: 3 allocs, 2 frees, 1,088 bytes allocated
==15981==
==15981== 32 bytes in 1 blocks are definitely lost in loss record 1 of 1
==15981==    at 0x402C4DB: malloc (vg_replace_malloc.c:309)
==15981==    by 0x8048495: main (mem_leak.c:7)
==15981==
==15981== LEAK SUMMARY:
==15981==    definitely lost: 32 bytes in 1 blocks
==15981==    indirectly lost: 0 bytes in 0 blocks
==15981==      possibly lost: 0 bytes in 0 blocks
==15981==    still reachable: 0 bytes in 0 blocks
==15981==         suppressed: 0 bytes in 0 blocks
==15981==
==15981== For lists of detected and suppressed errors, rerun with: -s
==15981== ERROR SUMMARY: 1 errors from 1 contexts (suppressed: 0 from 0)
```

Memcheck 工具不僅能檢測記憶體洩漏，還能檢測記憶體越界。下面我們寫一個記憶體越界的例子，看看 Valgrind 能否檢測出來。

```
//heap_overwrite.c
#include <stdio.h>
```

```
#include <stdlib.h>
#include <string.h>
int main (void)
{
    char *p, *q;
    p = malloc(16);
    q = malloc(16);
    strcpy(p, "hello my world! hello zhaixue.cc!\n");
    printf("%s\n", p);
    printf("%s\n", q);
    while (1);  //never free if process running
    free(q);
    free(p);
    return 0;
}
```

編譯上面的程式，並使用 Valgrind 進行記憶體踩踏檢測。

```
#gcc -g heap_overwrite.c -o a.out
#valgrind --leak-check=full ./a.out
==16078== Memcheck, a memory error detector
==16078== Copyright (C) 2002-2017, and GNU GPL'd, by Julian Seward et al.
==16078== Using Valgrind-3.15.0 and LibVEX; rerun with -h for copyright info
==16078== Command: ./a.out
==16078==
==16078== Invalid write of size 4
==16078==    at 0x804848A: main (mem_overwrite.c:11)
==16078==  Address 0x4208038 is 0 bytes after a block of size 16 alloc'd
==16078==    at 0x402C4DB: malloc (vg_replace_malloc.c:309)
==16078==    by 0x8048455: main (mem_overwrite.c:9)
==16078==
==16078== Invalid write of size 4
--16078==    at 0x8048491: main (mem_overwrite.c:11)
==16078==  Address 0x420803c is 4 bytes after a block of size 16 alloc'd
==16078==    at 0x402C4DB: malloc (vg_replace_malloc.c:309)
==16078==    by 0x8048455: main (mem_overwrite.c:9)
==16078==
==16078== Invalid read of size 1
==16078==    at 0x40BC2BF: _IO_default_xsputn (genops.c:455)
```

```
==16078==      by 0x40BA6C5: _IO_file_xsputn@@GLIBC_2.1 (fileops.c:1352)
==16078==      by 0x40B0D5F: puts (ioputs.c:40)
==16078==      by 0x80484BA: main (mem_overwrite.c:12)
==16078==  Address 0x4208038 is 0 bytes after a block of size 16 alloc'd
==16078==      at 0x402C4DB: malloc (vg_replace_malloc.c:309)
==16078==      by 0x8048455: main (mem_overwrite.c:9)
==16078==
hello my world! hello zhaixue.cc!

==16078== Conditional jump or move depends on uninitialised value(s)
==16078==      at 0x402F39B: __GI_strlen (vg_replace_strmem.c:462)
==16078==      by 0x40B0CBB: puts (ioputs.c:35)
==16078==      by 0x80484C8: main (mem_overwrite.c:13)
==16078==
...
```

透過列印資訊，我們可以很容易地看到在 mem_overwrite.c 檔案的第 11 行發生了非法寫入操作，根據這些提示資訊就可以去修改自己的程式了。

透過對本章的學習，我們對程式執行期間在處理程序虛擬空間裡的堆積、堆疊、mmap 映射區域等動態記憶體的管理和維護有了一個大致的了解。有了這些基礎之後，我們可以對嵌入式開發中的裝置映射、記憶體洩漏、段錯誤等進行更深入的研究和理解。截至本章，我們已經對 CPU 工作原理、電腦系統架構、組合語言與反組譯、程式的編譯連結和執行，以及程式執行時期的堆疊管理有了一個完整的認識。掌握這些核心理論和偵錯工具可以幫助我們更加深入和系統地去理解 C 語言。

06

GNU C 編譯器擴充語法精講

大家在看一些 GNU 開放原始碼軟體，或者閱讀 Linux 核心、驅動原始程式時會發現，在 Linux 核心原始程式中，有大量的 C 程式看起來「怪怪的」。說它是 C 語言吧，似乎又和教材中的寫法不太一樣；說它不是 C 語言吧，但是這些程式確確實實儲存在一個 C 原始檔案中。此時，你肯定懷疑你看到的是一個「假的」C 語言！

例如，下面的巨集定義。

```
#define mult_frac(x, numer, denom)(                    \
{                                    \
   typeof(x) quot = (x) / (denom);            \
   typeof(x) rem  = (x) % (denom);            \
   (quot * (numer)) + ((rem * (numer)) / (denom));\
}                             \
)


#define ftrace_vprintk(fmt, vargs)        \
do {                             \
   if (__builtin_constant_p(fmt)) {        \
     static const char *trace_printk_fmt __used        \
   __attribute__((section("__trace_printk_fmt"))) =        \
       __builtin_constant_p(fmt) ? fmt : NULL;    \
     __ftrace_vbprintk(_THIS_IP_, trace_printk_fmt, vargs); \
   } else            \
     __ftrace_vprintk(_THIS_IP_, fmt, vargs);\
} while (0)
```

字元驅動的填充如下。

```
static const struct file_operations lowpan_control_fops = {
    .open    = lowpan_control_open,
    .read    = seq_read,
    .write   = lowpan_control_write,
    .llseek  = seq_lseek,
    .release = single_release,
    };
```

核心中實現列印功能的巨集定義如下。

```
#define pr_info(fmt, ...)  __pr(__pr_info, fmt, ##__VA_ARGS__)
#define pr_debug(fmt, ...) __pr(__pr_debug, fmt, ##__VA_ARGS__)
```

你沒有看錯,這些其實也是 C 語言,但並不是標準的 C 語言語法,而是在 Linux 核心中大量使用的 GNU C 編譯器擴充的一些 C 語言語法。這些語法在 C 語言教材中一般不會提及,所以你才會似曾相識而又感到陌生,看起來感覺「怪怪的」。我們在 Linux 驅動開發,或者閱讀 Linux 核心原始程式過程中,會經常遇到這些「稀奇古怪」的用法,如果不去了解這些特殊語法的具體含義,可能就會對我們理解程式造成一定障礙。

本章將帶領大家一起了解 Linux 核心或者 GNU 開放原始碼軟體中,常用的一些 C 語言特殊語法的擴充,預期收穫是掌握 Linux 核心原始程式中經常使用的編譯器擴充特性,掃除這些 C 語言擴充語法帶給我們的程式閱讀障礙。

6.1 C 語言標準和編譯器

在正式學習之前,先給大家科普一下 C 語言標準的概念。在學習 C 語言程式設計時,大家在教材或資料上,或多或少可能都見到過 "ANSI C" 的字眼。可能當時沒有太在意,其實 "ANSI C" 表示的就是 C 語言標準。

6.1.1 什麼是 C 語言標準

什麼是 C 語言標準？我們生活的世界是由各種標準和規則組成的，正是因為有了這些標準，我們的社會才會有條不紊地執行下去。我們過馬路時遵循的交通規則就是一個標準：紅燈停，綠燈行，黃燈亮了等一等。當行人和司機都遵循這個標準時，交通系統才能順暢執行。電腦的 USB 介面也有一種標準，當不同廠商生產的 USB 裝置都遵循 USB 協定這個通訊標準時，滑鼠、鍵盤、手機、隨身碟、USB 攝影機、USB 網路卡才可以在各種電腦裝置上即插即拔，相互通訊。2G、3G、4G、5G 也都有一種標準，當不同廠商生產的基頻晶片都遵循這種通訊標準時，不同品牌、不同作業系統的手機才可以互相打電話、發微信、給對方按讚。

同樣的道理，C 語言也有它自己的標準。C 語言程式透過編譯器，參考不同架構的指令集，編譯生成對應的二進位指令，才能在不同架構的處理器上執行。在 C 語言早期，各大編譯器廠商在開發自己的編譯器時，各自開發，各自維護，時間久了，就變得比較混亂，造成這種局面：程式設計師寫的程式，在一個編譯器上編譯可以透過，在另一個編譯器上編譯可能就通不過。大家按照各自的習慣來，誰也不服誰，就像春秋戰國時期，不同的貨幣、不同的度量衡、不同的文字，因為標準不統一，所以交流起來很麻煩，這樣下去也不是辦法。

後來美國國家標準協會（American National Stardards Institude，ANSI）聯合國際化標準組織（International Organization for Standardization，ISO）召集各個編譯器廠商和各種技術團體一起開會，開始啟動 C 語言的標準化工作。期間各種大佬之間也是矛盾重重，充滿各種爭議，但功夫不負有心人，經過艱難的磋商，終於在 1989 年達成一致，發佈了第一版 C 語言標準，並在第二年做了一些改進。於是，就像秦始皇統一六國，統一文字和度量衡一樣，C 語言標準終於問世了。C 語言標準因為是在 1989 年發佈的，所以人們一般稱其為 C89 或 C90 標準，或者叫作 ANSI C 標準。

6.1.2 C 語言標準的內容

C 語言標準主要講了什麼內容？

打開 C 語言標準文件，洋洋灑灑幾百頁，講了很多東西，但整體歸納起來，主要就是 C 語言程式設計的一些語法慣例、約定規則，如在 C 語言標準裡：

- 定義各種關鍵字、資料型態。
- 定義各種運算規則、各種運算子的優先順序和結合性。
- 資料型態轉換。
- 變數的作用域。
- 函數原型、函數嵌套層數、函數參數個數限制。
- 標準函數庫函數介面。

C 語言標準發佈後，大家都遵守這個標準開展工作：程式設計師開發程式時，按照這種標準規定的語法規則撰寫程式；編譯器廠商開發編譯器工具時，也按照這種標準去解析、翻譯程式。不同的編譯器廠商支援統一的 C 語言標準，我們撰寫的同一個程式使用不同的編譯器都可以正常編譯和執行。

6.1.3 C 語言標準的發展過程

C 語言標準並不是永遠不變的，就和無限通訊標準一樣，也是從 2G、3G、4G 到 5G 不斷發展變化的。C 語言標準也經歷了下面 4 個階段。

- K&R C。
- ANSI C。
- C99。
- C11。

1. K&R C

K&R C 一般也稱為傳統 C。在 C 語言標準沒有統一之前，C 語言的作者 Dennis M. Ritchie 和 Brian W. Kernighan 合作寫了一本書《C 程式設計語言》。早期程式設計師程式設計，這本書可以說是絕對權威的。這本書很薄，內容精煉，主要介紹了 C 語言的基本程式設計語法。後來《C 程式設計語言》第二版問世，做了一些修改，如新增 unsigned int、long int、struct 等資料型態；把運算子 =+/=- 修改為 +=/-=，避免運算子帶來的一些歧義和 bug。第二版可以看作 ANSI 標準的雛形，但早期的 C 語言還是很簡單的，如還沒有定義標準函數庫函數、沒有前置處理命令等。

2. ANSI C

ANSI C 是 ANSI 在 K&R C 的基礎上，統一了各大編譯器廠商的不同標準，並對 C 語言的語法和特性做了一些擴充，在 1989 年發佈的一個標準。這個標準一般也叫作 C89/C90 標準，也是目前各種編譯器預設支援的 C 語言標準。ANSI C 標準主要新增了以下特性。

- 增加了 signed、volatile、const 關鍵字。
- 增加了 void* 資料型態。
- 增加了前置處理器命令。
- 增加了寬字元、寬字串。
- 定義了 C 標準函數庫。
- ……

3. C99 標準

C99 標準是 ANSI 在 1999 年基於 C89 標準發佈的一個新標準。該標準對 ANSI C 標準做了一些擴充，如新增了一些關鍵字，支持新的資料型態。

- 布林型：_Bool。
- 複數：_Complex。

- 虛數：_Imaginary。
- 內聯：inline。
- 指標修飾符：restrict。
- 支持 long long、long double 資料型態。
- 支援變長陣列。
- 允許對結構特定成員給予值。
- 支持十六進位浮點數、float _Complex 等資料型態。
- ……

C99 標準也會參考其他程式設計語言的一些優點，對自身的語法和標準做一系列改進，例如：

- 變數宣告可以放在程式區塊的任何地方。ANSI C 標準規定變數的宣告要全部寫在函數敘述的最前面，否則就會報編譯錯誤。現在不需要這樣寫了，哪裡需要使用變數，直接在哪裡宣告即可。

- 來源程式每行最大支援 4095 位元組。這個似乎足夠用了，沒有什麼程式能複雜到一行程式有 4000 多個字元。

- 支持 // 單行註釋。早期的 ANSI C 標準使用 /**/ 註釋，不如 C++ 的 // 註釋方便，所以 C99 標準就把這種註釋吸收過來了，從 C99 標準開始也支援這種註釋方式。

- 標準函數庫新增了一些標頭檔，如 stdbool.h、complex.h、stdarg.h、fenv.h 等。大家在 C 語言中經常返回的 true、false，其實這是 C++ 裡面的定義的 bool 類型，早期的 C 語言是沒有 bool 類型的。那為什麼我們經常這樣寫，而編譯器編譯器時沒有顯示出錯呢？這是因為早期大家程式設計使用的都是 VC++ 6.0 系列，使用的是 C++ 編譯器，C++ 編譯器是相容 ANSI C 標準的。當然還有一種可能就是有些 IDE 對這種資料型態做了封裝。

4. C11 標準

C11 標準是 ANSI 在 2011 年發佈的最新 C 語言標準，C11 標準修改了 C 語言標準的一些 bug，增加了一些新特性。

- 增加 _Noreturn，宣告函數無返回值。
- 增加 _Generic，支持泛型程式設計。
- 修改了標準函數庫函數的一些 bug，如 gets() 函數被 gets_s() 函數代替。
- 新增檔案鎖功能。
- 支持多執行緒。
- ……

從 C11 標準的新增內容，我們可以觀察到 C 語言未來的發展趨勢。C 語言現在也在參考現代程式設計語言的優點，不斷增加到自己的標準裡。如現代程式設計語言的多執行緒、字串、泛型程式設計等，C 語言最新的標準都支援。但是這樣下去，C 語言會不會變得越來越臃腫？是不是還能保持它「簡單就是美」的初心呢？這一切只能交給時間了，至少目前我們不用擔心這些，因為新發佈的 C11 標準，目前絕大多數編譯器還不支持，我們暫時還用不到。

6.1.4 編譯器對 C 語言標準的支援

標準是一回事，編譯器支不支持是另一回事，這一點，大家要搞清楚。這就和手機一樣，不同時期發佈的手機對通訊標準支援也不一樣：早期的手機可能只支持 2G，後來支持 3G，現在發佈的新款手機基本上都支援 4G 了，而且可以相容 2G/3G。現在 5G 標準已經公佈了，但是目前支持 5G 通訊的手機很少，就和現在還沒有編譯器支持 C11 標準一樣。

不同編譯器對 C 語言標準的支援也不一樣。有的編譯器只支援 ANSI C 標準，這是目前預設的 C 語言標準。有的編譯器可以支援 C99 標準，或者支援 C99 標準的部分特性。目前對 C99 標準支援最好的是 GNU C 編譯器，據說可以支援 C99 標準 99% 的新增特性。

6.1.5 編譯器對 C 語言標準的擴充

不同編譯器，出於開發環境、硬體平台、性能最佳化的需要，除了支援 C 語言標準，還會自己做一些擴充。

在 51 微控制器上用 C 語言開發程式，我們經常使用 Keil for C51 整合式開發環境。你會發現 Keil for C51 或者其他 IDE 裡的 C 編譯器會對 C 語言做很多擴充，如增加了各種關鍵字。

- data：RAM 的低 128B 空間，單週期直接定址。
- code：表示程式儲存區。
- bit：位元變數，常用來定義 51 微控制器的 P0~P3 接腳。
- sbit：特殊功能位元變數。
- sfr：特殊功能暫存器。
- reentrant：重入函式宣告。

如果你在程式中使用以上這些關鍵字，那麼你的程式只能使用 51 編譯器來編譯執行；如果你使用其他編譯器，如 VC++ 6.0，則編譯是通不過的。

同樣的道理，GCC 編譯器也對 C 語言標準做了很多擴充。

- 零長度陣列。
- 敘述運算式。
- 內建函數。
- __attribute__ 特殊屬性宣告。
- 標誌元素。
- case 範圍。
- ……

如支援零長度陣列，這些新增的特性，C 語言標準目前是不支援的，其他
編譯器也不支持。如果你在程式中定義一個零長度陣列：

```
int a[0];
```

則只能使用 GCC 編譯器才能正確編譯，使用 VC++ 6.0 編譯器編譯可能
就通不過，因為 Microsoft 的 C++ 編譯器不支持這個特性。

6.2　指定初始化

在 C 語言標準中，當我們定義並初始化一個陣列時，常用方法如下。

```
int a[10] = {0, 1, 2, 3, 4, 5, 6, 7, 8};
```

按照這種固定的順序，我們可以依次給 a[0] 和 a[8] 給予值。因為沒有對
a[9] 給予值，所以編譯器會將 a[9] 預設設定為 0。當陣列長度比較小時，
使用這種方式初始化比較方便；當陣列比較大，而且陣列裡的非零元素
並不連續時，再按照固定順序初始化就比較麻煩了。

例如，我們定義一個陣列 b[100]，其中 b[10]、b[30] 需要初始化為一個非
零數值，如果還按照前面的固定順序初始化，則 {} 中的初始化資料中間
可能要填充大量的 0，比較麻煩。

那麼怎麼辦呢？C99 標準改進了陣列的初始化方式，支援指定元素初始
化，不再按照固定的順序初始化。

```
int b[100] ={ [10] = 1, [30] = 2};
```

透過陣列元素索引，我們可以直接給指定的陣列元素給予值。除了陣
列，一個結構變數的初始化，也可以透過指定某個結構成員直接給予值。

在早期 C 語言標準不支援指定初始化時，GCC 編譯器就已經支持指定初
始化了，因此這個特性也被看作 GCC 編譯器的一個擴充特性。

6.2.1 指定初始化陣列元素

在 GNU C 中,透過陣列元素索引,我們就可以直接給指定的幾個元素給予值。

```
int b[100] = { [10] = 1, [30] = 2 };
```

在大括號 { } 中,我們透過 [10] 陣列元素索引,就可以直接給 a[10] 給予值了。這裡有一個細節需要注意,各個給予值之間用逗點 "," 隔開,而非使用分號 ";"。

如果我們想給陣列中某一個索引範圍的陣列元素初始化,可以採用下面的方式。

```
int main(void)
{
    int b[100] = { [10 ... 30] = 1, [50 ... 60] = 2 };
    for(int i = 0; i < 100; i++)
    {
        printf("%d  ", a[i]);
        if( i % 10 == 0)
            printf("\n");
    }
    return 0;
}
```

在這個程式中,我們使用 [10 ... 30] 表示一個索引範圍,相當於給 a[10] 到 a[30] 之間的 20 個陣列元素給予值為 1。

GNU C 支援使用 ... 表示範圍擴充,這個特性不僅可以使用在陣列初始化中,也可以使用在 switch-case 敘述中,如下面的程式。

```
#include <stdio.h>
int main(void)
{
    int i = 4;
    switch(i)
    {
```

```c
    case 1:
      printf("1\n");
      break;
    case 2 ... 8:
      printf("%d\n",i);
      break;
    case 9:
      printf("9\n");
      break;
    default:
      printf("default!\n");
      break;
  }
    return 0;
}
```

在這個程式中，如果當 case 值為 2 ～ 8 時，都執行相同的 case 分支，我們就可以透過 case 2 ... 8: 的形式來簡化程式。這裡同樣有一個細節需要注意，就是 ... 和其兩端的資料範圍 2 和 8 之間也要有空格，不能寫成 2...8 的形式，否則會報編譯錯誤。

6.2.2 指定初始化結構成員

和陣列類似，在 C 語言標準中，初始化結構變數也要按照固定的順序，但在 GNU C 中我們可以透過結構域來指定初始化某個成員。

```c
struct student{
    char name[20];
    int age;
};

int main(void)
{
    struct student stu1={ "wit", 20 };
    printf("%s:%d\n",stu1.name, stu1.age);

    struct student stu2=
```

```
    {
        .name = "wanglitao",
        .age  = 28
    };
    printf("%s:%d\n", stu2.name, stu2.age);

    return 0;
}
```

在程式中，我們定義一個結構類型 student，然後分別定義兩個結構變數 stu1 和 stu2。初始化 stu1 時，我們採用 C 語言標準的初始化方式，即按照固定順序直接初始化。初始化 stu2 時，我們採用 GNU C 的初始化方式，透過結構域名 .name 和 .age，就可以給結構變數的某一個指定成員直接給予值。當結構的成員很多時，使用第二種初始化方式會更加方便。

6.2.3 Linux 核心驅動註冊

在 Linux 核心驅動中，大量使用 GNU C 的這種指定初始化方式，透過結構成員來初始化結構變數。如在字元驅動程式中，我們經常見到下面這樣的初始化。

```
static const struct file_operations
ab3100_otp_operations =
{
.open     = ab3100_otp_open,
.read     = seq_read,
.llseek   = seq_lseek,
.release  = single_release,
};
```

在驅動程式中，我們經常使用 file_operations 這個結構來註冊我們開發的驅動，然後系統會以回呼的方式來執行驅動實現的具體功能。結構 file_operations 在 Linux 核心中的定義如下。

```
struct file_operations {
    struct module *owner;
```

```
    loff_t (*llseek)(struct file *, loff_t, int);
    ssize_t (*read)(struct file *, char __user *, size_t, loff_t *);
    ssize_t (*write) (struct file *, const char __user *, size_t, loff_t *);
    ssize_t (*read_iter) (struct kiocb *, struct iov_iter *);
    ssize_t (*write_iter) (struct kiocb *, struct iov_iter *);
    int (*iterate) (struct file *, struct dir_context *);
    unsigned int (*poll) (struct file *, struct poll_table_struct *);
    long (*unlocked_ioctl) (struct file *, unsigned int, unsigned long);
    long (*compat_ioctl) (struct file *, unsigned int, unsigned long);
    int (*mmap) (struct file *, struct vm_area_struct *);
    int (*open) (struct inode *, struct file *);
    int (*flush) (struct file *, fl_owner_t id);
    int (*release) (struct inode *, struct file *);
    int (*fsync) (struct file *, loff_t, loff_t, int datasync);
    int (*aio_fsync) (struct kiocb *, int datasync);
    int (*fasync) (int, struct file *, int);
    int (*lock) (struct file *, int, struct file_lock *);
    ssize_t (*sendpage) (struct file *, struct page *, int, size_t,
loff_t *, int);
    unsigned long (*get_unmapped_area)(struct file *,unsigned long,
unsigned long, unsigned long, unsigned long);
    int (*check_flags)(int);
    int (*flock) (struct file *, int, struct file_lock *);
    ssize_t (*splice_write)(struct pipe_inode_info *,
                    struct file *, loff_t *, size_t, unsigned int);
    ssize_t (*splice_read)(struct file *, loff_t *,
                    struct pipe_inode_info *, size_t, unsigned int);
    int (*setlease)(struct file *, long, struct file_lock **, void **);
    long (*fallocate)(struct file *file, int mode, loff_t offset, loff_t
len);
    void (*show_fdinfo)(struct seq_file *m, struct file *f);
    #ifndef CONFIG_MMU
     unsigned (*mmap_capabilities)(struct file *);
    #endif
    };
```

結構 file_operations 裡定義了很多結構成員，而在這個驅動中，我們只初始化了部分成員變數。透過存取結構的各個成員域來指定初始化，當結構成員很多時優勢就表現出來了，初始化會更加方便。

6.2.4 指定初始化的好處

指定初始化不僅使用靈活，而且還有一個好處，就是程式易於維護。尤其是在 Linux 核心這種大型專案中，有幾萬個檔案、幾千萬行的程式，當成百上千個檔案都使用 file_operations 這個結構類型來定義變數並初始化時，那麼一個很大的問題就來了：如果採用 C 標準按照固定順序給予值，當 file_operations 結構類型發生變化時，如增加了一個成員、刪除了一個成員、調整了成員順序，那麼使用該結構類型定義變數的大量 C 檔案都需要重新調整初始化順序，牽一髮而動全身，想想這有多可怕！

我們透過指定初始化方式，就可以避免這個問題。無論 file_operations 結構類型如何變化，增加成員也好、刪除成員也好、調整成員順序也好，都不會影響其他檔案的使用。

6.3 巨集構造「利器」：敘述運算式

在學習本節之前，我們先複習一下 C 語言的基本語法：運算式、敘述和程式區塊。

6.3.1 運算式、敘述和程式區塊

運算式和敘述是 C 語言中的基礎概念。什麼是運算式呢？運算式就是由一系列操作符和運算元組成的式子。操作符可以是 C 語言標準規定的各種算術運算子、邏輯運算子、設定運算子、比較運算子。運算元可以是一個常數，也可以是一個變數。運算式也可以沒有操作符，單獨的一個常數甚至一個字串，都是一個運算式。下面的字元序列都是運算式。

```
2 + 3
2
i = 2 + 3
```

```
i = i++ + 3
" 微信公眾號：宅學部落，zhaixue.cc"
```

運算式一般用來計算資料或實現某種功能的演算法。運算式有兩個基本
屬性：值和類型。如上面的運算式 2+3，它的值為 5。根據操作符的不
同，運算式可以分為多種類型，具體如下。

- 關聯運算式。
- 邏輯運算式。
- 條件運算式。
- 給予值運算式。
- 算術運算式。

敘述是組成程式的基本單元，一般形式如下。

```
運算式 ；
i = 2 + 3 ；
```

運算式的後面加一個；就組成了一筆基本的敘述。編譯器在編譯器、解析
程式時，不是根據物理行，而是根據分號；來判斷一行敘述的結束標記
的。如 i = 2 + 3; 這行敘述，你寫成下面的形式也是可以編譯透過的。

```
i =
2 +
3
;
```

不同的敘述，使用大括號 {} 括起來，就組成了一個程式區塊。C 語言允
許在程式區塊內定義一個變數，這個變數的作用域也僅限於這個程式區
塊內，因為編譯器就是根據 {} 來管理變數的作用域的，如下面的程式。

```
int main(void)
{
    int i = 3;
    printf("i = %d\n", i);
    {
```

```
        int i = 4;
        printf("i = %d\n", i);
    }
    printf("i=%d\n", i);
    return 0;
}
```

程式執行結果如下。

```
i = 3
i = 4
i = 3
```

6.3.2 敘述運算式

GNU C 對 C 語言標準作了擴充，允許在一個運算式裡內嵌敘述，允許在運算式內部使用區域變數、for 迴圈和 goto 跳躍陳述式。這種類型的運算式，我們稱為敘述運算式。敘述運算式的格式如下。

({ 運算式 1；運算式 2；運算式 3；})

敘述運算式最外面使用小括號 () 括起來，裡面一對大括號 {} 包起來的是程式區塊，程式區塊裡允許內嵌各種敘述。敘述的格式可以是一般運算式，也可以是迴圈、跳躍陳述式。

和一般運算式一樣，敘述運算式也有自己的值。敘述運算式的值為內嵌敘述中最後一個運算式的值。我們舉個例子，使用敘述運算式求值。

```
int main(void)
{
    int sum = 0;
    sum =
     ({
      int s = 0;
      for( int i = 0; i < 10; i++)
        s = s + i;
        s;
    });
```

```
    printf("sum = %d\n",sum);

    return 0;
}
```

在上面的程式中，透過敘述運算式實現了從 1 到 10 的累加求和，因為敘述運算式的值等於最後一個運算式的值，所以在 for 迴圈的後面，我們要增加一個 s; 敘述表示整個敘述運算式的值。如果不加這一句，你會發現 sum=0。或者你將這一行敘述改為 100;，你會發現最後 sum 的值就變成了 100，這是因為敘述運算式的值總等於最後一個運算式的值。

在上面的程式中，我們在敘述運算式內定義了區域變數，使用了 for 迴圈敘述。在敘述運算式內，我們同樣可以使用 goto 進行跳躍。

```
int main(void)
{
    int sum = 0;
    sum =
    ({
      int s = 0;
      for( int i = 0; i < 10; i++)
        s = s + i;
        goto here;
        s;
    });
    printf("sum = %d\n",sum);
here:
    printf("here:\n");
    printf("sum = %d\n",sum);
    return 0;
}
```

6.3.3 在巨集定義中使用敘述運算式

敘述運算式的主要用途在於定義功能複雜的巨集。使用敘述運算式來定義巨集，不僅可以實現複雜的功能，還能避免巨集定義帶來的歧義和漏洞。下面就以一個巨集定義的例子，讓我們來見識一下敘述運算式在巨集定義中的強悍殺傷力！

假如你此刻正在面試，面試職務是 Linux C 語言開發工程師。面試官給你出了一道題：請定義一個巨集，求兩個數的最大值。

別看這麼簡單的一個考題，面試官就能根據你寫的巨集，來判斷你的 C 語言功底，決定給不給你 offer。

合格

對於學過 C 語言的同學，寫出這個巨集基本上不是什麼難事，使用條件運算子就能完成。

```
#define  MAX(x,y)  x > y ? x : y
```

這是最基本的 C 語言語法，如果連這個也寫不出來，估計場面會比較尷尬。面試官為了緩解尷尬，一般會對你說：「小夥子，你很棒，回去等消息吧，有消息，我們會通知你！」這時候，你應該明白：不用再等了，趕緊把下面的部分看完，接著面下家。這個巨集能寫出來，也不要覺得你很牛，因為這只能說明你有了 C 語言的基礎，但還有很大的進步空間。例如，我們寫一個程式，驗證一下我們定義的巨集是否正確。

```
#define MAX(x,y) x > y ? x : y

int main(void)
{
   printf("max=%d", MAX(1,2));
   printf("max=%d", MAX(2,1));
   printf("max=%d", MAX(2,2));
   printf("max=%d", MAX(1!=1,1!=2));
   return 0;
}
```

既然是測試程式，我們肯定要把各種可能出現的情況都測試一遍。例如，測試第 4 行敘述，當巨集的參數是一個運算式，發現實際執行結果為 max=0，和我們預期結果 max=1 不一樣。這是因為，巨集展開後，變成如下樣子。

```
printf("max=%d",1!=1>1!=2?1!=1:1!=2);
```

因為比較運算子 > 的優先順序為 6，大於 !=（優先順序為 7），所以在展開的運算式中，運算順序發生了改變，結果就和預期不一樣了。為了避免這種展開錯誤，我們可以給巨集的參數加一個小括號 ()，防止展開後運算式的運算順序發生變化。

```
#define MAX(x,y) (x) > (y) ? (x) : (y)
```

中等

上面的巨集，只能算合格，還是存在漏洞。例如，我們使用下面的程式進行測試。

```
#define MAX(x,y) (x) > (y) ? (x) : (y)

int main(void)
{
    printf("max=%d", 3+MAX(1,2));
    return 0;
}
```

在程式中，我們列印運算式 3 + MAX(1, 2) 的值，預期結果應該是 5，但實際執行結果卻是 1。巨集展開後，我們發現同樣有問題。

```
3 + (1) > (2) ? (1) : (2);
```

因為運算子 + 的優先順序大於比較運算子 >，所以這個運算式就變為 4>2?1:2，最後結果為 1 也就不奇怪了。此時我們應該繼續修改巨集。

```
#define MAX(x,y) ((x) > (y) ? (x) : (y))
```

使用小括號將巨集定義包起來，這樣就避免了當一個運算式同時含有巨集定義和其他高優先順序運算子時，破壞整個運算式的運算順序。如果你能寫到這一步，說明你比前面那個面試合格的同學強，前面那個同學已經回去等消息了，我們接著面試下一輪。

良好

上面的巨集，雖然解決了運算子優先順序帶來的問題，但是仍存在一定的漏洞。例如，我們使用下面的程式來測試我們定義的巨集。

```
#define MAX(x,y) ((x) > (y) ? (x) : (y))

int main(void)
{
    int i = 2;
    int j = 6;
    printf("max=%d", MAX(i++,j++));
    return 0;
}
```

在程式中，我們定義兩個變數 i 和 j，然後比較兩個變數的大小，並作自動增加運算。實際執行結果發現 max = 7，而非預期結果 max = 6。這是因為變數 i 和 j 在巨集展開後，做了兩次自動增加運算，導致列印出的 i 值為 7。

當然，在 C 語言程式設計規範裡，使用巨集時一般是不允許參數變化的。但是萬一碰到這種情況，該怎麼辦呢？這時候，敘述運算式就該上場了。我們可以使用敘述運算式來定義這個巨集，在敘述運算式中定義兩個臨時變數，分別來暫時儲存 i 和 j 的值，然後使用臨時變數進行比較，這樣就避免了兩次自動增加、自減問題。

```
#define MAX(x,y)({      \
    int _x = x;         \
    int _y = y;         \
    _x > _y ? _x : _y; \
})

int main(void)
{
    int i = 2;
    int j = 6;
    printf("max=%d", MAX(i++,j++));
```

```
    return 0;
}
```

在敘述運算式中，我們定義了 2 個區域變數 _x、_y 來儲存巨集引數 x 和
y 的值，然後使用 _x 和 _y 來比較大小，這樣就避免了 i 和 j 帶來的 2 次
自動增加運算問題。

你能堅持到這一關，並寫出如此絢麗「拉風」的巨集，面試官心裡可能
已經有了給你 offer 的意願。但此時此刻，千萬不要驕傲！為了徹底打消
面試官的心理顧慮，我們需要對這個巨集繼續最佳化。

優秀

在上面這個巨集中，我們定義的兩個臨時變數資料型態是 int 型，只能比
較兩個整型態資料。那麼對於其他類型的資料，就需要重新定義一個巨
集了，這樣太麻煩了！我們可以基於上面的巨集繼續修改，讓它可以支
持任意類型的資料比較大小。

```
#define MAX(type,x,y)({     \
    type _x = x;            \
    type _y = y;            \
    _x > _y ? _x : _y;      \
})

int main(void)
{
    int i = 2;
    int j = 6;
    printf("max=%d\n", MAX(int, i++, j++));
    printf("max=%f\n", MAX(float, 3.14, 3.15));
    return 0;
}
```

在這個巨集中，我們增加一個參數 type，用來指定臨時變數 _x 和 _y 的
類型。這樣，我們在比較兩個數的大小時，只要將 2 個資料的類型作為
參數傳給巨集，就可以比較任意類型的資料了。如果你能在面試中寫出

這樣的巨集，面試官肯定會非常高興，他一般會故作平靜地跟你説：「稍等，待會兒 HR 會過來面試下一輪。」

還能不能更優秀？

在上面的巨集定義中，我們增加了一個 type 類型參數，來調配不同的資料型態。此時此刻，為了薪水，我們應該嘗試進一步最佳化，把這個參數也省去。該如何做到呢？使用 typeof 就可以了，typeof 是 GNU C 新增的一個關鍵字，用來獲取資料型態，我們不用傳參進去，讓 typeof 直接獲取！

```
#define max(x, y) ({      \
    typeof(x) _x = (x); \
    typeof(y) _y = (y); \
    (void) (&_x == &_y);\
    _x > _y ? _x : _y; })
```

在這個巨集定義中，我們使用了 typeof 關鍵字來自動獲取巨集的兩個參數類型。比較難理解的是 (void) (&x == &y); 這句話，看起來很多餘，仔細分析一下，你會發現這行敘述很有意思。它的作用有兩個：一是用來給使用者提示一個警告，對於不同類型的指標比較，編譯器會發出一個警告，提示兩種資料的類型不同。

```
warning：comparison of distinct pointer types lacks a cast
```

二是兩個數進行比較運算，運算的結果卻沒有用到，有些編譯器可能會舉出一個 warning，加一個 (void) 後，就可以消除這個警告。

6.3.4 核心中的敘述運算式

敘述運算式，作為 GNU C 對 C 標準的一個擴充，在核心中，尤其在核心的巨集定義中被大量使用。使用敘述運算式定義巨集，不僅可以實現複雜的功能，還可以避免巨集定義帶來的一些歧義和漏洞。如在 Linux 核心中，max_t 和 min_t 的巨集定義，就使用了敘述運算式。

```
#define min_t(type, x, y) ({    \
    type __min1 = (x);           \
    type __min2 = (y);           \
    __min1 < __min2 ? __min1 : __min2; })

#define max_t(type, x, y) ({    \
    type __max1 = (x);           \
    type __max2 = (y);           \
    __max1 > __max2 ? __max1 : __max2; })
```

我們上面舉的面試題例子，其實也是參考核心的實現改編的。除此之外，在 Linux 核心、GNU 開放原始碼軟體中，你會發現，還有大量的巨集定義使用了敘述運算式。透過本節的學習，相信大家以後再碰到這種使用敘述運算式定義的巨集，肯定就知道是怎麼回事了，「心中有丘壑，再也不用慌。」

6.4 typeof 與 container_of 巨集

6.4.1 typeof 關鍵字

ANSI C 定義了 sizeof 關鍵字，用來獲取一個變數或資料型態在記憶體中所占的位元組數。GNU C 擴充了一個關鍵字 typeof，用來獲取一個變數或運算式的類型。這裡使用關鍵字可能不太合適，因為畢竟 typeof 現在還沒有被納入 C 標準，是 GCC 擴充的一個關鍵字。為了表述方便，我們就姑且把它叫作關鍵字吧。

使用 typeof 可以獲取一個變數或運算式的類型。typeof 的參數有兩種形式：運算式或類型。

```
int i ;
typeof(i) j = 20;
typeof(int *) a;
```

```
int f();
typeof(f()) k;
```

在上面的程式中，因為變數 i 的類型為 int，所以 typeof(i) 就等於 int，typeof(i) j =20 就相當於 int j = 20，typeof(int *) a; 相當於 int * a，f() 函數的返回數值型別是 int，所以 typeof(f()) k; 就相當於 int k;。

6.4.2 typeof 使用範例

根據上面 typeof 的用法，我們撰寫一個程式來學習 typeof 的使用。

```
int main(void)
{
    int i = 2;
    typeof(i) k = 6;

    int *p = &k;
    typeof(p) q = &i;

    printf("k = %d\n", k);
    printf("*p= %d\n", *p);
    printf("i = %d\n", i);
    printf("*q= %d\n", *q);
    return 0;
}
```

程式的執行結果如下。

```
k  = 6
*p = 6
i  = 2
*q = 2
```

由執行結果可知，透過 typeof 獲取一個變數的類型 int 後，可以使用該類型再定義一個變數。這和我們直接使用 int 定義一個變數的效果是一樣的。

除了使用 typeof 獲取基底資料型別，typeof 還有其他一些高級的用法。

```
typeof (int *) y;              // 把 y 定義為指向 int 類型的指標，相當於 int *y;
typeof (int)  *y;              // 定義一個執行 int 類型的指標變數 y
typeof (*x) y;                 // 定義一個指標 x 所指向類型的指標變數 y
typeof (int) y[4];             // 相當於定義一個 int y[4]
typeof (*x) y[4];              // 把 y 定義為指標 x 指向的資料型態的陣列
typeof (typeof (char *)[4]) y; // 相當於定義字元指標陣列 char *y[4];
typeof(int x[4]) y;            // 相當於定義 int y[4]
```

6.4.3　Linux 核心中的 container_of 巨集

有了上面敘述運算式和 typeof 的基礎知識，我們就可以分析 Linux 核心第一巨集：container_of 了。這個巨集在 Linux 核心中應用甚廣，會不會用這個巨集，看不看得懂這個巨集，也逐漸成為考察一個核心驅動開發者的 C 語言功底的不成文標準。我們還是先一睹芳容吧。

```
#define offsetof(TYPE, MEMBER) ((size_t) &((TYPE *)0)->MEMBER)
#define  container_of(ptr, type, member) ({     \
    const typeof( ((type *)0)->member ) *__mptr = (ptr); \
    (type *)( (char *)__mptr - offsetof(type,member) );})
```

作為核心第一巨集，它包含了 GNU C 編譯器擴充特性的綜合運用，巨集中有巨集，有時候不得不佩服核心開發者如此犀利的設計。那麼這個巨集到底是幹什麼的呢？它的主要作用就是，根據結構某一成員的位址，獲取這個結構的啟始位址。根據巨集定義，我們可以看到，這個巨集有三個參數：type 為結構類型，member 為結構內的成員，ptr 為結構內成員 member 的位址。

也就是說，如果我們知道了一個結構的類型和結構內某一成員的位址，就可以獲得這個結構的啟始位址。container_of 巨集返回的就是這個結構的啟始位址。例如現在，我們定義一個結構類型 student。

```
struct student
{
    int age;
    int num;
```

```
        int math;
};

int main(void)
{
    struct student stu;
    struct student *p;
    p = container_of( &stu.num, struct student, num);
    return 0;
}
```

在這個程式中，我們定義一個結構類型 student，然後定義一個結構變數 stu，我們現在已經知道了結構成員變數 stu.num 的位址，那麼我們就可以透過 container_of 巨集來獲取結構變數 stu 的啟始位址。

這個巨集在核心中非常重要，Linux 核心中有大量的結構類型態資料，為了抽象，對結構進行了多次封裝，往往在一個結構裡嵌套多層結構。核心中不同層次的子系統或模組，使用的就是對應的不同封裝程度的結構，這也是 C 語言的物件導向程式設計思想在 Linux 核心中的實現。透過分層、抽象和封裝，可以讓我們的程式相容性更好，能調配更多的裝置，程式的邏輯也更容易理解。

在核心中，我們經常會遇到這種情況：我們傳給某個函數的參數是某個結構的成員變數，在這個函數中，可能還會用到此結構的其他成員變數，那麼該怎麼操作呢？ container_of 就是幹這個的，透過它，我們可以首先找到結構的啟始位址，然後透過結構的成員存取就可以存取其他成員變數了。

```
struct student
{
    int age;
    int num;
    int math;
};
int main(void)
```

```
{
    struct student stu = { 20, 1001, 99};

    int *p = &stu.math;
    struct student *stup = NULL;
    stup = container_of( p, struct student, math);
    printf("%p\n",stup);
    printf("age: %d\n",stup->age);
    printf("num: %d\n",stup->num);

    return 0;
}
```

在這個程式中，我們定義一個結構變數 stu，知道了它的成員變數 math 的位址：&stu.math，就可以透過 container_of 巨集直接獲得 stu 結構變數的啟始位址，然後就可以存取 stu 變數的其他成員 stup->age 和 stup->num。

6.4.4 container_of 巨集實現分析

知道了 container_of 巨集的用法之後，我們接著去分析這個巨集的實現。container_of 巨集的實現主要用到了我們前兩節所學的敘述運算式和 typeof，再加上結構儲存的基礎知識。為了幫助大家更好地理解這個巨集，我們先複習下結構儲存的基礎知識。

我們知道，結構作為一個複合類型態資料，它裡面可以有多個成員。當我們定義一個結構變數時，編譯器要給這個變數在記憶體中分配儲存空間。根據每個成員的資料型態和位元組對齊方式，編譯器會按照結構中各個成員的順序，在記憶體中分配一片連續的空間來儲存它們。

```
struct student{
    int age;
    int num;
    int math;
};
int main(void)
```

```
{
    struct student stu = { 20, 1001, 99};
    printf("&stu = %p\n", &stu);
    printf("&stu.age =%p\n", &stu.age);
    printf("&stu.num =%p\n", &stu.num);
    printf("&stu.math =%p\n", &stu.math);

    return 0;
}
```

在這個程式中，我們定義一個結構，裡面有 3 個 int 型態資料成員。我們定義一個變數 stu，分別列印這個變數 stu 的位址、各個成員變數的位址，程式執行結果如下。

```
&stu      = 0028FF30
&stu.age  = 0028FF30
&stu.num  = 0028FF34
&stu.math = 0028FF38
```

從執行結果可以看到，結構中的每個成員變數，從結構啟始位址開始依次存放，每個成員變數相對於結構啟始位址，都有一個固定偏移。如 num 相對於結構啟始位址偏移了 4 位元組。math 的儲存位址相對於結構啟始位址偏移了 8 位元組。

一個結構資料型態，在同一個編譯環境下，各個成員相對於結構啟始位址的偏移是固定不變的。我們可以修改一下上面的程式：當結構的啟始位址為 0 時，結構中各個成員的位址在數值上等於結構各成員相對於結構啟始位址的偏移。

```
struct student{
    int age;
    int num;
    int math;
};
int main(void)
{
    printf("&age = %p\n", &((struct student*)0)->age);
```

```
    printf("&num = %p\n", &((struct student*)0)->num);
    printf("&math= %p\n", &((struct student*)0)->math);
    return 0;
}
```

在上面的程式中，我們沒有直接定義結構變數，而是將數字 0 透過強制類型轉換，轉換為一個指向結構類型為 student 的常數指標，然後分別列印這個常數指標指向的各成員位址。執行結果如下。

```
&age = 00000000
&num = 00000004
&math= 00000008
```

因為常數指標的值為 0，即可以看作結構啟始位址為 0，所以結構中每個成員變數的位址即該成員相對於結構啟始位址的偏移。container_of 巨集的實現就是使用這個技巧來實現的。

有了上面的基礎，我們再去分析 container_of 巨集的實現就比較簡單了。知道了結構成員的位址，如何去獲取結構的啟始位址？很簡單，直接用結構成員的位址，減去該成員在結構內的偏移，就可以得到該結構的啟始位址了。

```
#define offsetof(TYPE, MEMBER) ((size_t) &((TYPE *)0)->MEMBER)
#define  container_of(ptr, type, member) ({     \
         const typeof( ((type *)0)->member ) *__mptr = (ptr); \
         (type *)( (char *)__mptr - offsetof(type,member) );})
```

從語法角度來看，container_of 巨集的實現由一個敘述運算式組成。敘述運算式的值即最後一個運算式的值。

```
 (type *)( (char *)__mptr - offsetof(type,member) );
```

最後一句的意義就是，取結構某個成員 member 的位址，減去這個成員在結構 type 中的偏移，運算結果就是結構 type 的啟始位址。因為敘述運算式的值等於最後一個運算式的值，所以這個結果也是整個敘述運算式的值，container_of 最後會返回這個位址值給巨集的呼叫者。

那麼該如何計算結構某個成員在結構內的偏移呢？核心中定義了 offset 巨集來實現這個功能，我們且看它的定義。

```
#define offsetof(TYPE, MEMBER) ((size_t) &((TYPE *)0)->MEMBER)
```

這個巨集有兩個參數，一個是結構類型 TYPE，一個是結構 TYPE 的成員 MEMBER，它使用的技巧和我們上面計算零位址常數指標的偏移是一樣的。將 0 強制轉換為一個指向 TYPE 類型的結構常數指標，然後透過這個常數指標存取成員，獲取成員 MEMBER 的位址，其大小在數值上等於 MEMBER 成員在結構 TYPE 中的偏移。

結構的成員資料型態可以是任意資料型態，為了讓這個巨集相容各種資料型態，我們定義了一個臨時指標變數 __mptr，該變數用來儲存結構成員 MEMBER 的位址，即儲存巨集中的參數 ptr 的值。如何獲取 ptr 指標類型呢，可以透過下面的方式。

```
typeof( ((type *)0)->member ) *__mptr = (ptr);
```

我們知道，巨集的參數 ptr 代表的是一個結構成員變數 MEMBER 的位址，所以 ptr 的類型是一個指向 MEMBER 資料型態的指標，當我們使用臨時指標變數 __mptr 來儲存 ptr 的值時，必須確保 __mptr 的指標類型和 ptr 一樣，是一個指向 MEMBER 類型的指標變數。typeof(((type *)0)->member) 運算式使用 typeof 關鍵字，用來獲取結構成員 MEMBER 的資料型態，然後使用該類型，透過 typeof(((type *)0)->member) *__mptr 這筆程式敘述，就可以定義一個指向該類型的指標變數了。

還有一個需要注意的細節就是：在敘述運算式的最後，因為返回的是結構的啟始位址，所以整個位址還必須強制轉換一下，轉換為 TYPE*，即返回一個指向 TYPE 結構類型的指標，所以你會在最後一個運算式中看到一個強制類型轉換（TYPE *）。

6.5 零長度陣列

零長度陣列、變長陣列都是 GNU C 編譯器支援的陣列類型。

6.5.1 什麼是零長度陣列

顧名思義,零長度陣列就是長度為 0 的陣列。

ANSI C 標準規定:定義一個陣列時,陣列的長度必須是一個常數,即陣列的長度在編譯的時候是確定的。在 ANSI C 中定義一個陣列的方法如下。

```
int  a[10];
```

C99 標準規定:可以定義一個變長陣列。

```
int len;
int a[len];
```

也就是説,陣列的長度在編譯時是未確定的,在程式執行的時候才確定,甚至可以由使用者指定大小。例如,我們可以定義一個陣列,然後在程式執行時期才指定這個陣列的大小,還可以透過輸入資料來初始化陣列。

```
int main(void)
{
    int len;

    printf("input array len:");
    scanf("%d", &len);
    int a[len];

    for(int i = 0; i < len; i++)
    {
        printf("a[%d] = ",i);
        scanf("%d",&a[i]);
    }
```

```
    printf("a array print:\n");
    for(int i = 0; i < len; i++)
        printf("a[%d] = %d\n", i, a[i]);

    return 0;
}
```

在上面的程式中，我們定義一個變數 len 用來表示陣列的長度。程式執行後，我們可以透過輸入資料指定陣列的長度並初始化，最後將陣列的元素列印出來。程式的執行結果如下。

```
input array len:3
a[0] = 6
a[1] = 7
a[2] = 8
a  array print:
a[0] = 6
a[1] = 7
a[2] = 8
```

GNU C 可能覺得變長陣列還不過癮，再來一記「猛錘」：支援零長度陣列。這下沒有其他編譯器可以更厲害吧！是的，如果我們在程式中定義一個零長度陣列，你會發現除了 GCC 編譯器，在其他編譯環境下可能就編譯錯誤或者有警告資訊。零長度陣列的定義如下。

```
int a[0];
```

零長度陣列有一個奇特的地方，就是它不佔用記憶體儲存空間。我們使用 sizeof 關鍵字來查看一下零長度陣列在記憶體中所占儲存空間的大小。

```
int buffer[0];

int main(void)
{
    printf("%d\n", sizeof(buffer));
    return 0;
}
```

在這個程式中，我們定義一個零長度陣列，使用 sizeof 查看其大小，透過執行結果可以看到，零長度陣列在記憶體中不佔用儲存空間，長度大小為 0。零長度陣列一般單獨使用的機會很少，它常常作為結構的一個成員，組成一個變長結構。

```
struct buffer{
    int len;
    int a[0];
};
int main(void)
{
    printf("%d\n", sizeof(struct buffer));
    return 0;
}
```

零長度陣列在結構中同樣不佔用儲存空間，所以 buffer 結構的大小為 4。

6.5.2 零長度陣列使用範例

零長度陣列經常以變長結構的形式，在某些特殊的應用場合使用。在一個變長結構中，零長度陣列不佔用結構的儲存空間，但是我們可以透過使用結構的成員 a 去存取記憶體，非常方便。變長結構的使用範例如下。

```
struct buffer{
    int len;
    int a[0];
};

int main(void)
{
    struct buffer *buf;
    buf = (struct buffer *)malloc(sizeof(struct buffer)+20);
    buf->len = 20;
    strcpy(buf->a, "hello zhaixue.cc!\n");
    puts(buf->a);

    free(buf);
```

```
    return 0;
  }
```

在這個程式中，我們使用 malloc 申請一片記憶體，大小為 sizeof(buffer) + 20，即 24 位元組。其中 4 位元組用來表示記憶體的長度 20，剩下的 20 位元組空間，才是我們真正可以使用的記憶體空間。我們可以透過結構成員 a 直接存取這片記憶體。

6.5.3 核心中的零長度陣列

零長度陣列在核心中一般以變長結構的形式出現。我們就分析一下變長結構核心 USB 驅動中的應用。在網路卡驅動中，大家可能都比較熟悉一個名字：通訊端緩衝區，即 Socket Buffer，用來傳輸網路資料封包。同樣，在 USB 驅動中，也有一個類似的東西，叫作 URB，其全名為 USB Request Block，即 USB 請求區塊，用來傳輸 USB 資料封包。

```
struct urb {
    struct kref kref;
    void *hcpriv;
    atomic_t use_count;
    atomic_t reject;
    int unlinked;

    struct list_head urb_list;
    struct list_head anchor_list;
    struct usb_anchor *anchor;
    struct usb_device *dev;
    struct usb_host_endpoint *ep;
    unsigned int pipe;
    unsigned int stream_id;
    int status;
    unsigned int transfer_flags;
    void *transfer_buffer;
    dma_addr_t transfer_dma;
    struct scatterlist *sg;
    int num_mapped_sgs;
```

```
    int num_sgs;
    u32 transfer_buffer_length;
    u32 actual_length;
    unsigned char *setup_packet;
    dma_addr_t setup_dma;
    int start_frame;
    int number_of_packets;
    int interval;

    int error_count;
    void *context;
    usb_complete_t complete;
    struct usb_iso_packet_descriptor iso_frame_desc[0];
};
```

這個結構內定義了 USB 資料封包的傳輸方向、傳輸位址、傳輸大小、傳輸模式等。這些細節我們不深究，只看最後一個成員。

```
    struct usb_iso_packet_descriptor iso_frame_desc[0];
```

在 URB 結構的最後定義一個零長度陣列，主要用於 USB 的同步傳輸。USB 有 4 種傳輸模式：中斷傳輸、控制傳輸、批次傳輸和同步傳輸。不同的 USB 裝置對傳送速率、傳輸資料安全性的要求不同，所採用的傳輸模式也不同。USB 攝影機對視訊或影像的傳輸即時性要求較高，對資料的丟幀不是很在意，丟一幀無所謂，接著往下傳就可以了。所以 USB 攝影機採用的是 USB 同步傳輸模式。

USB 攝影機一般會支持多種解析度，從 16*16 到高畫質 720P 多種格式。不同解析度的視訊傳輸，一幀圖像資料的大小是不一樣的，對 USB 傳輸資料封包的大小和個數需求是不一樣的。那麼 USB 到底該如何設計，才能在不影響 USB 其他傳輸模式的前提下，調配這種不同大小的資料傳輸需求呢？答案就在結構內的這個零長度陣列上。

當使用者設定不同解析度的視訊格式時，USB 就使用不同大小和個數的資料封包來傳輸一幀視訊資料。透過零長度陣列組成的這個變長結構就可以滿足這個要求。USB 驅動可以根據一幀圖像資料的大小，靈活地申請記憶體空間，以滿足不同大小的資料傳輸。而且這個零長度陣列又不佔用結構的儲存空間。當 USB 使用其他模式傳輸時，不受任何影響，完全可以當這個零長度陣列不存在。所以不得不說，這個設計還是很巧妙的。

6.5.4 思考：指標與零長度陣列

我們來思考一個問題：為什麼不使用指標來代替零長度陣列？

在各種場合，大家可能常常會看到這樣的字眼：陣列名稱在作為函數參數進行參數傳遞時，就相當於一個指標。注意，我們千萬別被這句話迷惑了：陣列名稱在作為參數傳遞時，傳遞的確實是一個位址，但陣列名稱絕不是指標，兩者不是同一個東西。陣列名稱用來表徵一塊連續記憶體空間的位址，而指標是一個變數，編譯器要給它單獨分配一個記憶體空間，用來存放它指向的變數的位址。我們看下面的程式。

```
struct buffer1{
    int len;
    int a[0];
};

struct buffer2{
    int len;
    int *a;
};

int main(void)
{
    printf("buffer1: %d\n", sizeof(struct buffer1));
    printf("buffer2: %d\n", sizeof(struct buffer2));
    return 0;
}
```

執行結果如下。

```
buffer1 : 4
buffer2 : 8
```

對於一個指標變數，編譯器要為這個指標變數單獨分配一個儲存空間，然後在這個儲存空間上存放另一個變數的位址，我們就說這個指標指向這個變數。而對於陣列名稱，編譯器不會再給它分配一個單獨的儲存空間，它僅僅是一個符號，和函數名一樣，用來表示一個位址。我們接下來看另一個程式。

```c
//hello.c

int array1[10] ={1, 2, 3, 4, 5, 6, 7, 8, 9};
int array2[0];
int *p = &array1[5];

int main(void)
{
    return 0;
}
```

在這個程式中，我們分別定義一個普通陣列、一個零長度陣列和一個指標變數。其中這個指標變數 p 的值為 array1[5] 這個陣列元素的位址，也就是說，指標 p 指向 arraay1[5]。我們接著對這個程式使用 ARM 交叉編譯器進行編譯，並進行反組譯。

```
# arm-linux-gnueabi-gcc hello.c -o a.out
# arm-linux-gnueabi-objdump -D a.out
```

從反組譯生成的組合語言程式碼中，我們找到 array1 和指標變數 p 的組合語言程式碼。

```
00021024 <array1>:
   21024: 00000001  andeq  r0, r0, r1
   21028: 00000002  andeq  r0, r0, r2
   2102c: 00000003  andeq  r0, r0, r3
   21030: 00000004  andeq  r0, r0, r4
   21034: 00000005  andeq  r0, r0, r5
   21038: 00000006  andeq  r0, r0, r6
```

```
   2103c: 00000007  andeq  r0, r0, r7
   21040: 00000008  andeq  r0, r0, r8
   21044: 00000009  andeq  r0, r0, r9
   21048: 00000000  andeq  r0, r0, r0
0002104c <p>:
   2104c: 00021038  andeq  r1, r2, r8, lsr r0
Disassembly of section .bss:

00021050 <__bss_start>:
   21050: 00000000  andeq  r0, r0, r0
```

從組合語言程式碼中，可以看到，對於長度為 10 的陣列 array1[10]，編譯器給它分配了從 0x21024~0x21048 共 40 位元組的儲存空間，但並沒有給陣列名稱 array1 單獨分配儲存空間，陣列名稱 array1 僅僅表示這 40 個連續儲存空間的啟始位址，即陣列元素 array1[0] 的位址。對於指標變數 p，編譯器給它分配了 0x2104c 這個儲存空間，在這個儲存空間上儲存的是陣列元素 array1[5] 的位址：0x21038。

而對於 array2[0] 這個零長度陣列，編譯器並沒有為它分配儲存空間，此時的 array2 僅僅是一個符號，用來表示記憶體中的某個位址，我們可以透過查看可執行檔 a.out 的符號表來找到這個位址值。

```
#readelf -s a.out
    88: 00021024    40 OBJECT  GLOBAL DEFAULT    23 array1
    89: 00021054     0 NOTYPE  GLOBAL DEFAULT    24 _bss_end__
    90: 00021050     0 NOTYPE  GLOBAL DEFAULT    23 _edata
    91: 0002104c     4 OBJECT  GLOBAL DEFAULT    23 p
    92: 00010480     0 FUNC    GLOBAL DEFAULT    14 _fini
    93: 00021054     0 NOTYPE  GLOBAL DEFAULT    24 __bss_end__
    94: 0002101c     0 NOTYPE  GLOBAL DEFAULT    23 __data_start_
    96: 00000000     0 NOTYPE  WEAK   DEFAULT   UND __gmon_start__
    97: 00021020     0 OBJECT  GLOBAL HIDDEN     23 __dso_handle
    98: 00010488     4 OBJECT  GLOBAL DEFAULT    15 _IO_stdin_used
    99: 0001041c    96 FUNC    GLOBAL DEFAULT    13 __libc_csu_init
   100: 00021054     0 OBJECT  GLOBAL DEFAULT    24 array2
   101: 00021054     0 NOTYPE  GLOBAL DEFAULT    24 _end
   102: 000102d8     0 FUNC    GLOBAL DEFAULT    13 _start
```

```
103: 00021054     0 NOTYPE   GLOBAL DEFAULT    24 __end__
104: 00021050     0 NOTYPE   GLOBAL DEFAULT    24 __bss_start
105: 00010400    28 FUNC     GLOBAL DEFAULT    13 main
107: 00021050     0 OBJECT   GLOBAL HIDDEN     23 __TMC_END__
110: 00010294     0 FUNC     GLOBAL DEFAULT    11 _init
```

從符號表可以看到，array2 的位址為 0x21054，在 BSS 段的後面。array2 符號表示的預設位址是一片未使用的記憶體空間，僅此而已，編譯器絕不會單獨再給其分配一個儲存空間來儲存陣列名稱。

看到這裡，也許你就明白了。陣列名稱和指標並不是一回事，陣列名稱雖然在作為函數參數時，可以當作一個位址使用，但是兩者不能畫等號。

至於為什麼不用指標，原因很簡單。如果使用指標，指標本身佔用儲存空間不說，根據上面的 USB 驅動的案例分析，你會發現，它遠遠沒有零長度陣列用得巧妙：零長度陣列不會對結構定義造成容錯，而且使用起來很方便。

6.6 屬性宣告：section

6.6.1 GNU C 編譯器擴充關鍵字：__attribute__

GNU C 增加了一個 __attribute__ 關鍵字用來宣告一個函數、變數或類型的特殊屬性。宣告這個特殊屬性有什麼用呢？主要用途就是指導編譯器在編譯器時進行特定方面的最佳化或程式檢查。例如，我們可以透過屬性宣告來指定某個變數的資料對齊方式。

__attribute__ 的使用非常簡單，當我們定義一個函數、變數或類型時，直接在它們名字旁邊增加下面的屬性宣告即可。

```
__atttribute__((ATTRIBUTE))
```

需要注意的是，__attribute__ 後面是兩對小括號，不能圖方便只寫一對，否則編譯就會顯示出錯。括號裡面的 ATTRIBUTE 表示要宣告的屬性。目前 __attribute__ 支援十幾種屬性宣告。

- section。
- aligned。
- packed。
- format。
- weak。
- alias。
- noinline。
- always_inline。
- ……

在這些屬性中，aligned 和 packed 用來顯性指定一個變數的儲存對齊方式。在正常情況下，當我們定義一個變數時，編譯器會根據變數類型給這個變數分配合適大小的儲存空間，按照預設的邊界對齊方式分配一個位址。而使用 __atttribute__ 這個屬性宣告，就相當於告訴編譯器：按照我們指定的邊界對齊方式去給這個變數分配儲存空間

```
char c2 __attribute__((aligned(8)) = 4;
int global_val __attribute__((section(".data")));
```

有些屬性可能還有自己的參數。如 aligned(8) 表示這個變數按 8 位元組位址對齊，屬性的參數也要使用小括號括起來，如果屬性的參數是一個字串，則小括號裡的參數還要用雙引號括起來。

當然，我們也可以對一個變數同時增加多個屬性說明。在定義變數時，各個屬性之間用逗點隔開。

```
char c2 __attribute__((packed,aligned(4)));
char c2 __attribute__((packed,aligned(4))) = 4;
__attribute__((packed,aligned(4))) char c2 = 4;
```

在上面的範例中，我們對一個變數增加兩個屬性宣告，這兩個屬性都放在 __attribute__(()) 的兩對小括號裡面，屬性之間用逗點隔開。如果屬性有自己的參數，則屬性的參數同樣要用小括號括起來。這裡還有一個細節，就是屬性宣告要緊挨著變數，上面的三種宣告方式都是沒有問題的，但下面的宣告方式在編譯的時候可能就通不過。

```
char c2 = 4 __attribute__((packed,aligned(4)));
```

6.6.2　屬性宣告：section

我們可以使用 __attribute__ 來宣告一個 section 屬性，section 屬性的主要作用是：在程式編譯時，將一個函數或變數放到指定的段，即放到指定的 section 中。

一個可執行檔主要由程式碼片段、資料段、BSS 段組成。程式碼片段主要存放編譯生成的可執行指令程式，資料段和 BSS 段用來存放全域變數、未初始化的全域變數。程式碼片段、資料段和 BSS 段組成了一個可執行檔的主要部分。

除了這三個段，可執行檔中還包含其他一些段。用編譯器的專業術語講，還包含其他一些 section，如只讀取資料段、符號表等。我們可以使用下面的 readelf 命令，去查看一個可執行檔中各個 section 的資訊。

```
# gcc -o a.out hello.c
# readelf -S a.out
here are 31 section headers, starting at offset 0x1848:
Section Headers:
  [Nr] Name              Type           Addr     Off    Size
  [ 0]                   NULL           00000000 000000 000000
  [ 1] .interp           PROGBITS       08048154 000154 000013
  [ 2] .note.ABI-tag     NOTE           08048168 000168 000020
  [ 3] .note.gnu.build-i NOTE           08048188 000188 000024
  [ 4] .gnu.hash         GNU_HASH       080481ac 0001ac 000020
  [ 5] .dynsym           DYNSYM         080481cc 0001cc 000040
  [ 6] .dynstr           STRTAB         0804820c 00020c 000045
```

```
[ 7]  .gnu.version       VERSYM      08048252 000252 000008
[ 8]  .gnu.version_r     VERNEED     0804825c 00025c 000020
[ 9]  .rel.dyn           REL         0804827c 00027c 000008
[10]  .rel.plt           REL         08048284 000284 000008
[11]  .init              PROGBITS    0804828c 00028c 000023
[13]  .plt.got           PROGBITS    080482d0 0002d0 000008
[14]  .text              PROGBITS    080482e0 0002e0 000172
[15]  .fini              PROGBITS    08048454 000454 000014
[16]  .rodata            PROGBITS    08048468 000468 000008
[17]  .eh_frame_hdr      PROGBITS    08048470 000470 00002c
[18]  .eh_frame          PROGBITS    0804849c 00049c 0000c0
[19]  .init_array        INIT_ARRAY  08049f08 000f08 000004
[20]  .fini_array        FINI_ARRAY  08049f0c 000f0c 000004
[21]  .jcr               PROGBITS    08049f10 000f10 000004
[22]  .dynamic           DYNAMIC     08049f14 000f14 0000e8
[23]  .got               PROGBITS    08049ffc 000ffc 000004
[24]  .got.plt           PROGBITS    0804a000 001000 000010
[25]  .data              PROGBITS    0804a020 001020 00004c
[26]  .bss               NOBITS      0804a06c 00106c 000004
[27]  .comment           PROGBITS    00000000 00106c 000034
[28]  .shstrtab          STRTAB      00000000 00173d 00010a
[29]  .symtab            SYMTAB      00000000 0010a0 000470
[30]  .strtab            STRTAB      00000000 001510 00022d
```

在 Linux 環境下，使用 GCC 編譯生成一個可執行檔 a.out，使用 readelf 命令，就可以查看這個可執行檔中各個 section 的基本資訊，如大小、起始位址等。在這些 section 中，.text section 就是我們常說的程式碼片段，.data section 是資料段，.bss section 是 BSS 段。

我們知道，一段來源程式程式在編譯生成可執行檔的過程中，函數和變數是放在不同段中的。一般預設的規則如表 6-1 所示。

表 6-1　不同的 section 及說明

section	組　成
程式碼片段（.text）	函式定義、程式敘述
資料段（.data）	初始化的全域變數、初始化的靜態區域變數
BSS 段（.bss）	未初始化的全域變數、未初始化的靜態區域變數

例如下面的程式，我們分別定義一個函數、一個全域變數和一個未初始化的全域變數。

```
//hello.c
int global_val = 8;
int uninit_val;

void print_star(void)
{
    printf("****\n");
}
int main(void)
{
    print_star();
    return 0;
}
```

接著，我們使用 GCC 編譯這個程式，並查看生成的可執行檔 a.out 的符號表資訊。

```
#gcc -o a.out hello.c
#readelf -s a.out
符號表資訊:
Num:   Value   Size Type    Bind   Vis      Ndx Name
37: 00000000    0 FILE     LOCAL  DEFAULT  ABS hello.c
48: 0804a024    4 OBJECT   GLOBAL DEFAULT   26 uninit_val
51: 0804a014    0 NOTYPE   WEAK   DEFAULT   25 data_start
52: 0804a020    0 NOTYPE   GLOBAL DEFAULT   25 _edata
53: 080484b4    0 FUNC     GLOBAL DEFAULT   15 _fini
54: 0804a01c    4 OBJECT   GLOBAL DEFAULT   25 global_val
55: 0804a014    0 NOTYPE   GLOBAL DEFAULT   25 __data_start
61: 08048450   93 FUNC     GLOBAL DEFAULT   14 __libc_csu_init
62: 0804a028    0 NOTYPE   GLOBAL DEFAULT   26 _end
63: 08048310    0 FUNC     GLOBAL DEFAULT   14 _start
64: 080484c8    4 OBJECT   GLOBAL DEFAULT   16 _fp_hw
65: 0804840b   25 FUNC     GLOBAL DEFAULT   14 print_star
66: 0804a020    0 NOTYPE   GLOBAL DEFAULT   26 __bss_start
67: 08048424   36 FUNC     GLOBAL DEFAULT   14 main
71: 080482a8    0 FUNC     GLOBAL DEFAULT   11 _init
```

對應的 section header 表資訊如下。

```
#readelf -S a.out
section header 資訊：
Section Headers:
  [Nr] Name           Type       Addr     Off    Size
  [14] .text          PROGBITS   08048310 000310 0001a2
  [25] .data          PROGBITS   0804a014 001014 00000c
  [26] .bss           NOBITS     0804a020 001020 000008
  [27] .comment       PROGBITS   00000000 001020 000034
  [28] .shstrtab      STRTAB     00000000 001722 00010a
  [29] .symtab        SYMTAB     00000000 001054 000480
  [30] .strtab        STRTAB     00000000 0014d4 00024e
```

透過符號表和 section header 表資訊，我們可以看到，函數 print_star 被放在可執行檔中的 .text section，即程式碼片段；初始化的全域變數 global_val 被放在了 a.out 的 .data section，即資料段；而未初始化的全域變數 uninit_val 則被放在了 .bss section，即 BSS 段。

編譯器在編譯器時，以原始檔案為單位，將一個個原始檔案編譯生成一個個目的檔案。在編譯過程中，編譯器都會按照這個預設規則，將函數、變數分別放在不同的 section 中，最後將各個 section 組成一個目的檔案。編譯過程結束後，連結器會將各個目的檔案組裝合併、重定位，生成一個可執行檔。

在 GNU C 中，我們可以透過 __attribute__ 的 section 屬性，顯性指定一個函數或變數，在編譯時放到指定的 section 裡面。透過上面的程式我們知道，未初始化的全域變數預設是放在 .bss section 中的，即預設放在 BSS 段中。現在我們就可以透過 section 屬性宣告，把這個未初始化的全域變數放到資料段 .data 中。

```
int global_val = 8;
int uninit_val __attribute__((section(".data")));
int main(void)
{
```

```
    return 0;
}
```

透過 readelf 命令查看符號表，我們可以看到，uninit_val 這個未初始化的全域變數，透過 __attribute__((section(".data"))) 屬性宣告，就和初始化的全域變數一樣，被編譯器放在了資料段 .data 中。

6.6.3 U-boot 鏡像自複製分析

有了 section 這個屬性宣告，我們就可以試著分析：U-boot 在啟動過程中，是如何將自身程式載入的 RAM 中的。

玩過嵌入式 Linux 的都知道 U-boot，U-boot 的用途主要是載入 Linux 核心鏡像到記憶體，給核心傳遞啟動參數，然後引導 Linux 作業系統啟動。

U-boot 一般儲存在 NOR Flash 或 NAND Flash 上。無論從 NOR Flash 還是從 NAND Flash 啟動，U-boot 其本身在啟動過程中，都會從 Flash 儲存媒體上載入自身程式到記憶體，然後進行重定位，跳到記憶體 RAM 中去執行。U-boot 是怎麼完成程式自複製的呢？或者說它是怎樣將自身程式從 Flash 複製到記憶體的呢？

在複製自身程式的過程中，一個主要的疑問就是：U-boot 是如何辨識自身程式的？是如何知道從哪裡開始複製程式的？是如何知道複製到哪裡停止的？這個時候我們不得不說起 U-boot 原始程式中的一個零長度陣列。

```
char __image_copy_start[0] __attribute__((section(".__image_copy_start")));
char __image_copy_end[0] __attribute__((section(".__image_copy_end")));
```

這兩行程式定義在 U-boot-2016.09 中的 arch/arm/lib/section.c 檔案中。在其他版本的 U-boot 中可能路徑不同，我們就以 U-boot-2016.09 這個版本進行分析。

這兩行程式的作用是分別定義一個零長度陣列，並指示編譯器要分別放在 .__image_copy_start 和 .__image_copy_end 這兩個 section 中。

連結器在連結各個目的檔案時，會按照連結指令稿裡各個 section 的排列
順序，將各個 section 組裝成一個可執行檔。U-boot 的連結指令稿 U-boot.
lds 在 U-boot 原始程式的根目錄下面。

```
OUTPUT_FORMAT("elf32-littlearm","elf32-littlearm",
              "elf32-littlearm")
OUTPUT_ARCH(arm)
ENTRY(_start)
SECTIONS
{
 . = 0x00000000;
 . = ALIGN(4);
 .text :
 {
  *(.__image_copy_start)
  *(.vectors)
  arch/arm/cpu/armv7/start.o (.text*)
  *(.text*)
 }
 . = ALIGN(4);
 .data : {
  *(.data*)
 }
    ...
    ...
 . = ALIGN(4);
 .image_copy_end :
 {
  *(.__image_copy_end)
 }
 .end :
 {
  *(.__end)
 }
 _image_binary_end = .;
 . = ALIGN(4096);
 .mmutable : {
  *(.mmutable)
 }
 .bss_start __rel_dyn_start (OVERLAY) : {
  KEEP(*(.__bss_start));
```

```
  __bss_base = .;
}
.bss __bss_base (OVERLAY) : {
 *(.bss*)
 . = ALIGN(4);
  __bss_limit = .;
}
.bss_end __bss_limit (OVERLAY) : {
 KEEP(*(.__bss_end));
}
}
```

透過連結指令稿我們可以看到，__image_copy_start 和 __image_copy_end 這兩個 section，在連結的時候分別放在了程式碼片段 .text 的前面、資料段 .data 的後面，作為 U-boot 複製自身程式的起始位址和結束位址。而在這兩個 section 中，我們除了放兩個零長度陣列，並沒有放其他變數。透過前面的學習我們知道，零長度陣列是不佔用儲存空間的，所以上面定義的兩個零長度陣列如下。

```
char __image_copy_start[0] __attribute__((section(".__image_copy_start")));
char __image_copy_end[0] __attribute__((section(".__image_copy_end")));
```

其實就分別代表了 U-boot 鏡像要複製自身鏡像的起始位址和結束位址。無論 U-boot 自身鏡像儲存在 NOR Flash，還是儲存在 NAND Flash 上，只要知道了這兩個位址，我們就可以直接呼叫相關程式複製。

在 arch/arm/lib/relocate.S 中，ENTRY(relocate_code) 組合語言程式碼主要完成程式複製的功能。

```
ENTRY(relocate_code)
   ldr  r1, =__image_copy_start /*r1 <- SRC &__image_copy_start*/
   subs r4, r0, r1          /* r4 <- relocation offset */
   beq  relocate_done     /* skip relocation */
   ldr  r2, =__image_copy_end /* r2 <- SRC &__image_copy_end */

copy_loop:
   ldmia  r1!, {r10-r11}  /* copy from source address [r1] */
   stmia  r0!, {r10-r11}  /* copy to  target address [r0] */
```

```
cmp  r1, r2       /* until source end address [r2] */
blo  copy_loop
```

在這段組合語言程式碼中，暫存器 R1、R2 分別表示要複製鏡像的起始位址和結束位址，R0 表示要複製到 RAM 中的位址，R4 存放的是來源位址和目的位址之間的偏移，在後面重定位過程中會用到這個偏移值。在組合語言程式碼中：

```
ldr r1, =__image_copy_start
```

透過 ARM 的 LDR 虛擬指令，直接獲取要複製鏡像的啟始位址，並儲存在 R1 暫存器中。陣列名稱本身其實就代表一個位址，透過這種方式，U-boot 在嵌入式啟動的初始階段，就完成了自身程式的複製工作：從 Flash 複製自身鏡像到記憶體中，然後進行重定位，最後跳到記憶體中執行。

6.7 屬性宣告：aligned

6.7.1 位址對齊：aligned

GNU C 透過 __attribute__ 來宣告 aligned 和 packed 屬性，指定一個變數或類型的對齊方式。這兩個屬性用來告訴編譯器：在給變數分配儲存空間時，要按指定的位址對齊方式給變數分配位址。如果你想定義一個變數，在記憶體中以 8 位元組位址對齊，就可以這樣定義。

```
int a __attribute__((aligned(8)));
```

透過 aligned 屬性，我們可以顯性地指定變數 a 在記憶體中的位址對齊方式。aligned 有一個參數，表示要按幾位元組對齊，使用時要注意，位址對齊的位元組數必須是 2 的冪次方，否則編譯就會出錯。

一般情況下，當我們定義一個變數時，編譯器會按照預設的位址對齊方式，來給該變數分配一個儲存空間位址。如果該變數是一個 int 型態資料,那麼編譯器就會按 4 位元組或 4 位元組的整數倍位址對齊;如果該變數是一個 short 型態資料,那麼編譯器就會按 2 位元組或 2 位元組的整數倍位址對齊;如果是一個 char 類型的變數,那麼編譯器就會按照 1 位元組位址對齊。

```
int a = 1;
int b = 2;
char c1 = 3;
char c2 = 4;
int main(void)
{
  printf("a: %p\n", &a);
  printf("b: %p\n", &b);
  printf("c1:%p\n", &c1);
  printf("c2:%p\n", &c2);
  return 0;
}
```

在上面的程式中,我們分別定義 2 個 int 型變數、2 個 char 型變數,然後分別列印它們的位址,執行結果如下。

```
a:  00402000
b:  00402004
c1: 00402008
c2: 00402009
```

透過執行結果我們可以看到,對於 int 型態資料,其在記憶體中的位址都是以 4 位元組或 4 位元組整數倍對齊的。而 char 類型的資料,其在記憶體中是以 1 位元組對齊的。變數 c2 就直接被分配到了 c1 變數的下一個儲存單元,不用像 int 資料那樣考慮 4 位元組對齊。接下來,我們修改一下程式,指定變數 c2 按 4 位元組對齊。

```
int a = 1;
int b = 2;
char c1 = 3;
char c2 __attribute__((aligned(4))) = 4;
int main(void)
```

```
{
    printf("a: %p\n", &a);
    printf("b: %p\n", &b);
    printf("c1:%p\n", &c1);
    printf("c2:%p\n", &c2);
    return 0;
}
```

程式執行結果如下。

```
a:  00402000
b:  00402004
c1: 00402008
c2: 0040200C
```

透過執行結果可以看到，字元變數 c2 由於使用 aligned 屬性宣告按照 4 位元組邊界對齊，所以編譯器不可能再給其分配 0x00402009 這個位址，因為這個位址不是按照 4 位元組對齊的。編譯器會空出 3 個儲存單元，直接從 0x0040200C 這個位址上給變數 c2 分配儲存空間。

透過 aligned 屬性宣告，雖然可以顯性地指定變數的位址對齊方式，但是也會因邊界對齊造成一定的記憶體空洞，浪費記憶體資源。如在上面這個程式中，0x00402009~0x0040200b 這三個位址上的儲存單元就沒有被使用。

既然位址對齊會造成一定的記憶體空洞，那麼我們為什麼還要按照這種對齊方式去儲存資料呢？一個主要原因就是：這種對齊設定可以簡化 CPU 和記憶體 RAM 之間的介面和硬體設計。一個 32 位元的電腦系統，在 CPU 讀取記憶體時，硬體設計上可能只支援 4 位元組或 4 位元組倍數對齊的位址存取，CPU 每次向記憶體 RAM 讀寫資料時，一個週期可以讀寫 4 位元組。如果我們把一個 int 型態資料放在 4 位元組對齊的位址上，那麼 CPU 一次就可以把資料讀寫完畢；如果我們把一個 int 型態資料放在一個非 4 位元組對齊的位址上，那麼 CPU 可能就要分兩次才能把這個 4 位元組大小的資料讀寫完畢。

為了配合電腦的硬體設計，編譯器在編譯器時，對於一些基底資料型別，如 int、char、short、float 等，會按照其資料型態的大小進行位址對齊，按照這種位址對齊方式分配的儲存位址，CPU 一次就可以讀寫完畢。雖然邊界對齊會造成一些記憶體空洞，浪費一些記憶體單元，但是在硬體上的設計卻大大簡化了。這也是編譯器給我們定義的變數分配位址時，不同類型的變數按照不同位元組數位址對齊的主要原因。

除了 int、char、short、float 這些基本類型態資料，對於一些複合類型態資料，也要滿足位址對齊要求。

6.7.2 結構的對齊

結構作為一種複合資料型態，編譯器在給一個結構變數分配儲存空間時，不僅要考慮結構內各個基本成員的位址對齊，還要考慮結構整體的對齊。為了結構內各個成員位址對齊，編譯器可能會在結構內填充一些空間；為了結構整體對齊，編譯器可能會在結構的尾端填充一些空間。

下面我們定義一個結構，結構內定義 int、char 和 short 3 個成員，並列印結構的大小和各個成員的位址。

```
struct data{
  char a;
  int b ;
  short c ;
}

int main(void)
{
  struct data s;
  printf("size:%d\n", sizeof(s));
  printf("a:%p\n", &s.a);
  printf("b:%p\n", &s.b);
  printf("c:%p\n", &s.c);
}
```

程式執行結果如下。

```
size: 12
 &s.a: 0028FF30
 &s.b: 0028FF34
 &s.c: 0028FF38
```

因為結構的成員 b 需要 4 位元組對齊，所以編譯器在給成員 a 分配完 1 位元組的儲存空間後，會空出 3 位元組，在滿足 4 位元組對齊的 0x0028FF34 位址處才給成員 b 分配 4 位元組的儲存空間。接著是 short 類型的成員 c 佔據 2 位元組的儲存空間。三個結構成員一共佔據 1+3+4+2=10 位元組的儲存空間。根據結構的對齊規則，結構的整體對齊要按結構所有成員中最大對齊位元組數或其整數倍對齊，或者說結構的整體長度要為其最大成員位元組數的整數倍，如果不是整數倍則要補齊。因為結構最大成員 int 為 4 位元組，所以結構要按 4 位元組對齊，或者說結構的整體長度要是 4 的整數倍，要在結構的尾端補充 2 位元組，最後結構的大小為 12 位元組。

結構成員按不同的順序排放，可能會導致結構的整體長度不一樣，我們修改一下上面的程式。

```c
struct data{
   char a;
   short b ;
   int c ;
};
int main(void)
{
   struct data s;
   printf("size: %d\n", sizeof(s));
   printf("&s.a: %p\n", &s.a);
   printf("&s.b: %p\n", &s.b);
   printf("&s.c: %p\n", &s.c);
}
```

程式執行結果如下。

```
size: 8
 &s.a: 0028FF30
 &s.b: 0028FF32
 &s.c: 0028FF34
```

我們調整了一些成員順序，你會發現，char 型變數 a 和 short 型變數 b，被分配在了結構前 4 位元組的儲存空間中，而且都滿足各自的位址對齊方式，整個結構大小是 8 位元組，只造成 1 位元組的記憶體空洞。我們繼續修改程式，讓 short 型的變數 b 按 4 位元組對齊。

```c
struct data{
    char a;
    short b __attribute__((aligned(4)));
    int c ;
};
```

程式執行結果如下。

```
size: 12
 &s.a: 0028FF30
 &s.b: 0028FF34
 &s.c: 0028FF38
```

你會發現，結構的大小又重新變為 12 位元組。這是因為，我們顯性指定 short 變數以 4 位元組位址對齊，導致變數 a 的後面填充了 3 位元組空間。int 型變數 c 也要 4 位元組對齊，所以變數 b 的後面也填充了 2 位元組，導致整個結構的大小為 12 位元組。

我們不僅可以顯性指定結構內某個成員的位址對齊，也可以顯性指定整個結構的對齊方式。

```c
struct data{
    char a;
    short b;
    int c ;
}__attribute__((aligned(16)));
```

程式執行結果如下。

```
size: 16
 &s.a: 0028FF30
 &s.b: 0028FF32
 &s.c: 0028FF34
```

在這個結構中，各個成員共占 8 位元組。透過前面的學習我們知道，整個結構的對齊只要按最大成員的對齊位元組數對齊即可。所以這個結構整體就以 4 位元組對齊，結構的整體長度為 8 位元組。但是在這裡，顯性指定結構整體以 16 位元組對齊，所以編譯器就會在這個結構的尾端填充 8 位元組以滿足 16 位元組對齊的要求，最終導致結構的總長度變為 16 位元組。

6.7.3 思考：編譯器一定會按照 aligned 指定的方式 對齊嗎

透過 aligned 屬性，我們可以顯性指定一個變數的對齊方式，編譯器就一定會按照我們指定的大小對齊嗎？非也！

我們透過這個屬性宣告，其實只是建議編譯器按照這種大小位址對齊，但不能超過編譯器允許的最大值。一個編譯器，對每個基底資料型別都有預設的最大邊界對齊位元組數。如果超過了，則編譯器只能按照它規定的最大對齊位元組數來給變數分配位址。

```
char c1 = 3;
char c2 __attribute__((aligned(16))) = 4 ;
int main(void)
{
  printf("c1:%p\n", &c1);
  printf("c2:%p\n", &c2);
  return 0;
}
```

在這個程式中，我們指定 char 型的變數 c2 以 16 位元組對齊，編譯執行結果如下。

```
c1:00402000
c2:00402010
```

我們可以看到，編譯器給 c2 分配的位址是按 16 位元組位址對齊的，如果我們繼續修改 c2 變數按 32 位元組對齊，你會發現程式的執行結果不再有變化，編譯器仍然分配一個 16 位元組對齊的位址，這是因為 32 位元組的對齊方式已經超過編譯器允許的最大值了。

6.7.4 屬性宣告：packed

aligned 屬性一般用來增大變數的位址對齊，元素之間因為位址對齊會造成一定的記憶體空洞。而 packed 屬性則與之相反，一般用來減少位址對齊，指定變數或類型使用最可能小的位址對齊方式。

```c
struct data{
    char a;
    short b __attribute__((packed));
    int c __attribute__((packed));
};
int main(void)
{
    struct data s;
    printf("size: %d\n", sizeof(s));
    printf("&s.a: %p\n", &s.a);
    printf("&s.b: %p\n", &s.b);
    printf("&s.c: %p\n", &s.c);
}
```

在上面的程式中，我們將結構的成員 b 和 c 使用 packed 屬性宣告，就是告訴編譯器，儘量使用最可能小的位址對齊給它們分配位址，盡可能地減少記憶體空洞。程式的執行結果如下。

```
size: 7
&s.a: 0028FF30
&s.b: 0028FF31
&s.c: 0028FF33
```

透過結果我們看到，結構內各個成員位址的分配，使用最小 1 位元組的對齊方式，沒有任何記憶體空間的浪費，導致整個結構的大小只有 7 位元組。

這個特性在底層驅動開發中還是非常有用的。例如，你想定義一個結構，封裝一個 IP 控制器的各種暫存器，在 ARM 晶片中，每一個控制器的暫存器位址空間一般都是連續存在的。如果考慮資料對齊，則結構內就可能有空洞，就和實際連續的暫存器位址不一致。使用 packed 可以避免這個問題，結構的每個成員都緊挨著，依次分配儲存位址，這樣就避免了各個成員因位址對齊而造成的記憶體空洞。

```
struct data{
    char    a;
    short b;
    int c ;
}__attribute__((packed));
```

我們也可以對整個結構增加 packed 屬性，這和分別對每個成員增加 packed 屬性效果是一樣的。修改結構後，重新編譯器，執行結果和上面程式的執行結果相同：結構的大小為 7，結構內各成員位址相同。

6.7.5 核心中的 aligned、packed 宣告

在 Linux 核心原始程式中，我們經常看到 aligned 和 packed 一起使用，即對一個變數或類型同時使用 aligned 和 packed 屬性宣告。這樣做的好處是：既避免了結構內各成員因位址對齊產生記憶體空洞，又指定了整個結構的對齊方式。

```
struct data {
    char    a;
    short b;
    int    c;
}__attribute__((packed,aligned(8)));

int main(void)
{
```

```
    struct data s;
    printf("size: %d\n", sizeof(s));
    printf("&s.a: %p\n", &s.a);
    printf("&s.b: %p\n", &s.b);
    printf("&s.c: %p\n", &s.c);
}
```

程式執行結果如下。

```
size: 8
 &s.a: 0028FF30
 &s.b: 0028FF31
 &s.c: 0028FF33
```

在上面的程式中，結構 data 雖然使用了 packed 屬性宣告，結構內所有成員所占的儲存空間為 7 位元組，但是我們同時使用了 aligned(8) 指定結構按 8 位元組位址對齊，所以編譯器要在結構後面填充 1 位元組，這樣整個結構的大小就變為 8 位元組，按 8 位元組位址對齊。

6.8 屬性宣告：format

6.8.1 變參函數的格式檢查

GNU 透過 __attribute__ 擴充的 format 屬性，來指定變參函數的參數格式檢查。

它的使用方法如下。

```
 __attribute__(( format (archetype, string-index, first-to-check)))
 void LOG(const char *fmt, ...) __attribute__((format(printf,1,2)));
```

在一些商業專案中，我們經常會實現一些自訂的列印偵錯函數，甚至實現一個獨立的日誌列印模組。這些自訂的列印函數往往是變參函數，使用者在呼叫這些介面函數時參數往往不固定，那麼編譯器在編譯器時，怎麼知道我們的參數格式對不對呢？如何對我們傳進去的實際參數做格式檢查呢？因為我們實現的是變參函數，參數的個數和格式都不確定，所以編譯器表示壓力很大，不知道該如何處理。

辦法總是有的。__attribute__ 的 format 屬性這時候就派上用場了。在上面的範例程式中，我們定義一個 LOG() 變參函數，用來實現日誌列印功能。編譯器在編譯器時，如何檢查 LOG() 函數的參數格式是否正確呢？方法其實很簡單，透過給 LOG() 函數增加 __attribute__ ((format(printf,1,2))) 屬性宣告就可以了。這個屬性宣告告訴編譯器：你知道 printf() 函數不？你怎麼對 printf() 函數進行參數格式檢查的，就按照同樣的方法，對 LOG() 函數進行檢查。

屬性 format(printf,1,2) 有 3 個參數，第 1 個參數 printf 是告訴編譯器，按照 printf() 函數的標準來檢查；第 2 個參數表示在 LOG() 函數所有的參數清單中格式字串的位置索引；第 3 個參數是告訴編譯器要檢查的參數的起始位置。是不是沒看明白？舉個例子大家就明白了。

```
LOG("I am litao\n");
LOG("I am litao, I have %d houses!\n", 0);
LOG("I am litao, I have %d houses! %d cars\n", 0, 0);
```

上面的程式是我們的 LOG() 函數的使用範例。變參函數的參數個數和 printf() 函數一樣，是不固定的。那麼編譯器如何檢查我們的列印格式是否正確呢？很簡單，只需要將格式字串的位置告訴編譯器就可以了，如在第 2 行程式中：

```
LOG("I am litao, I have %d houses!\n", 0);
```

在這個 LOG() 函數中有 2 個參數，第 1 個參數是格式字串，第 2 個參數是要列印的一個常數值 0，用來匹配格式字串中的預留位置。

什麼是格式字串呢？顧名思義，如果一個字串中含有格式匹配符，那麼這個字串就是格式字串。如格式字串 "I am litao, I have %d houses!\n"，裡面含有格式匹配符 %d，我們也可以叫它預留位置。列印的時候，後面變參的值會代替這個預留位置，在螢幕上顯示出來。

我們透過 format(printf,1,2) 屬性宣告，告訴編譯器：LOG() 函數的參數，其格式字串的位置在所有參數清單中的索引是 1，即第一個參數；要編譯器幫忙檢查的參數，在所有的參數清單裡索引是 2。知道了 LOG() 參數列表中格式字串的位置和要檢查的參數位置，編譯器就會按照檢查 printf 的格式列印一樣，對 LOG() 函數進行參數檢查了。

我們也可以把 LOG 函式定義為下面的形式。

```
void LOG(int num, char *fmt, ...)  __attribute__((format(printf,2,3)));
```

在這個函式定義中，多了一個參數 num，格式字串在參數列表中的位置發生了變化（在所有的參數清單中，索引由 1 變成了 2），要檢查的第一個變參的位置也發生了變化（索引從原來的 2 變成了 3），那麼我們使用 format 屬性宣告時，就要寫成 format(printf,2,3) 的形式了。

以上就是 format 屬性的使用方法，鑒於很多朋友可能對變參函數研究得不多，接下來我們就一起研究一下變參函數的設計與實現，以加深對本節知識的理解。

6.8.2 變參函數的設計與實現

對於一個普通函數，我們在函數實現中，不用關心實際參數，只需要在函數本體內對形式參數進行各種操作即可。當函式呼叫時，傳遞的實際參數和形式參數是自動匹配的，每一個形式參數都會在堆疊中分配臨時儲存單元，儲存傳進來的對應實際參數。

變參函數，顧名思義，和 printf() 函數一樣，其參數的個數、類型都不固定。我們在函數本體內因為預先不知道傳進來的參數類型和個數，所以實現起來會稍微麻煩一點，要首先解析實際傳進來的實際參數，儲存起來，然後才能像普通函數那樣，對實際參數進行各種操作。

1. 變參函數初體驗

▸ 我們來定義一個變參函數，實現的功能很簡單：列印傳進來的實際參數值。

```
#include <stdio.h>

void print_num(int count, ...)
{
    int *args;
    args = &count + 1;
    for( int i = 0; i < count; i++)
    {
        printf("*args: %d\n", *args);
        args++;
    }
}

int main(void)
{
    print_num(5, 1, 2, 3, 4, 5);
    return 0;
}
```

變參函數的參數儲存其實和 main() 函數的參數儲存很像，由一個連續的參數列表組成，列表裡存放的是每個參數的位址。在上面的函數中，有一個固定的參數 count，這個固定參數的儲存位址後面，就是一系列參數的位址。在 print_num() 函數中，首先獲取 count 參數位址，然後使用 &count + 1 就可以獲取下一個參數的位址，使用指標變數 args 儲存這個位址，並依次存取下一個位址，就可以直接列印傳進來的各個實際參數值了。程式執行結果如下。

```
*args:1
*args:2
*args:3
*args:4
*args:5
```

2. 變參函數改進版

上面的程式使用一個 int * 的指標變數依次存取實際參數清單。我們把接下來的程式改進一下，使用 char * 類型的指標來實現這個功能，使之相容更多的參數類型。

```
#include <stdio.h>

void print_num2(int count,...)
{
    char *args;
    args = (char *)&count + 4;
    for(int i = 0; i < count; i++)
    {
        printf("*args: %d\n", *(int *)args);
        args += 4;
    }
}
int main(void)
{
    print_num2(5, 1, 2, 3, 4, 5);
    return 0;
}
```

在這個程式中，我們使用 char * 類型的指標。涉及指標運算，一定要注意，因為每一個參數的位址都是 4 位元組大小，所以我們獲取下一個參數的位址是 (char *)&count + 4;。不同類型的指標加 1 操作，轉換為實際的數值運算是不一樣的。對於一個指向 int 類型的指標變數 p，$p+1$ 表示 $p + 1 * sizeof(int)$，對於一個指向 char 類型的指標變數，$p + 1$ 表示 $p + 1 * sizeof(char)$。兩種不同類型的指標，其運算細節就表現在這裡。當然，程式最後的執行結果和上面的程式是一樣的。

```
*args：1
*args：2
*args：3
*args：4
*args：5
```

3. 變參函數 V3.0

對於變參函數，編譯器或作業系統一般會提供一些巨集給程式設計師使用，用來解析函數的參數清單，這樣程式設計師就不用自己解析了，直接呼叫封裝好的巨集即可獲取參數清單。編譯器提供的巨集有以下 3 種。

- va_list：定義在編譯器標頭檔 stdarg.h 中，如 typedef char* va_list;。
- va_start(fmt,args)：根據參數 args 的位址，獲取 args 後面參數的位址，並儲存在 fmt 指標變數中。
- va_end(args)：釋放 args 指標，將其給予值為 NULL。

有了這些巨集，我們的工作就簡化了很多，就不用從零開始造輪子了。

```
#include <stdio.h>
#include <stdarg.h>

void print_num3(int count, ...)
{
   va_list args;
   va_start(args, count);
   for(int i = 0; i < count; i++)
   {
      printf("*args: %d\n", *(int *)args);
      args += 4;
   }
   va_end(args);
}

int main(void)
{
   print_num3(5, 1, 2, 3, 4, 5);
   return 0;
}
```

4. 變參函數 V4.0

在 V3.0 中，我們使用編譯器提供的三個巨集，省去了解析參數的麻煩。但列印的時候，我們還必須自己實現。在 V4.0 中，我們繼續改進，使用

vprintf() 函數完成列印功能。vprintf() 函數的宣告在 stdio.h 標頭檔中。

```
CRTIMP int __cdecl __MINGW_NOTHROW  \
    vprintf (const char*, __VALIST);
```

vprintf() 函數有兩個參數：一個是格式字串指標，一個是變參列表。在下面的程式裡，我們可以將使用 va_start 解析後的變參列表，直接傳遞給 vprintf() 函數，實現列印功能。

```
#include <stdio.h>
#include <stdarg.h>

void  my_printf(char *fmt, ...)
{
   va_list args;
   va_start(args, fmt);
   vprintf(fmt, args);
   va_end(args);
}

int main(void)
{
    int num = 0;
    my_printf("I am litao, I have %d car\n", num);
    return 0;
}
```

執行結果如下。

```
I am litao, I have 0 car
```

5. 變參函數 V5.0

上面的 myprintf() 函數基本上實現了和 printf() 函數相同的功能：支持變參，支持多種格式的資料列印。接下來，我們需要對其增加 format 屬性宣告，讓編譯器在編譯時，像檢查 printf() 一樣，檢查 myprintf() 函數的參數格式。V5.0 的實現如下。

```
#include <stdio.h>
#include <stdarg.h>

void __attribute__((format(printf,1,2)))
my_printf(char *fmt, ...)
{
   va_list args;
   va_start(args, fmt);
   vprintf(fmt, args);
   va_end(args);
}

int main(void)
{
    int num = 0;
    my_printf("I am litao, I have %d car\n", num);
    return 0;
}
```

6.8.3 實現自己的日誌列印函數

如果你堅持看到了這裡，可能會有疑問：C 標準函數庫中已經有現成的列印函數可用，為什麼還要實現自己的列印函數？原因其實很簡單，自己實現的列印函數，除了可以實現自己需要的列印格式，還有很多優點，可以實現列印開關控制和優先順序控制，還可以根據需要不斷增加功能。

你在偵錯的模組或系統中，可能有好多檔案。如果在每個檔案裡都增加 printf() 函數列印，偵錯完成後再刪掉，是不是很麻煩？而使用我們自己實現的列印函數，透過一個巨集開關，就可以直接關掉或打開，維護起來更加方便，如下面的程式。

```
#define DEBUG // 列印開關

void __attribute__((format(printf,1,2))) LOG(char *fmt,...)
{
  #ifdef DEBUG
   va_list args;
```

```
    va_start(args,fmt);
    vprintf(fmt,args);
    va_end(args);
  #endif
}

int main(void)
{
    int num = 0;
    LOG("I am litao, I have %d car\n", num);
    return 0;
}
```

當我們在程式中定義一個 DEBUG 開關巨集時，LOG() 函數實現正常的
列印功能；當我們刪掉這個 DEBUG 巨集時，LOG() 函數就是一個空函
數。透過這個巨集，我們實現了列印函數的開關功能。在 Linux 核心的
各個模組或子系統中，你會經常看到各種自訂的列印函數或巨集，如 pr_
debug、pr_info、pr_err 等。

除此之外，你還可以透過巨集來設定一些列印等級。如可以分為
ERROR、WARNNING、INFO 等列印等級，根據設定的列印等級，模組
列印的日誌資訊也不一樣。

```
#include<stdio.h>
#include<stdarg.h>

#define ERR_LEVEL  1
#define WARN_LEVEL 2
#define INFO_LEVEL 3

#define DEBUG_LEVEL 3 // 列印等級設定
/*
    0：關閉列印
    1：只列印錯誤資訊
    2：列印警告和錯誤資訊
    3：列印所有的資訊
*/
```

```c
void __attribute__((format(printf,1,2))) INFO(char *fmt,...)
{
  #if (DEBUG_LEVEL >= INFO_LEVEL)
  va_list args;
  va_start(args,fmt);
  vprintf(fmt,args);
  va_end(args);
  #endif
}

void __attribute__((format(printf,1,2))) WARN(char *fmt,...)
{
  #if (DEBUG_LEVEL >= WARN_LEVEL)
  va_list args;
  va_start(args,fmt);
  vprintf(fmt,args);
  va_end(args);
  #endif
}

void __attribute__((format(printf,1,2))) ERR(char *fmt,...)
{
  #if (DEBUG_LEVEL >= ERR_LEVEL)
  va_list args;
  va_start(args,fmt);
  vprintf(fmt,args);
  va_end(args);
  #endif
}

int main(void)
{
    ERR("ERR  log level: %d\n", 1);
    WARN("WARN log level: %d\n", 2);
    INFO("INFO log level: %d\n", 3);
    return 0;
}
```

在上面的程式中，我們封裝了 3 個列印函數：INFO()、WARN() 和
ERR()，分別列印不同優先順序的日誌資訊。在實際偵錯中，我們可以根

據自己需要的列印資訊，設定合適的列印等級，就可以分級控制這些列印資訊了。

6.9 屬性宣告：weak

6.9.1 強符號和弱符號

GNU C 透過 weak 屬性宣告，可以將一個強符號轉換為弱符號。使用方法如下。

```
void __attribute__((weak)) func(void);
int num __attribute__((weak);
```

在一個程式中，無論是變數名，還是函數名，在編譯器的眼裡，就是一個符號而已。符號可以分為強符號和弱符號。

- 強符號：函數名，初始化的全域變數名。
- 弱符號：未初始化的全域變數名。

在一個專案專案中，對於相同的全域變數名、函數名，我們一般可以歸結為下面 3 種場景。

- 強符號 + 強符號。
- 強符號 + 弱符號。
- 弱符號 + 弱符號。

強符號和弱符號主要用來解決在程式連結過程中，出現多個名稱相同全域變數、名稱相同函數的衝突問題。一般我們遵循下面 3 個規則。

- 一山不容二虎。
- 強弱可以共處。
- 體積大者勝出。

在一個專案中，不能同時存在兩個強符號。如果你在一個多檔案的專案中定義兩個名稱相同的函數或全域變數，那麼連結器在連結時就會報重定義錯誤。但是在一個專案中允許強符號和弱符號同時存在，如你可以同時定義一個初始化的全域變數和一個未初始化的全域變數，這種寫法在編譯時是可以編譯透過的。編譯器對於這種名稱相同符號衝突，在做符號決議時，一般會選用強符號，丟掉弱符號。還有一種情況就是，在一個專案中，當名稱相同的符號都是弱符號時，那麼編譯器該選擇哪個呢？誰的體積大，即誰在記憶體中的儲存空間大，就選誰。

我們寫一個簡單的程式，驗證上面的理論。首先定義 2 個原始檔案：main.c 和 func.c。

```
//func.c

int a = 1;
int b;
void func(void)
{
    printf("func：a = %d\n", a);
    printf("func: b = %d\n", b);
}

//main.c
int a;
int b = 2;
void func(void);
int main(void)
{
    printf("main：a = %d\n", a);
    printf("main: b = %d\n", b);
    func();
    return 0;
}
```

然後編譯器，可以看到程式執行結果如下。

```
# gcc -o a.out main.c func.c
main: a = 1
```

```
main: b = 2
func: a = 1
func: b = 2
```

我們在 main.c 和 func.c 中分別定義了 2 個名稱相同全域變數 a 和 b，但是一個是強符號，一個是弱符號。連結器在連結過程中，看到衝突的名稱相同符號，會選擇強符號，所以你會看到，無論是 main() 函數，還是 func() 函數，列印的都是強符號的值。

一般來講，不建議在一個專案中定義多個不同類型的名稱相同弱符號，編譯的時候可能會出現各種各樣的問題，這裡就不舉例了。在一個專案中，也不能同時定義兩個名稱相同的強符號，否則就會報重定義錯誤。我們可以使用 GNU C 擴充的 weak 屬性，將一個強符號轉換為弱符號。

```c
//func.c
int a __attribute__((weak)) = 1;
void func(void)
{
    printf("func：a = %d\n", a);
}

//main.c
int a = 4;
void func(void);
int main(void)
{
    printf("main：a = %d\n", a);
    func();
    return 0;
}
```

編譯器，可以看到程式執行結果如下。

```
#gcc -o a.out main.c func.c
main: a = 4
func: a = 4
```

我們透過 weak 屬性宣告，將 func.c 中的全域變數 a 轉化為一個弱符號，然後在 main.c 中同樣定義一個全域變數 a，並初始化 a 為 4。連結器在連結時會選擇 main.c 中的這個強符號，所以在兩個檔案中，變數 a 的列印值都是 4。

6.9.2 函數的強符號與弱符號

連結器對於名稱相同函數衝突，同樣遵循相同的規則。函數名本身就是一個強符號，在一個專案中定義兩個名稱相同的函數，編譯時肯定會報重定義錯誤。但我們可以透過 weak 屬性宣告，將其中一個函數名轉換為弱符號。

```c
//func.c
int a __attribute__((weak)) = 1;
void func(void)
{
printf("a = %d\n", a);
    printf("func.c: I am a strong symbol!\n", a);
}


//main.c
int a = 4;
void __attribute__((weak))func(void)
{
printf("a = %d\n", a);
    printf("main.c: I am a weak symbol!\n");
}

int main(void)
{
    func();
    return 0;
}
```

編譯器，可以看到程式執行結果如下。

```
# gcc -o a.out main.c func.c
# ./a.out
a = 4
func.c: I am a strong symbol!
```

在這個程式中，我們在 main.c 中定義了一個名稱相同的 func() 函數，然後透過 weak 屬性宣告將其轉換為一個弱符號。連結器在連結時會選擇 func.c 中的強符號，當我們在 main() 函數中呼叫 func() 函數時，實際上呼叫的是 func.c 檔案裡的 func() 函數。而全域變數 a 則恰恰相反，因為在 func.c 中定義的是一個弱符號，所以在 func() 函數中列印的是 main.c 中的全域變數 a 的值。

6.9.3 弱符號的用途

在一個原始檔案中引用一個變數或函數，當編譯器只看到其宣告，而沒有看到其定義時，編譯器一般編譯不會顯示出錯：編譯器會認為這個符號可能在其他檔案中定義。在連結階段，連結器會到其他檔案中找這些符號的定義，若未找到，則報未定義錯誤。

當函數被宣告為一個弱符號時，會有一個奇特的地方：當連結器找不到這個函數的定義時，也不會顯示出錯。編譯器會將這個函數名，即弱符號，設定為 0 或一個特殊的值。只有當程式執行時期，呼叫到這個函數，跳躍到零位址或一個特殊的位址才會顯示出錯，產生一個記憶體錯誤。

```
//func.c
int a = 4;

//main.c
int a __attribute__((weak)) = 1;
void __attribute__((weak)) func(void);
int main(void)
{
    printf("main：a = %d\n", a);
    func();
    return 0;
}
```

編譯器並執行，可以看到程式執行結果如下。

```
#gcc -o a.out main.c func.c
#./a.out
```

```
main: a = 4
Segmentation fault (core dumped)
```

在這個範例程式中，我們沒有定義 func() 函數，僅僅在 main.c 裡做了一個宣告，並將其宣告為一個弱符號。編譯這個專案，你會發現程式是可以編譯透過的，只是到程式執行時期才會出錯，產生一個段錯誤。

為了防止函數執行出錯，我們可以在執行這個函數之前，先進行判斷，看這個函數名的位址是不是 0，然後決定是否呼叫和執行，這樣就可以避免段錯誤了。

```
//func.c
int a  = 4;

//main.c
int a __attribute__((weak)) = 1;
void __attribute__((weak)) func(void);
int main(void)
{
    printf("main：a = %d\n", a);
    if (func)
        func();
    return 0;
}
```

編譯器並執行，可以看到程式能正常執行，沒有再出現段錯誤。

```
#gcc -o a.out main.c func.c
main: a = 4
```

函數名的本質就是一個位址，在呼叫 func() 之前，我們先判斷其是否為 0，如果為 0，則不呼叫，直接跳過。你會發現，透過這樣的設計，即使 func() 函數沒有定義，整個專案也能正常編譯、連結和執行！

弱符號的這個特性，在函數庫函數中應用得很廣泛。如你在開發一個函數庫時，基礎功能已經實現，有些高級功能還沒實現，那麼你可以將這些函數透過 weak 屬性宣告轉換為一個弱符號。透過這樣設定，即使還沒有定義函數，我們在應用程式中只要在呼叫之前做一個非零的判斷就可以了，並不影響程式的正常執行。等以後發佈新的函數庫版本，實現了這些高級功能，應用程式也不需要進行任何修改，直接執行就可以呼叫這些高級功能。

6.9.4 屬性宣告：alias

GNU C 擴充了一個 alias 屬性，這個屬性很簡單，主要用來給函式定義一個別名。

```
void __f(void)
{
    printf("__f\n");
}

void f() __attribute__((alias("__f")));

int main(void)
{
    f();
    return 0;
}
```

程式執行結果如下。

```
__f
```

透過 alias 屬性宣告，我們可以給 __f() 函式定義一個別名 f()，以後如果想呼叫 __f() 函數，則直接透過 f() 呼叫即可。

在 Linux 核心中，你會發現 alias 有時會和 weak 屬性一起使用。如有些函數隨著核心版本升級，函數介面發生了變化，我們可以透過 alias 屬性對這個舊的介面名字進行封裝，重新起一個介面名字。

```
//f.c
void __f(void)
{
    printf("__f()\n");
}
```

```
void f() __attribute__((weak,alias("__f");

//main.c
void __attribute__((weak)) f(void);
void f(void)
{
    printf("f()\n");
}

int main(void)
{
    f();
    return 0;
}
```

如果我們在 main.c 中新定義了 f() 函數，那麼當 main() 函式呼叫 f() 函數時，會直接呼叫 main.c 中新定義的函數；當 f() 函數沒有被定義時，則呼叫 __f() 函數。

6.10 內聯函數

6.10.1 屬性宣告：noinline

這一節，我們接著介紹與內聯函數相關的兩個屬性：noinline 和 always_inline。這兩個屬性的用途是告訴編譯器，在編譯時，對我們指定的函數內聯展開或不展開。其使用方法如下。

```
static  inline __attribute__((noinline)) int func();
static  inline __attribute__((always_inline)) int func();
```

一個使用 inline 宣告的函數被稱為內聯函數，內聯函數一般前面會有 static 和 extern 修飾。使用 inline 宣告一個內聯函數，和使用關鍵字 register 宣告一個暫存器變數一樣，只是建議編譯器在編譯時內聯展開。使用關鍵字 register 修飾一個變數，只是建議編譯器在為變數分配儲存空間時，將這個變數放到暫存器裡，這會使程式的執行效率更高。那麼編譯器會不會放呢？這得視具體情況而定，編譯器要根據暫存器資源是否緊張、這個變數的類型及是否頻繁使用來做權衡。

同樣，當一個函數使用 inline 關鍵字修飾時，編譯器在編譯時一定會內聯展開嗎？也不一定。編譯器也會根據實際情況，如函數本體大小、函數本體內是否有迴圈結構、是否有指標、是否有遞迴、函式呼叫是否頻繁來做決定。如 GCC 編譯器，一般是不會對函數做內聯展開的，只有當編譯最佳化等級開到 -O2 以上時，才會考慮是否內聯展開。但是在我們使用 noinline 和 always_inline 對一個內聯函數作顯性屬性宣告後，編譯器的編譯行為就變得確定了：使用 noinline 宣告，就是告訴編譯器不要展開；使用 always_inline 屬性宣告，就是告訴編譯器要內聯展開。

那麼什麼是內聯展開呢？我們先來複習一下內聯函數的基礎知識。

6.10.2 什麼是內聯函數

說起內聯函數，又不得不說函式呼叫銷耗。一個函數在執行過程中，如果需要呼叫其他函數，則一般會執行下面的過程。

（1）儲存當前函數現場。
（2）跳到呼叫函數執行。
（3）恢復當前函數現場。
（4）繼續執行當前函數。

如有一個 ARM 程式，在 main() 函數中對一些資料進行處理，運算結果暫時儲存在 R0 暫存器中。接著呼叫另外一個 func() 函數，呼叫結束後，返回 main() 函數繼續處理資料。如果我們在 func () 函數中要使用 R0 這個暫存器（用於儲存函數的返回值），就會改變 R0 暫存器中的值，那麼就篡改了 main () 函數中的暫存運算結果。當我們返回 main () 函數繼續進行資料處理時，最後的結果肯定不正確。

那麼怎麼辦呢？很簡單，在跳到 func() 函數執行之前，先把 R0 暫存器的值儲存到堆疊中，func() 函數執行結束後，再將堆疊中的值恢復到 R0 暫存器，這樣 main() 函數就可以繼續執行了，就像什麼事情都沒有發生過一樣。

這種方法被證明是可行的：現在的電腦系統，無論什麼架構和指令集，一般都採用這種方法。這種方法雖然麻煩了點，但至少能解決問題，無非就是需要不斷地儲存現場、恢復現場，這就是函式呼叫帶來的銷耗。

對於一般的函式呼叫，這種方法是沒有問題的。但對於一些極端情況，例如，一個函數短小精悍，函數本體內只有一行程式，在程式中被大量頻繁地呼叫。如果每次呼叫，都不斷地儲存現場，執行時卻發現函數只有一行程式，接著又要恢復現場，則來回的銷耗比較大。

函式呼叫也是如此：有些函數短小精悍，而且呼叫頻繁，呼叫銷耗大，算下來性價比不高，這時候我們就可以將這個函式宣告為內聯函數。編譯器在編譯過程中遇到內聯函數，像巨集一樣，將內聯函數直接在呼叫處展開，這樣做就減少了函式呼叫的銷耗：直接執行內聯函數展開的程式，不用再儲存現場和恢復現場。

6.10.3 內聯函數與巨集

看到這裡，可能就有人疑問了：內聯函數和巨集的功能差不多，那麼為什麼不直接定義一個巨集，而去定義一個內聯函數呢？

存在即合理，內聯函數既然在 C 語言中廣泛應用，自然有它存在的原因。與巨集相比，內聯函數有以下優勢。

- 參數類型檢查：內聯函數雖然具有巨集的展開特性，但其本質仍是函數，在編譯過程中，編譯器仍可以對其進行參數檢查，而巨集不具備這個功能。

- 便於偵錯：函數支援的偵錯功能有中斷點、單步等，內聯函數同樣支援。
- 返回值：內聯函數有返回值，返回一個結果給呼叫者。這個優勢是相對於 ANSI C 說的，因為現在巨集也可以有返回值和類型了，如前面使用敘述運算式定義的巨集。
- 介面封裝：有些內聯函數可以用來封裝一個介面，而巨集不具備這個特性。

6.10.4 編譯器對內聯函數的處理

前面講過，我們雖然可以透過 inline 關鍵字將一個函式宣告為內聯函數，但編譯器不一定會對這個函數做內聯展開。編譯器也要根據實際情況進行評估，權衡展開和不展開的利弊，並最終決定要不要展開。

內聯函數並不是完美無瑕的，也有一些缺點。內聯函數會增大程式的體積，如果在一個檔案中多次呼叫內聯函數，多次展開，那麼整個程式的體積就會變大，在一定程度上會降低程式的執行效率。函數的作用之一就是提高程式的重複使用性。我們將常用的一些程式或程式區塊封裝成函數，進行模組化程式設計，可以減輕軟體開發工作量。而內聯函數往往又降低了函數的重複使用性。編譯器在對內聯函數做展開時，除了檢測使用者定義的內聯函數內部是否有指標、迴圈、遞迴，還會在函數執行效率和函式呼叫銷耗之間進行權衡。一般來講，判斷對一個內聯函數是否做展開，從程式設計師的角度出發，主要考慮如下因素。

- 函數體積小。
- 函數本體內無指標給予值、遞迴、迴圈等敘述。
- 呼叫頻繁。

當我們認為一個函數體積小，而且被大量頻繁呼叫，應該做內聯展開時，就可以使用 static inline 關鍵字修飾它。但編譯器不一定會做內聯展開，

如果你想明確告訴編譯器一定要展開，或者不展開，就可以使用 noinline
或 always_inline 對函數做一個屬性宣告。

```c
//inline.c
static inline
__attribute__((always_inline))  int func(int a)
{
    return a + 1;
}

static inline void print_num(int a)
{
    printf("%d\n", a);
}

int main(void)
{
    int i;
    i = func(3);
    print_num(10);
    return 0;
}
```

在這個程式中，我們分別定義兩個內聯函數：func() 和 print_num()，然
後使用 always_inline 對 func() 函數進行屬性宣告。編譯這個原始檔案，
並對生成的可執行檔 a.out 做反組譯處理，其組合語言程式碼如下。

```
#arm-linux-gnueabi-gcc -o a.out inline.c
#arm-linux-gnueabi-objdump -D a.out
00010438 <print_num>:
   10438: e92d4800  push {fp, lr}
   1043c: e28db004  add  fp, sp, #4
   10440: e24dd008  sub  sp, sp, #8
   10444: e50b0008  str  r0, [fp, #-8]
   10448: e51b1008  ldr  r1, [fp, #-8]
   1044c: e59f000c  ldr  r0, [pc, #12]
   10450: ebffffa2  bl 102e0 <printf@plt>
   10454: e1a00000  nop  ; (mov r0, r0)
   10458: e24bd004  sub  sp, fp, #4
   1045c: e8bd8800  pop  {fp, pc}
```

```
   10460: 0001050c andeq  r0, r1, ip, lsl #10
00010464 <main>:
   10464: e92d4800 push {fp, lr}
   10468: e28db004 add  fp, sp, #4
   1046c: e24dd008 sub  sp, sp, #8
   10470: e3a03003 mov  r3, #3
   10474: e50b3008 str  r3, [fp, #-8]
   10478: e51b3008 ldr  r3, [fp, #-8]
   1047c: e2833001 add  r3, r3, #1
   10480: e50b300c str  r3, [fp, #-12]
   10484: e3a0000a mov  r0, #10
   10488: ebffffea bl 10438 <print_num>
   1048c: e3a03000 mov  r3, #0
   10490: e1a00003 mov  r0, r3
   10494: e24bd004 sub  sp, fp, #4
   10498: e8bd8800 pop  {fp, pc}
```

透過反組譯程式可以看到，因為我們對 func() 函數作了 always_inline 屬性宣告，所以在編譯過程中，在呼叫 func() 函數的地方，編譯器會將 func() 函數在呼叫處直接展開。

```
   10470: e3a03003 mov  r3, #3
   10474: e50b3008 str  r3, [fp, #-8]
   10478: e51b3008 ldr  r3, [fp, #-8]
   1047c: e2833001 add  r3, r3, #1
   10480: e50b300c str  r3, [fp, #-12]
```

而對於 print_num() 函數，雖然我們對其做了內聯宣告，但編譯器並沒有對其做內聯展開，而是把它當作一個普通函數對待。還有一個需要注意的細節是：當編譯器對內聯函數做展開處理時，會直接在呼叫處展開內聯函數的程式，不再給 func() 函數本身生成單獨的組合語言程式碼。因為編譯器在所有呼叫該函數的地方都做了內聯展開，沒必要再去生成單獨的函數組合語言指令。在這個例子中，我們發現編譯器就沒有給 func() 函數本身生成單獨的組合語言程式碼，編譯器只給 print_num( ) 函數生成了獨立的組合語言程式碼。

6.10.5 思考：內聯函數為什麼定義在標頭檔中

在 Linux 核心中，你會看到大量的內聯函數被定義在標頭檔中，而且常常使用 static 修飾。

為什麼 inline 函數經常使用 static 修飾呢？這個問題在網上也討論了很久，聽起來各有道理，從 C 語言到 C++，甚至有人還拿出了 Linux 核心作者 Linus 關於 static inline 的解釋。

```
"static inline" means "we have to have this function, if you use it, but
don't inline it, then make a static version of it in this compilation
unit". "extern inline" means "I actually have an extern for this
function, but if you want to inline it, here's the inline-version".
```

我們可以這樣理解：內聯函數為什麼要定義在標頭檔中呢？因為它是一個內聯函數，可以像巨集一樣使用，任何想使用這個內聯函數的原始檔案，都不必親自再去定義一遍，直接包含這個頭檔案，即可像巨集一樣使用。

那麼為什麼還要用 static 修飾呢？因為我們使用 inline 定義的內聯函數，編譯器不一定會內聯展開，那麼當一個專案中多個檔案都包含這個內聯函數的定義時，編譯時就有可能報重定義錯誤。而使用 static 關鍵字修飾，則可以將這個函數的作用域限制在各自的檔案內，避免重定義錯誤的發生。

6.11 內建函數

6.11.1 什麼是內建函數

內建函數，顧名思義，就是編譯器內部實現的函數。這些函數和關鍵字一樣，可以直接呼叫，無須像標準函數庫函數那樣，要先宣告後使用。

內建函數的函數命名，通常以 __builtin 開頭。這些函數主要在編譯器內部使用，主要是為編譯器服務的。內建函數的主要用途如下。

- 用來處理變長參數列表。
- 用來處理常式執行異常、編譯最佳化、性能最佳化。
- 查看函數執行時期的底層資訊、堆疊資訊等。
- 實現 C 標準函數庫的常用函數。

因為內建函數是在編譯器內部定義的，主要供與編譯器相關的工具和程式呼叫，所以這些函數並沒有文件說明，而且變動又頻繁，對於應用程式開發者來說，不建議使用這些函數。

但有些函數，對於我們了解程式執行的底層機制、編譯最佳化很有幫助，在 Linux 核心中也經常使用這些函數，所以我們很有必要了解 Linux 核心中常用的一些內建函數。

6.11.2 常用的內建函數

常用的內建函數主要有兩個：__builtin_return_address() 和 __builtin_frame_address()。我們先介紹一下 __builtin_return_address()，其函數原型如下。

```
__builtin_return_address(LEVEL);
```

這個函數用來返回當前函數或呼叫者的返回位址。函數的參數 LEVEL 表示函式呼叫鏈中不同層級的函數。

- 0：獲取當前函數的返回位址。
- 1：獲取上一級函數的返回位址。
- 2：獲取上二級函數的返回位址。
- ……

我們寫一個測試程式，分別獲取一個函式呼叫鏈中每一級函數的返回位址。

```
void f(void)
    {
     int *p;
     p = __builtin_return_address(0);
     printf("f    return address: %p\n", p);
     p = __builtin_return_address(1);;
     printf("func return address: %p\n", p);
     p = __builtin_return_address(2);;
     printf("main return address: %p\n", p);
     printf("\n");
    }
    void func(void)
    {
     int *p;
     p = __builtin_return_address(0);
     printf("func return address: %p\n", p);
     p = __builtin_return_address(1);;
     printf("main return address: %p\n", p);
     printf("\n");
     f();
    }

    int main(void)
    {
        int *p;
     p = __builtin_return_address(0);
     printf("main return address: %p\n", p);
     printf("\n");
     func();
     printf("goodbye!\n");
     return 0;
    }
```

C 語言函數在呼叫過程中，會將當前函數的返回位址、暫存器等現場資訊
儲存在堆疊中，然後才跳到被呼叫函數中去執行。當被呼叫函數執行結
束後，根據儲存在堆疊中的返回位址，就可以直接返回原來的函數繼續
執行。

在上面的程式中，main() 函式呼叫 func() 函數，在 main() 函數跳躍到 func() 函數執行之前，會將程式正在執行的當前敘述的下一行敘述 printf("goodbye!\n"); 的位址儲存到堆疊中，然後才去執行 func(); 這行敘述，並跳到 func() 函數去執行。func() 函數執行完畢後，如何返回 main() 函數呢？很簡單，將儲存到堆疊中的返回位址給予值給 PC 指標，就可以直接返回 main() 函數，繼續往下執行了。

每一層函式呼叫，都會將當前函數的下一筆指令位址，即返回位址存入堆疊儲存，各級函式呼叫就組成了一個函式呼叫鏈。在各級函數內部，我們使用內建函數就可以列印這個呼叫鏈上各個函數的返回位址。如上面的程式，經過編譯後，程式的執行結果如下。

```
main return address:0040124B

func return address:004013C3
main return address:0040124B

f    return address:00401385
func return address:004013C3
main return address:0040124B
```

另一個常用的內建函數 __builtin_frame_address()，其函數原型如下。

```
__builtin_frame_address(LEVEL);
```

在函式呼叫過程中，還有一個堆疊幀的概念。函數每呼叫一次，都會將當前函數的現場（返回位址、暫存器、臨時變數等）儲存在堆疊中，每一層函式呼叫都會將各自的現場資訊儲存在各自的堆疊中。這個堆疊就是當前函數的堆疊幀，每一個堆疊幀都有起始位址和結束位址，多層函式呼叫就會有多個堆疊幀，每個堆疊幀都會儲存上一層堆疊幀的起始位址，這樣各個堆疊幀就形成了一個呼叫鏈。很多偵錯器其實都是透過回溯函數的堆疊幀呼叫鏈來獲取函數底層的各種資訊的，如返回位址、呼叫關係等。在 ARM 處理器平台下，一般使用 FP 和 SP 這兩個暫存器，分別指向當前函數堆疊幀的起始位址和結束位址。當函數繼續呼叫其他函數，或執行結束返回上一級函數時，這兩個暫存器的值也會發生變化，總是指向當前函數堆疊幀的起始位址和結束位址。

我們可以透過內建函數 __builtin_frame_address(LEVEL) 查看函數的堆疊幀位址。

- 0：查看當前函數的堆疊幀位址。
- 1：查看上一級函數的堆疊幀位址。
- ......

寫一個程式，列印當前函數的堆疊幀位址。

```
void func(void)
{
    int *p;
    p = __builtin_frame_address(0);
    printf("func frame:%p\n", p);
    p = __builtin_frame_address(1);
    printf("main frame:%p\n", p);
}

int main(void)
{
    int *p;
    p = __builtin_frame_address(0);
    printf("main frame:%p\n", p);
    printf("\n");
    func();
    return 0;
}
```

程式執行結果如下。

```
main frame:0028FF48

func frame:0028FF28
main frame:0028FF48
```

6.11.3 C 標準函數庫的內建函數

在 GNU C 編譯器內部，C 標準函數庫的內建函數實現了一些與 C 標準函數庫函數類似的內建函數。這些函數與 C 標準函數庫函數功能相似，函數名也相同，只是在前面加了一個首碼 __builtin。如果你不想使用 C 標準函數庫函數，也可以加一個首碼，直接使用對應的內建函數。

常見的 C 標準函數庫函數如下。

- 與記憶體相關的函數：memcpy()、memset()、memcmp()。
- 數學函數：log()、cos()、abs()、exp()。
- 字串處理函數：strcat()、strcmp()、strcpy()、strlen()。
- 列印函數：printf()、scanf()、putchar()、puts()。

下面我們寫一個小程式，使用與 C 標準函數庫對應的內建函數。

```
int main(void)
{
    char a[100];
    __builtin_memcpy(a, "hello world!", 20);
    __builtin_puts(a);

    return 0;
}
```

編譯器並執行，程式執行結果如下。

```
hello world!
```

透過執行結果我們看到，使用與 C 標準函數庫對應的內建函數，同樣能實現字串的複製和列印，實現 C 標準函數庫函數的功能。

6.11.4 內建函數：__builtin_constant_p(n)

編譯器內部還有一些內建函數主要用來編譯最佳化、性能最佳化，如 __builtin_constant_p(n) 函數。該函數主要用來判斷參數 n 在編譯時是否為

常數。如果是常數，則函數返回 1，否則函數返回 0。該函數常用於巨集
定義中，用來編譯最佳化。一個巨集定義，根據巨集的參數是常數還是
變數，可能實現的方法不一樣。在核心原始程式中，我們經常看到這樣
的巨集。

```
#define _dma_cache_sync(addr, sz, dir)    \
do {                                \
    if (__builtin_constant_p(dir))        \
        __inline_dma_cache_sync(addr, sz, dir); \
    else                       \
        __arc_dma_cache_sync(addr, sz, dir);  \
}                   \
while (0);
```

很多巨集的操作在參數為常數時可能有更最佳化的實現，在這個巨集定
義中，我們實現了 2 個版本。根據參數是否為常數，我們可以靈活選用
不同的版本。

6.11.5 內建函數：__builtin_expect(exp,c)

內建函數 __builtin_expect() 也常常用來編譯最佳化，這個函數有 2 個參
數，返回值就是其中一個參數，仍是 exp。這個函數的意義主要是告訴編
譯器：參數 exp 的值為 c 的可能性很大，然後編譯器可以根據這個提示資
訊，做一些分支預測上的程式最佳化。

參數 c 與這個函數的返回值無關，無論 c 為何值，函數的返回值都是 exp。

```
int main(void)
{
    int a;
    a = __builtin_expect(3, 1);
    printf("a = %d\n",a);

    a = __builtin_expect(3, 10);
    printf("a = %d\n",a);

    a = __builtin_expect(3, 100);
```

```
    printf("a = %d\n",a);
    return 0;
}
```

程式執行結果如下。

```
 a = 3
 a = 3
 a = 3
```

這個函數的主要用途是編譯器的分支預測最佳化。現在 CPU 內部都有 Cache 暫存器件。CPU 的執行速度很高，而外部 RAM 的速度相對來說就低了不少，所以當 CPU 從記憶體 RAM 讀寫資料時就會有一定的性能瓶頸。為了提高程式執行效率，CPU 一般都會透過 Cache 這個 CPU 內部緩衝區來快取一定的指令或資料，當 CPU 讀寫記憶體資料時，會先到 Cache 看看能否找到：如果找到就直接進行讀寫；如果找不到，則 Cache 會重新快取一部分資料進來。CPU 讀寫 Cache 的速度遠遠大於記憶體 RAM，所以透過這種快取方式可以提高系統的性能。

那麼 Cache 如何快取記憶體資料呢？簡單來說，就是依據空間相近原則。如 CPU 正在執行一筆指令，那麼在下一個時鐘週期裡，CPU 一般會大機率執行當前指令的下一筆指令。如果此時 Cache 將下面的幾筆指令都快取到 Cache 裡，則下一個時鐘週期裡，CPU 就可以直接到 Cache 裡取指、譯指和執行，從而使運算效率大大提高。

但有時候也會出現意外。如程式在執行過程中遇到函式呼叫、if 分支、goto 跳躍等程式結構，會跳到其他地方執行，原先快取到 Cache 裡的指令不是 CPU 要執行的指令。此時，我們就說 Cache 沒有命中，Cache 會重新快取正確的指令程式供 CPU 讀取，這就是 Cache 工作的基本流程。

有了這些理論基礎，我們在撰寫程式時，遇到 if/switch 這種選擇分支的程式結構，一般建議將大機率發生的分支寫在前面。當程式執行時期，因為大機率發生，所以大部分時間就不需要跳躍，程式就相當於一個順序結構，Cache 的快取命中率也會大大提升。核心中已經實現一些相關的巨集，如 likely 和 unlikely，用來提醒程式設計師最佳化程式。

6.11.6　Linux 核心中的 likely 和 unlikely

在 Linux 核心中，我們使用 __builtin_expect() 內建函數，定義了兩個巨集。

```
#define likely(x)   __builtin_expect(!!(x),1)
#define unlikely(x) __builtin_expect(!!(x),0)
```

這兩個巨集的主要作用就是告訴編譯器：某一個分支發生的機率很高，或者很低，基本不可能發生。編譯器根據這個提示資訊，在編譯器時就會做一些分支預測上的最佳化。

在這兩個巨集的定義中有一個細節，就是對巨集的參數 x 做兩次取非操作，這是為了將參數 x 轉換為布林類型，然後與 1 和 0 直接做比較，告訴編譯器 x 為真或假的可能性很高。

我們來舉個例子，讓大家感受下，使用這兩個巨集後，編譯器在分支預測上的一些編譯變化。

```c
//expect.c

int main(void)
{
    int a;
    scanf("%d", &a);
    if( a==0)
    {
        printf("%d", 1);
        printf("%d", 2);
        printf("\n");
    }
    else
    {
        printf("%d", 5);
        printf("%d", 6);
```

```
    printf("\n");
  }
  return 0;
}
```

在上面的程式中，根據輸入的變數 a 的值，程式會執行不同的分支程式。
編譯這個程式然後反組譯，生成對應的組合語言程式碼。

```
#arm-linux-gnueabi-gcc   expect.c
#arm-linux-gnueabi-objdump -D a.out
00010558 <main>:
  10558: e92d4800 push {fp, lr}
  1055c: e28db004 add  fp, sp, #4
  10560: e24dd008 sub  sp, sp, #8
  10564: e59f308c ldr  r3, [pc, #140]
  10568: e5933000 ldr  r3, [r3]
  1056c: e50b3008 str  r3, [fp, #-8]
  10570: e24b300c sub  r3, fp, #12
  10574: e1a01003 mov  r1, r3
  10578: e59f007c ldr  r0, [pc, #124]
  1057c: ebffffa5 bl 10418 <__isoc99_scanf@plt>
  10580: e51b300c ldr  r3, [fp, #-12]
  10584: e3530000 cmp  r3, #0
  10588: 1a000008 bne  105b0 <main+0x58>
  1058c: e3a01001 mov  r1, #1
  10590: e59f0068 ldr  r0, [pc, #104]
  10594: ebffff90 bl 103dc <printf@plt>
  10598: e3a01002 mov  r1, #2
  1059c: e59f005c ldr  r0, [pc, #92]
  105a0: ebffff8d bl 103dc <printf@plt>
  105a4: e3a0000a mov  r0, #10
  105a8: ebffff97 bl 1040c <putchar@plt>
  105ac: ea000007 b  105d0 <main+0x78>
  105b0: e3a01005 mov  r1, #5
  105b4: e59f0044 ldr  r0, [pc, #68]
  105b8: ebffff87 bl 103dc <printf@plt>
  105bc: e3a01006 mov  r1, #6
  105c0: e59f0038 ldr  r0, [pc, #56]
  105c4: ebffff84 bl 103dc <printf@plt>
```

觀察 main() 函數的反組譯程式,我們可以看到,組合語言程式碼的結構就是基於我們的 if/else 分支先後順序,依次生成對應的組合語言程式碼的(看 10588:bne 105b0 跳躍到 else 分支)。我們接著改一下程式,使用 unlikely 修飾 if 分支,意在告訴編譯器,這個 if 分支發生的機率很低,或者不可能發生。

```c
//expect.c
int main(void)
{
    int a;
    scanf("%d", &a);
    if( unlikely(a == 0) )
    {
        printf("%d", 1);
        printf("%d", 2);
        printf("\n");
    }
    else
    {
        printf("%d", 5);
        printf("%d", 6);
        printf("\n");
    }
    return 0;
}
```

對這個程式增加 -O2 最佳化參數編譯,並對生成的可執行檔 a.out 進行反組譯。

```
#arm-linux-gnueabi-gcc -O2 expect.c
#arm-linux-gnueabi-objdump -D a.out
00010438 <main>:
   10438: e92d4010  push {r4, lr}
   1043c: e59f4080  ldr  r4, [pc, #128]
   10440: e24dd008  sub  sp, sp, #8
   10444: e5943000  ldr  r3, [r4]
   10448: e1a0100d  mov  r1, sp
   1044c: e59f0074  ldr  r0, [pc, #116]
   10450: e58d3004  str  r3, [sp, #4]
```

```
10454: ebfffff1  bl 10420 <__isoc99_scanf@plt>
10458: e59d3000  ldr  r3, [sp]
1045c: e3530000  cmp  r3, #0
10460: 0a000010  beq  104a8 <main+0x70>
10464: e3a02005  mov  r2, #5
10468: e59f105c  ldr  r1, [pc, #92]
1046c: e3a00001  mov  r0, #1
10470: ebffffe7  bl 10414 <__printf_chk@plt>
10474: e3a02006  mov  r2, #6
10478: e59f104c  ldr  r1, [pc, #76]
1047c: e3a00001  mov  r0, #1
10480: ebffffe3  bl 10414 <__printf_chk@plt>
10484: e3a0000a  mov  r0, #10
10488: ebffffde  bl 10408 <putchar@plt>
1048c: e59d2004  ldr  r2, [sp, #4]
10490: e5943000  ldr  r3, [r4]
10494: e3a00000  mov  r0, #0
10498: e1520003  cmp  r2, r3
1049c: 1a000007  bne  104c0 <main+0x88>
104a0: e28dd008  add  sp, sp, #8
104a4: e8bd8010  pop  {r4, pc}
104a8: e3a02001  mov  r2, #1
104ac: e59f1018  ldr  r1, [pc, #24]
104b0: e1a00002  mov  r0, r2
104b4: ebffffd6  bl 10414 <__printf_chk@plt>
104b8: e3a02002  mov  r2, #2
104bc: eaffffed  b  10478 <main+0x40>
```

我們對 if 分支條件運算式使用 unlikely 修飾，告訴編譯器這個分支小
機率發生。在編譯器開啟編譯最佳化的條件下，透過生成的反組譯程式
（10460:beq 104a8），我們可以看到，編譯器將小機率發生的 if 分支組合
語言程式碼放在了後面，將大機率發生的 else 分支的組合語言程式碼放
在了前面，這樣就確保了程式在執行時，大部分時間都不需要跳躍，直
接按照循序執行下面大機率發生的分支程式，可以提高快取的命中率。

在 Linux 核心原始程式中，你會發現很多地方使用 likely 和 unlikely 巨集
進行修飾，此時你應該知道它們的用途了吧。

6.12 可變參數巨集

在上面的教學中，我們學會了變參函數的定義和使用，基本策略就是使用 va_list、va_start、va_end 等巨集，去解析那些可變參數列表。我們找到這些參數的儲存位址後，就可以對這些參數進行處理了。要麼自己動手，親自處理；要麼繼續呼叫其他函數來處理。

```
void print_num(int count, ...)
{
   va_list args;
   va_start(args,count);
   for(int i = 0; i < count; i++)
   {
      printf("*args: %d\n",*(int *)args);
      args += 4;
   }
}

void __attribute__((format(printf,2,3)))
LOG(int k,char *fmt,...)
{
   va_list args;
   va_start(args,fmt);
   vprintf(fmt,args);
   va_end(args);
}
```

GNU C 覺得這樣不過癮，再來一個「神助攻」：乾脆巨集定義也支援可變參數吧！

6.12.1 什麼是可變參數巨集

這一節我們要學習一下可變參數巨集的定義和使用。其實，C99 標準已經支持了這個特性，但是其他編譯器不太給力，對 C99 標準的支援不是很好，只有 GNU C 標準支援這個功能，所以有時候我們也把這個可變參數巨集看作 GNU C 標準的一個語法擴充。上面實現的 LOG() 變參函數，如果我們想使用一個可變參數巨集實現，就可以直接這樣定義。

```
#define LOG(fmt, ...)  printf(fmt, __VA_ARGS__)
#define DEBUG(...)  printf(__VA_ARGS__)

int main(void)
{
   LOG("Hello! I'm %s\n", "Wanglitao");
     DEBUG("Hello! I'm %s\n", "Wanglitao");
   return 0;
}
```

可變參數巨集的實現形式其實和變參函數差不多：用 ... 表示變參列表，變參列表由不確定的參數組成，各個參數之間用逗點隔開。可變參數巨集使用 C99 標準新增加的一個 __VA_ARGS__ 預先定義識別字來表示前面的變參列表，而非像變參函數一樣，使用 va_list、va_start、va_end 這些巨集去解析變參清單。前置處理器在將巨集展開時，會用變參清單替換掉巨集定義中的所有 __VA_ARGS__ 識別字。

使用巨集定義實現一個列印功能的變參巨集，你會發現，它的實現甚至比變參函數還簡單！ Linux 核心中的很多列印巨集，經常使用可變參數巨集來實現，巨集定義一般為下面這個格式。

```
#define LOG(fmt, ...) printf(fmt, __VA_ARGS__)
```

在這個巨集定義中，有一個固定參數，通常為一個格式字串，後面的變參用來列印各種格式的資料，與前面的格式字串相匹配。這種定義方式比較容易理解，但是有一個漏洞：當變參為空時，巨集展開時就會產生一個語法錯誤。

```
#define LOG(fmt,...) printf(fmt,__VA_ARGS__)

int main(void)
{
```

```
   LOG("hello\n");
   return 0;
}
```

上面這個程式在編譯時就會顯示出錯,產生一個語法錯誤。這是因為,
我們只給 LOG 巨集傳遞了一個參數,而變參為空。當巨集展開後,就變
成了下面的樣子。

```
printf("hello\n", );
```

巨集展開後,在第一個字串參數的後面還有一個逗點,不符合語法規
則,所以就產生了一個語法錯誤。我們需要繼續對這個巨集進行改進,
使用巨集連接子 ##,可以避免這個語法錯誤。

6.12.2 繼續改進我們的巨集

接下來,我們使用巨集連接子 ## 來改進上面的巨集。

巨集連接子 ## 的主要作用就是連接兩個字串。我們在巨集定義中可以使
用 ## 來連接兩個字元,前置處理器在前置處理階段對巨集展開時,會將
兩邊的字元合併,並刪除 ## 這個連接子。

```
#define A(x) a##x

int main(void)
{
   int A(1) = 2;   //int a1 = 2;
   int A() = 3;    //int a=3;
   printf("%d %d\n", a1, a);
   return 0;
}
```

在上面的程式中,我們定義一個巨集。

```
#define A(x) a##x
```

這個巨集的功能就是連接字元 a 和 x。在程式中,A(1) 展開後就是 a1,
A( ) 展開後就是 a。我們使用 printf() 函數可以直接列印變數 a1、a 的

值，因為巨集展開後，就相當於使用 int 關鍵字定義了兩個整數變數 a1
和 a。上面的程式可以編譯透過，執行結果如下。

```
2   3
```

知道了巨集連接子 ## 的使用方法，我們就可以對 LOG 巨集做一些修改。

```
#define LOG(fmt,...) printf(fmt, ##__VA_ARGS__)

int main(void)
{
    LOG("hello\n");
    return 0;
}
```

我們在識別字 __VA_ARGS__ 前面加上了巨集連接子 ##，這樣做的好處
是：當變參列表非空時，## 的作用是連接 fmt 和變參列表，各個參數之
間用逗點隔開，巨集可以正常使用；當變參列表為空時，## 還有一個特
殊的用處，它會將固定參數 fmt 後面的逗點刪除掉，這樣巨集就可以正常
使用了。

6.12.3　可變參數巨集的另一種寫法

當我們定義一個變參巨集時，除了使用預先定義識別字 __VA_ARGS__
表示變參列表，還可以使用下面這種寫法。

```
#define LOG(fmt,args...) printf(fmt, args)
```

使用預先定義識別字 __VA_ARGS__ 來定義一個變參巨集，是 C99 標準
規定的寫法。而上面這種格式是 GNU C 擴充的一個新寫法：可以不使用
__VA_ARGS__，而是直接使用 args... 來表示一個變參列表，然後在後面
的巨集定義中，直接使用 args 代表變參列表就可以了。

和上面一樣，為了避免變參清單為空時的語法錯誤，我們也需要在參數
之間增加一個連接子 ##。

```
#define LOG(fmt,args...) printf(fmt,##args)
int main(void)
{
    LOG("hello\n");
    return 0;
}
```

使用這種巨集定義方式，你會發現比使用 __VA_ARGS__ 看起來更加直觀，更加容易理解。

6.12.4 核心中的可變參數巨集

可變參數巨集在核心中主要用於日誌列印。一些驅動模組或子系統有時候會定義自己的列印巨集，支援列印開關、列印格式、優先順序控制等功能。如在 printk.h 標頭檔中，我們可以看到 pr_debug 巨集的定義。

```
#if defined(CONFIG_DYNAMIC_DEBUG)
#define pr_debug(fmt, ...) \
    dynamic_pr_debug(fmt, ##__VA_ARGS__)
#elif defined(DEBUG)
#define pr_debug(fmt, ...) \
    printk(KERN_DEBUG pr_fmt(fmt), ##__VA_ARGS__)
#else
#define pr_debug(fmt, ...) \
    no_printk(KERN_DEBUG pr_fmt(fmt), ##__VA_ARGS__)
#endif

#define dynamic_pr_debug(fmt, ...)            \
do {                          \
    DEFINE_DYNAMIC_DEBUG_METADATA(descriptor, fmt); \
    if (unlikely(descriptor.flags        \
            & _DPRINTK_FLAGS_PRINT)) \
        __dynamic_pr_debug(&descriptor, pr_fmt(fmt),\
            ##__VA_ARGS__);        \
} while (0)

static inline __printf(1, 2)
```

```
int no_printk(const char *fmt, ...)
{
    return 0;
}

#define __printf(a, b)  \
__attribute__((format(printf, a, b)))
```

看到這個巨集定義，估計有兩個字已經在很多人心中來回蕩漾，差點忍不住衝破喉嚨，脫口而出，但同時又不得不佩服巨集的作者：一個小小的巨集，卻能綜合運用各種技巧和基礎知識，把 C 語言的潛能發揮得淋漓盡致。

這個巨集定義了三個版本：如果我們在編譯核心時有動態偵錯選項，那麼這個巨集就定義為 dynamic_pr_debug。如果沒有設定動態偵錯選項，則我們可以透過 DEBUG 這個巨集，來控制這個巨集的打開和關閉。

no_printk( ) 作為一個內聯函數，定義在 printk.h 標頭檔中，而且透過 format 屬性宣告，指示編譯器按照 printf 標準去做參數格式檢查。

最有意思的是 dynamic_pr_debug 這個巨集，巨集定義採用 do{ ... } while(0) 結構。這看起來似乎有點多餘：有它沒它，我們的巨集都可以工作。反正都是執行一次，為什麼要用這種看似「畫蛇添足」的迴圈結構呢？道理其實很簡單，這樣定義是為了防止巨集在條件、選擇等分支結構的敘述中展開後，產生巨集歧義。

例如我們定義一個巨集，由兩筆列印敘述組成。

```
#define DEBUG() \
 printf("hello ");printf("else\n")

int main(void)
{
    if(1)
        printf("hello if\n");
```

```
    else
        DEBUG();
    return 0;
}
```

程式執行結果如下。

```
hello if
else
```

理論情況下，else 分支是執行不到的，但透過列印結果可以看到，程式也執行了 else 分支的一部分程式。這是因為我們定義的巨集由多行敘述組成，經過前置處理展開後，就變成了下面這樣。

```
int main(void)
{
    if(1)
        printf("hello if\n");
    else
        printf("hello ");
        printf("else\n");
    return 0;
}
```

多行敘述在巨集呼叫處直接展開，就破壞了程式原來的 if/else 分支結構，導致程式邏輯發生了變化，所以你才會看到 else 分支的非正常列印。而採用 do{ ... }while(0) 這種結構，可以將我們巨集定義中的複合陳述式包起來。巨集展開後，是一個程式區塊，避免了這種邏輯錯誤。

一個小小的巨集，暗藏各個基礎知識，綜合使用各種技巧，仔細分析下來，能學到很多知識。大家在以後的工作和學習中，可能會接觸到各種各樣、形形色色的巨集。只要有牢固的 C 語言基礎，熟悉 GNU C 的常用擴充語法，再遇到這樣類似的巨集，我們都可以自己嘗試慢慢去分析了。不用怕，只有自己真正分析過，才算真正掌握，才能轉化為自己的知識和能力，才能領略它的精妙之處。

07

資料儲存與指標

指標是 C 語言中比較難掌握的一個基礎知識。它讓很多程式設計師「望針卻步」，在程式設計時能不用堅決不用，一個陣列打天下，走到哪裡都不怕。尤其各種指標陣列、陣列指標、指標函數、函數指標、二級指標，再加上一些複雜指標的宣告，很容易把人繞暈。如果我們不能真正地理解指標，在使用的時候就可能遇到各種問題，如記憶體錯誤、段錯誤、指標類型不匹配等。

很多人都說指標是 C 語言的靈魂，筆者覺得儲存才是 C 語言的精髓和靈魂。只有從底層去了解記憶體中各種類型的資料是如何儲存的，才可以更好地去使用它們。真正理解不同類型的資料在記憶體中的儲存，是掌握指標的關鍵。本章將嘗試從資料儲存的角度去重新理解指標，理解不同類型的資料和指標之間的關係，以達到敢用指標、精通指標、善用指標的學習目的。

程式是什麼？程式 = 資料結構 + 演算法。我們寫程式為了什麼？為了解決現實中的一些問題，尤其是一些需要大量重複計算的問題。苦練程式設計，不忘初心，電腦的初衷就是進行各種資料運算，將人類從各種重複的數學運算中解脫出來。ANSI C 標準為我們提供的 32 個關鍵字裡，除了控制程式結構的一些關鍵字，絕大部分都與資料型態和儲存相關，如表 7-1 所示。

表 7-1 ANSI C 標準的 32 個關鍵字

auto	break	case	char	const	continue	default	do
double	else	enum	extern	float	typedef	goto	if
int	long	signed	return	short	register	sizeof	static
struct	switch	for	union	void	unsigned	volatile	while

C99/C11 標準新增的關鍵字,也大都與資料型態和儲存相關,如表 7-2 所示。

表 7-2 C99/C11 標準新增的關鍵字

inline	restrict	_Bool	_Complex
_Imaginary	_Alignas	_Alignof	_Atomic
_Static_assert	_Noreturn	_Thread_local	_Generic

我們撰寫的程式,也絕大部分與資料處理相關,不同類型的資料在記憶體中如何儲存與運算,是程式設計師在撰寫程式時始終要關注的問題。對於嵌入式工程師來說,跟記憶體、暫存器等底層硬體打交道的地方更多,如果對資料在記憶體中是如何儲存、如何處理的這些細節不清楚,也就很難撰寫出能穩定執行的高品質程式。很多時候我們撰寫的程式執行出現問題往往都和資料在記憶體中的儲存有關,一個小小的細節疏忽,程式可能就執行異常了,如野指標、非法指標、資料溢位、大小端模式等。除此之外,C 語言在類型轉換、自動轉型、有符號數與無符號數、資料對齊等方面也有不少程式設計陷阱,很多 C 語言初學者稍微不注意,就有可能栽倒在一個容易疏忽的細節上。

接下來,我們將從最基本的資料型態和儲存開始,一步一個腳印,去研究不同類型的資料在記憶體中的儲存和引用,去研究各種複雜指標的定義、宣告和使用方法,去攻克與指標相關的一些知識困難和概念。

7.1 資料型態與儲存

類型，是一組數值及對該組數值進行各種操作的集合。同一種類型的資料，在不同的處理器平台下，儲存方式可能不一樣。不同類型的資料，在同一個處理器平台下，儲存方式和運算規則也可能不一樣。

7.1.1 大端模式與小端模式

在電腦中，位元（bit）是最小的儲存單位，在一個 DDR SDRAM 記憶體電路中，通常使用一個電容來表示：充電時高電位表示 1，放電時低電位表示 0。8 個 bit 組成一位元組（Byte），位元組是電腦最基本的儲存單位，也是最小的定址單元，電腦通常以位元組為單位進行定址。在一個 32 位元的電腦系統中，通常 4 位元組組成一個字（Word），字是軟體開發者常用的儲存單位。

> 思考：是不是在所有的電腦系統中，一個字都是占 4 位元組？這是由誰決定的？

我們使用 C 語言提供的 int 關鍵字，可以定義一個整數變數。

```
int i = 0x12345678;
```

編譯器根據變數 i 的類型，在記憶體中分配 4 位元組大小的儲存空間來儲存 i 變數的值 0x12345678。一個資料在記憶體中有 2 種儲存方式：高位址儲存高位元組資料，低位址儲存低位元組資料；或者高位址儲存低位元組資料，而低位址則儲存高位元組資料。不同位元組的資料在記憶體中的儲存順序被稱為位元組序。根據位元組序的不同，我們一般將儲存模式分為大端模式和小端模式。

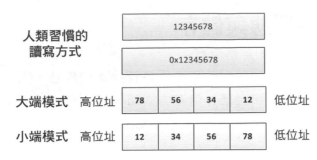

▲ 圖 7-1　大小端模式下的資料儲存

不同架構的處理器，儲存模式一般也不同。ARM、X86、DSP 一般都採用小端模式，而 IBM、Sun、PowerPC 架構的處理器一般都採用大端模式。如何判斷程式執行的當前平台是大端模式還是小端模式呢？很簡單，我們撰寫一個程式測試一下就可以知道。

```c
#include <stdio.h>

int main(void)
{
    int a = 0x11223344;
    char b;
    b = a;
    if(b == 0x44)
        printf("Little endian!\n");
    else
        printf("Big endian!\n");
    return 0;
}
```

將一個整數變數的值賦給一個字元型變數，通常會發生「截斷」，將低 8 位元的一位元組給予值給字元型變數。我們透過列印字元變數 b 的值，就可以知道整數變數 a 在記憶體中的儲存模式，進而得知當前的處理器是大端模式還是小端模式。

除此之外，我們還可以使用其他方法來測試當前處理器的儲存模式，如利用聯合類型 union 的特性：各個成員變數共用儲存單元。

```c
#include <stdio.h>

int main (void)
{
    union u {
        int a;
        char b;
    }c;

    c.a = 0x11223344;
    if (c.b == 0x44)
        printf("Little endian!\n");
    else
        printf("Big endian!\n");
    return 0;
}
```

在聯合變數 c 中，整數變數 a 和字元型變數 b 共用 4 位元組的儲存空間。我們給 a 給予值，然後列印 c 的值，根據列印的值是高端位址的資料還是低端位址的資料也可以判斷出當前處理器是大端模式還是小端模式。

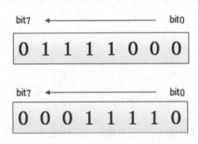

▲ 圖 7-2　大小端模式下的位元序

在資料儲存模式中，除了位元組序，還有位元序的概念。位元序指在一位元組的儲存中，各個位元的儲存順序。以十六進位資料 0x78 = 01111000(B) 為例，其在記憶體中可能有 2 種儲存方式。

一般情況下位元組序和位元序是一一對應的。小端模式下，低端位址儲存低位元組資料，在一位元組中，bit0 位址也用來儲存這個位元組的 bit0 位元。大端模式則相反，bit0 用來儲存一位元組的高位元。

為什麼不同架構的處理器在儲存模式上會有大小端之分呢？這個估計和
電腦的發展歷史有關。一般來講，小端模式低位址儲存低位元組資料，
比較符合人類的思維習慣；而大端模式則更適合電腦的處理習慣：不需
要考慮位址和資料的對應關係，以位元組為單位，把資料從左到右，按
照由低到高的位址順序直接讀寫即可。大端模式一般用在網路位元組
序、各種編解碼中。

作為一名嵌入式工程師，掌握大端模式與小端模式的儲存方式很有必要。
我們在驅動開發中設定各種暫存器，經常需要對某個暫存器的幾個位元
進行讀寫入操作。不同儲存模式的嵌入式裝置互聯及網路資料傳輸，也
需要考慮大小端模式，在處理網路資料時需要自己實現資料的大小端轉
換。如果你寫的程式碼要在不同架構的嵌入式平台上執行（如 ARM、
PowerPC），還是要考慮大小端模式的轉換的。

在一個嵌入式系統軟體中，如何實現大小端儲存模式的轉換呢？我們可
以定義一個巨集，將高、低位址上的資料互換，即可完成大小端儲存模
式的轉換。

```
#define swap_endian_u16(A)              \
(( A & 0xFF00 >> 8) | ( A & 0x00FF<< 8))
```

在 Linux 核心原始程式的標頭檔目錄 include/linux/byteorder 下，有 3 個
標頭檔 big_endian.h、generic.h、little_endian.h 。在這 3 個標頭檔中定義
了各種巨集，實現了不同類型態資料的大小端儲存模式的相互轉換，大
家在驅動開發或核心程式設計中可以直接使用這些封裝好的 API，不需要
自己再重複定義了。

7.1.2 有符號數和無符號數

我們生活在一個二的世界。C 語言為了能表示負數，引入了有符號數和無
符號數的概念，在宣告資料型態時分別使用關鍵字 signed 和 unsigned 修

飾。我們定義的變數如果沒有使用 signed 或 unsigned 顯性修飾，預設是 signed 型的有符號數。

一個字元型的有符號數，最高的位元 bit7 是符號位元：0 表示正數，1 表示負數，其餘的位元用來表示大小。而一個字元型的無符號數，所有的位元都用來表示數的大小。因此有符號數和無符號數能表示的數值範圍是不一樣的，對於一個字元型態資料而言，有符號數能表示的數值範圍為 [-128, 127]，而無符號數的數值範圍為 [0, 255]。我們使用 printf() 函數列印資料時，可以使用 %d 和 %u 格式符分別格式化列印有符號數和無符號數。

```
//printf_test.c
#include <stdio.h>
int main(void)
{
    signed int a = -1;
    int b = 0xffffffff;
    printf("a = %d\n", a);
    printf("a = %u\n", a);

    printf("b = %d\n", b);
    printf("b = %u\n", b);
    return 0;
}
```

一個儲存在實體記憶體中的資料，可以被看作一個有符號數，也可以被看作一個無符號數，就看你怎麼去解析它：你使用格式符 %d 列印，printf() 函數就把它看作一個有符號數；你使用無符號格式符 %u 列印，printf() 函數就把它看成了另外一個數。程式的二次元世界其實和我們所處的現實世界差不多，同樣一件事物，你站在不同的立場和角度去解讀它，可能就會得到不一樣的答案，編譯執行上面的程式，同樣一個資料，你同樣可以看到不同的列印結果。

```
#gcc printf_test.c -o a.out
#./a.out
```

```
a = -1
a = 4294967295
b = -1
b = 4294967295
```

對於我們定義的變數，編譯器在編譯器時會根據變數的類型對資料進行編碼，分配合適的儲存空間，把資料儲存在記憶體中。當 printf() 函數解析資料時，如果你使用和該資料型態相匹配的列印格式，則可以正確列印這個資料的值；如果你使用其他列印格式列印，則 printf() 函數可能就把它解析成另外一個值了。總而言之，它在記憶體裡就是一串二進位資料 0 和 1，關鍵看如何去解析它。

無符號數在電腦記憶體中儲存時，所有的位元都用來表示數的大小，沒有原碼、補數之説，直接將其轉換為二進位即可。而對於有符號數，則採用補數形式儲存，一個有符號數有原碼、反碼、補數之説，反碼即將原碼的符號位元保持不變，所有的資料位反轉，補數等於反碼 +1。一個正數的補數等於其原碼，一個負數的補數等於其反碼 +1。

是不是被繞暈了？所有的資料都使用原碼表示多方便！電腦科學家既然選擇這樣做自然有他的道理，如電腦採用補數儲存資料，首先就解決了 0 的編碼問題。

有符號數的編碼規則是最高位元表示符號位元，用來表示數的正負，其餘位元用來表示數的大小。如果所有的資料都使用原碼編碼，那麼 +0 和 -0 的編碼分別為 00000000 和 10000000，一個數用兩個編碼表示，編碼就出現了問題。而採用補數則可以避免這個問題，+0 和 -0 都使用 00000000 表示，空下的編碼 10000000 就可以多表示一個數：-128。需要注意的是，-128 這個數只有補數，沒有原碼和反碼，我們使用 itoa() 函數將 0 和 -128 這兩個資料分別轉換成字串並列印出來，可以看到它們在記憶體中的實際儲存格式如下。

```
#include <stdio.h>
#include <stdlib.h>
```

```
int main(void)
{
    char a = 0;
    char b = -128;
    char a_str[30];
    char b_str[30];

    itoa(a, a_str, 16);
    itoa(b, b_str, 16);

    printf("a: %d    %s\n", a, a_str);
    printf("b: %d    %s\n", b, b_str);

    return 0;
}
```

使用 C-Free 編譯器編譯執行上面的程式，可以看到列印結果如下。

```
a:  0   0
b:  -128  ffffff80
```

b 的最高符號位元進行了擴充，所以 80 就變成了 ffffff80。

電腦使用補數來儲存資料，除了解決 0 編碼問題，更重要的意義在於它可以將減法運算轉換為加法運算，省去了 CPU 減法邏輯電路的實現，CPU 只需要實現全加器、求補電路即可同時支援加法運算和減法運算。我們以減法運算 7-3 為例，正常的減法運算如下所示。

```
  0000 0111
- 0000 0011
= 0000 0100
```

如果我們將其改為加法運算：7+(-3)，則省去了減法電路，直接使用加法電路運算即可。

```
  0000 0111
+ 1111 1101
= 0000 0100
```

有符號數在運算過程中，符號位元也是參與運算的，和其他資料位元的計算遵循相同的計算法則和進位處理。用補數表示的資料相加，當最高位有進位時，進位直接被捨棄。按照這種規則進行運算你會發現，上面的減法和加法運算結果是相同的，都等於 4。

7.1.3 資料溢位

每一種資料型態都有它能表示的數值範圍。一個有符號字元型變數，它能表示的數值範圍為 [-128, 127]，如果我們把 130 給予值給這個有符號型的字元變數，則會發生什麼情況？

```
#include <stdio.h>

int main(void)
{
    char i;
    for(i = 0; i < 130; i++)
        printf("*");
    return 0;
}
```

編譯執行上面的程式，你會發現程式陷入了無窮迴圈，一直在不斷列印。當我們給一個變數賦一個超出其能表示範圍的數時，就會發生資料溢位，如上面的範例程式所示，導致程式執行出現異常。當資料溢位時，到底發生了什麼狀況，導致上面的程式陷入了無窮迴圈呢？

一般來講，無符號數溢位時會進行取餘運算，繼續「週期輪回」。例如，一個 unsigned char 類型的資料，它能表示的資料範圍為 [0, 255]，當其迴圈到 255 最大值時繼續加 1，這個數就變成了 0，開始新的一輪迴圈，周而復始。

```
#include <stdio.h>

int main(void)
{
```

```
    unsigned char c = 255;
    printf("c = %u\n", c);
    c++;
    printf("C = %u\n", c);
    return 0;
}
```

程式的執行結果如下。

```
c = 255
c = 0
```

而對於有符號數，當發生資料溢位時，由於 C 語言的語法寬鬆性，不對資料型態做安全性檢查，因此也不會觸發異常，但是會產生一個未定義行為。

什麼是未定義行為呢？通俗點理解，就是遇到這種情況時，C 語言標準也沒有規定該如何操作，各家編譯器在處理這種情況時也就沒有了參考標準，各自按照自己的方式處理，編譯器都不算錯誤。這也導致了當有符號數發生溢位時，執行結果是不確定的，在不同的編譯器環境下編譯執行，結果可能不一樣。

```
#include <stdio.h>

int main(void)
{
    signed char c2 = 127;
    printf("c2 = %d\n", c2);
    c2++;
    printf("c2 = %d\n", c2);
    return 0;
}
```

大家可以嘗試在不同的編譯器環境下編譯執行上面的程式，你會發現大部分結果都是 -128，也就是說大部分編譯器都預設採用了與無符號數一樣的輪回處理。但是如果有一家編譯器比較特殊，編譯執行後的結果是 0，你也不能算錯。

資料溢位可能會導致程式的執行結果和你預期的不一樣,有時候甚至會改變程式的執行路徑,因此在實際程式設計中,我們要時刻注意資料溢位的問題。

如何防範資料溢位呢?方法其實很簡單,我們先看看兩個有符號數相加的情況。如果兩個正數相加的和小於 0,說明運算過程中發生了資料溢位。同理,如果兩個負數相加的和大於 0,也說明資料發生了溢位。

```c
#include <stdio.h>

int main(void)
{
    char a = 125;
    char b = 30;
    char c = a + b;
    if (c < 0)
      printf("data overflow!\n");
     else
      printf("%d\n", c);
    return 0;
}
```

對於無符號數的相加,如果兩個數的和小於其中任何一個加數,此時我們也可以判斷資料在計算過程中發生了溢位現象。

```c
int main(void)
{
    unsigned char a = 255;
    unsigned char b = 40;
    unsigned char c;
    c = a + b;
    if(c < a || c < b)
      printf("data overflow!\n");
     else
      printf("c = %u\n", c);

    return 0;
}
```

7.1.4 資料型態轉換

在一個電腦系統中，當處理器對兩個數進行算數運算時，一般要求兩個數的類型、大小、儲存方式都相同。這是由 CPU 的硬體電路特性決定的：CPU 比較死板，不像人腦那樣變通，只能對同類型的資料進行運算。我們在實際程式設計中，不管你是有意的還是無意的，有時候都會讓兩個不同類型的資料參與運算，編譯器為了能夠生成 CPU 可以正常執行的指令，往往會對資料做類型轉換，將兩個不同類型的資料轉換成同一種資料型態。

資料型態轉換分為兩種：一種是隱式類型轉換，一種是強式類型轉換。如果程式設計師在程式中沒有對類型進行強式類型轉換，則編譯器在編譯器時就會自動進行隱式類型轉換。

```c
#include <stdio.h>

void compare_data(void)
{
    int a = -2;
    unsigned int b = 3;
    if( a < b)
    {
        printf("a < b\n");
        return -1;
    }
    else
    {
        printf("a > b\n");
        return 1;
    }
    return 0;
}

int main(void)
{
    signed char a = -10;
```

```
    unsigned char b = 2;
    unsigned char c;

     c = a + b;
    if(c > 0)
      printf("c > 0\n");
    else
      printf("c < 0\n");
    compare_data();
    return 0;
}
```

先嘗試分析上面程式的執行結果，然後和實際的執行結果進行對比。如果你對隱式類型轉換規則不熟悉，則程式的執行結果就有可能和你預期的不一樣。

```
 c > 0
 a > b
```

一個 C 程式中發生隱式類型自動轉換，主要是以下幾種情況。

- 算數運算、邏輯運算、給予值運算式中運算子兩側資料型態不相同時。
- 函式呼叫過程中，傳遞的實際參數和形式參數類型不匹配時。
- 函數返回數值型別與函式宣告的類型不匹配時。

遇到上面這幾種情況，編譯器就會對資料型態進行自動轉換，即隱式類型轉換。轉換規則一般按照從低精度向高精度、從有符號數向無符號數方向轉換。

```
 char -> short -> int -> unsigned -> long -> double -> long double
 char -> short ->int ->long ->long long ->float ->double
```

了解了自動轉型規則後，我們再分析上面的程式：一個有符號數和無符號數比較大小時，編譯器會將它們兩個都轉換為無符號數。有符號數 -2 轉換為無符號數就是 126，當你看到程式的執行結果 -2 大於 3 也就不感到奇怪了。兩個數相加也是如此，有符號數 -10 轉換為無符號數就是 118，然後和 2 做加法運算等於 120，並把這個值給予值給無符號變數 c，此時 c 大於 0 也就不奇怪了，這是資料型態隱式自動轉換的結果。

有時候根據程式設計需要，我們要對資料進行強制類型轉換。在進行強制類型轉換的過程中需要注意一個問題，資料的值在轉換過程中可能會發生改變：在將一個 char 型態資料轉換為 int 型態資料時，值保持不變，但儲存格式發生了變化，將 char 型態資料儲存在 32 位元中的低 8 位元位址空間，其餘的高 24 位元使用符號位元填充。在將一個 int 型態資料轉換為 char 型態資料時會發生「截斷」，將 int 型態資料的低 8 位元資料給予值給 char 型態資料，其餘的位元捨棄掉，從而讓原來的數值發生了改變。將一個有符號數轉換為無符號數時，資料的儲存格式不會發生變化，但是值會發生改變，因為此時有符號數的符號位元變成了無符號數的資料位元。

```c
#include <stdio.h>

int main(void)
{
    //int<-->float
    int a = (int)3.14;
    printf("a = %d\n", a);
    float b = (float)3;
    printf("b = %f\n", b);
    printf("\n");

    //char --> int
    char c1 = 1;
    char c2 = -2;
    int d;
    d = (int)c1;
    printf("d = %d\n", d);
    printf("d = %x\n", d);
    d = (int)c2;
    printf("d = %d\n", d);
    printf("d = %x\n", d);
    printf("\n");
```

```
//int --> char
d = 0x11223344;
c1 = (char)d;
printf("%x\n", c1);
printf("%u\n", c1);
printf("\n");

//unsigned <--> signed int
int i = -1;
unsigned int j = i;
printf("-1 = %x\n", -1);
printf("i = %d\n", i);
printf("i = %x\n", i);
printf("j = %u\n", j);
printf("j = %x\n", j);
printf("\n");

return 0;
}
```

我們在一個資料或變數符號的前面加一個 (int)，表示將這個變數強制轉換為 int 型。了解了強制轉換過程中的規則，大家可以嘗試分析上面的程式，並和實際的執行結果對比，以加深對強制類型轉換的理解。

```
a = 3
b = 3.000000

d = 1
d = 1
d = -2
d = fffffffe

44
68

-1 = ffffffff
i = -1
i = ffffffff
j = 4294967295
j = ffffffff
```

程式中隱藏很深的 Bug 很多時候就是因為我們程式設計時沒有注意到一些細節導致的。如類型轉換中的一些細節，在下面的程式中，我們定義了一個 print_star() 函數，函數的參數類型為 unsigned int。這個程式的設計就存在問題，如果我們在呼叫該函數時給它傳遞一個實際參數 -1，你會發現該程式將陷入無窮迴圈。

```c
#include <stdio.h>

int print_star(unsigned int len)
{
    int i = 1;
    /*
    if(len < 0)
    {
      printf("Error parameter!\n");
      return -1;
    }*/
    while(len-- > 0)
    {
      if(i++%20 == 0)
        printf("\n");
      printf("*");
    }
    printf("\n");
    return 0;
}

int main(void)
{
    print_star(-1);
    return 0;
}
```

為了防止這種問題發生，我們有兩種解決方法：可以將函數的參數類型設定為 signed int，或者在 print_star() 函數中對傳進來的實際參數進行判斷（如程式中登出的範例程式），預防由於隱式類型自動轉換而使程式的程式邏輯發生不確定的變化。

7.2 資料對齊

一個程式在編譯過程中，編譯器在給我們定義的變數分配儲存空間時，並不是隨機分配的，它會根據不同資料型態的對齊原則給變數分配合適的位址和大小。所謂資料對齊原則，就是 C 語言中各種基底資料型別要按照自然邊界對齊：一個 char 型的變數按 1 位元組對齊，一個 short 型的整數變數按 sizeof(short int) 位元組對齊，一個 int 型的整數變數要按 sizeof(int) 位元組對齊。每種資料型態的對齊位元組數一般也被稱為對齊模數。不同資料型態的對齊模數如圖 7-3 所示。

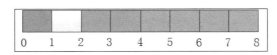

▲ 圖 7-3　不同資料型態的對齊模數

下面我們撰寫一個簡單程式，分別定義不同類型的變數，列印各個變數在記憶體中的實際位址。

```
#include <stdio.h>

int main(void)
{
    char  a  = 1;
    short b  = 2;
    int   c  = 3;
    printf("&a = %p\n", &a);
    printf("&b = %p\n", &b);
    printf("&c = %p\n", &c);
    return 0;
}
```

程式執行結果如下。

```
&a = 0xbf8970c5
&b = 0xbf8970c6
&c = 0xbf8970c8
```

透過列印結果可以看到，不同類型的變數在記憶體中的位址對齊是不一樣的，每種變數都按照各自的對齊模數對齊。

7.2.1 為什麼要資料對齊

如果一個 short 類型的整數變數被分配到了奇數位址上，一個 int 型的整數變數被分配到了非 4 位元組對齊的位址上，則這些變數的位址就未對齊，如圖 7-4 所示。

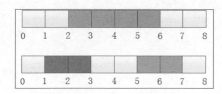

▲ 圖 7-4　位址未對齊儲存

每個變數在記憶體中為什麼非要位址對齊呢？這主要是由 CPU 硬體決定的。不同處理器平台對儲存空間的管理不同，為了簡化 CPU 電路設計，有些 CPU 在設計時簡化了位址存取，只支持邊界對齊的位址存取，因此編譯器也會根據處理器平台的不同，選擇合適的位址對齊方式，以保證 CPU 能正常存取這些儲存空間。在圖 7-4 中，我們定義了一個 int 型變數，如果編譯器把它分配到了記憶體中 2 位元組對齊的位址空間上，那麼它的儲存位址就沒有自然對齊，CPU 在讀寫這個資料時，本來一個運算速度就可以搞定的事情，現在可能就需要花 2 個運算速度了。先從零位址開始，讀取 4 位元組，保留高 2 位元組的資料；再從偏移為 4 的位址開始，讀取 4 位元組，保留低 2 位元組的資料；最後將兩部分資料合併，就是我們實際要讀取的 int 型變數的值了。

7.2.2 結構對齊

C 語言的基底資料型別不僅要按照自然邊界對齊，複合資料型態（如結構、聯合體等）也要按照各自的對齊原則對齊。以結構為例，當我們定義一個結構變數時，編譯器會按照下面的原則在記憶體中給這個變數分配合適的儲存空間。

- 結構內各成員按照各自資料型態的對齊模數對齊。
- 結構整體對齊方式：按照最大成員的 size 或其 size 的整數倍對齊。

接下來我們定義一個結構類型，列印並觀察各個成員的位址對齊情況。

```c
#include <stdio.h>
struct student{
    char    sex;
    int     num;
    short   age;
};

int main(void)
{
    struct student stu;
    printf("&stu.sex = %p\n", &stu.sex);
    printf("&stu.num = %p\n", &stu.num);
    printf("&stu.age = %p\n", &stu.age);
    printf("struct size: %d\n", sizeof(struct student));
    return 0;
}
```

在上面的範例程式中，我們不斷調整結構 student 內各個成員的先後順序，分別編譯執行，你會發現結構的大小也會隨之發生變化。程式的執行結果如下。

```
&stu.sex = 0xbf971c30
&stu.num = 0xbf971c34
&stu.age = 0xbf971c38
struct size: 12
```

結構成員調整順序後的位址分佈及大小如下。

```
&stu.sex = 0xbfaa31d4
&stu.age = 0xbfaa31d6
&stu.num = 0xbfaa31d8
struct size: 8
```

因為結構內各個成員都要按照自身資料型態的對齊模數對齊，所以在結構體內部難免會有「空洞」產生，導致結構的大小也不一樣。結構之所以要對齊，根本原因就是為了加快 CPU 存取記憶體的速度，在具體實現上，一般都採用每種資料型態的預設對齊模數 sizeof(type) 對齊。不同的編譯器有時候可能會採取不同的對齊標準，以 GCC 為例，GCC 預設的最大對齊模數為 4，當一種資料型態的大小超過 4 位元組時會仍然按照 4 位元組對齊，這是 GCC 和 VC++ 6.0、Visual Studio、arm-linux-gcc 等編譯器不一樣的地方。

```c
#include <stdio.h>

struct student{
    char    sex;
    double  num;
};

int main(void)
{
    struct student stu;
    printf("&stu.sex = %p\n", &stu.sex);
    printf("&stu.num = %p\n", &stu.num);
    printf("struct size: %d\n", sizeof(struct student));
    printf("num size: %d\n", sizeof(stu.num));
    return 0;
}
```

上面的程式使用 GCC 編譯，執行結果如下。

```
&stu.sex = 0xbfd22560
&stu.num = 0xbfd22564
struct size: 12
num size: 8
```

使用 VC++ 6.0 /Virsual Studio 或者 arm-linux-gcc 編譯，執行結果如下。

```
&stu.sex = 0x7eac5cf8
&stu.num = 0x7eac5d00
struct size: 16
num size: 8
```

如果在結構裡內嵌其他結構，那麼結構作為其中一個成員也要按照自身類型的對齊模數對齊。結構自身的對齊模數是該結構中最大成員的 size，或者其 size 的整數倍。

```
//person.c
#include <stdio.h>

struct student{
    char    sex;
    double num;

};
struct person{
    char age;
    struct student stu;
};

int main(void)
{
    struct person her;
    printf("&her.age = %p\n", &her.age);
    printf("&her.stu.sex = %p\n", &her.stu.sex);
    printf("&her.stu.num = %p\n", &her.stu.num);
    printf("person size: %d\n", sizeof(struct person));
    printf("stu size: %d\n", sizeof(her.stu));
    return 0;
}
```

在上面的程式中，我們新定義了一個結構類型 person，並將結構類型 student 內嵌其中，作為 person 結構的一個成員。在 GCC 編譯器環境下，student 結構成員的對齊模數是 4 位元組，因此我們可以看到 student 成員的大小是 12 位元組，整個 person 結構的大小為最大對齊模數的整數倍，即 4×4 = 16 位元組。

程式的執行結果如下。

```
#gcc person.c -o a.out
#./a.out
```

```
&her.age = 0xbf8acadc
&her.stu.sex = 0xbf8acae0
&her.stu.num = 0xbf8acae4
person size: 16
stu size: 12
```

在 arm-linux-gcc 編譯環境下，因為 student 成員 num 的 sizeof(num) 是 8
位元組，因此結構的對齊模數是 8，結構在 person 中要按 8 位元組對齊
分配儲存空間，而且結構的大小要為最大對齊模數的整數倍。透過列印
資訊我們可以看到，結構成員 stu 的大小是 16 位元組，整個 person 結構
的大小也要為最大對齊模數的整數倍，即 8×3 = 24 位元組。

```
#arm-linux-gnueabi-gcc person.c -o a.out
#./a.out
&her.age = 0x7edfecf0
  &her.stu.sex = 0x7edfecf8
  &her.stu.num = 0x7edfed00
  person size: 24
  stu size: 16
```

7.2.3 聯合體對齊

除了結構，聯合體也有自己的對齊原則。

- 聯合體的整體大小：最大成員對齊模數或對齊模數的整數倍。
- 聯合體的對齊原則：按照最大成員的對齊模數對齊。

```
//union.c
#include <stdio.h>

union u{
  char    sex;
  double num;
  int     age;
  char    a[11];
};

int main(void)
```

```
{
    union u stu;
    printf("&stu.sex = %p\n", &stu.sex);
    printf("&stu.num = %p\n", &stu.num);
    printf("&stu.age = %p\n", &stu.age);
    printf("&stu.a   = %p\n", stu.a);
    printf("union size: %d\n", sizeof(union u));
    return 0;
}
```

在聯合體中，我們定義一個長度為 11 的陣列。在 GCC 編譯環境下，聯合體成員的最大對齊模數是 4，所以整個聯合體的大小是 4 的公倍數：$4 \times 3 = 12$ 位元組。

```
# gcc union.c -o a.out
# ./a.out
  &stu.sex = 0xbfb5bce0
  &stu.num = 0xbfb5bce0
  &stu.age = 0xbfb5bce0
  &stu.a   = 0xbfb5bce0
  union size: 12
```

在 arm-linux-gcc 編譯環境下，聯合體成員的最大對齊模數是 8，所以整個聯合體的大小是 8 的公倍數：$8 \times 2 = 16$ 位元組。

```
# arm-linux-gcc union.c -o a.out
# ./a.out
  &stu.sex = 0x7e8d9cf8
  &stu.num = 0x7e8d9cf8
  &stu.age = 0x7e8d9cf8
  &stu.a   = 0x7e8d9cf8
  union size: 16
```

不斷修改字元陣列 a 的長度，分別改為 3、4、5、7、9、17、19、…，分別使用 gcc 和 arm-linux-gcc 編譯器並執行，觀察聯合體的位址分配和整體大小變化，可以驗證我們的理論分析是正確的。只有理論和實踐相結合，不斷反覆地去驗證，才能對聯合體的儲存空間分配和位址對齊有更深地理解。

在 C 程式編譯過程中，無論是基底資料型別還是複合資料型態，編譯器在為各個變數分配位址空間時，會按照大家各自的預設對齊模數進行位址對齊。除此之外，我們也可以透過 #pragma 前置處理命令或 GNU C 編譯器的 aligned/packed 屬性宣告來顯性指定對齊方式。

```c
#include <stdio.h>

//#pragma pack()
struct student{
    char sex;
    short num;__attribute__((aligned(4), packed));
    int age;
}__attribute__((aligned(8), packed));

int main(void)
{
    printf("struct size: %d\n", sizeof(struct student));
    return 0;
}
```

在上面的範例程式中，我們可以分別使用 #pragma 前置處理命令和 aligned/packed 屬性宣告顯性指定結構或結構成員的對齊方式。每次結構成員透過顯性指定對齊方式，其對應的整個結構大小或對齊方式也會隨著發生改變。

7.3 資料的可攜性

什麼是資料的可攜性呢？我們可以先從一個簡單的程式開始，從一個 sizeof 關鍵字開始我們的思考。

```c
#include <stdio.h>

int main(void)
{
```

```
    printf("%d\n", sizeof(int));
    return 0;
}
```

我們可以使用 sizeof 關鍵字去查看 int 類型的資料在記憶體中的大小，在不同的編譯環境下編譯上面的程式並執行，你會發現執行結果可能不一樣。在 Turbo C 環境下編譯執行，int 型態資料大小可能是 2 位元組；使用 VC++ 6.0 或 GCC 編譯，執行結果可能是 4 位元組；如果使用 64 位元編譯器在 64 位元處理器上編譯執行，運行結果則可能是 8 位元組。

在一個跨平台的程式中，有時候我們會需要一個固定大小的儲存空間，或者一個固定長度的資料型態。如果使用 int 型來表示，那麼當程式在不同的編譯環境下執行時期，int 型態資料的大小就可能發生改變，也就是說 int 型態資料不具備可攜性。

那麼如何解決這個問題呢？我們可以使用 C 語言提供的 typedef 關鍵字來定義一些固定大小的資料型態。

```
//data_type.h
typedef unsigned char      u8;
typedef unsigned short     u16;
typedef unsigned int       u32;
typedef unsigned long long u64;
typedef signed char        s8;
typedef short              s16;
typedef int                s32;
typedef long long          s64;
```

我們可以將使用 typedef 關鍵字定義的資料型態封裝在一個頭檔案 data_type.h 中，在實際程式設計中，當你需要使用一個 32 位元固定大小的無符號資料時，先 #include 這個 data_type.h 標頭檔，然後就可以直接使用 u32 來定義變數了。當程式在另一個平台上執行，unsigned int 的大小變成了 2 位元組時，也沒關係，我們可以修改 data_type.h，將 u32 使用 unsigned long 重新定義一遍即可。

```
//data_type.h
//typedef unsigned int        u32;
typedef unsigned long         u32;

//main.c
#include <stdio.h>
#include "data_type.h"

int main(void)
{
    u32 s;
    printf("size: %d\n", sizeof(s));
    return 0;
}
```

透過修改 data_type.h 對 u32 類型重新定義後，u32 的長度還是 32 位元，你的程式碼中所有使用 u32 的地方就不需要修改了，u32 這個資料型態因此就具備了可攜性，可以在多個平台上執行。

在 C99 標準定義的標準函數庫中，新增加了 stdint.h 和 intypes.h 標頭檔，用來支持可移植的資料型態。stdint.h 標頭檔主要用來定義可移植的資料型態，我們在程式設計中可以直接使用。

```
#include <stdio.h>
#include <stdint.h>

int main(void)
{
    __int16 s;
    int16_t s1;
    printf("size: %d\n", sizeof(s));
    printf("size: %d\n", sizeof(s1));
    return 0;
}
```

而 inttypes.h 則用來對可移植資料進行格式化輸入和輸出。當列印一個特殊格式的資料時，我們可以使用 inttypes.h 檔案中使用的列印格式。

```
#include <stdio.h>
#include <inttypes.h>

int main(void)
{
    printf("%"PRId64"\n", 0x1122334455667788);
    printf("%"PRId32"\n", 0x11223344);
    printf("%"PRId16"\n", 0x1122);
    printf("%"PRId8"\n", 0x11);
    return 0;
}
```

現在的作業系統一般都支援多種 CPU 架構、多種處理器平台。作業系統為了實現跨平台執行，一般都會考慮資料的可攜性，如大小端儲存模式、資料對齊、位元組長度等。我們在程式設計時，可以把程式中與系統、平台相關的部分隔離封裝在一個單獨的標頭檔或設定檔中，整個程式的可移植部分和不可移植部分也就變得涇渭分明，更加方便後續的管理、維護和升級。

7.4 Linux 核心中的 size_t 類型

大家在閱讀 Linux 核心原始程式過程中，會發現 Linux 核心中定義了很多變數，使用了各種不同的資料型態，整體來說，可以分為 3 類。

- C 語言基底資料型別：int、char、short。
- 長度確定的資料型態：long。
- 特定核心物件的資料型態：pid_t、size_t。

我們以核心中經常使用的 size_t 資料型態為例，帶大家體驗一下使用可移植資料的好處。資料型態 size_t 一般使用 #define 巨集定義，後面使用一個 _t 的尾碼表示 Linux 核心中在某些地方特定使用的資料型態。

```
#define  unsigned  int   size_t
#define  unsigned  long  size_t
```

size_t 資料型態一般用在表示長度、大小等無關正負的場合，如陣列索引、資料複製長度、大小等。在 Linux 核心原始程式中可以隨處看到它的身影。

```
char * strncpy(char *, const char *, size_t);
int valid_phys_addr_range(phys_addr_t addr, size_t size);
int decompress_kernel(void* destination, void *source ,
    size_t ksize, size_t kzsize);
```

不僅在核心中，C 標準函數庫中定義的各種函數庫函數也大量使用這種資料型態。

```
void* __cdecl __MINGW_NOTHROW  calloc (size_t, size_t);
void* __cdecl __MINGW_NOTHROW  malloc (size_t);
```

使用 size_t 不僅僅是考慮到資料型態的可攜性，size_t 的另一個優點是其大小並非是固定的，而是用來表徵針對某平台的最大長度。當我們使用無符號型的 size_t 用來表示一個位址或者資料複製的長度時，根本不用擔心它表示的數值範圍夠不夠用。放心吧，它所表示的資料長度是該平台下最長的，所以，大膽地用吧！

7.5 為什麼很多人程式設計時喜歡用 typedef

在上一節中，我們使用 typedef 來定義一種可移植的資料型態。typedef 是 C 語言的一個關鍵字，用來為某個類型起別名。大家在閱讀程式的過程中，會經常見到 typedef 與結構、聯合體、列舉、函數指標宣告結合使用。下面就介紹一下 typedef 的各種經典使用方法。

7.5.1 typedef 的基本用法

以結構類型的宣告和使用為例，C 語言提供了 struct 關鍵字來定義一個結構類型。

```c
struct student
{
    char name[20];
    int  age;
    float score;
};
struct student stu = {"wit", 20, 99};
```

在 C 語言中定義一個結構變數，我們通常的寫法如下。

struct 結構類型 變數名；

前面必須有一個 struct 關鍵字做首碼，編譯器才會理解你要定義的物件是
一個結構變數。而在 C++ 語言中，則不需要這麼做，可以直接使用。

結構類型 變數名；

```c
struct student
{
    char name[20];
    int  age;
    float score;
};

int main (void)
{
    student stu = {"wit", 20, 99};
    return 0;
}
```

我們使用 typedef 關鍵字，可以給 student 宣告一個別名 student_t 和一個
結構指標類型 student_ptr，然後可以直接使用 student_t 類型去定義一個
結構變數，不用再寫 struct，這樣會顯得程式更加簡捷。

```c
#include <stdio.h>

typedef struct student
{
    char name[20];
```

```
    int   age;
    float score;
}student_t, *student_ptr;

int main (void)
{
    student_t    stu = {"wit", 20, 99};
    student_t   *p1 = &stu;
    student_ptr p2 = &stu;
    printf ("name: %s\n", p1->name);
    printf ("name: %s\n", p2->name);
    return 0;
}
```

程式的執行結果如下。

```
wit
wit
```

typedef 除了與結構結合使用，還可以與陣列結合使用。定義一個陣列，通常使用 int array[10]; 即可。我們也可以使用 typedef 先宣告一個陣列類型，然後使用這個類型去定義一個陣列。

```
typedef int array_t[10];
array_t array;
int main (void)
{
    array[9] = 100;
    printf ("array[9] = %d\n", array[9]);
    return 0;
}
```

在上面的程式中，我們宣告了一個陣列類型 array_t，然後使用該類型定義一個陣列 array，這個 array 效果其實就相當於 int array[10]。

typedef 還可以與指標結合使用。在下面的 demo 程式中，PCHAR 的類型是 char *，我們使用 PCHAR 類型去定義一個變數 str，其實就是一個char * 類型的指標。

```
typedef char * PCHAR;

int main (void)
{
    //char * str = " 學嵌入式，到宅學部落 ";
    PCHAR str = " 學嵌入式，到宅學部落 ";
    printf ("str: %s\n", str);
    return 0;
}
```

typedef 還可以和函數指標結合使用。定義一個函數指標，我們通常採用下面的形式。

```
int (*func)(int a, int b);
```

我們同樣可以使用 typedef 宣告一個函數指標類型：func_t。

```
typedef int (*func_t)(int a, int b);
func_t fp;                          // 定義一個函數指標變數
```

寫一個簡單的程式測試一下，發現程式仍舊執行正常。

```
#include <stdio.h>

typedef int (*func_t)(int a, int b);

int sum (int a, int b)
{
    return a + b;
}

int main (void)
{
    func_t fp = sum;
    printf ("%d\n", fp(1, 2));
    return 0;
}
```

為了增加程式的可讀性，我們經常在程式中看到下面的宣告形式。

```
typedef int (func_t)(int a, int b);
func_t *fp = sum;
```

函數都是有類型的，我們使用 typedef 為函數型別宣告一個新名稱 func_
t。這樣宣告的好處是，即使你沒有看到 func_t 的定義，也能夠清楚地知
道 fp 是一個函數指標。

在實際程式設計中，typedef 還可以與列舉結合使用。列舉與 typedef 的結
合使用方法和結構類似：可以使用 typedef 為列舉類型 color 宣告一個新
名稱 color_t，然後使用這個類型就可以直接定義一個列舉變數。

```
typedef enum color
{
    red,
    white,
    black,
    green,
    color_num,
} color_t;

int main (void)
{
    enum color color1 = red;
    color_t    color2 = red;
    color_t color_number = color_num;
    printf ("color1: %d\n", color1);
    printf ("color2: %d\n", color2);
    printf ("color num: %d\n", color_number);
    return 0;
}
```

7.5.2 使用 **typedef** 的優勢

不同的專案，有不同的程式風格，也有不同的程式「癖好」。程式看得多
了，你就會發現：有的程式裡巨集用得多，有的程式裡 typedef 用得多。
使用 typedef 到底有哪些好處呢？為什麼很多人喜歡用它呢？

1. 可以讓程式更加清晰簡捷

```
typedef struct student
{
   char    name[20];
   int     age;
   float score;
}student_t, *student_ptr;

student_t    stu = {"wit", 20, 99};
student_t  *p1 = &stu;
student_ptr p2 = &stu;
```

如上面的程式碼所示，使用 typedef，我們可以在定義一個結構、聯合、列舉變數時，省去關鍵字 struct，讓程式更加簡捷。

2. 增加程式的可攜性

C 語言的 int 類型，在不同的編譯器和平台下，所分配的儲存位元組長度不一樣：可能是 2 位元組，可能是 4 位元組，也可能是 8 位元組。如果我們在程式中想定義一個固定長度的資料型態，此時使用 int，在不同的平台環境下執行可能都會出現問題。為了應付各種不同「脾氣」的編譯器，最好的辦法就是使用自訂資料型態，而非使用 C 語言的內建類型。

```
#ifdef PIC_16
typedef  unsigned long U32
#else
typedef unsigned int U32
#endif
```

在 16 位元的 PIC 微控制器中，int 型一般占 2 位元組，long 型占 4 位元組，而在 32 位元的 ARM 環境下，int 型和 long 型一般都是占 4 位元組。如果我們在程式中想使用一個 32 位元的固定長度的無符號類型態資料，則可以使用上面的方式宣告一個 U32 的資料型態，在程式中你就可以放心大膽地使用 U32。當將程式移植到不同的平台時，直接修改這個宣告就可以了。

在 Linux 核心、驅動、BSP 等與底層架構平台密切相關的原始程式中，我們會經常看到這樣的資料型態，如 size_t、U8、U16、U32。在一些網路通訊協定、網路卡驅動等對位元組寬度、大小端比較關注的地方，也會經常看到 typedef 被頻繁地使用。

3. 比巨集定義更好用

C 語言的前置處理指令 #define 用來定義一個巨集，而 typedef 則用來宣告一種類型的別名。typedef 和巨集相比，不是簡單的字串替換，而是可以使用該類型同時定義多個同類型物件。

```
typedef char* PCHAR1;
#define PCHAR2 char *

int main (void)
{
    PCHAR1 pch1, pch2;
    PCHAR2 pch3, pch4;
    printf ("sizeof pch1: %d\n", sizeof(pch1));
    printf ("sizeof pch2: %d\n", sizeof(pch2));
    printf ("sizeof pch3: %d\n", sizeof(pch3));
    printf ("sizeof pch4: %d\n", sizeof(pch4));
    return 0;
}
```

在上面的程式碼中，我們想定義 4 個指向 char 類型的指標變數，然而執行結果卻如下所示。

```
sizeof pch1: 4
sizeof pch2: 4
sizeof pch3: 4
sizeof pch4: 1
```

本來我們想定義 4 個指向 char 類型的指標，但是 pch4 經過前置處理巨集展開後，卻變成了一個字元型變數，而非一個指標變數。而 PCHAR1 作為一種資料型態，在語法上其實就等價於相同類型的類型修飾詞關鍵字，因此可以在一行程式中同時定義多個變數。上面的程式其實就等價於：

```
char *pch1, *pch2;
char *pch3, pch4;
```

4. 讓複雜的指標宣告更加簡捷

一些複雜的指標宣告，如函數指標、陣列指標、指標陣列的宣告，往往很複雜，可讀性差。如下面函數指標陣列的定義。

```
int *(*array[10])(int *p, int len, char name[]);
```

上面的指標陣列定義，很多人一看估計就懵了。我們可以使用 typedef 最佳化一下：先宣告一個函數指標類型 func_ptr_t，接著定義一個陣列，就會更加清晰簡捷，可讀性它增加了不少。

```
typedef int *(*func_ptr_t)(int *p, int len, char name[]);
func_ptr_t array[10];
```

7.5.3 使用 typedef 需要注意的地方

使用 typedef 可以讓程式更加簡捷、可讀性更強，但是 typedef 也有很多不足，稍微不注意就可能遇到。下面分享一些使用 typedef 需要注意的細節。

首先，typedef 在語法上等價於 C 語言的關鍵字。我們使用 typedef 為已知的型別宣告一個別名，在語法上其實就等價於該類型的類型修飾詞關鍵字，而非像巨集一樣，僅僅是簡單的字串替換。

舉一個例子大家就明白了，如 const 和類型的混合使用。當 const 和常見的類型（如 int、char）共同修飾一個變數時，const 和類型的位置可以互換。但是如果類型為指標，則 const 和指標類型不能互換，否則其修飾的變數類型就發生了變化，如常見的指標常數和常數指標。

```
char b = 10;
char c = 20;
int main (void)
{
```

```
char const *p1 = &b; // 常數指標：*p1 不可變，p1 可變
char *const p2 = &b; // 指標常數：*p2 可變，p2 不可變
p1  = &c;     // 編譯正常
*p1 = 20;     //error: assignment of read-only location
p2  = &c;     //error: assignment of read-only variable`p2'
*p2 = 20;     // 編譯正常
return 0;
}
```

當 typedef 和 const 一起修飾一個指標類型時，與巨集定義的指標類型進行比較。

```
typedef char* PCHAR2;
#define PCHAR1 char *

char b = 10;
char c = 20;

int main (void)
{
   const PCHAR1 p1 = &b;
   const PCHAR2 p2 = &b;
   p1  = &c;     // 編譯正常
   *p1 = 20;     //error: assignment of read-only location
   p2  = &c;     //error: assignment of read-only variable`p2'
   *p2 = 20;     // 編譯正常
   return 0;
}
```

執行程式，你會發現和上面的範例程式遇到相同的編譯錯誤，原因在於巨集展開僅僅是簡單的字串替換。

```
const PCHAR1 p1 = &b;   // 巨集展開後是一個常數指標
const char * p1 = &b;    // 其中 const 與類型 char 的位置可以互換
```

而在使用 PCHAR2 定義的變數 p2 中，PCHAR2 作為一個類型，位置可與 const 互換，const 修飾的是指標變數 p2 的值，p2 的值不能改變，是一個指標常數，但是 *p2 的值可以改變。

```
const PCHAR2 p2 = &b; //PCHAR2 此時作為一個類型，與 const 可互換位置
PCHAR2 const p2 = &b; // 該敘述等價於上行敘述
char * const p2 = &b; //const 和 PCHAR2 一同修飾變數 p2，const 修飾的是 p2
```

其次，typedef 也是一個儲存類關鍵字。

沒想到吧，typedef 在語法上是一個儲存類關鍵字。和常見的儲存類關鍵字（如 auto、register、static、extern）一樣，在修飾一個變數時，不能同時使用一個以上的儲存類關鍵字，否則編譯會顯示出錯。

```
typedef static char * PCHAR;
//error: multiple storage classes in declaration of `PCHAR'
```

7.5.4 typedef 的作用域

和巨集的全域性相比，typedef 作為一個儲存類關鍵字，是有作用域的。使用 typedef 宣告的類型和普通變數一樣，都遵循作用域規則，包括程式區塊作用域、檔案作用域等。

```
typedef char CHAR;

void func (void)
{
   #define PI 3.14
   typedef short CHAR;
   printf("sizeof CHAR in func: %d\n", sizeof(CHAR));
}

int main (void)
{
   printf("sizeof CHAR in main: %d\n", sizeof(CHAR));
   func();
   typedef int CHAR;
   printf("sizeof CHAR in main: %d\n", sizeof(CHAR));
   printf("PI:%f\n", PI);
   return 0;
}
```

巨集定義在前置處理階段就已經替換完畢，是全域性的，只要保證引用它的地方在定義之後就可以了。而使用 typedef 宣告的類型則和普通變數一樣，都遵循作用域規則。上面程式的執行結果如下。

```
sizeof CHAR in main: 1
sizeof CHAR in func: 2
sizeof CHAR in main: 4
PI:3.140000
```

7.5.5　如何避免 typedef 被大量濫用

透過上面的學習我們可以看到，使用 typedef 可以讓程式更加簡捷、可讀性更好。在實際程式設計中，越來越多的人也開始嘗試使用 typedef，甚至到了「過猶不及」的濫用地步：但凡遇到結構、聯合、列舉，都要使用 typedef 封裝一下，不用就顯得你的程式沒水準。

其實 typedef 也有副作用，不一定非得處處都用它。如上面我們封裝的 STUDENT 類型，當你定義一個變數時：

```
STUDENT stu;
```

不看 STUDENT 的宣告，你能知道 stu 的類型嗎？未必吧。而如果我們直接使用 struct 定義一個變數，則會更加清晰，讓你一下子就知道 stu 是個結構類型的變數。

```
struct student stu;
```

一般來講，當遇到以下情形時，使用 typedef 可能會比較合適，否則可能會適得其反。

- 創建一個新的資料型態。
- 跨平台的指定長度的類型，如 U32/U16/U8。
- 與作業系統、BSP、網路字寬相關的資料型態，如 size_t、pid_t 等。
- 不透明的資料型態，需要隱藏結構細節，只能透過函數介面存取的資料型態。

在 Linux 核心原始程式中，你會發現使用了大量 typedef，哪怕是簡單的 int、long 都使用了 typedef。這是因為 Linux 核心原始程式發展到今天，已經支援了太多的硬體平台和 CPU 架構，為了保證資料的跨平台和可攜性，所以很多時候不得已使用了 typedef，對一些資料指定固定長度，如 U8/U16/U32 等。但是核心也不能到處濫用，什麼時候該用，什麼時候不該用，也是有一定的規則要遵循的，具體大家可以看 Linux Kernel Documentation 目錄下的 CodingStyle 檔案中關於 typedef 的使用建議。

7.6 列舉類型

列舉（enum）是 C 語言的一種特殊類型。當我們在程式中想定義一組固定長度或範圍的數值時，可以考慮使用列舉類型。使用列舉可以讓程式可讀性更強，看起來更加直觀。舉個例子，如果我們在程式設計中需要使用數字 0~6 分別表示星期日～星期六，程式的可讀性就不高，我們需要翻手冊或者看程式註釋才能知道每個數字具體代表星期幾。但如果我們使用列舉，則基本上不需要看註釋或者手冊就可知道其大意。

```
enum week                              //enum 列舉類型 { 列舉值列表 };
{
    SUN, MON, TUE, WED, THU, FRI,SAT,
};
enum week today = SUN;                 // 使用列舉類型定義一個變數
```

使用 enum 定義的列舉常數值列表中，預設從 0 開始，然後依次遞增：SUN=0，MON=1，TUE=2，……當然我們也可以顯性指定列舉值。

```
enum week
{
    SUN = 1, MON, TUE, WED, THU = 7, FRI, SAT,
};
//SUN=1，那麼接下來 MON=2，TUE=3，WED=4
//THU=7，那麼接下來 FRI=8，SAT=9
```

7.6.1 使用列舉的三種方法

使用列舉類型定義變數，使用方法與結構、共用體類似，經常使用的三種方法如下。

```
enum week                    // 定義列舉類型的同時，定義列舉變數
{
    SUN, MON, TUE, WED, THU,  FRI, SAT,
}today, tomorrow;

enum                         // 可以省去列舉類型名，直接定義變數
{
    SUN, MON, TUE, WED, THU, FRI, SAT,
}today, tomorrow;

enum week                    // 先定義列舉類型，再定義列舉變數
{
    SUN, MON, TUE, WED, THU, FRI, SAT,
};

enum week today, tomorrow;
```

7.6.2 列舉的本質

在 C 語言中，列舉是一種類型，屬於整數類型。使用 enum 定義的列舉值列表，其實就是從 0 開始的一組整數序列。整數類型除了 short、int、long、long long，還包括 char、_Bool（C99 標準新增）和 enum。列舉的使用其實與整數值沒什麼區別：我們使用列舉類型定義的變數，同樣可以作為函數參數和函數返回值，可以用來定義陣列，甚至和結構混用等。

```
enum week get_week_time (void);
int set_week_time (enum week time_set);
int change_week_time (enum week *p);
enum week a[10];

struct student
{
```

```
    char name[20];
    int age;
    enum week birthday;
};
```

列舉有點類似 typedef，為一個數值增加一個別名，讓程式更加直觀，可讀性更高。列舉類型在本質上就是有命名的整數，是整數類型的一種，在程式中是可以和整數互換的。

```
enum week t = SUN;
int   t2 = SUN;
enum week t3 = t2;
enum week t4 = 100;
```

在上面的程式中，列舉變數和整數變數相互給予值，都是可以正常編譯和執行的。我們在程式中使用的列舉類型的變數，在最終編譯生成的可執行檔中都會被整數數值代替。

```
enum week
{
    SUN = 5, MON, TUE, WED, THU, FRI, SAT,
};

int main (void)
{
    enum week today = THU;
    return 0;
}
```

在上面的範例程式中，我們首先定義了一個列舉類型 week，然後定義了一個列舉變數 today，並給予值為 THU。編譯上面的程式並反組譯生成的可執行檔，可以看到 main 的組合語言程式碼如下。

```
00010400 <main>:
   10400: e52db004 push {fp}
   10404: e28db000 add  fp, sp, #0
   10408: e24dd00c sub  sp, sp, #12
   1040c: e3a03009 mov  r3, #9
   10410: e50b3008 str  r3, [fp, #-8]
```

```
10414: e3a03000 mov  r3, #0
10418: e1a00003 mov  r0, r3
1041c: e24bd000 sub  sp, fp, #0
10420: e49db004 pop  {fp};
10424: e12fff1e bx lr
```

在 C 程式中定義的列舉變數 today，在組合語言程式碼的第 1040c 處，我們可以看到，列舉值 THU 被替換為整數數 9。使用列舉的唯一好處就是增加了程式的可讀性，它的作用和巨集定義的作用有異曲同工之妙。

列舉與前置處理指令 #define 的作用差不多，都是為了增加程式的可讀性。但在實際使用中，兩者還是有差別的。巨集在前置處理階段，透過簡單的字串替換就全部被替換掉了，編譯器根本不知道有巨集，而列舉類型則在編譯階段全部被替換為整數。

和巨集相比，列舉的優勢是：列舉可以自動給予值，而巨集則需要一個一個單獨定義。因此，在自訂一些有規則的常數數值的時候，列舉會幫助我們在這些常數值和名字之間建立連結，使用列舉會更加方便。列舉使用自訂的變數值來代替數字值，編譯器還可以幫助我們檢查列舉變數中儲存的值是否為該列舉的有效值，使程式碼具有更高的可讀性，程式偵錯和維護起來也更加簡單。

7.6.3 Linux 核心中的列舉類型

在 Linux 核心中，有著大量的列舉類型態資料，有些列舉類型的定義看起來很奇怪，例如下面的程式。

```
enum
{
    MM_FILEPAGES,
    MM_ANONPAGES,
    MM_SWAPENTS,
    NR_MM_COUNTERS
};
```

```
enum pid_type
{
    PIDTYPE_PID,
    PIDTYPE_PGID,
    PIDTYPE_SID,
    PIDTYPE_MAX
};
```

Linux 核心中使用 enum 定義的列舉類型大部分是沒有列舉名的,而且通常會在一串列舉值之後帶上一個首碼為 NR_ 的元素來表示列舉值的數量。當我們不需要使用列舉類型去定義一個列舉變數時,列舉並不需要一個名字,這些無名的列舉類型其實就相當於巨集定義。而最後一個元素 NR 或 MAX,一般用來記載列舉清單中元素的個數,或者作為迴圈判斷的邊界值。

7.6.4 使用列舉需要注意的地方

什麼是類型?類型是一定範圍的數值及方法的集合。列舉作為整數類型的一種,在程式設計使用過程中,也有一些注意的地方,如作用域。使用列舉定義的常數也要遵循資料作用域規則,包括檔案作用域、程式區塊作用域等,在同一個作用域不能出現名稱重複的列舉常數名。

```
enum week1
{
    SUN,MON,TUE,WED,THU,FRI,SAT,
};

enum week2
{
    SAT,UNKNOW,
};

int main (void)
{
    return 0;
}
```

在上面的程式中，我們定義了兩個列舉類型，其中列舉常數 SAT 名稱重複，編譯時就會發生如下錯誤。

```
error: redeclaration of enumerator `SAT'
error: previous definition of 'SAT' was here
```

出現錯誤的原因是，我們定義的不同列舉類型中的兩個列舉常數名在同一個作用域—檔案作用域，我們稍微改一下程式就可以避免衝突。

```c
#include <stdio.h>

enum week1
{
    SUN,MON,TUE,WED,THU,FRI,SAT,
};

int main (void)
{
    printf("%d\n", SAT);
    enum week2
    {
      SAT,UNKNOW,
    };
    printf("%d\n", SAT);
    return 0;
}
```

我們將列舉類型 week2 的定義放到了 main() 函數內，week2 的作用域就從檔案作用域變成程式區塊作用域。這個時候，兩個列舉類型中的名稱相同列舉常數就不會再發生衝突，程式的執行結果如下。

```
6
0
```

7.7 常數和變數

在一個 C 程式中，不同類型的資料主要以常數和變數兩種形式存在。常數和變數在記憶體中是如何儲存的？如何存取它們？這是本節要研究的問題。

7.7.1 變數的本質

在 C 語言中，不同類型的資料有不同的儲存方式，在記憶體中所占的大小不同，位址對齊方式也不相同。我們可以使用不同的資料型態來定義變數，不同類型的變數在記憶體中的儲存方式和大小也不相同。

```
int i = 10;
char j = 10;
```

例如我們定義一個 int 型變數 i，編譯器會根據變數 i 的類型，在記憶體中分配 4 位元組的儲存空間；而對於定義的變數 j，編譯器也會根據變數 j 的類型，在記憶體中分配 1 位元組的儲存空間。從組合語言的角度來看，組合語言是沒有資料型態的概念的，當我們使用 DCB、DCD 虛擬指令去為一個資料物件分配儲存空間時，要考慮的主要是儲存位址、儲存大小和儲存內容這 3 個基本要素，它和我們高階語言中的變數名、變數類型和變數值是一一對應的。變數與儲存的對應關係如圖 7-5 所示。

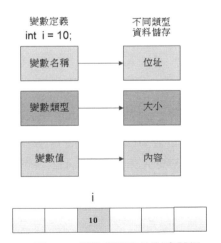

▲ 圖 7-5　變數與儲存的對應關係

變數名的本質，其實就是一段記憶體空間的別名。編譯器在編譯器時會將變數名看成一個符號，符號值即變數的位址，各種不同的符號儲存在符號表中。我們可以透過變數名對和它綁定的記憶體單元進行讀寫，而非直接使用記憶體位址。透過變數名存取記憶體，既方便了程式的撰寫，也大大增強了程式的可讀性。

當我們想透過變數名去讀寫記憶體時，必須要遵循 C 語言標準定義的語法規則，而非隨便引用，否則就會出現問題。在 C 語言中，一塊可以儲存資料的記憶體區域，一般被稱為物件，而操作這片記憶體的運算式，即引用物件的運算式，我們稱之為左值。左值可以改變物件，一般放在設定陳述式的左邊，如 a = 1; 這筆設定陳述式，運算式 a 就是一個左值，放在了設定運算子的左邊。我們可以透過變數名 a 去修改這片記憶體，即透過左值去改變物件。與左值相對應的是右值，即非左值運算式，一般放在設定運算子 = 的右邊。

我們常見的左值有變數、e[n]、e.name、p->name、*e 等這些常見的運算式。需要注意的是，並不是所有的運算式都可以作為左值，如陣列名稱、函數、列舉常數、函式呼叫等都不能作為左值，也不能透過它們去修改物件。如下面的程式碼。

```
int a[10];a = {1, 2, 3, 4, 5, 6, 7, 8, 9};
```

如果你想透過上面的敘述為陣列給予值，你會發現編譯器報編譯錯誤，因為陣列名稱不是左值，不能放到設定運算子的左邊。

```
error: expected expression before '{' token
    a = {1,2,3,4,5,6,7,8,9};
```

那麼接下來就有一個問題送給大家：為什麼陣列在宣告的時候可以直接被初始化呢？

有些引用物件的運算式既可以作為左值，也可以作為右值，如變數。一個變數作為左值時，通常表示物件的位址，我們對變數名的引用其實就是對該位址區域進行各種操作。一個變數名作為右值時，通常表示物件的內容，我們此時對變數的引用就相當於取該位址區域上的內容。

```
a = 1;
b = a;
```

在 a = 1; 敘述中,運算式 a 是一個左值,代表的是一個位址,這行敘述的作用就是將資料 1 寫到變數名 a 表徵的這片記憶體中,這片記憶體又稱為物件,即我們可以透過左值來改變的物件。在 b = a; 這行敘述中,a 是右值,代表的是物件的內容,即運算式 a 表徵的這片記憶體位址上的內容,直接給予值給左值 b。

不同類型的變數有不同的儲存方式、作用域和生命週期。在定義一個變數時,我們可以使用 char、int、float、double 等關鍵字來指定變數的類型,再加上 short 和 long 這兩個整數限定詞,基本上就確定了這個變數在記憶體中的儲存空間的大小。有時候我們還可以使用一些變數修飾限定詞來改變變數的儲存方式,常用的修飾符有 auto、register、static、extern、const、volatile、restrict、typedef 等。這些修飾限定詞往往會決定變數的儲存位置、作用域或生命週期,所以一般也被稱為儲存類關鍵字。static 關鍵字修飾一個區域變數,可以改變變數的儲存方式,將變數的儲存從堆疊中轉移到資料段中,但不能改變變數的作用域,因為變數的作用域是由 {} 決定的。不同類型的變數在記憶體中的儲存對應關係如圖 7-6 所示。

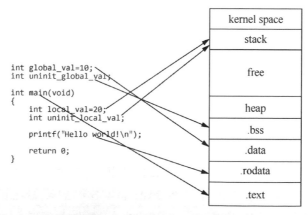

▲ 圖 7-6　不同類型的變數儲存

全域變數一般儲存在資料段中,使用 extern 關鍵字可以將一個全域變數的作用域擴充到另一個檔案中,也可以使用 static 關鍵字將其作用域限定在本檔案中。一個變數如果使用 register 修飾，意在告訴編譯器這個變數將會被頻繁地使用，如果有可能，可以將這個變數儲存在 CPU 的暫存器中，以提高其讀寫效率。至於編譯器會不會這樣做，就要視具體情況而定了。在一個函數內定義的變數，如果沒有使用其他儲存類修飾符修飾，預設就是 auto 類型，即自動變數。自動變數儲存於當前函數的堆疊幀內，函數中的每一個區域變數只有在函數執行時期才會給其分配儲存空間，在函數執行結束退出時自動釋放，其生命週期只存在於函數執行期間，這也是我們稱這些區域變數為自動變數的根本原因。對自動變數的讀寫入操作不能像全域變數那樣透過變數名引用，一般由堆疊指標 SP 和幀指標 FP 共同管理和維護。在一個函數內部定義的自動變數如果沒有初始化，那麼它的值將是隨機的，這是因為在函數執行期間分配的儲存單元位址是隨機的，儲存單元的資料也是隨機的。如果我們沒有注意到這些細節，未初始化而直接使用，就可能導致程式出現意想不到的錯誤。

最後我們對本節的內容進行複習。我們在程式中，定義變數的目的，就是方便對儲存在記憶體中的資料進行讀寫，不是直接透過位址，而是透過變數名來存取記憶體。編譯器根據我們定義的變數類型，會在記憶體中分配合適大小的儲存空間和位址對齊。變數名的本質，其實就是一段記憶體儲存空間的別名，透過變數名可以直接對這段記憶體進行讀寫。

7.7.2 常數儲存

對於 C 程式中定義的每一個變數，編譯器都會根據變數的類型在記憶體中為它分配合適大小的儲存空間：可以分配在資料段中，也可以分配在堆疊中。在一個 C 程式中，除了變數，還有很多常數和常數運算式，它們在記憶體中是如何儲存的呢？

```
//main.c#include <stdio.h>

#define HELLO  "world!\n"
char *p = "hello ubuntu!\n";
```

```
int main(void)
{
    char c_val = 'A';
    printf("hello %s", HELLO);
    printf("%s", p);
    printf("c_val = %c\n", c_val);
    return 0;
}
```

在上面的程式中，我們使用巨集 HELLO 定義了一個字串，使用指標變數 p 指向一個常數字串。除此之外，在 printf() 函數中還有很多列印格式的字串，編譯器在編譯器時會把它們單獨放在一個叫作 .rodata 的只讀取資料段中，我們可以使用 objdump 命令查看它們。

```
# gcc main.c -o a.out
# objdump -j .rodata -s a.out
a.out: file format elf32-i386
Contents of section .rodata:
 80484e8 03000000 01000200 68656c6c 6f207662  ........hello ub
 80484f8 756e7475 210a0077 6f726c64 210a0068  untu!..world!..h
 8048508 656c6c6f 20257300 25730063 5f76616c  ello %s.%s.c_val
 8048518 203d2025 630a00                       = %c..
```

在 C 語言中，我們常常使用 const 關鍵字來修飾一個變數，表示該變數是唯讀的，不能被修改。如果我們使用 const 關鍵字修飾一個陣列，則表示該陣列中所有元素的值都不能被修改。一個被 const 修飾的變數，在記憶體中是如何儲存的呢？

```
//rodata.c
#include <stdio.h>

const int i = 10;
int const j = 20;

int main(void)
{
    return 0;
}
```

編譯上面的程式，然後透過 readelf 命令查看符號表，你會發現變數 i 和 j
使用 const 修飾後，儲存到了 .rodata 只讀取資料段中。

```
#gcc rodata.c -o a.out
#readelf -s a.out
Symbol table '.symtab' contains 70 entries:
  Num:    Value  Size Type    Bind   Vis      Ndx Name
   51: 08048474     4 OBJECT  GLOBAL DEFAULT   16 j
   63: 08048470     4 OBJECT  GLOBAL DEFAULT   16 i
```

```
#readelf -S a.out
Section Headers:
  [Nr] Name        Type      Addr     Off    Size   ES Flg Lk Inf Al
  [11] .init       PROGBITS  0804828c 00028c 000023 00  AX  0   0  4
  [14] .text       PROGBITS  080482e0 0002e0 000172 00  AX  0   0 16
  [16] .rodata     PROGBITS  08048468 000468 000010 00   A  0   0  4
  [25] .data       PROGBITS  0804a010 001010 000008 00  WA  0   0  4
  [26] .bss        NOBITS    0804a018 001018 000004 00  WA  0   0  1
  [29] .symtab     SYMTAB    00000000 001050 000460 10      30  47  4
  [30] .strtab     STRTAB    00000000 0014b0 000220 00       0   0  1
```

7.7.3 常數折疊

當一個 C 語言程式中存在常數運算式時，編譯器在編譯時會把常數運算
式最佳化成一個固定的常數值，以節省儲存空間。我們把這種編譯最佳
化稱為常數折疊。

```
//test.c

int val = 2^3 + 5^4;

int main(void)
{
    val = 100;
    return 0;
}
```

在上面程式的編譯過程中，編譯器會直接把運算式 2*3 + 5*4 最佳化成一個常數 26，作為全域變數 val 的初值儲存在資料段中。編譯上面程式生成可執行 a.out，透過 readelf 命令查看全域變數 val 的值。

```
#arm-linux-gnueabi-gcc test.c -o a.out
#readelf -s a.out
   Num:     Value  Size Type     Bind   Vis       Ndx Name
    93: 00021024      4 OBJECT   GLOBAL DEFAULT    23 val



#arm-linux-gnueabi-objdump -D  -j .data a.out

a.out:      file format elf32-littlearm
Disassembly of section .data:
0002101c <__data_start>:
   2101c: 00000000  andeq   r0, r0, r0
00021020 <__dso_handle>:
   21020: 00000000  andeq   r0, r0, r0
00021024 <val>:
   21024: 0000001a  andeq   r0, r0, sl, lsl r0
```

在記憶體位址 0x21024 處，我們可以看到定義的全域變數 val 的值為 0x1a。常數運算式 2*3 + 5*4 經過編譯最佳化後，表達值的值就變成了 26，直接儲存在位址為 0x21024 的記憶體單元中。

7.8 從變數到指標

電腦記憶體 RAM 支援隨機定址功能，在 C 語言中對記憶體的存取可直接透過位址進行讀寫。記憶體一般可分為靜態記憶體和動態記憶體，一個程式被載入到記憶體執行時期，程式碼片段和資料段就屬於靜態記憶體，而堆疊則屬於動態記憶體。靜態記憶體的特點是記憶體中各個變數的位址在編譯期間就確定了，在程式執行期間不再改變。而動態記憶體中變數的位址在程式執行期間是不固定的，如函數的區域變數，如果這個函數多次被呼叫執行，那麼每次執行都要在堆疊上隨機分配一個堆疊幀空間；如果每次分配的堆疊幀位址不同，那麼這個函數內區域變數位址也會跟著動態變化，每次都不一樣。

靜態記憶體由於在整個程式執行期間不再變化，因此我們可以透過變數名直接存取，變數的位址在編譯期間就已經確定了。對於堆疊，因為每次函數的執行位址不固定，所以只能透過堆疊幀指標結合相對定址來存取。在函式呼叫過程中，雖然每次給函數分配的堆疊幀空間位址不同，但每個區域變數在函數堆疊幀內相對堆疊幀指標 FP 的相對偏移不會改變，因此每一次函數執行都可以正常存取。而對於使用者使用 malloc() 函數申請的堆積記憶體，不僅是動態變化的，而且還是匿名記憶體，我們無法借助變數名或堆疊指標來存取，只能使用指標來間接存取了。

7.8.1 指標的本質

指標的原始初衷用途，其實就是存取一片匿名的動態記憶體。透過指標我們可以直接讀寫指定的記憶體，這是 C 語言和其他高階語言不一樣的地方，也是 C 語言的特色。憑著這一優勢，世界上 95% 的作業系統都是使用 C 語言開發的，幾十年來 C 語言在程式設計語言排行榜上一直穩居前三。

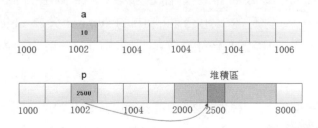

▲ 圖 7-7　透過指標存取匿名記憶體

如圖 7-7 所示，當使用者申請一塊堆積記憶體時，malloc() 函數返回給使用者的是申請到的這塊記憶體的起始位址，這個位址我們一般使用一個指標變數 p 來儲存。指標變數自身也是一個變數，和普通變數的不同之處就是：普通變數存放的是一個數，而指標變數存放的是一個位址。

int 型變數的類型是 int，指標變數的類型則是指標，指標的本質，其實就是一種資料型態。很多人對 C 語言的類型理解存在偏差：以為 C 語言中所有的類型（type）都是資料型態，如 int、char 等。我們在定義變數時經常使用的資料型態其實都屬於算術類型範圍，而指標類型和算術類型都屬於 C 語言的基本類型。除此之外，C 語言還有其他類型，如結構類型、陣列類型、聯合類型、函數類型、void 類型等，如圖 7-8 所示。

類型分類			C 語言類型
基本類型	算術類型	整數	char、short、int、long、long long
			_Bool
			enum
		浮點數	float、double、float _Complex …
	指標類型		type *p
組合類型	陣列類型		type a[10]
	結構類型		struct
聯合類型			union
void 類型			void、void*
函數類型			f( )

▲ 圖 7-8　C 語言中的不同類型

如果從儲存的角度去看指標，你會發現指標和組合語言中的符號（symbol）是一一對應的。組合語言中的 symbol 分為 object symbol 和 func symbol，而指標根據指向的資料型態不同，一般也分為物件指標和函數指標。

指標也是有類型的。指標的類型和其指向的資料型態有連結：一個指標如果指向 int 型變數，那麼這個指標的類型為 int *；如果一個指標指向 char 型變數，那麼這個指標的類型為 char *；如果一個指標指向一個函數，那麼這個指標的類型為 void (*f)(int, int)。無論指標是什麼類型，它存放的都是一個位址，只不過這個位址上存放不同類型的資料而已。

```
#include <stdio.h>

int main(void)
{
    int  * p;
    char * q;
    printf("%d\n", sizeof (int *));
    printf("%d\n", sizeof (char *));
    printf("%d\n", sizeof (long *));

    return 0;
}
```

編譯執行上面的程式，你會發現一個指標變數無論是什麼類型的，它的大小都是 4 位元組，指標變數的大小和系統有關，和類型無關。在一個 64 位元系統中，指標變數儲存的是 64 位元位址，因此指標變數的大小也就隨之變為 8 位元組。

既然一個指標變數所占記憶體的大小不會改變，那麼為什麼還要指定一個類型呢？為一個指標指定類型主要是為了應對編譯器的類型檢查，編譯器在編譯過程中，會根據指標指向的資料型態對程式進行語義檢查，看程式有沒有錯誤。另外一個重要的原因是不同類型的指標運算規則不一樣，更適合我們透過指標去存取不同類型的資料。

雖然說指標變數也是變數，但是其和普通變數還是有區別的。普通變數一般採用直接定址，既可當左值，又可當右值；而指標變數一般採用間接定址。當指標變數透過間接定址時，其又等價為一個普通變數（下面程式中的 *p 與 a 是等價的），既可當左值，又可當右值。

```
int a = 10;
int b = 20;
int *p = &a;
a = b;
b = a;
*p = b;
b = *p;
```

指標是 C 語言學習中最難掌握和理解的一個基礎知識。指標是操作記憶體的一把利器，也是 C 語言的「撒手鐧」，我們使用指標時必須小心翼翼，稍微不注意就可能出現段錯誤。既然指標這麼難學，為什麼在程式設計中還要使用指標呢？原因有二：一是有些地方不得不用指標，沒有別的備選方案，如動態堆積記憶體的匿名存取；二是使用指標更容易撰寫出高品質高效率的程式，如參數傳遞、函數的返回值。如果使用陣列、結構和大塊的緩衝區，則資料傳來傳去，效率非常低。如果使用指標，則一個位址傳過去就可以了，省去了資料複製的麻煩，簡單方便而且高效。除此之外，一些鏈結串列、樹等動態資料結構的實現也離不開指標，還有一些字串指標、函數指標等，都可以讓程式實現更加高效靈活。C 語言如果沒有了指標，也就失去了靈魂，它在程式設計榜上幾十年來一直穩居前三名的地位估計就不保了，因為其他程式設計語言相對 C 語言，除了指標，其他地方都改進了不少，比 C 語言好太多，封裝得更友善，更適合程式設計師程式設計。C 語言之所以寶刀未老，除了前期建構的語言生態，剩下的全靠指標在扛鼎。

7.8.2 一些複雜的指標宣告

一部好電影和一部爛電影之間只差了一個好演員，一個菜鳥和一個工程師之間只差了一個指標。能不能熟練使用指標程式設計，也是評測一個 C 語言工程師水準高低的重要依據。任何一個複雜的東西，都是由簡單慢慢發展出來的，任何一個複雜的系統，都可以分解為簡單的模型降維分析。C 指標也是如此，其實也沒什麼可怕的，一步一步來，從底層實現到上層語法，從簡單到複雜，步步為營，就能把指標徹底掌握。按照 C 語言「先宣告，後使用」的光榮傳統，我們這一節先從 C 指標的宣告開始。

宣告一個指標，其實就是宣告一個指標的類型。指標類型一般可以分為三大類。

■ 函數指標：void (*fp)(int, int)。

- 物件指標：char *、int *、long *、struct xx *。
- void* 指標：一般作為通用指標，作為函數的參數。

函數指標，顧名思義，指標指向一個函數，指標變數儲存的是函數的入口位址。當指標指向不同類型的資料時，我們稱這種指標為物件指標。除此之外，還有一種特殊的指標，叫作 void * 指標，這個我們會在本章最後一節講，先在這裡提醒大家：void * 指標既不屬於物件指標，也不屬於函數指標。

我們在使用指標程式設計時，往往會和指標相關的一些運算子結合使用。和指標相關的運算子主要包括以下幾種。

- 指標宣告：int *。
- 取址運算子：&。
- 間接存取運算子：*。
- 自動增加自減運算子：++ 、-- 。
- 成員選擇運算子：. 、->。
- 其他運算子：[] 、()。

這些運算子的優先順序按照從高到低的順序依次為：[]、()、.、->、++ 、--、*、&。需要注意的一個細節是，自動增加運算子中的前置自動增加自減運算子和後置自動增加自減運算子的優先順序是不一樣的。但也不用刻意區分它們，因為在一個指標運算式中，同時使用前置後置運算子的機率極小，除非這個程式設計師想學孔乙己，專門研究茴香豆的第 25 種寫法。

關於指標變數的宣告和使用，很多教科書都有詳細的說明，這裡就不贅述了。我們在這裡主要分析一些容易混淆的指標運算式。

```
*p++;             // 指標變數先自動增加，然後透過 * 間接存取取值
&p++;             // 指標變數的位址自動增加運算
&stu.a            // 結構成員變數 a 的位址
```

```
int  *a[10];         // 定義一個指標陣列，陣列元素類型為 int *
int  (*a)[10];       // 定義一個陣列指標，指向陣列類型 int a[10]
int  *f (int);       // 定義一個指標函數，函數返回值為 int *
int  (*f)(int);      // 定義一個函數指標，指向函數類型 int f(int)
int *(*f)[10];       // 定義一個陣列指標，指向陣列類型 int *a[10]
int * (*(*f)(int))[10];
```

上面的指標宣告中，其實主要評測的是各個運算子的優先順序和結合性，掌握了各個運算子的優先順序後基本上都可以分析出來，比較複雜的是最後一個，比較難看懂，至少不能一下子直觀地看出來。對於這種複雜的指標宣告，我們可以借助「左右法則」來分析。

The right-left rule: Start reading the declaration from the innermost
parentheses, go right, and then go left. When you encounter
parentheses, the direction should be reversed. Once everything in the
parentheses has been parsed, jump out of it. Continue till the whole
declaration has been parsed.

將上面的英文翻譯成中文就是：首先從最裡面的小括號（未定義識別字）看起，先往右看，再往左看，每當遇到小括號時，就應該掉轉閱讀方向。一旦解析完小括號裡所有的東西，就跳出小括號。重複這個過程，直到整個宣告解析完畢。

按照這個規則，我們再去分析上面宣告敘述中的最後一個指標宣告：首先從最裡面的小括號看起，f 是一個指標，整個指標運算式因此也就定了性。這行敘述宣告的是一個指標。然後往右看，是一個參數列表，說明該指標的類型是一個函數指標。再向左看，是一個符號，說明該指標指向的函數的返回值是一個指標。此時括號裡的東西解析完畢，跳出小括號，繼續重複這個過程。往右看是一個陣列，再往左看是 int *，與下面類似。

```
int *(*p)[10];
```

我們簡化分析，p 相當於定義了一個陣列指標，該指標指向的陣列的元素類型為 int *，即指向一個指標陣列。我們把以上分析綜合就可以得出最

後的分析結果：這個複雜的指標宣告相當於定義一個函數指標，該指標
指向一個函數，這個函數的類型形式參數為 (int)，返回值是一個指向指
標陣列的指標，指標陣列中的元素類型為 int *。

是不是很奇妙？把左右法則掌握了，以後再複雜的指標宣告我們也不怕
了。法則在手，一切通吃。為了檢查一下你到底有沒有真正掌握左右法
則，可以嘗試分析下面的一些指標宣告。

```
int (*f( int, int))[10];
int (*(*f)[10])(int *p);
int  ( * (*f) (int, int) ) (int);
int (*f)(int *p, int, int (*fp)(int*,int));
(*(void(*)())0)();
```

7.8.3 指標類型與運算

什麼是類型（type）？類型就是一組數值和對這些數值相關操作的集合。
不同類型有不同的操作，如 char 類型，就代表一定範圍內的數值 [-128,
127] 和對這些數值的一組操作，如加減乘除、比較大小等。

指標也是如此，不同的指標類型會有不同的運算操作。如我們經常看到
的指標運算 p++，它和普通的數值運算就不一樣，不是簡單的算術加 1 操
作，把它轉換成數值運算就相當於 p + 1 * sizeof (type)。執行下面的程式
你會發現，指標類型不同，p+1 的值也不同。

```
//test.c
#include <stdio.h>

int main(void)
{
   char  *p = NULL;
   short *q = NULL;
   int   *r = NULL;
   printf("%p  %p\n", p, p+1);
   printf("%p  %p\n", q, q+1);
   printf("%p  %p\n", r, r+1);
```

```
    return 0;
}
```

程式執行結果如下。

```
(nil)   0x1
(nil)   0x2
(nil)   0x4
```

指標變數 p 通常用來指向一個不同類型的變數，每個變數類型不同，在記憶體中所占空間大小不同，p++ 也就被轉換為不同的數值運算，運算結果也各不相同。但有一點是相同的，p++ 總是指向下一個元素的位址。不同類型的指標執行加 1 操作，其值在記憶體中的指向如圖 7-9 所示。

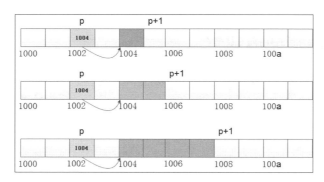

▲ 圖 7-9　不同類型的指標運算

如果指標變數 p 指向一個字元變數，字元變數的位址為 1004，那麼 p+1 就等於 1005，指向下一個字元變數的位址。同樣的道理，如果指標變數 p 指向一個 short int 型變數，short int 型變數的位址為 1004，那麼 p+1 就等於 1006，指向下一個 short int 型變數的位址。如果指標變數 p 指向一個 int 整數變數，整數變數的位址為 1004，那麼 p+1 就等於 1008，指向下一個整數變數的位址。為了儲存變數的位址，指標變數本身也得有一個儲存空間，其位址為 1002。

我們在程式中通常看到的指標運算是指標和一個常數做加減運算。除此之外，兩個指標也可以直接相減，但前提是指標類型要一致，而且只能相減，不能相加，相減的結果表示兩個指標在記憶體中的距離。兩個指標相減的結果以資料型態的長度 sizeof (type) 為單位，而非以位元組為單位。指標相減一般用於同一個陣列中，用來計算兩個元素的偏差，執行下面的程式，你會發現程式的執行結果為 1，而非 4，兩個指標相減的結果以資料型態的長度為單位。

```
#include <stdio.h>

int main (void)
{
    int a[10];
    int *p1, *p2;
    p1 = &a[1];
    p2 = &a[2];
    printf("%d\n", p2 - p1);
    return 0;
}
```

指標除了支持加減運算，還支持關係運算。如兩個指標可以比較大小，但比較的前提是指標類型必須相同，指標關係運算一般用在同一個陣列或鏈結串列中，不同的比較結果代表不同的含義。

- p < q：指標 p 所指的數在 q 所指資料的前面。
- p > q：指標 p 所指的數在 q 所指資料的後面。
- p = q：p 和 q 指向同一個資料。
- p! = q：p 和 q 指向不同的資料。

為了體驗一下指標的各種運算，我們撰寫一個程式，實現字串的反向，然後列印。

```
//reverse.c
#include <stdio.h>
#include <string.h>

int main(void)
{
```

```
char a[20],tmp;
printf("input string:");
gets(a);
char *p,*q;
p = q = a;
p += strlen(a)-1;
while(q < p)
{
   tmp  = *q;
   *q++ = *p;
   *p-- = tmp;
}
puts(a);
return 0;
}
```

程式執行結果如下。

```
# gcc reverse.c -o a.out
# ./a.out
input string:hello world
dlrow olleh
```

7.9 指標與陣列的「曖昧」關係

在 C 語言程式中，有陣列的地方幾乎都會有指標出現。指標和陣列在 C 語言中關係「曖昧」，在使用中也有很多相似的地方，甚至還可以混用，讓很多初學者困惑，以為兩者是一回事。

■ 陣列名作為函數參數時相當於一個指標位址。

■ 陣列和指標一樣，都可以透過間接運算子 * 存取。

■ 陣列和指標一樣，都可以使用下標運算子 [] 存取。

```
#include <stdio.h>

int a[5] = {0, 1, 2, 3, 4};
```

```c
void array_print(int array[], int len)
{
    int i;
    for(i = 0; i < len; i++)
        printf("array[%d] = %d\n", i, array[i]);
}

int main(void)
{
    int i;
    int *p = a;

    for(i=0; i<5; i++)
        printf("a[%d] = %d\n", i, a[i]);
    for(i=0; i<5; i++)
        printf("*(a+%d)= %d\n", i, *(a+i));
    for(i=0; i<5; i++)
        printf("p[%d] = %d\n", i, p[i]);
    for(i=0; i<5; i++)
        printf("*(p+%d) = %d\n", i, *(p+i));

    array_print(a, 5);
    array_print(p, 5);

    return 0;
}
```

編譯執行上面的程式，結果如下。

```
a[0] = 0
a[1] = 1
a[2] = 2
a[3] = 3
a[4] = 4
*(a+0)= 0
*(a+1)= 1
*(a+2)= 2
*(a+3)= 3
*(a+4)= 4
p[0] = 0
```

```
p[1] = 1
p[2] = 2
p[3] = 3
p[4] = 4
*(p+0)= 0
*(p+1)= 1
*(p+2)= 2
*(p+3)= 3
*(p+4)= 4
array[0] = 0
array[1] = 1
array[2] = 2
array[3] = 3
array[4] = 4
array[0] = 0
array[1] = 1
array[2] = 2
array[3] = 3
array[4] = 4
```

透過對比運算結果，我們可以看到，透過下標 [] 或間接存取 * 運算，都可以存取陣列。正是因為在很多地方指標和陣列可以通用，導致很多初學者分不清兩者到底是什麼關係，到底有什麼區別，作為一名認真負責的工程師，搞清楚它們之間的本質區別還是很有必要的：它們之間到底有什麼區別，為什麼運算子可以通用？只有徹底搞清楚它們的本質，我們才有可能撰寫出高品質的 C 語言程式。

從 C 語言語法的角度上看，陣列與指標的存取方式、主要用途都不相同，指標與陣列的主要區別如圖 7-10 所示。

指標	陣列
間接存取	直接存取
用於動態記憶體、鏈結串列	用於儲存一組固定長度的相同元素
通常指向匿名資料	陣列名稱為陣列首元素地址

▲ 圖 7-10　指標與陣列的區別

但是為什麼指標可以使用下標運算子 [] 存取陣列元素，陣列也可以透過間接運算子 * 存取元素呢？

7.9.1 下標運算子 []

下標運算子 [] 是陣列用來存取陣列元素的運算子，而間接存取運算子 * 則是指標用來存取記憶體的運算子。既然陣列和指標在 C 語言中是截然不同的兩個概念，那麼為什麼這兩個運算子可以混用呢？

道理其實很簡單，秘密就在下標運算子這裡：C 語言對下標運算子的存取，是透過轉化為指標來實現的。

```
E1[E2] --> *(E1+E2)
```

當我們對一個陣列 a[n] 透過下標存取時，編譯器會將其轉換為 *(a+n) 的形式，陣列名稱 a 代表的是陣列首元素的位址，相當於一個指標常數。當我們使用指標來存取陣列元素時，一般也透過下面的樣式。

```
int *p;
p = a;
int i = *(p+1);
int j = p[1];
```

透過兩者對比，你會發現，無論是透過下標存取，還是透過指標存取，最後都轉換為 *(E1+E2) 的形式，所以這也是下標運算子 [] 和指標間接存取運算子 * 可以混用的原因。理解了這點，也就理解了下面的程式為什麼可以正常編譯執行。

```
#include <stdio.h>

int a[5] = {0, 1, 2, 3, 4};

int main (void)
{
    int i = 10;
    int *p = a;
```

```
    printf("%d\n", p[0]);        //*(p+0)
    printf("%d\n", 0[p]);        //*(0+p)
    printf("%d\n", (p+2)[-2]);   //*(p+2-2)
    printf("%d\n", 0[p+2]);      //*(0+p+2)
    printf("%d\n", (-1)[p+2]);   //*(-1+p+2)
    printf("%d\n", -1[p+2]);     //-*(1+P+2)
    printf("%d\n", 1[p+2]);      //*(1+P+2)
    p = &i;
    printf("%d\n", 1[&i-1]);     //*(1+&i-1)

    return 0;
}
```

程式執行結果如下。

```
0
0
0
2
1
-3
3
10
```

7.9.2　陣列名稱的本質

關於陣列名稱，在很多地方我們都可以看到關於它的描述：當陣列作為函數參數時，傳遞的是一個位址，此時陣列名稱相當於一個常數指標。有了組合語言的基礎，我們接下來就從組合語言的角度去分析陣列作為函數參數的底層實現。

```
#include <stdio.h>

int a[5] = {0, 1, 2, 3, 4};

void array_print(int array[5], int len)
{
    int i;
    for(i = 0; i < len; i++)
```

```
        printf("array[%d] = %d\n", i, array[i]);
}

int main(void)
{
    int i;
    int *p = a;
    array_print(a, 5);
}
```

程式執行結果如下。

```
array[0] = 0
array[1] = 1
array[2] = 2
array[3] = 3
array[4] = 4
```

對編譯生成的可執行檔 a.out 進行反組譯分析。

```
000104a8 <main>:
   104a8: e92d4800  push {fp, lr}
   104ac: e28db004  add  fp, sp, #4
   104b0: e24dd008  sub  sp, sp, #8
   104b4: e59f301c  ldr  r3, [pc, #28] ; 104d8 <main+0x30>
   104b8: e50b3008  str  r3, [fp, #-8]
   104bc: e3a01005  mov  r1, #5
   104c0: e59f0010  ldr  r0, [pc, #16] ; 104d8 <main+0x30>
   104c4: ebffffdb  bl 10438 <array_print>
   104c8: e3a03000  mov  r3, #0
   104cc: e1a00003  mov  r0, r3
   104d0: e24bd004  sub  sp, fp, #4
   104d4: e8bd8800  pop  {fp, pc}
   104d8: 00021028  andeq  r1, r2, r8, lsr #32
00021028 <a>:
   21028: 00000000  andeq  r0, r0, r0
   2102c: 00000001  andeq  r0, r0, r1
   21030: 00000002  andeq  r0, r0, r2
   21034: 00000003  andeq  r0, r0, r3
   21038: 00000004  andeq  r0, r0, r4
```

透過反組譯程式的 0x104c4 處可以看到，main() 函數在呼叫 array_print() 之前，將傳遞的兩個實際參數都放到了暫存器 R0 和 R1 中。R1 中存放的是陣列的長度，而 R0 中存放的則是一個位址：0x21028。在資料段的 0x21028 位址處我們可以看到它上面儲存的是陣列 a 的首元素，言外之意就是陣列名作為函數參數傳遞時，傳遞的其實就是陣列的首元素位址。陣列的長度要透過另一個參數 len 傳遞，直接透過陣列名稱本身是無法傳遞的，因此下面的兩種函式宣告其實是等價的。

```
void array_print(int array[5], int len);
void array_print(int array[], int len);
```

那麼陣列名稱到底代表的是什麼呢？陣列名稱其實也是有類型的。當我們定義一個字元陣列：char a[5];，陣列名稱 a 的類型就是 char [5]，&a 的類型就是 char(*)[5]。如果我們定義一個常數指標 char *const p;，那麼 p 的類型就是 char *const。這時候你會發現陣列名稱和常數指標不是一回事。使用下面的測試程式來驗證我們的猜想。

```
#include <stdio.h>

char a[5] = {0, 1, 2, 3, 4};
char *const p = a;

int main(void)
{
    printf("sizeof(a): %d\n", sizeof(a));
    printf("sizeof(p): %d\n", sizeof(p));
    printf("a    : %p\n", a);
    printf("a+1 : %p\n", a + 1);
    printf("&a+1: %p\n", &a + 1);
    return 0;
}
```

程式執行結果如下。

```
sizeof(a): 5
sizeof(p): 4
```

```
a   : 0x804a01c
a+1 : 0x804a01d
&a+1: 0x804a021
```

透過執行結果對比我們可以看到,陣列名稱和常數指標不是同一個概念,根據它們在記憶體中所占空間的大小就可以看到這一點。讓我們感到疑惑的是 a+1 和 &a+1 的值為什麼不一樣,這兩者到底有什麼區別呢?

> 思考:為什麼不能直接對陣列給予值?為什麼在初始化的時候可以給予值?

陣列名稱其實也存在自動轉型,在不同的場合代表不同的意義。當我們使用陣列名稱宣告一個陣列,或者使用陣列名稱和 sizeof、取址運算子 & 結合使用時,陣列名稱表示的是陣列類型。在其他情況下,陣列名稱都是一個右值,表示陣列首元素的位址,但是可以與間接存取運算子 * 組成一個左值運算式。如下面的程式所示。

```
#include <stdio.h>

int main(void)
{
    int a[20]={0};
    *(&a[0]) = 1;
    printf("%d\n",a[0]);
    return 0;
}
```

程式執行結果如下。

```
1
```

了解了陣列名稱在不同場合代表的類型及其自動轉型,也就明白了我們為什麼不能直接為陣列給予值,只能在初始化的時候給予值。

7.9.3 指標陣列與陣列指標

指標陣列與陣列指標是 C 語言初學者很容易混淆的兩個概念。指標陣列本質上是一個陣列，陣列裡的每一個元素存放的不是普通的資料，而是一個位址；陣列指標本質上是一個指標，只不過這個指標指向的資料型態是一個陣列。接下來我們就以指標陣列和陣列指標的基本使用作為切入點進行分析。

```c
#include <stdio.h>

char *season[4] = {"Spring", "Summer", "Autumn", "Winter"};
int a[2][4] = {0, 1, 2, 3, 4, 5, 6, 7};

void pointer_array_print(void)
{
    int i;
    for(i = 0; i < 4;i++)
        printf("hello %s!\n", season[i]);
}

void array_pointer_print(void)
{
    int i;
    int (*pa)[4];
    int *p;
    pa = a;        //&a[0]
    p  = a[0];    //&a[0][0]
    printf("pa: %p  pa+1:%p\n", pa, pa+1);
    printf(" p: %p   p+1:%p\n", p, p+1);

    pa = &a[1];   //&(&a[1][0])
    for(i = 0; i < 4; i++)
        printf("%d ", pa[0][i]);
    puts("");
    p = a[1];
    for(i = 0; i < 4; i++)
        printf("%d ", p[i]);
```

```
    puts("");
}

int main(void)
{
    pointer_array_print();
    array_pointer_print();
    return 0;
}
```

程式執行結果如下。

```
hello Spring!
hello Summer!
hello Autumn!
hello Winter!
pa: 0x804a060   pa+1:0x804a070
 p: 0x804a060    p+1:0x804a064
4 5 6 7
4 5 6 7
```

在上面的程式中，我們定義了兩個函數：一個用來列印指標陣列，一個透過陣列指標來列印陣列的各個元素。season 是一個指標陣列，陣列裡的元素類型是 char *，分別指向不同的字串。在 pointer_array_print() 函數中，我們可以遍歷陣列，透過陣列元素中儲存的指標依次列印每個字串。a 是一個二維陣列，我們可以透過兩種不同的指標去存取二維陣列：指向陣列元素的指標 P 和指向陣列的指標 pa。使用這兩種指標唯一需要注意的是如何為它們給予值，pa 指標的類型是 int (*)[4]，指向的陣列類型是 int [4]，因此我們為 pa 給予值要使用下面的形式。

```
pa = a;        //&a[0]
pa = &a[1];
```

二維陣列的陣列名作為右值時表示的是陣列首元素的位址，二維陣列可以看成是特殊的一維陣列，陣列裡的每個陣列元素還是一個陣列，pa = a; 相當於將一維陣列的位址給予值給了 pa，pa+1 轉換成陣列運算就是 pa +

sizeof(int [4])；pa[0] 相當於一維陣列的陣列名稱，再透過 pa[0][i] 下標存取就可以依次遍歷這個一維陣列了。 而對於指標 p，其類型為 int *，我們為它給予值可以採用下面的形式。

```
p = a[0];   //&a[0][0]
p = a[1];
```

其中，a[0]、a[1] 表示的是一維陣列的陣列名稱，其作為右值代表的是一維陣列首元素的位址：&a[0][0] 和 &a[1][0]。獲取到一維陣列首元素位址後，接下來指標變數 p 就可以和 pa[0] 一樣迴圈遍歷陣列中的每個元素並列印它們了。

透過上節學習，我們知道透過陣列或指標，使用下標運算子或間接存取運算子都可以靈活實現對陣列元素的存取。而指標陣列的本質還是一個陣列，只不過陣列元素的資料型態比較特殊，是一個指標，我們按照陣列的正常存取方式存取即可。

陣列指標一個經典的應用就是作為函數參數，用來傳遞一個二維陣列的位址。

```
#include <stdio.h>

int array1[3][5] = {
    1, 2, 3, 4, 5,
    6, 7, 8, 9, 0,
    2, 2, 2, 2, 2
};

int array2[4][5] = {
    1, 1, 1, 1, 1,
    2, 2, 2, 2, 2,
    3, 3, 3, 3, 3,
    4, 4, 4, 4, 4,
};

void array_print(int (*a)[5], int len)
```

```
{
    int i, j;
    for(i = 0; i < len; i++)
    {
        for(j = 0; j < 5; j++)
            printf("%d ", a[i][j]);
            puts("");
    }
}

int main(void)
{
    array_print(array1, 3);
    puts("");
    array_print(array2, 4);
    return 0;
}
```

程式執行結果如下。

```
1 2 3 4 5
6 7 8 9 0
2 2 2 2 2

1 1 1 1 1
2 2 2 2 2
3 3 3 3 3
4 4 4 4 4
```

> 思考：指標陣列和陣列指標作為函數參數，都可以用來傳遞一個二維陣列的位址，有什麼區別和注意的地方？

一維陣列作為函數的參數時，陣列名稱就轉換為陣列首元素的位址。二維陣列作為函數的參數時，陣列名稱同樣轉換為陣列首元素的位址 &a[0]，只不過這個首元素是一個 int [5] 類型的陣列，因此 array_print(int (a)[5], int len) 函數原型中的第一個參數 int (*a)[5] 中的陣列長度 5 不能省略。

指標陣列的一個典型應用，就是用來儲存我們的 main() 函數的參數。

```c
#include <stdio.h>

int main(int argc, char *argv[])
{
    int i;
    for(i = 0; i < argc; i++)
        printf("argv[%d]: %s\n", i, argv[i]);
    return 0;
}
```

程式執行結果如下。

```
#./a.out hello world
argv[0]: ./a.out
argv[1]: hello
argv[2]: world
```

指標陣列裡存放的陣列元素是一個個指標，系統解析完使用者的輸入參數後，分別使用指標來指向它們，並將這些指標儲存在陣列 argv[] 中，使用者透過該陣列就可以將每一個參數都列印出來。

7.10 指標與結構

陣列是由一組相同類型的資料組成的集合，我們可以透過下標運算子 [] 或指標間接存取運算子 * 去存取它們。結構則是由一組不同類型的資料組成的集合，我們可以透過成員存取運算子 . 去存取各個成員，也可以透過指標間接存取運算子 -> 去存取各個成員。與指標、結構相關的運算子如下。

- 成員存取運算子：.。
- 成員間接存取運算子：->。
- 結構成員取址：&stu.num。
- 結構成員自動增加自減：++stu.num、stu.num++。
- 間接存取運算子：*stu.p。

掌握這些運算子的優先順序，是我們熟練存取結構成員的前提。下面就用一個例子來熟悉一下存取結構成員的各種方式。

```c
#include <stdio.h>

struct student{
    int num;
    char sex;
    char name[10];
    int age;
};

int main(void)
{
    struct student stu={1001, 'F', "jim", 20};
    printf("stu.num : %d\n", stu.num);
    printf("stu.sex : %c\n", stu.sex);
    printf("stu.name: %s\n", stu.name);
    printf("stu.age : %d\n", stu.age);
    puts("");

    struct student * p;
    p = &stu;
    printf("(*p).num : %d\n", (*p).num);
    printf("(*p).sex : %c\n", (*p).sex);
    printf("(*p).name:%s\n",  (*p).name);
    printf("(*p).age : %d\n", (*p).age);
    puts("");

    printf("p->num : %d\n", p->num);
    printf("p->sex : %c\n", p->sex);
    printf("p->name:%s\n",  p->name);
    printf("p->age : %d\n", p->age);
    puts("");
    return 0;
}
```

程式執行結果如下。

```
stu.num : 1001
stu.sex : F
stu.name:jim
stu.age : 20

(*p).num : 1001
(*p).sex : F
(*p).name:jim
(*p).age : 20

p->num : 1001
p->sex : F
p->name:jim
p->age : 20
```

存取結構的成員有兩種方法：直接成員存取和間接成員存取，對應的運算子分別為 stu.num 和 p->num。對於很多 C 語言新手來說，比較難掌握的是複雜結構中的成員存取：結構陣列 + 結構嵌套 + 指標，各個資料結構混合在一起使用，如果對各個運算子的優先順序和結合性不熟悉，就會對程式的理解造成一定障礙。在 Linux 核心原始程式中，我們經常看到這種多層結構嵌套 + 指標混合使用的程式，下面就舉一個例子，讓大家體驗一下。

```
#include <stdio.h>

struct scores{
    unsigned int chinese;
    unsigned int english;
    unsigned int math;
};

struct student{
    unsigned int stu_num;
    unsigned int score;
};

struct teacher{
    unsigned int work_num;
    unsigned int salary;
};
```

```c
struct people{
    char sex;
    char name[10];
    int age;
    struct student *stup;
    struct teacher ter;
};

void struct_print1(void)
{
    struct student stu = {1001, 99};
    struct teacher ter = {8001, 8000};
    struct people jim  = {'F', "JimGreen", 20, &stu,0};
    struct people jack = {'F', "Jack", 50, NULL, ter};
    struct people *p;
    p = &jim;
    printf("Jim score:%d\n", jim.stup->score);
    printf("Jim score:%d\n", p->stup->score);

    p = &jack;
    printf("Jack salary:%d\n", jack.ter.salary);
    printf("Jack salary:%d\n", p->ter.salary);
}

void struct_print2(void)
{
    struct student stu = {1001, 99};
    struct teacher ter = {8001, 8000};
    struct people a[2] = {{'F', "Jim Green", 20, &stu, 0}, {'F', "Jack
Li", 50, 0, ter}};
    struct people *p;
    p = a;
    printf("Jim score:%d\n", a[0].stup->score++);
    printf("Jim score:%d\n", ++p[0].stup->score);
    printf("Jim score:%d\n", p->stup->score++);

    printf("Jack salary:%d\n", a[1].ter.salary++);
    printf("Jack salary:%d\n", p[1].ter.salary++);
    printf("Jack salary:%d\n", (p+1)->ter.salary++);
```

```
    }

    int main(void)
    {
        struct_print1();
        puts("");
        struct_print2();
        return 0;
    }
```

程式執行結果如下。

```
Jim score:99
Jim score:99
Jack salary:8000
Jack salary:8000

Jim score:99
Jim score:101
Jim score:101
Jack salary:8000
Jack salary:8001
Jack salary:8002
```

上面的程式演示了當結構中嵌套結構時，結構結合指標存取成員變數的方法。無論嵌套多麼複雜，還是和陣列、指標混合使用，只要記住各個運算子的優先順序，透過結構成員存取運算子 . 直接存取成員，透過結構指標和間接存取運算子 -> 存取成員這三筆，基本上都可以無障礙地分析出結果來。

結構是一個純量，當結構作為函數的參數或者返回值時，傳遞的是整個結構所有成員的值，這一點和陣列是不同的，陣列名作為參數時傳遞的僅僅是一個位址。大塊的資料透過函數參數或返回值來回複製，會影響程式的執行效率，因此在實際程式設計中，當需要結構傳參時，我們一般都使用結構指標來實現，直接傳一個位址就可以，簡單高效。

7.11　二級指標

指標變數主要用來儲存一塊記憶體的位址，然後透過間接存取運算子 *
去存取這塊記憶體，對這塊記憶體進行讀寫入操作。當一個指標變數儲
存的是一個普通變數的位址時，我們稱這個指標是指向這個變數的指
標，我們可以透過指標來存取這個變數，修改這個變數的值。指標變數
可以儲存任意類型變數的位址：陣列、結構、函數甚至另一個指標變數
的位址。當一個指標變數儲存的是另一個指標變數的位址時，我們稱該
指標是指向指標的指標，或者叫二級指標。二級指標的定義和基本使用
如下。

```c
#include <stdio.h>

int main(void)
{
    int a = 10;
    int *p = &a;
    int **pp = &p;
    printf("   a: %d\n", a);
    printf("  *p: %d\n", *p);
    printf("**pp: %d\n", **pp);
    puts("\n");

    printf(" &a: %p    a: %d\n", &a, a);
    printf(" &p: %p    p: %p\n", &p, p);
    printf("&pp: %p  pp: %p\n", &pp, pp);
    puts("\n");
    return 0;
}
```

程式的執行結果如下。

```
   a: 10
  *p: 10
**pp: 10

 &a: 0xbfda6d30   a: 10
```

```
 &p: 0xbfda6d34    p: 0xbfda6d30
&pp: 0xbfda6d38   pp: 0xbfda6d34
```

在上面的程式中，我們定義了一級指標變數 p 用來儲存整數變數 a 的位址，接著又定義了一個二級指標變數 pp 用來儲存指標變數 p 的位址。存取 a 變數所綁定的這塊記憶體空間有以下三種方法。

- 透過變數名 a 直接存取。
- 透過一級指標 p 和間接存取運算子 * 間接存取。
- 透過二級指標 pp 和間接存取運算子 ** 間接存取。

變數 a、指標變數 p、二級指標變數 pp 在記憶體中的位置及指向關係如圖 7-11 所示。

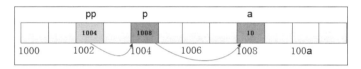

▲ 圖 7-11　記憶體中的變數、指標和二級指標

一級指標已經很複雜、很難掌握了，再弄一個二級指標出來幹什麼？黑格爾曾經說過：存在即合理。二級指標既然存在，肯定自有其用處，尤其在一些一級指標解決不了問題的地方，例如：

- 修改指標變數的值。
- 指標陣列傳參。
- 操作二維陣列。

7.11.1　修改指標變數的值

透過第 5 章堆疊記憶體管理的學習，我們已經從函式呼叫的底層組合語言程式碼實現上清楚了：函數的參數傳遞是值傳遞，傳遞的是變數的副本，函數形式參數的改變並不會改變實際參數的值。如我們定義一個函數，想透過形式參數的變化來改變實際參數的值。

```
void change(int i)
 {
   i++;
 }

 void change2(int *p)
 {
    (*p)++;
    p++;
 }
```

上面實現的兩個函數中，change() 函數無法透過形式參數來改變實際參數的值，因為形式參數和實際參數分別儲存在記憶體的不同區域，形式參數儲存的是實際參數的副本。唯一的好方法就是將指標作為參數，把實際參數的位址作為參數傳遞給 change2() 函數，然後在 change2() 函數中直接透過位址對這塊記憶體進行操作，就可以達到透過函數參數來改變變數值的目的。用 C 語言「行話」解釋就是：函數的參數傳遞是值傳遞，函數的傳參呼叫屬於傳值呼叫，我們傳給函數形式參數的值其實只是實際參數變數的副本。在 change2() 函數中，我們把位址作為參數傳遞，一般稱為傳址呼叫。傳址呼叫其實也屬於傳值呼叫，只不過傳遞的值是一個變數的位址而已。我們在 change2() 函數中也是無法透過 p++ 操作改變實際參數的位址的，因為傳給形式參數變數的位址其實也是實際參數變數的一個副本。

透過一級指標，我們可以修改一個普通變數的值。如果想修改一個指標變數的值，則可以透過二級指標來完成。

```
 #include <stdio.h>

 int a = 10;
 int b = 20;

 void change3(int **pp)
 {
    *pp = &b;
```

```
}

int main(void)
{
    int *p = NULL;
    p = &a;
    printf("*p = %d\n", *p);
    change3(&p);
    printf("*p = %d\n", *p);
    return 0;
}
```

程式執行結果如下。

```
*p = 10
*p = 20
```

在上面的程式中，如果我們想透過 change3() 函數改變指標變數 p 的值，則只能將 change3() 函數的參數設計為二級指標形式，把指標變數的位址 &p 作為實際參數傳遞給函數，change3() 函數就可以根據 p 的記憶體位址來修改 p 的值了。

7.11.2 二維指標和指標陣列

指標陣列，顧名思義，本質上還是一個陣列，只不過每個陣列元素都是一個指標而已。當陣列作為函數的參數時，對於一維陣列來說，陣列名稱會自動轉型為陣列首元素的位址，即一級指標。當指標陣列作為函數參數時，陣列名稱也會自動轉型為首元素的位址，即指標的位址一二級指標。當陣列作為函數參數時，其可以匹配的形式參數形式如圖 7-12 所示。

實參	可以匹配的形參
int a [5]	f(int a[ ], int len) / f(int *p, int len)
int *a[5]	f(int *a[ ], int len) / f(int **p, int len)

▲ 圖 7-12　陣列實際參數與形式參數的匹配

接下來我們就撰寫一個測試程式，使用兩種不同的形式參數格式實現兩個函數，列印一個指標陣列裡的所有字串。

```c
#include <stdio.h>

char *season[4] = {"Spring", "Summer", "Autumn", "Winter"};

void array_print(char *a[], int len)
{
    int i;
    for(i = 0; i < len; i++)
        printf("%s!\n", a[i]);
}

void array_print2(char **a, int len)
{
    int i;
    for(i = 0; i < len; i++)
        printf("%s!\n", a[i]);
}

int main(void)
{
    array_print(season, 4);
     puts("");
    array_print2(season, 4);
    return 0;
}
```

程式執行結果如下。

```
Spring!
Summer!
Autumn!
Winter!
Spring!
Summer!
Autumn!
Winter!
```

透過執行結果對比分析，我們可以看出，使用兩種形式參數格式定義的函數都可以正確列印出指標陣列裡的所有字串，指標陣列和二級指標作為函數參數時，二者是等價的。其實我們 main() 函數的有參函數原型，也有兩種寫法，而且是等價的。

```
int main(int argc, char *argv[]);
int main(int argc, char **argv);
```

7.11.3　二級指標和二維陣列

一維陣列的陣列元素類型為 int，我們稱這個一維陣列為整數陣列；一維陣列的陣列元素類型為結構，我們稱這個陣列為結構陣列。如果一維陣列的陣列元素還是一個陣列，則我們不能稱之為陣列型陣列，而一般稱之為二維陣列。

C 語言是把二維陣列看成一個特殊的一維陣列來處理的：每個元素都是一個一維陣列。我們可以透過一級指標去操作一維陣列，那麼我們能不能透過二級指標去操作二維陣列呢？

```
int   a[5] = {1, 2, 3, 4, 5};
int   *p = a;                      //p = &a[0]
int   b[3][5]={
   1, 2, 3, 4, 5,
   6, 7, 8, 9, 0,
   2, 2, 2, 2, 2
};
int **pp = b;                      //p = &b[0]
```

上面程式中有兩筆設定陳述式，第一筆 p 設定陳述式沒有問題，指標 p 指向一維陣列首元素的位址，陣列元素的類型為 int，指標 p 的類型為 int*，兩者是匹配的，程式編譯正常。而第二句二級指標 pp 的給予值，編譯器在編譯時會發出警告：類型不相容。

```
warning: initialization from incompatible pointer type [-Wincompatible-
pointer-types]
  int **pp = b;
```

第二句的設定陳述式等效為 pp = &b[0]，b[0] 代表什麼呢？透過前面的學習我們已經知道，C 語言是把二維陣列當成一維陣列來處理的，二維陣列 b[3][5] 其實就是一個一維陣列 b[3]，該一維陣列中的每一個陣列元素是一個長度為 5 的一維陣列 int c[5]。看到這裡，我們就已經知道了編譯器發出警告的原因了：如果你想把陣列名稱 b 直接給予值給指標變數 pp，那麼指標變數的類型必須為 int (*p)[5] 這種類型。

```c
int b[3][5]={
    1, 2, 3, 4, 5,
    6, 7, 8, 9, 0,
    2, 2, 2, 2, 2
};

int main(void)
{
    int i,j;
    int (*p)[5];
    p = b;                          //&b[0]
    for(i = 0; i < 3; i++)
    {
        for(j = 0; j < 5; j++)
        printf("%d ", p[i][j]);
            puts("");
    }

    return 0;
}
```

程式運算結果如下。

```
1 2 3 4 5
6 7 8 9 0
2 2 2 2 2
```

如果你執意要使用二級指標來操作二維陣列，那麼可不可以呢？方法當然是有的，我們可以定義一個二級指標變數 pp，用來儲存上面程式中指標變數 p 的值。

```c
#include <stdio.h>
```

```
int a[3][5]={
   1, 2, 3, 4, 5,
   6, 7, 8, 9, 0,
   2, 2, 2, 2, 2
};

int main(void)
{
   int i,j;
   int (*p)[5];
   p = a;                        //&a[0]
   int (**pp)[5];
   pp = &p;
   for(i = 0; i < 3; i++)
   {
      for(j = 0; j < 5; j++)
         printf("%d ", (*pp)[i][j]);
      printf("\n");
   }
   puts("");
   return 0;
}
```

程式執行結果如下。

```
1 2 3 4 5
6 7 8 9 0
2 2 2 2 2
```

如果你嫌二維指標存取陣列太麻煩，也可以使用一級指標來存取二維陣列。

```
#include <stdio.h>

int a[3][5] = {
   1, 2, 3, 4, 5,
   6, 7, 8, 9, 0,
   2, 2, 2, 2, 2
};

int main(void)
{
```

```
int i, j;
int (*p)[5];
p = a;                                  //&a[0]
int *pt = a[0];                         //&a[0][0]
for(i = 0; i < 3; i++)
{
  for(j = 0; j < 5; j++)
    printf("%d ", *(pt+i*5+j));
  printf("\n");
}
puts("");
return 0;
}
```

程式執行結果如下。

```
1 2 3 4 5
6 7 8 9 0
2 2 2 2 2
```

一級指標只能指向一個變數的位址,因此指標變數 pt 的設定陳述式等價
為 pt = &a[0][0],pt+1 指向 a[0][1],而非 a[1][0]。因此我們透過 pt 指
標存取二維陣列時,要自己計算每一個元素在二維陣列中的位置,如圖
7-13 所示。

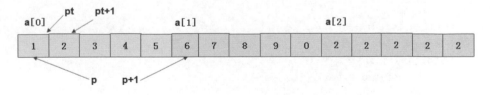

▲ 圖 7-13　不同類型的陣列指標運算

不同的指標類型執行自動增加操作時,實際偏移的位址是不一樣的。在
使用指標運算元組時,無論操作一維陣列,還是二維陣列,程式設計師
都必須時刻記住的一點就是:你定義的指標類型不同,運算元組的方式
也不同。牢記這點,並熟練掌握與指標相關的宣告和運算子的優先順
序,才能夠把指標用得得心應手。

一維陣列作為函數的參數，可以匹配的函數形式參數有下面兩種形式。

```
void array_print(int a[], int len);
void array_print(int *a, int len);
```

二維陣列作為特殊的一維陣列，如果作為函數的參數，則可以寫成下面兩種形式。如果把二維陣列看成一個特殊的一維陣列，你會發現其匹配的函數形式參數形式和一維陣列是一樣的，只不過陣列元素的類型不同而已。

```
void array_print(int a[][5], int len);
void array_print(int(*a)[5], int len);
```

將二維陣列作為參數，傳遞給 array_print() 函數列印，觀察對比兩種函式宣告下的運算結果，你會發現兩者是等效的。

```c
int a[3][5] = {
    1, 2, 3, 4, 5,
    6, 7, 8, 9, 0,
    2, 2, 2, 2, 2
};

//void array_print(int a[][5],int len)
void array_print(int(*a)[5], int len)
{
    int i,j;
    for(i=0;i<len;i++)
    {
        for(j=0;j<5;j++)
            printf("%d ",a[i][j]);
        printf("\n");
    }
    puts("");
}

int main(void)
{
    array_print(a, 3); //&a[0]
    return 0;
}
```

最後，我們複習一下。當陣列作為函數的參數時，其可以匹配的形式參數類型如圖 7-14 所示。

實參	可以匹配的形參
int a [5]	f(int a[ ], int len) / f(int *p, int len)
int *a[5]	int **p / int *a[ ]
int (*p)[5]	int (*p)[5]
int a[4][5]	int (*p)[5]
int **p	int **p

▲ 圖 7-14　陣列作為實際參數時可以匹配的形式參數

7.12　函數指標

指標的類型主要分為 3 種：物件指標、函數指標和 void* 指標。前面幾節主要分析了物件指標，這一節我們學習一下函數指標。

```c
#include <stdio.h>

int add(int a, int b)
{
    return a + b;
}

int main(void)
{
    int sum;
    int (*fp)(int, int);
    fp = add;
    sum = fp(1, 2);
    printf("sum=%d\n", sum);
    return 0;
}
```

上面的程式就是一個函數指標的使用範例。函數指標用來指向一個函數，一般我們會定義一個函數指標變數來儲存函數的入口位址。

```
int func(void);        // 函式定義宣告
int (*fp)(void);       // 定義一個函數指標，指向的函數類型為 int f(void)
fp = func;             // 將函數 func 入口位址給予值給指標變數
(*fp)();               // 透過函數指標呼叫函數
fp();                  // 函數指標的簡化使用形式
```

我們可以透過函數名 + 函式呼叫運算子 () 去呼叫一個函數。函數名的本質其實就是指向函數的指標常數，即函數的入口位址。在 fp = func; 敘述中，函數名會透過自動轉型，轉換成 fp = &func; 的形式。當我們透過指標呼叫函數時，(*fp)() 間接存取其實就等效為 fp() 運算式。無論是間接存取，還是多次間接存取，如下所示，它們的效果其實都是一樣的，都等效為 fp()。

```
(***fp)();
(**fp)();
(*fp)();
fp();
```

是不是很奇怪？不要問為什麼，想想我們前面對類型的定義：類型是什麼？類型是一組數值集合和針對該數值操作的一組集合，不同的類型有不同的運算法則，如果我們還用物件指標的思維來分析函數指標，則肯定是不行的。

容易和函數指標弄混的，還有一個指標函數的概念。指標函數指函數的類型，即函數的返回值是一個指標，除此之外和普通函數無異，就不再贅述了。指標函數的宣告方式如下。

```
int *func(int a, int b);
```

7.13 重新認識 void

分析完了物件指標和函數指標，我們接下來分析指標的另一種類型：void* 指標。

void 關鍵字在 C 語言中被大量使用，大家對它既熟悉又陌生。熟悉在什
麼地方呢？我們幾乎每天都可以看到它，已經習以為常了；陌生在什麼
地方呢？你真的了解 void 嗎？ void 其實也是一種類型，只不過它比較特
殊：無數值，無運算。void 類型如圖 7-15 所示。

類型分類			C 語言類型
基本類型	算術類型	整數	char、short、int、long、long long
			_Bool
			enum
		浮點數	float、double、float _Complex ...
組合類型	指標類型		type *p
	陣列類型		type a[10]
	結構類型		struct
聯合類型			union
void 類型			void、void*
函數類型			f()

▲ 圖 7-15　C 語言中的 void 類型

void 經常用來修飾函數的返回類型，表明函數無返回值。void 作為函數
的參數時，表明函數無參數。void* 指標可以指向任意資料型態，任意類
型指標可以直接給予值給 void* 指標，不需要強制類型轉換。正是因為
這種特性，void* 指標目前已經替代 char* 指標正式成為 C 指標的通用指
標。void* 指標給予值給其他類型指標時，需要強制類型轉換。任意類型
的指標轉換為 void*，再轉換為原來的類型時，都不會發生資料遺失，值
也不會發生改變。

void* 指標主要用來作為函數的參數，表示函數的參數可以是任意指標類
型。當函數的返回類型為 void* 時，返回的指標可以指向任意資料型態。
C 標準函數庫中很多函數原型中都使用了 void* 指標。

```
void* malloc(size_t len);
void* memcpy (void *dest, const void *src, size_t len);
```

malloc() 函數返回的指標類型為 void*，因此在將 malloc() 函數返回的位
址給予值給一個指標變數時，一般要做強制類型轉換。

```
#include <stdio.h>
#include <stdlib.h>
#include <string.h>

void data_copy(void *dst, const void *src, size_t len)
{
    char *d = dst;
    const char *s = src;
    for(size_t i = 0; i < len; i++)
    {
        *d++ = *s++;
    }
}

int main(void)
{
    char a[10] = {1, 2, 3, 4, 5, 6, 7, 8, 9, 0};
    char *buf = (char *)malloc(10);        // 強制類型轉換
    memset(buf, 0, 10);
    data_copy(buf, a, 10);   //buf 實際參數，可直接給予值給 void* 形式參數，無
須轉換
    for(int j = 0; j < 10; j++)
        printf("%d ", buf[j]);
    printf("\n");
    return 0;
}
```

void* 作為一種指標類型，除了修飾函數原型，一般不參與具體的指標運
算。我們不能使用間接存取運算子 * 存取 void*，不能對 void* 做下標運
算，但是在 GNU C 中可以做自動增加自減運算。

▎ 思考：空指標、void* 和 NULL 有何區別？有什麼關係？

本章主要以資料儲存為切入點，分析了不同類型的資料在記憶體中的儲存
和存取模式，並對 C 語言標準中的「類型」概念做了探討，了解了不同
的類型有不同的運算規則。有了這些基礎之後，我們再從儲存角度去分析
指標，學習指標在記憶體中的儲存和存取，以及指標和陣列、結構、函數
等結合使用的方法和技巧，相信大家會對指標有新的認識和收穫。

08

C 語言的物件導向程式
設計思想

很多剛接觸嵌入式 Linux 開發的朋友，在閱讀 Linux 核心原始程式時往往感到很吃力。想要讀懂 Linux 核心原始程式還是需要一定功力的。首先你的 C 語言基礎一定要打牢，如結構、指標、陣列、函數指標、指標函數、陣列指標、指標陣列等，如果這些基礎基礎知識你還要偷偷去翻書或者搜尋，則説明得好好補一補基礎了。另外，C 語言的一些 GNU C 擴充語法等也要熟悉，否則在閱讀 Linux 核心原始程式時就會遇到各種語法障礙。其次，一些常用的資料結構要掌握，如鏈結串列、佇列等。Linux 核心中使用大量的動態鏈結串列和佇列來維護各種裝置，管理各種事件，不掌握這些資料的動態變化就可能在追蹤原始程式時遇到障礙。最後，要理解 Linux 核心中大量使用的物件導向程式設計思想。面對千萬行程式級的超大型專案，如果再按照以前的函式呼叫流程和資料流程程去分析 Linux 核心，往往會讓人感到捉襟見肘、力不從心，很容易一葉障目，迷失在森林深處。Linux 核心雖然是使用 C 語言撰寫的，但處處蘊含著物件導向的設計思想。以 OOP 為切入點去分析核心，從程式重複使用的角度可以幫助我們從一個盤根錯節的複雜系統中勾勒出一個全域的框架。

提起物件導向程式設計，大家腦海中可能會不自覺地想起：C++、Java……其實 C 語言也可以實現物件導向程式設計。物件導向程式設計是一種程式設計思想，和使用的語言工具是沒有關係的，只不過有些語言更適合物件導向程式設計而已。如 C++、Java 新增了 class 關鍵字，就是為了更好地支持物件導向程式設計，透過類別的封裝和繼承機制，可以更好地實現程式重複使用。使用 C 語言我們同樣可以實現物件導向程式設計，本章將會為大家介紹 Linux 核心中是如何使用 C 語言實現物件導向程式設計思想的。

8.1 程式重複使用與分層思想

什麼是程式重複使用呢？我們在程式設計過程中，無時無刻不在運用程式重複使用的思想：我們定義一個函數實現某個功能，然後所有的程式都可以呼叫這個函數，不用自己再單獨實現一遍，這就是函數級的程式重複使用；我們將一些通用的函數打包封裝成函數庫，並引出 API 供程式呼叫，就實現了函數庫級的程式重複使用；我們將一些類似的應用程式抽象成應用骨架，然後進一步慢慢迭代成框架，如 MVC、GUI 系統、Django 等，就實現了框架級的程式重複使用；如果從程式重複使用的角度看作業系統，你會發現作業系統其實也是對任務排程、任務間通訊的功能實現，並引出 API 供應用程式呼叫，相當於實現了作業系統級的程式重複使用。

我們通常將要重複使用的具有某種特定功能的程式封裝成一個模組，各個模組之間相互獨立，使用的時候可以以模組為單位整合到系統中。隨著系統越來越複雜，整合的模組越來越多，模組之間有時候也會產生依賴關係。為了便於系統的管理和維護，又開始出現分層思想，如圖 8-1 所示，我們可以把一個電腦系統分為應用層、系統層、硬體層。

不僅在整個電腦系統中存在分層，在一個作業系統內部也存在各種分層。如 Android 作業系統，如圖 8-2 所示，就分為應用層、Framework 層、函數庫、Linux 核心等。

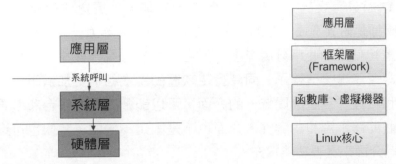

▲ 圖 8-1　電腦系統的層次劃分　　　▲ 圖 8-2　Android 作業系統的層次劃分

在 Linux 核心中，又往往包含很多模組和子系統，如檔案系統、記憶體管理子系統、處理程序排程、input 輸入子系統等。每一個模組或子系統在實現過程中，也處處包含著分層的思想。如 Linux 檔案系統，就包括虛擬檔案系統 VFS 和各種類型的檔案系統 Ext、Fat、NFS 等。如圖 8-3 所示，底層的磁碟、檔案系統、虛擬檔案系統及應用層的 API 讀寫介面也可以實現分層。

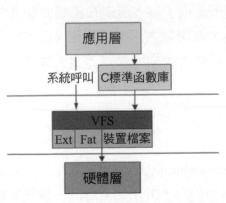

▲ 圖 8-3　Linux 儲存子系統的層次劃分

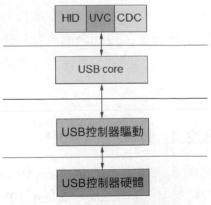

▲ 圖 8-4　USB 子系統的層次劃分

甚至在一個小小的驅動模組中,你也可以看到無處不在的分層思想。以 USB 子系統為例,如圖 8-4 所示,從底層到上層可以依次分為底層硬體、控制器驅動層、USB core 核心層、各個 USB class 驅動層。

一個系統透過分層設計,各層實現各自的功能,各層之間透過介面通訊。每一層都是對其下面一層的封裝,並留出 API,為上一層提供服務,實現程式重複使用。使用分層有很多好處,軟體分層不僅實現了程式重複使用,避免了重複造輪子,同時會使軟體的層次結構更加清晰,更加易於管理和維護。各層之間統一的介面,可以調配不同的平台和裝置,提高了軟體的跨平台和相容性。介面也不是固定不變的,我們也可以根據需要透過介面來實現功能擴充。

如何實現程式重複使用和軟體分層呢?使用物件導向程式設計思想是其中的一個方法。利用物件導向的封裝、繼承、多形等特性,透過介面、類別的封裝,就可以實現程式重複使用和軟體分層。

8.2 物件導向程式設計基礎

考慮到很多嵌入式工程師都是具有電子、自動化、機械等非電腦專業背景的,可能對物件導向程式設計思想不是很了解,所以在講解 C 語言的物件導向程式設計之前,我們先以 C++ 為例為大家科普物件導向的一些基本概念和程式設計思想。先把基礎打好,後續的學習才會更加順利,學習效果才會更好。

8.2.1 什麼是 OOP

物件導向程式設計(Object Oriented Programming,OOP)是和面向過程程式設計(Procedure Oriented Programming,POP)相對應的一種程式設計思想。

對於面向過程程式設計，學習過 C 語言的朋友估計已經很熟悉了。函數是程式的基本單元，我們可以把一個問題分解成多個步驟來解決，每一步或每一個功能都可以使用函數來實現。而在物件導向程式設計中，物件是程式的基本單元，物件是類別的實例化，類別則是對客觀事物抽象而成的一種資料型態，其內部包括屬性和方法（即資料成員和函數實現）。

POP 和 OOP 除了在語言語法上實現的不同，更大的區別在於兩者解決問題的思路不同：面向過程程式設計偏重於解決問題的步驟過程，一般適用於簡單功能的實現場合。如要完成一件事情：把大象放到冰箱裡，我們可以分為三步。

- 打開冰箱門。
- 把大象放到冰箱裡。
- 關上冰箱門。

每一步我們都可以使用一個函數完成特定的功能，然後在主程序中分別呼叫即可。而物件導向程式設計則偏重於將問題抽象、封裝成一個個類別，然後透過繼承來實現程式重複使用，物件導向程式設計一般用於複雜系統的軟體分層和架構設計。我們也可以把物件導向程式設計作為工具，去分析各種複雜的大型專案，如在 Linux 核心中就處處蘊含著物件導向程式設計思想。對於 Linux 核心許多的模組、複雜的子系統，如果我們還從 C 語言的角度，用面向過程程式設計思想去分析一個驅動和子系統，無非就是各種註冊、初始化、打開、關閉、讀寫流程，系統稍微變得複雜一點，往往就感到力不從心。而使用物件導向程式設計思想，我們可以從程式重複使用、軟體分層的角度去分析，更加容易掌握整個軟體的架構和層次設計。

關於 OOP，還需要注意的是：物件導向程式設計思想與具體的程式設計語言無關。C++、Java 實現了類別機制，增加了 class 關鍵字，可以更好地支援物件導向程式設計,但 C 語言同樣可以透過結構、函數指標來實現物件導向程式設計思想。

8.2.2 類別的封裝與實例化

C++ 比 C 語言新增了一個 class 關鍵字,用來支持類別的實現機制。我們可以對現實存在的各種事物進行抽象,把它封裝成一種資料型態—類別。無論是雞鴨牛羊,還是飛禽走獸,它們之間肯定有共同點,如都是動物,都要吃東西和睡覺,都會叫,都有年齡和體重。我們可以把這些共同的東西進行抽象,然後封裝成一個類別:Animal。

```cpp
//Animal.cpp
#include <iostream>
using namespace std;

class Animal
{
  public:
    int age;
    int weight;
    Animal();
    ~Animal()
    {
      cout<<"~Animal()..."<<endl;
    }
    void speak(void)
    {
      cout<<"Animal speaking..."<<endl;
     }
};

Animal::Animal(void)
{
  cout<<"Animal()..."<<endl;
}
```

```
int main(void)
{
    Animal animal;
    animal.age = 1;
    cout<<"animal.age = "<<animal.age<<endl;
    animal.speak();
    return 0;
}
```

編譯器並執行。

```
#g++ Animal.cpp -o a.out
#./a.out
    Animal()...
    animal.age = 1
    Animal speaking...
    ~Animal()...
```

一個類別中，主要包括兩種基本成員：屬性和方法。在我們實現的 Animal 類別中，年齡、體重這些成員變數一般被稱為類別的屬性，而類別的成員函數如 speak()，就是類別的方法。除此之外，每個類別中還包括和類別名稱相同的建構函數和解構函數，當我們使用類別去實例化一個物件或銷毀一個物件時，會分別呼叫類別的建構函數或解構函數。類別的成員函數可以直接在類別內部定義，也可以先在類別內部宣告，然後在類別的外部定義，在外部定義時要使用類別成員運算子 :: 指定該成員函數屬於哪個類別。

類別的本質其實就是一種資料型態，與 C 語言的結構類似，唯一不同的地方是類別的內部可以包含類別的方法，即成員函數；而結構體內部只能是資料成員，不能包含函數。一個類別定義好後，我們就可以使用這個類別去實例化一個物件（其實就類似 C 語言中的使用某種資料型態定義一個變數），然後就可以直接操作該物件了：為該物件的屬性給予值，或者呼叫該物件中的方法。

8.2.3 繼承與多形

我們對自然界的相似事物進行抽象，封裝成一個類別，目的就是為了繼承，透過繼承來實現程式重複使用。上面封裝的 Animal 類別抽象過於籠統，因為在現實世界中，各種動物差別很大：有會飛的，有會游泳的；有食肉動物，也有食草動物。同樣是叫，不同的動物叫聲也不一樣：小貓喵喵、小狗汪汪。我們可以把類別再細分一些：針對某種具體的動物，如貓，抽象成 Cat 類別。貓也屬於動物，如果在 Cat 類別中重複定義動物的各種屬性，就達不到程式重複使用的目的了，此時我們可以透過類別的繼承機制，讓 Cat 類別去繼承原先 Animal 類別的屬性和方法。

```cpp
//Cat.cpp
#include <iostream>
using namespace std;

class Animal
{
    public:
        int age;
        int weight;
        Animal();
        ~Animal()
        {
            cout<<"~Animal()..."<<endl;
        }
        void speak(void)
        {
            cout<<"Animal speaking..."<<endl;
        }
};

Animal::Animal(void)
{
    cout<<"Animal()..."<<endl;
}

class Cat : public Animal
{
```

```cpp
public:
    char sex;
    Cat(void){cout<<"Cat()..."<<endl;}
    ~Cat(void){cout<<"~Cat()..."<<endl;}
    void speak()
    {
        cout<<"cat speaking...miaomiao"<<endl;
    }
    void eat(void)
    {
        cout<<"cat eating..."<<endl;
    }
};

int main(void)
{
    Cat cat;
    cat.age = 2;
    cat.sex = 'F';
    cout<<"cat.age:"<<cat.age<<endl;
    cout<<"cat.sex:"<<cat.sex<<endl;
    cat.speak();
    cat.eat();
}
```

編譯器並執行。

```
#g++ cat.cpp -o a.out
#./a.out
  Animal()...
  Cat()...
  cat.age:2
  cat.sex:F
  cat speaking...miaomiao
  cat eating...
  ~Cat()...
  ~Animal()...
```

在上面的 C++ 程式中，我們在定義 Cat 類別過程中，繼承了 Animal 類別中的一些屬性和方法。我們一般稱 Animal 類別為父類別或基礎類別，而

Cat 類別一般被稱為子類別。透過繼承機制，子類別不僅可以直接重複使用父類別中定義的屬性和方法，還可以在父類別的基礎上，擴充自己的屬性和方法，如我們新增加的 sex 屬性和 eat() 方法。

不同的動物，叫聲也不一樣。在 Cat 子類別中，我們重新定義了 speak() 方法，像這種在繼承過程中，子類別重新定義父類別的方法一般被稱為多形。一個介面多種實現，在不同的子類別中有不同的實現，透過函數的多載和覆蓋，既實現了程式重複使用，又保持了實現的多樣性。

8.2.4 虛擬函數與純虛擬函數

不同的動物有不同的叫聲，在上面的 Animal 類別中，speak() 函數即使實現了也沒有什麼意義，因為不同的子類別在繼承 Animal 類別的過程中一般都會重新定義這個函數。像 speak() 這種可實現也可不實現的成員函數，我們可以使用 virtual 關鍵字修飾，使用 virtual 修飾的成員函數被稱為虛擬函數。虛擬函數一般用來實現多形，允許使用父類別指標來呼叫子類別的繼承函數。

```cpp
//virtual.cpp
#include <iostream>
using namespace std;

class Animal
{
  public:
    int age;
    int weight;
    Animal(void);
    ~Animal(void)
    {
      cout<<"~Animal()..."<<endl;
    }
     virtual void speak()
    {
      cout<<"Animal speaking..."<<endl;
```

```
        }
};

Animal::Animal(void)
{
    cout<<"Animal()..."<<endl;
}


class Cat:public Animal
{
    public:
        char sex;
        Cat(void){cout<<"Cat()..."<<endl;}
        ~Cat(void){cout<<"~Cat()..."<<endl;}
        void speak()
        {
            cout<<"cat speaking...miaomiao"<<endl;
        }
        void eat(void)
        {
            cout<<"cat eating..."<<endl;
        }
};

int main(void)
{
    Cat cat;
    Animal *p = &cat;
    p->speak();
    cat.speak();
}
```

程式執行結果如下。

```
Animal()...
Cat()...
cat speaking...miaomiao
cat speaking...miaomiao
~Cat()...
~Animal()...
```

我們在基礎類別 Animal 中使用 virtual 關鍵字定義了虛擬函數 speak()，子類別 Cat 透過重新定義這個 speak() 實現了函數覆蓋。在 main() 函數中，我們定義了一個基礎類別指標 p 指向 Cat 類別的實例化物件 cat，然後就可以透過這個基礎類別指標去呼叫子類別中實現的 speak() 方法來實現多形。

和虛擬函數類似的還有一個叫作純虛擬函數的概念。純虛擬函數的要求比虛擬函數更嚴格一些，它在基礎類別中不實現，但是子類別繼承後必須實現。含有純虛擬函數的類別被稱為抽象類別，如 Animal 類別。如果在類別中刪除 speak() 方法的實現，那麼我們就可以把它看作一個抽象類別，你不能使用 Animal 類別去實例化一種叫作 "animal" 的實例物件。

8.3 Linux 核心中的 OOP 思想：封裝

Linux 核心雖然是使用 C 語言實現的，但是核心中的很多子系統、模組在實現過程中處處表現了物件導向程式設計思想。同理，我們在分析 Linux 核心驅動模組或子系統過程中，如果能學會使用物件導向程式設計思想去分析，就可以將錯綜複雜的模組關係條理化、複雜的問題簡單化。使用物件導向程式設計思想去分析核心是一個值得嘗試的新方法，但前提是，我們要掌握 Linux 核心中是如何用 C 語言來實現物件導向程式設計思想的。

8.3.1 類別的 C 語言模擬實現

C++ 語言可以使用 class 關鍵字定義一個類別，C 語言中沒有 class 關鍵字，但是我們可以使用結構來模擬一個類別，C++ 類別中的屬性類似結構的各個成員。雖然結構體內部不能像類別一樣可以直接定義函數，但我們可以透過在結構中內嵌函數指標來模擬類別中的方法。如上面 C++ 程式中定義的 Animal 類別，我們也可以使用一個結構來表示。

```
struct animal
{
    int age;
    int weight;
    void (*fp)(void);
};
```

如果一個結構中需要內嵌多個函數指標，則我們可以把這些函數指標進一步封裝到一個結構內。

```
struct func_operations
{
    void (*fp1)(void);
    void (*fp2)(void);
    void (*fp3)(void);
    void (*fp4)(void);
}

struct animal
{
    int age;
    int weight;
    struct func_operations fp;
};
```

透過以上封裝，我們就可以把一個類別的屬性和方法都封裝在一個結構裡了。封裝後的結構此時就相當於一個「類別」，子類別如果想使用該類別的屬性和方法，該如何繼承呢？

```
struct cat
{
    struct animal *p;
    struct animal ani;
    char sex;
    void (*eat)(void);
};
```

C 語言可以透過在結構中內嵌另一個結構或結構指標來模擬類別的繼承。如上所示，我們在結構類型 cat 裡內嵌結構類型 animal，此時結構 cat 就相當於模擬了一個子類別 cat，而結構 animal 相當於一個父類別。透過這種內嵌方式，子類別就「繼承」了父類別的屬性和方法。我們寫一個測試程式，程式如下。

```c
//cat.c
#include <stdio.h>

void speak(void)
{
    printf("animal speaking...\n");
}

struct func_operations{
    void (*fp1)(void);
    void (*fp2)(void);
    void (*fp3)(void);
    void (*fp4)(void);
};

struct animal{
    int age;
    int weight;
    struct func_operations fp;
};

struct cat{
    struct animal *p;
    struct animal ani;
    char sex;
};

int main(void)
{
    struct animal ani;
    ani.age = 1;
    ani.weight = 2;
    ani.fp.fp1 = speak;
    printf("%d %d\n",ani.age, ani.weight);
    ani.fp.fp1();

    struct cat c;
```

```
    c.p = &ani;
    c.p->fp.fp1();
    printf("%d %d\n",c.p->age, c.p->weight);

    return 0;
}
```

程式執行結果如下。

```
1 2
animal speaking...
animal speaking...
1 2
```

我們使用結構類型定義一個變數，模擬使用類別來實例化一個物件。為
了實現繼承，我們需要寬鬆物件導向程式設計中的關於「繼承」的定
義：在 C 語言中，內嵌結構或內嵌指向結構的指標，都可以看作對「繼
承」的模擬。在上面的測試程式中，結構類型 cat 中的指標變數 p 指向了
animal 結構，然後就可以透過 p 去使用結構類型 animal 中的屬性和方法
來模擬類別的繼承。

8.3.2　鏈結串列的抽象與封裝

鏈結串列是我們在程式設計中經常使用的一種動態資料結構。一個鏈結
串列（list）由不同的鏈結串列節點（node）組成，一個鏈結串列節點往
往包含兩部分內容：資料欄和指標域。

```
struct list_node
{
    int data;
    struct *next;
    struct *prev;
};
```

資料欄用來儲存各個節點的值，而指標域則用來指向鏈結串列的上一個
或下一個節點，各個節點透過指標域鏈成一個鏈結串列。在實際程式設

計中，根據業務需求，不同的鏈結串列節點可能會封裝不同的資料欄，
組成不同的資料格式，進而連成不同的鏈結串列。

不同的鏈結串列雖然資料欄不同，但是基本的操作都是相同的：都是透過
節點的指標域去增加一個節點或刪除一個節點。Linux 核心中為了實現對
鏈結串列操作的程式重複使用，定義了一個通用的鏈結串列及相關操作。

```
struct list_head
{
    struct list_head *next, *prev;
};

void INIT_LIST_HEAD(struct list_head *list);
int  list_empty(const struct list_head *head);
void list_add(struct list_head *new, struct list_head *head);
void list_del(struct list_head *entry);
void list_replace(struct list_head *old, struct list_head *new);
void list_move(struct list_head *list, struct list_head *head);
```

我們可以將結構類型 list_head 及相關的操作看成一個基礎類別，其他子
類別如果想繼承子類別的屬性和方法，直接將 list_head 內嵌到自己的
結構內即可。如我們想定義一個鏈結串列 my_list，如果你想重複使用
Linux 核心中的通用鏈結串列及相關操作，就可以透過內嵌結構來「繼
承」list_head 的屬性和方法。

```
struct my_list_node
{
    int data;
    struct list_head list;
};
```

8.3.3 裝置管理模型

在 Windows 系統下，有一個裝置管理員工具。選中「我的電腦」或「電
腦」，點擊右鍵，在彈出的右鍵選單中有一個「裝置管理員」選項，點擊
後會彈出一個「電腦管理」的介面，如圖 8-5 所示。

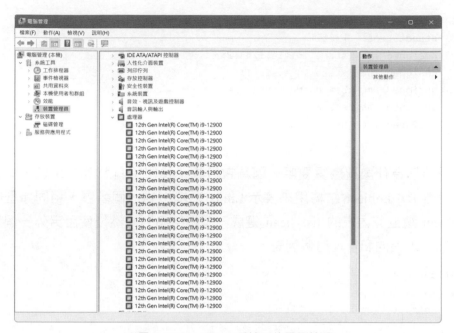

▲ 圖 8-5　Windows 系統下的電腦管理

裝置管理員使用一個樹狀的結構，將電腦中所有的硬體裝置資訊進行分類，並顯示出來。在 Linux 作業系統下，也有類似「裝置管理員」的概念，只不過不是以介面的形式顯示罷了。Linux 使用 sysfs 檔案系統來顯示裝置的資訊，在 /sys 目錄下，你會看到有 devices 的目錄，在 devices 目錄下還有很多分類，然後在各個分類目錄下就是 Linux 系統下各個具體硬體裝置的資訊。

Linux 是如何管理和維護這些裝置的資訊的呢？這得從 Linux 的裝置管理模型說起。Linux 核心中定義了一個非常重要的結構類型。

```c
struct kobject
{
    const  char    *name;
    struct list_head    entry;
    struct kobject  *parent;
    struct kset    *kset;
    struct kobj_type    *ktype;
```

```
    struct kernfs_node *sd;
    struct kref    kref;
    unsigned int   state_initialized:1;
    unsigned int   state_in_sysfs:1;
    unsigned int   state_add_uevent_sent:1;
    unsigned int   state_remove_uevent_sent:1;
    unsigned int   uevent_suppress:1;
};
```

這個結構為什麼這麼重要呢，因為它組成了我們所有裝置在系統中的樹結構雛形：kobject 結構用來表示 Linux 系統中的一個裝置，相同類型的 kobject 透過其內嵌的 list_head 鏈成一個鏈結串列，然後使用另外一個結構 kset 來指向和管理這個列表。

```
struct kset
{
    struct list_head    list;
    spinlock_t          list_lock;
    struct kobject      kobj;
    struct kset_uevent_ops *uevent_ops;
};
```

kset 結構其實就是你在 Linux 的 /sys 目錄下看到的不同裝置的分類目錄。

```
#cd /sys
#tree -L 1
├── block
├── bus
├── class
├── dev
├── devices
├── firmware
├── fs
├── hypervisor
├── kernel
├── module
└── power
```

在這個目錄下面的每一個子目錄，其實都是相同類型的 kobject 集合。然後不同的 kset 組織成樹狀層次的結構，就組成了 sysfs 子系統。Linux 核心中各個裝置的組織資訊就可以透過 sysfs 子系統在使用者態（/sys 目錄）顯示出來，使用者就可以透過這個介面來查看系統的裝置管理資訊了。

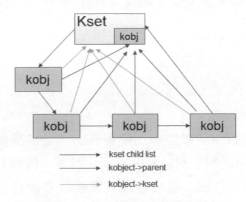

▲ 圖 8-6　kobj 和 kset 的組織關係

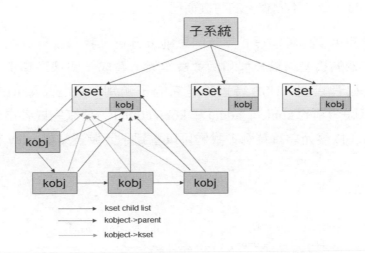

▲ 圖 8-7　Linux 子系統中的 kobj、kset 組織關係

結構 kobject 也定義了很多方法，用來支援裝置熱抽換等事件的管理。當使用者插入一個裝置或拔出一個裝置時，系統中的裝置資訊也會隨之發生更新。在結構 kobject 中內嵌了一個 kobj_type 結構，該結構內封裝了很多關於裝置抽換、增加、刪除的方法。

```
struct kobj_type {
    void (*release)(struct kobject *kobj);
    const struct sysfs_ops  *sysfs_ops;
    struct attribute    **default_attrs;
    const struct kobj_ns_type_operations *(*child_ns_type)
    (struct kobject *kobj);
    const void *(*namespace)(struct kobject *kobj);
};


kobject_add();
kobject_del();
```

以上就是 Linux 裝置管理模型中比較重要的一些結構和對應的函數操作集。Linux 系統中不同類型的裝置，如字元裝置、區塊裝置、USB 裝置、網路卡裝置的抽換、註冊、登出管理其實都是透過這些函數介面進行維護的。唯一的不同就是，不同的裝置在各自的 xx_register() 註冊函數中對 kobject_add() 做了不同程度的封裝而已。

如果我們使用物件導向程式設計的思維來分析，我們就可以把裝置管理模型中定義的這些結構類型和函數操作集，看成一個基礎類別。其他字元裝置、區塊裝置、USB 裝置都是它的子類別，這些子類別透過繼承 kobject 基礎類別的 kobject_add() 和 kobject_del 方法來完成各自裝置的註冊和登出。以字元裝置為例，我們可以看到字元裝置結構 cdev 在核心中的定義。

```
struct cdev
{
    struct  kobject     kobj;           // 內嵌 kobject 結構
    struct  module      *owner;
    const   struct file_operations *ops;
    struct  list_head   list;
    dev_t       dev;
    unsigned int    count;
};
```

在結構類型 cdev 中，我們透過內嵌結構 kobject 來模擬對基礎類別 kobject

的繼承，字元裝置的註冊與登出，都可以透過繼承基礎類別的 kobject_add() / kobject_del() 方法來完成。與此同時，字元裝置在繼承基礎類別的基礎上，也完成了自己的擴充：實現了自己的 read/write/open/close 介面，並把這些介面以函數指標的形式封裝在結構 file_operations 中。

```
struct file_operations {
    struct module *owner;
    loff_t  (*llseek) (struct file *, loff_t, int);
    ssize_t (*read)   (struct file *, char __user *, size_t, loff_t *);
    ssize_t (*write) (struct file *, const char __user *, size_t, loff_t *);
    ssize_t (*read_iter)  (struct kiocb *, struct iov_iter *);
    ssize_t (*write_iter) (struct kiocb *, struct iov_iter *);
    int     (*iterate)    (struct file *, struct dir_context *);
    unsigned int (*poll)  (struct file *, struct poll_table_struct *);
    long (*unlocked_ioctl) (struct file *, unsigned int, unsigned long);
    long (*compat_ioctl)   (struct file *, unsigned int, unsigned long);
    int (*mmap)    (struct file *, struct vm_area_struct *);
    int (*open)    (struct inode *, struct file *);
    int (*flush)   (struct file *, fl_owner_t id);
    int (*release) (struct inode *, struct file *);
    int (*fsync)   (struct file *, loff_t, loff_t, int datasync);
    int (*aio_fsync) (struct kiocb *, int datasync);
    int (*fasync)  (int, struct file *, int);
    int (*lock)    (struct file *, int, struct file_lock *);
    ...
};
```

不同的字元裝置，會根據自己的硬體邏輯實現各自的 read()、write() 函數，並註冊到系統中。當使用者程式讀寫這些字元裝置時，透過這些介面，就可以找到對應裝置的讀寫函數，對字元裝置進行打開、讀寫、關閉等各種操作。

8.3.4 匯流排裝置模型

在 Linux 系統中，每一個裝置都要有一個對應的驅動程式，否則就無法對這個裝置進行讀寫。Linux 系統中每一個字元裝置，都有與其對應的字元裝置驅動程式；每一個區塊裝置，都有對應的區塊裝置驅動程式。而對於一些匯流排型的裝置，如滑鼠、鍵盤、隨身碟等 USB 裝置，裝置通訊是按照 USB 標準協定進行的。Linux 系統為了實現最大化的驅動程式重複使用，設計了裝置 - 匯流排 - 驅動模型：用匯流排提供的一些方法來管理裝置的抽換資訊，所有的裝置都掛到匯流排上，匯流排會根據裝置的類型選擇合適的驅動與之匹配。透過這種設計，相同類型的裝置可以共用同一個匯流排驅動，實現了驅動級的程式重複使用。

與匯流排裝置模型相關的 3 個結構分別為 device、bus、driver，其實它們也可以看成基礎類別 kobject 的子類別。以 device 為例，其結構定義如下。

```
struct device
{
    struct device            *parent;
    struct device_private    *p;
    struct kobject           kobj;        // 內嵌 kobject 結構
    const struct device_type *type;
    struct bus_type          *bus;
    struct device_driver     *driver;
    void          *platform_data;
    void          *driver_data;
    dev_t         devt;
     u32          id;
    struct klist_node     knode_class;
    struct class          *class;
    void (*release)(struct device *dev);
};
```

與字元裝置 cdev 類似，在結構類型 device 的定義裡，也透過內嵌 kobject 結構來完成對基礎類別 kobject 的繼承。但其與字元裝置不同之處在於，device 結構體內部還內嵌了 bus_type 和 device_driver，用來表示其掛載的匯流排和與其匹配的裝置驅動。

device 結構可以看成一個抽象類別，我們無法使用它去創建一個具體的裝置。其他具體的匯流排型裝置，如 USB 裝置、I2C 裝置等可以透過內嵌

device 結構來完成對 device 類別屬性和方法的繼承。

```c
struct usb_device
{
    int         devnum;
    char        devpath[16];
    u32         route;
    enum usb_device_state state;
    enum usb_device_speed speed;
    struct usb_tt       *tt;
    int                 ttport;
    unsigned int        toggle[2];
    struct usb_device   *parent;
    struct usb_bus      *bus;
    struct usb_host_endpoint ep0;
    struct  device      dev;         // 內嵌 device 結構
    ...
}
```

各種不同類型的 USB 裝置，如 USB 序列埠、USB 網路卡、滑鼠、鍵盤等，都可以按照上面的策略，繼續一級一級地繼承下去。以 USB 網路卡為例，其結構類型為 usbnet。

```c
struct usbnet {
    /* housekeeping */
    struct usb_device *udev;         // 內嵌 usb_device 結構或指標
    struct usb_interface *intf;
    struct driver_info *driver_info;
    const char          *driver_name;
    void                *driver_priv;
    wait_queue_head_t   wait;
    struct mutex        phy_mutex;
    unsigned            can_dma_sg:1;
    unsigned            in, out;
    struct net_device *net;          // 內嵌 net_device 結構或指標
    struct usb_host_endpoint *status;
    unsigned            maxpacket;
    struct mii_if_info mii;
    ...
}
```

USB 網路卡比較特殊，雖然它實現了網路卡的功能，但是其底層通訊是 USB 協定，底層介面是 USB 介面，而非普通的乙太網介面，所以這裡涉及多重繼承的問題。USB 網路卡是一個子類別，usb_device 和 net_device 都是它的基礎類別。

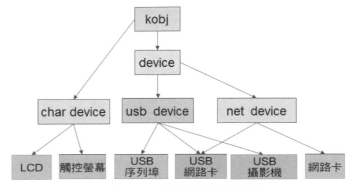

▲ 圖 8-8　不同裝置的結構封裝

面對 Linux 核心中一層又一層的結構嵌套，面對長長的結構定義，如果我們仍舊使用面向過程的思維去分析，很快你就被其錯綜複雜的資料結構和多層嵌套關係（大於 3 層）搞得暈頭轉向。當我們使用物件導向的思維重新去分析時，會發現整個局面開始變得豁然開朗，整個系統層次變得清晰。它們之間就是單純的繼承關係，子類別繼承基礎類別的各種屬性和方法，然後完成各自裝置的註冊、登出、熱抽換，不同的裝置再根據自己的特性和需要去擴充各自的屬性和方法。

8.4 Linux 核心中的 OOP 思想：繼承

在物件導向程式設計中，封裝和繼承其實是不分開的：封裝就是為了更好地繼承。我們將幾個類別共同的一些屬性和方法取出出來，封裝成一個類別，就是為了透過繼承最大化地實現程式重複使用。透過繼承，子類別可以直接使用父類別中的屬性和方法。

C 語言有多種方式來模擬類別的繼承。上一節主要透過內嵌結構或結構指標來模擬繼承，這種方法一般適用於一級繼承，父類別和子類別差異不大的場合，透過結構封裝，子類別將父類別嵌在自身結構體內部，然後子類別在父類別的基礎上擴充自己的屬性和方法，子類別物件可以自由地引用父類別的屬性和方法。

8.4.1 繼承與私有指標

為了更好地使用 OOP 思想理解核心原始程式，我們可以把繼承的概念定義得更寬鬆一點，除了內嵌結構，C 語言還可以有其他方法來模擬類別的繼承，如透過私有指標。我們可以把使用結構類型定義各個不同的結構變數，也可以看作繼承，各個結構變數就是子類別，然後各個子類別透過私有指標擴充各自的屬性或方法。

這種繼承方法主要適用於父類別和子類別差別不大的場合。如 Linux 核心中的網路卡裝置，不同廠商的網路卡、不同速度的網路卡，以及相同廠商不同品牌的網路卡，它們的讀寫入操作基本上都是一樣的，都透過標準的網路通訊協定傳輸資料，唯一不同的就是不同網路卡之間存在一些差異，如 I/O 暫存器、I/O 記憶體位址、中斷號等硬體資源不相同。

遇到這些裝置，我們完全不必給每個類型的網路卡都實現一個結構。我們可以將各個網路卡一些相同的屬性取出出來，建構一個通用的結構 net_device，然後透過一個私有指標，指向每個網路卡各自不同的屬性和方法，透過這種設計可以最大程度地實現程式重複使用。如 Linux 核心中的 net_device 結構。

```
//bfin_can.c
struct bfin_can_priv  *priv = netdev_priv(dev);

struct net_device {
    char  name[IFNAMSIZ];
    const struct net_device_ops   *netdev_ops;
```

```
    const struct ethtool_ops        *ethtool_ops;
    void *ml_priv;          /* mid-layer private */
    struct devicedev;
};
```

在 net_device 結構定義中，我們可以看到一個私有指標成員變數：ml_
priv。當我們使用該結構類型定義不同的變數來表示不同型號的網路卡
裝置時，這個私有指標就會指向各個網路卡自身擴充的一些屬性。如在
bfin_can.c 檔案中，bfin_can 這種類型的網路卡自訂了一個結構，用來儲
存自己的 I/O 記憶體位址、接收中斷號、發送中斷號等。

```
struct   bfin_can_priv {
    struct   can_priv      can;
    struct   net_device    *dev;
    void     __iomem       *membase;
    int    rx_irq;
    int    tx_irq;
    int    err_irq;
    unsigned short        *pin_list;
};
```

每個使用 net_device 類型定義的結構變數，都可以被看作是基礎類別
net_device 的一個子類別，各個子類別可以透過自訂的結構類型（如
bfin_can_priv）在父類別的基礎上擴充自己的屬性或方法，然後將結構變
數中的私有指標 ml_priv 指向它們即可。

8.4.2　繼承與抽象類別

含有純虛擬函數的類別，我們一般稱之為抽象類別。抽象類別不能被實
例化，實例化也沒有意義，如 animal 類別，它只能被子類別繼承。

抽象類別的作用，主要就是實現分層：實現抽象層。當父類別和子類別
之間的差別太大時，很難透過繼承來實現程式重複使用，如生物類和狗
類別，我們可以在它們之間增加一個 animal 抽象類別。抽象類別主要
用來管理父類別和子類別的繼承關係，透過分層來提高程式的重複使用

性。如上面裝置模型中的 device 類別，位於 kobj 類別和 usb_device 類別之間，透過分層，可以更好地實現程式重複使用。

8.4.3 繼承與介面

透過繼承，子類別可以重複使用父類別的屬性和方法，但是也會帶來一些問題，如圖 8-9 所示的多路繼承關係。

在上面的繼承關係中，B 和 C 作為基礎類別 A 的子類別，分別繼承了 A 的屬性和方法，這是沒有問題的。但是 D 又分別以 B 和 C 為父類別進行多路繼承，因為 B 和 C 都繼承於 A，所以這就可能帶來衝突問題，這種問題一般被稱為多重繼承（鑽石繼承）問題。為了避免這個問題，Java、C# 乾脆就不支持多重繼承，而是透過介面的形式來實現多重繼承。

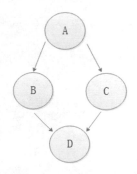

▲ 圖 8-9 多路繼承關係

什麼是介面呢？一個類別支援的行為和方法就是介面。一個類別封裝好以後，留出 API 函數供別的物件使用，這些 API 就是介面。不同的物件之間可以透過介面進行通訊，而不需要關心各自內部的實現，只要介面不變，內部實現即使改變了也不會影響介面的使用。介面就像山地車的手剎一樣，無論是油剎還是碟剎，對於騎手來說都不需要關心，騎手關心的是透過控制手 這個介面，自行車可以停就行。

介面與抽象類別相比，兩者有很多相似的地方。如兩者都不能實例化物件，都是為了實現多形。不同點在於介面是對一些方法的封裝，在類別中不允許有資料成員，而抽象類別中則允許有資料成員存在。除此之外，抽象類別一般被子類別繼承，而介面一般要被類別實現。

我們可以把介面看作一個退化了的多重繼承。介面簡化了繼承關係，解決了多重繼承的衝突，可以將兩個不相關的類別建立連結。

在圖 8-10 所示的繼承關係中，動物類、植物類都可以看作抽象類別。先分析植物這個抽象類別，這個類別中包含光合作用這個方法，花類別和樹類別分別繼承了植物類，並分別擴充了各自的方法：開花、結果。當我們想透過多重繼承實現一個桃樹類別時，此時就可能產生衝突了：花類別和樹類別都繼承了抽象類別植物的光合作用方法，並分別實現了定義，那麼當桃樹類別想使用光合作用這個方法時該使用哪一個呢？此時，我們可以改變繼承方式：改多重繼承為單繼承，另一個繼承使用介面代替，這樣衝突就解決了。

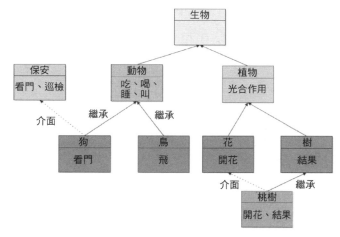

▲ 圖 8-10　透過介面來解決多重繼承衝突

我們再來分析動物類。狗屬於動物，因此可以透過繼承動物類，來重複使用動物的吃、喝、睡、叫等方法。有些狗還會看門，具有保安的行為和方法，但是我們不能把保安當作狗類別的一個父類別，因為兩者差距實在太大了，連結性不大，此時我們應該考慮透過介面實現。透過介面，我們就將兩個不相關的類別：保安和狗建立了連結，狗類別可以直接呼叫保安類別封裝的一些介面，如圖 8-10 所示。

同理，在我們使用物件導向程式設計思想分析 Linux 核心的過程中，如果遇到多重繼承讓我們的分析變得複雜時，我們也可以考慮化繁為簡，將多重繼承簡化為單繼承，另一個繼承使用介面代替。透過這種方法，我們可以把複雜問題降維分析,將複雜問題拆解簡單化。如 USB 網路卡驅動,既有 USB 子系統,又有網路驅動模組,放在一起分析比較複雜,我們可以透過介面,將多重繼承改為單繼承,就能將整個驅動的架構和分層關係簡單化,如圖 8-11 所示。

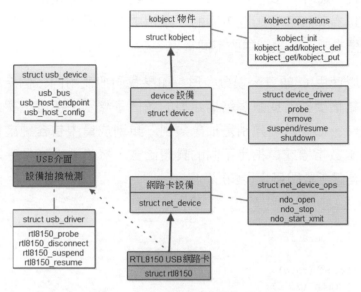

▲ 圖 8-11　USB 網路卡裝置的「介面」

以 Linux 核心中的 RTL8150 USB 網路卡驅動原始程式為例:我們把以 usb_device 為基礎類別的這條繼承分支當作一個介面來處理,USB 網路卡透過 usb_device 封裝的介面可以實現 USB 網路卡裝置的抽換檢測、底層資料傳輸等功能。而對於以 net_device 為基礎類別的這路繼承,我們把它看作一個普通的單繼承關係,USB 網路卡以 kobject 為基礎類別,實現多級繼承,每一級的基礎類別都擴充了各自的方法或封裝了介面,供其子類別 RTL8150 呼叫。RTL8150 網路卡透過呼叫祖父類別 kobject 的方法 kobject_add() 將裝置註冊到系統;透過呼叫 device 類別的 probe() 完成驅動和裝置的匹配及裝置的 suspend、shutdown 等功能;透過呼叫 net_device 類別實現的 open、xmit、stop 等介面完成網路裝置的打開、資料發送、資料停止發送等功能。

8.5 Linux 核心中的 OOP 思想：多形

多形是物件導向程式設計中非常重要的一個概念，在前面的物件導向程式設計基礎一節中，我們已經知道：在子類別繼承父類別的過程中，一個介面可以有多種實現，在不同的子類別中有不同的實現，我們透過基礎類別指標去呼叫子類別中的不同實現，就叫作多形。

我們也可以使用 C 語言來模擬多形：如果我們把使用同一個結構類型定義的不同結構變數看成這個結構類型的各個子類別，那麼在初始化各個結構變數時，如果基礎類別是抽象類別，類別成員中包含純虛擬函數，則我們為函數指標成員指定不同的具體函數，然後透過指標呼叫各個結構變數的具體函數即可實現多形。

```c
#include <stdio.h>

struct file_operation
{
    void (*read)(void);
    void (*write)(void);
};

struct file_system{
    char name[20];
    struct file_operation fops;
};

void ext_read(void)
{
    printf("ext read...\n");
}

void ext_write(void)
{
    printf("ext write...\n");
}

void fat_read(void)
```

```
{
    printf("fat read...\n");
}

void fat_write(void)
{
    printf("fat write...\n");
}

int main(void)
{
    struct file_system ext = {"ext3", {ext_read, ext_write}};
    struct file_system fat = {"fat32", {fat_read, fat_write}};

    struct file_system *fp;
    fp = &ext;
    fp->fops.read();
    fp = &fat;
    fp->fops.read();
    return 0;
}
```

程式執行結果如下。

```
ext read...
fat read...
```

在上面的範例程式中，我們首先定義了一個 file_system 結構類型，並把
它作為基礎類別，使用該結構類型定義的 ext 和 fat 變數可以看作 file_
system 的子類別。然後，我們定義了一個指向基礎類別的指標 fp，並透
過基礎類別指標 fp 去存取各個子類別中名稱相同函數的不同實現，C 語
言透過這種方法「模擬」了多形。

明白了 C 語言實現多形的道理，我們接著分析 USB 網路卡驅動。對於圖
8-12 中的 net_device 結構，我們也可以把它看作一個基礎類別，對於每
一個實例化的結構變數，都代表一種不同的網路卡，都把它們看作 net_
device 基礎類別的子類別。每一個網路卡都有各自不同的 read/write 實

現，並儲存在各個結構變數的 net_device_ops 裡，當一個指向 net_device
結構類型的基礎類別指標指向不同的結構變數時，就可以分別去呼叫不
同子類別（具體的網路卡裝置）的讀寫函數，從而實現多形。

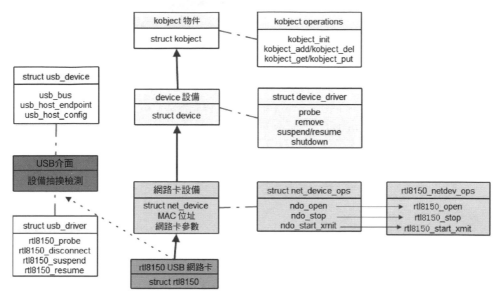

▲ 圖 8-12　USB 網路卡裝置中的「多形」

分析到這裡，我們已經對 Linux 核心中的物件導向程式設計思想，以及如
何使用 C 語言實現的策略有了一個大致的了解。按照這種思維方法，我
們再去分析 USB 網路卡驅動的軟體層次和模組呼叫關係，是不是有一種
撥雲見日、豁然開朗的感覺？如果你看得霧裡看花，不知所云，説明你
還沒有 Get 到，建議再多看幾遍，多理解多消化一下，為了體驗這種感
覺，值得你花費時間和精力在它上面。如果你已經有了這種感覺，恭喜
你，本章想要表達的主要內容和思維方法你已經掌握了。但此刻也不應
該驕傲，為了更加熟練地掌握這種思維方法和分析方法，你可以嘗試去
分析一個你認為很難掌握的驅動模組或 Linux 內核子系統，以結構為切入
點進行分析，看看這次你能不能獨立攻克它！

09

C 語言的模組化程式
設計思想

我們開發一個軟體專案，分工與合作是現代社會運作的基礎，每個人都做自己擅長的事情，可以大大提高工作效率，這就是分工與合作帶來的好處。

▲ 圖 9-1　社會化分工 (來源：https://www.scbao.com/sc/1070086.html)

開發一個軟體專案也是如此,一個專案可以劃分為不同的模組,然後分配給不同的人去完成。模組化程式設計不僅可以由多人協作、分工實現,而且還可以讓我們的軟體系統結構清晰、層次更加分明,更加易於管理和維護。接下來的內容,就是本章想要分享的一種重要的程式設計思想:C 語言的模組化程式設計思想。

9.1 模組的編譯和連結

在一個 C 語言軟體專案中,我們將整個系統劃分成不同的模組,然後交給不同的人去完成。那麼每個人在實現各自模組的過程中要注意些什麼呢?如何與其他人協作?最後自己寫的模組如何整合到系統中去?在分析這些問題之前,我們先複習一下一個專案是如何編譯、連結生成可執行檔的。

一個 C 語言專案劃分成不同的模組,通常由多個檔案來實現。在專案編譯過程中,編譯器是以 C 原始檔案為單位進行編譯的,每一個 C 原始檔案都會被編譯器翻譯成對應的一個目的檔案,如圖 9-2 所示。

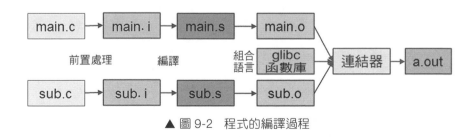

▲ 圖 9-2　程式的編譯過程

接下來連結器對每一個目的檔案進行解析,將檔案中的程式碼片段、資料段分別組裝,生成一個可執行的目的檔案。如果程式呼叫了函數庫函數,則連結器也會找到對應的函數庫檔案,將程式中引用的函數庫程式一同連結到可執行檔中,如圖 9-3 所示。

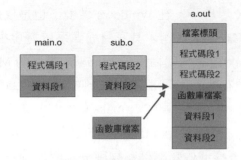

▲ 圖 9-3　程式的連結過程

在連結過程中，如果多個目的檔案定義了名稱重複的函數或全域變數，就會發生符號衝突，報重定義錯誤。這時候連結器就要對這些重複定義的符號做符號決議，決定哪些留下，哪些捨棄。符號決議按照下面的規則進行。

- 在一個多檔案專案中，不允許有多個強符號。
- 若存在一個強符號和多個弱符號，則選擇強符號。
- 若存在多個弱符號，則選擇佔用空間最大的那一個。

其中，初始化的全域變數和函數是強符號，未初始化的全域變數預設屬於弱符號。程式設計師也可以透過 __attribute__ 屬性宣告顯性更改符號的屬性，將一個強符號顯性轉換為弱符號。

在整個專案編譯過程中，我們可以透過編譯控制參數來控制編譯流程：前置處理、編譯、組合語言、連結，也可以指定多個檔案的編譯順序。為了方便，我們通常使用自動化編譯工具 make 來編譯專案，make 自動編譯工具依賴專案的 Makefile 檔案。Makefile 檔案主要用來描述各個模組檔案的依賴關係，要生成的可執行檔，需要編譯哪些原始檔案，如何編譯，先編譯哪個，後編譯哪個，Makefile 裡都有描述。make 在編譯專案時，會首先解析 Makefile，分析需要編譯哪些原始檔案，建構一個完整的相依樹狀結構，然後呼叫具體的命令一步步去生成各個目的檔案和最終的可執行檔。

不僅在 Linux/UNIX 環境下，在 Windows 環境下也是使用這種方式來編譯一個專案的。以 VC++ 6.0 為例，其底層編譯系統實現由 nmake 和 xx.mak 指令檔組成，xx.mak 指令稿就相當於 Linux 環境下的 Makefile，nmake 相當於 make。當我們在專案管理器中增加原始檔案，編輯好程式後，點擊介面上的 Run 按鈕，此時對應的 xx.mak 檔案也生成了，nmake 也被呼叫開始編譯器。它首先會解析 xx.mak 檔案，建構生成可執行檔所依賴的原始檔案關係樹，然後根據依賴關係和規則分別呼叫前置處理器、編譯器、組合語言器、連結器等工具去完成整個專案的編譯連結過程。

9.2 系統模組劃分

面對一個有特定功能和需求的軟體專案，我們如何將其劃分成不同的模組，交給不同的人去做呢？當每個人實現自己負責的模組後，如何把它們整合到整個系統中？系統能否正常執行？出現了問題該如何解決？這些軟體開發中經常遇到的問題不僅是專案經理、架構師要考慮的重點，也是每個軟體工程師都要考慮的問題，否則整個團隊每人各幹各的，都按照自己喜歡的方式來，也就亂得一團糟。

9.2.1 模組劃分方法

在對系統進行模組劃分之前，我們首先要了解概念：什麼是系統，什麼是模組。系統就是各種物件相互連結、相互作用形成的具有特定功能的有機整體。如果把一頭豬看作一個系統，那麼它就是由心、肝、脾、胃、腎等器官組成的一個有機整體，各模組之間是相互作用、相互連結的，而非菜市場砧板上各個模組孤零零地放在那裡。系統的模組化設計其實就是將系統目標按模組化方式分解、設計、實現、整合。模組是模組化設計的產物，每一個模組都是具有獨立功能的有機組成。

關於模組與系統的先後順序大家不要搞反了，這不是先有雞還是先有蛋的問題，一般都是先有系統，有了系統目標和功能定義，然後才有模組劃分，最後才有模組的實現。系統的外在功能是透過系統內部多個模組之間相互作用、相互連結實現的。一個系統就和一頭豬一樣，豬只有吃飽了才有力氣去拱牆根、去撞樹，那麼如何獲取力氣呢？就需要豬身體的嘴巴、食道、胃等各個模組相互協作，才能將自然界的食物轉化為熱量，轉化為生物運動需要的能量。

那麼如何對一個系統進行模組劃分呢？首先我們要確定系統的功能或目標，知道自己要做什麼，實現什麼功能和目標，如我們要做牛肉麵，這個可以當作系統的目標。接下來，我們就要根據系統的功能和目標，設計出一組系統工作流程：如何做一碗牛肉麵？要做麵，得有糧食；想要糧食，需要種地。經過步步分析之後，我們就可以得出做牛肉麵的基本流程：先種地產糧食，然後把糧食磨成麵粉，接著把麵粉做成麵條，最後才能做出牛肉麵。把做牛肉麵的基本流程弄通之後，我們就要根據這個工作流程，確定角色和分工，以及各個角色之間如何互動、如何連結：這個牛肉麵專案需要農民種地，輸出糧食；需要工人，將農民的糧食磨成麵粉，然後輸出麵粉；廚師則根據工人的輸出，進行和麵、擀麵條等工作，最後輸出牛肉麵。各個角色確定之後，我們就可以根據各個角色將系統劃分成不同的模組。

- farmer.c：農民負責種地，輸出糧食。
- worker.c：工人將農民輸出的糧食進行加工，輸出麵粉。
- cook.c：廚師根據工人輸出的麵粉，進行和麵、擀麵、燒水等工作，輸出牛肉麵。

上面的例子只是給大家演示了系統分析及模組化設計的一個方法：根據系統功能或目標，設計出一組工作流，根據工作流設計出各個角色及角色之間的連結，最後根據各個不同的角色就可以將系統劃分為不同的模組。

在實際專案中，會有各種不同的專案目標或業務邏輯，不同的應用場景導致模組劃分的方法也不盡相同。在對一個系統進行功能分析、模組劃分的時候也要根據專案的工作量、團隊人數、團隊員工水準等因素進行合理的劃分。一個系統根據要實現的功能不同也有不同的劃分方法，可以基於功能需求劃分，也可以基於專業領域劃分。如我們要設計一個學生成績管理系統，支援學生登入和老師登入，不同的使用人員有不同的功能需求，我們可以基於功能需求將系統劃分為教師模組和學生模組。

- 教師模組：成績輸入、修改、刪除、統計、不及格人數統計。
- 學生模組：成績查詢、個人平均分、排名。

再舉一個例子，假如我們要設計一個 MP3 播放機，支援音樂播放和錄音功能。此時我們就可以按照上面的基本流程，試著對系統進行模組劃分了。

- 系統目標或功能：播放音樂、錄音。
- 基本工作流 1：從磁碟讀取 MP3 檔案 → 解碼 → 音效卡 → 顯示。
- 基本工作流 2：麥克風錄音、AD 轉換 → 記憶體 → 聲音編碼 → 存入磁碟。
- 角色：儲存、顯示卡、音效卡、麥克風、轉碼器。
- 模組：儲存模組、顯示模組、編解碼模組。

透過以上分析，我們基本上就可以將一個 MP3 播放機系統劃分為幾個模組，如圖 9-4 所示。

當一個系統比較複雜，或者由於模組劃分得比較細導致模組過多時，我們就要考慮系統的進一步分層了。我們可以按照模組間的上下依賴關係，將一個系統劃分為不同的層。如我們將 MP3 播放機升級了：移植了 OS，增加了檔案系統模組，還增加了更加絢麗的 GUI 介面。檔案系統對儲存模組的讀寫進行了抽象，應用程式可以透過檔案系統的 read/write 介面直接讀寫 MP3 歌曲檔案。實現 MP3 播放介面時，我們也不用直接操作顯示記憶體更新畫面，可以透過 GUI 系統留出的 API 直接畫圖。由於這些模組之間存在依賴關係，因此在對系統分層時，可以將它們劃分到不同的層中。重新進行分層後的 MP3 播放機系統架構如圖 9-5 所示。

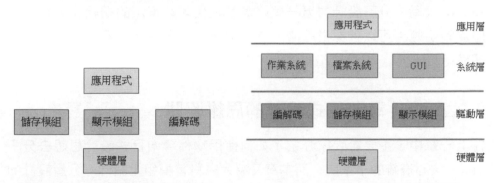

▲ 圖 9-4　MP3 播放機的模組劃分　　　▲ 圖 9-5　MP3 播放機的分層設計

不僅整個系統可以進行模組化分層設計，對於某個特定的模組我們也可以對其進一步分層：當一層中存在多個模組，模組之間也有依賴關係時，我們可以繼續對其分層，按照上下依賴關係將模組劃分到不同的層中。如上面系統中的編解碼模組，可能會支援不同的音 格式，如 MP3、FLAC、AAC 等，編解碼底層還有各種音效卡驅動、麥克風驅動等，因此我們可以繼續對編解碼模組進行分層，如圖 9-6 所示。

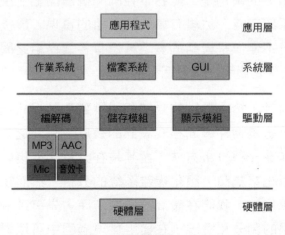

▲ 圖 9-6　編解碼模組的分層設計

透過分層設計，可以使整個系統層次更加分明，結構更加清晰，管理和維護起來更加方便。如果我們想增加或刪除一個模組，很快就可以在系統中找到其增加、刪除的合適位置，基本上不會對系統中的其他模組有多大的改動。分層設計的另一個好處就是使系統資源的初始化和釋放順序清晰明瞭：可以根據模組間的依賴關係，按照順序去初始化或釋放各個模組資源。

9.2.2　物件導向程式設計的思維陷阱

在上一章中，主要給大家介紹了如何使用物件導向程式設計思想去分析 Linux 核心複雜的子系統，而本章又給大家科普模組化設計、分層設計的好處，喜歡思考的朋友可能就納悶了：兩者都好，到底哪個好，兩者會不會有衝突？

物件導向程式設計和系統的模組化設計兩者的出發點其實是相同的：都是一種高品質軟體設計方法，只是側重點不同。模組化設計的思想核心是分而治之，重點在於抽象的物件之間的連結，而非內容；而物件導向程式設計思想主要是為了程式重複使用，重點在於內容實現。

兩者還有一個重要的區別是：兩者不在同一個層面上。模組化設計是最高原則，先有系統定義，然後有模組和模組的實現，最後才有程式重複使用。一個系統不僅僅是模組的實現，還有各個模組之間的相互作用、相互連結，以及由它們組成的一個有機整體。

物件導向程式設計，透過類別的封裝和繼承實現了程式重複使用，減少了開發工作量，這是物件導向程式設計的長處。除此之外，把物件導向程式設計思想作為一種分析方法，尤其是在分析大型複雜的軟體系統時特別有用，可以化繁為簡，簡化複雜系統的分析。然而物件導向程式設計思想也不是萬能的，我們在設計一個系統時，先有系統目標和功能的定義，再有模組的劃分和實現，在模組實現過程中可以透過繼承等方式實現程式的重複使用。如果想基於現有的模組和物件去建構系統，就可能會陷入資源所限定的條條框框中。在對系統進行分析和模組化設計時，模組間的相互連結、相互作用、模組間的依賴關係、系統資源的初始化、釋放順序都是需要全域統籌分析的。

9.2.3　規劃合理的目錄結構

透過系統分析和模組化設計方法，我們可以將一個系統劃分為不同的模組，不同的模組用不同的原始檔案實現，接著還要選擇合適的目錄結構來組織和管理這些檔案。

一個好的目錄結構，首先要層次清晰，能明確表現出模組劃分關係。如果其他人看一眼你的專案目錄組織架構，就知道各個目錄是幹什麼的，知道你的模組劃分及層次，說明你的專案目錄規劃合理。尤其是多人協作開發一個專案時，一個好的目錄規劃就更重要了，大家都在自己的目錄下進行開發，各自模組的增加、刪除都不會影響其他人。

比較常見的三種目錄結構分別如下。

- flat：所有的原始檔案都放在同一個目錄下。
- shallow：各個模組放在各自目錄下，主程序檔案放在專案的頂層目錄下。
- deep：主程序檔案和各個模組分別放在各自的目錄下。

在 Windows 環境下，各種成熟的 IDE 基本上都會提供資源管理器、專案管理器的功能，用來輔助我們組織一個專案中各個檔案的組織架構及儲存。而在 Linux 環境下開發專案，沒有類似專案管理器這樣的輔助工具幫助我們組織專案目錄，需要我們自己手動創建專案的各個目錄，手動管理專案的目錄結構。

這裡有個細節需要注意，一個專案中的原始檔案組織結構資訊和原始檔案在磁碟上的實際儲存位置是無關的。IDE 的專案管理器主要管理的是一個專案中編譯所需要的各種原始檔案,編譯系統會根據專案管理器中的原始檔案生成對應的 Makefile 指令稿,Makefile 指令稿主要供 make 工具解析來生成專案的相依樹狀結構。make 根據相依樹狀結構,會分別到各個原始檔案的實際儲存目錄下去編譯和連結,也就是說專案管理器中檔案的組織關係和原始檔案實際儲存的組織結構可能不一樣。當然為了方便管理和維護,我們還是建議專案的檔案組織關係和實際原始檔案儲存的目錄關係要一致。

9.3 一個模組的封裝

一個系統經過模組化設計,劃分為不同的模組後,接下來就是將各個不同的模組交給不同的人去實現和維護,每一個模組是如何實現的呢?

在 C 語言中一個模組一般對應一個 C 檔案和一個頭檔案。模組的實現在 C 原始檔案中,標頭檔主要用來存放函式宣告,留出模組的 API,供其他模組呼叫。如上面的 MP3 播放機有一個 LCD 顯示模組,我們可以將有關 LCD 顯示的 API 函數在 lcd.c 檔案中實現,並在 lcd.h 中引出 API 宣告。

```
//lcd.c#include <stdio.h>

void lcd_init(void)
{
    printf("lcd init...\n");
}

//lcd.h
void lcd_init(void);
```

我們在主程序中如果想呼叫顯示模組實現的介面函數 lcd_init(),很簡單,直接使用前置處理命令 #include 模組的標頭檔 lcd.h,就可以直接使用了。

```
//main.c
#include <stdio.h>
#include "lcd.h"

int main(void)
{
    printf("hello world!\n");
    lcd_init();
    return 0;
}
```

9.4 標頭檔深度剖析

在一個軟體專案中，最讓新手感到頭疼的、最麻煩的、最難以管理的就是各種標頭檔，本節將會對一個專案專案中經常遇到的各種標頭檔問題一一進行分析。

9.4.1 基本概念

透過上面的學習，我們已經看到了標頭檔的作用：主要對一個模組封裝的 API 函數進行宣告，其他模組要想呼叫這個介面函數，要首先包含該模組對應的標頭檔，然後就可以直接使用了。很多人可能就有疑問了：為什麼非得先 #include 一個頭檔案呢？或者說，為什麼要先宣告後使用呢？

其實這也算是 C 語言的歷史遺留問題了。早期的電腦記憶體還比較小，編譯器在編譯一個專案專案時，無法一下子把所有的檔案都載入到記憶體同時編譯，編譯器只能以原始檔案為單位一個一個進行編譯，然後進行連結。編譯器在編譯各個 C 原始檔案的過程中，如果該 C 檔案引用了其他檔案中定義的函數或變數，編譯器也不會顯示出錯，連結器在連結的時候會到這個檔案裡查詢你引用的函數，如果沒有找到才會顯示出錯。但是編譯器為了檢查你的函式呼叫格式是否存在語法錯誤，形式參數實際參數的類型是否一致，會要求程式設計師在引用其他檔案的全域符號之前必須先宣告,如變數的類型、函數的類型等,編譯器會根據你宣告的類型對你撰寫的程式敘述進行語法、語義上的檢查。

因此,在一個 C 語言專案中,除了 main、跳躍標誌不需要宣告,任何識別字在使用之前都要宣告。你可以在函數內宣告,可以在函數外宣告,也可以在標頭檔中宣告。一般為了方便,我們都是將函數的宣告直接放到標頭檔裡,作為本模組封裝的 API,供其他模組使用。程式設計師在其他檔案中如果想引用這些 API 函數,則直接 #include 這個頭檔案,然後就可以直接呼叫了,簡單方便。

一個變數的宣告和一個變數的定義不是一回事,大家不要弄混了:是否分配記憶體是區分定義和宣告的唯一標準。一個變數的定義最終會生成與具體平台相關的記憶體分配組合語言指令,而變數的宣告則告訴編譯器,該變數可能在其他檔案中定義,編譯時先不要顯示出錯,等連結的時候可以到指定的檔案裡去看看有沒有,如果有就直接連結,如果沒有則再顯示出錯也不遲。一個變數只能定義一次,即只能分配一次儲存空間,但是可以多次宣告。一般來講,變數的定義要放到 C 檔案中,不要放到標頭檔中,因為這個頭檔案可能被多人使用,被多個檔案包含,標頭檔經過前置處理器多次展開之後也就變成了多次定義。

在一個頭檔案裡,除了函式宣告,一般我們還可以放其他一些宣告,如資料型態的定義、巨集定義等。

```
//lcd.h
#ifndef __LCD_H__
#define __LCD_H__

#define PI 3.14
void lcd_init(void);

struct person{
   int age;
   char name[10];
};
```

```
#endif

//lcd.c
#include <stdio.h>
void lcd_init(void)
{
    printf("lcd_init...\n");
}

//main.c
#include <stdio.h>
#include "lcd.h"
#include "lcd.h"

int main(void)
{
    printf("hello world!\n");
    lcd_init();
    return 0;
}
```

如果我們在一個專案中多次包含相同標頭檔（如上面的 main.c 中），編譯器也不會顯示出錯，因為前置處理器在前置處理階段已經將標頭檔展開了：一個變數或函數可以有多次宣告，這是編譯器允許的。但是如果你在標頭檔裡定義了巨集或一種新的資料型態，標頭檔再多次包含展開，編譯器在編譯時可能會報重定義錯誤。為了防止這種錯誤產生，我們可以在標頭檔中使用條件編譯來預防標頭檔的多次包含。

```
//lcd.h
#ifndef __LCD_H__
#define __LCD_H__
...
#endif
```

上面的這些前置處理命令可以預防標頭檔多次展開，尤其是在一些多人開發的大型專案中，很多人可能在自己的模組中包含同一個標頭檔。當一個 C 檔案包含多個模組的標頭檔時，透過這種間接包含，也有可能多

次包含同一個標頭檔。透過上面的前置處理命令，無論包含幾次，前置
處理過程只展開一次，程式設計師在包含標頭檔的時候再也不用擔心標
頭檔多次包含的問題了，放心 #include 就可以。

▌ 思考：標頭檔多次包含會增加可執行檔的體積嗎？

9.4.2 隱式宣告

如果一個 C 程式引用了在其他檔案中定義的函數而沒有在本檔案中宣
告，編譯器也不會顯示出錯，編譯器會認為這個函數可能會在其他檔案
中定義，等連結的時候找不到其定義才會顯示出錯。

```
int main(void)
{
    printf("hello world!\n");
    return 0;
}
```

如上面的程式，我們使用了 C 標準函數庫裡的 printf() 函數，但是沒有透
過 #include<stdio.h> 標頭檔對呼叫的函數進行宣告。你會發現程式可以
執行，編譯器也沒有顯示出錯，只是舉出了一個 warning。

```
Warning: implicit declaration of function `printf'
```

很多新手寫程式時，只要程式編譯沒有錯誤、可以執行就萬事大吉了，
哪怕編譯資訊欄裡有幾十個 warning 也不管不問。這可不是一個好習慣，
因為每一個 warning 都有可能是一個「定時炸彈」，等哪一天你的程式執
行出現問題了，可能就是由這些 warning 帶來的隱藏很深的 bug 引起的。
如果你不信，現在就寫一個測試程式看看。

```
//func.c
#include <stdio.h>
float func(void)
{
    return 3.14;
}
```

```
//main.c
#include <stdio.h>
int main(void)
{
    float pi;
    pi = func();
    printf("pi = %f\n", pi);
    return 0;
}
```

編譯器並執行，列印結果如下。

```
# gcc main.c func.c -o a.out
main.c:5:7: warning: implicit declaration of function 'func'
[-Wimplicit-function-declaration]
  pi = func();

# ./a.out
  pi = -1217016448.000000
```

你會發現程式的列印結果和我們的預期不符：並沒有列印我們預期的
3.14。問題出在哪裡呢？問題就出在了隱式宣告上。在 C 語言中，如
果我們在程式中呼叫了在其他檔案中定義的函數，但沒有在本檔案中宣
告，編譯器在編譯時並不會顯示出錯，而是會給我們一個警告資訊並自
動增加一個預設的函式宣告。

```
int f();
```

這個宣告我們稱為隱式宣告。如果你呼叫的函數返回類型正好是 int，那
麼皆大歡喜，程式的執行不會出現任何問題。如果你呼叫的函數返回類
型是 float，而編譯器宣告的函數類型為 int，則程式執行時期會發生不可
預期的結果。

函數的隱式宣告帶來的衝突，不僅僅是與自訂函數的衝突，如果我們引
用函數庫函數而沒有包含對應的標頭檔，也有可能與函數庫函數發生類
型衝突。這些函數類型衝突雖然不影響程式的正常執行，但是會給程式

帶來很多無法預料的深層次 bug，在不同的編譯環境下，函數的執行結果甚至可能都不一樣。因此，為了撰寫高品質穩定執行的程式，我們要養成「先宣告後使用」的良好程式設計習慣。

對於函數的隱式宣告，ANSI C/C99 標準只是舉出一個 warning，用來提醒程式設計師，這個隱式宣告可能會給程式的執行帶來問題。現在最新的 C11 標準和 C++ 標準對隱式宣告管理得更嚴格，遇到這種情況，直接顯示出錯處理，防患於未然。

9.4.3 變數的宣告與定義

透過上節的學習，我們已經感受到在 C 語言程式設計中對一個符號「先宣告後引用」的重要性。那麼如何對外部檔案的符號進行宣告呢？C 語言提供了 extern 關鍵字，在使用之前，可以在本檔案中使用 extern 關鍵字對其他檔案中的符號進行宣告。

```
extern   int  i;
extern   int a[20];
extern   struct student stu;
extern   int  function();
extern   "C"  int function();
```

從 C 語言語法的角度看，使用 extern 關鍵字可以擴充一個全域變數或函數的作用域。而從編譯的角度看，使用 extern 關鍵字，就是用來告訴編譯器：「這些變數或函數可能在別的檔案裡定義，我要在本檔案使用，你先不要顯示出錯，類型已經告訴你了，歡迎你隨時進行語法或語義的檢查。」

```
//i.c
int i = 10;
int a[10] = {1, 2, 3, 4, 5, 6, 7, 8, 9};
struct student
{
    int age;
```

```
    int num;
};
struct student stu = {20, 1001};
int k;

//main.c
#include <stdio.h>
extern int i;
extern int a[10];
struct student{
    int age;
    int num;
};
extern struct student stu;
extern int k;

int main(void)
{
    printf("%s: i = %d\n", __func__, i);
    for(int j = 0; j < 10; j++)
      printf("a[%d]:%d\n", j, a[j]);
    printf("stu.age = %d, num = %d\n", stu.age, stu.num);
    printf("%s: k = %d\n", __func__, k);
    return 0;
}
```

程式執行結果如下。

```
main: i = 10
a[0]:1
a[1]:2
a[2]:3
a[3]:4
a[4]:5
a[5]:6
a[6]:7
a[7]:8
a[8]:9
a[9]:0
stu.age = 20, num = 1001
main: k = 0
```

在上面的專案中，我們在 i.c 檔案中定義了不同類型的變數，如果想在 main.c 檔案裡引用這些變數，要先使用 extern 關鍵字進行宣告，然後就可以直接使用了。在對 stu 結構變數進行宣告時，因為要用到 student 結構類型，所以我們要在 main.c 裡面將這個結構類型重新定義一遍。

9.4.4 如何區分定義和宣告

在上面的程式碼中，最容易讓人產生迷惑的是 i.c 中定義的 k 變數。變數 k 在定義的時候沒有初始化，看起來有點「宣告」的味道，那麼它到底是定義，還是宣告呢？對於這些模棱兩可的敘述，我們可以使用定義宣告的基本規則來判別。

- 如果省略了 extern 且具有初始化敘述，則為定義敘述。如 int i = 10;。
- 如果使用了 extern，無初始化敘述，則為宣告敘述。如 extern int i;。
- 如果省略了 extern 且無初始化敘述，則為試探性定義。如 int i;。

什麼叫試探性定義呢？試探性定義，即 tentative definition，如 int i; 就是試探性定義。該變數可能在別的檔案裡有定義，所以先暫時定為宣告：declaration。若別的檔案裡沒有定義，則按照語法規則初始化該變數 i，並將該敘述定性為定義：definition。一般這些變數會初始化為一些預設值：NULL、0、undefined values 等。

如果從編譯連結的角度去分析 int i; 這行敘述，其實也不難。對於未初始化的全域變數，它是一個弱符號，先定性為宣告。如果其他檔案裡存在名稱相同的強符號，那麼這個強符號就是定義，把這個弱符號看作宣告沒毛病；如果其他檔案裡沒有強符號，那麼只能將這個弱符號當作定義，為它分配儲存空間，初始化為預設值。

在上面專案的 main.c 檔案中，我們使用了 extern int k; 這行敘述，按照上面的判斷規則，其實就是對變數 k 的宣告，那麼 i.c 裡的 int k; 這行敘述就是定義敘述。如果我們在 main.c 裡增加一筆 int k = 20; 定義敘述，那麼 i.c 檔案裡的 int k; 這行敘述就變成宣告敘述了。

```
//i.c
int k;

//main.c
int int k = 20;
int main(void)
{
    printf("%s: k = %d\n", __func__, k);
    return 0;
}
```

程式執行結果如下。

```
main: k = 20
```

9.4.5 前向引用和前向宣告

透過前面的學習，我們已經對宣告和定義的概念有了更加清晰的理解。定義的本質就是為物件分配儲存空間，而宣告則將一個識別字與某個 C 語言物件相連結（函數、變數等）。我們宣告一個函數原型，是為了提供給編譯器做函數參數格式檢查，我們宣告一個變數，是為了告訴編譯器，這個變數已經在別的檔案裡定義，我們想在本檔案裡使用它。在 C 語言中，我們可以宣告各種各樣的識別字：變數名、函數名、類型、類型標識、結構、聯合、列舉常數、敘述標誌、前置處理器巨集等。

無論宣告什麼類型的識別字，我們都要遵循 C 語言的光榮傳統：先宣告後使用。為什麼要先宣告後使用呢？這個問題可以看作 C 語言的歷史遺留問題，也可以看作編譯器的歷史問題，因為早期的編譯器鑒於電腦記憶體資源限制，不可能同時編譯多個檔案，所以只能採取單獨編譯。

- separate compilation：以原始檔案為單位進行編譯。
- one-pass compiler：每個原始檔案只編譯一次。

編譯器為了簡化設計，採用了 one-pass compiler 設計，正可謂「好馬不吃回頭草」，每個原始檔案只編譯一次，這也決定了 C 語言「先宣告後使用」的使用原則。這裡的「先宣告後使用」，指一個識別字要在宣告完成之後才能使用，在宣告完成之前不能使用。

```
extern int i;
i = 20;
int j = sizeof(j);
```

什麼是宣告完成呢？一個變數的宣告無非就是宣告其類型，宣告不是給人看的，是給編譯器看的，是為了應付編譯器語法檢查的。如果你已經讓編譯器知道了這個識別字的類型，那麼我們就認為宣告完成了。如上面的程式，i 變數宣告之後再使用，這是標準的 C 語言語法，而在同一行敘述中對變數 j 同時進行宣告和使用也是沒有問題的，因為 sizeof 關鍵字在使用變數 j 之前，變數 j 的類型已經宣告完成了。

規則是用來制定的，也是用來破壞的。在 C 語言中，並不是所有的識別字都需要先宣告後使用。如果一個識別字在未宣告完成之前，我們就對其引用，一般被稱為前向引用。在 C 語言中，有 3 個可以前向引用的特例。

- 隱式宣告（ANSI C 標準支援，但 C99/C11/C++ 標準已禁止）。
- 敘述標誌：跳躍向後的標誌時，不需要宣告，可以直接使用。
- 不完全類型：在被定義完整之前用於某些特定用途。

關於隱式宣告，前面的小節已經講過了，就不再贅述了，只是有一個細節需要注意：雖然我們對一個識別字不宣告直接使用編譯器不會顯示出錯，但是編譯器在背後已經默默地為我們增加了一個函式宣告，其實還是遵循了 C 語言「先宣告後使用」的規則，只不過從使用者的角度上看，還是屬於前向引用的範圍。

關於敘述標誌，這個大家都已經很熟悉了。使用 C 語言的 goto 關鍵字可以往前跳，也可以往後跳，不需要對敘述標誌進行事先宣告。

接下來我們重點講解一下不完全類型的前向引用。

什麼是不完全類型呢？ C 語言的識別字除了兩種常見的類型：object type 和 function type，還有另外一種類型：incomplete type，即不完全類型。我們常見的完全類型如下。

- void。
- an array type of unknown size :int a[];。
- a structure or union type of unknown content。

在 C 語言程式中，會經常看到對不完全類型識別字的前向引用。

```
goto  error;
int  array_print (int a[], int len);


struct LIST_NODE
{
   struct LIST_NODE *next;
   int data;
};          // 定義完成結束符，到這裡才算對 LIST_NODE 識別字宣告完成
```

在上面的 C 語言範例程式中，對於一個未指定長度的陣列，我們不需要宣告就可以直接使用。在鏈結串列節點 LIST_NODE 的結構類型中，在 LIST_NODE 宣告完成之前，我們就直接在結構內使用其類型定義了一個指標成員 next，這也算前向引用，屬於 C 語言允許前向引用的 3 個特例。

大家有沒有發現一個規律：當我們對一個識別字前向引用時，一般我們只關注識別字類型，而不關注該識別字的大小、值或具體實現。也就是說，當我們對一個不完全類型進行前向引用時，我們只能使用該識別字的部分屬性：類型，其他一些屬性，如變數值、結構成員、大小等，我們是不能使用的，否則編譯就會顯示出錯。

```
struct LIST_NODE
{
   struct LIST_NODE *next;
   struct LIST_NODE node;
```

```
    int data;
};
```

如果我們在結構類型 LIST_NODE 的定義中增加了一個 node 成員，則編譯器就會顯示出錯。

```
error: field `node' has incomplete type
```

為什麼編譯器會顯示出錯呢？主要是因為當編譯器遇到 struct LIST_NODE node; 這行敘述時，需要考慮 node 的大小，但是結構類型 LIST_NODE 此時還沒有完成定義，屬於不完全類型，編譯器無法知曉其大小，所以就會顯示出錯。而對於 struct LIST_NODE *next; 這行敘述，我們定義的成員是一個指標，我們只是使用不完全類型 LIST_NODE 其中的一個屬性：類型，來指定指標的類型。無論指標是什麼類型，其大小是固定不變的，在 32 位元系統中一般都是 4 位元組，因此編譯器不會顯示出錯。明白了這個道理，你就可以在結構內定義任意類型的指標，都不需要事先宣告，而且編譯器也不會顯示出錯。

```
struct LIST_NODE
{
    struct LIST_NODE *next;
    struct queue *q;
    struct hello *p;
    struct world *r;
    int data;
};
```

有時候我們在很多地方，都會看到 struct person; 這樣的奇怪敘述，這種敘述我們一般稱為前向宣告。

```
struct person;

struct student{
    struct person *p;
    int score;
    int no;
};
```

在上面的範例程式中，我們在結構類型 student 中使用 person 這個結構類型定義了一個成員指標，為了應對編譯器的類型檢查，我們在前面使用 struct person; 這行敘述對結構類型 person 進行宣告。

可能有人有疑問了：為什麼不直接把 person 的定義全貼出來？這就可以使用前面的不完全類型來解釋了：如果我們只是使用結構類型的某個屬性（如 type），不需要關心結構的大小、結構成員等因素，則可以直接前向引用，在引用之前先宣告其類型就足夠了。

使用前向宣告的好處是，當這個宣告被多個檔案包含時不會報資料型態的重定義錯誤。這是因為前向宣告在 Linux 核心中被大量使用，尤其在標頭檔中，到處可見結構的前向宣告。從宣告這個類型之後到定義這個類型之前的這段區間，這個結構類型就是一個不完全類型，如果我們不關心這個結構類型大小及內部成員如何，僅僅是想使用這個結構的類型去定義一個指標，此時使用前向宣告就可以了。

以後大家在閱讀核心原始程式時會經常遇到這種程式，有了前向引用和前向宣告的概念，再去理解 Linux 核心為什麼這麼寫就很輕鬆了。

```
//linux-4.4/include/linux/usb.h
struct usb_device;
struct usb_driver;
struct wusb_dev;
struct ep_device;
...

struct usb_bus {
    struct device      *controller;
    ...
    struct usb_device  *root_hub;
    struct usb_bus     *hs_companion;
};

extern int usb_reset_device(struct usb_device *dev);
```

9.4.6 定義與宣告的一致性

關於模組的封裝與使用，相信大家已經很熟悉了，再說下去估計耳朵都要磨出繭子了，但是為了把本節的問題說清楚，我們再來複習一遍。

- 模組的封裝：xx.c/xx.h。
- 模組的使用：#include "xx.h"。

我們寫一個簡單的程式，演示一個模組的封裝和使用過程。

```
//add.h
int add(int a, int b);

//add.c
#include"add.h"
int add(int a, int b)
{
    return a+b;
}

//main.c
#include "add.h"
int main(void)
{
    int sum;
    sum = add(1, 2);
    return 0;
}
```

在實際的軟體專案中，甚至在 Linux 核心原始程式中，你會經常看到在一個模組的 C 原始檔案中，它也會包含自己模組對應的標頭檔，如 add.c 裡就包含了 add.h 標頭檔。很多人看到這裡可能就犯暈了：自己封裝的模組自己又不去呼叫它，為什麼還要多此一舉，包含自己的標頭檔呢，這是要做什麼呢？

在模組裡包含自己的標頭檔，其實並不是多此一舉，除了可以使用標頭檔中定義的巨集或資料型態，還有一個好處就是可以讓編譯器檢查定義與宣告的一致性。在模組的封裝中，介面函數的宣告和定義是在不同的檔案裡分別完成的，很多人在程式設計時可能比較粗心，一個函數在宣告和定義時的類型可能不一致，但是編譯器又是以檔案為單位進行編譯的，無法檢測到這個錯誤，那該怎麼辦？很簡單，我們把一個函數的宣告和定義放到一個檔案中，編譯器在編譯時就會幫我們進行自檢：檢查一個函數的定義和宣告是否一致，避免出現低級錯誤。

9.4.7 標頭檔路徑

在一個軟體專案中，如果需要包含一個頭檔案，則一般有以下兩種包含方式。

```
#include <stdio.h>
#include "module.h"
```

如果你引用的標頭檔是標準函數庫的標頭檔或官方路徑下的標頭檔，一般使用尖括號 <> 包含；如果你使用的標頭檔是自訂的或專案中的標頭檔，一般使用雙引號 "" 包含。標頭檔路徑一般分為絕對路徑和相對路徑：絕對路徑以根目錄 "/" 或者 Windows 下的每個磁碟代號為路徑起點，相對路徑則以程式檔案當前的目錄為起點。

```
#include "/home/wit/code/xx.h"  //Linux 下的絕對路徑
#include "F:/litao/code/xx.h"   //Windows 下的絕對路徑
#include "../lcd/lcd.h"         // 相對路徑，.. 表示目前的目錄的上一層目錄
#include "./lcd.h"              // 相對路徑，. 表示目前的目錄
#include "lcd.h"                // 相對路徑，當前檔案所在的目錄
```

編譯器在編譯過程中會按照這些路徑資訊到指定的位置查詢標頭檔，然後透過前置處理器做展開處理。在查詢標頭檔的過程中，編譯器會按照預設的搜尋順序到不同的路徑下去搜尋。以 #include <xx.h> 為例，當我們使用尖括號 <> 包含一個頭檔案時，標頭檔的搜尋順序如下。

■ 透過 GCC 參數 gcc -I 指定的目錄（注：大寫的 I）。

- 透過環境變數 CINCLUDEPATH 指定的目錄。
- GCC 的內定目錄。
- 搜尋規則：當不同目錄下存在相同的標頭檔時，先搜到哪個就使用哪個，搜尋到標頭檔後不再往下搜尋。

當我們使用雙引號 "" 來包含標頭檔路徑時，編譯器會首先在專案目前的目錄搜尋需要的標頭檔，如果在當前專案目錄下搜不到，則再到其他指定的路徑下去搜尋。

- 專案目前的目錄。
- 透過 GCC 參數 gcc -I 指定的目錄。
- 透過環境變數 CINCLUDEPATH 指定的目錄。
- GCC 的內定目錄。
- 搜尋規則：當不同目錄下存在相同的標頭檔時，先搜到哪個就使用哪個。

在程式編譯時，如果我們的標頭檔沒有放到官方路徑下面，那麼我們可以透過 gcc -I 來指定標頭檔路徑，編譯器在編譯器時，就會到使用者指定的路徑目錄下面去搜尋該標頭檔。如果你不想透過這種方式，也可以透過設定環境變數來增加標頭檔的搜尋路徑。在 Linux 環境下我們經常使用的環境變數如下。

- PATH：可執行程式的搜尋路徑。
- C_INCLUDE_PATH：C 語言標頭檔搜尋路徑。
- CPLUS_INCLUDE_PATH：C++ 標頭檔搜尋路徑。
- LIBRARY_PATH：函數庫搜尋路徑。

我們可以在一個環境變數內設定多個頭檔案搜尋路徑，各個路徑之間使用冒號 : 隔開。如果你想每次系統開機，這個環境變數設定的路徑資訊都生效，則可以將下面的 export 命令增加到系統的啟動指令稿：~/.bashrc 檔案中。

```
export C_INCLUDE_PATH=$C_INCLUDE_PATH:/path1:/path2
```

除此之外，我們也可以將標頭檔增加到 GCC 內定的官方目錄下面。編譯
器在上面指定的各種路徑下都找不到對應的標頭檔時，最後會到 GCC 的
內定目錄下尋找。這些目錄是 GCC 在安裝時，透過 --prefex 參數指定安
裝路徑時指定的，常見的內定目錄如下。

```
/usr/include
/usr/local/include
/usr/include/i386-linux-gnu
/usr/lib/gcc/i686-linux-gnu/5/include
/usr/lib/gcc/i686-linux-gnu/5/include-fixed
/usr/lib/gcc-cross/arm-linux-gnueabi/5/include
```

9.4.8 Linux 核心中的標頭檔

在一個 Linux 核心模組或驅動原始檔案中，標頭檔的包含方式通常有下面
幾種。

```
#include <linux/xx.h>
#include <asm/xx.h>
#include <mach/xx.h>
#include <plat/xx.h>
```

這些尖括號 < > 包含的標頭檔使用的是相對路徑，這些標頭檔通常分佈在
Linux 核心原始程式的不同路徑下。

- 與 CPU 架構相關：arch/$(ARCH)/include。
- 與電路板等級平台相關：arch/$(ARCH)/ mach-xx(plat-xx)/include。
- 家目錄：include。
- 核心標頭檔專用目錄：include/linux。

在核心編譯過程中，Linux 核心是如何指定這些標頭檔相對路徑的起始位
址的呢？這得從 Linux 核心編譯依賴的 Makefile 說起：在 Makefile 裡指
定了標頭檔相對路徑的起始位址。我們以核心原始程式中的一個原始檔
案 hub.c 為例，打開放原始碼檔案，你會看到它包含的標頭檔如下。

```
//linux-4.4/drivers/usb/core/hub.c
# cat hub.c
#include <linux/kernel.h>
#include <linux/errno.h>
#include <linux/module.h>
#include <linux/moduleparam.h>
#include <linux/completion.h>
#include <linux/sched.h>
#include <linux/list.h>
#include <linux/slab.h>
#include <linux/ioctl.h>
#include <linux/usb.h>
#include <linux/usbdevice_fs.h>
#include <linux/usb/hcd.h>
#include <linux/usb/otg.h>
#include <linux/usb/quirks.h>
#include <linux/workqueue.h>
#include <linux/mutex.h>
#include <linux/random.h>
#include <linux/pm_qos.h>

#include <asm/uaccess.h>
#include <asm/byteorder.h>
```

核心原始程式中使用的標頭檔路徑一般都是相對路徑，在核心編譯過程中透過 gcc -I 參數來指定標頭檔的起始目錄，打開 Linux 核心原始程式頂層的 Makefile，我們會看到一個 LINUXINCLUDE 變數，用來指定核心編譯時的標頭檔路徑。

```
LINUXINCLUDE   := \
    -I$(srctree)/arch/$(hdr-arch)/include \
    -Iarch/$(hdr-arch)/include/generated/uapi \
    -Iarch/$(hdr-arch)/include/generated \
    $(if $(KBUILD_SRC), -I$(srctree)/include) \
    -Iinclude \
    $(USERINCLUDE)
```

其中參數 -Iinclude 指 Linux 核心原始程式的 include 目錄，我們在 include

目錄下可以看到很多子目錄。

```
#cd include
#ls
   acpi clocksource memory net ras rxrpc soc uapi xen asm-g eneric linux
media misc rdma scsi sound video ...

#cd linux
#ls
   kernel.h  mutex.h  random.h  list.h  usb.h  workqueue.h ...
```

如果你想包含 Linux 目錄下的標頭檔，編譯器透過 -Iinclude 參數指定相對路徑的起點後，再指定要包含的標頭檔路徑目錄就可以了：#include <linux/kernel.h>，前置處理器就會到 include/linux 目錄下查詢對應的標頭檔 kernel.h。

程式中包含的 asm 目錄下的標頭檔，一般是與架構相關的標頭檔，根據使用者在 Makefile 中的 ARCH 平台設定，編譯器會以使用者指定的平台為目錄起點，到指定的 asm 目錄下去查詢標頭檔。

```
//linux-4.4.0/Makefile
ARCH     ?=arm
SRCARCH    := $(ARCH)
hdr-arch   := $(SRCARCH)
-I$(srctree)/arch/$(hdr-arch)/include
```

在 Linux 核心原始程式頂層目錄的 Makefile 中，我們指定 ARCH 為 ARM 平台，LINUXINCLUDE 中的其中一項展開為 -Iarch/arm/include，這個目錄作為相對目錄的一個起點。打開這個目錄：

```
root@pc:/home/linux-4.4.0/arch/arm/include# ls
asm  debug  generated  uapi
```

其中在 asm 目錄下有很多與 ARM 平台相關的標頭檔，當使用者設定了 ARCH 為 ARM 平台，使用了 #include <asm/xx.h> 的標頭檔包含路徑，前置處理器就會到 arch/arm/include/asm 目錄下查詢對應的標頭檔 xx.h。

程式中包含的 plat/mach 目錄下的標頭檔,一般是與硬體平台相關的標頭檔。根據使用者的開發板設定,前置處理器會以使用者指定的設定目錄為目錄起點,到指定的 arch/arm/mach-xxx、arch/arm/plat-xxx 目錄下查詢指定的標頭檔。當使用者平台 ARCH 設定為 ARM 時,打開 arch/arm/Makefile 檔案。

```
machine-$(CONFIG_ARCH_S3C24XX) += s3c24xx
plat-$(CONFIG_PLAT_S3C24XX)    += samsung
machdirs := $(patsubst %,arch/arm/mach-%/,$(machine-y))
platdirs := $(patsubst %,arch/arm/plat-%/,$(sort $(plat-y)))
KBUILD_CPPFLAGS += $(patsubst %,-I%include,$(machdirs) $(platdirs))
```

當 config 設定為 S3C24xx 平台時,machdirs 和 platdirs 分別展開為 arch/arm/mach-s3c24xx 和 arch/arm/plat-samsung,KBUILD_CPPFLAGS 展開為 arch/arm/mach-s3c24xx/include 和 arch/arm/plat-samsung/include,我們打開這兩個目錄,可以看到每個目錄又分別有不同的子目錄。

```
/linux-4.4.0/arch/arm/mach-s3c24xx/include# ls
mach
/linux-4.4.0/arch/arm/mach-s3c24xx/include/mach# ls
dma.h gpio-samsung.h io.h map.h  regs-clock.h regs-irq.h ...
/linux-4.4.0/arch/arm/plat-samsung/include# ls
plat
/linux-4.4.0/arch/arm/plat-samsung/include/plat# ls
adc-core.h  cpu.h  gpio-cfg.h   keypad.h  pm-common.h ...
```

當 CPU 和平台分別設定為 s3c24xx 和 samsung 時,編譯器分別以 arch/arm/mach-s3c24xx/include 和 arch/arm/plat-samsung/include/plat 為相對目錄起點。當驅動原始程式中出現 plat/xx.h 和 mach/xx.h 形式的標頭檔包含時,前置處理器就會到對應的 arch/arm/plat-samsung/include/plat 和 arch/arm/mach-s3c24xx/include/mach 目錄下查詢對應的標頭檔。

9.4.9 標頭檔中的內聯函數

使用 inline 關鍵字修飾的函數稱為內聯函數。內聯函數也是函數，它和普通函數的唯一不同之處在於，編譯器在編譯內聯函數時，會根據需要在呼叫處直接展開，從而省去了函式呼叫銷耗。對於一些頻繁呼叫而又短小精悍的函數，如果我們將其宣告為內聯函數，編譯器編譯時像巨集一樣展開，可以大大提升程式的執行效率。

內聯函數和巨集相比，除了能像巨集一樣在呼叫處直接展開，在參數傳遞、參數檢查、返回值等方面比巨集更有優勢。正是這種優勢，內聯函數在 C 語言中被廣泛使用。

一個函數被關鍵字 inline 修飾就變成了內聯函數。需要注意的是，該函數雖然變成了內聯函數，但是在編譯的時候會不會展開還得由編譯器決定。如果每一個內聯函數都像巨集一樣展開，會導致生成的可執行檔體積大增，因此編譯器會根據程式的具體執行環境，在函數的呼叫銷耗、函數的執行時間、函數展開的空間銷耗和硬體資源之間進行權衡，來決定是否對一個內聯函數展開。

內聯函數一般定義在 C 檔案中，但是在 Linux 核心原始程式的標頭檔中，我們會經常看到一些內聯函數的定義。一般來講，變數和函數是不能在標頭檔中定義的，因為該標頭檔可能被多個 C 檔案包含，當被前置處理器展開後就變成了多次定義，很可能報重定義錯誤。那內聯函數為什麼可以在標頭檔中定義呢？很簡單，當多個模組引用該標頭檔時，內聯函數在編譯時已經在多個呼叫處展開，不復存在了，因此不存在重定義問題。即使編譯器沒有對內聯函數展開，我們也可以在內聯函數前透過增加一個 static 關鍵字將該函數的作用域限制在本檔案內，從而避免了重定義錯誤的發生。所以在 Linux 核心的很多頭檔案裡，你會經常看到下面這種內聯函數的定義形式。

```
static inline void func(int a, int b);
```

9.5 模組設計原則

高內聚低耦合是模組設計的基本原則。模組設計就像四世同堂居家過日子，妯娌婆媳吃大鍋飯、柴米油鹽不分你我很容易傷和氣；如果親兄弟明算帳，每頓飯都 AA 又太顯得生分，不利於和諧，因此把握好一個度很關鍵。一個系統是由不同模組組成的有機統一體，系統的外在功能是由系統內部各個模組之間相互協作、相互連結實現的。我們在劃分模組時，如果各個模組糾纏在一塊，結構混亂、層次不清晰，就不利於管理和維護；如果模組過於獨立，模組間的相互連結和互動少了，無法組成一個相互連結的有機系統，充其量也只能算一個函數庫。

模組的耦合度和內聚度是考核模組設計是否合理的參考標準。模組的內聚度指模組內各元素的連結、互動程度。從功能角度上看，就是各個模組在實現各自功能的時候，要自己的事自己做，自己的功能自己實現，儘量不麻煩其他模組。一個模組要想實現高內聚，首先模組的功能要盡可能單一，一個功能由一個模組實現，這樣才能表現模組的獨立性，進而實現高內聚。在模組實現過程中，遵循著「自己動手，豐衣足食」的基本原則，要儘量呼叫本模組實現的函數，減少對外部函數的依賴，這樣可以進一步提高模組的獨立性，提高模組的內聚度。

與模組內聚對應的是模組耦合。模組耦合指的是模組間的連結和依賴，包括呼叫關係、控制關係、資料傳遞等。模組間的連結越強，其耦合度就越高，模組的獨立性就越差，其內聚度也就隨之越低。不同模組之間有不同的連結方式，也有不同的耦合方式。

- 非直接耦合：兩個模組之間沒有直接聯繫。
- 資料耦合：透過參數來交換資料。
- 標記耦合：透過參數傳遞記錄資訊。
- 控制耦合：透過標識、開關、名字等，控制另一個模組。
- 外部耦合：所有模組存取同一個全域變數。

我們在設計模組時，要儘量降低模組的耦合度。低耦合有很多好處，如可以讓系統的結構層次更加清晰，升級維護起來更加方便。在 C 語言程式中，我們可以透過下面的常用方法降低模組的耦合度。

- 介面設計：隱藏不必要的介面和內部資料型態，模組引出的 API 封裝在標頭檔中，其餘函數使用 static 修飾。
- 全域變數：儘量少使用，可改為透過 API 存取以減少外部耦合。
- 模組設計：盡可能獨立存在，功能單一明確，介面少而簡單。
- 模組依賴：模組之間最好全是單向呼叫，上下依賴，禁止相互呼叫。

總之，模組的高內聚和低耦合並不是一分為二的，而是辯證統一的：高內聚導致低耦合，低耦合意味著高內聚。簡單理解就是：模組劃分要清晰，介面要明確，有明確的輸入和輸出，模組間的耦合性小。在實際程式設計中，只有堅持這些原則，不斷地對自己的程式進行重構和迭代，才能設計出更高品質的程式，迭代出更易管理和維護的系統架構。

9.6 被誤解的關鍵字：goto

有很多書籍和前輩常常告誡我們：程式設計不要用 goto。正所謂「眾口鑠金，三人成虎」，時間久了，goto 的名聲在 C 語言程式設計界也就慢慢變壞了，一夜之間仿佛成了過街的老鼠，人人喊打。其實我們倒覺得 goto 很冤枉，今天給它正一正名。

在 C 語言中增加 goto 這個關鍵字，確實有點復古，這種簡單粗暴的跳躍指令，我們在組合語言中經常看到：call、B、BL ⋯⋯尤其使用 goto 往回跳，會使整個 C 語言程式變得複雜，破壞程式原有的層次和結構。一般來講，任何複雜的程式邏輯都可以透過順序、分支、迴圈這 3 種基本程式結構組合來實現，這也是很多人不推薦使用 goto 程式設計的原因。

其實 goto 也不是一無是處，其無條件跳躍的特性有時候會大大簡化程式的設計。如有多個出錯出口的函數，我們可以使用 goto 將函數內的出錯指定一個統一的出口，統一處理，反而會使函數的結構更加清晰，如圖 9-7 所示。

```
20 int func(void)
21 {
22     dosomething;
23     if(expr1)
24         goto err;
25     do sth.;
26     if(expr2)
27         goto err;
28     ...;
29
30     return 0;
31 err:
32     return -1;
33 }
34
```

▲ 圖 9-7　函數出錯的統一出口：err

我們透過模組化設計，將函數主邏輯程式和出錯處理部分隔離，使函數的內部結構更加清晰。透過程式重複使用，將一個函數多個出口歸併為一個總出口，然後在總出口處對出錯統一處理，釋放 malloc() 申請的動態記憶體、釋放鎖、檔案控制代碼等資源。透過函數內部這種模組化的設計，既提高了效率，又不會破壞程式原來的結構。

在一個多重迴圈程式中，如果我們想從最內層的迴圈直接跳出，則需要多次使用 break 和 return，層層退出才能達到預期目的。而使用 goto 無條件跳躍，簡單粗暴，一步合格，快捷方便，如圖 9-8 所示。

```
 3 if(exp1)                      2 for(expr1){
 4     goto A;                   3     for(expr2){
 5 else if(exp2)                 4         for(expr3){
 6     goto B;                   5             for(expr4){
 7 else                         6                 if(expr5)
 8     goto C;                   7                     goto endloop;
 9 A:                           8                 }
10     printf("A");              9             }
11 B:                          10         }
12     printf("B");             11     }
13 C:                          12 }
14     printf("C");             13 return 0;
15                             14 endloop:
16                             15     return -1;
```

▲ 圖 9-8　多重迴圈和多分支程式中的 goto

正是由於 goto 的這種特性，在 Linux 核心原始程式中，我們可以看到 goto 並沒有被拋棄，在函式定義中被廣泛使用，如圖 9-9 所示。

```
static int create_nl_socket(int protocol)
{
    int fd;
    struct sockaddr_nl local;

    fd = socket(AF_NETLINK, SOCK_RAW, protocol);
    if (fd < 0)
        return -1;

    if (rcvbufsz)
        if (setsockopt(fd, SOL_SOCKET, SO_RCVBUF,
                &rcvbufsz, sizeof(rcvbufsz)) < 0) {
            fprintf(stderr, "Unable to set socket rcv buf size to %d\n",
                rcvbufsz);
            goto error;
        }

    memset(&local, 0, sizeof(local));
    local.nl_family = AF_NETLINK;

    if (bind(fd, (struct sockaddr *) &local, sizeof(local)) < 0)
        goto error;

    return fd;
error:
    close(fd);
    return -1;
}
```

▲ 圖 9-9　Linux 核心原始程式中的 goto

使用關鍵字 goto 有利有弊，我們要一分為二地去看待：不能堅決不用，也不能濫用。使用 goto 也是一樣，需要的時候用就可以了。goto 在使用的過程中，也有一些需要注意的地方，如只能往前跳，不能往回跳。還有就是使用 goto 只能在同一函數內跳躍，函數內 goto 標籤的位置也有一定的講究，goto 標籤一般在函數本體內兩段不同邏輯功能程式的交界處，用來區分函數內的模組化設計和邏輯關係。

9.7　模組間通訊

一個系統的外在功能是透過系統內的各個模組相互協作、相互連結實現的。系統內的各個模組可以透過各種耦合方式進行通訊，下面介紹幾種常見的模組間通訊方式。

9.7.1 全域變數

各個模組共用全域變數是各個模組之間進行資料通信最簡單直接的方式。一個全域變數具有檔案作用域，但是我們可以透過 extern 關鍵字將全域變數的作用域擴充到不同的檔案中，然後各個模組就可以透過全域變數進行通訊了。

一個系統中的各個模組透過共用全域變數來實現模組間通訊，操作方便，實現簡單，但是這種外部耦合方式增加了模組之間的耦合性。為了減少這種因外部耦合帶來的耦合性，我們可以基於上述方案進行改進：把對全域變數的直接存取修改為透過函數介面間接存取。就像類別的私有成員一樣，該全域變數只能在一個模組中創建或直接修改，如果其他模組想要存取這個全域變數，則只能透過引出的函數讀寫介面進行存取，如圖 9-10 所示。

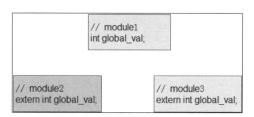

▲ 圖 9-10　模組間通訊：全域變數

```
//module.h
void val_set(int value);
int  val_get(void);

//module.c
int global_val = 10;
void val_set(int value)
{
    global_val = value;
}

int val_get(void)
```

```
{
    return global_val;
}
```

在上面的程式中，對於 module 模組中定義的全域變數 global_val，其他模組想對其存取時，不再透過變數名直接存取，而是透過 module 封裝的 val_set() 和 val_get() 介面函數進行存取。在多工環境下，有時候還需要注意全域變數的互斥存取。透過函數介面存取共用的全域變數在一定程度上減少了模組之間的外部耦合，大大降低了耦合性。

Linux 核心原始程式中定義了很多全域變數，如 current 指標、Jiffies、HZ、tick 等，如果我們想使用這些全域變數，透過它們實現的函數介面存取即可。Linux 核心中的全域變數在定義的時候要先透過 EXPORT_SYMBOL 匯出，然後其他模組才能引用。為什麼要這樣設計呢？其實想想還是很有道理的：Linux 核心幾萬個檔案、2000 多萬行程式、不計其數的全域變數，如果都是全域可存取的，都匯出到符號表中，那麼生成的可執行檔得多大啊？而且，Linux 核心有幾千名開發者，如果有人在自己的原始檔案中定義了名稱相同的全域變數，多個檔案在連結時還會發生符號衝突，產生重定義錯誤。此外，有些全域變數其實並不是「全域的」，它們可能只是一個核心模組的幾個檔案共用的一個「區域性全域變數」而已。使用 EXPORT_SYMBOL，我們可以區分出哪些全域變數是真正的全域變數，是核心所有的模組都可以存取的。如果你定義了一個全域變數，而且只是在自己的模組裡使用，不想被其他人使用，為了避免重定義錯誤，建議使用 static 關鍵字來修飾這個全域變數，將它的作用域限定在本檔案內，可以有效地避免命名衝突。

接下來我們做一個實驗，撰寫兩個核心模組：在一個模組內定義一個全域變數，然後在另一個核心模組內存取它。

核心模組 1 的程式如下。

```
//module1.c
#include <linux/init.h>
#include <linux/module.h>
MODULE_LICENSE("GPL");

int global_val = 10;
EXPORT_SYMBOL(global_val);

int get_global_val_value(void)
{
    return global_val;
}

int set_global_val_value(int a)
{
    global_val = a;
}

static int module1_init(void)
{
    printk("hello module1!\n");
    printk("module1:global_val = %d\n", global_val);
    return 0;
}

static void __exit module1_exit(void)
{
    printk("goodbye, module1!\n");
}

module_init(module1_init);
module_exit(module1_exit);
```

核心模組 1 的 Makefile 檔案如下。

```
.PHONY:all clean
ifneq ($(KERNELRELEASE),)
obj-m := module1.o
else
```

```
EXTRA_CFLAGS += -DDEBUG
KDIR := /home/linux-4.4.0
all:
    make  CROSS_COMPILE=arm-linux-gnueabi- ARCH=arm -C $(KDIR) M=$(PWD)
modules
clean:
    rm -f *.ko *.o *.mod.o *.mod.c *.symvers *.order
endif
```

核心模組 2 的程式如下。

```
//module2.c
#include <linux/init.h>
#include <linux/module.h>
#include <asm/module1.h>
MODULE_LICENSE("GPL");

extern int global_val;

static int module2_init(void)
{
    printk("hello module2!\n");
    printk("module2:global_val = %d\n", global_val);
    return 0;
}

static void  __exit module2_exit(void)
{
    printk("goodbye, module2!\n");
}

module_init(module2_init);
module_exit(module2_exit);
```

核心模組 2 的 Makefile 檔案如下。

```
.PHONY:all clean
ifneq ($(KERNELRELEASE),)
obj-m := module2.o
else
```

```
EXTRA_CFLAGS += -DDEBUG
KDIR := /home/linux-4.4.0
all:
    make  CROSS_COMPILE=arm-linux-gnueabi- ARCH=arm -C $(KDIR) M=$(PWD)
modules
clean:
    rm -f *.ko *.o *.mod.o *.mod.c *.symvers *.order
endif
```

將上面的兩個核心模組編譯成 module1.ko 和 module2.ko，然後分別使用 insmod 命令載入到核心中執行，你會發現在模組 1 中定義的全域變數可以在模組 2 中直接存取。為了更專業一點，我們可以將對全域變數和函數介面的宣告放到 module1.h 標頭檔中，並將這個頭檔案放到 Linux 核心的標頭檔官方路徑下。模組 2 包含這個頭檔案後就可以透過變數名直接存取，或透過函數介面間接存取。

透過共用全域變數進行模組間通訊，實現最簡單，也最容易理解，因此在各個專案中被廣泛使用。包括我們在生產者 - 消費者模型中常用的共用緩衝區，其實也是基於這個思想設計的。

9.7.2 回呼函數

一個系統的不同模組還可以透過資料耦合、標記耦合的方式進行通訊，即透過函式呼叫過程中的參數傳遞、返回值來實現模組間通訊。

```c
//module.c
int send_data(char *buf, int len)
{
    char data[100];
    int i;
    for(i = 0; i < len; i++)
        data[i] = buf[i];
    for(i = 0; i < len; i++)
        printf("received data[%d] = %d\n", i, data[i]);
    return len;
}
```

```
//main.c
#include <stdio.h>
int send_data(char *buf, int len);

int main(void)
{
    char buffer[10] = {1,2,3,4,5,6,7,8,9,0};
    int return_data;
    return_data = send_data(buffer, 10);
    printf("send data len:%d\n", return_data);
    return 0;
}
```

上面的範例程式實現了如何透過 send_data() 函數將 main.c 模組 buffer 中的資料傳遞到 module.c 模組並進行列印，同時透過 send_data() 函數的返回值將資料傳遞的長度資訊從 module.c 模組回饋給 main.c 模組。

這種通訊方式易於理解和實現，但缺點是這種通訊方式是單向呼叫的，無法實現雙向通訊。透過上面的學習我們知道，一個系統透過模組化設計，各個模組之間最理想的關係是一種上下依賴的關係，每一層的模組都是對下一層的封裝，並留出 API 供上一層呼叫。

每一層的模組只能主動呼叫下一層模組提供的 API，然後自己封裝成 API 供上一層的模組呼叫，如圖 9-11 所示。這種單向的呼叫關係只能實現單向通訊，當底層的模組想主動與上一層的模組進行通訊時，該如何實現？

方法肯定是有的，如我們可以透過回呼函數來實現。什麼是回呼函數呢？我們在撰寫程式實現一個函數時，通常會直接呼叫底層模組的 API 函數或函數庫函數。如果反過來，我們寫一個函數，讓系統直接呼叫該函數，那麼這個過程被稱為回呼（callback），這個函數也就被稱為回呼函數（callback function），如圖 9-12 所示。

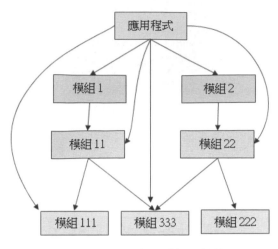

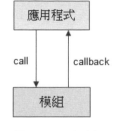

▲ 圖 9-11　單向呼叫與單向通訊　　　▲ 圖 9-12　呼叫與回呼

回呼函數最顯著的特點類似好萊塢原則：Do not call me, I will call you。
透過這種控制反轉，底層模組也可以呼叫上層模組的函數，進而實現雙
向通訊。下面的程式碼就是透過回呼函數控制反轉，實現雙向通訊的一
個範例。

```c
//module.h#ifndef __RUNCALLBACK__H
#define __RUNCALLBACK__H
  void runcallback(void (*fp)(void));
#endif


//module.c
void runcallback(void (*fp)(void))
{
   fp();
}


//app.c
#include <stdio.h>
#include "module.h"

void func1(void)
```

```
{
    printf("func1...\n");
}

void func2(void)
{
    printf("func2...\n");
}

int main(void)
{
    runcallback(func1);
    runcallback(func2);
    return 0;
}
```

程式執行結果如下。

```
func1...
func2...
```

透過回呼函數的設計，兩個模組之間可以實現雙向通訊。模組之間透過函式呼叫或變數引用產生了耦合，也就有了依賴關係。按照 Robert Martin 的依賴倒置原則：上層模組不應該依賴底層模組，它們共同依賴某一個抽象。抽象不能依賴具象，具象依賴抽象。因此為了減少模組間的耦合性，我們可以在兩個模組之間定義一個抽象介面。

```
//device_manager.h
#ifndef __STORAGE_DEVICE__H
#define __STORAGE_DEVICE__H
typedef int (*read_fp)(void);
struct storage_device
{
    char name[20];
    read_fp read;
};
extern int register_device(struct storage_device dev);
extern int read_device(char *device_name);
#endif
```

```c
//device_manager.c
#include <stdio.h>
#include <string.h>
#include "device_manager.h"
struct storage_device device_list[100] = {0};
unsigned char num;

int register_device(struct storage_device dev)
{
    device_list[num++] = dev;
    return 0;
}

int read_device(char *device_name)
{
    int i;
    for(i = 0; i < 100; i++)
    {
        if (!strcmp(device_name,device_list[i].name))
            break;
    }
    if(i == 100)
    {
        printf("Error! can't find device: %s\n", device_name);
        return -1;
    }
    return device_list[i].read();
}


//app.c
#include <stdio.h>
#include "device_manager.h"

int sd_read(void)
{
    printf("sd read data...\n");
    return 10;
}

int udisk_read(void)
```

```
{
    printf("udisk read data...\n");
    return 20;
}

struct storage_device sd = {"sdcard", sd_read};
struct storage_device udisk = {"udisk", udisk_read};

int main(void)
{
    register_device(sd);        // 高層模組函數註冊，以便回呼
    register_device(udisk);

    read_device("udisk");       // 實現回呼，控制反轉
    read_device("udisk");
    read_device("uk");
    read_device("sdcard");
    read_device("sdcard");
    return 0;
}
```

程式執行結果如下。

```
udisk read data...
udisk read data...
Error! can't find device: uk
sd read data...
sd read data...
```

在上面的範例程式中，我們模仿 Linux 核心原始程式，實現了一個裝置管理模組，用來完成裝置的註冊和管理功能。其核心實現思想，就是透過回呼函數實現控制反轉，讓系統回呼我們註冊到裝置管理模組中的自訂函數，高層模組和底層模組透過 device_manager 模組實現的抽象介面，解除了模組間的耦合關係，進一步實現了「高內聚，低耦合」，一舉兩得。

回呼函數在實際程式設計中被廣泛使用，如 Linux 裝置驅動模型框架、GUI 視窗程式設計、狀態機等，我們在以後的嵌入式學習和工作中會經常看到它們的身影。

9.7.3 非同步通訊

模組間通訊無論是透過模組介面，還是透過回呼函數，其實都屬於阻塞式同步呼叫，會佔用 CPU 資源。這一節我們將學習另外一種模組間通訊方式：非同步通訊。

什麼是非同步通訊？什麼是阻塞式呼叫？ CPU 在存取一個資源時，如果資源沒有準備好需要等待，CPU 什麼也不幹，原地打乾等就是同步通訊，CPU 去幹其他事情，等資源準備好了通知 CPU，CPU 再來存取就是非同步通訊。

透過上面的分析，我們可以看到同步呼叫會一直佔用 CPU 的資源，導致系統性能降低。而非同步通訊則解放了 CPU 資源，在等待的這段時間可以去做其他事情，提高了 CPU 的使用率。常用的非同步通訊如下。

- 消息機制：具體實現與平台相關。
- 事件驅動機制：狀態機、GUI、前端程式設計等。
- 中斷。
- 非同步回呼。

在 Linux 作業系統中，各個模組間也會採用不同的非同步通訊方式進行通訊：Linux 核心模組之間可以使用 notify 機制進行通訊；核心和使用者之間可以透過 AIO、netlink 進行通訊；使用者模組之間非同步通訊的方式更多，除了作業系統支援的管道、訊號、訊號量、訊息佇列，還可以使用 socket、PIPE、FIFO 等方式進行非同步通訊，有興趣的讀者可自行查閱相關資料學習。

9.8 模組設計進階

透過前面的學習，我們已經掌握了系統模組化設計的基本流程：如何對一個系統進行模組化分析和設計，如何對劃分的各個模組進行實現和封裝，以及模組間如何進行通訊。然後我們將各個模組整合到系統，沒有差錯的話系統就可以正常執行了。但我們不能止步於此，就此滿足，我們還可以繼續對系統進行最佳化。

9.8.1 跨平台設計

現在很多軟體在發佈時都會陸續發佈多種版本：Windows 版本、Android 版本、iOS 版本。如現在流行的吃雞遊戲，有 PC 版的端遊，也有移動版的手遊。不同版本的軟體執行的平台不一樣，作業系統也不一樣，我們在撰寫程式時就要考慮軟體的跨平台設計。目前主流的作業系統平台主要如下。

- Windows 系列：Windows 7（32 位元 /64 位元）、Windows 10、Windows Phone。
- Linux/UNIX 系列：iOS、Mac OS、Linux（X86、ARM、MIPS）、Android。
- 嵌入式 RTOS 系列：uC/OS、FreeRTOS、RT-Thread、VxWorks、eCos。

不同的作業系統，提供的 API 或系統呼叫介面不一樣，我們的應用程式在呼叫這些介面時，如果考慮跨平台設計，就需要對這些介面進行封裝。否則你呼叫 Windows 的 win32 API，程式只能在 Windows 環境下執行；你呼叫 Linux 的 POSIX API 函數，程式就只能在 Linux 環境下執行。

C 語言本身就是與平台無關的、跨平台的，C 語言標準和 C 標準函數庫裡定義的函數介面也是與平台無關的。同一個 C 標準函數庫函數，在不同的平台下可能會透過不同的系統呼叫介面實現，但是留給應用程式的介面是由 C 語言標準規定的，統一不變。因此，為了讓我們撰寫的程式能夠在不同的環境下執行，此時應該考慮儘量使用 C 標準函數庫函數，而非直接使用作業系統的系統呼叫介面，如圖 9-13 所示。

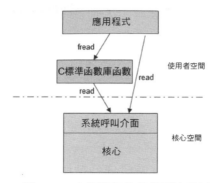

▲ 圖 9-13　C 標準函數庫與系統呼叫

在模組的跨平台設計中，不僅要考慮作業系統環境的差異，還要考慮 CPU 硬體平台的不同。不同架構的 CPU、不同位寬的 CPU 在資料儲存方面也有較大的差異，如大端模式和小端模式、記憶體對齊、不同資料型態的位元組長度等。此時你寫的程式就要考慮這些因素在不同平台下的差異，然後選擇合適的資料型態：什麼時候需要使用 C 語言標準資料型態；什麼時候需要使用固定大小的可移植資料型態；什麼時候使用特定的核心資料型態，如 dev_t、size_t、pid_t 等；這些基礎知識我們在前面的章節都已經涉及，這裡就不再贅述。除此之外，還有一些可行的方法供我們參考。

- 將與作業系統相關的系統呼叫封裝成統一的介面，隱藏不同作業系統之間介面的差異。
- 標頭檔路徑分隔符號使用通用的 "/"，而非 Windows 下的 "\"。
- 禁止使用編譯器的擴充語法或特性，使用 C 語言標準語法撰寫程式。
- 儘量不要使用內嵌組合語言。
- 打開所有警告選項，高度重視出現的每一個 Warning。
- 使用條件編譯，使程式相容調配各個平台。

按照上面的建議，我們可以嘗試對前面章節列舉的 MP3 播放機系統進行跨平台設計：將不同的作業系統介面封裝成一個統一的作業系統介面，對於檔案系統、GUI 依賴的驅動模組進行抽象，封裝成統一的介面。系統層的程式經過封裝之後就變得與平台無關，移植到不同的開發板、硬體平台上不需要再次修改就可以執行，如圖 9-14 所示。

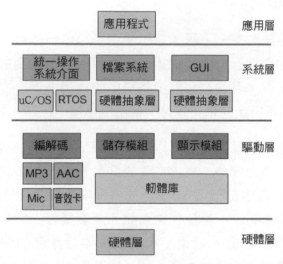

▲ 圖 9-14　MP3 播放機的跨平台設計

現在很多嵌入式平台，如 STM32 平台，會附帶廠商封裝好的韌體函數庫。韌體庫大大減輕了驅動開發者的負擔和工作量，我們在實現驅動的各種功能時，有時候可以直接呼叫韌體函數庫的相關函數來實現。

9.8.2 框架

框架（Framework）這個概念相信很多人都聽說過，或者用過。在開發一個網站時，你會發現很多現成的框架可以使用，如 PHPCMS、Django、Z-Blog、DisCuz!；現在人工智慧很紅，你學習人工智慧也會接觸很多框架，如 Caffe、TensorFlow；學習 Java，你可能會接觸 Spring 框架；學習嵌入式，你也會接觸很多框架，如多媒體開放原始碼框架 FFmpeg 等。

框架是什麼呢？框架其實就是一個可擴充的應用程式骨架。當你在某一個產業開發應用軟體很多年時，你會發現很多應用軟體除了功能和個性化設定上的一些差異，很多東西都是重複的，程式設計師的大部分開發工作也是重複的。如果每次開發應用，我們都把這些重複的步驟走一遍，不僅影響工作效率，也會影響一個人的工作熱情和積極性，沒有人願意整天做重複性的工作。

此時，我們就應該考慮一下程式重複使用了：將一個產業領域內許多應用軟體的相同功能進行分離和抽象，將應用中一些通用的功能模組化，把通用的模組下沉，沉澱為底層，將專用的模組上浮，提供可設定和擴充的介面，經過不斷最佳化和完善，就可以慢慢迭代為一個軟體框架。

框架是一個軟體半成品，我們可以基於框架快速開發各種應用，也可基於框架進行二次擴充開發。對於嵌入式開發領域來說，開發板其實就是一個框架，如果你想做一個 MP3 播放機，則整個產品的開發流程為：硬體電路設計、畫布子、移植作業系統、開發驅動、開發應用程式實現 MP3 播放。如果你想做一個電子相框，則整個產品的開發流程為：硬體電路設計、畫布子、移植作業系統、開發驅動、開發應用程式實現圖片顯示。開發的嵌入式產品多了，你會發現很多步驟都是重複的，此時我們就可以將這些重複的步驟進行分離、抽象、模組化，通用的模組下沉，慢慢就迭代為平台，慢慢就可以迭代為開發板了。一個開發板把硬體電路設計、作業系統移植、驅動程式都已經設計好了，我們可以基於開發板快速開發不同的應用程式，這就是本章所講的模組化設計與程式重複使用。

從使用者開發角度看，基於框架可以快速開發出不同的應用產品。從程式重複使用角度看，框架是一種更高層次的程式重複使用：將重複的程式按照一定框架統一起來，實現模組層級的程式重複使用，避免重複造輪子。隨著框架不斷迭代，越來越成熟，功能越來越完善，使用框架不僅能快速開發產品、提高工作效率，還能提高軟體開發品質，降低軟體開發的門檻和人員要求，降低產品開發的整體成本。很多公司在長期的開發實踐中，透過持續地累積和不斷地迭代，慢慢都有了自己的一套開發框架。框架是一個公司長期技術累積的結晶，是公司最核心的競爭力。

有了框架的概念，我們就可以接著對我們的嵌入式 MP3 播放機繼續最佳化。假如此刻我們的 MP3 系統升級了：不僅可以播放歌曲，還可以顯示圖片、玩遊戲、聊天、刷微博，系統擴充了很多應用。此時我們可以對不同的應用進行分析，找出通用的部分：每個應用都要去處理使用者的點擊觸控式螢幕事件，然後判斷位置，根據不同的事件類型去執行不同的操作。如果我們把這些通用的操作流程進行分離抽象，將通用的功能模組化，慢慢地也可以迭代出一個框架：事件處理機制框架，如圖 9-15 所示。基於此框架開發應用，我們就不用考慮這麼多觸控式螢幕處理細節和流程的問題了，可以使用框架封裝好的 API 快速開發應用程式。我們甚至可以將框架的 API 公開，吸引協力廠商開發者和粉絲加入進來，開發更多有趣的 App，營造一個大家共同參與的社區開發文化。

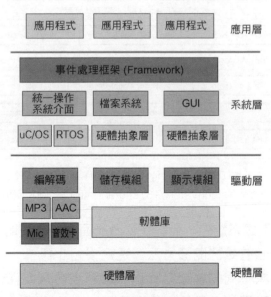

▲ 圖 9-15　MP3 播放機系統迭代升級：應用框架

9.9 AIoT 時代的模組化程式設計

隨著物聯網和人工智慧的發展，嵌入式系統也變得越來越複雜：第一個變化是不同的嵌入式裝置開始具備聯網功能，連線雲端，將感知的資料傳入雲端服務器；第二個變化是在邊緣側開始支援人工智慧，將以前由雲端進行模型訓練的工作轉移到不同的裝置節點上。越來越多的協定堆疊、元件、服務整合到嵌入式系統中。以 RT-Thread 物聯網作業系統為例，如圖 9-16 所示，RT-Thread 不再僅僅是一個作業系統核心，而是整合了各種雲端連接元件、服務、資料庫、指令稿引擎、GUI 引擎等。

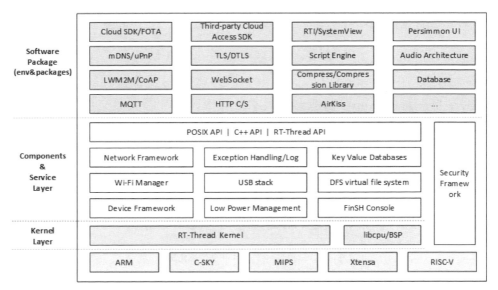

▲ 圖 9-16　RT-Thread 物聯網作業系統架構

（來源：https://www.osnews.com/story/131249/an-introduction-to-the-rt-thread-iot-os/）

在一個複雜的嵌入式系統中，無論在軟體層面，還是硬體層面，模組化設計都被證明是一個有效的開發方法。透過模組化設計，可以將一個系統目標或功能拆分為不同的模組來實現，透過高內聚低耦合設計，更加容易管理和維護。不同的通訊協定需要不同的通訊模組，在硬體層面，透過硬體平台的通用介面，我們可以將 Wi-Fi、藍牙、4G 做成獨立的通訊模組，調配不同的開發板和平台，使用者在開發應用產品時，可以根據不同的需求選擇不同的通訊方式，選擇不同的硬體模組。在軟體層面，透過模組化設計，使用者可以很方便地增加或刪除一個軟體模組，面對物聯網碎片化的應用場景，可以讓整個軟體系統或平台更具有彈性，讓整個系統更加容易升級和維護。

透過模組化設計，無論是硬體上還是軟體上，不同的廠商和開發廠商都可以參與進來，提供不同的硬體模組、演算法庫或軟體套件，促進整個物聯網開發生態良性發展。

隨著物聯網技術的發展和生態的逐漸成熟，筆者認為，未來的程式設計將越來越標準化、模組化。大家可以像搭積木一樣，將不同的硬體模組組裝成自己需要的平台，軟體系統可以自由裁剪、增加模組。無論是硬體，還是軟體，模組的可重複使用性都將大大增強。

9.9　AIoT 時代的模組化程式設計

10

C 語言的多工程式設計思想 和作業系統入門

嵌入式是一門跨領域學科。嵌入式開發,一般涉及晶片、硬體電路、作業系統、軟體工程、通訊協定、產品測試等各個領域的知識,對嵌入式開發者的技能堆疊要求更高。當桌面軟體開發遇到問題時,開發人員只需要從業務邏輯和語言層面分析問題就差不多了。而對於嵌入式開發者來說,當一個產品出現問題時,可能還要從晶片設定、硬體電路、作業系統、偵錯環境等角度去分析問題到底出在哪裡。這就要求嵌入式工程師最好具備電子電路、作業系統、程式設計語言、軟體工程等各方面的知識和技能。然而現實是,很多嵌入式工程師的專業背景,要麼是純電類別專業,如電子、自動化、通訊等專業;要麼是純軟體類專業,如電腦、資訊科學、網路等專業。甚至有些是機械、數學、土木等專業,因為興趣而跨行學習嵌入式,更難具備嵌入式開發所需要的完整知識系統和技能儲備。

本章的學習重點,主要講解 C 語言的多工程式設計思想和作業系統的基本原理與程式設計入門。預期的收穫是:學完本章後,尤其對於很多非電腦專業的人,能夠對 CPU 和作業系統、多工併發程式設計思想有一個粗淺的認識,為後續的多工程式設計、核心程式設計、驅動開發等進階學習打下良好的基礎。

10.1 多工的裸機實現

隨著嵌入式產品功能越來越多，系統越來越複雜，我們也要不斷地提升相關的理論、技術和開發方法。透過模組化設計可以將一個複雜的系統劃分成不同的模組，劃分成不同的任務去實現，這種模組化設計方法和多工程式設計思想不僅可以簡化軟體設計，而且會讓後續的升級和維護更加方便。哪怕在一個資源受限的嵌入式裸機環境下，一個業務複雜的軟體如果嘗試使用多工程式設計思想去實現，程式設計的難度也會大大降低，後期軟體的升級和維護也會更加方便。

10.1.1 多工的模擬實現

假設我們想基於 C51 微控制器平台實現一個溫度控制系統，對塑膠大棚進行溫度控制：使用者可以透過按鍵設定預定溫度，系統會透過溫度感器獲取當前溫度，並透過數位管顯示。當溫度低於我們的設定溫度時，系統會啟動加熱裝置提高溫度。

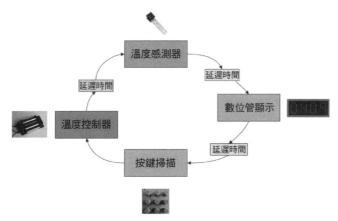

▲ 圖 10-1　溫度控制系統的模組化設計

透過模組化設計方法，我們可以將溫度控制系統劃分為不同的模組：按鍵掃描、數位管顯示、溫度獲取、溫度加熱。透過多工程式設計思想，我們可以創建 4 個不同的任務來實現：按鍵掃描任務、數位管顯示任務、溫度獲取任務、溫度加熱任務，如圖 10-1 所示。

在裸機環境下，我們可以在 main() 函數中設計一個大迴圈來模擬多工的實現。

```c
//task_v1.c
#include <stdio.h>

void delay(int ms)
{
    for(int i = 0; i < 5000000; i++)
      for(int j = 0; j < ms; j++)
        ;
}

int task_key_scan(void)
{
    int key_value;
    printf("keyboard scan...\n");
    return key_value;
}

void task_led_show(void)
{
    printf("led show...\n");
}

void task_temperature_get(void)
{
    printf("DB18S20 init...\n");
}

void task_temperature_set(void)
{
    printf("set temperature...\n");
}

int main(void)
```

```
    {
        while(1)
        {
            task_temperature_get();
            delay(100);
            task_led_show();
            delay(100);
            task_key_scan();
            delay(100);
            task_temperature_set();
            delay(100);
            printf("\n\n");
        }
        return 0;
    }
```

程式執行結果如下。

```
DB18S20 init...
led show...
keyboard scan...
set temperature...

DB18S20 init...
led show...
keyboard scan...
set temperature...
...
```

在 task_v1.c 中,我們分別定義了 4 個任務函數,然後在 main() 函數中透過 while(1) 無窮迴圈可以讓這 4 個任務依次輪流執行。溫度控制系統首先會透過 task_temperature_get() 任務獲取當前環境的溫度並透過數位管顯示出來;接著執行按鍵掃描任務,看是否有使用者按下按鍵來設定溫度;如果使用者設定了溫度,再去執行加熱任務將當前大棚的溫度提高到使用者設定值。在整個 main() 函數的大迴圈中,這 4 個任務會繼續迴圈執行下去。

10.1.2 改變任務的執行頻率

透過上面的程式設計，我們可以讓這 4 個任務依次迴圈執行，但還是會存在一些問題：每個任務的執行頻率是不一樣的。如數位管顯示、按鍵掃描任務需要頻繁執行，否則使用者的按鍵事件就可能檢測不到；數位管的動態刷新頻率低了，數位管的顯示可能就會閃爍。而有些任務不需要頻繁執行，如溫度的獲取和設定，溫度的變化是非常緩慢的，我們不需要每秒都去獲取資料，每 1 分鐘、甚至每 5 分鐘獲取一次溫度資料都是可以接受的。因此我們需要對上面的程式進行改進，改變不同任務的執行頻率。

```c
//task_v2.c
#include <stdio.h>

unsigned int count;     // 定義一個全域計數器

void count_add(void)
{
    for(int i = 0; i < 5000000; i++);
    count++;
}

int task_key_scan(void)
{
    int key_value;
    printf("keyboard scan...\n");
    return key_value;
}

void task_led_show(void)
{
    printf("led show...\n");
}

void task_temperature_get(void)
{
    printf("DB18S20 init...\n");
}
```

```
void task_temperature_set(void)
{
   printf("set temperature...\n");
}

int main(void)
{
   while(1)
   {
      count_add();
      if(count % 1000 == 0)
         task_temperature_get();
      if(count % 100 == 0)
         task_led_show();
      if(count % 200 == 0)
         task_key_scan();
      if(count % 2000 == 0)
         task_temperature_set();
   }
   return 0;
}
```

程式執行結果如下。

```
led show...
led show...
keyboard scan...
led show...
led show...
keyboard scan...
led show...
led show...
keyboard scan...
led show...
led show...
keyboard scan...
led show...
DB18S20 init...
led show...
```

在 task_v2.c 中，為了讓每個任務按照不同的頻率執行，我們在 main() 函數的大迴圈中增加了一個計數器函數：count_add()。main() 函數每執行一次大迴圈，計數器加 1，每個任務都要滿足一定的計數值才可執行。每一次大迴圈，並不是每個任務都要執行，每個任務要分別滿足各自設定的計數值後才會執行。透過這種設計，每個任務執行的頻率就可以改變了：按鍵掃描或數位管顯示的任務，需要頻繁執行，我們可以將計數值設定得小一點；溫度獲取、溫度加熱的任務不需要頻繁執行，我們可以將計數值設定得大一點。

在實際的嵌入式系統中，計數器函數 count_add() 一般使用一個計時器或時鐘中斷函數來代替，這樣我們就不需要在 main() 函數的大迴圈中顯性呼叫計數器函數了。計時器到期或時鐘中斷來了，當前正在執行的程式會被打斷，CPU 會自動跳到中斷函數執行，然後在中斷函數中完成對計數器的累加操作。

```c
//task_v3.c
#include <stdio.h>

unsigned int count;

void rtc_interrupt(void)
{
    count++;
}

int task_key_scan(void)
{
    int key_value;
    printf("keyboard scan...\n");
    return key_value;
}

void task_led_show(void)
{
    printf("led show...\n");
```

```c
    }

void task_temperature_get(void)
{
    printf("DB18S20 init...\n");
}

void task_temperature_set(void)
{
    printf("set temperature...\n");
}

int main(void)
{
    while(1)
    {
        if(count % 1000 == 0)
            task_temperature_get();
        if(count % 100 == 0)
            task_led_show();
        if(count % 200 == 0)
            task_key_scan();
        if(count % 2000 == 0)
            task_temperature_set();
    }
    return 0;
}
```

10.1.3 改變任務的執行時間

透過上一節的設計，我們可以改變不同任務的執行頻率，但還是不夠完美，在實際執行時期仍舊會遇到一些問題，如沒有考慮每個任務執行時間的長短。例如按鍵掃描任務需要每 100 ms 執行一次，如果其他任務的執行時間比較長，如溫度加熱任務執行一次可能需要 500 ms，那麼就會影響按鍵掃描任務的執行。為了解決這個問題，我們可以嘗試將執行時間耗時較長的任務分解為多個子任務，分階段執行，透過狀態機來實現。

按照這種思路，我們也可以對溫度控制系統進行改進：對於執行時間較長的任務，如數位管顯示，我們可以將其分解為不同的子任務：每次只刷新一個數位管，透過狀態機的有限個狀態來標記每次刷新的情況。對於按鍵掃描任務也是如此，按鍵消抖延遲時間會佔用很長時間，我們也可以將按鍵任務分解為按鍵按下、按鍵消抖、按鍵釋放 3 個子任務，然後使用狀態機記錄不同的狀態，分階段執行，就可以解決任務執行時間過長的問題。

```c
//task_v4.c
#include <stdio.h>

unsigned int count;

void rtc_interrupt(void)
{
    for(int i = 0; i < 500000; i++);
    count++;
}

void task1(void)
{
    static int task1_state = 0;
    switch(task1_state){
      case 0:
        task1_state++;
        printf("task1:step 0\n");
        break;
      case 1:
        task1_state++;
        printf("task1:step 1\n");
        break;
      case 2:
        task1_state++;
        printf("task1:step 2\n");
        break;
      case 3:
        task1_state++;
        printf("task1:step 3\n");
```

```c
        break;
      default:
        printf("task1: undefined step\n");
        break;
    }
}

void task2(void)
{
    static int task2_state = 0;
    switch(task2_state){
      case 0:
        task2_state++;
        printf("task2:step 0\n");
        break;
      case 1:
        task2_state++;
        printf("task2:step 1\n");
        break;
      case 2:
        task2_state++;
        printf("task2:step 2\n");
        break;
      case 3:
        task2_state++;
        printf("task2:step 3\n");
        break;
      default:
        printf("task2: undefined step\n");
        break;
    }
}

int main(void)
{
    while(1)
    {
      if(count % 1000 == 0)
        task1();
```

```
      if(count % 2000 == 0)
         task2();
      rtc_interrupt();
   }
   return 0;
}
```

10.2 作業系統基本原理

上面的程式透過計數器和狀態機可以改變每個任務的執行頻率和執行時間，但還有一個問題沒有解決：無法修改每個程式的執行順序。每個任務都有輕重緩急之分，每個任務的重要程度和該任務在系統中扮演的角色往往決定了這個任務的優先順序，優先順序高的任務優先執行，優先順序低的任務排在後面執行。我們接著對上面的程式進行改進。

```
//task_v5.c

#include <stdio.h>
#include <unistd.h>
#include <signal.h>

int task_delay[4] = {0};

void task1(void)
{
   task_delay[0] = 10;
   printf("task1...\n");
}

void task2(void)
{
   task_delay[1] = 4;
   printf("task2...\n");
}

void task3(void)
{
```

```c
    task_delay[2] = 4;
    printf("task3...\n");
}

void task4(void)
{
    task_delay[3] = 1;
    printf("task4...\n");
}

void timer_interrupt(void)
{
    for(int i = 0; i < 4; i++)
    {
        if(task_delay[i])
            task_delay[i]--;
    }
    alarm(1);
}

void (*task[])(void) = {task1, task2, task3, task4};

int main(void)
{
    signal(SIGALRM, timer_interrupt);
    alarm(1);
    int i;
    while(1)
    {
        for(i = 0; i < 4; i++)
        {
            if(task_delay[i] == 0)
            {
                task[i]();
                break;
            }
        }
    }
    return 0;
}
```

程式執行結果如下。

```
task1...
task2...
task3...
task4...
task4...
task4...
task4...
task4...
task2...
task3...
task4...
task4...
...
```

為了實現任務的優先順序，我們定義了一個函數指標陣列，用來存放各個任務的函數指標，高優先順序的任務放在陣列前面，低優先順序的任務放在陣列後面。在 main() 函數中，我們根據每個任務的延遲時間是否到期，來決定是否執行這個任務。當兩個優先順序不同的任務同時到期時，因為高優先順序任務的函數指標放在陣列的前面，會先被遍歷到，所以會先執行。透過這種巧妙的設計，我們就可以讓高優先順序的任務優先執行了。

在多工切換實現中，為了模擬中斷的產生，我們使用了 Linux 系統提供的 signal() 和 alarm() 函數，每 1 秒鐘產生一個中斷，然後在中斷程式裡對各個任務做延遲時間減 1 的操作，任務延遲時間到期後開始執行任務。

10.2.1 排程器工作原理

上面程式模擬的任務切換過程，其實模仿的就是作業系統任務切換的基本流程。如果我們對上面的程式進行封裝，實際上其已經很接近作業系統的排程器雛形了。

```c
#include <stdio.h>
#include <unistd.h>
#include <signal.h>

int task_delay[4] = {0};

void task1(void)
{
    task_delay[0] = 10;
    printf("task1...\n");
}

void task2(void)
{
    task_delay[1] = 5;
    printf("task2...\n");
}

void task3(void)
{
    task_delay[2] = 2;
    printf("task3...\n");
}

void task4(void)
{
    task_delay[3] = 1;
    printf("task4...\n");
}

void timer_interrupt(void)
{
    for(int i = 0; i < 4; i++)
    {
        if(task_delay[i])
            task_delay[i]--;
    }
    alarm(1);
}
```

```c
void (*task[])(void) = {task1, task2, task3, task4};

void os_init(void)
{
    task_delay[0] = 10;
    task_delay[1] = 4;
    task_delay[2] = 4;
    task_delay[3] = 1;
    signal(SIGALRM, timer_interrupt);
    alarm(1);
}


void os_scedule(void)
{
    int i;
    while(1)
    {
        for(i = 0; i < 4; i++)
        {
            if(task_delay[i]==0)
            {
                task[i]();
                break;
            }
        }
    }
}

int main(void)
{
    os_init();
    os_scedule();
    return 0;
}
```

我們將任務切換的核心程式封裝成了 os_init() 和 os_scedule() 兩個 API 函數，然後在 main() 函數中，可以直接呼叫這兩個函數進行任務初始化和切換。

排程器是作業系統中最核心的元件，其主要功能就是負責任務的切換。在一個作業系統環境下，一般是多個任務輪流佔用 CPU 實現併發執行，每個任務都是無限迴圈的，如果排程器不去排程它們，這個任務會一直霸佔著 CPU，無限期地執行下去。排程器一般會按照時間切片輪轉法去切換任務：每個任務執行 10ms，然後會有一個時鐘中斷或軟體中斷產生，打斷當前正在執行的任務，排程器會奪取 CPU 的控制權，接著開始進行任務排程，切換其他任務佔用 CPU 繼續執行，如圖 10-2 所示。

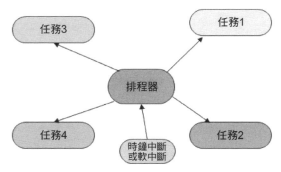

▲ 圖 10-2　作業系統的核心元件：排程器

排程器一般可分為可先佔型和不可先佔型。不可先佔型排程器按照時間切片輪轉給每個任務分配執行時間，時間到了會有一個中斷產生，排程器重新奪取 CPU 的控制權，然後安排下一個任務執行。可先佔型核心指一個任務的時間切片還未到，就可以被高優先順序的任務打斷，先佔 CPU，然後開始執行高優先順序的任務。即時操作系統對時間要求比較嚴格，一般都是採用可先佔型核心，而非即時操作系統對時間的要求不是很高，一般採用不可先佔型核心。

10.2.2　函數堆疊與處理程序堆疊

堆疊是 C 語言執行的基礎。在 C 語言函數執行期間，接收的函數實際參數、函數內定義的區域變數、函數的返回值都是儲存在堆疊中的。每一個函數都有一個對應的堆疊幀，用來儲存該函數內定義的區域變數、函數實際參數、函數的返回值、上一級函數的返回位址、上一級函數的堆疊幀位址等。如圖 10-3 所示,在 ARM 平台下,各個函數堆疊幀透過 FP 指標組成函式呼叫鏈。

在多工環境中,每個任務在執行過程中都有可能隨時被打斷,隨地被打斷。每個任務也都需要一個任務堆疊,任務堆疊的作用主要有兩個。

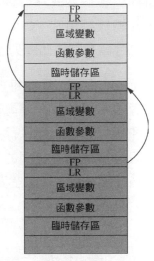

- 任務執行期間,函式呼叫需要的函數堆疊幀。
- 儲存被打斷的任務現場:CPU 的各種暫存器、狀態暫存器、被打斷位址等。

在 uC/OS 多工環境下,對於使用者創建的每一個任務都需要顯性指定一個任務堆疊。如下面的範例程式所示。

▲ 圖 10-3　函數的堆疊幀與呼叫鏈

```
void task(void *pd){
    while(1){
    };
}

OS_STK  task_stack[1024];

int main()
{
    BspInit();
    OSInit();
    OSTaskCreate(task,(void *)0,&task_stack[1023],1);
    OSStart();
}
```

我們定義了一個 task_stack 陣列來表示任務堆疊,當使用者使用 uC/OS 的 API 函數 OSTaskCreate() 去創建一個任務時,需要顯性指定該任務的

堆疊空間起始位址 &task_stack[1023]。在 ARM 平台下,因為我們使用
的是遞減堆疊,所以要將陣列的最高位址作為堆疊的起始位址,當有堆
疊元素存入堆疊時,堆疊從高位址向低位址方向不斷增長。當該任務執
行時期,各個函式呼叫過程中需要的堆疊幀空間都儲存在這個陣列裡;
當該任務被打斷時,CPU 暫存器、被打斷的位址等任務現場(上下文環
境)也會儲存在這個陣列裡。

在 Linux 環境下,對於每一個執行的程式,Linux 作業系統都會將我們執
行的套裝程式裝成一個處理程序,然後核心排程器透過統一的介面進行
管理和排程。每一個執行的處理程序都有對應的處理程序堆疊,這個堆
疊一般位於使用者空間的最高位址,如圖 10-4 所示。在 ARM 環境中使
用的滿遞減堆疊,堆疊空間從高位址向低位址方向不斷增長。

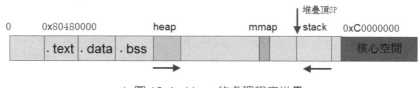

▲ 圖 10-4　Linux 的處理程序堆疊

10.2.3 可重入函數

在多工環境下程式設計與在裸機環境下程式設計有很多不一樣的地方,
函數的可重入性就是其中一個需要注意的細節。什麼是函數的可重入性
呢,我們先從一個實例開始介紹。

```
int a[10] = {1,2,3,4,5,6,7,8,9,0};
int b[20] = {1,2,3,4,5,6,7,8,9,0,12,3,4,5,6,7,8,9};

int sum(int array[], int len)
{
    static int sum = 0;
    for(int i = 0; i < len; i++)
        sum += i;
```

```
    return sum;
}

void task1(void)
{
    sum(a,10);
}

void task2(void)
{
    sum(b,20);
}
```

假設在一個多工環境中，我們定義了一個 sum() 函數用來對陣列累加求和。sum() 函數首先被任務 task1 呼叫，在 sum() 函數執行期間，任務 task1 被排程器暫停，CPU 切換到 task2 執行，sum() 函數被任務 task2 再次呼叫。由於 sum() 函數內定義的有靜態變數，當在執行期間被打斷後再次被呼叫，就有可能影響 sum() 函數在 task1 和 task2 中的執行結果。

在一個多工環境中，一個函數如果可以被多次重複呼叫，或者被多個任務併發呼叫，函數在執行過程中可以隨時隨地被打斷，並不影響該函數的執行結果，我們稱這樣的函數為可重入函數。相反，如果一個函數不能多次併發呼叫，在執行過程中不能被中斷，否則就會影響函數的執行結果，那麼這個函數就是不可重入函數，如上面的 sum() 函數。

如何判斷一個函數是可重入函數，還是不可重入函數呢？規則很簡單，一個函數如果滿足下列條件中的任何一個，那麼這個函數就是不可重入函數。

- 函數內部使用了全域變數或靜態區域變數。
- 函數返回值是一個全域變數或靜態變數。
- 函數內部呼叫了 malloc()/free() 函數。
- 函數內部使用了標準 I/O 函數。
- 函數內部呼叫了其他不可重入函數。

如下面的兩個 swap() 函數，如果在設計過程中，使用了全域變數或靜態變數，那麼這個函數就變得不可重入了，在多工環境中併發執行可能會出現問題。

```
int tmp;
void swap(int *p1, int *p2)
{
    tmp = *p1;
    *p1 = *p2;
    *p2 = tmp;
}
void swap(int *p1, int *p2)
{
    static int tmp;
    tmp = *p1;
    *p1 = *p2;
    *p2 = tmp;
}
```

在裸機環境下面，我們不需要考慮函數的可重入問題，因為裸機環境下只有一個主程序 main() 一直在獨佔 CPU 執行。但是在多工環境下，如果該函數可能被多次呼叫，或者在執行過程中可能會被中斷或被任務排程器打斷，此時我們就要考慮該函數的可重入問題了。

如何讓一個函數變得可重入呢？方法其實也很簡單，在函數設計的時候遵循下面的設計原則即可。

- 函數內部不能使用全域變數或靜態區域變數。
- 函數返回值不能是全域變數或靜態變數。
- 不使用標準 I/O 函數。
- 不使用 malloc()/free() 函數。
- 不呼叫不可重入函數。

上面設計原則的前 4 筆都比較容易實現，比較難把握的是第 5 筆。我們在程式設計過程中可能會呼叫各種各樣的函數：C 標準函數庫函數、協力廠商函數庫函數、框架介面函數、作業系統的 API 函數，以及自訂函數等。很多時候我們呼叫的函數只能透過標頭檔看到其函數原型宣告，並無法真正看到其內部實現，所以在呼叫這些函數的過程中要特別注意，要看這些函數是否是可重入的。

> 思考：在中斷函數中一般儘量不要呼叫不可重入函數，為什麼？如果真的呼叫了，就一定會出現問題嗎？為什麼？

10.2.4 臨界區與臨界資源

在實際程式設計中，我們會不可避免地在函數中使用全域變數或靜態區域變數，或者呼叫 malloc()/free() 函數，或者呼叫 printf()/scanf() 等標準 I/O 函數，那麼這個函數也就變得不可重入了。不可重入函數在多工環境下執行，有可能隨時被中斷，被任務切換打斷，進而會影響執行結果。這可怎麼辦呢？

不用擔心，作業系統在實現多工排程時，早就想到這一點了：一個函數之所以變得不可重入，主要因為在函數內部使用了全域變數、靜態變數這些公共資源。如果我們在存取這些全域資源時採取一些安全措施，對這些資源實行互斥存取，或者在存取這些資源的時候不允許被打斷，那麼這個不可重入函數不也變得安全了嗎？

沒錯，作業系統就是這麼幹的。作業系統可以透過訊號量、互斥量、鎖等機制對這些資源進行互斥存取，一次只允許一個任務存取這些資源，同一時刻也只允許一個任務存取這些資源，如全域變數、靜態變數、緩衝區、印表機等，這些資源也被稱為臨界資源。

與臨界資源對應的就是臨界區，所謂臨界區其實就是存取臨界資源的程式碼片段。臨界區的存取方式是互斥存取，同一時刻只允許一個任務存取。不同的作業系統一般都會有專門的操作基本操作來實現臨界區。

```
EnterCriticalSection()
LeaveCriticalSection()
```

臨界區實現方式可以有多種：可以直接關中斷，也可以透過互斥存取實現，如訊號量、互斥量、迴旋栓鎖等，如圖 10-5 所示。如在 uC/OS 中，臨界區一般透過關中斷的方式實現。

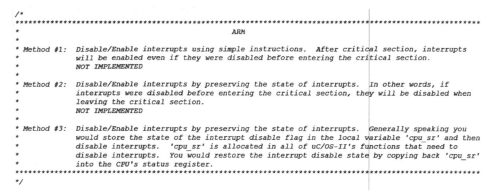

```
/*
*********************************************************************************************
*                                          ARM
*
* Method #1:  Disable/Enable interrupts using simple instructions.  After critical section, interrupts
*             will be enabled even if they were disabled before entering the critical section.
*             NOT IMPLEMENTED
*
* Method #2:  Disable/Enable interrupts by preserving the state of interrupts.  In other words, if
*             interrupts were disabled before entering the critical section, they will be disabled when
*             leaving the critical section.
*             NOT IMPLEMENTED
*
* Method #3:  Disable/Enable interrupts by preserving the state of interrupts.  Generally speaking you
*             would store the state of the interrupt disable flag in the local variable 'cpu_sr' and then
*             disable interrupts.  'cpu_sr' is allocated in all of uC/OS-II's functions that need to
*             disable interrupts.  You would restore the interrupt disable state by copying back 'cpu_sr'
*             into the CPU's status register.
*********************************************************************************************
*/
```

▲ 圖 10-5　臨界區實現的三種方式

在不同平台下，臨界區實現的方式可能不一樣，或者透過不同的指令去關中斷和開中斷。

```
#if OS_CRITICAL_METHOD == 1
#define OS_ENTER_CRITICAL() __asm__("cli")  /*Disable interrupts*/
#define OS_EXIT_CRITICAL() __asm__("sti")   /*Enable  interrupts */
#endif
#if OS_CRITICAL_METHOD == 2
#define OS_ENTER_CRITICAL() __asm__("pushf cli") /*Disable interrupts */
#define OS_EXIT_CRITICAL() __asm__("popf")       /*Enable interrupts*/
#endif
#if OS_CRITICAL_METHOD == 3
#define OS_ENTER_CRITICAL() (cpu_sr = OSCPUSaveSR())/*Disable
interrupts*/
#define OS_EXIT_CRITICAL() (OSCPURestoreSR(cpu_sr)) /*Enable interrupts*/
#endif
```

在 Linux 或 Windows 環境下，臨界區一般可以透過加鎖、解鎖的方式來實現。

```
#ifdef _LINUX
pthread_mutex_lock(&mutex_lock);------
// 存取臨界資源                       - 臨界區
pthread_mutex_unlock(&mutex_lock);----
#endif

#ifdef _WIN32
EnterCriticalSection(&mutex_lock);---
// 存取臨界資源                       - 臨界區
LeaveCriticalSection(&mutex_lock);---
#endif
```

10.3 中斷

在上面的多工裸機實現中,我們透過中斷來進行任務切換,在實際的作業系統原始程式中,核心排程器其實也是透過中斷來完成處理程序排程和任務切換的。

中斷的用途不僅僅用在任務切換中,作業系統中的系統呼叫、記憶體管理等各種機制其實都是基於中斷實現的。中斷是我們學習和理解作業系統的一個很好的切入點,理解不了中斷,也就掌握不了作業系統的精髓。

10.3.1 中斷處理流程

在一個電腦系統中,CPU 同外部設備的通訊一般分為兩種方式:同步通訊和非同步通訊,對應的實現方式分別是輪詢和中斷。

如圖 10-6 所示,CPU 和外部設備的通訊也是一樣,像序列埠、滑鼠、鍵盤這種慢速裝置,和 CPU 的執行速度相比,有成千上萬倍的差距,根本不在一個數量級上。如果採用輪詢式的同步通訊,CPU 每隔一段時間就會來詢問:「鍵盤兄,資料準備好了沒?」如果輪詢的頻率低了,會影響使用者的輸入體驗;如果輪詢的頻率過高,每次可能都是空手而歸,白白浪費了 CPU 資源。而採用中斷這種非同步通訊方式就不會存在這種問題，外部設備在資料的發送和接收過程中，CPU 該幹啥幹啥，兩者互不衝突，等外部設備資料接收或發送完畢，以中斷的形式通知 CPU，CPU 再過來處理就可以了。透過中斷的通訊方式，既沒有浪費太多的 CPU 資源，又完成了資料的通訊。

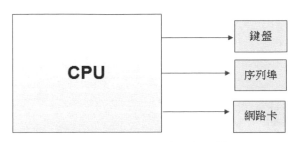

▲ 圖 10-6　CPU 與外部設備

在一個嵌入式系統中，和 CPU 進行通訊的有很多外部設備，如序列埠、隨身碟、鍵盤、滑鼠、網路卡、I2C 裝置等。當外部的一個中斷到來時，CPU 怎麼知道是哪個裝置發生的中斷呢？這裡就涉及中斷號或中斷線的概念了，如圖 10-7 所示。

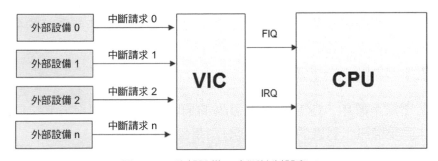

▲ 圖 10-7　外部設備、中斷控制器和 CPU

在一個 ARM SoC 晶片中，晶片上整合了不同的外部設備或外部設備控制器，對於每一個外部設備都有一個固定的中斷號。SoC 晶片內部通常會整合一個專門管理中斷的模組：中斷控制器。中斷控制器通常透過一根或兩根中斷訊號線與 CPU 相連。當外部設備發生中斷時，會首先將中斷訊號傳送到中斷控制器,中斷控制器透過中斷遮罩、優先順序、中斷是否使能等各種條件判斷和檢測,然後將中斷訊號發送到 CPU,CPU 檢測到中斷之後,就會擱置當前正在執行的任務,查看相關暫存器,看是哪個裝置發生了中斷,再跳躍到對應的中斷處理常式執行中斷操作。

這裡我們所討論的中斷,一般指外部中斷。除此之外,處理器還有異常的概念。CPU 在執行程式的過程中遇到未定義指令,或者執行出錯了一般也會發生中斷,只不過這種中斷源不是來自外部設備,而是來自 CPU 內部。如果從廣義的角度來看中斷,任何打斷系統正常執行的流程都可以叫作中斷,只不過我們一般稱 CPU 內部中斷為內部異常。內部異常、外部中斷和軟體中斷其實都屬於中斷的範圍。

ARM 處理器有多種中斷模式,如 Reset、Undefined Instruction、Software Interrupt、Prefetch Abort、Data Abort、IRQ、FIQ,如圖 10-8 所示。

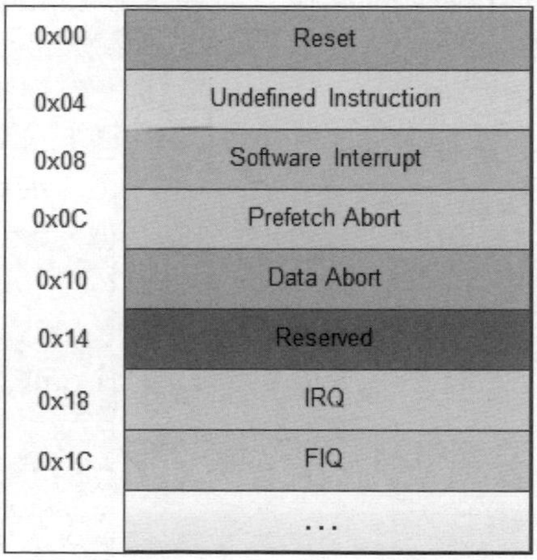

0x00	Reset
0x04	Undefined Instruction
0x08	Software Interrupt
0x0C	Prefetch Abort
0x10	Data Abort
0x14	Reserved
0x18	IRQ
0x1C	FIQ
	...

▲ 圖 10-8 ARM 的中斷向量表

當中斷發生時,ARM 處理器中的 PC 指標會跳到中斷向量表去執行,根據發生中斷的類型,跳躍到向量表中不同的入口位址上。對於每一種中斷模式,在向量表中只有一個字的儲存空間,因此在向量表中儲存的往往是一筆跳躍指令,當發生中斷時,跳躍到不同的中斷處理函數中去執行。

```
AREA Boot, CODE, READONLYENTRY
    B  Reset_Handler
    B  Undef_Handler
    B  SWI_Handler
    B  PreAbort_Handler
    B  DataAbort_Handler
    NOP            ; for reserved interrupt
    B  IRQ_Handler
    B  FIQ_Handler
```

每個中斷的中斷處理常式（Interrupt Service Routines，ISR）都有對應的中斷處理函數。在中斷處理函數中需要做什麼操作，需要工程師根據自己的業務需要或功能需求自己撰寫。當中斷發生時，ARM 處理器在硬體上也會自動完成一部分事情，這些就不需要軟體操作實現了。

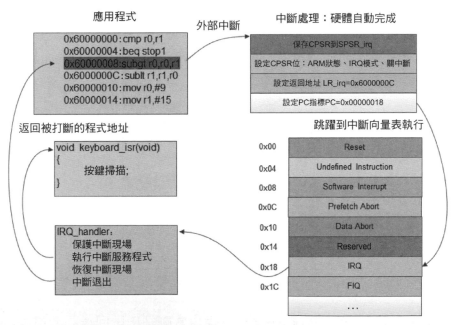

▲ 圖 10-9　ARM 中斷處理流程

以圖 10-9 為例，在 ARM 處理器中，當有 IRQ 中斷發生時，CPU 會自動儲存 CPSR 暫存器到發生中斷模式下的 SPSR_irq，設定 CPSR 位元。將當前處理器模式設定為 ARM 狀態、IRQ 模式，並關閉中斷，然後將被打斷的應用程式位址 0x6000000C 儲存到 LR_irq 暫存器中，將 PC 指標設定為 0x00000018，程式就跳躍到中斷向量表去執行了。在中斷向量表的 0x00000018 位址處是一個跳躍指令，會跳到 IRQ 的中斷處理函數 IRQ_handler() 執行。在 IRQ_handler() 函數中，首先要保護被打斷的當前程式的現場：將各種暫存器、CPU 狀態存入堆疊中儲存，然後根據中斷號跳躍到具體外部設備的中斷處理函數中去執行。中斷處理完畢後，再恢復原來被打斷的應用程式現場，將堆疊中儲存的 CPU 狀態、各種暫存器值重新彈出到 CPU 的各個暫存器中，重新執行被打斷的程式。

這裡有一個細節需要注意：當函式呼叫返回時，一般返回的是當前呼叫指令的下一筆指令；而中斷返回時，一般返回到當前指令處繼續執行（如圖 10-12，返回到 0x60000008 位址執行，而非返回到 0x6000000C），而我們的連結暫存器中自動儲存的是被打斷指令的下一筆指令位址 0x6000000C。因此，在中斷處理函數中記得要將 LR 暫存器中的返回位址減 4。

10.3.2 處理程序堆疊與中斷堆疊

堆疊是 C 語言執行的基礎，沒有堆疊，C 語言就無法執行。在一個多工環境中，每個任務都要有自己的任務堆疊，一是為了給函式呼叫過程中的每個函數準備堆疊幀空間，二是當該任務被打斷時，需要將該任務的現場環境（上下文環境）儲存到當前的任務堆疊中。

什麼是任務的上下文環境呢？當一個任務被打斷後，我們需要儲存的任務現場，到底要儲存什麼東西呢？

在一個多工環境中，CPU 如果想執行一個任務，直接將 CPU 內部的 PC 指標指向這個任務的函數本體就可以了，PC 指向哪裡，CPU 就到哪裡取指令執行。程式執行時期，還需要將 CPU 內部的暫存器 SP 指向一個堆疊空間，因為函數內的區域變數、傳遞的實際參數、返回值都是儲存在堆疊內的，沒有堆疊，C 語言就無法執行。CPU 對堆疊內資料的存取是透過 FP/SP + 相對偏移實現的。因為是相對定址，所以堆疊是與位置無關的，把堆疊放到記憶體中的任何地方都不會影響程式的執行。總之一句話，只要提供一片記憶體空間，SP 指標指向哪裡，CPU 就可以在哪裡建立函數執行的堆疊幀環境；PC 指標指向哪裡，CPU 就到哪裡去取指令，執行一個個 C 語言函數，如圖 10-10 所示。

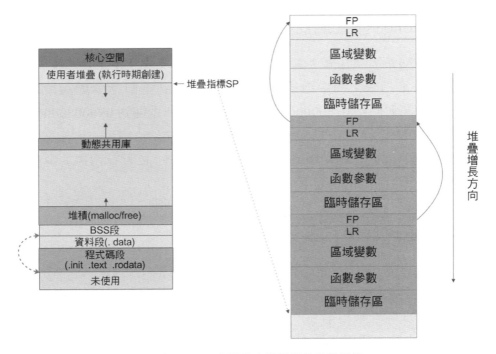

▲ 圖 10-10　處理程序堆疊與函數堆疊幀

如果把一條大街看作記憶體，那麼街邊的每一個飯店、店鋪其實就相當於全域變數，在整個程式執行期間，它們在記憶體中的位址是固定不變的，可以直接透過飯店名（變數名）進行存取。而街邊流動的小吃攤兒其實就相當於區域變數，它們在程式執行期間沒有固定的記憶體空間，每天可能在不同的地方擺攤，只要給片地，在哪裡都可以支攤兒做生意。函式呼叫也是如此,每次函式呼叫,系統都會在記憶體中為函數分配一個堆疊幀空間,每次分配的堆疊位址都是不一樣的,但並不影響程式的執行:只要提供一片記憶體,無論在什麼地方,函數都能正常執行。

雖然堆疊的位置與位址無關,SP 指向哪裡程式都能執行,但是 SP 指標一般也不會亂指。每個任務都有自己的任務堆疊,當 CPU 執行不同的任務時,我們讓 SP 堆疊指標分別指向每個任務各自的任務堆疊,如圖 10-11 所示。

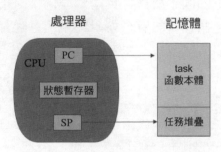

▲ 圖 10-11　上下文環境與任務堆疊

ARM 處理器屬於 RISC 架構,不能直接處理記憶體中的資料,要先透過 LDR 指令將記憶體中的資料載入到暫存器,處理完畢後再透過 STR 指令回寫到記憶體中,每一次資料的處理都需要載入 / 儲存操作來輔助完成。如果在 CPU 處理資料的過程中任務被打斷,儲存現場時這些暫存器的值也要儲存起來,再加上 ARM 處理器中的狀態暫存器 CPSR 等,它們和 PC、SP 暫存器一起組成了程式執行的現場,即任務上下文環境。

在作業系統的原始程式實現中,排程器為了更好地管理每一個任務,一般會為每個任務定義一個結構。如圖 10-12 所示,每個結構內都有指向當前任務函數本體和處理程序堆疊的指標。各個任務的結構透過指標連結成一個雙向迴圈鏈結串列,排程器透過這個鏈結串列來管理和排程每一個任務。

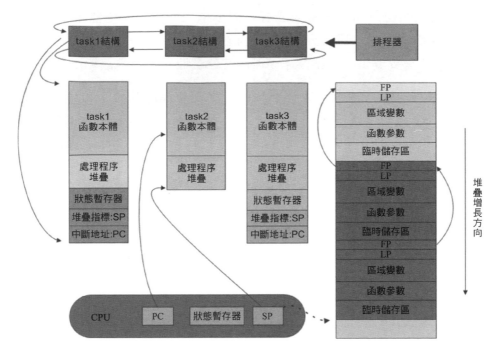

▲ 圖 10-12 任務上下文的儲存與恢復

當一個正在執行的任務被打斷，CPU 切換到另一個任務執行之前，首先要做的就是儲存當前任務的現場，即任務上下文，包括 PC 指標、SP 指標、各種暫存器等。這些現場一般會儲存到各個任務的任務堆疊中（SP指標一般會儲存在各個任務的結構中，為了簡化分析，這裡假設所有上下文都儲存到了堆疊中）。以 task3 為例，當 task3 不再執行時期，它的任務上下文會首先儲存到自己的任務堆疊中，然後將 task2 的上下文環境恢復到 CPU 的 PC、SP 等暫存器中。此時，PC 指標指向 task2 的程式碼片段，SP 指標指向 task2 的任務堆疊空間，CPU 開始執行 task2。如果 task2 執行一段時間後再被切換出去執行 task3，作業系統會首先儲存task2 的任務上下文到它的任務堆疊中，然後把 task3 的任務上下文彈出到 CPU 中就可以了，task3 就像沒有被打斷過一樣，從原來被打斷的地方繼續執行。

Linux 系統使用了記憶體管理，一個處理程序空間被劃分為核心空間和使用者空間。Linux 普通處理程序執行在使用者空間，處理程序執行需要的堆疊也是在使用者空間，這種堆疊一般被稱為處理程序堆疊，或使用者處理程序堆疊。使用者空間的程式是無法存取核心空間的，那麼問題就來了：當使用者程式呼叫系統呼叫函數時，作業系統就會由使用者態轉為核心態，CPU 開始執行核心裡的程式，核心程式在執行過程中，各種函式呼叫也是需要堆疊空間的，這個堆疊從哪裡分配呢？Linux 作業系統一般會在核心空間給每個處理程序都分配 4KB 或 8KB 大小的堆疊空間，我們一般稱這種堆疊為核心堆疊。

如圖 10-13 所示，當一個處理程序在使用者態和核心態互動執行時期，就會用到這兩種處理程序堆疊，這時候就涉及 SP 指標的切換了。一個處理程序的使用者堆疊和核心堆疊會透過結構的一些指標建立連結，SP 堆疊指標可以透過這些連結資訊進行切換，隨著處理程序執行環境的變化分別指向不同位址空間的堆疊。

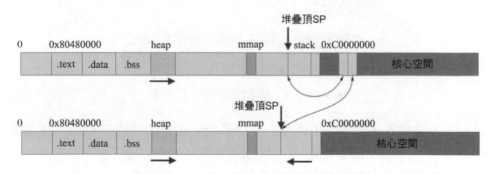

▲ 圖 10-13　使用者處理程序堆疊和核心堆疊

除了使用者堆疊和核心堆疊，一個程式在記憶體中執行時期，還經常用到的一種堆疊叫中斷堆疊。當中斷發生時，CPU 會透過中斷向量表跳躍到對應的中斷處理函數中執行。中斷處理函數也是函數，執行中斷處理函數也需要堆疊的支援。中斷處理函數中的各級函式呼叫、被中斷打斷時的現場保護也需要堆疊空間，這個堆疊因此也被稱為中斷堆疊。

中斷堆疊分為兩種:獨立中斷堆疊和共用中斷堆疊。獨立中斷堆疊有自己獨立的堆疊空間,而共用中斷堆疊則和任務堆疊共用記憶體空間。一個任務在執行期間被中斷打斷後,SP 指標會指向中斷堆疊,PC 指標會指向中斷處理函數,CPU 然後就跳躍到中斷處理函數中去執行了。如果此時再來一個中斷,發生了中斷嵌套,作業系統會把當前的中斷上下文儲存到中斷堆疊中,然後跳躍到新的中斷函數中去執行,如圖 10-14 所示。

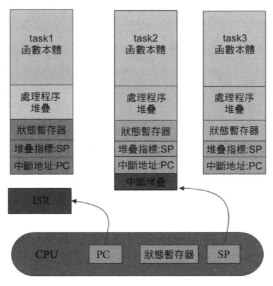

▲ 圖 10-14 中斷上下文和中斷堆疊

在 Linux 環境下,當發生中斷時,作業系統一般都會進入核心態,所以中斷堆疊會和 Linux 核心堆疊共用記憶體空間。作業系統為每個處理程序的核心堆疊分配的記憶體空間並不大,一般為 4KB 或 8KB,與使用者態 8MB 大小的堆疊空間相比,資源比較緊張。這就決定了我們在撰寫中斷函數時要注意堆疊空間的使用情況,中斷函數內一般不要使用大塊的記憶體,中斷函數的呼叫層數、中斷嵌套也不要太深,防止因中斷堆疊溢位而導致系統崩潰。

10.3.3 中斷函數的實現

對於處理器發生的每一個外部中斷，程式設計師都要撰寫對應的中斷處理函數來執行相關的操作，如接收資料、發送資料、處理資料等。在裸機環境和有作業系統的環境下撰寫中斷函數和普通函數不太一樣，我們在撰寫中斷函數前，首先要了解一下中斷函數的一些特性和基本處理流程。

在一個多工環境中，中斷可以隨時隨地打斷當前正在執行的任務，並且中斷執行結束後，CPU 還不一定返回原先被打斷的任務執行。中斷的這個特性導致我們在撰寫中斷函數時要注意以下 3 點。

- 中斷函數被呼叫的時間不固定：中斷函數要自己保護現場。
- 中斷函數被呼叫的地點不固定：當前的任務無法給中斷函數傳參。
- 中斷函數的返回地點不固定：中斷函數不能有返回值。

在一個嵌入式 ARM 裸機環境下，如果我們撰寫一個中斷處理函數，一般要遵循以下基本流程。

（1）儲存中斷現場：狀態暫存器、返回位址存入堆疊、中斷 ISR 中要用到的暫存器存入堆疊。
（2）清中斷：關中斷，保護現場。有些硬體會自動清除，重開中斷前記得要清除。
（3）執行使用者撰寫的中斷處理函數。
（4）恢復現場：將堆疊中儲存的資料彈到 CPU 的各個暫存器中，恢復被中斷的現場，從堆疊中彈出返回位址到 PC 暫存器，CPU 從被打斷的程式處繼續執行。

在一個中斷函數中，任務的現場保護和現場恢復一般需要用組合語言來實現，各種存入堆疊移出堆疊的組合語言指令操作撰寫起來比較麻煩。為了程式設計方便，各種 ARM 編譯器或 IDE 一般會提供一些關鍵字，如 ARM 編譯器提供的 __irq 關鍵字、C51 編譯器提供的 interrupt 關鍵字，當我們在中斷函數前使用這些關鍵字修飾時，編譯器在編譯這個函數時，會自動幫我們實現現場保護和恢復的組合語言程式碼，就不需要程式設計師手動撰寫了。程式設計師只需要關注自己的業務邏輯實現就可以了，底層的現場儲存和恢復交給編譯器來完成，從而大大減輕了工作量。中斷函數的撰寫因為這些關鍵字的輔助也就變得非常簡單，但我們還是不能掉以輕心，在撰寫中斷函數時，還是需要遵守一些基本原則的。

- 中斷函數不能有返回值。
- 不能向中斷函數傳遞參數。
- 不能呼叫不可重入函數，如 printf()。
- 不能呼叫引起睡眠的函數。
- 中斷函數應短小精悍，快速執行、快速返回。

在一個多工環境中，中斷處理函數還涉及任務排程的問題。當中斷處理完畢要退出時，不一定會返回到原先被打斷的任務繼續執行，它會找出當前優先順序最高的就緒任務，然後開始執行它。以 uC/OS 核心為例，它的中斷函數處理流程如下。

（1）儲存被打斷的 task1 任務現場：各種暫存器、返回位址 PC、任務堆疊指標 SP。

（2）中斷嵌套計數加 1：中斷嵌套計數主要用來判斷當前是否還在中斷上下文中，是否需要任務排程。

（3）執行使用者撰寫的中斷處理函數。

（4）任務排程：查詢下一個要執行的高優先順序就緒任務 task2。

（5）恢復現場：將 task2 任務堆疊中的暫存器、堆疊指標彈出，透過中斷返回指令，從任務堆疊中彈出返回位址到 PC，然後開始執行 task2。

Linux 作業系統的中斷處理比較複雜，在 Linux 核心中現在已經有專門的中斷處理框架來管理和維護中斷，在 Linux 環境下撰寫中斷處理函數也就變得不一樣了，如圖 10-15 所示。

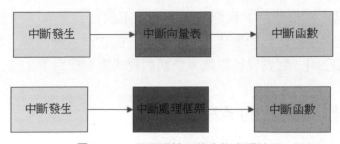

▲ 圖 10-15　不同環境下的中斷處理流程

在 Linux 環境下撰寫中斷處理函數，一般要透過中斷處理子系統提供的 API 將中斷處理函數註冊到系統中。當中斷發生時，再以回呼的形式執行使用者撰寫的中斷處理函數。和中斷處理函數相關的 API 函式定義如下。

中斷返回類型：typedef irqreturn_t (*irq_handler_t)(int, void *);
中斷函數原型：irqreturn_t keyboard_isr(int irq, void *dev_id);
中斷函數註冊：request_irq(unsigned int irq, irq_handler_t handler,
unsigned long flags, const char *name, void *dev);

在 Linux 環境下撰寫中斷處理函數雖然比在裸機環境下靈活方便了很多，但還是有一些規則需要遵守的。如在中斷上下文中，要禁止任何處理程序切換。在中斷處理函數中不能呼叫可能會引起任務排程的函數，如一些可能會引起 CPU 睡眠的函數、引起阻塞的函數，或者其他一些導致排程器介入執行，發生任務切換的函數。

10.4　系統呼叫

什麼是系統呼叫？想了解系統呼叫的來龍去脈，我們可以從程式重複使用的角度，並以此作為切入點進行學習。我們在撰寫程式時往往會自訂一些函數，然後呼叫它，就是函數級的程式重複使用；我們把一些常用的函數封裝成函數庫，然後留出 API 供別人呼叫，就是函數庫級的程式重複使用；我們將很多應用程式的通用部分進行分離、抽象和模組化，慢慢迭代出框架，然後留出 API，方便使用者快速開發和二次擴充，就是框架級的程式重複使用；我們把多工環境下的任務創建、任務切換和任務管理等程式不斷迭代和最佳化，封裝成一個作業系統，留出相關的 API 供應用程式呼叫，就實現了作業系統級的程式重複使用。

10.4.1 作業系統的 API

在一個 ARM 開發板上，如果我們想使用 uC/OS 去創建一個多工併發執行的環境，直接呼叫 uC/OS 實現的 API 函數，就可以很方便地創建多個任務。

```
void task1(void)
{
    while(1){
        ;
    }
}

void task2(void)
{
    for(;1;){
        ;
    }
}

OS_STK stack1[512];
OS_STK stack1[512];

int main(void)
{
    serial_init();
    board_init();

    OSInit();
    OSTaskCreate(task1, 0, &stack1[511], 3);
    OSTaskCreate(task2, 0, &stack2[511], 5);
    OSStart();
    return 0;
}
```

uC/OS 其實並不是一個作業系統，它只能算是一個作業系統核心，或者稱作排程器。現代作業系統隨著整合的元件越來越多，功能也越來越完善，系統也越來越複雜，支援各種各樣的功能，如網路通訊、處理程序管理、檔案系統、記憶體管理、協定堆疊、裝置管理、GUI 等。

隨著系統越來越複雜，帶來的各種問題也越來越多，如硬體安全存取、資源存取衝突、系統穩定執行等越來越受到挑戰。像早期的嵌入式產品，從底層驅動到上層應用都是由同一個團隊開發的，作業系統和應用程式一起編譯、執行，安全穩定，還有一定的保障。現在很多嵌入式系統的底層驅動和上層應用程式開發都是分離的，由不同的團隊和個人開發。如我們常用的智慧型手機，硬體設計、系統移植、驅動一般是由晶片和手機廠商共同開發和維護的；作業系統、中間層、多媒體函數庫一般是由不同軟體公司開發的；而手機上的各種 App 則是由全球各地不同的開發者開發的。大家素昧平生，水準參差不齊，假如有一個 App 開發者，呼叫了作業系統的一些 API，對硬體進行了一些非法操作，或者對記憶體進行了非法存取，篡改了作業系統核心的一些核心程式，可能就導致整個系統崩潰了。

10.4.2　作業系統的許可權管理

為了防止上面這種狀況發生，現代作業系統一般會實行許可權管理，如指令執行許可權、記憶體存取權限、硬體資源存取權限等，不同的程式有不同的許可權。在 Linux 環境下，應用程式不能像呼叫 uC/OS 的 API 函數一樣，直接去呼叫 Linux 作業系統核心實現的各種 API。Linux 作業系統執行時期一般分為核心態和使用者態，應用程式執行在使用者態，作業系統核心和驅動執行在核心態，作業系統在核心態可以存取系統任意資源，而使用者程式在使用者態時存取這些資源則會受到限制。

那麼如果應用程式想存取一些受限制的硬體資源該怎麼辦呢？不用擔心，Linux 作業系統會留出一些專門的 API 供使用者使用。當使用者想存取一些許可權受限的資源時，可以透過呼叫這些系統呼叫 API 來完成。透過系統呼叫，Linux 會從使用者態轉換到核心態，然後就有許可權存取任意資源了，如圖 10-16 所示。

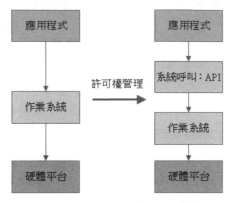

▲ 圖 10-16　系統呼叫與許可權管理

10.4.3　CPU 的特權模式

Linux 的作業系統特權是如何實現的呢？為什麼這些資源在使用者態下不可存取，而在核心態下就可以存取了呢？這主要與 CPU 的特權等級有關，不同的 CPU 有不同的執行等級，如 X86 處理器就有 4 個執行等級，分別為 ring0、ring1、ring2、ring3。ring3 等級最低，一般應用程式會執行在這個等級，對應作業系統的使用者態。在使用者態下應用程式存取 I/O 等系統硬體資源就會受到限制，無法執行一些特權指令。ring0 是特權等級，作業系統核心程式一般執行在這個等級，對應作業系統的核心態，在這個執行等級下，CPU 可以執行各種特權指令，存取 I/O 等系統硬體資源，完成記憶體讀寫、暫存器設定等各種特權操作。

ARM 處理器也有不同的執行等級，一般分為使用者模式和特權模式。當 ARM 處理器工作在 USR 模式時屬於使用者模式，當 ARM 處理器工作在 SYS、FIQ、IRQ、SVC、ABT、UND 模式時屬於特權模式。ARM 在特權模式下可以執行一些特權指令，如 MSR、MRS 指令。當 ARM 處理器工作在普通模式時，對應的作業系統就執行在使用者態，存取一些硬體資源或執行特權指令就會受到限制。當 ARM 處理器工作在特權模式時，對應的作業系統就執行在核心態，此時一些受限資源的存取、特權指令都可以執行。

應用程式一般執行在使用者態，CPU 工作在普通模式，此處 CPU 執行的是普通指令。當發生外部中斷、內部異常或系統呼叫時，CPU 就會進入特權模式，此時作業系統也進入核心態，CPU 開始執行特權等級核心程式。以系統呼叫 open 為例，CPU 從系統呼叫到執行核心程式，到返回使用者態繼續執行應用程式的程式，整個基本流程如下。

（1）應用程式解析參數，呼叫系統呼叫 API：open。

（2）Linux 進入核心態，CPU 進入特權模式，控制權交給 OS，參數放在暫存器中。

（3）CPU 從系統呼叫表中查詢 open 系統呼叫對應的程式記憶體位址。

（4）從暫存器獲取參數，執行 open 對應的作業系統核心程式。

（5）核心程式執行結束，將執行結果複製到使用者態。

（6）CPU 由特權模式切換到普通模式，作業系統由核心態返回到使用者態。

（7）CPU 執行使用者態程式，繼續在使用者態執行。

系統呼叫有很多優點。第一，可以簡化應用程式開發，分離使用者程式和核心驅動，為應用程式提供一個統一的硬體抽象介面。第二，透過許可權管理，在一定程度上保證了系統的安全和穩定。

10.4.4 Linux 系統呼叫介面

Linux 系統提供給使用者了大量的系統呼叫介面。透過這些系統呼叫介面，使用者程式可以更加安全地存取系統的相關硬體資源，讀寫磁碟資料，透過網路卡通訊，讀寫記憶體空間，如表 10-1 所示。

表 10-1　Linux 系統呼叫介面

系統呼叫	舉　例
檔案操作	open、close、read、write、lseek、fsync
處理程序控制	fork、clone、execve、exit、getpid、pause
檔案系統	mkdir、mknod、rmdir、chmod、rename、mount
系統控制	time、uname、reboot、alarm、ioctl
記憶體管理	brk、mmap、munmap、sync
訊號	signal、kill
Socket 控制	socket、bind、connect、send、listen、shutdown

Linux 系統有不同的發行版本本，如 Ubuntu、Fedora、Debian 等，每個版本甚至還有不同的分支。隨著版本不斷更新迭代，各個版本的差別也越來越大，包括這些系統呼叫介面，不同的作業系統可能實現的介面不一樣，這就導致我們在一個 Linux 版本下開發的程式到了另一個 Linux 環境下可能就無法執行。為了避免這一狀況，POSIX 標準出現了，POSIX 標準即 Portable Operating System Interface for Computing Systems，它為不同版本的 Linux 和 UNIX 作業系統統一了應用程式系統呼叫介面，無論是哪個版本的 Linux 系統，在實現系統呼叫介面時都要遵循這個標準，這就是為什麼你寫的程式在 Linux 平台或 UNIX 平台都可以執行的原因。如果你有興趣，可以到 /usr/include/unistd.h 標頭檔下去查看這些標準的系統呼叫介面。

10.5 揭開檔案系統的神秘面紗

如果你想在電腦上看一部電影，打開 F 盤，進入某個目錄，該目錄下有很多你下載的電影，按兩下其中一部電影，就可以直接播放觀看了。如果你想把剛拍的幾張照片分享到朋友圈，打開微信，透過微信的檔案管理介面，選中圖片後點擊確認，就完成了圖片的分享。無論手機還是電

腦，無論 Android 還是 Windows，你觀看的電影或分享的圖片實際上都
是以二進位資料的格式儲存在硬碟或者 Flash 上的。

記憶體件一般分兩種：機械硬碟和固態硬碟，如圖 10-17 所示。機械硬碟
由多個碟片組成，每個碟片分為不同的磁區，各種資料分別儲存在這些
磁區上，資料的讀寫透過磁頭的移動搜軌和碟片的轉動來完成。因為磁
頭和磁軌的距離非常接近，因此普通機械硬碟抗震能力較差。目前在 PC
和行動裝置中廣泛使用的是 SSD 固態硬碟、快閃記憶體儲存。SSD 固態
硬碟和快閃記憶體儲存底層都使用 Flash 儲存晶片，不需要磁頭搜軌，讀
寫速度快，無雜訊，發熱小，支援低功耗待機。目前常見的儲存晶片有
NAND Flash、eMMC 等。

▲ 圖 10-17　資料的儲存：SSD 固態硬碟、機械硬碟

一個 NAND Flash 儲存晶片，由不同的 block 組成，每個 block 又分為很
多頁，每一頁的大小為 512 位元組、1024 位元組、4096 位元組甚至更
大，資料以二進位格式儲存在每個頁上。一個磁碟由磁柱、磁軌和扇面
組成，資料儲存在不同的磁區上，磁頭可以在不斷旋轉的磁軌上來回移
動，讀寫不同磁區上的資料。

從使用者層面上看，無論在手機上的 App，還是電腦上的播放機，它們
操作的物件是一個個檔案，而非儲存在底層硬體裝置上的一串串二進位
資料。從底層物理存放裝置上的二進位資料到不同目錄下的具體的檔案
名稱，這個轉換過程就是由檔案系統完成的。

10.5.1 什麼是檔案系統

檔案系統其實就是一個儲存管理程式，透過對不同物理存放裝置進行抽象和管理，呈現給使用者的操作介面是人類更容易接受的目錄和檔案的形式。檔案系統會對存放裝置進行抽象封裝，向使用者提供一組目錄和檔案操作的 API。當使用者使用這些 API 新建一個檔案時，檔案系統就會建立該檔案到實際物理儲存之間的一個映射，使用者不必再深入底層硬體細節去讀寫資料，直接透過檔案名稱即可直接存取，簡單方便。

如電腦的 F 磁碟上有一部《舌尖上的中國》視訊檔案，它實際儲存在硬碟上某片連續的物理磁區上，檔案系統幫我們在檔案名稱和它具體的儲存位置之間建立了映射關係。當我們播放這個檔案時，視訊播放機不必關心這個檔案到底儲存在哪裡，直接透過檔案系統提供的 open()/read()/write() 介面，透過檔案名稱直接存取就可以了，如圖 10-18 所示。

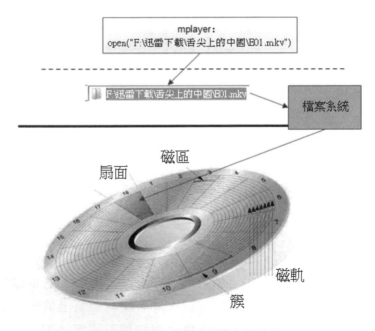

▲ 圖 10-18　資料在磁碟上的儲存

一個嵌入式系統也是如此，假如在 Linux 目錄下有一個 E01.mkv 視訊檔案，其真正的儲存位置可能位於 NAND Flash 晶片上某個 block 的連續頁內。當播放機應用程式存取這個檔案時，也不必關心這個視訊檔案在 NAND Flash 上的具體儲存位置，直接透過檔案名稱讀寫就可以了，檔案系統已經幫我們建立了映射關係，並提供了各種讀寫、打開、關閉、位置定位等操作介面，如圖 10-19 所示。

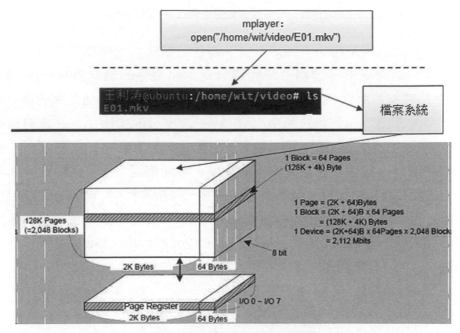

▲ 圖 10-19　資料在 Flash 上的儲存

一個剛出廠的存放裝置，如隨身碟，裡面其實就是一個一個儲存單元陣列。在使用之前，一般需要先格式化，格式化時需要選擇一種檔案系統類型。所謂格式化，其實就是讓檔案系統去管理這區塊儲存空間，檔案系統可能會把這塊原始儲存空間影像耕地一樣劃分為大小相同的塊，建立檔案名稱、目錄名到實際物理儲存位址的映射關係，並將這些映射關係儲存在某塊物理儲存單元內，如圖 10-20 所示。

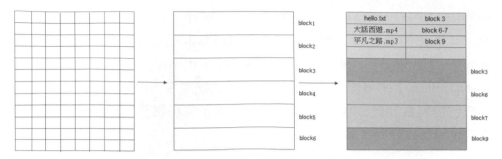

▲ 圖 10-20 物理儲存單元、邏輯區塊和檔案名稱之間的對應關係

用檔案系統的專業術語來描述就是：當我們格式化一個隨身碟時，檔案
系統會將隨身碟的物理儲存單元劃分為大小相等的邏輯區塊—block，
block 是檔案系統儲存資料的基本管理單元。檔案系統將隨身碟的儲存空
間分為兩部分：純資料區和中繼資料區。如圖 10-21 所示，純資料區是
檔案真正的資料儲存區，而中繼資料區則用來儲存檔案的相關屬性：該
檔案在磁碟中的儲存位置、檔案的長度、時間戳記、讀寫許可權、所群
組、連結數等檔案資訊。檔案系統中的每一個檔案都用一個 inode 結構來
描述，用來儲存檔案的中繼資料資訊。每個 inode 都有固定的編號和單獨
的儲存空間，每個 inode 都為 128 或 256 位元組大小。Linux 系統根據中
繼資料區的 inode 來查詢檔案對應的物理儲存位置。

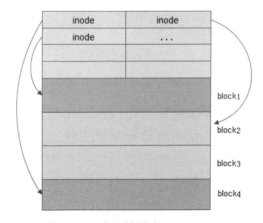

▲ 圖 10-21 索引節點表：inode table

當使用者透過指定的路徑檔案名稱去讀寫一個檔案時，檔案系統根據目錄項中檔案名稱和 inode 編號之間的對應關係，會到儲存在中繼資料區的索引節點表中，找到該檔案對應的 inode 節點。根據這個 inode 節點資訊，就可以找到該檔案在磁碟上的具體儲存位置。

10.5.2 檔案系統的掛載

應用程式透過檔案系統提供的 API 讀寫檔案時，通常是以「路徑 + 檔案名稱」的形式進行存取的。如果我們想存取某個存放裝置，一般需要先將該存放裝置掛載（mount）到檔案系統的某個目錄上，然後對該掛載目錄的讀寫入操作就相當於對該存放裝置的讀寫入操作。將一個存放裝置 mount 到一個目錄上的本質，其實就是改變該目錄到具體物理儲存的映射關係，讓該存放裝置與要掛載的某個目錄建立連結，加入全域檔案系統目錄樹中。如我們將一個隨身碟 mount 到 Linux 系統的 mnt 目錄下，然後在 /mnt 目錄下創建一個檔案，接著將隨身碟從 /mnt 目錄移除，此時你再到 /mnt 目錄下看看，你會發現空空如也。

```
# mount -t vfat /mnt /dev/mmcblock0# cd /mnt
# touch test.c hello.h
# umount /mnt
# ls /mnt
```

這是因為當我們使用 mount 命令將隨身碟裝置掛載到 /mnt 目錄的時候，mnt 目錄就和隨身碟存放裝置建立了映射關係，檔案系統會把我們對 /mnt 目錄的讀寫入操作轉換為對隨身碟的讀寫入操作。當我們移除隨身碟的掛載時，mnt 目錄會重新映射到原來的儲存空間，此時你再到 /mnt 目錄下去看，什麼都沒有，如圖 10-22 所示。

在 Linux 環境下，當我們使用 mount 命令去掛載一個區塊儲存裝置時，在作業系統核心層面會做很多事情：首先每個區塊儲存裝置在掛載之前得把自己格式化一遍，然後以子檔案系統的身份掛載到父檔案系統的某一個目錄下。對於每個掛載的檔案系統，Linux 核心都會創建一個 vfsmount 和 super_block 物件，該物件描述了檔案系統掛載的所有資訊，父檔案系統的掛載點 vfsmount->mnt_mountpoint = /mnt 和子檔案系統的根目錄 vfsmount->mnt_root = superblock->s_root 就可以透過這兩個物件建立連結。

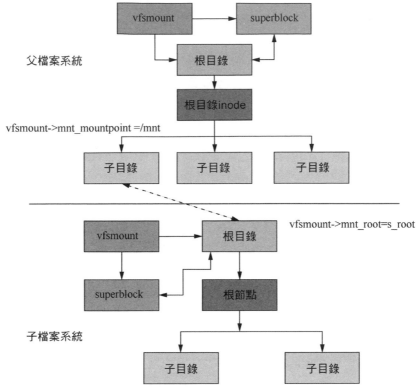

▲ 圖 10-22　檔案系統掛載時的資料結構連結

檔案系統的掛載在 Linux 核心中的實現遠比圖 10-22 所示的複雜，還會涉及目錄、路徑解析、雜湊演算法等操作。為了讓初學者對檔案系統的掛載有一個粗淺的認識，我們可以簡單點理解，你可以把目錄看成一個指標，它可以指向不同的物理存放裝置，你可以將多個裝置掛載到同一個目錄下，但該目錄只指向最後一次掛載的存放裝置，當掛載的裝置移除時，該指標會重新指向原來的物理儲存空間。

10.5.3　根檔案系統

在上面的檔案系統實驗中，我們將隨身碟掛載到了 /mnt 目錄下。/mnt 目錄是一個絕對路徑，它是以根目錄 "/" 為起點的。Linux 核心在初始化過程中，首先會創建一個根目錄 "/"，然後 mount 第一個檔案系統到這個根目錄下，這個檔案系統就被稱為根檔案系統。其他儲存分區、磁碟、SD 卡、隨身碟接著就可以 mount 到根檔案系統的某個目錄下，然後使用者就可以透過檔案介面存取各個不同的存放裝置。

在 Windows 環境下，每一個磁碟代號其實就相當於一個根目錄，每一個磁碟分割都可以使用不同的檔案系統格式化，各個檔案系統以磁碟代號為根目錄，然後使用者就可以以「目錄路徑 + 檔案名稱」的形式存取各個磁碟分割上的檔案了。

在 Linux 環境下，一個根檔案系統會包含 Linux 執行所需要的完整目錄和相關的啟動指令稿、設定檔、函數庫、標頭檔等。它經常會包含以下目錄。

- /bin、/sbin：存放 Linux 常用的命令，以二進位可執行檔形式儲存在該目錄下。
- /lib：用來存放 Linux 常用的一些函數庫，如 C 標準函數庫。
- /include：標頭檔的存放目錄。
- /etc：用來存放系統設定檔、啟動指令稿。
- /mnt：常用來作為掛載目錄。

10.6　記憶體介面與映射

玩過開發板的同學可能都知道，一個嵌入式系統通常會支援多種啟動方式：從 NOR Flash 啟動，從 NAND Flash 啟動或者從 SD 卡啟動。一個嵌入式產品可以根據自己的業務需求和成本考慮，選擇靈活的儲存方案和啟動方式。CPU 透過不同的儲存介面和儲存映射，為各種靈活的啟動方式提供底層技術支撐。

10.6.1 記憶體與介面

在一個嵌入式系統中，我們可以看到不同類型的記憶體，這些記憶體在讀寫速度、讀寫方式、價格、容量大小上各不相同，各有千秋。我們常見的記憶體類型有 ROM、Flash、SRAM、DRAM 等，按儲存模式主要分為兩大類：ROM 和 RAM。ROM 和 RAM 是電腦系統必備的兩種記憶體：ROM 用來儲存程式和資料，當程式執行時期，這些程式和資料會從 ROM 載入到 RAM，RAM 支援隨機讀寫，CPU 可以直接從 RAM 中取指執行。

ROM 是 Read Only Memory 的縮寫，即唯讀記憶體。早期的 ROM 只能讀、不能寫，斷電後資料不會消失，因此比較適合儲存程式和資料。隨著技術的發展，ROM 也開始支援擦寫入操作。

- PROM：可程式化 ROM，可以寫一次，可使用特殊裝置寫入資料。
- EPROM：可多次紫外線照射抹除。
- EEPROM：可多次電抹除，可以修改和存取任意一位元組。
- Flash：可以看作廣義上的 EEPROM，以塊為單位快速抹除。

EEPROM 一般容量較小，價格也比較貴，所以在嵌入式系統中應用得不是很廣泛。現在嵌入式系統比較常用的記憶體是 Flash，Flash 具有容量大、價格便宜等優勢，Flash 儲存經過這麼多年的發展，技術也在不斷地迭代升級。

- NOR Flash：資料線、位址線分開，具有隨機定址功能。
- NAND Flash：資料線、位址線重複使用，不支援隨機定址，要按頁讀取。

- eMMC：將 NAND Flash 和讀寫控制器封裝在一起，使用 BGA 封裝。對外引出 MMC 介面，使用者可以透過 MMC 協定讀寫 NAND Flash，簡化了讀寫方式。
- SD：將 NAND Flash 和讀寫控制器封裝在一起，使用 SIP 封裝，對外引出 SDIO 介面，使用者可以使用 SDIO 協定進行讀寫，簡化了 NAND Flash 的讀寫方式。
- 3D/2D NAND：包括 SLC、MLC、TLC 等，SLC 一個電晶體只能表示 1 bit 資料，分別用高、低電位表示 1 和 0；MLC 則可以使用四個電位表示 2 bit 內容；TLC 則可以使用 8 個不同的電位表示 3 bit 資料。
- SSD：將 NAND Flash 記憶體陣列和讀寫控制器封裝在一起。

RAM（Random Access Memory，隨機定址記憶體），可讀，可寫，但是斷電後資料會消失。RAM 按硬體電路的實現方式可分為 SRAM 和 DRAM。SRAM 是 Static Random Access Memory 的英文縮寫，即靜態隨機存取記憶體，每 1 bit 的資料儲存使用 6 個電晶體來實現，讀寫速度快，但是儲存成本較高，一般作為 CPU 內部的暫存器、Cache、片內 SRAM 使用。

DRAM（Dynamic Random Access Memory，動態隨機存取記憶體），每 1 bit 的資料儲存使用一個電晶體和一個電容實現，電容充電和放電時分別代表 1 和 0。DRAM 儲存成本比較低，但是因為電容漏電緣故，需要每隔一段時間定時刷新，為電容補充電荷。DRAM 讀寫速度相比 SRAM 會慢很多，而且 DRAM 讀寫還需要控制器的支援。

SDRAM（Synchronous DRAM，同步動態隨機存取記憶體）對 DRAM 作了一些改進，省去了電容充電時間，並改用管線操作，將 DRAM 的讀寫速度提高了不少，再加上其儲存成本低、容量大等優勢，因此在嵌入式系統、電腦中被廣泛使用。電腦上目前使用的記憶體條、智慧型手機使用的記憶體顆粒，其實都是 SDRAM。

隨著技術的不斷發展進步，SDRAM 也在不斷進行技術升級、改朝換代，它的產品升級路線如下。

- DDR SDRAM：即 Dual Data Rate SDRAM，在一個時鐘週期的時鐘昇緣和下降緣都會傳輸資料，讀寫速度理論上比 SDRAM 提高了一倍，工作電壓為 2.5V。
- DDR2 SDRAM：工作電壓為 1.8V，4 bit 預先存取，最大讀寫速率為 800 Mbps。
- DDR3 SDRAM：工作電壓為 1.5V，8 bit 預先存取，最大讀寫速率為 1600 Mbps。
- DDR4 SDRAM：工作電壓為 1.2V，最大讀寫速率可達 3200 Mbps。
- DDR5 SDRAM：工作電壓為 1.1V，最大讀寫速率可達 6400 Mbps。

不同的記憶體使用不同的介面與 CPU 相連，記憶體介面按存取方式一般分為 SRAM 介面、DRAM 介面和序列介面 3 種。

SRAM 介面是一種全位址、全資料線的匯流排界面，位址和儲存單元是一一對應的，支援隨機定址，CPU 可以直接存取，隨機讀寫。SRAM 和 NOR Flash 一般都採用這種介面與 CPU 相連，如圖 10-23 所示。

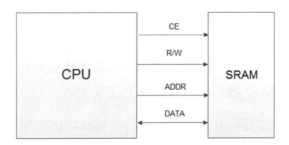

▲ 圖 10-23　儲存介面：SRAM 介面

DRAM 介面沒有採用全位址線方式，而是採用行位址選擇（RAS）＋列位址選擇（CAS）的位址形式，位址線是重複使用的，一個位址需要多個週期發送。因此 CPU 不能透過位址線直接存取 DRAM，要透過 DRAM

控制器按照規定的時序去存取 DRAM 的儲存單元。DRAM、SDRAM 一般都是採用 DRAM 介面與 CPU 處理器相連。目前電腦中的各種 DDR SDRAM 記憶體條、智慧型手機中的記憶體顆粒都採用這種連接方案，如圖 10-24 所示。

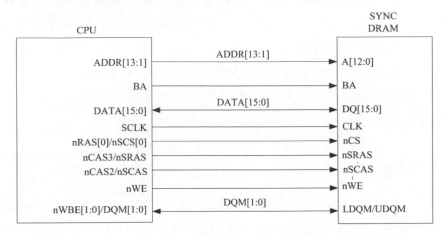

圖 10-24　儲存介面：DRAM 介面

序列介面通常以串列通訊的方式發送位址和資料，讀寫速度相比前兩者更慢，但優勢是介面的接腳比較少，因此佔用 CPU 的接腳資源相對也就較少。像 E2PROM、NAND Flash、SPI NOR Flash 一般都採用這種介面與 CPU 相連，如圖 10-25 所示。

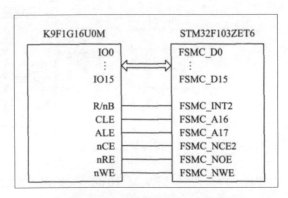

▲ 圖 10-25　儲存介面：序列介面

在嵌入式開發中，根據業務需求和成本考慮，我們通常會設計出不同的儲存方案。NAND Flash 容量大，儲存成本低，目前成為嵌入式儲存的主流標準配備。但是因為其不支援隨機存取，所以有時候我們會選擇和一個 NOR Flash 搭配使用，讓系統從 NOR Flash 啟動，資料採用 NAND Flash 儲存。NAND Flash 還有一個缺點是讀寫的次數多了，可能會產生很多損壞區塊，因此對於一些非常重要的系統或設定資料，我們可以考慮把它們儲存在 E2PROM 或 SPI NOR FLASH 中。對於一些行動裝置，如手機、平板電腦、藍牙喇叭、投影機等，還可以透過 SD 卡這些可抽換的存放裝置來擴充儲存容量。這些不同的儲存選擇也就決定了嵌入式系統不同的啟動方式。

10.6.2 儲存映射

在一個嵌入式系統中，不同的儲存方案設計往往決定了這個系統的啟動方式。ARM 處理器通電重置後，PC 暫存器為 0，CPU 預設是從零位址去讀取指令執行的。我們可以透過儲存映射，將不同的記憶體映射到零位址，那麼 CPU 重置後，就可以到不同的記憶體取指令執行，從而實現多種啟動方式。在學習儲存映射之前，我們先了解一下位址和儲存單元之間的關係，如圖 10-26 所示。

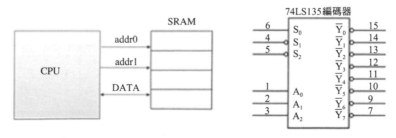

▲ 圖 10-26　儲存單元與位址解碼

以 SRAM 為例，CPU 可以透過 SRAM 介面直接與 SRAM 相連，對於 CPU 接腳上發出的一組位址訊號，SRAM 內部會有一個對應的儲存單元被選中，然後 CPU 就可以對該記憶體單元直接進行讀寫。這個過程是如何實現的呢？如果你學過數位電路，對解碼器有了解，就會知道 SRAM 內部肯定會有一個類似 74LS138 解碼器的器件，用來將 CPU 接腳發出的一組訊號轉換為某一個被選中的儲存單元。不同的訊號選中不同的儲存單元，如果我們把每組訊號都看成一個位址，那麼被選中的每個儲存單元也就有了固定的位址，每個儲存單元與 CPU 接腳發出的位址都一一對應。CPU 接腳發出的位址訊號一般被稱為物理位址，如圖 10-27 所示。

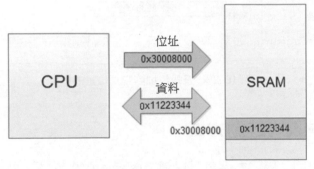

▲ 圖 10-27 物理位址與儲存單元的對應關係

所謂儲存映射，其實就是為 SRAM 中的儲存單元分配邏輯位址的過程。在圖 10-30 中，CPU 和 SRAM 透過資料線、位址線直接相連，因此 SRAM 中的每個儲存單元的物理位址也就固定了。現在的嵌入式系統中，CPU 和外部設備一般是透過匯流排（如 AMBA 匯流排）相連的，CPU 透過匯流排可以與多個裝置相連，多個裝置共用匯流排，包括 DDR 記憶體、SRAM 等存放裝置，此時每個物理儲存單元並沒有固定的位址，每個物理儲存單元的位址透過重映射都是可以改變的，如圖 10-28 所示。

儲存映射的具體實現與處理器相關，不同的處理器可能有不同的實現方式。有的處理器可以透過儲存映射暫存器來實現：透過設定要映射的起始位址、結束位址和大小就可以完成映射；有些處理器可以透過設定 BANK 基底位址來完成儲存映射，如 S3C2440 處理器；還有一些處理器可能透過位元等量、位元等量別名來完成映射。無論採用何種映射方式，記憶體的映射一般都會在重置之前由 CPU 自動完成，重置之後的 CPU 預設會從零位址開始執行程式，這是所有處理器都要遵守的規則。

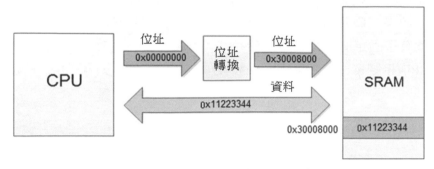

▲ 圖 10-28　邏輯位址到物理位址的轉換

10.6.3　嵌入式啟動方式

採用儲存映射的好處之一就是可以靈活設定嵌入式系統的啟動方式。

在一個嵌入式系統中，很多人可能認為 U-boot 是系統通電執行的第一行程式，然而事實並非如此，CPU 通電後會首先執行固化在 CPU 晶片內部的一小段程式，這片程式通常被稱為 ROMCODE，如圖 10-29 所示。

這部分程式的主要功能就是初始化記憶體介面，建立儲存映射。它首先會根據 CPU 接腳或 eFuse 值來判斷系統的啟動方式：從 NOR Flash、NAND Flash 啟動還是從 SD 卡啟動。

如果我們將 U-boot 程式「燒寫」在 NOR Flash 上，設定系統從 NOR Flash 啟動，這段 ROMCODE 程式就會將 NOR Flash 映射到零位址，然後系統重置，CPU 預設從零位址取程式執行，即從 NOR Flash 上開始執行 U-boot 指令。

如果系統從 NAND Flash 或 SD 卡啟動，透過上面的學習我們已經知道，除了 SRAM 和 NOR Flash 支持隨機讀寫，可以直接執行程式，其他 Flash 裝置是不支援程式直接執行的，因此我們只能將這些程式從 NAND Flash 或 SD 卡複製到記憶體執行。因為此時 DDR SDRAM 記憶體還沒有被初始化，所以我們一般會先將 NAND Flash 或 SD 卡中的一部分程式（通常為前 4KB）複製到晶片內部整合的 SRAM 中去執行，然後在這 4KB 程式中完成各種初始化、程式複製、重定位等工作，最後 PC 指標才會跳到 DDR SDRAM 記憶體中去執行。

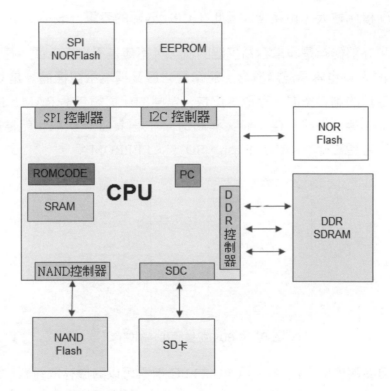

▲ 圖 10-29　嵌入式系統的儲存架構

10.7 記憶體與外部設備

10.7.1 記憶體與外部儲存

電腦的存放裝置如果按照存取速度進行排列，可以分為以下幾類：暫存器、快取、記憶體、外部儲存。暫存器和快取大家都很熟悉了，就是 CPU 內部的暫存器和 Cache。暫存器和 Cache 的物理電路實現其實都是 SRAM，SRAM 讀寫速度快，但是電路實現複雜，物理成本比較高，佔用的晶片面積比較大，功耗高，因此在 CPU 內部的容量一般不是很大。

記憶體和外部儲存是非常容易搞混的概念，不僅是手機店老闆，甚至很多 IT 產業的人員也容易混淆概念。記憶體一般又稱為主記憶體，是 CPU 可以直接定址的儲存空間，存取速度快，常見的記憶體包括 RAM、ROM、NOR Flash 等。外部儲存一般又稱為輔存，是除 CPU 快取和記憶體外的記憶體，包括磁碟、NAND Flash、SD 卡、EEPROM 等。

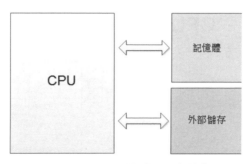

▲ 圖 10-30　記憶體和外部儲存

記憶體具有隨機讀寫的特點，CPU 的 PC 指標可以隨機存取資料，可以直接執行程式，但是斷電後資料會消失。外部儲存不支援隨機讀寫功能，不能直接執行程式，但是系統斷電後資料不會消失，因此可以用來儲存程式指令和資料。在一個電腦系統中，一般都會採用 CPU + 記憶體 + 外部儲存 的儲存設計：指令和資料儲存在外部儲存上，當程式執行時期，指令和資料載入到記憶體，然後 CPU 直接從內存取指令和資料執行，如圖 10-30 所示。

10.7.2 外部設備

從程式儲存的角度，電腦的存放裝置可以分為記憶體和外部儲存。如果從程式執行的角度看，和記憶體對應的是外部設備，簡稱外接裝置。程式執行的主要目的就是處理各種資料，這些資料有些是程式本身的，有些則是 CPU 與外部設備進行通訊獲取的。CPU 內部自身的儲存空間有限，它會把從外部設備獲取的資料暫時存放到記憶體中，然後進行各種處理，處理結束後，再根據需要發送到外部設備或者回寫到外部儲存中。

CPU 可以和各種各樣的外部設備進行通訊。外部設備是電腦系統中輸入、輸出裝置的統稱（甚至包括外部儲存），因為 CPU 內部儲存空間有限，所以 CPU 和外部設備通訊時，接收的資料會放到記憶體中，我們稱為輸入；當 CPU 需要向外部設備發送資料時，會從記憶體中讀取資料發送出去，我們稱為輸出。常見的滑鼠、鍵盤、顯示卡、音效卡、印表機、磁碟都屬於外部設備的範圍。

在一個嵌入式 SoC 晶片中，往往整合了 UART、USB、I2C、GPIO、I2S、Ethernet 等各種控制器 IP，這些控制器的主要作用如下。

- 裝置控制：裝置的打開、關閉、執行都可以透過設定相關暫存器來完成。
- 協定控制：USB、I2C、UART、I2S，控制器在電氣層會實現各種通訊協定。
- 資料轉換：序列流、位元組流。
- 資料緩衝：緩衝區、FIFO，發送接收資料的緩衝區。

以 USB 控制器為例，CPU 透過控制器與外部的 USB 裝置進行通訊時，就不需要自己關心底層通訊協定的實現細節了，控制器內部已經實現好了，只要設定好相關暫存器，就可以很輕鬆地與外界 USB 裝置進行資料傳輸了。

CPU 與外部設備進行通訊，常見的有 3 種方式：輪詢、中斷和 DMA。輪詢和中斷我們已經很熟悉了，以中斷為例，我們看一看 CPU 與外部設備進行通訊時的資料流程。如圖 10-31 所示，外部設備控制器透過協定控制與外部設備進行資料傳輸，接收的資料會暫時儲存到控制器內部的 FIFO 裡。當 FIFO 裡的資料已滿或達到一個設定設定值後就會產生一個中斷，CPU 檢測到中斷後就會進入相關的中斷處理函數中執行。在中斷處理函數中，CPU 會讀取 FIFO 裡的資料到暫存器，然後將暫存器中的資料儲存到記憶體中的某塊區域。發送資料的流程則正好相反，CPU 首先會到記憶體的某塊區域讀取資料到暫存器，然後將暫存器中的資料填充到 FIFO。填充完畢後，啟動控制器開始發送，當控制器發送資料完成後會產生一個中斷，CPU 進入中斷處理函數，繼續填充 FIFO，直到整個資料發送任務完成。

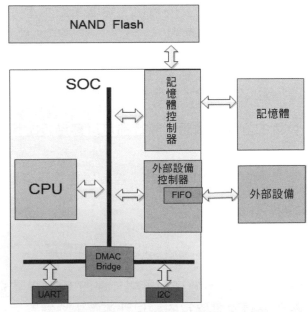

▲ 圖 10-31 CPU、記憶體和外部設備

透過以上分析我們可以看到，無論是資料流程的輸入還是輸出，CPU 都參與了其中，在記憶體和外部設備之間擔任了「中轉站」的角色。如果我們將這個「中轉站」的角色交給其他模組負責，那麼就可以節省大量的 CPU 資源，從而可以進一步提高系統效率。在一個 CPU 內部，DMA模組其實就是幹這個的，它會代替 CPU 充當「中轉站」的角色，無論是資料的輸入還是資料的輸出，我們只要在 DMA 控制器中設定好資料傳輸的起始位址、目的位址、傳輸資料大小，DMA 就會自動開始工作。DMA內部也有快取，它會將記憶體的資料先搬到 DMA，然後透過 DMA 發送出去，就不需要 CPU 的參與了。資料傳輸任務完成以後，DMA 產生一個中斷，告訴 CPU 資料傳輸已經完成就可以了。

10.7.3 I/O 通訊埠與 I/O 記憶體

CPU 可以透過暫存器設定來控制外部設備控制器與外部設備進行通訊。在一個外部設備控制器中，通常會包含各種控制暫存器、狀態暫存器、FIFO、緩衝區等。CPU 可以透過位址直接操作記憶體，那麼 CPU 也可以透過位址去直接讀寫這些暫存器嗎？

CPU 能不能像讀寫記憶體那樣，透過位址直接讀寫這些暫存器呢？那就要看這些外部設備暫存器的編址方式了，我們一般稱這些外部設備控制器的暫存器為 I/O 通訊埠，每一個暫存器對應一個通訊埠。給這些 I/O 通訊埠分配位址，一般有兩種方式：獨立編址和統一編址。

X86 架構的處理器一般會對這些 I/O 通訊埠獨立編址，為它們分配獨立的16 位元位址空間：0X0~0XFFFF，該位址和記憶體位址沒有任何關係，CPU 不能像讀寫記憶體那樣直接對這些通訊埠進行讀寫，要透過專門的IN/OUT 命令去讀寫這些通訊埠來設定相關的暫存器。

ARM 架構的處理器一般會將外部設備控制器的這些暫存器、緩衝區、FIFO 和記憶體統一編址。如圖 10-32 所示，外部設備控制器的暫存器和記憶體一起共用位址空間,因此也被稱為 I/O 記憶體,CPU 可以按照記憶體讀寫的方式,直接讀寫這些暫存器來管理和操作外部設備。

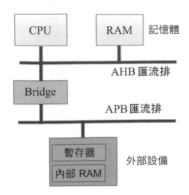

▲ 圖 10-32　外部設備的暫存器和緩衝區

> 思考:在網路通訊中,我們經常看到 xx 應用程式使用 xx 通訊埠進行通訊,本節中的通訊埠和網路通訊埠是同一個概念嗎?有什麼區別?

10.8 暫存器操作

在 ARM 處理器中,我們可以像操作記憶體一樣對暫存器進行讀寫,進而可以設定控制器與外部設備進行通訊。在一個 32 位元的處理器中,一個暫存器位元寬為 32 bit,不同的位元可能代表不同的控制資訊或狀態資訊,通常我們使用位元運算來操作這些暫存器。

10.8.1 位元運算應用

C 語言是一門「可上可下」的程式設計語言,它提供了高階語言的語法特性,建構千萬行級的超大專案毫無壓力,也具有很多低階語言的語法特性,提供了指標、關鍵字 goto 和位元運算,可深入底層操作硬體,支援使用者直接控制處理器的執行。

位元運算在實際程式設計中用到的地方不是很多,除了一些特殊的演算法實現需要,主要還是用在嵌入式中,用來操作暫存器。C 語言為位元運算提供了各種各樣的運算子,如左移、右移、與、或、反轉、互斥等。基本運算法則如圖 10-33 所示。

^	0	1
0	0	1
1	1	0

&	0	1
0	0	0
1	0	1

~	0	1
	1	0

|	0	1
0	0	1
1	1	1

▲ 圖 10-33 邏輯與、或、非、互斥運算

如果你對位元運算的一些結果不熟悉,則可以撰寫一個簡單的程式來驗證它們。

```c
#include <stdio.h>

int main(void)
{
    int i = 0xFF;
    printf("%X\n", 0xFF & 0x0);
    printf("%X\n", 0xF0 | 0x0F);
    printf("%X\n", ~0xFF);
    printf("%X\n", 0x1 << 3);
    printf("%X\n", 0x1000 >> 4);

    printf("%X\n", 0 ^ 0);
    printf("%X\n", 0 ^ 1);
    printf("%X\n", 1 ^ 0);
    printf("%X\n", 1 ^ 1);
    return 0;
}
```

程式執行結果如下。

```
0
FF
FFFFFF00
8
100
0
1
1
0
```

在一些演算法的實現和特殊應用場合，使用位元運算不僅會簡化實現，
還會大大提升程式的執行效率。例如，如果我們想讓一個資料的高低位
互換，則直接使用移位操作就可以實現。

```
#include <stdio.h>

int main(void)
{
    printf("%X\n", 0xAABB);
    printf("%X\n", 0xAABB >> 8 | 0xAABB << 8 & 0xFF00);
    return 0;
}
```

程式執行結果如下。

```
AABB
BBAA
```

在 Linux 驅動或底層 BSP 程式中，我們有時候會看到類似 mask & (mask
- 1) 的程式敘述，這個運算式可以用來判斷一個數是否為 2 的整數次冪。

```
#include <stdio.h>

int main(void)
{
    int m = 4;
    if((m & (m - 1)) == 0)
        printf("%d is power of 2\n", m);
    else
```

```
    printf("%d isn't power of 2\n", m);
    return 0;
}
```

一個數對另一個數做 2 次互斥運算,還等於其本身。利用這個特性,我們可以實現資料的加密。如在下面的程式中,你的支付寶帳號密碼是 0x12345678,你需要透過網路將這個密碼告訴你的一個親人,如果直接傳輸,就存在洩漏的風險,此時你可以先讓這個密碼和 0x2018 做互斥運算,加密發送;對方收到加密的密碼後,再和 0x2018 做一次互斥運算,即可還原密碼。

```
#include <stdio.h>
int main(void)
{
    int passwd = 0x12345678;

    passwd = passwd ^ 0x2018;
    printf("passwd:%X\n", passwd);

    passwd = passwd ^ 0x2018;
    printf("passwd:%X\n", passwd);
    return 0;
}
```

程式的執行結果如下。

```
passwd:12347660
passwd:12345678
```

利用互斥的這種特性,我們還可以實現一個函數,不需要借助協力廠商變數,實現兩個變數無參交換。

```
void swap(int *a,int *b)
{
    *a = *a ^ *b;
    *b = *a ^ *b;
    *a = *a ^ *b;
}
```

```
int main(void)
{
    int a = 0x55;
    int b = 0x66;
    printf(" a:%X\n b:%X\n", a, b);

    a = a ^ b;
    b = a ^ b;                    // b = a
    a = a ^ b;                    //a = b
    printf(" a:%X\n b:%X\n", a, b);

    swap(&a, &b);
    printf("a:%X\n b:%X\n", a, b);

    return 0;
}
```

程式執行結果如下。

```
a:55
b:66
a:66
b:55
a:55
b:66
```

10.8.2 操作暫存器

位元運算在一些特殊的應用場合也會用到，如點陣圖、作業系統的排程實現等，但其主要功能還是用來操作暫存器。在一個 32 bit 的暫存器中，圖 10-34 所示的 USB 控制器中的暫存器，不同的位元可能代表不同的控制位元、狀態位元，透過位元運算可以對指定的位元進行置一或清零操作。

Register	Address	R/W	Description	Reset Value
EP_INT_REG	0x52000148(L) 0x5200014B(B)	R/W (byte)	EP interrupt pending/clear register	0x00

EP_INT_REG	Bit	MCU	USB	Description	Initial State
EP1~EP4 Interrupt	[4:1]	R /CLEAR	SET	For BULK/INTERRUPT IN endpoints: Set by the USB under the following conditions: 1. IN_PKT_RDY bit is cleared. 2. FIFO is flushed 3. SENT_STALL set. For BULK/INTERRUPT OUT endpoints: Set by the USB under the following conditions: 1. Sets OUT_PKT_RDY bit 2. Sets SENT_STALL bit	0
EP0 Interrupt	[0]	R /CLEAR	SET	Correspond to endpoint 0 interrupt. Set by the USB under the following conditions: 1. OUT_PKT_RDY bit is set. 2. IN_PKT_RDY bit is cleared. 3. SENT_STALL bit is set 4. SETUP_END bit is set 5. DATA_END bit is cleared (it indicates the end of control transfer).	0

▲ 圖 10-34　晶片手冊的暫存器設定說明

以一個 int 型態資料為例，如果我們想將一個 32 bit 的資料 0xFFFF0000 低 4 位置一，則可以將該資料和位元遮罩 0x0F 直接進行或運算：

```
int main(void)
{
    printf("%X\n", 0xFFFF0000 | 0x0F);
    printf("%X\n", 0xFFFF0000 | (0x1|0x1<<1|0x1<<2|0x1<<3));
    return 0;
}
```

程式執行結果如下。

```
FFFF000F
FFFF000F
```

如果我們要操作的位不是連續的，將位元遮罩轉換為十六進位比較麻煩，則可能還需要手動計算。為了程式的方便撰寫和可讀性，位元遮罩可以透過各個位元進行或運算來生成。同樣的道理，如果我們想清除某些指定位，如將 0xFFFFFFFF 的 bit4 ~ bit7 清零，可以讓該數與位元遮罩 0xFFFF00FF 做與運算。

```
int main(void)
{
    printf("%X\n", 0xFFFFFFFF & 0xFFFFFF0F);
    printf("%X\n", 0xFFFFFFFF & ~(0x000000F0));
    printf("%X\n", 0xFFFFFFFF & ~(0x1<<4|0x1<<5|0x1<<6|0x1<<7));
    return 0;
}
```

程式執行結果如下。

```
FFFFFF0F
FFFFFF0F
FFFFFF0F
```

為了程式設計方便，我們同樣可以將位元遮罩 0xFFFFFF0F 用各個位元
的遮罩或運算組合表示，但是 0xFFFFFF0F 中 bit1 的個數較多，用各個
位元或運算比較麻煩，整個或運算式就變得很長，而且我們要清除的是
bit4 ~ bit7，直接將位元遮罩 0xFFFFFF0F 展開，並不能直觀表示我們要
清除的是哪些位元。因此，我們可以稍做改變，將位元遮罩 0xFFFFFF0F
使用 ~(0x000000F0) 表示，而將 0x000000F0 二進位展開，就可以直觀地
看到我們要清除的位元資訊了。

為了更加直觀地表示這些位元，我們還可以定義一些巨集來表示各個位
元，這樣就省去了移位的麻煩。

```
#define BIT_0 0x1
#define BIT_1 0x1 << 1
#define BIT_2 0x1 << 2
#define BIT_3 0x1 << 3
#define BIT_4 0x1 << 4
#define BIT_5 0x1 << 5
#define BIT_6 0x1 << 6
#define BIT_7 0x1 << 7
#define BIT_8 0x1 << 8
#define BIT_9 0x1 << 9

int main(void)
{
```

```c
    printf("%X\n", 0xFFFFFFFF & 0xFFFFFF0F);
    printf("%X\n", 0xFFFFFFFF & ~(0x000000F0));
    printf("%X\n", 0xFFFF0000 |(BIT_4|BIT_5|BIT_6|BIT_7));
    printf("%X\n", 0xFFFFFFFF & ~(BIT_4|BIT_5|BIT_6|BIT_7));
    return 0;
}
```

程式執行結果如下。

```
FFFFFF0F
FFFFFF0F
FFFF00F0
FFFFFF0F
```

在上面的程式中,各個位元透過巨集的封裝,再使用這些巨集去置位或清零某個指定位元,就變得更加直觀和簡單了。我們可以根據暫存器的設定需求,靈活地對指定位元進行置位和清零操作,巨集的使用讓程式的可讀性大大提高,讓程式更易管理和維護。

10.8.3 位元域

讀寫暫存器除了使用「位元遮罩 + 位元運算」的組合方式,還有另外一種比較直接的方法:使用位元域直接操作暫存器。

位元域一般和結構類型結合使用:雖然結構的成員由位元域組成,但結構的本質不變,還是一個結構。我們同樣可以使用該結構類型去定義一個變數,唯一不同的是,結構內各成員的儲存是按位元分配的。

```c
struct register_usb{
    unsigned short en:1;
    unsigned short ep:4;
    unsigned short mode:3;
};
```

在一個暫存器中,幾個連續的位元可以組成一個位域,用來表示暫存器的控制位元或狀態位元。我們透過定義一個結構,可以使用不同的位元域來表示這些不同的控制位元或狀態位元。如上面的程式所示，USB 暫存器的 bit5 ~ bit7 位元用來表示 USB 的工作模式：mode，我們在一個結構內為它分配 3bit 的儲存空間。透過這種位元分配方式可以將一些資訊壓縮儲存，既節省了記憶體空間，還可以透過位元域進行直接讀寫，在方便程式撰寫的同時，程式的可讀性也大大增強。

```c
#include <stdio.h>
#include <string.h>

struct register_usb
{
    unsigned short en   :1;
    unsigned short ep   :4;
    unsigned short mode:3;
};

int main(void)
{
    struct register_usb reg;
    memset(&reg, 0, sizeof(reg));
    reg.en = 1;
    reg.ep = 4;
    reg.mode = 3;
    printf("reg:%x\n", reg);
    printf("reg.en:%X\n", reg.en);
    printf("reg.ep:%X\n", reg.ep);
    printf("reg.mode:%X\n", reg.mode);
    return 0;
}
```

程式執行結果如下。

```
reg:69
reg.en:1
reg.ep:4
reg.mode:3
```

位元域不僅可以和結構結合使用，還可以和聯合體結合使用。位元域的使用方法和聯合體的使用規則是一樣的，因為使用位元域組合聯合類型定義的變數本質上還是一個聯合變數。

```c
#include <stdio.h>
#include <string.h>

union spsr
{
    unsigned short mode:3;
    unsigned short ep:4;
    unsigned short en:1;
};
int main(void)
{
    union spsr reg2;
    memset(&reg2, 0, sizeof(reg2));
    reg2.mode = 3;
    printf("reg2:%x\n", reg2);
    return 0;
}
```

程式執行結果如下。

```
reg2:3
```

在一些晶片控制器的暫存器中，有些位元可能未被使用，還處於 reserved 狀態，我們在定義結構時可以使用一個匿名位域來表示。

```c
struct register_usb2
{
    unsigned short en:1;
    unsigned short :4;
    unsigned short mode:6;
};
```

C 語言允許在結構中使用匿名位域。如上面的 register_usb2 結構，如果 USB 暫存器的 bit1 ~ bit3 位元暫時未被使用，為了不影響後面其他位元域的位址分配，我們可以使用一個匿名位域填充。

位元域在 C 語言程式設計中比較「非主流」，包含位元域操作的程式碼往往給初學者、甚至有多年程式設計經驗的程式設計師造成一定的閱讀障礙。在以後的程式設計中，從程式的可讀性和可維護性考慮，建議大家還是儘量使用「位元遮罩＋位元運算」的組合比較妥當。

10.9 記憶體管理單元 MMU

Linux 記憶體管理是嵌入式系統中比較難理解的一個基礎知識，也是非常重要的一個基礎知識。在嵌入式開發中，無論底層還是上層，都會經常和記憶體打交道，如記憶體映射、共用記憶體、copy_to_user、copy_from_user，有時候我們雖然透過 API 完成了自己期望的功能，但是總感覺心裡沒底，總想一探究竟，而 Linux 記憶體管理子系統又非常複雜，一旦陷入其中，往往又感覺「迷了路」，只見樹木，不見森林。基於這個現實背景，本節主要針對初學者，對 Linux 記憶體管理做一個簡單介紹，讓大家對 Linux 記憶體管理有一個粗淺的認識，為以後的深入學習打下基礎。

任何一個技術的出現，都有其存在的意義，都是為了解決相關問題出現的，如果我們不能把它放到當時的背景下去分析，就很難理解一個事物本來的初衷。記憶體管理也是一樣的，早期的 ARM 處理器是不帶記憶體管理單元 MMU 的，早期的作業系統也不支援記憶體管理，這是因為早期的 CPU、嵌入式系統應用比較簡單，後來隨著 CPU 越來越複雜，功能越來越多，很多問題就接踵而來了。

10.9.1 位址轉換

如記憶體位址的分配問題，早期的嵌入式產品，從底層驅動開發到上層應用，都是在一個整合式開發環境中完成的，都是由同一個工程師或團隊開發完成的。而現在的嵌入式產品，如智慧型手機、平板電腦等，系統移植、底層驅動和 App 開發則是由不同的團隊來完成的。根據程式的編譯原理，我們知道程式在連結時需要指定一個連結位址，程式執行時期，把程式載入到記憶體中的這個指定位址程式才能正常執行。現在的手機平台上可以執行多個 App，使用者可以自行安裝和移除，具體執行多少個 App 是不固定的，那麼這些 App 在編譯時如何指定連結位址呢？為了解決這個問題，記憶體管理單元 MMU 這時候就隆重登場了，該部件整合在 CPU 內部，主要用來將虛擬位址轉換為物理位址。CPU 有了這個功能，各個 App 的編譯就變得簡單了。每個 App 編譯時都以虛擬位址為連結位址，甚至使用相同的連結位址都可以。當各個 App 執行時期，CPU 會透過 MMU 將相同的虛擬位址映射到不同的物理位址，各個 App 都有各自的實體記憶體空間，互不影響各自的執行。

假設現在有兩個應用程式 app1.c 和 app2.c，撰寫好程式以後，透過 ARM 交叉編譯器編譯生成可執行檔 app1 和 app2，然後在同一個 ARM 平台上執行，ARM 平台的記憶體物理起始位址為 0x30000000。我們使用 readelf 命令查看兩個 App 的入口位址，會發現兩個 App 的連結位址是相同的，而且都是虛擬位址。那麼 CPU 是如何將這些相同的虛擬位址轉換為不同的物理位址的呢？

轉換其實很簡單，如圖 10-35 所示。MMU 會根據每個處理程序的位址轉換表將相同的虛擬位址轉換為不同的物理位址。當 PC 指標執行 app1 時，到 0x10000 虛擬位址處去取指令，經過 MMU 位址轉換後，會到實際實體記憶體的 0x30001000 處取指令。當 PC 指標執行 app2 時，同樣會到 0x10000 位址去取指令，經過 MMU 位址轉換後，會到實際實體記憶體的 0x30005000 處取指令。對於每一個應用程式來講，每一個虛擬位址透過位址轉換表，都可以與實際的實體記憶體位址一一對應，不同的應用程式有不同的位址轉換表，相同的虛擬位址會映射到不同的物理位址上。

上面的位址轉換表雖然解決了虛擬位址到物理位址的轉換問題，但是很浪費記憶體：app1 的大小為 4KB，那麼至少需要 4KB 大小的空間來儲存這個位址轉換表資訊；app2 的大小為 8KB，那麼至少需要 8KB 大小的空間來儲存 app2 的位址轉換表。為了解決記憶體浪費的問題，我們需要對位址轉換做一些改進。

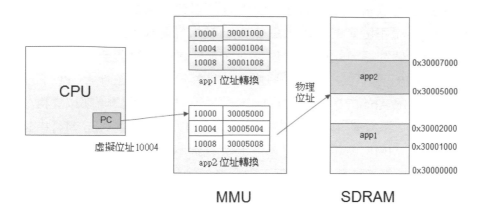

▲ 圖 10-35　相同的邏輯位址，透過 MMU 轉換為不同的物理位址

如圖 10-36 所示，我們不再對每個位址都一一映射了，這樣太浪費記憶體。我們可以將記憶體分隔成 4KB 大小相同的記憶體單元，每個記憶體單元都被稱為頁或頁幀。我們以頁為單位進行映射，位址轉換表中只儲存每個頁的虛擬起始位址到物理起始位址的轉換關係。透過這種設計，你會發現位址轉換表的空間就由原來的 4KB 減少為 1 位元組！這種按頁映射的設計大大節省了記憶體空間，此時的位址轉換表一般也被稱為頁表。

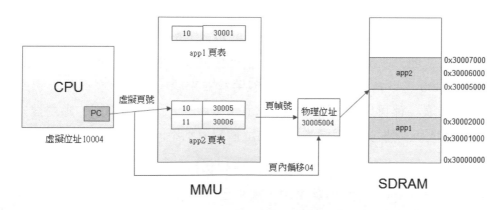

▲ 圖 10-36　以頁為單位轉換：頁幀號 + 頁內偏移

一個頁表中有很多頁表項，每一個頁表項裡只有每個頁的虛擬起始位址到物理起始位址的轉換資訊。那麼對於一個具體儲存單元的虛擬位址，CPU 是如何將其轉換為物理位址的呢？一般 CPU 會把這個虛擬位址分解成頁幀號＋頁內偏移的形式。如圖 10-36 所示，對於同一個虛擬位址 0x10004，可以分解為 0x10+0x004 的形式，0x10 是頁幀號，0x004 是頁內偏移（因為我們是以 4KB 為單位劃分頁的，所以使用低 12 位元表示 4KB 範圍的頁內偏移）。MMU 根據頁表中儲存的頁的轉換資訊，將這個虛擬頁的頁幀號轉換成物理頁的頁幀號 0x30005，這個物理頁幀號 0x30005 再與頁內偏移 0x004 組裝，就組成了物理位址 0x30005004。此時 MMU 就完成了虛擬位址到物理位址的轉換，可以直接到實際實體記憶體的 0x30005004 位址處去取指令了。

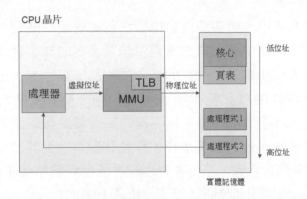

▲ 圖 10-37　MMU、TLB 和頁表

從虛擬位址到物理位址的整個轉換過程實際上是由硬體和軟體協作完成的。CPU 內部整合的 MMU 器件，透過頁表內每一個頁表項的轉換關係，將虛擬位址轉換為不同的物理位址。而頁表則是由作業系統維護的，由 Linux 記憶體管理子系統負責管理和維護，當位址完成轉換後，會同步更新到使用者空間的每一個處理程序內。

MMU 每次位址轉換，會首先從記憶體中讀取頁表，根據頁表內的位址轉換資訊將一個個虛擬位址轉換為物理位址。為了提高轉換效率，在 CPU

內部一般會整合一個快取—TLB，用來快取部分頁表。當 MMU 位址轉換時，會首先根據虛擬位址到 TLB 這個快取裡去看看裡面有沒有對應位址的轉換資訊，如果有，就不需要到記憶體中去取了；如果沒有，則 MMU 再到記憶體中去取，同時 TLB 會重新快取這個新位址附近的轉換資訊，以供 MMU 下次轉換時使用。透過 TLB 的快取設計，可以在一定程度上提升 MMU 的位址轉換效率。

10.9.2 許可權管理

位址轉換是 MMU 的基本功能，除此之外，MMU 和頁表還可以對不同的記憶體區域設定不同的許可權，防止記憶體被踐踏，從而保障系統的安全執行。

在一個嵌入式系統中，如果沒有記憶體許可權管理，遇到一個不可靠的程式設計師直接寫記憶體，把記憶體中作業系統的核心程式覆蓋掉了，那麼整個系統也就崩潰了。現在的嵌入式產品，如手機、平板、智慧電視等，使用者可以隨意安裝多個 App，不同的 App 開發者水準參差不齊，作業系統如果不把一些儲存核心程式和關鍵資料的記憶體區域保護起來，萬一被一個 App 直接篡改掉，那麼整個系統就非常危險了。因此在 Linux 系統中你會看到，記憶體管理子系統已經把整個 4 GB 的記憶體空間劃分為使用者空間和核心空間了，如圖 10-38 所示。

▲ 圖 10-38 Linux 處理程序的使用者空間和核心空間

作業系統程式執行在核心空間，普通應用程式 App 執行在使用者空間。應用程式是無法存取核心空間的，如果想要存取，則要透過中斷或系統呼叫介面統一管理，這就在一定程度上保障了系統的安全性。每一個處理程序在執行時期，都會透過頁表映射到不同的實體記憶體空間，如圖 10-39 所示。

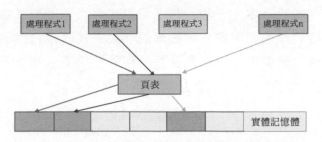

▲ 圖 10-39　相同的虛擬位址映射到不同的實體記憶體

一個頁表有若干個頁表項組成，每個頁表項不僅包含位址轉換資訊，還包含每一個處理程序中不同記憶體區域的存取權限資訊。透過這種設計，我們就可以對不同使用者處理程序映射到實際實體記憶體的位址空間進行許可權管理。

以上就是記憶體管理的基本原理和基本流程，實際上記憶體管理遠比這要複雜很多，為了讓使用者更能粗淺地認識記憶體管理，筆者對有些過程做了簡化分析，或者說跟實際有點出入，但這並不妨礙我們對 Linux 記憶體管理的整體認識和後續深入學習。千里之行，始於足下，萬里長征才剛剛走了一步，望諸君繼續努力，繼續前行。

10.10 處理程序、執行緒和程式碼協同

在沒有 MMU 的 RTOS 環境下，因為沒有記憶體管理，整個實體記憶體空間對於程式來說都是一馬平川：一個記憶體中的全域變數，所有的任務都有許可權去存取和修改它。在 RTOS 多工環境下，為了全域變數的安全存取，我們一般將函數分為可重入函數和不可重入函數。一個函數如果使用了全域變數，就變得不可重入了；如果多個任務都去呼叫這個

函數，可能就會出現問題。因此我們在多工程式設計中儘量不要呼叫不可重入函數。

但是在實際程式設計中，一個函數不可能完全跟全域變數這些共用資源劃清界限。對於一個不可重入函數來說，如果我們在它存取全域變數的時候，透過鎖、關中斷等機制實現互斥存取，那麼這個不可重入函數也就變得安全了。此時，我們就說這個函數是執行緒安全的。

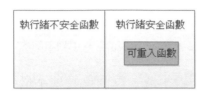

▲ 圖 10-40 多工環境下的函數劃分

如圖 10-40 所示，在一個多工環境下，一個可重入函數肯定是執行緒安全的，一個不可重入函數如果對臨界資源實現了互斥存取，那麼它就變成了執行緒安全的。我們在進行多工程式設計時，在呼叫一個函數之前，很有必要先了解一下這個函數是否是執行緒安全的。在 Linux 環境下，我們可以使用 man 命令來查看。

```
#  man  3 malloc
```

透過圖 10-41 顯示的資訊，我們可以得知 malloc 函數是一個執行緒安全的函數。

```
ATTRIBUTES
       For an explanation of the terms used in this section, see attributes(7).
```

Interface	Attribute	Value
malloc(), free(), calloc(), realloc()	Thread safety	MT-Safe

▲ 圖 10-41 malloc 函數屬性：執行緒安全

透過第 5 章的學習我們知道，對於使用者申請和釋放的記憶體，glibc 使用一個全域鏈結串列管理和維護，malloc() 函數跟這個全域鏈結串列產生了連結，因此也變得不可重入了，但是如果 malloc() 函數在存取這些全域的資源時，透過臨界區實現互斥存取，這個函數也就變得執行緒安全了。因此在 glibc 函數庫中，雖然 malloc() 函數是不可重入函數，但它是執行緒安全的：無論是多處理程序程式設計，還是多執行緒程式設計，不用擔心，都可以放心大膽地呼叫它。

10.10.1 處理程序

在一個無 MMU 的多工環境下，一般是不區分處理程序和執行緒的：我們都把它看作一個任務。但是在 Linux 環境下，處理程序和執行緒則是兩個不同的概念。

在 Linux 環境下執行一個程式，作業系統會把這個套裝程式裝成處理程序的形式，每一個處理程序都使用 task_struct 結構來描述，所有的結構鏈成一個鏈結串列，參與作業系統的統一排程和執行。每一個 Linux 處理程序都有其單獨的 4GB 虛擬位址空間。Linux 引入了記憶體管理機制，使用頁表儲存每個處理程序中虛擬位址和物理位址的對應關係，透過 MMU 位址轉換，每一個處理程序相同的虛擬位址空間都會被映射到不同的實體記憶體，每一個處理程序在實體記憶體空間都是相互獨立和隔離的。

如圖 10-42 所示，在 Linux 環境下，因為每個處理程序在實體記憶體上都是相互隔離的，所以我們在多處理程序程式設計時，無論一個函數是否是可重入的，無論這個函數是否是執行緒安全的，我們在一個處理程序中都可以呼叫它們。

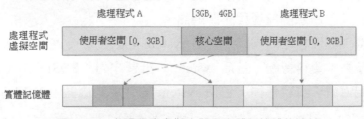

▲ 圖 10-42 處理程序虛擬空間和實體記憶體的連結

不同的處理程序之間如果需要相互通訊，該怎麼辦呢？因為不同的處理程序在實體記憶體上是相互隔離的，所以我們需要借助協力廠商工具來完成處理程序間的通訊。

如圖 10-43 所示，在每一個處理程序的 4GB 虛擬空間中，除了 3GB 的使用者空間是各個處理程序獨享的，還有 1GB 的核心空間是所有處理程序共用的，不同的處理程序可以透過在核心空間中開闢一片記憶體進行通訊。

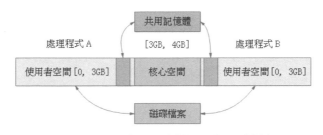

▲ 圖 10-43　處理程序間通訊的三種方法

不同的處理程序雖然在實體記憶體上是相互獨立的，但是磁碟是所有處理程序共用的，它們之間透過磁碟檔案相互傳輸資料，也可以達到處理程序間通訊的目的。

除此之外，兩個處理程序還可以透過共用記憶體，映射到同一片實體記憶體直接進行通訊，效率會更高。

Linux 提供了各種工具來支援不同處理程序之間的通訊，每一種工具都有自己的應用場合。

- 無名管道：只能用於具有親緣關係的處理程序之間的通訊。
- 有名管道：任意兩處理程序間通訊。
- 訊號量：處理程序間同步，包括 system V 訊號量、POSIX 訊號量。
- 訊息佇列：資料傳輸，包括 system V 訊息佇列、POSIX 訊息佇列。
- 共用記憶體：資料傳輸，包括 system V 共用記憶體、POSIX 共用記憶體。

- 訊號：主要用於處理程序間的非同步通訊。
- Linux 新增 API：signalfd、timerfd、eventfd。
- Socket：通訊端緩衝區，不同主機不同處理程序之間的通訊。
- D-BUS：主要用於桌面應用程式之間的通訊。

10.10.2 執行緒

一個程式執行時期，處理程序是 Linux 分配資源的基本單元：系統預設操作是先 fork 一個子處理程序，分配實體記憶體，然後將要執行的可執行檔載入到記憶體。每個處理程序都是相互獨立的，不同的處理程序要借助協力廠商工具才能進行通訊，不同的處理程序在切換執行時期，CPU 要不停地儲存現場、恢復現場，處理程序上下切換的銷耗很大。

一個處理程序的資源配置就跟一家人租房子一樣：一個三口之家，如果去租公寓式的單間，每人一間，每人獨享廚房和洗手間，居住體驗確實很好，但是帶來的租金成本卻在上升，而且家庭成員之間溝通也不方便，需要借助協力廠商工具（電話、網路、手機）才能完成。一個更好的解決方案是一家三口租一間三房－廳的房子，每人一間臥室，共用客廳、廚房和洗手間，不僅節省了租金，而且家庭成員之間溝通也很方便。

為了減少處理程序的銷耗，執行緒這時候就閃亮登場了。在一個處理程序中可能存在多個執行緒，多個執行緒之間的關係類似三室一廳的租客關係：每個人都有自己單獨的臥室，但是客廳、廚房和洗手間都是公用的。一個處理程序中的多個執行緒也是如此，如圖 10-44 所示，多個執行緒共用處理程序中的程式碼片段、資料段、位址空間、打開檔案、訊號處理常式等

▲ 圖 10-44 處理程序與執行緒的關係

資源。每個執行緒都有自己單獨的資源，如程式計數器、暫存器上下文及各自的堆疊空間。

正是因為多個執行緒共用處理程序的資源，當不同執行緒對這些共用資源進行存取時，又要涉及共用資源的安全存取和執行緒間的同步問題了。一般我們可以透過互斥鎖、條件鎖和讀寫入鎖等同步機制來實現不同執行緒對共用資源的安全存取。

一家三口租房子，客廳、廚房和洗手間都是公用的，當大家同時存取這些資源時，就會發生衝突。為了解決這個問題，我們可以給洗手間這個共用資源加一把鎖，有人想使用洗手間，首先要獲得這把鎖，自己使用時用鎖把門鎖住，這樣別人就無法使用了。洗手間使用完畢，就打開門，釋放這把鎖，其他想使用的人再去申請這把鎖就可以了。

在多執行緒程式設計中，我們同樣可以透過互斥鎖來實現對共用資源的互斥存取。在 pthread 多執行緒函數庫中，與互斥鎖相關的 API 函數如下所示。

```
int pthread_mutex_init(pthread_mutex_t *mutex, const
pthread_mutexattr_t *mutexattr);
int pthread_mutex_lock(pthread_mutex_t *mutex);
int pthread_mutex_trylock(pthread_mutex_t *mutex);
int pthread_mutex_unlock(pthread_mutex_t *mutex);
int pthread_mutex_destroy(pthread_mutex_t *mutex);
```

不同的執行緒雖然可以透過加鎖、解鎖這一對操作來實現執行緒間同步，但不停地加鎖和解鎖操作、不停地查詢滿足條件也會帶來很大的銷耗。當程式呼叫加鎖函數時，作業系統會從使用者態切換到核心態，並阻塞在核心態；當程式呼叫解鎖函數時，作業系統同樣會經歷從使用者態到核心態，再從核心態到使用者態的轉換。

我們可以使用條件變數和互斥鎖搭配使用，來減少不斷加鎖、解鎖帶來的銷耗。將互斥鎖和條件變數綁定，允許執行緒阻塞，等待條件滿足的

訊號，然後使用廣播去喚醒所有綁定到該條件變數的執行緒，就可以省
去不斷加鎖和解鎖的銷耗。與條件變數相關的 API 函數如下。

```
pthread_cond_t cond = PTHREAD_COND_INITIALIZER;
int pthread_cond_init (pthread_cond_t *cond, pthread_condattr_t *cond_
attr);
int pthread_cond_wait (pthread_cond_t *cond, pthread_mutex_t *mutex);
int pthread_cond_signal (pthread_cond_t *cond);
int pthread_cond_broadcast (pthread_cond_t *cond);
int pthread_cond_timedwait (pthread_cond_t *cond, pthread_mutex_t
*mutex,const struct timespec *abstime);
int pthread_cond_destroy (pthread_cond_t *cond);
```

互斥鎖在同一時刻只允許一個執行緒進行讀或寫，而使用讀寫入鎖，可
以允許多個執行緒同時進行讀取操作。雖然多個執行緒可以同時讀一個
共用資源，但同一時刻只允許一個執行緒進行寫入操作，寫的時候會阻
塞其他執行緒（包括讀執行緒），寫執行緒的優先順序高於讀執行緒。在
pthread 執行緒函數庫中，與讀寫入鎖相關的 API 函數如下。

```
pthread_rwlock_t rwlock = PTHREAD_RWLOCK_INITIALIZER;
pthread_rwlock_init (pthread_rwlock_t *restrict rwlock,
const pthread_rwlockattr_t *restrict attr);
int pthread_rwlock_rdlock (pthread_rwlock_t *rwlock);
int pthread_rwlock_wrlock (pthread_rwlock_t *rwlock);
int pthread_rwlock_tryrdlock (pthread_rwlock_t *rwlock);
int pthread_rwlock_trywrlock (pthread_rwlock_t *rwlock);
int pthread_rwlock_unlock (pthread_rwlock_t *rwlock);
int pthread_rwlock_destroy (pthread_rwlock_t *rwlock);
```

10.10.3 執行緒池

一個處理程序內的多個執行緒，雖然可以共用處理程序的很多資源，如
程式碼片段、資料段、打開的檔案等，但也有各自的上下文環境，如暫
存器狀態、堆疊、PC 指標等，如圖 10-45 所示。

在 Linux 環境下，處理程序是資源配置的基本單元，而執行緒則是程式

執行和排程的最小單元。執行緒的銷耗,除了不斷加鎖和解鎖、執行緒上下文切換帶來的銷耗,還包括系統呼叫的銷耗,如執行緒不斷地創建和銷毀,在一些頻繁使用執行緒的場合,銷耗也會線性上升。

為了減少執行緒不斷創建和銷毀帶來的銷耗,我們可以實現一個執行緒池。預先在執行緒池中創建一些執行緒,沒有工作任務時,執行緒阻塞在池中;有任務時,則透過管理執行緒將任務分配到指定的執行緒執行。

▲ 圖 10-45 處理程序中的多執行緒空間

圖 10-46 所示的就是執行緒池的實現原理。一個執行緒池由管理執行緒、工作執行緒和任務介面組成。管理執行緒用來創建並管理工作執行緒,將使用者創建的不同任務分配給不同的工作執行緒執行。工作執行緒是執行緒池中執行實際任務的執行緒,無任務時,這些工作執行緒則阻塞在執行緒池中。執行緒池一般還會引出任務介面供使用者呼叫,使用者透過這個任務介面,可以創建不同的任務,並最終分配到不同的工作執行緒中執行。

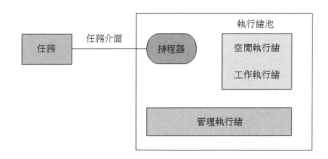

▲ 圖 10-46 執行緒池的實現原理

執行緒池技術省去了執行緒不斷創建和銷毀帶來的系統銷耗,在一些頻繁使用執行緒、呼叫執行緒的場合,這種設計方案很划算。執行緒池中的執行緒數量甚至還可以根據任務的多少來動態刪減,在記憶體銷耗和性能銷耗之間達到一個很好的平衡。

10.10.4 程式碼協同

在一些網際網路開發領域,如伺服器開發,最近幾年又流行一種叫作「程式碼協同」的技術。在一些高併發、高存取量的伺服器領域,使用執行緒池技術雖然可以在一定程度上減少執行緒不斷創建和銷毀帶來的銷耗,但面對大量的、頻繁的網際網路併發請求,執行緒的上下文切換和不斷加鎖解鎖帶來的銷耗,越來越成為提升伺服器性能的瓶頸。

這就跟一家三口使用洗手間一樣:如果每個人上廁所都要先申請鎖,鎖門,再開門,釋放鎖,時間久了會讓人感覺很麻煩。一個更好的解決方法是上廁所時大家協商著來,這樣就不用頻繁地加鎖、解鎖了。

程式碼協同就是按照這個思路實現的,將對共用資源的存取交給程式本身維護和控制,不再使用鎖對共用資源互斥存取,無排程銷耗,執行效率會更高。程式碼協同一般適用在彼此熟悉的合作式多工中,上下文切換成本低,更適合高併發請求的應用場景。

10.10.5 小結

最後我們對本節的內容做一個小結。為了簡化分析,我們可以這麼認為:在 Linux 環境下,處理程序是資源配置的基本單位,執行緒是程式執行和排程的最小單位。從切換成本上看,處理程序的切換成本最大,程式碼協同的切換成本最低。而從安全性上看,處理程序因為有記憶體管理保護反而最安全,一個處理程序崩潰了,作業系統會終止這個處理程序的執行,並不會影響其他處理程序的正常執行,當然也不會影響到作業系統本身。

程式碼協同雖然上下文切換成本最低,但是也有缺陷,如無法利用多核心 CPU 實現真正的併發。但這並不妨礙它在程式設計市場上的受歡迎程度,很多語言都開始支援使用程式碼協同程式設計:Python 提供了 yield/send 程式碼協同程式設計介面,從 Python 3.5 開始又新增了 async/await 介面。Lua 從 Lua 5.0 開始支持程式碼協同,Go 也開始支持程式碼協同。在 C 語言程式設計領域,雖然 C 語言本身並沒有提供支援程式碼協同的機制,但目前市面上也有很多使用 C/C++ 實現的程式碼協同函數庫,使用者可以透過函數庫介面函數去實現程式碼協同程式設計。

在實際學習和工作中,處理程序和執行緒又是兩個讓人產生迷惑的概念:不同的作業系統對處理程序和執行緒的實現不同,對概念的定義和叫法也不一樣。這就和現在我們還給 iPhone、Android 手機、平板電腦去分類一樣,它們到底屬於照相機還是手機?到底屬於電腦還是手機?過去的一些概念和內涵,隨著時代進步也在不斷發生變化,再去糾結這些概念沒有意義。筆者的建議是,不要過分糾結這些抽象的概念,從實際情況出發,針對具體的作業系統具體分析,從共用資源在記憶體中的分佈和存取入手,不管叫什麼,只要學會如何使用共用資源的互斥存取,如何在多個任務之間同步,基本上就能把這個作業系統玩轉起來了。

好了,到了這裡,本書也就告一段落了。從本書開頭的一堆沙子、半導體、CPU,到程式的編譯連結、記憶體堆疊、C 語言的物件導向程式設計思想,再到多工程式設計、處理程序、執行緒和程式碼協同,從底層到頂層,從硬體到軟體,一個嵌入式系統開發所需要的完整知識系統就架設起來了。當然,由於筆者水準、時間、精力有限,這個知識系統可能還不是那麼完善,也不是那麼科學,但總算搭起來了,大家可以以此為起點,不斷去擴充,不斷去完善。

A
參考文獻

[1] 布萊恩‧科爾尼幹，鄧尼斯‧裡奇 . C 程式設計語言：第 2 版 [M]. 徐寶文，李志，譯 . 北京：機械工業出版社，2008.

[2] 撒母耳‧P‧哈比森，蓋伊‧L‧斯蒂爾 . C 語言參考手冊：第 5 版 [M]. 徐波，譯 . 北京：機械工業出版社，2003.

[3] Trevis J. Rothwell. The GNU C Reference Manual[EB/OL]. [2020-03-15]. http://www.gnu.org /software/gnu-c-manual/gnu-c-manual.html.

[4] 李雲 . 專業嵌入式軟體開發：全面走向高質高效程式設計 [M]. 北京：電子工業出版社，2012.

[5] 潘愛民，俞甲子，石凡 . 程式設計師的自我修養：連結、加載與函數庫 [M]. 北京：電子工業出版社，2009.

[6] John R. Levine.　Linker And Loader [EB/OL]. [2020-06-20]. https:// www.pdfdrive.com/ linkers -loaders-e187920776.html.

[7] 周立功 . ARM 微處理器基礎與實戰 [M]. 北京：北京航空航太大學出版社，2005 .

[8] 萬木楊 . 大話處理器：處理器基礎知識讀本 [M]. 北京：清華大學出版社，2011.

[9] 胡振波 . 一步步教你設計 CPU─RISC-V 處理器篇 [M]. 北京：人民郵電出版社，2018.

[10] 楊鑄，唐攀 . 深入淺出嵌入式底層軟體開發 [M]. 北京：北京航空航太大學出版社，2011.

[11] Extensions to the C Language Family[EB/OL]. [2020-06-20]. https://gcc.gnu.org/onlinedocs /gcc/C-Extensions.html.

[12] INTERNATIONAL ISO/IEC STANDARD 9899[EB/OL].

[13] 華庭（莊明強）. Glibc 記憶體管理：ptmalloc2 原始程式碼分析 [EB/OL]. (2013-05-20)[2020-07-26]. https://download.csdn.net/download/zgl07/5414801.

[14] 林登 . C 專家程式設計 [M]. 徐波，譯 . 北京：人民郵電出版社，2002.

[15] 馬其尼克 . 高級編譯器設計與實現 [M]. 趙克佳，沈志宇，譯 . 北京：機械工業出版社，2005.

[16] 深入理解 Glibc 的記憶體管理 [EB/OL].(2017-07-24)[2020-07-26]. https://wenku.baidu.com/ view/662f24800a1c59eef8c75fbfc77da26925c596b7.html.

[17] RealView 編譯工具 3.1 版組合語言程式指南 [EB/OL]. (2013-08-24)[2020-08-26]. https://download.csdn.net/download/erwenyisheng/6005543.

[18] Nvidia CUDA Programming Guide(中文版）v1.1 [EB/OL]. (2009-07-27)[2020-08-26]. https://download.csdn.net/download/forrest2009/1521040.

[19] In-Datacenter Performance Analysis of a Tensor Processing Unit [EB/OL]. [2020-08-30]. https://arxiv.org/ftp/arxiv/papers/1704/1704.04760.pdf.

[20] 馮子軍，肖俊華，章隆兵 . 處理器分支預測研究的歷史和現狀 [EB/OL].(2015-08-03) [2020-03-23].http://www.doc88.com/p-7189544612238.html.

[21] 王煒，喬林，湯志忠 . 片上網路互連拓撲結構整體說明 [J]. 電腦科學，2011，38(10):1-5.

[22] 畢卓 . 片上互連的發展趨勢 [J]. 電子工程師，2007，33(08):24-27.

[23] 林敏，戴峰，錢昕暐，等 . 多核心片上互連技術研究 [EB/OL]. (2016-06-04) [2020-05-31]. https://www.doc88.com/p-2149728308705.html.

[24] 李先靜 . 系統程式設計師成長計畫 [M]. 北京：機械工業出版社，2010.

[25] 錢亞冠 . Linux 核心中物件導向思想的研究與應用 [J]. 浙江科技學院學報，2006，18(02):111-113.

[26] 吉星 . C 高級程式設計：基於模組化設計思想的 C 語言開發 [M]. 北京：機械工業出版社，2016.

[27] 百度百科 . 圖靈機 [EB/OL]. [2020-06-30]. https://baike.baidu.com/item/ 圖靈機 .

[28] 維基百科 . 柴可拉斯基法 [EB/OL]. [2020-06-30]. https://zh. wikipedia. wikimirror.org/wiki/ 柴可拉斯基法 .

[29] 田開坤 . 如何設計複雜的多工程式 [EB/OL]. (2015-10-25) [2020-06-30].https://wenku. baidu.com/view/138dbf447f1922791788e831.html.

[30] PN 結及其特性詳細介紹 [EB/OL]. (2011-12-12) [2020-06-30]. https:// wenku.baidu. com/view/80690ff27c1cfad6195fa783.html.

參考文獻